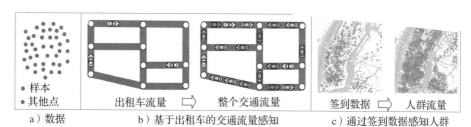

| a）数据 | b）基于出租车的交通流量感知 | c）通过签到数据感知人群 |

图 1.5　采样数据的偏斜分布

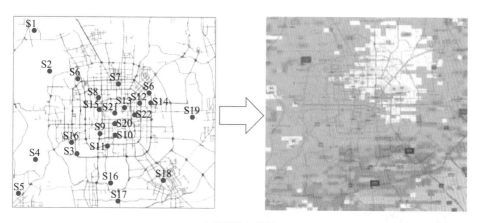

a）监测空气质量

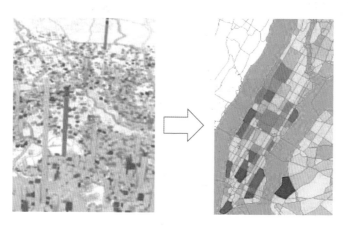

b）诊断城市噪声

图 1.6　城市感知中的数据稀疏和缺失

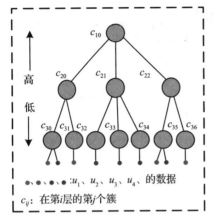
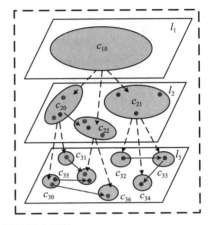

图 1.10　空间数据的层次属性

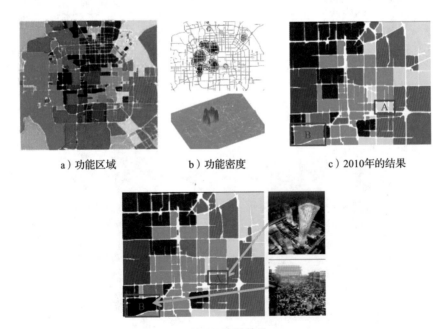

a）功能区域　　　　　b）功能密度　　　　　c）2010年的结果

d）2011年的结果

图 2.3　使用人类移动性和 POI 识别城市的功能区域

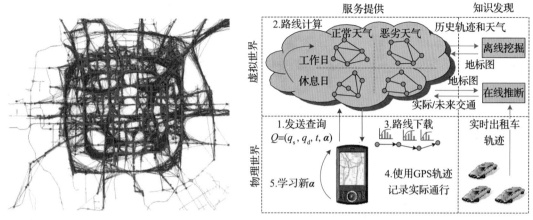

a）北京的地标图（k=4 000）　　　　　　　　b）T-Drive系统的框架

图 2.6　T-Drive：基于出租车行驶轨迹的驾驶建议

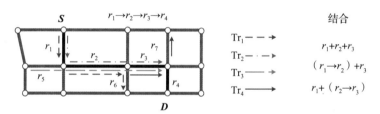

图 2.7　基于通行时间估计的稀疏轨迹

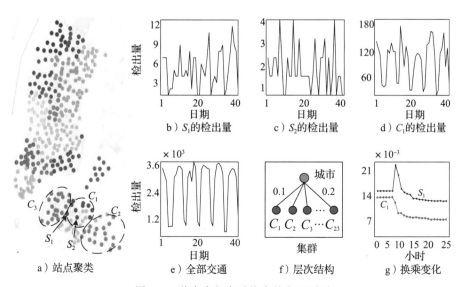

a）站点聚类　　e）全部交通　　f）层次结构　　g）换乘变化

图 2.9　共享自行车系统中的交通预测

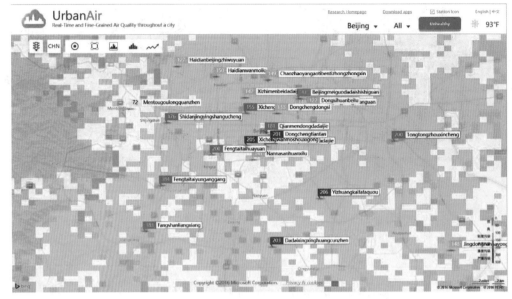

图 2.10 使用大数据监测实时和细粒度空气质量

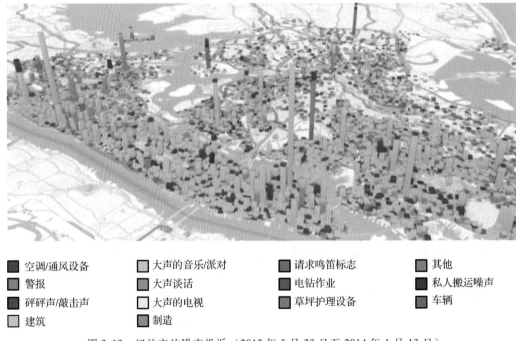

■ 空调/通风设备	■ 大声的音乐/派对	■ 请求鸣笛标志	■ 其他
■ 警报	■ 大声谈话	■ 电钻作业	■ 私人搬运噪声
■ 砰砰声/敲击声	■ 大声的电视	■ 草坪护理设备	■ 车辆
■ 建筑	■ 制造		

图 2.12 纽约市的噪声投诉 (2012 年 5 月 23 日至 2014 年 1 月 13 日)

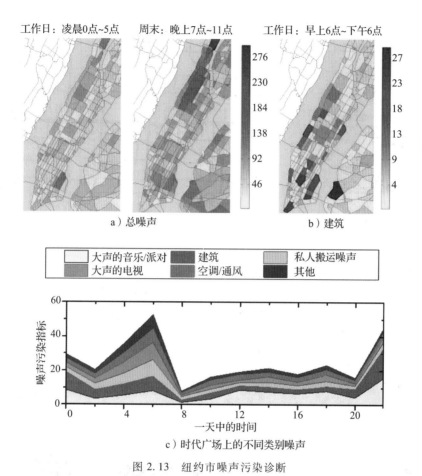

工作日：凌晨0点~5点 周末：晚上7点~11点 工作日：早上6点~下午6点

a）总噪声 b）建筑

大声的音乐/派对 建筑 私人搬运噪声
大声的电视 空调/通风 其他

c）时代广场上的不同类别噪声

图 2.13　纽约市噪声污染诊断

图 2.14　利用配备 GPS 的出租车对城市加油行为进行人群感知

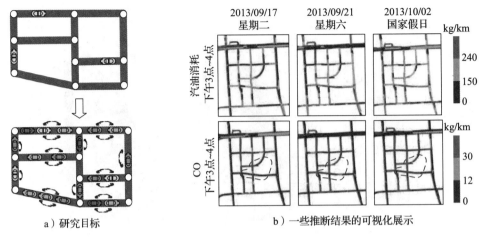

a）研究目标   b）一些推断结果的可视化展示

图 2.15　根据稀疏轨迹推断车辆的汽油消耗和污染排放

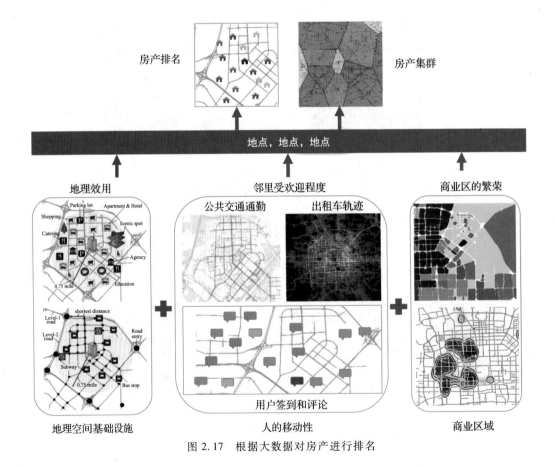

图 2.17　根据大数据对房产进行排名

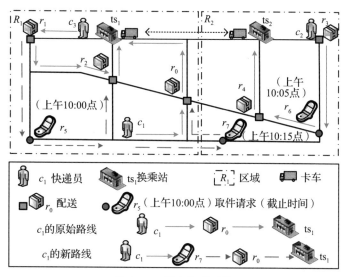

图 2.18　城市快递系统

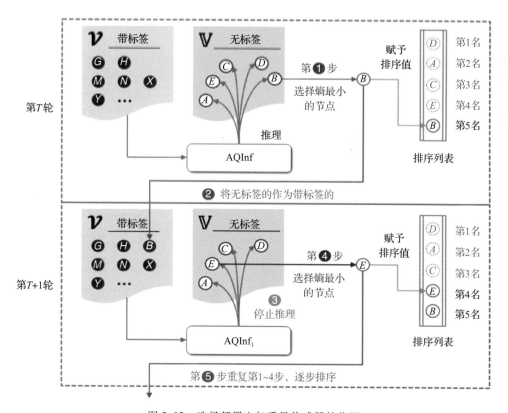

图 3.12　选择部署空气质量传感器的位置

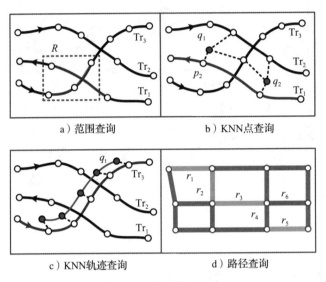

a）范围查询   b）KNN点查询

c）KNN轨迹查询   d）路径查询

图 4.22　典型轨迹查询

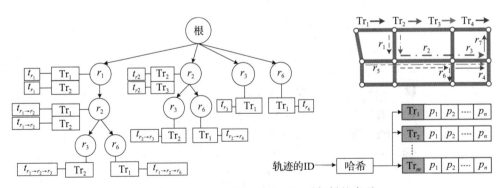

图 4.27　用于响应路径查询的基于后缀树的索引

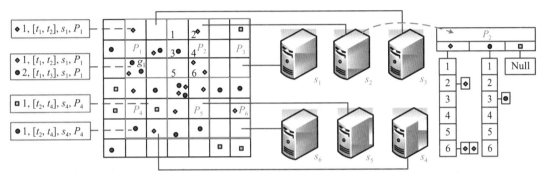

a）混合索引结构

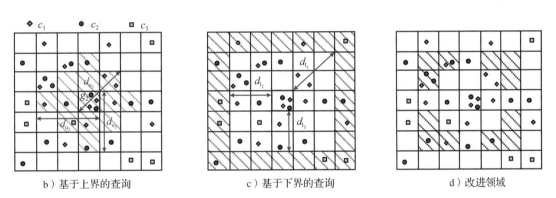

b）基于上界的查询   c）基于下界的查询   d）改进领域

图 4.35   跨域相关模式挖掘的混合索引

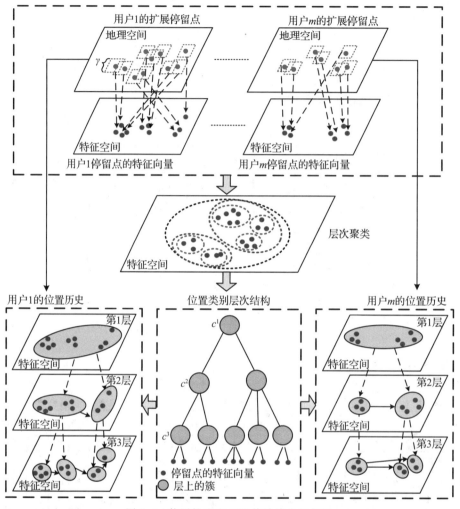

图 9.4 使用轨迹和 POI 估计用户相似性

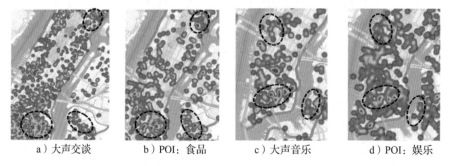

a）大声交谈　　　b）POI：食品　　　c）大声音乐　　　d）POI：娱乐

图 10.2 POI 和噪声投诉的地理空间分布

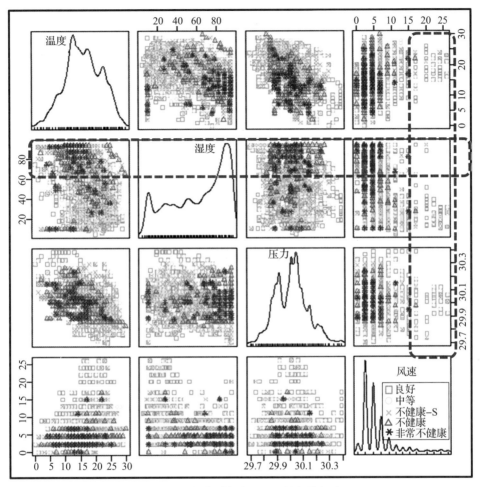

图 10.3 气象特征与 PM10 的相关矩阵

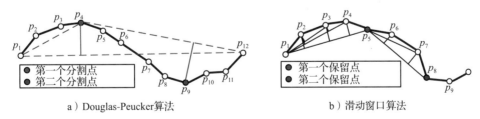

a）Douglas-Peucker算法

b）滑动窗口算法

图 10.8 Douglas-Peucker 算法示例

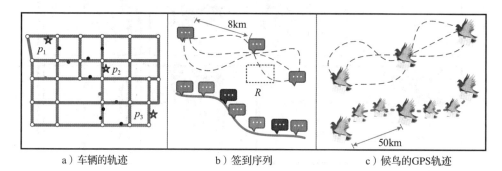

a）车辆的轨迹　　　　　b）签到序列　　　　　c）候鸟的GPS轨迹

图 10.12　不确定轨迹示例

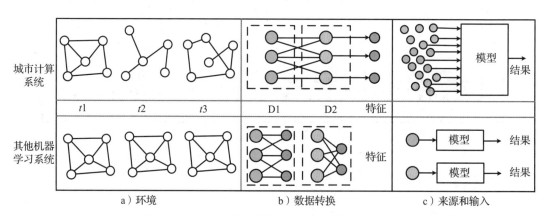

a）环境　　　　　b）数据转换　　　　　c）来源和输入

图 10.22　城市计算与传统机器学习系统之间的差异

城市计算
URBAN COMPUTING

郑 宇 • 著　李红艳 • 译

机械工业出版社
CHINA MACHINE PRESS

图书在版编目（CIP）数据

城市计算 / 郑宇著；李红艳译 . -- 北京 ： 机械工业出版社，2025. 2. -- ISBN 978-7-111-77245-3

Ⅰ . TP393.027

中国国家版本馆 CIP 数据核字第 20249HK108 号

机械工业出版社（北京市百万庄大街 22 号　邮政编码 100037）
策划编辑：姚　蕾　　　　　　　责任编辑：姚　蕾
责任校对：杜丹丹　马荣华　景　飞　　责任印制：常天培
北京机工印刷厂有限公司印刷
2025 年 3 月第 1 版第 1 次印刷
186mm×240mm · 26.5 印张 · 6 插页 · 654 千字
标准书号：ISBN 978-7-111-77245-3
定价：119.00 元

电话服务　　　　　　　　　网络服务
客服电话：010-88361066　　机 工 官 网：www.cmpbook.com
　　　　　010-88379833　　机 工 官 博：weibo.com/cmp1952
　　　　　010-68326294　　金 书 网：www.golden-book.com
封底无防伪标均为盗版　　机工教育服务网：www.cmpedu.com

译 者 序

　　本书是关于城市计算的经典著作，通过深入剖析城市计算的内涵、方法、技术和应用，为我们呈现了一个多元化、智能化、可持续发展的城市未来。我非常荣幸能够将这部优秀的作品翻译成中文，与国内的读者分享。

　　城市计算是一个跨学科的新兴领域，涉及计算机科学、城市规划、环境科学、社会学等多个学科。随着全球城市化进程的加快，城市面临着前所未有的挑战，如交通拥堵、环境污染、资源短缺等。城市计算旨在利用先进的信息技术手段，对城市问题进行定量和定性分析，为城市规划、管理和可持续发展提供科学依据和解决方案。

　　在本书中，作者详细介绍了城市计算的基本概念、方法论、关键技术及其在各个领域的应用案例，其中包括大数据分析、物联网、人工智能、地理信息系统等现代信息技术在城市计算中的应用，以及城市规划、交通、环境、能源等领域的具体实践。通过这些案例，读者可以了解城市计算如何助力城市解决实际问题，实现高质量发展。

　　在翻译过程中，我力求准确传达原书的意图，尽量保持原文的逻辑结构和表述方式。然而，由于中西方文化、语境和语言习惯的差异，译文可能存在一些不足之处，敬请读者指正。

　　我相信，本书的翻译和出版将对我国城市计算领域的研究和实践产生积极影响，为城市的可持续发展提供有益的借鉴。同时，也希望本书能够激发更多专业人士对城市计算的关注，推动我国城市计算领域的发展。

　　最后，我要感谢作者为城市计算领域做出的杰出贡献，感谢出版方给予我翻译机会。希望这本书能够成为国内城市计算领域的一块基石，助力我国城市美好未来的构建。

李红艳

2024 年 10 月

PREFACE

前　言

　　快速的城市化导致了许多大城市的扩张，在使生活变得现代化的同时，也带来了巨大的挑战，如空气污染、能源消耗和交通拥堵等。考虑到城市的复杂和动态环境，几年前要应对这些挑战似乎是不可能的。而现在，感知技术和大规模计算基础设施已经产生了各种大数据，如人类流动、气象、交通模式和地理数据等。了解相应的大数据意味着对一座城市有了充分的了解。如果对大数据的使用得当，将有助于我们应对这些挑战。此外，云计算和人工智能等计算技术的兴起为我们提供了前所未有的数据处理能力。

　　在这种情况下，城市计算作为一个跨学科领域蓬勃发展，并将计算机科学与传统的城市相关领域（如城市规划、交通、环境科学、能源工程、经济学和社会学等）相结合。城市计算旨在释放城市数据中的知识力量，解决城市中的重大问题，从而实现人、城市运营系统和环境之间的三赢。简而言之，城市计算将通过大数据、云计算、人工智能等先进计算技术来应对城市挑战。

　　多年来，人们一直在讨论智慧城市的愿景，希望整合多种信息和通信技术来源来提高生活质量。然而，目前尚不清楚如何实现这样一个广阔的愿景。城市计算没有停留在对智慧城市愿景无休止的讨论中，而是在以数据为中心的计算框架中通过具体的方法来应对特定的城市挑战，该框架包括城市感知、城市数据管理、城市数据分析及所提供服务。

　　尽管已有其他几本关于城市信息学的书，但这是一本专门研究城市计算的书，涵盖范围广泛，叙述严谨。本书从计算机科学的角度介绍了城市计算的一般框架、关键研究问题、方法和应用。具体地，本书专注于数据和计算，将城市计算与基于经典模型和经验假设的传统城市科学区分开来。

　　本书面向高年级本科生、研究生、研究人员和专业人士，涵盖了城市计算领域的主要基础知识和关键高级主题。每一章都是一个教程，介绍城市计算的一个重要方面，并为相关研究提供许多有价值的参考。本书为研究人员和应用程序开发人员全面讲解了城市感知、城市数据管理、城市数据分析及所提供服务的一般概念、技术和应用，帮助读者探索这一领域并开发新的方法和应用程序，最终实现更绿色、更智能的城市。本书也为研究生和其他感兴趣的读者提供了城市计算研究领域的最新进展。

　　本书根据城市计算的框架进行组织，如下图所示，由四个部分组成：概念和框架、城市感知与数据采集、城市数据管理、城市数据分析。

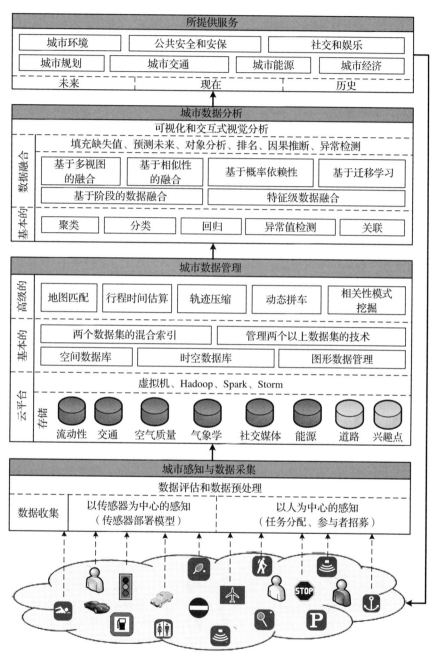

图 城市计算框架

本书的第一部分（第1章和第2章）给出城市计算的概述。

第1章介绍了城市计算的关键概念和框架，从计算机科学的角度讨论了框架各层面临的主要挑战。介绍了城市的数据来源，根据数据结构和时空特性将城市数据分为六类。该章末

VI

尾列出了一些公共数据集。

第 2 章介绍了城市计算在不同领域的典型应用，包括交通、城市规划、环境保护、能源、经济、公共安全以及社交和娱乐领域。这些应用拓宽了我们的视野，提出了新的研究课题，也激发了新的想法。

本书的第二部分（第 3 章）介绍了数据的来源和收集方法。

第 3 章介绍了城市感知的四种范式，包括静态感知、移动感知、被动人群感知和主动人群感知。前两种范式属于以传感器为中心的感知，后两种范式属于以人为中心的感知。对于以传感器为中心的感知模式，介绍了四种传感器部署模型。对于以人为中心的感知范式，提出了参与者招募和任务设计的技术。最后介绍了三类模型，包括空间模型、时间模型和时空模型，用于填补地质传感器数据中的缺失值。

本书的第三部分由第 4~6 章组成，介绍了空间数据和时空数据的数据管理。从基本的索引和检索算法开始，讨论了使用云计算平台来管理空间数据和时空数据的技术。

第 4 章首先从建立索引、服务时空范围查询、服务最近邻查询和更新索引四个角度介绍了四种广泛使用的空间数据索引结构，包括基于网格的索引、基于四叉树的索引、k-d 树和 R 树。然后介绍了管理时空数据的技术，包括移动对象数据库和轨迹数据管理。前者更关心移动对象在（通常是最近的）时间戳上的具体位置，后者涉及移动对象在给定时间间隔内经过的连续运动（例如路径）。关于移动对象数据库，描述了三种查询和两种索引方法。一种索引方法在每个时间戳上建立一个空间索引，并在连续的时间间隔内重用索引的未更改子结构。另一种索引方法将时间视为第三维度，将空间索引结构从管理二维空间数据扩展到管理三维时空数据。关于轨迹数据管理，提出了三种类型的查询，包括范围查询、k 近邻查询和路径查询，还为轨迹数据设计了不同距离度量。最后介绍了用于管理多个数据集的混合索引结构。

第 5 章从存储、计算和应用程序接口的角度介绍了云计算平台中的主要组件。使用 Microsoft Azure 作为示例平台来描述每个组件的框架和一般使用过程。Microsoft Azure 中的存储进一步由 SQL Server、Azure 存储和 Redis 组成。Microsoft Azure 计算资源包括虚拟机、云服务和 HDInsight。HDInsight 是 Microsoft Azure 中的一个分布式计算组件，用于执行大规模数据预处理、管理和挖掘，并包含广泛使用的 Hadoop、Spark 和 Storm。Azure 提供的应用程序接口由 Web 应用程序、移动应用程序和 API 应用程序组成。这些组件确保了城市计算应用程序的顺利和可靠实现。

第 6 章介绍了分别为六种类型的时空数据设计的数据管理方案，这些方案使当前的云计算平台能够以最小的工作量管理海量和动态的时空数据。对于每种类型的数据，根据是否使用空间索引或时空索引以及是否将其部署在分布式系统上，提出了四种数据管理方案。不是从根本上重建一个新的平台，而是利用当前云上的现有资源和架构，如云存储和 HDInsight，为空间数据和时空数据创建一个增强的数据管理平台。四种方案中最高级的数据管理方案将空间索引和时空索引（例如，基于网格的索引、R 树和 3D R 树）集成到分布式计算系统中，如 HDInsight 中的 Spark 和 Storm。这种高级的方案结合了双方的优势，使我们能够更高效地处理更大规模的时空数据，同时使用更少的计算资源。

本书的第四部分由第 7~10 章组成，介绍了从城市数据中挖掘知识的基本技术和高级主题。从基本的数据挖掘算法开始，介绍了针对时空数据设计的高级机器学习技术以及跨领域知识融合方法。最后讨论了城市计算的一些高级主题，如选择有用的数据集、轨迹数据挖掘、将数据管理与机器学习相结合以及交互式视觉数据分析等。

第 7 章介绍了数据挖掘的一般框架，包括两个主要部分：数据预处理和数据分析。数据预处理部分又包括数据清洗、数据转换和数据集成。数据分析由各种数据挖掘模型、结果表示和评估组成。根据模型要完成的任务，数据挖掘模型可以分为五大类：频繁模式挖掘、聚类、分类、回归和异常值检测。对于每一类模型，该章在从空间数据和时空数据中挖掘知识的背景下介绍了其总体思想和具体示例。

第 8 章首先讨论了时空数据与图像和文本数据相比的不同性质。空间属性包括空间距离和空间层次。时间属性由时间接近度、周期和趋势组成。这些独特的属性使得需要专门为时空数据设计高级机器学习算法。然后，该章介绍了时空数据背景下六类机器学习算法（包括协同过滤、矩阵分解、张量分解、概率图模型、深度学习和强化学习）的原理，并提供了丰富的实例来展示这些机器学习算法应该如何适应时空数据。例如，耦合矩阵分解被设计为能够进行位置推荐和交通状况估计。贝叶斯网络用于推断交通量、进行地图匹配和发现区域的潜在功能。特定的马尔可夫随机场用于预测用户的交通方式和一个地方的空气质量。最后提出了一个独特的专门用于预测城市中每个地区的人群流量的深度学习模型。

传统的数据挖掘通常处理来自单个域的数据。在大数据时代，我们面临着来自不同领域不同来源的无数数据集。这些数据集由多个模态组成，每个模态都有不同的表示、分布、规模和密度。融合多个数据集的目的包括填充缺失值、预测未来、推断因果关系、分析对象、排序和检测异常。在大数据研究中，能够释放多个不同（但可能有关）数据集中知识的能量至关重要，这从本质上区分了大数据和传统的数据挖掘任务。这就需要高级的技术，以在机器学习和数据挖掘任务中有机地融合来自各种数据集的知识。第 9 章介绍了三类知识融合方法，包括基于阶段的方法、基于特征的方法和基于语义意义的方法。最后一类融合方法进一步分为四组：基于多视图、基于相似性、基于概率依赖和基于迁移学习的方法。这些方法侧重于知识融合，而不是模式映射和数据合并，显著区分了跨领域数据融合和数据库社区中研究的传统数据融合。该章不仅介绍了每一类方法的原理，还介绍了使用这些技术处理真实大数据问题的有价值的示例。此外，该章将现有的研究放在一个框架内，探讨了不同知识融合方法之间的关系和差异。

第 10 章在前几章介绍的基本技术的基础上讨论了一些城市数据分析的高级主题。第一，给定一个城市计算问题，通常需要确定应该选择哪些数据集来解决给定问题。通过选择正确的数据集，我们更有可能高效地解决问题。第二，轨迹数据具有复杂的数据模型，包含了关于移动对象的丰富知识，从而需要独特的数据挖掘技术。第三，从大规模数据集中提取具有深远意义的知识需要高效的数据管理技术和有效的机器学习模型，这两种技术的有机结合对于完成城市计算任务是必不可少的。第四，解决城市计算问题需要数据科学知识和领域知识。如何将人类智能与机器智能相结合是一个值得讨论的前沿课题。交互式视觉数据分析可能是解决这一问题的一种方法。

对于年轻且不断发展的城市计算领域，希望本书能提供有益的参考并且是一本实用的教程。

郑　宇

ACKNOWLEDGEMENTS

致　　谢

非常感谢我的同事 Jie Bao 博士和 Junbo Zhang 博士在过去几年里与我的合作，本书也提到了其中一些合作项目。我们还合著了本书中提到的许多其他出版物。

感谢我的学生 Ruiyuan Li、Shenggong Ji、Yexin Li、Zheyi Pan 和 Yuxuan Liang 参与编写本书的部分内容。经过几轮富有建设性的讨论，我们为几个章节编写了具体内容。同样感谢 Xiuwen Yi、Huichu Zhang、Sijie Ruan、Junkai Sun 和 Tianfu He 为我在本书介绍的研究项目做出的贡献。

还有许多人，如 Ye Liu、Chuishi Meng、Xianyuan Zhan、Yixuan Zhu、Yuhong Li、Chao Zhang、Xuxu Chen、Yubiao Chen、Jingbo Shang、Wenzhu Tong、Yilun Wang、Tong Liu、Yexiang Xue、Hsun-Ping Hsie、Ka Wai Yung、Furui Liu、David Wilkie、Bei Pan、Yanjie Fu、Shuo Ma、Kai Zheng、Lu-An Tang、Ling-Ying Wei、Wei Liu、Wenlei Xie、Hyoseok Yoon、Vincent Wenchen Zheng、Jing Yuan、Zaiben Chen、Xiangye Xiao、Chengyang Zhang、Yin Lou、Ye Yang、Lizhu Zhang、Yukun Chen、Quannan Li、Like Liu，以及与我一同在微软研究院实习的 Longhao Wang。虽然我不能在这里将他们的名字全部列出，但非常感谢他们加入我的团队。他们中大多数人和我合著过出版物，本书引用或介绍了其中一些出版物。

感谢 Liang Hong 教授在 7.3.4 节中提供了关于图形模式挖掘的内容，感谢 Licia Capra 教授在 2.3.4 节中提供了关于挖掘地铁数据的调查。原始版本是发表在 *Transactions on Intelligent Systems and Technology* 上的一篇关于城市计算的调查论文中的一个子节，本书在引用时进行了修订。

我还要感谢 Xiaofang Zhou 教授，他与我合著了 *Computing with Spatial Trajectories* 一书，感谢该书的章节贡献者，包括 John Krumm 博士、Wang-Chien Lee 教授、Ke Deng 博士、Goce Trajcevski 教授、Chi-Yin Chow 教授、Mohamed Mokbel 教授、Hoyoung Jeung 博士、Christian Jensen 教授、Yin Zhu 博士和 Qiang Yang 教授。本书 10.2 节的主要内容来自我关于轨迹数据挖掘的调查论文，其中一部分来源于 *Computing with Spatial Trajectories*。

感谢 Jiawei Han 教授、Micheline Kamber 教授和 Jian Pei 教授编写了 *Data Mining：Concepts and Techniques* 一书，这是我在撰写 7.2 节、7.3 节和 7.4 节时的重要参考书。我非常感谢 Jiawei Han 教授长期以来对我的研究和事业的支持。在组织第 7 章的内容时，我也受到了 Charu C. Aggarwal 博士的著作 *Data Mining：The Text Book* 的启发。

关于作者

郑宇博士是京东金融的副总裁和首席数据科学家，致力于利用大数据和人工智能技术应对城市挑战。他是城市计算业务单元的负责人，同时担任京东智能城市研究院院长。在加入京东集团之前，他曾在微软研究院担任高级研究员，研究兴趣包括大数据分析、时空数据挖掘、机器学习和人工智能。

郑宇也是上海交通大学的讲座教授和香港科技大学的客座教授。目前担任 *ACM Transactions on Intelligent Systems and Technology* 的主编，并且是 *IEEE Spectrum* 的编辑咨询董事会成员。他还是 *IEEE Transactions on Big Data* 的编委会成员、SIGKDD 中国分会的创始秘书。他曾在包括 ICDE 2014（工业赛道）、CIKM 2017（工业赛道）和 IJCAI（工业赛道）在内的十多个国际知名会议上担任主席，并在 AAAI 2019 年会上担任领域主席。

作为一位领先的研究者，郑宇在 KDD、IJCAI、AAAI、VLDB、UbiComp 和 *IEEE TKDE* 等知名会议和期刊上频繁发表同行评审论文，这些论文被引用超过两万次（截至 2018 年 10 月，谷歌学术 H 指数为 63），获得了 ICDE' 13 和 ACM SIGSPATIAL' 10 的最佳论文奖。他受邀在国际会议和论坛上发表了十多次主题演讲，并在 MIT、卡内基梅隆大学和康奈尔大学等大学进行了客座讲座。他的著作 *Computing with Spatial Trajectories* 已被世界各地的大学用作教材，并被 Springer 出版社评为中国作者出版的十大最畅销计算机科学书籍之一。

郑宇获得了微软颁发的三项技术转让奖，并拥有二十四项已授权/申请的专利，他的技术已被应用到微软产品（例如 Bing 地图）中。他负责的名为"城市空气"的项目已被中华人民共和国生态环境部部署，基于大数据为超过三百座中国城市预测空气质量。他还主持了一个关于城市大数据平台的中国试点项目，该项目已在贵阳市部署。

郑宇多次出现在有影响力的期刊上，2013 年，被《麻省理工科技论》评为"35 岁以下最具创新力人士"（简称 TR35），因在城市计算方面的研究而登上《时代》杂志。2014 年，由于自 2008 年以来他一直倡导的城市计算对商业的影响，被《财富》杂志评为"中国四十位 40 岁以下商界精英"。2016 年，郑宇被提名为 ACM 杰出科学家。2017 年，被评为"中国十大 AI 创新者"之一。

CONTENTS

目　　录

PART I

第一部分

概念和框架

- 第 1 章　概述
- 第 2 章　城市计算应用

第 1 章

概　述

摘要：本章定义了城市计算，提出了一个四层框架，并从计算机科学的角度讨论了每层的关键挑战。然后，介绍了城市数据的来源，根据数据结构和时空特性将城市大数据分为六类。本章最后介绍了一些公共城市数据集。

1.1　引言

城市化的快速发展使得许多大城市得以发展和扩张，在使生活变得现代化的同时，也带来了空气污染、能源消耗增加和交通拥堵等重大挑战。几年前，考虑到城市复杂和动态的环境，要应对这些挑战似乎是不可能的。如今，感知技术和大规模计算基础设施在城市空间中产生了各种大数据，如人员流动、空气质量、气象、交通模式和地理数据。大数据隐含着一个城市的丰富信息，如果使用得当，可以帮助我们应对这些挑战。例如，我们可以通过分析全市范围内的人口流动数据来检测城市道路网络中的潜在问题。这样，可以帮助城市在未来制定和实施更好的城市规划[74]。另一个例子是通过研究空气质量与其他数据源［如交通流量和兴趣点（POI）］之间的相关性来探索城市空气污染的根本原因[51,54]。

城市计算已成为一个跨学科领域，它将计算机科学与传统的城市相关领域相结合，这些相关领域包括城市规划、交通、环境科学、能源工程、经济学和社会学等。如图 1.1 所示，城市计算旨在释放城市数据中知识的能量，以解决城市中的重大问题，从而在人、城市运营系统和环境之间实现三赢[66]。

尽管有一些文章在讨论城市计算[22]，但它仍然是一个模糊的概念，有许多没有解决的问题。例如，城市计算的核心研究问题是什么？这一研究领域面临哪些挑战？城市计算的关键方法是什么？有哪些代表性的应用程序？城市计算系统是如何工作的？为了解决这些问题，本章正式定义了城市计算的主要概念，介绍了计算机科学视角下城市计算的一般框架和关键研究挑战。

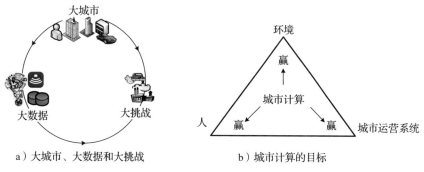

a）大城市、大数据和大挑战　　　　　b）城市计算的目标

图 1.1　城市计算的动机和目标

1.2　城市计算的定义

城市计算是对城市空间中传感器、设备、车辆、建筑和人类等各种来源生成的大数据和异构数据进行采集、集成和分析的过程，以解决城市面临的主要问题，如空气污染、能源消耗增加和交通堵塞等。城市计算将无处不在的传感技术、先进的数据管理和分析模型以及新颖的可视化方法连接起来，以创建三赢的解决方案，改善城市环境、生活质量和城市运营系统。城市计算也有助于我们理解城市现象的本质，甚至预测城市的未来。城市计算是一个跨学科的领域，在城市空间的背景下，将计算机科学和信息技术与传统的城市相关领域（如城市规划、交通、土木工程、经济、生态学和社会学等）相融合。

1.3　总体框架

1.3.1　简述和示例

图 1.2 描述了一个由四层组成的通用城市计算框架。以城市异常检测为例[36]，我们首先简要概述框架，然后在 1.3.2 节中分别介绍每一层的功能。

在城市感知中，我们不断使用 GPS 传感器或手机信号来探测人们的流动性（例如，城市道路网络中的路线行为），还不断从互联网上收集人们（在这个城市）发布在社交媒体上的帖子。在城市数据管理中，人类流动数据和社交媒体由一些索引结构组织，这些索引结构同时包含时空信息和文本，以支持高效的数据分析。在数据分析中，一旦出现异常，我们就能够根据人类流动数据，确定人们的流动性与其初始模式有显著差异的位置。然后，我们可以通过从社交媒体中挖掘与这些位置以及检测到异常的时间跨度有关的代表性术语来描述异常。在所提供服务中，异常的位置和描述将被发送给附近的司机，以便他们可以选择绕行。该信息被传递给交通主管部门，用于分散交通拥堵并诊断异常情况。系统循环执行上述四个步骤，实时检测城市异常，改善人们的驾驶体验，减少交通拥堵。

与其他通常基于单（模态）数据、单任务框架的信息系统（如语言翻译或图像识别引擎）相比，城市计算拥有多（模态）数据、多任务框架。城市计算的任务包括改善城市规划、缓解交通拥堵、节约能源、减少空气污染等。此外，我们通常需要在单个任务中利用大量数据集。例如，上述异常检测要使用人群流动数据、道路网络和社交媒体。通过将不同来源的数据与框架不同层的不同数据采集、管理和分析技术相结合，可以完成不同的任务。

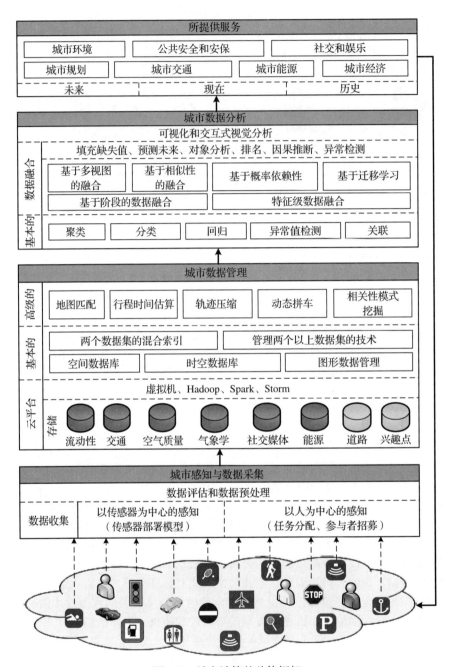

图 1.2   城市计算的总体框架

1.3.2   各层功能

本节讨论城市计算框架中每一层的功能和关键组件。

1.3.2.1 城市感知和数据采集层

城市感知通过传感器或城市中的人收集不同来源的数据。城市感知主要有两种模式，分别是以传感器为中心的感知和以人为中心的感知。前一种模式将传感器集合部署在固定位置（如气象站），如图 1.3a 所示，也称为静态感知；或将传感器与移动物体（如公交车或出租车）一起部署，如图 1.3b 所示，也称为移动感知。一旦部署好，这些传感器就不断地将数据发送到后端系统，而不需要人员参与。

a）固定感知 　　　　 b）移动感知 　　　　 c）被动人群感知 　　　　 d）主动人群感知

以传感器为中心的感知 　　　　　　　　 以人为中心的感知：城市人群感知

图 1.3　城市感知的不同模式

以人为中心的感知模式利用人类作为传感器，当人类在城市中移动时探测城市动态。然后，综合个人收集的信息去解决问题。这种感知模式可以进一步分为两类：被动人群感知和主动人群感知。

当个人用户使用现有的城市基础设施，如无线通信系统和公共交通系统时，被动人群感知程序被动地收集他们的数据，如图 1.3c 所示。人们甚至不知道他们在为被动人群感知程序贡献数据。例如，虽然无线蜂窝网络是为个人之间的移动通信而构建的，但一大群人的手机信号可以帮助我们了解全市通勤模式，从而改善城市规划[5]。同样，乘客在地铁站的刷入和刷出数据也可以描述人们在城市中的通勤模式，尽管这样的票务系统最初是为收取人们的通行费用而创建的。通勤者在通过自动检票口时根本不知道自己在执行感应任务。

主动人群感知可以被视为众包[18]和参与式感知[4]的结合。这种感知模式如图 1.3d 所示，人们主动从周围获取信息，并贡献自己的数据以便综合起来解决问题。人们清楚地知道分享的目的以及他们在参与式感知项目中所做的贡献。他们还可以根据可用性和提供的激励措施来控制何时何地参与此类感知项目。当参与者众多且预算有限时，主动人群感知项目还涉及参与者招募和任务分配过程[6,14]。

1.3.2.2 城市数据管理层

城市数据管理层使用云计算平台、索引结构和检索算法管理来自不同领域的大规模动态城市数据，如交通、气象、人员流动和 POI 数据。

第一，该层为不同类型的城市数据在云上设计了不同的存储机制。根据数据结构，城市数据分为两类：点数据和网络数据。城市数据也可以按其时空动力学分为三类，包括时空静态数据、空间静态时间动态数据、时空动态数据。

第二，该层为空间和时空数据设计了独特的索引结构和检索算法，因为大多数城市数据都与空间和时间属性相关。此外，为了支持上层的跨域数据挖掘任务，需要混合索引结构来组织来自不同域的多模态数据。这些索引和检索技术是上层数据挖掘和机器学习任务的基础。

第三，该层还启用了一些高级数据管理功能，包括地图匹配[31,56]、轨迹压缩[7,42]、寻找最大 k 覆盖[27]和动态调度[32-33,62]等，这些功能本身就可以解决许多城市计算问题。

1.3.2.3 城市数据分析层

该层应用了多种数据挖掘模型和机器学习算法，以发挥不同领域数据中知识的能量。该层采用基本的数据挖掘和机器学习模型，如聚类、分类、回归和异常检测算法，来处理时空数据。该层还基于跨域数据融合方法[64]融合了来自多个不同数据集的知识，如基于深度学习[61]、基于多视图、基于概率相关性和基于迁移学习[48]。由于许多城市计算应用程序需要即时服务，因此在数据挖掘中将数据库技术与机器学习算法相结合也很重要。基于上述组件，该层的高级主题包括填补时空数据中的缺失值、预测模型、对象分析和因果推断。还必须启用交互式视觉数据分析[28]，通过让领域专家参与数据挖掘循环，将人类智慧与机器智能相结合。

1.3.2.4 服务层

服务层提供了一个接口，允许领域系统通过云计算平台从城市计算应用中获取知识。由于城市计算是一个跨学科的领域，数据中的知识必须整合到现有的领域系统中，以指导系统的决策制定。如图 1.4 所示，通过一组应用程序编程接口（API），城市计算应用程序中的空气质量预测可以整合到现有的移动应用程序中，帮助人们做旅行规划或者帮助环境保护机构制定污染控制决策。

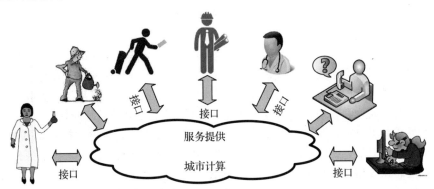

图 1.4 城市计算服务

就服务创建的时间而言，这一层提供了三种类型的服务，包括理解当前情况、预测未来和诊断历史。例如，基于大数据推断整个城市的实时和细粒度空气质量属于第一类[71]，预测未来空气质量属于第二类[77]，根据长期积累的数据诊断空气污染的根本原因属于第三类[80]。基于创建服务的领域，该层提供从交通到环境保护、城市规划、节能、社会功能和娱乐以及公共安全领域的服务。

1.4 城市计算的关键挑战

本节从计算的角度讨论了城市计算的每一层所带来的挑战。

1.4.1　城市感知挑战

许多城市计算应用程序需要能够无干扰且持续收集城市规模数据的数据采集技术，这不是一个简单的问题。虽然监测单个路段的交通流量很容易，但持续探测全市交通是一项挑战，因为我们没有在每个路段部署传感器。建设新的传感基础设施可以完成这项任务，但反过来会增加城市的负担。如何创造性地利用我们在城市空间中已经拥有的资源来实现这种数据采集技术还有待探索。

更具体地，城市感知的挑战有四个方面：（1）偏斜样本数据，（2）数据稀疏和缺失数据，（3）隐式数据和噪声数据，（4）资源分配。表 1.1 列出了不同城市感知模式面临的挑战。我们将详细介绍每一项挑战。

表 1.1　不同城市感知模式面临的挑战

城市感知模式		偏斜样本数据	数据稀疏和缺失数据	隐式数据和噪声数据	资源分配
以传感器为中心	固定感知		√		√
	移动感知	√	√		√
以人为中心	被动人群感知	√	√	√	
	主动人群感知	√	√		√

1.4.1.1　偏斜样本数据

我们在城市计算场景中能感知到的数据集通常是一个样本，它可能不能准确地代表整个数据集，如图 1.5a 所示。样本中某些属性的分布可能会偏离整个数据集。从数据样本中获得关于整个数据集的真实知识仍然是一个挑战。

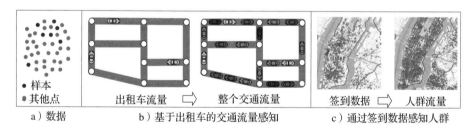

a）数据　　　　b）基于出租车的交通流量感知　　　　c）通过签到数据感知人群

图 1.5　采样数据的偏斜分布（见彩插）

例如，虽然我们可以收集出租车的 GPS 轨迹，但要追踪城市中行驶的每一辆车几乎是不可能的。这些出租车只是车辆的一个样本，它们的地理分布与其他出租车截然不同。如图 1.5b 所示，可能某些路段有许多私家车，但很少有或没有出租车，而其他路段有许多出租车，但很少有私家车。因此，要根据出租车的轨迹来估计道路的交通流量，我们不能简单地将道路上的出租车数量乘以一个特定的因子。从采样数据（即出租车轨迹）中得出道路的真实交通流量仍然是一个挑战。

同样，如图 1.5c 所示，用户在一个在线社交网络服务上的签到数据表示城市中一部分人的移动情况。由于有许多人在访问某个地方时不会进行签到，因此签到数据的地理分布可能与城市中实际人群的分布大相径庭。因此，根据签到数据来估计人群流量是具有挑战性的。

为了应对上述挑战，我们需要知道从数据样本中获得什么样的知识可以代表整个数据集，而什么不可以。例如，路段允许的行驶速度可以从经过此路段的出租车的 GPS 轨迹中得出。由于在同一路段上行驶的车辆通常具有相似的速度，因此从作为车辆样本的出租车获得的速度信息可以表示所有车辆的速度信息。然而，出租车的数量并不能直接转换为车辆的总数。在这种情况下，我们需要结合其他数据集的知识，如 POI、道路网络结构和天气条件，来推断道路上的总交通量[41]。

1.4.1.2　数据稀疏和缺失数据

● **数据稀疏**　许多传感系统仅在城市的少数几个地点部署了有限数量的传感器，基于这些在地理空间中稀疏分布的传感器来收集整座城市的详细信息是一个挑战。

例如，如图 1.6a 的左侧所示，在偌大的北京市区范围内仅部署了 35 个空气质量监测站。尽管这些传感器在城市中分布稀疏，我们仍希望能够感知整个城市的细粒度空气质量[71]，如图 1.6a 的右侧所示。

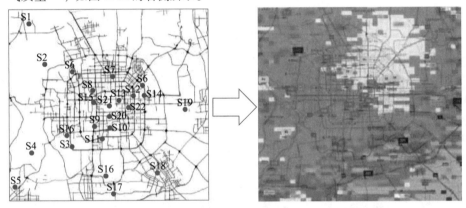

a）监测空气质量

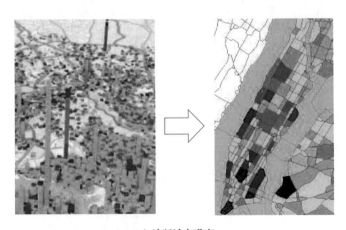

b）诊断城市噪声

图 1.6　城市感知中的数据稀疏和缺失（见彩插）

图 1.6b 展示了另一个例子，旨在根据人们对噪声的投诉来感知纽约市的城市噪声[73]。由于让人们随时随地报告环境噪声状况几乎是不可能的，因此收集的数据在时空空间中非常稀疏。根据稀疏数据诊断整个纽约市的噪声状况仍然是一个挑战。

- 缺失数据　缺失数据是一个不同于数据稀疏的概念，表示缺少应获得的数据。例如，如图 1.7 所示，空气质量监测站 s_1 应该每小时生成一个关于空气污染的读数。然而，当遇到通信或设备错误时，我们会丢失一些传感器读数，例如，s_1 在 t_2 时的读数和 s_3 在 t_{i+1} 时的读数称为缺失数据[50]。虽然补充这些缺失的值对于支持监测和进一步的数据分析很重要，但这项任务具有挑战性，原因有以下两点。

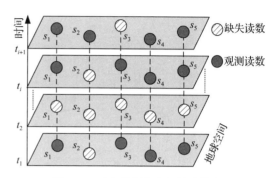

图 1.7　时空数据集中的缺失数据

首先，任意传感器可能在任意时间戳缺失读数。在一些极端情况下，可能会连续丢失来自一个传感器的读数（例如，从 t_1 到 t_i 的 s_2 的读数），或者在某个（或多个）时间戳（例如，t_2）同时丢失所有传感器的读数。我们将这些极端情况称为缺失块。现有的模型很难处理缺失块问题，因为我们可能无法为模型找到稳定的输入。

其次，受到多个复杂因素的影响，传感器读数随位置和时间变化发生显著且非线性的变化。距离较近的传感器的读数不一定比距离较远的传感器更相似。此外，传感器读数在时间上波动巨大，有时会突然发生变化。

1.4.1.3　隐式数据和噪声数据

传统传感器生成的数据结构良好、明确、干净且易于理解。然而，在被动人群感知等程序中，用户贡献的数据通常是自由格式的（如文本和图像），或者不能像传统传感器那样明确地引导我们达到最终目标。有时，信息也可能带有噪声，因为人们并不是带着特定的目的收集数据。

例如，Zhang 等人[59-60]旨在利用配备 GPS 的出租车司机作为传感器来检测加油站排队时间（当他们给出租车加油时），并进一步推断那里还有多少人也正在给他们的车辆加油。目标是估算加油站的汽油消耗量，最终估算给定时间范围内全市的汽油消耗量。在这个应用中，我们可以收集到的是出租车司机的 GPS 轨迹，这些轨迹并没有明确告诉我们汽油消耗的结果。与此同时，出租车司机把出租车停在离加油站较近的地方可能只是为了休息或等待交通信号灯。这些从 GPS 轨迹数据中观察到的行为是噪声，因为它们并不是真正的加油行为。

1.4.1.4　资源分配

尽管我们希望在城市感知程序中最大化数据收集的覆盖范围和质量，但通常面临资源限制，如资金、传感器和劳动力。这具有挑战性，具体原因有两个：数据质量测量和候选对象选择。

- 数据质量测量　我们需要一个明确的测量标准来评估感知程序收集到的数据。这个测量标准会因不同的应用而变化，包括数量、覆盖范围、平衡性、冗余性和稳定性。在某些应用中，测量标准很容易量化，例如覆盖最多的轨迹（互不相同）数量。然而，在其他应用中，定义测量标准是一个不好完成的任务。例如，如图 1.8a 所示，我们希望建立 4 个新的监测站以便在整个城市中最佳地监测空气质量。定义"最佳监测"是具有挑战性的,因为我们没有整个城市的空气质量的基准真实数据(ground truth)[71]。

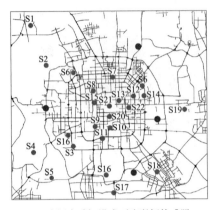

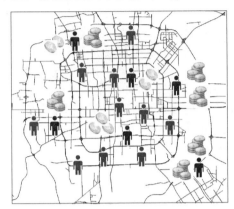

a)在固定感知模式下分配新传感器　　　　b)主动人群感知模式下的任务分配

图 1.8　资源分配挑战的示例

同样,如图 1.8b 所示,在时空空间中定义由主动人群感知程序收集的数据的覆盖范围是非简单的,其中空间和时间维度可能具有不同的粒度[20]。按不同的地理大小和不同长度的时间间隔进行划分,收集到的数据将呈现不同的分布。对数据覆盖的评估将显著影响主动人群感知程序中的任务设计和参与者招募。

- 候选对象选择　基于上述测量,我们需要从大量候选对象中为城市感知程序进行选择,如地点、车辆和人员。这是一个非常复杂的问题,有时甚至是 NP 困难的。例如,从道路网络中找到一个包含 k 个地点的集合,使得有最大数量的互不相同的轨迹穿过这些地点[27],这是一个典型的固定传感器部署问题,可以转化为一个具有 NP 计算复杂度的子模近似问题。在移动感知领域的另一个例子是,选择几辆公交车来放置商业广告,以最大化看到广告的人数。

在主动人群感知程序中,如图 1.8b 所示,给定有限的预算,感知方案需要根据参与者的移动性选择合适的参与者,并为他们提供不会打断他们原有通勤计划的无障碍任务。这是困难的,因为城市中的人类移动性高度倾斜。如果没有有效的参与者招募和任务分配机制,一些地点将没有参与者贡献数据,而少数地方(例如,热门旅游景点)可能有过多的甚至冗余的数据,从而浪费资源。因此,我们无法确保最佳的数据覆盖范围,以更好地支持上层应用。

1.4.2　城市数据管理挑战

有许多类型的数据,如文本、图像、交通和气象数据等,都是由城市空间中不同的来源不断生成的。为了更好地支持上层数据挖掘和服务,需要跨不同领域管理大规模和动态的数据集。云计算平台,如 Microsoft Azure 和 Amazon Web Services,被视为大规模和动态数据的理想基础设施。由于大多数城市数据都与空间信息和时间属性(称为时空数据)相关,城市计算需要云计算技术来管理时空数据。然而,当前的云计算平台并非专为时空数据设计。以下是在处理时空数据时面临的主要挑战。

1.4.2.1　唯一的数据结构

时空数据具有唯一的数据结构，这些结构与文本和图像不同。例如，一张照片在拍摄后的大小是固定的，而一辆出租车在城市中行驶的轨迹长度会不断增加。一个移动物体的轨迹数据会以不可更改的顺序持续流入云端，我们无法预知轨迹何时结束以及它最终会多大。此外，为了支持不同的查询，时空数据的存储机制也不同。

1.4.2.2　不同的查询方式

我们通常通过关键词查询文档，即精确或近似匹配一些关键词与文档集合。然而，在城市计算中，我们通常需要处理对时空数据的时空范围查询或 k 最近邻查询。例如，在 60s 的时间范围内找到附近的空出租车是一个针对出租车轨迹数据的时空范围查询[65]。同样，在驾驶过程中搜索最近的加油站是一个连续的 1 最近邻查询，针对的是 POI。现有的云组件无法直接且高效地处理时空查询，因为在大多数云存储系统中没有找到索引和检索算法。

1.4.2.3　混合索引结构

传统的索引和查询算法通常是针对某一类型的数据提出的。例如，R 树是用于索引空间点数据的，倒排索引是为了处理文本文档而设计的。然而，在城市计算中，我们需要处理具有不同格式和更新频率的多数据集，这些数据集跨越不同的领域。这需要能够组织多模态数据（例如，将轨迹、兴趣点和空气质量数据一起管理）的（混合）索引结构。如果没有这样的混合索引结构，上层机器学习模型的在线特征提取过程将需要很长时间，从而无法提供即时服务。目前，这样的研究非常罕见。

1.4.2.4　将时空索引与云集成

在处理文本和图像时，云计算平台通常依赖分布式计算环境，如 Spark、Storm 和 Hadoop，因为针对文本和图像设计的索引结构功能相当有限。例如，倒排索引通常用于维护单词和单词所在文档之间的关系。然而，对于时空数据，有效的索引结构可以将检索算法的效率提高几个量级。将时空索引的优势与云中的分布式计算系统结合起来，可以使得云在处理更大规模的数据时更加高效，同时使用更少的计算资源。

将时空索引集成到云的并行计算环境中是一个艰巨的挑战，特别是在有大量轨迹数据流入云时。例如，要找到在几分钟内穿越一系列道路段的车辆，就需要将轨迹索引结构系统地集成到基于 Storm 的计算框架中。因为使用了并行计算框架和索引结构，所以平衡内存和输入/输出（I/O）吞吐量是一个挑战，这需要用到分布式系统、云存储和索引算法的知识。一些索引结构在独立运行的机器上可能表现很好，但考虑到索引分区和更新的潜在问题，它们可能不是分布式环境下的最佳选择。

1.4.3　城市数据分析挑战

1.4.3.1　使机器学习算法适应于时空数据

时空数据与图像和文本数据不同，用现有机器学习算法处理时空属性会带来以下挑战。

- **空间属性**　空间属性包括地理距离和层次结构。例如，根据地理学第一定律——"每个事物都与其他事物相关，但近的事物比远的事物更相关"[45]——机器学习算法应该能够区分距离较近对象之间的相似性和距离较远对象之间的相似性。这里的距离不仅指地理距离，还包括在语义空间（如特征空间）中的距离。

例如，如图 1.9a 所示，在一个城市中部署了 4 个空气质量监测站（s_1、s_2、s_3 和 s_4）。根据地理欧几里得距离，s_4 是距离 s_2 最近的监测站，其空气质量与 s_2 的相似度高于与其他监测站的相似度。然而，对于 s_1 和 s_3 这并不成立。尽管在地理空间中 s_1 比起 s_3 更接近 s_2，但如图 1.9b 所示，s_2 的空气质量读数与 s_3 的相似度高于与 s_1 的相似度。原因是 s_2 和 s_3 位于具有相似地理背景（例如 POI 和交通模式）的两个区域，而 s_1 部署在森林中，并且它与 s_2 之间有一个湖泊。因此，在特征空间中，实际上 s_3 比起 s_2 更接近 s_1。

 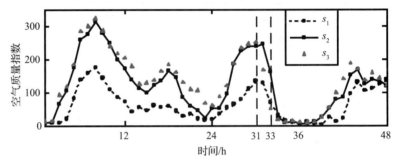

a）传感器的地理位置 b）空气质量指数随时间的变化

图 1.9 时空数据的空间距离

此外，不同粒度的位置自然地产生了一个层次结构。例如，一个市由许多县组成，每个县进一步由许多镇组成。在层次结构的不同层次上的数据表示包含着不同层次的知识。对于机器学习算法来说，捕捉不同粒度的时间和空间数据信息是一个具有挑战性的任务。

例如，如图 1.10 所示，不同用户的位置历史形成了一个地理层次结构，其中上层节点表示具有较粗粒度的位置簇。我们希望根据四名用户（u_1、u_2、u_3、u_4）的位置历史估计他们之间的相似性，一般的观点是相似的用户应该共享更多的位置历史[25,79]。如果只检查他们在

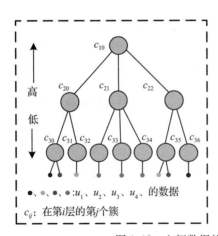 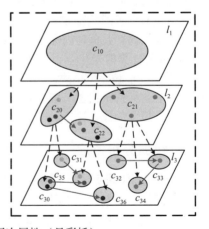

图 1.10 空间数据的层次属性（见彩插）

l_2 的位置历史，我们无法区分 u_1、u_2 和 u_3，因为他们都经过了 $c_{20} \rightarrow c_{22}$。然而，如果我们检查 l_3，会发现 u_2 和 u_3 都访问了 c_{35}。因此，与 u_1 相比，u_3 更类似于 u_2。同样，与 u_2 相比，u_3 更类似于 u_1，因为 u_1 和 u_3 都访问了 c_{30}。如果我们只探索这些用户在 l_3 的数据，u_1、u_2 和 u_4 将很难进行比较，因为他们在这个层次上没有共享任何位置。通过检查他们在 l_2 的位置历史，我们可以区分 u_2 和 u_4，因为 u_1 和 u_2 都经过了 $c_{20} \rightarrow c_{22}$，而 u_1 和 u_2 没有。

- **时间属性**　时间属性包括三个方面：时间接近性、周期性模式和趋势模式。第一个方面与空间距离非常相似，表明在两个相近时间戳生成的数据集通常比在两个遥远时间戳生成的数据集更相似[50]。然而，考虑到时空数据的周期性模式，并不总是如此。例如，如图 1.11a 所示，某条路上午 8 点的交通速度在连续的工作日几乎是相同的，但可能与同一天上午 11 点的有很大不同，尽管上午 11 点在时间上更接近上午 8 点，而不是前一天上午 8 点。此外，随着时间的变化，周期也会发生变化。如图 1.11b 所示，周末上午 9 点到 10 点的交通速度随着冬季的临近而不断上升。当温度下降时，人们会推迟开始周末活动的时间。因此，在这条路上，上午 9 点的交通状况变得越来越好。总之，机器学习算法应该能够模拟时空数据的时间接近性、周期性模式和趋势模式属性。

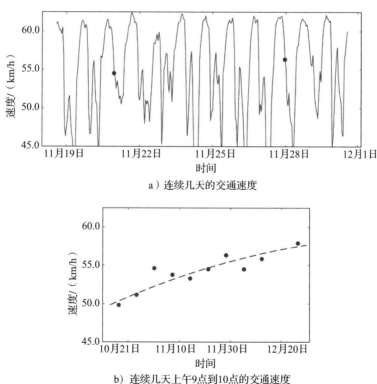

a）连续几天的交通速度

b）连续几天上午9点到10点的交通速度

图 1.11　时空数据的时间特性：北京四环北段每小时交通速度示例

1.4.3.2　结合机器学习算法与数据库技术

机器学习和数据库是计算机科学中两个不同的领域，各自拥有社区和会议。虽然这两个社区的工作很少交叉，但在设计城市计算以及各种其他大数据项目的数据分析方法时，需要来自这两个领域的知识。对于这两个社区的人来说，设计有效且高效的数据分析方法，无缝且系统地结合数据库和机器学习的知识，是一项具有挑战性的任务。结合的方法主要有三种。

第一，我们可以设计空间和时空索引结构来加速机器学习算法的信息检索和特征提取过程。例如，为了推断一个地点的空气质量，我们需要从穿越每个区域的出租车的 GPS 轨迹中提取交通特征。如果没有时空索引结构，特征提取过程将持续数小时[71]。

第二，我们可以使用数据库技术为机器学习算法生成候选数据，从而缩小复杂学习算法的搜索空间。例如，因果推断算法通常非常复杂且低效，因此很难直接应用于大数据。通过数据库领域的模式挖掘技术，我们可以从大量数据中找到一些相关性模式。然后，因果推断算法可以利用这些相关性模式（它们比原始数据小得多）作为输入来推导不同对象或数据集之间的因果关系。

第三，我们可以使用由数据库技术得到的上界和下界来修剪搜索空间。例如，在参考文献 [37,78] 中，作者为对数似然比检验推导了一个上界，以加快异常检测过程。

1.4.3.3 跨领域知识融合方法

虽然融合来自多个不同数据集的知识对于大数据项目至关重要，但跨领域数据融合是一项不易完成的任务，原因有以下两点。

首先，简单地将从不同数据集中提取的特征拼接成一个特征向量可能会降低任务的性能，因为不同的数据源可能具有非常不同的特征空间、分布和显著性水平[35]。

其次，涉及更多类型数据的任务更有可能出现数据稀缺问题。例如，在参考文献 [71] 中使用了五种数据源，包括交通、气象、POI、道路网络和空气质量读数数据，来预测整个城市的细粒度空气质量。然而，当试图将这种方法应用于其他城市时，我们发现许多城市在每个领域都找不到足够的数据（例如，没有足够的监测站来生成空气质量读数），甚至根本没有给定领域的数据（如交通数据）[48]。

1.4.3.4 交互式视觉数据分析

数据可视化不仅是展示原始数据和呈现结果，尽管这两个方面是使用可视化常见的动机。在城市计算中，交互式视觉数据分析变得尤为重要，它用于检测和描述数据中由某些研究方向驱动[1,34]的模式、趋势和关系。当在数据中检测到相关内容时，新问题就会出现，导致需要更详细地查看特定部分。可视化还有助于调整和优化数据挖掘模型的参数。交互式视觉数据分析为人类智能与机器智能的结合提供了一种方法，还赋予人们整合领域知识（如城市规划）与数据科学的能力，使领域专家（如城市规划师或环保人士）能够与数据科学家合作，解决特定领域的问题。

交互式视觉数据分析要求以下两个技术方面的支持：一是将可视化方法与数据挖掘算法无缝集成，并将集成部署在云计算平台上；二是以交互方式结合人类和数字数据处理的优势，涉及假设生成而不仅是假设测试[1]。

1.4.4 城市服务挑战

这一层架起了城市计算与现有城市相关领域（比如城市规划、环境理论和交通等领域）之间的桥梁，并面临以下挑战：一是将领域知识与数据科学相融合，二是将城市计算系统集成到现有的领域系统中。

1.4.4.1　将领域知识与数据科学相融合

在为这些领域启用城市计算应用时，我们需要一定程度的领域知识。例如，为了预测城市中的交通状况，我们需要知道哪些因素会影响特定地点的交通流量。然而，领域专家和数据科学家通常是两个几乎不共享知识的独立群体。前者拥有丰富的领域知识和经验，但通常对数据科学知之甚少。后者配备了多样化的数据科学技术，但缺乏领域知识。此外，领域知识可能过于复杂，无法明确指定，因此无法被智能算法精确建模。解决这个问题有两种方法。

首先，数据科学家需要通过与领域专家沟通或学习领域内已发表的文献来获得一定程度的领域知识。与领域专家合作时，数据科学家需要确定哪些关键问题（在领域内）对于任务的完成至关重要，并且可以通过数据科学来解决。数据科学家应该了解可能导致问题的因素，并选择相应的数据集来解决问题。他们需要理解领域内已提出的方法的原理，利用良好的洞察力弥补这些方法的不足。

其次，设计一些允许领域专家与数据科学家创建的智能技术交互的视觉数据分析工具是更好的选择。这是一种将机器智能和人类智能结合的方式，也是将领域知识与现代科学整合的方法。例如，使用智能技术，数据科学家可以根据一些简单的标准或初步设置生成一些初步结果。然后将这些结果呈现给领域专家，他们根据自己的领域知识对结果进行细化。细化可能包括从结果中删除一些不可读的候选数据，或者调整一些有意义的参数。有了经过细化的结果，智能技术继续生成另一轮结果，并从领域专家那里获得反馈，直到得到满意的结果。通过这种交互，领域知识和人类智能被整合到由数据科学驱动的智能技术中。有了这样的交互式视觉数据分析工具，领域专家更有可能为城市计算项目贡献更多的知识。

1.4.4.2　系统集成

理想情况下，我们希望根据图 1.12 所示的框架，为一个领域应用根本性地构建一个城市计算系统。然而，在现实中，许多领域应用可能已经拥有自己的系统，这些系统接收传感器数据并为应用生成决策。领域专家可能希望在完全切换之前先测试新的城市计算系统，这种情况下存在两个挑战。

首先，几乎不可能将城市计算系统的关键组件（如数据分析模型）部署到现有的领域系统中，因为这些组件可能需要根据最近的数据进行更新（即重建）。训练过程并不完全自动化，需要数据科学家参与参数调整和可视化过程。例如，可能每几个月重新训练一次空气质量预测模型，因为城市的交通和天气条件在几个月内可能会发生显著变化。然而，对于大多数领域专家来说，重新训练机器学习模型超出了他们的能力范围。

简单地为每个现有的领域系统分配一名数据科学家就有可能解决这个问题，但这又引起了另一个担忧。鉴于数据科学家的数量远远少于需要数据科学的领域应用数量，处理更多的领域请求时将会非常费力。将关键组件紧密集成到现有的领域系统中增加了数据科学家的工作量。例如，除了第一个挑战中提到的领域知识外，他们还需要了解特定领域系统是如何工作的。此外，他们还需要维护部署在不同领域系统中的多个类似组件。

第二个挑战是，为了防止数据暴露给公众，这些系统有时是基于私有云构建的。因此，城市计算系统可能无法完全访问来自领域系统的数据。

为了应对这些挑战，图 1.12 提出了一个可能的松散集成策略。在这个策略中，现有的领域系统继续接收原始数据。然后,如果存在数据安全问题,它将提供处理过的数据(例如,从原始数据中提取的特征)给城市计算系统。由于特征提取函数不是动态的,并且不涉及数据科学家,因此可以很容易地部署到现有的领域系统中。数据科学家在城市计算系统方面工作,在必要时训练新模型(无须了解领域系统如何工作)。这些在城市计算系统中运行的模型以来自领域系统的数据为输入,持续生成结果(例如,交通预测)。然后,城市计算系统通过云API将结果作为服务提供给领域系统。基于城市计算系统的结果,领域系统可以推导出最终的决策来操作领域应用。同样的 API 集可以提供给许多其他需要给定城市的交通预测数据的领域系统。因此,一个模型可以服务于许多领域应用,一个数据科学家可以处理许多类似请求。

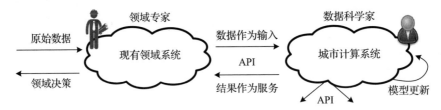

图 1.12   城市计算服务系统集成策略

1.4.4.3   培训数据科学家

尽管数据科学家在许多城市计算项目中扮演着至关重要的角色,但数据科学家的数量非常有限,因为数据科学是一个新兴领域。此外,培训一名数据科学家是非常具有挑战性的,比培训一名数据分析师困难得多。表 1.2 展示了数据分析师和数据科学家之间的区别。

表 1.2   数据分析师和数据科学家之间的比较

示例	问题	数据	方法	结果
	表述明确	给定	现有工具	预定义
数据分析师 "银行是否应根据用户的申请表格为用户发行信用卡?"	二分类	1. 之前的申请表格,包括用户的信息,如收入、年龄和职业 2. 标签(Y 或 N)源自这些用户的还款历史	分类模型,如决策树或随机森林	Y:批准申请 N:拒绝申请
	表述不明确	未知	定制	未定义
数据科学家 "环境中的 PM2.5 有多少(百分比)是由车辆产生的?"	聚类? 分类? 回归? ???	车辆排放数据? 轨迹? 道路网络? 气象学? ???	上下文感知矩阵分解? 图形模型?	???

总的来说,给定数据集,数据分析师可以运用现有的数据分析工具来解决一个表述明确的(数据挖掘或机器学习)问题,并生成具有预定义架构的结果。例如,为了确定应该批准还是拒绝信用卡申请,数据分析师可以使用以前申请人的表格和还款历史来训练一个二分类模型(例如,决策树),可以从申请人的表格中提取一组特征,如年龄、工作和收入。根据信用卡发放后申请人的还款历史,可以得出相应的标签(Y 或 N)。如果还款始终按时,则标签

设置为 Y，否则为 N。一旦模型被训练好，它就可以根据新表格中的特征预测新申请的标签。如果标签为 Y，则批准申请，否则拒绝。简而言之，这是一个表述明确的二分类问题，有给定数据集（即申请人以前的表格和还款历史）和预定义结果（即拒绝或批准）。

相比之下，数据科学家可能面临的问题包括：环境中有百分之多少的 PM2.5 是由车辆产生的？如果把北京市政府搬到城市边远地区，对北京的交通和经济会有什么影响？我们如何减少城市的噪声污染？这类问题并不是表述明确的数据分析问题，因为它们不是简单的聚类、分类、回归或因果关系分析任务。此外，哪些数据集与问题相关是未知的。没有现成的工具可以解决这些问题，而且结果的模式也不能轻易地预定义为一些标签，如 Y 或 N。数据科学家需要做的是确定与问题相关且在实际世界中可用的数据集，为问题设计定制的数据分析模型，并推导出最终结果。

在许多情况下，我们的客户（例如，政府官员）甚至无法提出明确的问题。在这种情况下，数据科学家需要自行识别有价值的问题，这些问题对于领域来说是任务关键型的，并且比传统解决方案更适合数据科学。这比解决一个给定的问题还要难。

更具体地，如图 1.13 所示，数据科学家应该具备四个方面的技能。

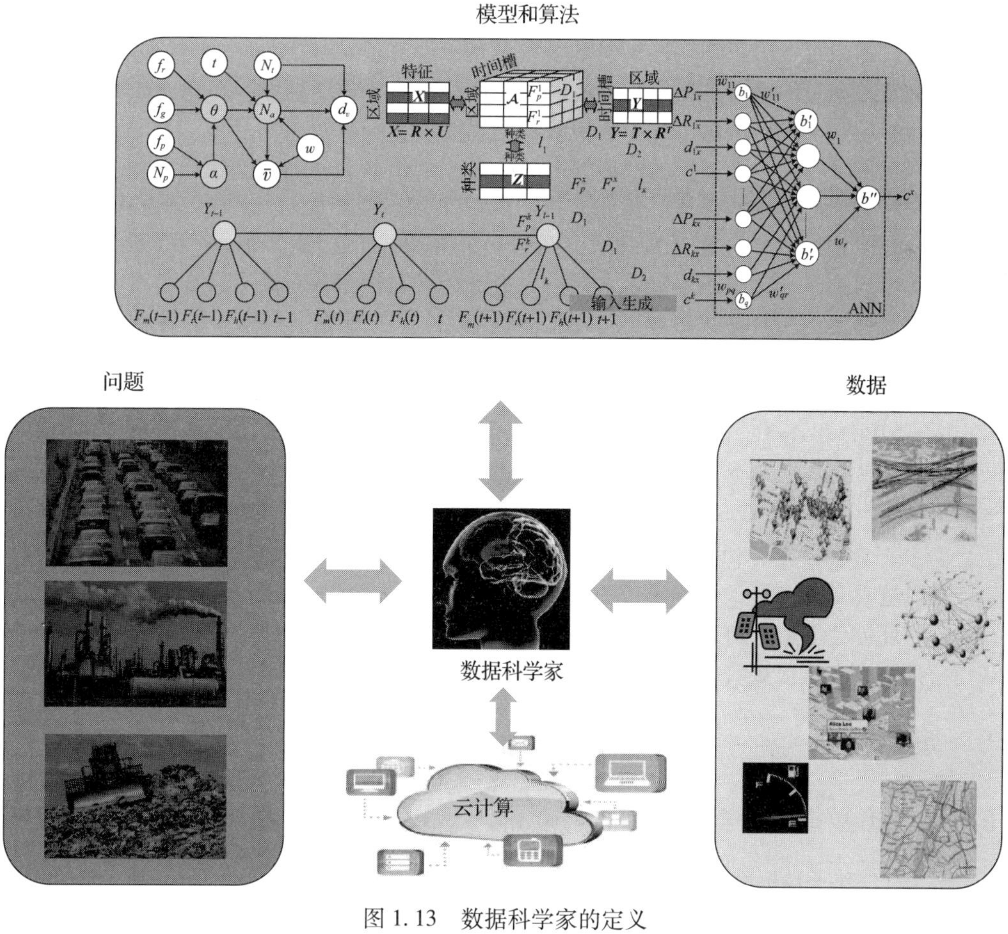

图 1.13　数据科学家的定义

- **理解问题**　数据科学家在城市计算中需要解决的问题通常来自其他领域，如交通、能源和环境领域，而不是计算机科学。数据科学家不一定需要成为领域专家，但科学家必须理解以下问题：问题是什么？为什么这个问题具有挑战性？可能导致这个问题的因素是什么？传统解决方案是如何解决这个问题的？为什么这些方法不能彻底解决这个问题。这些问题的答案来源于常识、领域内已发表的相关文献以及简单的数据可视化。

  例如，为了推断一个地点的空气质量，数据科学家需要知道可能导致空气污染的因素，如工厂和车辆排放、气象条件以及扩散条件。仅知道这些因素，数据科学家就可以选择合适的数据集来表示或指示相应的因素。通过学习现有文献，我们知道空气污染是多个复杂过程的结果，包括局部排放、外部传播和化学反应。一方面，我们知道传统的物理扩散模型无法解决这个问题，因为它们只考虑前两个过程。此外，准确模拟前两个过程也是困难的，因为在现实世界中捕捉所有污染源是不切实际的。另一方面，数据科学家可以从现有方法中学习到需要提取的特征以及设计数据分析模型遵循的原理。

- **深入理解数据**　数据科学家除了需要了解数据的格式和属性外，还需要洞察数据背后的信息。例如，出租车的 GPS 轨迹不仅表示道路上的交通状况，还暗示了人们的通勤模式，因为每条出租车轨迹都包含了乘客的上下车点。大量的上下车点对代表了人们的出发地和目的地以及出发和到达时间，这些提供了关于通勤模式的关键信息。此外，人们的通勤模式还指示了一个区域的功能和经济发展以及自然环境。有了这样的洞察，我们就可以利用一个领域的数据集来解决另一个领域的问题，实现跨领域的数据融合，并应对数据稀疏性的挑战。例如，我们可以结合出租车轨迹（表示交通状况和通勤模式）与其他数据集（如 POI 和道路网络）来推断一个区域的功能。我们甚至可以使用出租车轨迹作为其中一个输入来评估房地产的潜在价值并对其进行排名。

- **精通不同类型的数据分析模型**　数据科学家需要掌握数据科学中的各种模型和算法，包括数据管理、数据挖掘、机器学习和可视化。为了用端到端的解决方案解决实际问题，数据科学家需要系统地整合数据科学不同分支的算法。在某些情况下，解决方案中某一步骤的算法设计取决于其前一步骤和后一步骤的算法。例如，在设计数据管理算法时，我们需要考虑云计算平台的特点以及上层机器学习算法的性质。

- **使用云计算平台**　在大数据时代，数据无法再存储在单台机器上。云计算平台正成为许多大数据研究（包括城市计算在内）的常见基础设施。知道如何使用这样的平台对于数据科学家部署他们的解决方案至关重要。云计算平台独特的设计影响了算法的设计。此外，了解如何通过添加新组件或中间层来改进云计算平台会更好。一个增强的云计算平台可以更有效地支持城市计算系统（详情请参见第 6 章）。

1.5　城市数据

1.5.1　城市数据的分类

1.5.1.1　基于数据结构和时空属性

如图 1.14 所示，这些数据集的形式可以根据它们的结构和时空属性分为六类。在数据结构方面，有基于点的和基于网络的数据集，分别显示在上方和下方。对于时空属性，有时空静态数据、空间静态时间动态数据，以及时空动态数据，分别由三列表示。

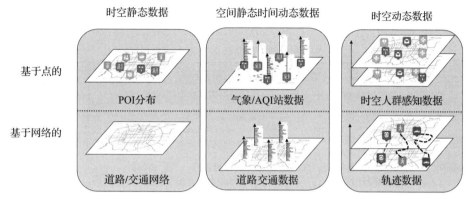

图 1.14　城市大数据的六种数据形式

例如，图 1.14 所示的第一列中以基于点的数据结构表示的 POI 数据具有静态的地理位置和固定的属性，如名称、地址和类别，这些属性不随时间改变。

城市中的道路以网络结构表示，也具有静态的时空属性，如位置、名称、车道数和速度限制。如图 1.14 中间列的下方所示，当与随时间变化的交通相关联时，道路交通数据变为基于网络的空间静态时间动态数据。

如图 1.14 中间列的上方所示，大多数地理感知数据（如气象数据和空气质量）具有静态的点位置，固定传感器就部署在这些位置，但会持续产生动态的读数。

如图 1.14 最后一列的下方所示，数据的最复杂形式是轨迹数据，它通常表示移动对象（如车辆或人）的运动。轨迹数据既包含空间信息（如移动对象的地理位置），也包含随时间变化的时空属性（如速度和行驶方向）。

时空人群感知数据可以被视为一种基于点的时空动态数据集。最后一列上方和下方之间的区别在于，前者的连续点之间的顺序属性比后者要弱得多。例如，人们可能在某个地点发布一个带有地理标签的推文，几天后又在另一个地点发布其他推文。两个地点之间的联系变得非常弱，因为人们在这两个地点之间可能已经访问了许多其他地方。

1.5.1.2　基于数据来源

城市数据还可以根据其来源进行分类，例如分为地理数据、交通数据、通勤数据、环境监测数据、社交网络数据、经济数据、能源消耗数据和健康保健数据。每个来源可能进一步由几个子类别组成。例如，通勤数据包括人们在公交车、地铁和共享单车系统中的购票数据。

此外，当从不同的角度和以不同的方式使用同一来源的数据时，可以形成不同的数据结构。例如，从共享单车站点的角度来看，单个站点内人们的单车租赁数据是一个基于点的空间静态时间动态数据集。然而，通过汇总来自多个站点的大量单车租赁数据，我们可以构建一个单车站点之间的网络，因为人们从一个站点借出单车并在另一个站点归还。此外，不同站点之间的自行车流量随时间变化。因此，来自许多站点的大量共享单车数据可以被视为一个基于网络的时空动态数据集。如果配备 GPS 传感器，单车的移动将形成一条轨迹，这属于时空动态网络数据。

鉴于这两个因素，同一来源的数据可能属于基于数据结构和时空属性的分类法中的多个类别，如表 1.3 所示。

表 1.3　映射到分类法中不同类别的数据源

数据结构	时空属性		
	时空静态数据	空间静态时间动态数据	时空动态数据
基于点的	POI，土地利用	气象数据，空气质量，环形检测器数据，监控摄像头数据，共享单车站点数据，房价，电力消耗	基于位置的社交网络中的签到数据、人群感知数据、信用卡交易信息
基于网络的	道路网络以及河流、铁路和地铁系统的结构	道路网络上的交通、无线通信网络、铁路、地铁和共享单车系统	个人手机信号、车辆 GPS 轨迹、动物移动和飓风

以下小节将根据来源介绍每种类型的城市数据，并讨论在城市计算中的潜在应用以及可能面临的挑战。

1.5.2　地理数据

1.5.2.1　道路网络数据

道路网络数据可能是城市计算中最常使用的地理数据类型（例如，交通监控和预测、城市规划、路由和能源消耗分析）。它通常由一个图表示，该图由一组边（表示道路段）和一系列节点（表示道路交叉口）组成。每个节点都有唯一的标识和地理空间坐标，每条边由两个节点（有时称为端点）和一系列中间地理点组成（如果道路段不是直线）。其他属性，如长度、速度限制、道路级别（高速公路、大街或街道）、单向或双向以及车道数，都与边相关联。

1.5.2.2　POI 数据

一个 POI（如餐厅或购物中心）通常由名称、地址、类别和一组地理空间坐标来描述。一旦建立了 POI，其属性很少随时间变化，尽管餐厅可能会偶尔更改名称或搬迁至新位置。由于城市中存在大量的 POI，收集 POI 数据并不是一个容易的任务。通常，生成 POI 数据有两种方法。

一种方法是通过现有的黄页数据获取 POI，并使用地理编码算法根据文本地址推导出 POI 的地理空间坐标。另一种方法是在现实世界中手动收集 POI 信息，例如，携带 GPS 日志记录器记录 POI 的地理空间坐标。主要数据提供商已经将大量精力投入了第二种方法。一些最近的以位置为基础的社交网络服务，如 Foursquare，允许终端用户在系统中没有包含某个 POI 时，创建这个新的 POI。

为了覆盖大量的 POI，人们广泛使用的在线地图服务，如 Bing 和谷歌地图，通常采用这两种方法来收集 POI 数据。因此，出现了一些问题，比如如何验证 POI 的信息是否正确。有时，POI 的地理空间坐标可能不准确，导致人们前往错误的地方。又如，如何合并不同来源或方法生成的 POI。

1.5.2.3　土地利用数据

土地利用数据描述了一个区域的功能，如居住区、郊区和自然区域，这些最初由城市规划师规划，并在实际操作中通过卫星图像进行大致测量[23]。例如，美国地质调查局将美国的每个 30m×30m 的区域划分为 21 种地面覆盖类型，如草地、水域和商业区。在许多发展中国家，由于城市随时间变化，会建造许多新基础设施，拆除旧建筑，因此城市的现实情况可能与原始规划有所不同。大多数卫星图像无法区分细粒度的土地利用类别，如教育、商业和居住区，因此要获取一个大城市的当前土地利用数据，需要基于其他数据集进行一定程度的推断，如基于人类流动性和 POI[51,54]。

1.5.3　道路网络上的交通数据

1.5.3.1　环形检测器数据

有多种方式可以收集交通数据，例如使用环形检测器、监控摄像头和浮动车辆。环形检测器通常成对嵌入在主要道路（如高速公路）中，检测车辆穿越它们所需的时间间隔。通过将一对环形检测器之间的距离除以时间间隔，我们可以估计车辆在道路上的行驶速度。同时，通过计算在一段时间内穿越这些环形检测器的车辆数量，我们可以获得道路上的交通流量。由于部署和维护环形检测器需要大量金钱和人力资源，这种交通监控技术通常用于主要道路而不是低等级街道。因此，在城市中，环形检测器的覆盖范围相当有限。此外，环形检测器数据无法反映车辆如何在道路上以及两条道路之间行驶。因此，车辆在交叉口（例如为了等待交通灯和转向）花费的时间无法从这种传感器数据中得出。

1.5.3.2　监控摄像头

监控摄像头在城市区域广泛部署，产生了大量的图像和视频数据。这些数据为人们提供了交通状况的视觉真实情况。然而，将这些图像和视频自动转换为具体的交通流量和行驶速度仍然是一个具有挑战性的任务。将在一个地点训练的机器学习模型应用到其他地方是困难的，因为它受到地点的道路结构和摄像头设置［例如高度（相对于地面）、角度和对焦］的影响。因此，使用这种方法来监控全市的交通状况仍然依赖于人力。

1.5.3.3　浮动车辆数据

浮动车辆数据[40]是由装有 GPS 传感器的车辆在城市中行驶时产生的。这些车辆的轨迹被发送到一个中央系统，并与道路网络进行匹配，以推导出在道路段上的速度。由于许多城市已经出于不同目的在出租车、公交车和货运卡车上安装了 GPS 传感器，因此浮动车辆数据已经变得广泛可用。

与环形检测器和基于监控摄像头的方法相比，基于浮动车辆数据的交通监控方法具有更高的灵活性和更低的部署成本。然而，浮动车辆数据的覆盖范围取决于探测车辆的分布，这个分布可能随时间变化，并在城市中的不同时间段存在偏差。这需要先进的知识发现技术，以便根据有限和有偏差的数据恢复全市的交通状况[41]。

除了使用浮动汽车数据来确定交通状况外，我们还可以将出租车的 GPS 轨迹转化为社会和社区动态[6]。例如，了解出租车乘客的上下车点，这可以被视为一种人类流动数据，据此可以研究城市规模的通勤模式，从而有助于改善城市规划[74]。此外，人类流动性数据表明了一个地区的功能[51,54]，这与商业[10-11]和环境保护[71]有关。

1.5.4　移动电话数据

有三种类型的移动电话数据可以贡献于城市计算：通话详细记录、移动电话位置数据以及移动应用日志。

1.5.4.1　通话详细记录

通话详细记录（CDR）是由电话交换系统产生的一种数据记录，包含特定于单个电话通话实例的属性，如通话双方的电话号码、起始和终止站点、开始时间以及通话时长[17,38]。CDR 有多种用途。对于电话服务提供商来说，它们是生成电话账单的关键基础。对于执法部门，CDR 提供了丰富的信息，有助于识别嫌疑人，因为通过起始和终止站点可以推导出个人在通话期间的位置。CDR 还揭示了个人与合作伙伴的关系、沟通和行为模式的细节。因此，它们可以在用户之间构建网络，并估计不同用户之间的相似性和相关性。

1.5.4.2　移动电话位置数据

移动电话位置数据是一类移动电话信号，它识别移动电话的位置而不是用户之间的通信。有两种方法可以获得移动电话的位置：一种是使用三角形定位算法，根据从三个或更多基站接收到的信号大致估计移动电话的位置，另一种是从用户智能手机上运行的移动应用数据流中提取 GPS 坐标。第一种方法广泛可用，只要将移动电话连接到无线通信网络，就可以估计位置，但定位精度取决于基站密度。第二种方法可用性较低，也就是说，如果用户没有运行任何获取 GPS 读数的移动应用，那么位置信息是不可用的，但它具有非常高的定位精度（由 GPS 传感器而不是基于站点的三角形定位算法生成）。

移动电话位置数据可以提供比 CDR 丰富得多的位置信息，因为后者只能根据电话通话的起始和终止站点来推导移动电话的位置。如果人们不在电话通话中，他们的位置就无法被推导出来。此外，一个基站通常覆盖具有一定规模的区域，这可能不足以精确地定位用户。移动电话位置数据表示城市范围内的人类流动性，可以用于检测城市异常，或者从长远来看，用于研究城市的功能区域和城市规划。有时会整合这两种移动电话数据，也就是说会保留手机之间的交易记录以及关于每部手机的位置的记录。

1.5.4.3　移动应用日志

许多移动应用在用户与智能手机交互时会记录用户行为。这些用户日志暗示了用户的偏好和个性特征，有助于改进应用的设计并实现个性化广告。当大规模用户日志被汇总使用时，可以获得给定区域内人们的生活模式和生活方式。日志甚至可能有助于预测一个地区的商业趋势。例如，如果很多人通过移动应用搜索某个特定房地产，该房地产的价格可能会上涨。原则上，应用程序的日志数据只能由应用运营商访问。然而，如果数据没有加密，那么无线网络运营商和手机制造商也可能访问这些数据。在利用这些移动应用日志的同时保护用户隐私是一个挑战。

1.5.5　通勤数据

在城市中穿梭的人们产生了大量的通勤数据，例如地铁和公交系统中的刷卡数据、自行车共享数据、出租车费用记录以及停车场的票务数据。

1.5.5.1 刷卡数据

这类数据在城市公共交通系统中广泛可用,当人们进入地铁站或乘坐公交车时会刷射频识别(RFID)卡。一些系统还要求人们在离开站点或下公交车时再次刷卡。每笔交易记录包括车站的 ID、进出站的时间戳以及行程的费用。虽然刷卡数据最初是为了生成交通账单而创建的,但大规模的刷卡数据可以改善现有的公共交通系统。例如,优化现有公交车和地铁的调度,或规划新的公交车和地铁线路。

1.5.5.2 自行车共享数据

自行车共享系统在许多大城市中广泛部署,包括纽约、巴黎和北京,为人们的通勤提供了一种便捷的交通方式。用户可以在附近的站点租用一辆自行车,并在接近目的地的站点归还自行车。用户在取出/归还自行车时需要刷 RFID 卡。每次刷卡都会生成一条记录,包括自行车 ID、时间戳和车站 ID。自行车共享系统面临在各个站点之间重新平衡自行车的挑战。本质上,自行车的使用是不均匀的,随时间和地点而变化。因此,一些站点可能会拥堵,没有足够的泊位供归还的自行车使用,一些站点可能自行车数量不足[26]。这些数据不仅可以用来监控每个站点当前的自行车数量,还可以预测未来的自行车需求,以便运营商可以提前重新分配自行车。这些数据还可以帮助规划更好的车站部署。

最近,一些无站点的自行车共享系统允许用户方便地在任意地点停放和取用自行车。这些系统记录用户的骑行轨迹,有助于有效地规划城市中的自行车道[2]。

1.5.5.3 出租车费用记录

出租车费用记录包含两种类型的信息:出租车费用数据和行程数据。行程数据包括接送地点和时间、每次行程的时长和距离、出租车 ID 以及乘客数量。费用数据记录了每次行程的出租车费用、小费和税费。

1.5.5.4 停车场的票务数据

街道边的停车费用通常通过停车计时器来支付。停车位的支付信息可能包括停车费用和票据发放的时间。这些数据表明了一个地点周围的车辆流量,这不仅可以用来改善城市的停车基础设施,还可以用来分析人们的来往模式。后者可以支持地理广告和商业地点的选择。

1.5.6 环境监测数据

1.5.6.1 气象数据

气象数据包括湿度、温度、气压、风速、风向、降水量以及晴朗、多云、阴天和雨天等天气状况。气象数据由地面气象监测站生成并在公共网站上发布。气象数据的时序粒度从分钟到小时不等,因城市和国家而异,空间粒度从监测站到城市不等。气象预报始终是一项重要的任务,对许多领域都至关重要,包括航空、海洋和农业产业。当前的天气预报是基于一系列经典模型的结果和人工干预得出的。

1.5.6.2 空气质量数据

空气质量数据,如 PM2.5(直径小于 $2.5\mu m$ 的颗粒物)、NO_2 和 SO_2 的浓度,可以从空气质量监测站获得。虽然一些气体如 CO_2 和 CO 可以通过便携式传感器检测，但对于 PM2.5 和 PM10，设备需要吸收足够的空气才能得出相对准确的读数。因此，这样的监测站通常非常大且昂贵，需要一定面积的土地进行部署和一个团队进行维护。

监测站的数据读数是不同空气污染物的浓度，例如，$0.001\ 4\mu g/m^3$。在与人们交流时，空气污染物的浓度被转换成个体空气质量指数（AQI），范围从 0 到 500。不同国家有自己的转换标准（详细见参考文献[81]）。在一段时间间隔内，所有空气污染物的最大个体 AQI 被选定来代表该间隔的 AQI。AQI 范围被划分为六级空气污染水平，用不同的颜色表示。表 1.4 展示了美国的 AQI 标准。例如，AQI 在 0 到 50 之间表示空气质量良好，用绿色表示。

表 1.4　AQI 值、描述符和颜色代码

AQI	健康影响等级	颜色
0~50	良好（G）	绿色
51~100	中等（M）	黄色
101~150	对敏感群体不健康（U-S）	橙色
151~200	不健康（U）	红色
201~300	非常不健康（VU）	紫色
301~500	有害（H）	深红色

受到多个复杂因素（如交通流量和土地利用）的影响，城市空气质量在不同地点显著不同，并且随时间频繁变化。因此，数量有限的监测站无法反映整个城市的细粒度空气质量情况[71]。此外，对高级空气质量预报的需求最近有所增加。

1.5.6.3　噪声数据

噪声数据是另一种对人们的身心健康有直接影响的环境数据[15]。许多城市部署了传感器来测量声音水平，全球大部分户外噪声都是由机器、交通系统、机动车、飞机和火车产生的[16]。然而，噪声污染的程度取决于噪声的强度和人们对噪声的耐受度[15]，后者随时间变化，且人与人之间的差异可能很大。此外，噪声是由不同类型的声音混合而成的。声音传感器无法体现一个地点噪声的组成，更不用说声音随时间和位置显著变化的事实了。

近年来，有一些研究努力通过将人类作为传感器来收集噪声数据。例如，在像纽约市这样的城市中，有一个 311 平台，允许人们通过电话登记非紧急投诉。每条投诉都与一个时间戳、一个位置和一个类别相关联。在数据中，噪声是第三大类别，可以用来诊断城市的噪声污染[73]。其他研究项目则利用用户的手机来收集一个地点的噪声水平，并要求那些用户标记他们听到的噪声类型。

1.5.6.4　城市水质

城市水质指的是水体的物理、化学和生物特性，被称为"强大的环境决定因素"和"预防及控制水传播疾病的基石"[49]。一些指数，如余氯、浊度和 pH 值，通常用于测量城市水在配水系统中的化学性质[39]。其他类型的传感器也用于检测水的物理性质，如压力、温度和流量。检测城市水物理和化学性质的传感器可能不会安装在同一位置。这些传感器生成的数据每几分钟更新一次。由于在配水系统中安装的此类传感器非常少，通常一个系统包含数以万计的节点和管道，因此有效地监测水质仍然非常困难[30]。

1.5.6.5　卫星遥感

卫星遥感使用不同长度的射线扫描地球表面，生成代表广大区域生态和气象的图像。这些图像可以用于校准城市规划、控制环境污染以及应对灾难性灾害。

1.5.7　社交网络数据

社交网络数据由三部分组成。第一部分是用户个人资料，由用户的个人属性组成，如性别、家庭住址和年龄。这些信息通常是稀缺和不完整的，因为关心隐私的人不会填写所有信息。这些信息可以帮助进行不同类型的推荐（如广告）。

第二部分是社交结构，以图的形式呈现，表示用户之间的关系、相互依赖或互动。社交结构可以帮助我们检测人群中的社区，理解信息在人群中的传播，甚至预测用户个人资料中的缺失值。

第三部分是用户生成的社交媒体内容，如文本、照片和视频，这些内容含有丰富的关于用户行为/兴趣的信息。当向社交媒体添加位置信息（例如 Foursquare 的签到数据和带地理标记的推文）时[63]，我们可以模拟人们在城市区域内的流动性，这对于城市规划和异常检测是有帮助的[36]。

1.5.8　能源

1.5.8.1　车辆能源消耗

车辆在道路表面和加油站的油耗反映了城市的能源消耗情况。相应的数据可以直接从传感器获取，例如保险公司使用传感器来收集车辆的各种数据。数据也可以从其他来源隐式推断出来，例如从车辆的 GPS 轨迹[59-60]。这些数据可以用来评估城市的能源基础设施（比如加油站的分布），计算道路上车辆产生的污染排放，或者寻找最有效的路线。

电动汽车经常需要充电。充电数据，包括电动汽车在哪里、何时充电以及相应的电力消耗，可以指导对充电站部署的决策。这些数据也有助于改进电动汽车的电池设计。

1.5.8.2　智能电网技术

智能电网技术[9]源自早期尝试在电力基础设施中使用电子控制、计量和监控。近年来，许多智能电表和传感器被安装在电网中，产生了关于电力消耗、传输和分配的数据[13]。公寓或建筑的电力消耗数据可以用来优化居民能源使用，将高峰负荷转移到需求较低的时段。电网的传感器数据可以帮助优化能源传输和分配。

1.5.8.3　家庭能源消耗

智能电表可远程监控家庭中的电力、水和燃气消耗，这些数据可以帮助我们了解家庭的生活模式，并估计家庭的经济能力，这在精准营销中非常有用。当汇总使用这些数据时，可以推断出社区的经济繁荣程度，进而预测房地产的未来价值。

1.5.8.4　发电站

各种数据集持续由热电站的组件（例如燃煤锅炉、鼓风机和尾气净化机）生成。这些数据可以用来提高能源效率，即用更少的煤炭产生更多的电力。

1.5.9　经济

有多种数据可以代表城市的经济动态，例如信用卡交易记录、股票价格、房价和个人收入。这类数据的每个记录都与一个地点、一个时间戳和一个值相关联。当这些数据集被汇总使用时，它们可以捕捉到城市的经济节奏，从而预测未来的经济状况。

1.5.10 医疗保健

已经有大量由医院和诊所生成的健康和疾病数据，包括关于医疗治疗和医疗检查报告的数据集。后者可能包含各种数字、图像（例如胸部 X 光片）、时间序列和图（例如心电图）。

此外，可穿戴计算技术的进步使人们能够通过智能手环等可穿戴设备监测自己的健康状况，如心率、脉搏和睡眠时间。这些数据甚至可以发送到云端，用于诊断疾病和进行远程医疗检查。在城市计算中，我们可以汇总使用这些数据集来研究环境变化对健康的影响，例如分析空气污染与城市哮喘状况的关系，或者研究城市噪声如何影响纽约市等地的居民心理健康。

1.6 公共数据集

包括纽约和芝加哥在内的许多城市已经向公众开放了它们的数据集。以下是一些公开数据集的链接：

- 纽约市公开数据：https://data. cityofnewyork. us/。
- 芝加哥公开数据：https://data. cityofchicago. org/。
- 微软研究院的城市计算：https://www. microsoft. com/en-us/research/project/urban-compu-ting/[66]。
- 城市噪声：纽约市与社交媒体、POI 和道路网络有关的 311 投诉数据：https://www. microsoft. com/en-us/research/publication/diagnosing-new-york-citys-noises-with-ubiqui-tous-data/[73]。
- 城市空气：根据五个中国城市的气象数据和天气预报分析它们的空气质量数据[19,71,77]：https://www. microsoft. com/en-us/research/publication/forecasting-fine-grained-air-quality-based-on-big-data/。
- 交通速度、POI 和道路网络：从北京三个数据集中提取的特征被整合到三个矩阵中：https://www. microsoft. com/en-us/research/publication/travel-time-estimation-of-a-path-using-sparse-trajectories/[41]。通过向数据中添加一个用户维度，建立一个张量来描述特定用户在特定时间槽内在特定道路上的通行时间。该数据在参考文献［46］中使用，并可以从以下 URL 下载：https://www. microsoft. com/en-us/research/publication/travel-time-estimation-of-a-path-using-sparse-trajectories/。
- GeoLife 轨迹数据集[82]：来自微软研究院 GeoLife 项目的 GPS 轨迹数据集[76]，由 182 名用户从 2007 年 4 月到 2012 年 8 月进行收集。该数据集已被用于估计用户之间的相似性[25]，从而实现朋友和位置推荐[75,79]。它还被参考文献［8］用于研究找到离一系列查询点最近轨迹的问题。
- T-Drive 出租车轨迹[83]：来自微软研究院 T-Drive 项目的轨迹样本[52,53,55]，由 2008 年一周内超过 10 000 辆的北京出租车生成。完整的数据集用于为普通驾驶员提供最快的实际驾驶路线建议[53]，为出租车驾驶员推荐乘客上车地点[55,57]，实现动态出租车拼车[32,33]，找出城市交通网络中有问题的设计[74]，以及识别城市功能区域[51,54]。
- 带有交通标签的 GPS 轨迹[84]：每个轨迹都有一组交通方式标签，如驾驶、乘坐公交车、骑自行车和步行。该数据集可以用于评估轨迹分类和活动识别[67,70,72]。

- 基于位置的社交网络的签到数据[85]：这个数据集由超过 49 000 名用户在纽约和 3 100 名用户在洛杉矶产生的签到数据组成，还包括用户的社会结构。每个签到数据包括场所 ID、场所类别、时间戳和用户 ID。由于用户的签到数据可以被视为采样率低的轨迹，这个数据集已被用于研究轨迹的不确定性[47]和评估位置推荐[3]。
- 飓风轨迹[86]：由美国国家飓风中心（NHC）提供的这个数据集包含从 1851 年到 2012 年的 1 740 个北大西洋飓风轨迹（正式定义为热带气旋）。NHC 还提供了每年飓风季节（从 6 月到 11 月）中每个月典型飓风路径的注释。这个数据集可以用来测试轨迹聚类和不确定性。
- 希腊卡车轨迹[87]：这个数据集包含来自 50 辆不同卡车在希腊雅典周围运送混凝土的 1 100 个轨迹。参考文献［12］中用它评估轨迹模式挖掘。
- Movebank 动物追踪数据[88]：Movebank 是一个免费的在线数据库，帮助动物追踪研究人员管理、分享、保护、分析和归档数据。

参考文献

[1] Andrienko, N., G. Andrienko, and P. Gatalsky. 2003. "Exploratory Spatio-Temporal Visualization: An Analytical Review." *Journal of Visual Languages and Computing* 14 (6): 503–541.

[2] Bao, J., T. He, S. Ruan, Y. Li, and Y. Zheng. 2017. "Planning Bike Lanes Based on Sharing-Bike's Trajectories." In *Proceedings of the 23rd SIGKDD Conference on Knowledge Discovery and Data Mining*. New York: Association for Computing Machinery (ACM).

[3] Bao, J., Y. Zheng, and M. F. Mokbel. 2012. "Location-Based and Preference-Aware Recommendation Using Sparse Geo-Social Networking Data." In *Proceedings of the 20th ACM SIGSPATIAL International Conference on Advances in Geographic Information Systems*. New York: ACM, 199–208.

[4] Burke, J. A., D. Estrin, M. Hansen, A. Parker, N. Ramanathan, S. Reddy, and M. B. Srivastava. 2006. *Participatory Sensing*. Los Angeles: Center for Embedded Network Sensing.

[5] Candia, J., M. C. González, P. Wang, T. Schoenharl, G. Madey, and A. L. Barabási. 2012. "Uncovering Individual and Collective Human Dynamics from Mobile Phone Records." *Journal of Physics A: Mathematical and Theoretical* 41 (22): 224015.

[6] Castro, P. S., D. Zhang, C. Chen, S. Li, and G. Pan. 2013. "From Taxi GPS Traces to Social and Community Dynamics: A Survey." *ACM Computer Survey* 46 (2), article no. 17.

[7] Chen, Y., Kai Jiang, Yu Zheng, Chunping Li, and Nenghai Yu. 2009. "Trajectory Simplification Method for Location-Based Social Networking Services." In *Proceedings of the ACM GIS Workshop on Location-Based Social Networking Services*. New York: ACM.

[8] Chen, Zaiben, Heng Tao Shen, Xiaofang Zhou, Yu Zheng, and Xing Xie. 2010. "Searching Trajectories by Locations: An Efficiency Study." In *Proceedings of the ACM SIGMOD International Conference on Management of Data*. New York: ACM.

[9] Farhangi, H. 2010. "The Path of the Smart Grid." *IEEE Power and Energy Magazine* 8 (1): 18–28.

[10] Fu, Y., Yong Ge, Yu Zheng, Zijun Yao, Yanchi Liu, Hui Xiong, and Nicholas Jing Yuan. 2014. "Sparse Real Estate Ranking with Online User Reviews and Offline Moving Behaviors." Washington, DC: Institute of Electrical and Electronics Engineers (IEEE) Computer Society Press.

[11] Fu, Y., H. Xiong, Yong Ge, Zijun Yao, and Y. Zheng. 2014. "Exploiting Geographic Dependencies for Real Estate Appraisal: A Mutual Perspective of Ranking and Clustering." In *Proceedings of the 20th SIGKDD Conference on Knowledge Discovery and Data Mining*. New York: ACM.

[12] Giannotti, F., M. Nanni, F. Pinelli, and D. Pedreschi. 2007. "Trajectory Pattern Mining." In *Proceedings of the 13th ACM SIGKDD International Conference on Knowledge Discovery and Data Mining*. New York: ACM, 330–339.

[13] Gungor, V. C., D. Sahin, T. Kocak, S. Ergut, C. Buccella, C. Cecati, and G. P. Hancke. 2011. "Smart Grid Technologies: Communication Technologies and Standards." *IEEE Transactions on Industrial Informatics* 7 (4): 529–539.

[14] Guo, B., Z. Yu, X. Zhou, and D. Zhang. 2014. "From Participatory Sensing to Mobile Crowd Sensing." In *Pervasive Computing and Communications Workshops (PERCOM Workshops), 2014 IEEE International Conference*. Washington, DC: IEEE Computer Society Press, 593–598.

[15] Hoffmann, B., S. Moebus, A. Stang, E. M. Beck, N. Dragano, S. Möhlenkamp, A. Schmermund, M. Memmesheimer, K. Mann, R. Erbel, and K. H. Jöckel. 2006. "Residence Close to High Traffic and Prevalence of Coronary Heart Disease." *European Heart Journal* 27 (22): 2696–2702.

[16] Hogan, C.M., and G. L. Latshaw. 1973. "The Relationship between Highway Planning and Urban Noise." In *Proceedings of the ASCE Urban Transportation Division Environment Impact Specialty Conference*. New York: American Society of Civil Engineers.

[17] Horak, R. 2007. *Telecommunications and Data Communications Handbook*. Hoboken, NJ: Wiley-Interscience, 110–111.

[18] Howe, J. 2006. "The Rise of Crowdsourcing." *Wired Magazine* 14 (6): 1–4.

[19] Hsieh, H.-P., S.-D. Lin, and Y. Zheng. 2015. "Inferring Air Quality for Station Location Recommendation Based on Big Data." In *Proceedings of the 21st SIGKDD Conference on Knowledge Discovery and Data Mining*. New York: ACM.

[20] Ji, S., Y. Zheng, and Tianrui Li. 2016. "Urban Sensing Based on Human Mobility." In *Proceedings of the 18th ACM International Conference on Ubiquitous Computing*. New York: ACM.

[21] Kindberg, T., M. Chalmers, and E. Paulos. 2007. "Guest Editors' Introduction: Urban Computing." *Pervasive Computing* 6 (3): 18–20.

[22] Kostakos, V., and E. O'Neill. 2008. "Cityware: Urban Computing to Bridge Online and Real-World Social Networks." *Handbook of Research on Urban Informatics*. Hershey, PA: IGI Global.

[23] Krumm, J., and Eric Horvitz. 2006. "Predestination: Inferring Destinations from Partial Trajectories." In *Proceedings of the 8th International Conference on Ubiquitous Computing*. New York: ACM.

[24] Lee, R., and K. Sumiya. 2010. "Measuring Geographical Regularities of Crowd Behaviors for Twitter-Based Geo-social Event Detection." In *Proceedings of the 2nd ACM SIGSPATIAL GIS Workshop on Location Based Social Networks*. New York: ACM, 1–10.

[25] Li, Q., Yu Zheng, Xing Xie, Yukun Chen, Wenyu Liu, and Wei-Ying Ma. 2008. "Mining User Similarity Based on Location History." In *Proceedings of the 16th ACM SIGSPATIAL Conference on Advances in Geographical Information Systems*. New York: ACM, 1–10.

[26] Li, Yexin, Yu Zheng, Huichu Zhang, and Lei Chen. 2015. "Traffic Prediction in a Bike-Sharing System." In *Proceedings of the 23rd ACM International Conference on Advances in Geographical Information Systems*. New York: ACM.

[27] Li, Y., Jie Bao, Yanhua Li, Zhiguo Gong, and Yu Zheng. 2017. "Mining the Most Influential k-Location Set from Massive Trajectories." *IEEE Transactions on Big Data*. doi:10.1109/TBDATA.2017.2717978.

[28] Liu, D., D. Weng, Y. Li, J. Bao, Y. Zheng, H. Qu, and Y. Wu. 2017. "SmartAdP: Visual Analytics of Large-Scale Taxi Trajectories for Selecting Billboard Locations." *IEEE Transactions on Visualization and Computer Graphics* 1:1–10.

[29] Liu, W., Yu Zheng, Sanjay Chawla, Jing Yuan, and Xing Xie. 2011. "Discovering Spatiotemporal Causal Interactions in Traffic Data Streams." In *Proceedings of the 17th SIGKDD Conference on Knowledge Discovery and Data Mining*. New York: ACM.

[30] Liu, Y., Yu Zheng, Yuxuan Liang, Shuming Liu, and David S. Rosenblum. 2016. "Urban Water Quality Prediction Based on Multi-task Multi-view Learning." In *Proceedings of the 25th International Joint Conference on Artificial Intelligence*. Pasadena, CA: International Joint Conferences on Artificial Intelligence Organization (IJCAI).

[31] Lou, Y., Chengyang Zhang, Yu Zheng, Xing Xie, Wei Wang, and Yan Huang. 2009. "Map-Matching for Low-Sampling-Rate GPS Trajectories." In *Proceedings of the 17th ACM SIGSPATIAL Conference on Geographical Information Systems*. New York: ACM.

[32] Ma, Shuo, Yu Zheng, and Ouri Wolfson. 2013. "T-Share: A Large-Scale Dynamic Taxi Ridesharing Service." In *Proceedings of the 29th IEEE International Conference on Data Engineering*. Washington, DC: IEEE Computer Society Press.

[33] Ma, Shuo, Yu Zheng, and Ouri Wolfson. 2015. "Real-Time City-Scale Taxi Ridesharing." *IEEE Transactions on Knowledge and Data Engineering* 27, no. 7 (July): 1782–1785.

[34] Martinoc, D., S. M. Bertolottoa, F. Ferruccic, T. Kechadi, and P. Compieta. 2007. "Exploratory Spatio-temporal Data Mining and Visualization." *Journal of Visual Languages and Computing* 18 (3): 255–279.

[35] Ngiam, J., A. Khosla, M. Kim, J. Nam, H. Lee, and A. Y. Ng. 2011. "Multimodal Deep Learning." In *Proceedings of the 28th International Conference on Machine Learning*. Pittsburgh, PA: International Machine Learning Society, 689–696.

[36] Pan, B., Y. Zheng, D. Wilkie, and C. Shahabi. 2013. "Crowd Sensing of Traffic Anomalies Based on Human Mobility and Social Media." In *Proceedings of the 21st ACM SIGSPATIAL Conference Advances in Geographic Information Systems*. New York: ACM, 334–343.

[37] Pang, L. X., Sanjay Chawla, Wei Liu, and Yu Zheng. 2013. "On Detection of Emerging Anomalous Traffic Patterns Using GPS Data." *Data and Knowledge Engineering* 87 (September): 357–373.

[38] Peterson, K. 2000. *Business Telecom Systems: A Guide to Choosing the Best Technologies and Services*. New York: CMP Books.

[39] Rossman, Lewis A., Robert M. Clark, and Walter M. Grayman. 1994. "Modeling Chlorine Residuals in Drinking Water Distribution Systems." *Journal of Environmental Engineering* 120 (4): 803–820.

[40] Schäfer, R. P., K. U. Thiessenhusen, and P. Wagner. 2002. "A Traffic Information System by Means of Real-Time Floating-Car Data." *ITS World Congress* 11 (October): 14.

[41] Shang, J., Yu Zheng, Wenzhu Tong, Eric Chang, and Yong Yu. 2014. "Inferring Gas Consumption and Pollution Emission of Vehicles throughout a City." In *Proceedings of the 20th SIGKDD Conference on Knowledge Discovery and Data Mining*. New York: ACM.

[42] Song, R., Weiwei Sun, Baihua Zheng, and Yu Zheng. 2014. "Press: A Novel Framework of Trajectory Compression in Road Networks." In *Proceedings of the 40th International Conference on Very Large Data Bases*. San Jose, CA: Very Large Data Bases Endowment (VLDB).

[43] Srivastava, N., and R. R. Salakhutdinov. 2012. "Multimodal Learning with Deep Boltzmann Machines." *Neural Information Processing Systems* (NIPS), 2222–2230.

[44] Sun, Yu, Jianzhong Qi, Yu Zheng, and Rui Zhang. 2015. "K-Nearest Neighbor Temporal Aggregate Queries." In *Proceedings of the 18th International Conference on Extending Database Technology*. Konstanz, Germany: Extending Database Technology.

[45] Tobler W. 1970. "A Computer Movie Simulating Urban Growth in the Detroit Region." *Economic Geography* 46 (2): 234–240.

[46] Wang, Y., Yu Zheng, and Yexiang Xue. 2014. "Travel Time Estimation of a Path Using Sparse Trajectories." In *Proceedings of the 20th SIGKDD Conference on Knowledge Discovery and Data Mining*. New York: ACM.

[47] Wei, L., Y. Zheng, and W. Peng. 2012. "Constructing Popular Routes from Uncertain Trajectories." In *Proceedings of the 18th ACM SIGKDD International Conference on Knowledge Discovery and Data Mining*. New York: ACM, 195–203.

[48] Wei, Ying, Yu Zheng, and Qiang Yang. 2016. "Transfer Knowledge between Cities." In *Proceedings of the 22nd SIGKDD Conference on Knowledge Discovery and Data Mining*. New York: ACM.

[49] World Health Organization. 2004. "Guidelines for Drinking-Water Quality." Volume 3.

[50] Yi, X., Yu Zheng, Junbo Zhang, and Tianrui Li. 2016. "ST-MVL: Filling Missing Values in Geo-sensory Time Series Data." In *Proceedings of the 25th International Joint Conference on Artificial Intelligence*. Pasadena, CA: IJCAI.

[51] Yuan, J., Yu Zheng, and Xing Xie. 2012. "Discovering Regions of Different Functions in a City Using Human Mobility and POIs." In *Proceedings of the 18th SIGKDD Conference on Knowledge Discovery and Data Mining*. New York: ACM.

[52] Yuan, J., Y. Zheng, X. Xie, and G. Sun. 2011. "Driving with Knowledge from the Physical World." In *Proceedings of the 17th SIGKDD Conference on Knowledge Discovery and Data Mining*. New York: ACM, 316–324.

[53] Yuan, J., Y. Zheng, X. Xie, and G. Sun. 2013. "T-Drive: Enhancing Driving Directions with Taxi Drivers' Intelligence." *IEEE Transactions on Knowledge and Data Engineering* 25 (1): 220–232.

[54] Yuan, N. J., Yu Zheng, Xing Xie, Y. Wang, Kai Zheng, and Hui Xiong. 2015. "Discovering Urban Functional Zones Using Latent Activity Trajectories." *IEEE Transactions on Knowledge and Data Engineering* 27 (3): 1041–4347.

[55] Yuan, N. J., Y. Zheng, L. Zhang, and X. Xie. 2013. "T-Finder: A Recommender System for Finding Passengers and Vacant Taxis." *IEEE Transactions on Knowledge and Data Engineering* 25 (10): 2390–2403.

[56] Yuan, J., Y. Zheng, C. Zhang, X. Xie, and Guangzhong Sun. 2010. "An Interactive-Voting Based Map Matching Algorithm." In *Proceedings of the Eleventh International Conference on Mobile Data Management*. Washington, DC: IEEE Computer Society Press.

[57] Yuan, J., Y. Zheng, L. Zhang, X. Xie, and G. Sun. 2011. "Where to Find My Next Passenger?" In *Proceedings of the 13th ACM International Conference on Ubiquitous Computing*. New York: ACM, 109–118.

[58] Yuan, J., Y. Zheng, C. Zhang, W. Xie, X. Xie, G. Sun, and Y. Huang. 2010. "T-Drive: Driving Directions Based on Taxi Trajectories." In *Proceedings of the 18th ACM SIGSPATIAL Conference on Advances in Geographical Information Systems*. New York: ACM, 99–108.

[59] Zhang, F., David Wilkie, Yu Zheng, and Xing Xie. 2013. "Sensing the Pulse of Urban Refueling Behavior." In *Proceedings of the 15th ACM International Conference on Ubiquitous Computing*. New York: ACM.

[60] Zhang, F., Nicholas Jing Yuan, David Wilkie, Yu Zheng, and Xing Xie. 2015. "Sensing the Pulse of Urban Refueling Behavior: A Perspective from Taxi Mobility." *ACM Transaction on Intelligent Systems and Technology* 6 (3): 16–34.

[61] Zhang, Junbo, Yu Zheng, and Dekang Qi. 2017. "Deep Spatio-Temporal Residual Networks for Citywide Crowd Flows Prediction." In *Proceedings of the 31st AAAI Conference*. Menlo Park, CA: AAAI Press.

[62] Zhang, Siyuan, Lu Qin, Yu Zheng, and Hong Cheng. 2016. "Effective and Efficient: Large-Scale Dynamic City Express." *IEEE Transactions on Data Engineering* 28, no. 12 (December): 3203–3217.

[63] Zheng, Y. 2011. "Location-Based Social Networks: Users." In *Computing with Spatial Trajectories*, edited by Y. Zheng and X. Zhou, 243–276. Berlin: Springer.

[64] Zheng, Yu. 2015. "Methodologies for Cross-Domain Data Fusion: An Overview." *IEEE Transactions on Big Data* 1 (1): 16–34.

[65] Zheng, Yu. 2015. "Trajectory Data Mining: An Overview." *ACM Transactions on Intelligent Systems and Technology* 6 (3), article no. 29.

[66] Zheng, Y., L. Capra, O. Wolfson, and H. Yang. 2014. "Urban Computing: Concepts, Methodologies, and Applications." *ACM Transactions on Intelligent Systems and Technology* 5 (3): 38–55.

[67] Zheng, Y., Y. Chen, Q. Li, X. Xie, and W.-Y. Ma. 2010. "Understanding Transportation Modes Based on GPS Data for Web Applications." *ACM Transactions on the Web* 4 (1): 1–36.

[68] Zheng, Y., Y. Chen, X. Xie, and Wei-Ying Ma. 2009. "GeoLife2.0: A Location-Based Social Networking Service." In *Proceedings of the 10th International Conference on Mobile Data Management*. Washington, DC: IEEE Computer Society Press.

[69] Zheng, Y., X. Feng, Xing Xie, Shuang Peng, and James Fu. 2010. "Detecting Nearly Duplicated Records in Location Datasets." In *Proceedings of the 18th ACM SIGSPATIAL Conference on Advances in Geographical Information Systems*. New York: ACM.

[70] Zheng, Y., Q. Li, Y. Chen, and X. Xie. 2008. "Understanding Mobility Based on GPS Data." In *Proceedings of the 11th International Conference on Ubiquitous Computing*. New York: ACM, 312–321.

[71] Zheng, Y., F. Liu, and H. P. Hsieh. 2013. "U-Air: When Urban Air Quality Inference Meets Big Data." In *Proceedings of the 19th SIGKDD Conference on Knowledge Discovery and Data Mining*. New York: ACM, 1436–1444.

[72] Zheng, Y., L. Liu, L. Wang, and X. Xie. 2008. "Learning Transportation Mode from Raw GPS Data for Geographic Application on the Web." In *Proceedings of the 17th International Conference on World Wide Web*. New York: ACM, 247–256.

[73] Zheng, Y., T. Liu, Yilun Wang, Yanchi Liu, Yanmin Zhu, and Eric Chang. 2014. "Diagnosing New York City's Noises with Ubiquitous Data." In *Proceedings of the 16th ACM International Joint Conference on Pervasive and Ubiquitous Computing*. New York: ACM.

[74] Zheng, Y., Y. Liu, J. Yuan, and X. Xie. 2011. "Urban Computing with Taxicabs." In *Proceedings of the 13th ACM Conference on Ubiquitous Computing*. New York: ACM, 89–98.

[75] Zheng, Y., and X. Xie. 2011. "Learning Travel Recommendations from User-Generated GPS Traces." *ACM Transactions on Intelligent Systems and Technology* 2 (1): 2–19.

[76] Yu Zheng, X. Xie, and Wei-Ying Ma. 2010. "GeoLife: A Collaborative Social Networking Service among User, Location and Trajectory." *IEEE Data Engineering Bulletin* 33 (2): 32–40.

[77] Zheng, Y., X. Yi, M. Li, R. Li, Z. Shan, E. Chang, and T. Li. 2015. "Forecasting Fine-Grained Air Quality Based on Big Data." In *Proceedings of the 21st SIGKDD Conference on Knowledge Discovery and Data Mining*. New York: ACM.

[78] Zheng, Y., H. Zhang, and Y. Yu. 2015. "Detecting Collective Anomalies from Multiple Spatio-temporal Datasets across Different Domains." In *Proceedings of the 23rd ACM International Conference on Advances in Geographical Information Systems*. New York: ACM.

[79] Zheng, Y., L. Zhang, Z. Ma, X. Xie, and W.-Y. Ma. 2011. "Recommending Friends and Locations Based on Individual Location History." *ACM Transactions on the Web* 5 (1), article no. 5.

[80] Zhu, J. Y., Y. Zheng, Xiuwen Yi, and Victor O. K. Li. 2016. "A Gaussian Bayesian Model to Identify Spatiotemporal Causalities for Air Pollution Based on Urban Big Data." Paper presented at Workshop on Smart Cities at InforCom, San Francisco, CA.

[81] *Wikipedia*. https://en.wikipedia.org/wiki/Air_quality_index.

[82] GeoLife GPS Trajectories. http://research.microsoft.com/en-us/downloads/b16d359d-d164 -469e-9fd4-daa38f2b2e13/default.aspx.

[83] T-Drive Trajectory Data Sample. http://research.microsoft.com/apps/pubs/?id=152883.

[84] GPS Trajectories with Transportation Mode Labels. http://research.microsoft.com/apps/pubs /?id=141896.

[85] User check-in data. https://www.dropbox.com/s/4nwb7zpsj25ibyh/check-in%20data.zip.

[86] National Hurricane Center Data Archive. HURDAT. http://www.nhc.noaa.gov/data/hurdat.

[87] The Greek Trucks Dataset. http://www.chorochronos.org.

[88] Movebank. https://www.movebank.org/.

第 2 章

城市计算应用

摘要: 本章介绍了城市计算在不同领域的一些典型应用。

2.1 引言

在介绍城市计算涉及的技术之前,如图 2.1 所示,我们列出了七个应用场景类别:城市规划、交通、环境、公共安全和保障、能源、经济,以及社交和娱乐。在每个类别中,我们首先简要提及传统领域的研究进展,然后介绍一些代表性的城市计算应用。在本章中,我们关注应用的目标、动机、结果和数据使用,而不是方法细节,这些将在后续章节中讨论。

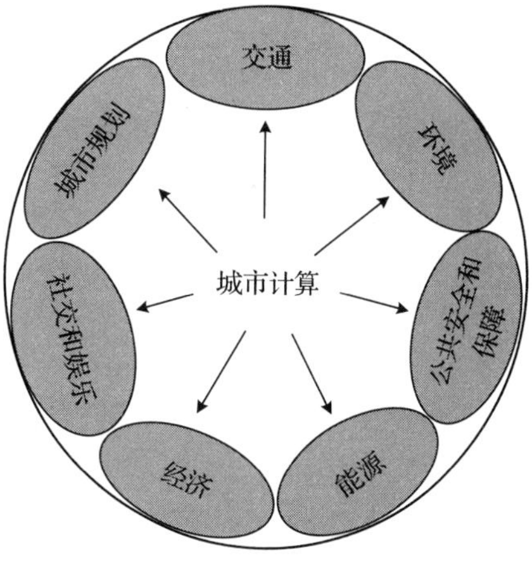

2.2 用于城市规划的城市计算

2.2.1 揭示交通网络中的潜在问题

图 2.1 城市计算的主要应用类别

有效的规划对于建设智慧城市至关重要。制定城市规划需要评估一系列的因素,如交通流量、人类移动性、POI 以及道路网络结构。这些复杂且迅速变化的因素使城市规划变得非常具有挑战性。

传统上,城市规划者依赖于劳动密集型的调查来支持他们的决策。例如,为了了解城市通勤模式,进行了一项基于通行调查数据的研究[7,61,71],但通过调查获得的信息可能不够充分且不够及时。

最近在城市空间中生成的广泛可用的人类移动数据实际上反映了城市的基本问题,为城市规划者提供了更好地制定未来规划的机会[185]。

Zheng 等人[185]通过分析 33 000 辆出租车在三年内产生的 GPS 轨迹，发现了某城市交通网络中的潜在问题。他们首先使用主要道路（如高速公路和主干道）和地图分割方法[155]，将该城市区域划分为不相交的区域，如图 2.2a 所示。从每个出租车轨迹中提取乘客的上下车点，以制定这些区域之间的始发地-目的地（OD）转换。然后基于 OD 转换构建区域图，其中节点是一个区域，边表示两个区域之间转换的聚合，如图 2.2b 所示。

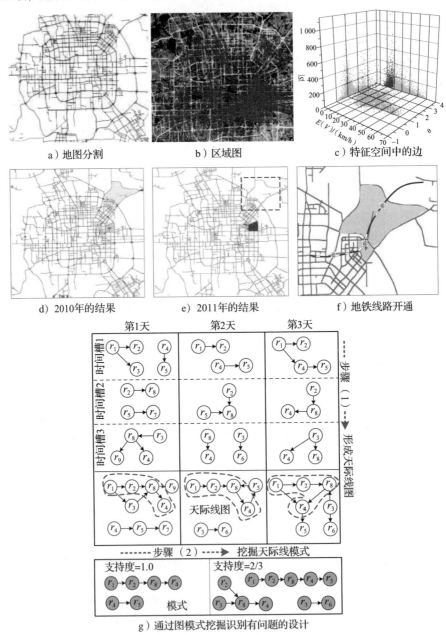

a）地图分割　　　b）区域图　　　c）特征空间中的边

d）2010年的结果　　　e）2011年的结果　　　f）地铁线路开通

g）通过图模式挖掘识别有问题的设计

图 2.2　使用出租车轨迹查找某城市道路网络的潜在问题

使用数据驱动的方法，一天被划分为几个时间段，这些时间段对应早晨高峰时间段、晚上高峰时间段以及其余时间段。对于每个时间段，根据该时间段内的出租车轨迹构建一个区域图。

如图 2.2c 所示，基于相关出租车轨迹，为每条边提取了三个特征，包括出租车的数量 $|S|$、这些出租车的平均速度 $E(V)$ 以及一个绕道比例 θ。在三个特征维度的空间中，用点表示边，具有大 $|S|$、小 $E(V)$ 和大 θ 的点可能是潜在问题，也就是说两个区域之间的连接不足以支持它们之间的交通流动，导致车流量大、速度低和绕道比例高。

使用天际线检测算法[20]，可以从每个时间槽的数据中检测到一组点（称为天际线边）。如图 2.2g 所示，如果不同时间槽的天际线边在空间上有一些节点重叠并且在时间上相邻，那么它们可以连接起来形成天际线图。

最后，通过在多天内挖掘天际线图，可以获得一些子图模式[146]，例如在所有三天中都发生的 $r_1 \rightarrow r_2 \rightarrow r_8 \rightarrow r_4$。这些模式代表了道路网络中的潜在问题，显示了各个区域之间的相关性，并避免了可能由某些交通事故引起的虚假警报。

通过比较连续两年检测到的结果，研究甚至可以评估新建设的交通设施是否运作良好。正如图 2.2d ~ 图 2.2f 所示，2010 年检测到的潜在问题在 2011 年消失了，这是因为新开通了一条地铁线路。简而言之，这条地铁线路在解决问题方面发挥了重要作用。

2.2.2　发现功能区域

一个城市的发展逐渐孕育出不同的功能区域[7]，如教育区、居民区和商业区，这些区域满足不同人的需求，并为构建大都市区域的详细框架提供了宝贵的组织技术。无论是由城市规划师人工设计的，还是由人们的实际需求自然形成的，这些区域都可能随着时间改变其功能和边界。对城市中功能区域的了解可以帮助校准城市规划，并促进其他应用，如商业场所选择和资源分配。

多年来，已经在地理信息系统（GIS）和城市规划领域对功能区域进行了研究。这些领域的方法通常采用聚类算法来识别功能区域[77]。例如，一些基于网络的聚类算法（如，谱聚类）用来根据区域间的互动数据（如经济交易和人类流动）来识别功能区域。还有一部分研究是关于使用分类算法根据卫星遥感数据来确定区域土地利用的[132]。

最近，用户生成的内容，如社交媒体和人类移动性，已用于研究区域主题。例如，Yin 等人[150]利用从 Flickr 获取的带有地理标签的照片研究了美国一些地理主题（如海滩、徒步旅行和日落）的分布。Pozdnoukhov 等人[114]探索了基于大量地理推文的话题内容的空间时间结构。Qi 等人[115]观察到，某个区域内出租车乘客的上下车记录可以反映该区域内社会活动的动态。

Yuan 等人[154]提出了一种框架，该框架利用区域间的人类移动性和区域内的 POI 来发现城市中功能不同的区域（称为 DRoF）。例如，图 2.3a 中不同色块表示城市的不同区域。然而，一个区域的功能是复合的，由多个功能的分布来表示。实际上，颜色相同的区域共享类似的功能分布。

另外，即使一个区域被认定为具有某种功能，也不意味着该区域的每个部分都服务于这个功能。例如，大学周围可能有一些购物中心。因此，给定一个功能，Yuan 等人[162]进一步确定了其内核密度分布。图 2.3b 显示了城市商业区域的密度分布，颜色越深，该位置可能是商业区的概率越高。

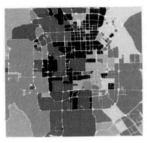

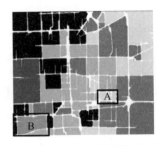

a）功能区域　　　　　　b）功能密度　　　　　　c）2010年的结果

d）2011年的结果

图 2.3　使用人类移动性和 POI 识别城市的功能区域（见彩插）

在他们的方法中，首先将城市按照主要道路（如高速公路和城市快速路）分割成不连续的区域。每个区域的功能是通过一个基于主题的推理模型[100]来推断的，该模型将一个区域视为一个文档，将一个功能视为一个主题，将 POI 的类型（例如，餐厅和购物中心）视为元数据（例如，作者、所属机构和关键词），将人类移动模式（当人们到达/离开一个区域时以及人们来自何处并离开去向何方）视为单词。因此，一个区域由功能的分布表示，每个功能又进一步由移动模式的分布表示。

在这里，人类移动性可以区分属于同一类别的 POI 的受欢迎程度。它还表明了区域的功能，例如人们在早上离开住宅区，在晚上返回。具体来说，人类移动性数据是从 2010 年和 2011 年分别产生的三万三千多辆出租车的 GPS 轨迹中提取的。最后，根据聚类结果和人类标注，确定了九种功能区域。

2.2.3　检测城市边界

政府定义的区域边界可能不符合人们跨空间互动的自然方式。根据人与人之间的互动发现区域的实际边界可以为政策制定者提供决策支持工具，建议城市的最优行政边界[118-119]。这一发现还有助于政府理解城市领土的演变。这类研究的一般思路是首先根据人类互动（例如 GPS 追踪或电话记录）在地点之间建立一个网络，然后使用一些社区发现方法来分割此网络，该方法可以发现集群内的地点之间互动比集群间的更密集的地点集群。

通过分析从英国一个大型电信数据库中推断出的人类网络，Ratti 等人[118]提出了一种细粒度的区域分割方法。给定一个地理区域和对其居民之间联系强度的某种测量，他们将该区域分割成更小、不重叠的区域，同时最小化对每个人联系的中断。该算法产生了在地理上连贯的区域，这些区域与行政区域相对应，同时意外发现了以前只在文献中假设的空间结构。

Rinzivillo 等人[119]解决了在更低空间分辨率（如市镇或县）下寻找人类移动边界的问题。他们将车辆 GPS 轨迹映射到区域，以在 Pisa 中形成一个复杂的网络。然后，他们使用一个名为 Infomap[122]的社区发现算法来将网络分割成不重叠的子图。

2.2.4　设施和资源部署

为了满足城市生活日益增长的需求，我们通常需要建造新的基础设施，如救护中心、公交车站和电动汽车充电站。考虑到人口、天气和交通状况等多种因素，如何放置这些新设施以最大化其功能仍然是对城市规划师的一个挑战。为此，我们引入了四类模型（源自数据科学），可用于资源部署：（1）寻找最佳汇合点；（2）最大化覆盖范围；（3）学习对候选地点进行排名；（4）最小化不确定性。在本节中，我们将关注它们的概念和应用场景。每种模型的详细技术将在第 3 章中介绍。

2.2.4.1　寻找最佳汇合点

这类模型旨在（从许多候选点中）找到一组汇合点，使得一组对象可以以总体最低成本（如时间）到达这些点或从这些点到达。例如，图 2.4a 显示了七个物体在总的时间或距离最小的情况下可以到达的最佳汇合点。图 2.4b 给出了这七个对象的两个最佳汇合点。图 2.4c 显示了一个等效的例子，其中这七个对象可以从两个最佳汇合点到达。

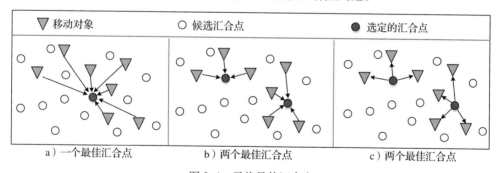

a）一个最佳汇合点　　　b）两个最佳汇合点　　　c）两个最佳汇合点

图 2.4　寻找最佳汇合点

现在，看一个关于救护车站部署的更具体的例子：紧急医疗服务，也称为救护服务，提供了一系列专门针对院外急性医疗护理、转运至确定性治疗，以及为防伤病者自行转运进行的医疗转运[138]。给定一定数量的救护车，紧急服务提供者面临的一个主要挑战是如何选择合适的救护车站位置，以便最大限度地服务更多患者。

为了最小化在给定时间间隔内到达紧急请求发生处的平均时间，Li 等人[85]根据历史紧急请求和实际交通状况提出了接近最优的救护车站位置。对在天津收集的真实数据进行的评估显示，如果救护车站移动到所提议算法建议的位置，到达紧急请求处的时间可以减少30%。先前的研究在放置车站时仅测量了欧几里得空间或静态道路网络中的空间邻近性。其他类似的应用也是可能的。例如，通过分析深圳大规模电动出租车在长时间内的轨迹数据，Li 等人[84]提出了一种框架，该框架可能使在深圳找到充电站的平均时间比当前设置减少约 26%。

2.2.4.2 最大化覆盖范围

这类模型的目的是从众多候选地点中选择一组位置，以便覆盖尽可能多的对象。例如，如图 2.5a 所示，基于车辆的 GPS 轨迹，我们希望在两个道路交叉口分别部署一个充电站，以便两个交叉口能够覆盖尽可能多的电动汽车。结果证明，n_1 和 n_3 是最好的组合，总共覆盖了五辆车。同样，如图 2.5b 所示，根据用户的签到数据，我们希望在两个区域放置广告牌，这两个区域共同拥有非重叠用户的最大数量。如图 2.5c 所示，我们希望根据候鸟的飞行痕迹建立两个监测站，以便观察尽可能多的候鸟。

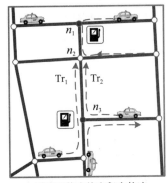 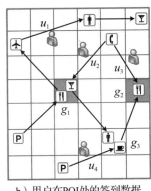 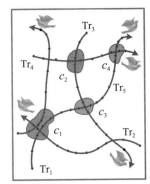

a）道路网络中的出租车轨迹　　b）用户在 POI 处的签到数据　　c）候鸟轨迹

图 2.5　最大覆盖问题

实现这些应用相当于利用轨迹数据解决一个最大覆盖问题[82]，这是 NP 困难的。通过将先进的时空索引结构集成到云计算平台中，Li 等人[82]有效地找到了一个覆盖轨迹几乎最多的 k 位置集合。基于 Li 的方法和平台，Liu 等人[90]搜索了一个放置广告牌的 k 位置集合。他们创建了一个交互式视觉数据分析系统，允许城市规划师迭代地细化搜索算法建议的位置。这个系统始终让人类参与数据挖掘循环，结合了人类知识与机器智能，并将领域知识与数据科学相结合。

2.2.4.3 学习对候选地点进行排序

这类模型最初是在信息检索社区提出的，旨在通过历史数据学习如何根据候选地点的特点对它们进行排序。在城市规划中，我们可以对一组位置进行排序，以便选择前 k 个最佳候选位置来部署资源或设施。例如，为了开设一个盈利的购物中心，我们会根据多个因素，如周围的 POI、交通设施、交通状况和邻里知名度对一组候选位置进行排序。不同因素的排序函数可以通过研究现有购物中心及其历史收入来学习[47-48]。

2.2.4.4 最小化不确定性

这类模型的目的是减少城市感知系统的不确定性。以下是一个以固定传感器为中心的城市感知的例子。许多城市部署了空气质量监测站，通知人们每小时的环境空气质量。由于这些站的部署和维护成本非常昂贵，一个城市能够放置的站数量非常有限。然而，空气质量在城市中高度倾斜，非线性地随位置和时间变化。为了解决这个问题，一些机器学习模型[65,182]

被提出用于推断无站点位置的细粒度空气质量。在处理部署新站点的预算时，确定放置位置以最优化监测效果仍然是一个挑战。参考文献 [65] 中提出的一个关键思想是最小化空气质量推断的不确定性。也就是说，如果一个位置的空气质量可以通过机器学习模型自信地推断出来，就不再需要在那里部署一个站点了，而应该在那些空气质量无法确定推断的地点放置新站点（例如，如果推断的空气质量跨五个不同类别的概率分别是 <0.20, 0.21, 0.19, 0.22, 0.18>）。

另一个例子涉及主动人群感知，它试图通过用户的手机收集城市噪声。在这种城市感知场景中，Ji 等人[70]根据参与者的日程、出发地和目的地选择合适的参与者，并为他们规划数据收集路线。选择参与者和设计路线的一般原则是在时空空间中最小化收集数据的不确定性。更具体地说，他们更喜欢选择那些能在数据稀缺的地点收集数据的用户，而不是前往数据充足地点的用户。收集数据的不确定性是通过分层信息熵[70]来衡量的，该熵计算了一个地点以不同地理空间粒度被用户感知的概率。

2.3　用于交通系统的城市计算

预计到 2050 年，世界 70% 的人口将居住在城市中。市政规划师将面临一个日益城市化和受污染的世界，各个城市的道路交通网络都承受着过度压力。为了应对这一挑战，多方人员努力改善人们的驾驶体验，提升现有出租车系统的运营水平，以及建造更有效的公共交通系统，包括公交车、地铁和共享自行车计划。以下各小节将分别回顾上述努力对应的文献。

2.3.1　改善驾驶体验

快速驾驶路线可以节省旅行时间和能源[68,75]。已有大量研究来学习历史交通模式[16,63]，估计实时交通流量[63]，以及基于浮动车辆数据[110-111]［如车辆的 GPS 轨迹、Wi-Fi 和全球移动通信系统（GSM）信号］预测个别道路的未来交通状况[24]。然而，对全市交通状况进行建模和预测的研究仍然很少。

2.3.1.1　提供实际最快的驾驶建议

T-Drive[156-157,159]是一个提供个性化驾驶建议的系统，它能够适应天气、交通状况和个人的驾驶习惯。这个系统的第一个版本[159]仅基于出租车的历史轨迹数据来建议实际最快的路径。关键点包括两部分：（1）配备 GPS 的出租车可以作为移动传感器，不断探测路面上的交通模式；（2）出租车司机是经验丰富的驾驶员，他们可以根据自己的知识找到真正快速的路线，这不仅包括路线的距离，还包括交通状况和发生事故的概率，意味着出租车的轨迹暗示了交通模式和人类智慧。为了应对数据稀疏性（即许多道路段不会有出租车经过），全市的交通模式被建模为一个地标图，如图 2.6a 所示，其中节点是出租车频繁行驶的前 k 个道路段（称为地标），每条边表示出租车在两个地标之间的通勤聚合。每条地标边的通行时间是基于出租车数据使用 VE（方差和熵）聚类算法进行估计的。T-Drive 使用一个两阶段路由算法，首先在地标图中搜索粗略路线（由一系列地标表示），然后将这些地标与详细路线连接起来。

T-Drive 的第二版[156-157]挖掘历史出租车轨迹和天气记录，构建了四个地标图，分别对应不同的天气和日子，如图 2.6b 所示。系统还根据最近收到的出租车轨迹计算实时交通，并基于实时交通和相应的地标图预测未来交通状况。用户通过配备 GPS 功能的手机提交查询请求，请求包括起点 q_s、终点 q_d、出发时间 t 和自定义因子 $\boldsymbol{\alpha}$。在这里，$\boldsymbol{\alpha}$ 是一个向量，表示用户在不同地标边通常的驾驶速度。α 最初设置为默认值，并根据用户实际驾驶的轨迹逐渐更新。T-Drive 为每个用户提供了更准确的估计，并且如果一个人的驾驶习惯随时间改变，它会调整其建议。因此，该系统每驾驶三十分钟可以节省五分钟的时间。

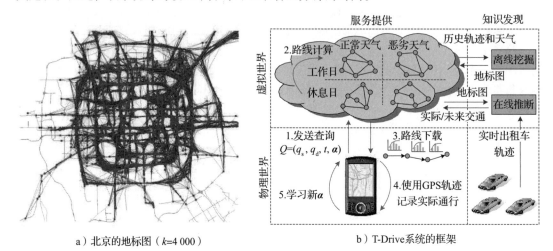

a）北京的地标图（$k=4\,000$）　　　　　　b）T-Drive系统的框架

图 2.6　T-Drive：基于出租车行驶轨迹的驾驶建议（见彩插）

2.3.1.2　驾驶路径的通行时间估计

VTrack[129] 是一个基于 Wi-Fi 信号进行通行时间估计的系统，它测量并定位时间延迟。该系统使用基于隐马尔可夫模型（HMM）的地图匹配方案，通过插值稀疏数据来识别用户最有可能驾驶的道路段，随后提出了一种通行时间估计方法，将通行时间的产生归因于这些路段。实验表明，VTrack 能够容忍这些位置估计中的显著噪声和中断，并成功地识别出延迟易发的路段。

Wang 等人[135] 提出了一种覆盖全市范围的实时模型，用于估计在任何给定时间城市中任何路径的通行时间，该模型基于在当前时间槽和一段时间内接收到的车辆 GPS 轨迹以及地图数据。图 2.7 展示了一个例子，根据四条轨迹（Tr_1、Tr_2、Tr_3 和 Tr_4）估计路径 $r_1 \rightarrow r_2 \rightarrow r_3 \rightarrow r_4$ 的通行时间。解决这个问题存在三个挑战。

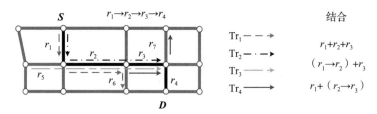

图 2.7　基于通行时间估计的稀疏轨迹（见彩插）

第一个挑战是数据稀疏性，也就是说，许多道路段（例如 r_4）可能在当前时间槽内没有配备 GPS 的车辆经过。在大多数情况下，我们也找不到一个能完全穿过查询路径（即 $r_1 \rightarrow r_2 \rightarrow r_3 \rightarrow r_4$）的轨迹。

第二个挑战是，对于具有轨迹的路径片段（例如，$r_1 \rightarrow r_2 \rightarrow r_3$），有多种使用（或组合）轨迹（$Tr_1$、$Tr_2$ 和 Tr_3）来估计相应通行时间的方法。例如，我们可以分别计算 r_1、r_2 和 r_3 的通行时间，然后将相应的时间成本相加来估计 $r_1 \rightarrow r_2 \rightarrow r_3$ 的通行时间。我们也可以根据 Tr_1 和 Tr_2 计算 $r_1 \rightarrow r_2$ 的通行时间，根据 Tr_1、Tr_2 和 Tr_3 计算 r_3 的通行时间，然后将这两部分的通行时间结合起来估计 $r_1 \rightarrow r_2 \rightarrow r_3$ 的通行时间。找到一个最优的组合是一个具有挑战性的问题，需要在路径的长度和穿越路径的轨迹数量（即支持度）之间进行权衡。理想的情况是使用许多像 Tr_2 这样覆盖整个路径的轨迹来估计 $r_1 \rightarrow r_2 \rightarrow r_3$ 的通行时间。这样的轨迹反映了整个路径的交通状况，包括交叉口、交通信号灯和转向，因此无须单独和显式地建模这些复杂因素。

然而，随着路径长度的增加，穿越该路径的轨迹数量会减少。因此，由少数驾驶员生成的通行时间的置信度也会降低。例如，Tr_2 可能是由一个不常见的驾驶员在异常情况下生成的，比如行人过街。此外，若使用较短子路径的连接，则每个子路径上可以有更多轨迹（即每个子路径的通行时间有较高的置信度）。但这会导致更多的片段，这些片段之间上述复杂的因素难以建模。连接包含的片段越多，路径通行时间可能涉及的不准确度就越高。

第三个挑战是，我们需要即时回答用户可能在城市任何地方提出的查询。这需要一个高效、可扩展且有效的解决方案，以实现全市范围的实时通行时间估计。

为了应对这些挑战，Wang 等人使用三维张量对不同驾驶员在不同道路段和不同时间槽的通行时间进行建模。结合从轨迹和地图数据中学习的地理空间、时间和历史背景，他们通过一种可感知背景的张量分解方法填补了张量的缺失值。然后，他们设计并证明了一个目标函数来建模上述权衡，通过动态规划解决方案得到最优的轨迹连接。此外，他们提出使用频繁出现的轨迹模式（从历史轨迹中挖掘）来缩小连接的候选者，并使用基于后缀树的索引来管理当前时间槽中接收到的轨迹。大量实验使用由超过 32 000 辆出租车在两个月内生成的 GPS 轨迹，对所提出的解决方案进行了评估。结果表明，该方法在效率、有效性和可扩展性方面超过了基线方法，例如简单地将每个道路段的旅行时间相加。

2.3.2 改善出租车服务

出租车是公共和私人交通之间的重要通勤方式，提供几乎门到门的通行服务。在像纽约和北京这样的大城市中，人们通常需要等待一段时间才能乘坐空出租车，出租车司机则渴望找到乘客。有效地将乘客与空出租车联系起来对于减少人们的等待时间、增加出租车司机的利润以及减少不必要的交通和能源消耗非常重要。为了解决这个问题，已经进行了三类研究。

2.3.2.1 出租车调度系统

这类系统[10,80,123,145]接受用户的预订请求，并将出租车分配给用户。大多数系统要求人们提前预订出租车，从而降低了出租车服务的灵活性。一些实时调度系统，如 Uber，根据距离和时间的最近邻原则在用户周围搜索车辆。系统面临的主要挑战是寻找出租车时出租车移动的不确定性[112,145]。如图 2.8a 所示，如果我们可以确定出租车 K 正在向用户移动，而其他车辆正在离开空间范围，那么出租车 K 可能比 X、Y 或 Z 更适合接载用户。在估计接载用户的通行时间时，也应考虑路线上的交通状况[46]。

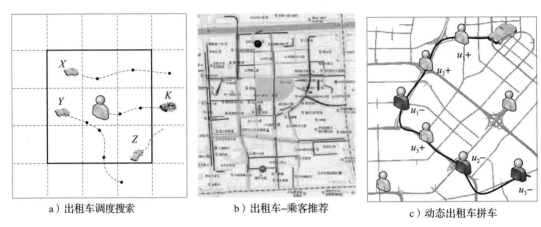

a）出租车调度搜索　　　　b）出租车–乘客推荐　　　　c）动态出租车拼车

图 2.8　改善出租车服务的三类系统

2.3.2.2　出租车推荐系统

这类系统从推荐的角度解决前述问题[140,163]。Ge 等人[55] 开发了一个移动推荐系统，可以为出租车司机推荐一系列接客点，或者为车辆推荐一系列潜在的停车位置。该系统的目标是最大化商业成功概率并减少能源消耗。

T-Finder[160,163] 为出租车司机提供了一些地点及到达这些地点的路线，这样更有可能让他们快速接到乘客（沿着路线或在这些地点），并最大化下一次行程的利润。T-Finder 还向人们推荐一些地点（步行距离内），在那里他们可以轻松找到空出租车。如图 2.8b 所示，不同道路段上找到空出租车的概率用不同颜色表示。根据出租车的 GPS 轨迹检测出出租车的停车地点，并估计未来半小时内将有多少出租车到达。这类系统面临的主要挑战是数据稀疏性问题，例如在没有足够数据的情况下计算在道路段上找到空出租车的概率。

2.3.2.3　出租车拼车服务

拼车对于在节约能源和缓解交通拥堵的同时满足人们的通勤需求非常重要。Furuhata 等人[50] 总结了拼车服务的三个主要挑战：设计吸引人的定价和激励机制、适当的行程安排，以及在使用在线系统的人之间建立信任。拼车服务可以分为两种类型：静态拼车和动态拼车。

- **静态拼车**　静态拼车，通常称为拼车，已经在运筹学中被研究多年。静态拼车要求乘客在行程前用身份信息注册行程。给定一小群人，研究人员能够使用线性规划技术[11,22] 来优化静态拼车。
- **动态拼车**　与静态拼车中行程请求是提前已知的不同，动态拼车更具挑战性，因为行程请求是实时生成的，而且车辆的路线持续变化。Agatz 等人[3] 回顾了动态拼车系统的优化挑战。作为一种动态拼车类型，实时出租车共享更加具有挑战性，因为出租车的数量和行程请求远远超过一般的拼车服务。此外，还有其他需要考虑的约束，比如金钱方面的约束。如图 2.8c 所示，在出租车共享服务中，一辆出租车被安排依次接上 u_1 和 u_2，放下 u_1，接上 u_3，然后放下 u_2 和 u_3，其中"+"表示接客，"−"表示送客。

出租车共享问题可以看作一般性按需出行问题（Dial-a-Ride Problem，DARP）的一个特例。DARP 起源于各种交通场景并已得到研究，特别是在货物运输[42]与为残疾人和老年人提供的辅助交通场景中[15]。关于 DARP 的现有工作主要集中在静态 DARP 上，其中所有客户的行程请求都是提前已知的。由于一般的 DARP 是 NP 困难的，因此只有小规模实例（涉及几辆车和几十个行程请求）才能得到最优解（通常通过使用整数规划技术[34,69]）。

大型静态 DARP 实例通常使用两阶段调度策略[9,35,36,141]并结合启发式方法来解决。具体来说，第一阶段将行程请求分割成一些组，并为每个组计算一个初始的送客安排。在第二阶段，交换不同组之间的行程请求，旨在找到新的调度方案以优化预定义的目标函数。然而，两阶段策略对于实时出租车共享并不可行。如果应用该策略，云服务将不会立即响应新的请求，它需要等待更多的请求以使第二阶段成为可能，这会延长请求的响应时间。此外，第二阶段的繁重计算负载将进一步增加响应时间，导致许多请求无法得到满足。

- 实时拼车　一些最近的研究努力探讨了实时出租车共享问题。早期的研究，如参考文献 [22,41,56,95]，没有考虑拼车中时间和金钱的约束。T-Share[96-97]是一个大规模的动态出租车共享系统，它接收乘客通过智能手机发送的实时行程请求，并调度出租车通过拼车来接乘客，同时受到时间、容量和金钱的约束。T-Share 维护一个时空索引，用于存储每辆出租车的状态，包括当前位置、车上乘客数量以及计划的道路来送达这些乘客。当接收到行程请求时，T-Share 首先在索引中搜索一组候选出租车，这些出租车可能在一些时间约束方面满足用户的要求。然后提出一个调度算法，将查询的行程插入每个候选出租车的现有行程中，找到增加行程距离最小的满足查询要求的出租车。

该系统创造了一个三赢的局面，带来了显著的社会和环境效益。根据一项基于北京 3 万辆出租车行驶轨迹的模拟，与传统的非拼车相比，这项技术每年能在北京节省 1.2 亿升汽油，这足以支持 100 万辆车行驶 1.5 个月，节省 1.5 亿美元，并减少 2 460 万吨二氧化碳排放。此外，乘客的出租车费用节省了 7%，且有高出 300% 的机会得到服务，而出租车司机的收入增加了 10%。

实现这样的出租车共享系统面临两个挑战。一个是建模出租车行程中的时间、容量和金钱约束。另一个是由于乘客和出租车的动态性和大规模造成的沉重计算负载，需要高效的搜索和调度算法。

Santi 等人[124]引入了共享网络的概念，将共享建模为乘客不便的集体效益函数。他们将这个框架应用于纽约市数百万次出租车行程的数据集，结果显示在相对较低的乘客不适水平下，累计行程长度可以减少 40% 或更多。还有一个研究分支在进行拼车时考虑用户隐私[45,58]和用户社会背景[83]。

2.3.3　改善公交服务

公共交通系统，结合一体化的票务管理和先进的旅客信息系统，被视为改善移动性管理的关键推动因素。

2.3.3.1　公交车到达时间估计

为了吸引更多乘客，公交车服务不仅需要更频繁，还需要更可靠。Watkins 等人[136]研究了将实时公交车到达信息直接发送到乘客手机上的影响，发现这不仅减少了已经在公交车站的乘客的感知等待时间，也减少了使用此类信息规划旅程的客户的实际等待时间。换句话说，移动实时信息能够通过在乘客到达站点之前提供信息来改善公共交通乘客的体验。

在公交车本身没有部署 GPS 接收器的情况下，已有其他解决方案以更便宜和侵入性更小的方式收集相同的信息。Zimmerman 等人[200]首次开发、部署并评估了一个名为 Tiramisu 的系统，通勤者在其中分享从他们手机的 GPS 接收器上收集到的 GPS 轨迹，然后 Tiramisu 处理传入的轨迹并为公交车生成实时到达时间预测。由于 GPS 轨迹可能是不同交通方式的混合，例如先乘坐公交车然后步行，Zheng 等人[177,181,183]提出了一种方法来推断轨迹每个部分中用户的交通方式（包括驾驶、步行、骑自行车和乘坐公交车）。对轨迹按照交通方式分类后，就可以更准确地估计公交车通行时间或驾驶时间预测。

2.3.3.2　公交线路规划

随着不断地城市化，城市的公交服务必须随着时间的推移调整路线，以满足市民的出行需求。然而，公交线路的更新速度远慢于市民需求的变化速度。Bastani 等人[14]提出了一种以数据为中心的方法来解决这个问题：他们开发了一种新的称为 flexi 的小型交通系统，通过分析大量出租车轨迹中的乘客出行数据，可以根据实际需求灵活地推导出路线。

同样地，Berlingerio 等人[18]分析了阿比让的匿名化和聚合后的通话详细记录（CDR），旨在使用手机数据来指导该城市公共交通网络的规划。在这种情况下，西方国家普遍存在的资源密集型交通规划过程是负担不起的，利用手机数据来进行交通分析和优化对发展中国家来说是一个新的前沿，在这些国家，手机的使用很普遍，因此可以轻松挖掘匿名化的流量数据。

Chen 等人[28]旨在利用出租车 GPS 轨迹规划夜间公交线路。他们提出了一个两阶段的方案来规划双向夜间公交线路。在第一阶段，将出租车乘客的上下车点聚集成一定大小的组，在每组中选择一个候选公交站点。在第二阶段，给定公交路线的起点、终点、候选公交站点以及公交运营时间限制，构建并迭代修剪公交路线图。最后，在给定条件下，选择乘客数量最多的最佳双向公交路线。

2.3.4　地铁服务

自动收费（AFC）系统在世界许多大城市中广泛采用，例如伦敦的 Oyster 卡、西雅图的 Orca 卡、北京的一卡通、香港的八达通等。除了简化城市地铁网络列车服务的接入外，这些智能卡在乘客每次乘车时都会创建一个数字记录，可以追溯到个别旅客。挖掘旅客进出站时创建的行程数据可以深入了解旅客本身，包括他们的隐含偏好、乘车时间以及通勤习惯。

Lathia 等人[78]挖掘了 AFC 数据，旨在构建更准确的旅行路线规划器。他们使用了从伦敦地铁系统收集的数据，该系统实施了基于 RFID 的电子票务，即无接触式智能卡（Oyster 卡）。与某些 AFC 系统不同，Oyster 卡必须在进出站时使用。对反映伦敦地铁使用情况的两个大型数据集进行的深入分析表明，乘客之间存在显著差异。基于这些洞察，他们自动从 AFC 数据中提取了特征，这些特征隐式地捕捉了关于用户对行程的熟悉程度、用户与其他乘客的相似性以及用户的行程上下文的信息。最后，他们使用这些特征开发了个性化的通行工具，其目标可以形式化为预测问题：（1）预测任何起点和终点之间的个性化行程时间，为用户准确地估计换乘时间；（2）根据每个乘客过去的行程数据对他们接收特定车站警报通知的兴趣进行预测及排名。

在后续工作中，Ceapa 等人[25]对同一历史 Oyster 卡追踪数据进行了时空分析，发现拥挤在工作周内是一个高度规律的现象，高峰期发生在相当短的时间间隔内。他们继续构建拥挤水平预测器，这些预测器随后可以整合到乘客信息系统中，为乘客提供更个性化和高质量的规划服务。

Xue 等人[144]试图根据智能卡中的行程数据在地铁系统中区分旅游者和普通通勤者。此外，Wu 等人[139]进一步从智能卡数据中提取了每个旅游者的行程轨迹。这些轨迹暗示了旅游者的旅行模式和个性化兴趣，使得智能旅行推荐成为可能。

2.3.5　自行车共享系统

随着世界人口的增长，越来越多的人居住在城市中，设计、维护和推广可持续的城市交通模式变得至关重要。自行车共享计划[125]就是这样一个例子，它们在世界各大都市的普及清楚地表明了一种信念，即提供便捷的健康（且快速）的交通方式将引导城市摆脱目前面临的拥堵和污染困扰。共享自行车通常有详细的移动记录（从哪里/何时取车到哪里/何时还车），这使得研究人员能够分析这些数字痕迹来帮助终端用户，他们可能从理解和预测系统将如何使用中受益，进而规划自己的行程；帮助交通运营商，他们可能从更准确的自行车流量模型中受益，进而在一天中适当地平衡各个车站的负载；帮助城市规划者，他们可以在设计社会空间和政策干预措施时利用流量数据。

2.3.5.1　自行车系统规划

自行车共享系统的规划通常包括三个步骤：可行性研究、详细设计和商业计划[54]。Dell'Olio 等人[38]进行了一项可行性研究，估计市民对自行车共享的需求以及支付使用该系统的意愿。为了建立一个新的系统，随后提出了一个位置模型来估计自行车共享站点的最优位置。Lin 等人[87]提出了一种系统化的方法来估计所需自行车站点的数量及位置。他们还建议在自行车站点之间建设路径，并为给定起点和终点的用户推荐一条特定的路径。

Bao 等人[12]建议在无站点自行车共享系统中，根据大量用户的骑行轨迹进行自行车道规划，同时考虑以下三个约束条件。第一，政府方面存在预算约束，而当前道路网络中存在空间约束。也就是说，不能在每一段道路上都建造自行车道。第二，可服务骑行者的数量与每个骑行者连续骑行长度之间存在权衡。若想尽可能地为单个骑行者提供服务，就可能无法同时服务尽可能多的人。第三，考虑到骑行体验，我们希望规划的自行车道能够局部（在某些区域）连接，而不是在城市不同部分零散分布。当然，我们也不能要求整个城市的所有自行车道都连接。因此，一个更合理的设定是在 k 个区域中建造总长度小于 x 千米（即预算）的自行车道，每个区域都有一个局部连接的自行车网络。鉴于这三个约束条件，这个问题变得 NP 困难。使用贪心扩张策略和目标函数，可以在合理的时间间隔内找到近优解。

Chen 等人[29]采用回归和排序方法预测城市不同地点的潜在自行车需求。此外，他们提出了一种半监督特征选择方法，用于从异构的城市数据集中选择特征。García-Palomares 等人[53]估计了潜在自行车需求的空间分布，根据位置分配模型确定站点的位置和容量。目前关于商业计划的研究非常罕见，主要集中在客户收费和运营成本（包括系统维护、重新分配、劳动报酬等[54]）之间的权衡上。

2.3.5.2　自行车使用模式

Froehlich 等人[46]是最早采用以数据为中心的方法研究共享自行车系统的学者之一，他们应用了一系列数据挖掘技术来揭示城市数据中的时空趋势。他们对巴塞罗那 Bicing 系统（西班牙）13 周的数据进行了深入分析，清晰地展示了一天中的时间、地理位置（特别是城市地理区域内的车站集群）与使用之间的关系。

Kaltenbrunner 等人[74]对巴塞罗那的自行车共享系统进行了类似研究，而 Borgnat 等人[19]在法国里昂也进行了研究。在这些研究中，作者们关注自行车车站数据的时空特性，以训练和测试分类器，预测每个车站的状态（自行车的可用性）。Nair 等人[104]分析了法国巴黎 Vélib' 的数据，将使用情况与火车站的接近度相关联，揭示了自行车使用与多模式旅行之间的关系，从而为车站布局政策提供了关键洞察。Lathia 等人[79]分析了伦敦自行车租赁计划在两个不同的三个月期间的情况，得出了关于访问政策变化如何影响整个城市的自行车使用的定量证据。

2.3.5.3 自行车使用预测

受到多种复杂因素，如事件、天气以及附近车站的自行车需求等的影响，单个车站（例如图 2.9a 中的 S_1 和 S_2）的自行车使用量通常较小，并且随时间几乎随机波动（见图 2.9b 和图 2.9c）。因此，准确预测单个车站层面的自行车使用量非常困难。

为了解决这个问题，Li 等人[86]提出了一种二分聚类算法，根据自行车站的地理位置和自行车使用模式，将自行车站聚类成不同的组（例如，图 2.9a 中的 C_1、C_2 和 C_3）。像 C_1 这样的集群中的自行车使用量变得相当稳定，显示出一定程度的周期性（见图 2.9d）。城市中将租出的自行车总数由梯度提升回归树（GBRT）预测，如图 2.9e 所示。然后，提出了一种基于多相似性的推理模型，用来预测跨集群的租车比例和集群间换乘，如图 2.9f 所示，根据这个模型可以轻松推断出从（向）每个集群租用（归还）的自行车数量。这个模型分别在纽约市和华盛顿特区的自行车共享系统中受到了评估，结果显示其性能优于基线方法。

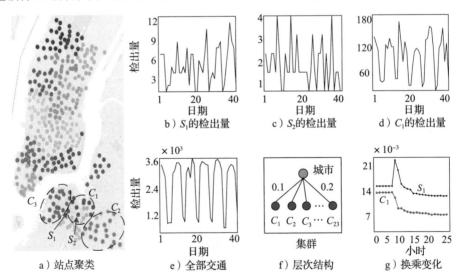

图 2.9　共享自行车系统中的交通预测（见彩插）

在 Li 和 Zheng 的研究[86]之后，Yang 等人[147]提出了一种时空自行车移动模型和交通预测机制，用于预测每个车站在半小时内的自行车使用情况。对所提出的系统基于杭州市的自行车共享数据进行了评估，该市拥有超过 2 800 个车站。

2.3.5.4　系统运行

由于自行车使用的空间和时间分布不均，在不同车站之间重新分配自行车是必要的，以满足客户的自行车需求。目前，运营商通常通过监控每个车站的实时自行车使用情况，派遣卡车在不同车站之间重新分配自行车。一系列研究（例如参考文献［17,27,33,91］）将这个问题表述为受约束的优化问题，设计基于卡车容量和每个车站的不平衡分布的卡车重新分配路线。值得注意的是，Liu 等人[91]提出了一种方法，将车站聚类成组，然后设计路线以最小化卡车在集群中的总行驶距离，使用混合整数非线性编程。

2.4　用于环境的城市计算

如果没有有效和有适应性的规划，城市化的快速发展将成为城市环境的潜在威胁。我们见证了世界各地城市环境中不同污染物的增加，例如空气质量问题、噪声和垃圾等。在城市化进程中保护环境，同时现代化人们的生活，对于城市计算至关重要。本节将介绍一些关于解决空气污染和城市噪声，以及保护水质的的技术。

2.4.1　空气质量

2.4.1.1　室外空气质量

城市空气质量的信息，如 PM2.5 浓度，对于保护人类健康和控制空气污染至关重要。许多城市通过建立地面空气质量测量站来监测 PM2.5。尽管城市覆盖了较大的空间区域，但由于建设和维护此类站点的成本高昂，城市只有有限数量的测量站。不幸的是，空气质量因地点而异，非线性且显著，受到包括气象、交通流量和土地利用率在内的多个复杂因素的影响。因此，在没有测量站的地方，我们实际上并不了解该地点的空气质量。

- 监测空气质量　移动通信和传感技术的发展推动了人群感知应用程序的普及，这些应用程序将复杂问题分解成小任务，并将它们分布到一个用户网络中。来自单个用户的结果形成了集体知识，这种知识可以解决问题。

　　哥本哈根车轮[128]是一个项目，它将环境传感器安装在自行车轮子里，以感知城市的细粒度环境数据，包括温度、湿度和 CO_2 浓度。骑行自行车所需的人类能量被转化为电能，以支持车上传感器的运行。此外，轮子可以通过用户的手机进行通信，通过这种方式将收集到的信息发送到后端系统。

　　同样地，Devarakonda 等人[39]提出了一种基于车辆的方法，用于实时测量细粒度空气质量。他们设计了一个移动设备，包括 GPS 接收器、CO_2 传感器和蜂窝调制解调器。通过在多辆车上安装这样的设备，他们可以监控整个城市中的 CO_2 浓度。

　　尽管它具有巨大的潜力，但通过人群感知监测环境只对少数几种气体（如 CO_2 和 NO）有效。测量气溶胶（如 PM2.5 和 PM10）的设备对于个人来说不易携带。此外，这些设备需要相对较长的感应时间，通常至少一个小时才能生成准确的测量结果。

　　另一项研究[59]基于浮动车辆数据估计路面上的交通流量，然后根据环保专家制定的一些经验方程计算车辆的气体排放量。这是一种估计道路附近空气污染的有前景的方法，但它无法揭示整个城市的空气质量，因为车辆的排放只是污染的一个来源。

- 空气质量推断　与现有解决方案不同，Zheng 等人[176,182] 根据现有监测站报告的（历史和实时）空气质量数据以及收集的各种城市数据集（如气象、交通流量、人类移动性、道路网络结构和 POI）推断整个城市的实时和细粒度空气质量信息（如图 2.10 所示）。他们没有使用经典的物理模型（这些模型基于经验假设显式地将因素结合在公式中），而是从大数据的角度解决这个问题，即使用数据挖掘和机器学习技术在多样化数据和空气质量指数之间建立网络（更多细节见 9.4.1 节）。细粒度的空气质量信息可以指导政府做出污染控制决策。它还可以帮助人们确定何时何地去慢跑，或者何时关闭窗户或戴上口罩。一个名为 UrbanAir 的系统使用了这种技术，公共数据可在 http://urbanair. msra. cn/上获取。

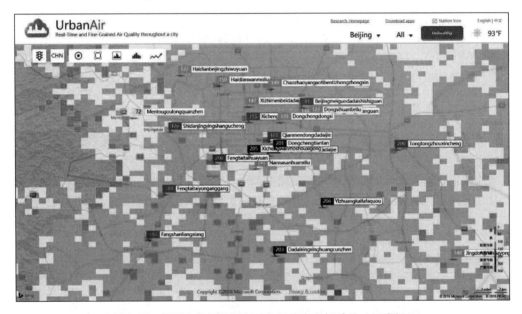

图 2.10　使用大数据监测实时和细粒度空气质量（见彩插）

- 监测站部署　遵循这一研究主题，Hsieh 等人[65] 提出了一种基于概率图模型的方法来推断细粒度空气质量。他们进一步建议根据在给定位置推断所得空气质量的熵来选择建设新监测站的位置。在某个位置推断的空气质量熵越大，预测的不确定性就越强。因此，应该在这样的位置部署监测站，而不是使用预测模型来推断相应的空气质量。

- 预测空气质量　UrbanAir 系统还可以使用一种数据驱动方法来预测每个监测站未来 48 小时内的空气质量[191]，这种方法考虑当前的气象数据、天气预报以及该站和几百公里内其他监测站的空气质量数据。图 2.11 展示了预测功能的用户界面，未来 6 个小时内的每个小时都将生成预测，未来 7~12 小时、13~24 小时以及 25~48 小时分别会生成空气质量的最大-最小范围。每个时间间隔顶部显示的数字表示 48 小时内的预测准确性。

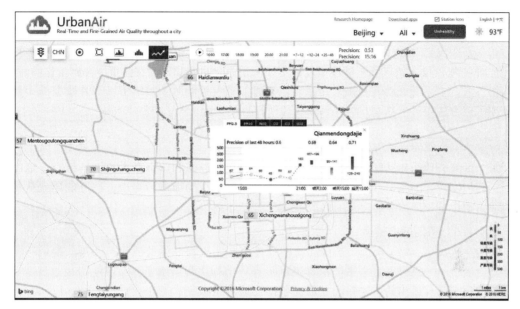

图 2.11　基于大数据预测空气质量

- **诊断空气污染的根本原因**　Zhang 等人[164] 研究了从空气质量数据中挖掘空间共演化模式（SCP）的问题。一个 SCP 表示一组在空间上相关且在读取值中频繁共演化的传感器。空气质量的 SCP 可以帮助推断空气污染在地理空间中的传播路径。

Zhu 等人[199] 将因果推断模型应用于识别空气污染根本原因的问题。后来，他们将共演化模式挖掘技术与大贝叶斯网络结合起来，推断不同地点之间空气污染物的时空因果关系。例如，当风速小于 5m/s 时，张家口的高浓度 PM10 主要是由该地区高浓度的 SO_2 引起的，而保定的高浓度 PM2.5 主要是由衡水和大庆的 NO_2 引起的。该方法首先找到每对地点空气污染物之间的 SCP，计算它们之间的相关性。然后选择与空气污染物最相关的 Top-*N* 因素来构建贝叶斯网络。这两种技术的结合降低了贝叶斯网络的复杂性，同时提高了推断结果的准确性。

2.4.1.2　室内空气质量

室内空气质量已经通过多种传感器得到了监测[72]。关于预测室内空气质量的研究也有很多。例如，参考文献［73］提出了一种使用蒙特卡罗模型预测由炉灶排放产生的室内空气污染的方法。其他数学模型[107] 也被提出用于基于吸烟活动预测室内空气质量。

对室内空气质量的感应和预测已用于控制建筑中的供暖、通风和空调（HVAC）系统的运行，以最小化能源消耗[2,31]。Chen 等人[31] 介绍了一个部署在中国四个微软园区的室内空气质量监测系统。该系统由部署在建筑不同楼层的传感器、收集和分析传感器数据的云平台、公共空气污染信息，以及向最终用户显示户外和室内环境实时空气质量数据的客户端组成。该系统为用户提供室内空气质量信息，这些信息可以指导人们做决策，比如何时在健身房锻炼或者在办公室开启额外的空气净化器。户外和室内环境中 PM2.5 浓度的差异可以衡量 HVAC 系统过滤 PM2.5 的效果。

该系统还整合了户外空气质量信息与室内测量数据，以适应性地控制 HVAC 设置，旨在优化运行时间，同时考虑到能源效率和空气质量保护。使用基于神经网络的方法，系统甚至可以根据六个因素（如户外/室内 PM2.5 浓度、气压计压力和湿度）预测 HVAC 需要多长时间才能将室内 PM2.5 浓度降至健康阈值以下。给定净化时间和人们在建筑中开始工作的时间，可以推荐 HVAC 系统应提前多长时间开启，从而节省大量能源。使用了三个月数据的大量实验证明了该方法相对于基线方法（例如线性回归）的优势。

2.4.2　噪声污染

城市的复合功能及其复杂的环境，包括不同的基础设施和数百万人口，不可避免地产生大量的环境噪声。因此，世界上有大量的人暴露在高水平的噪声污染中，这可能导致从听力损害到负面影响生产力和社交行为的严重疾病[116]。

2.4.2.1　监测城市噪声

作为一种减缓策略，美国、英国和德国等许多国家已经开始监测噪声污染。他们通常使用噪声地图（一个区域噪声水平的视觉表示）来评估噪声污染水平。噪声地图是通过基于输入数据的模拟计算得出的，这些输入数据包括交通流量数据、道路或铁路类型，以及车辆类型。由于收集这类输入数据非常昂贵，更新这些地图通常需要很长时间。Silvia 等人[127]使用无线传感器网络评估城市区域的环境噪声污染。然而，特别是在像纽约这样的大城市中部署和维护全市范围的传感器网络，在金钱和人力资源方面是非常昂贵的。

另一种解决方案是利用人群感知，即人们使用移动设备收集和分享他们的环境信息。例如，NoiseTube[105]提出了一种以人为中心的方法，它利用手机用户共享的噪声测量数据来绘制城市中的噪声地图。基于 NoiseTube，D'Hondt 和 Stevens[40]进行了一个市民科学实验，用于在 Antwerp 市的一个 $1km^2$ 区域内进行噪声地图绘制。他们还进行了广泛的校准实验，研究了频率相关行为和白噪声行为。这个实验的主要目的是调查通过参与式感知获得的噪声地图的质量，与官方基于模拟的噪声地图进行比较。

在参考文献［116］中，设计并实现了一个名为 Ear-Phone 的端到端、情境感知的噪声地图系统。与参考文献［40,105］中手机用户积极上传他们的测量数据不同，这里提出了一种机会感知方法，其中噪声水平数据是在不通知智能手机用户的情况下收集的。该文解决的一个主要问题是手机感知情境（即在口袋中或在手中）的分类，这与感知数据的准确性有关。为了从不完全和随机的样本中恢复噪声地图，Rana 等人[117]进一步研究了包括线性插值、最近邻插值、高斯过程插值和 L1 范数最小化方法在内的多种不同的插值和正则化方法。

2.4.2.2　城市噪声推断

建模城市范围的噪声污染实际上远远不止测量噪声的强度，因为噪声污染的测量也取决于人们对噪声的容忍度，这种容忍度随着一天中时间的流逝和人的不同而变化。例如，夜间人们对噪声的容忍度远低于白天。夜间的一个不那么响亮的噪声可能也被视为严重的噪声污染。因此，即使我们可以在所有地方部署声音传感器，仅凭传感器数据来诊断城市噪声污染也是不够的。此外，城市噪声通常是由多个源头混合而成的。了解城市噪声的组成（例如，在晚上高峰时段，40%的噪声来自酒吧音乐，30%来自车辆交通，10%来自建筑工地）对于减少噪声污染至关重要。

自 2001 年以来，纽约市一直运营着 311 平台，允许人们通过使用移动应用程序或打电话来登记非紧急城市干扰，噪声是该系统接到投诉的第三大类别。每一起关于噪声的投诉都与一个位置、一个时间戳和一个细粒度的噪声类别相关联，例如大声音乐或建筑噪声。图 2.12 在数字地图上显示了关于噪声的 311 投诉，其中条形的高度表示一个地点的投诉数量。例如，我们可以看到，曼哈顿下城正遭受建筑和大声音乐/派对噪声的困扰。

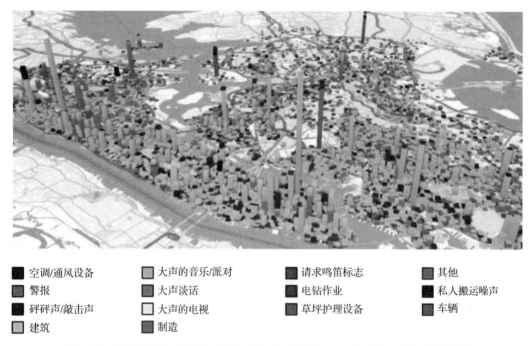

■ 空调/通风设备	■ 大声的音乐/派对	■ 请求鸣笛标志	■ 其他
■ 警报	■ 大声谈话	■ 电钻作业	■ 私人搬运噪声
■ 砰砰声/敲击声	□ 大声的电视	■ 草坪护理设备	■ 车辆
■ 建筑	■ 制造		

图 2.12　纽约市的噪声投诉（2012 年 5 月 23 日至 2014 年 1 月 13 日）（见彩插）

这些 311 数据实际上是"人类作为传感器"和"人群感知"的结果，其中每个个体都贡献了自己关于环境噪声的信息，当这些信息汇总使用时，有助于诊断整个城市的噪声污染。更具体地说，一个地点接到的 311 电话越多，该地点的实际噪声可能越大。此外，投诉者标记的噪声类别可以帮助分析一个地点噪声的组成。例如，如果在最近一个月内一个地点接到了 100 个 311 投诉，其中 50 个是关于交通的，30 个是关于建筑的，20 个是关于大声音乐的，那么该地点的噪声组成可能是交通占 50%，建筑占 30%，大声音乐占 20%。

然而，311 数据相对稀疏，因为我们不能期望人们随时随地报告他们周围的噪声情况。有时候，即使他们被噪声打扰，可能也会因为太忙或太懒而没有打电话。为了解决这个问题，Zheng 等人[184]利用 311 投诉数据与社会媒体、道路网络数据以及 POI，推断了纽约市每个区域在不同时间段的细粒度噪声情况（包括噪声污染指标和噪声组成）。根据整体噪声污染指标，我们可以在不同时间间隔内，例如工作日的凌晨 0 点~5 点和周末的晚上 7 点~11 点对地点进行排名，如图 2.13a 所示。一个区域颜色越深，该区域遭受的噪声污染越严重。或者，我们可以按照特定的噪声类别（如建筑）对地点进行排名，如图 2.13b 所示。我们还可以检查特定地点（如时代广场）的噪声组成随时间的变化，如图 2.13c 所示。

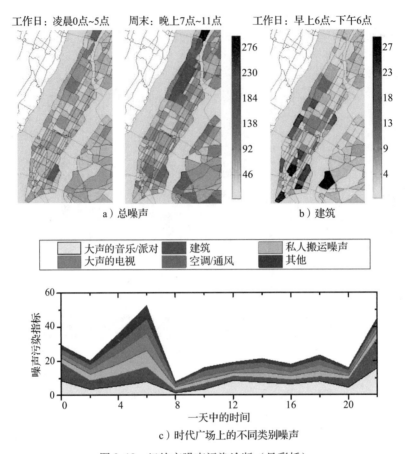

图 2.13　纽约市噪声污染诊断（见彩插）

他们使用一个三维张量模型来建模纽约市的噪声情况，其中三个维度分别代表区域、噪声类别和时间槽。通过使用情境感知的张量分解方法填充张量中的缺失项，他们恢复了全纽约市的噪声情况。噪声信息不仅可以帮助个人改善生活方式（例如，帮助找到一个安静的地方安顿下来），还可以为政府官员在制定减少噪声污染方面的决策时提供信息。

2.4.3　城市水资源

城市水资源是一项至关重要的资源，它影响着人类健康和安全的各个方面。居住在城市的人们越来越关心水资源属性（例如，水质、流量和压力）和水相关事件（例如，城市洪水和突如其来的暴雨），这要求有技术能够建模或预测这些问题。这个领域的研究主要涉及和地表水、地下水、管道水分别相关的问题。

2.4.3.1　地表水相关问题

地表水是指存在于地球表面的水体，如河流、湖泊、湿地或雨水径流，与地下水和大气水相对。在地表水的研究中，人们特别关注如何建模降雨-径流过程以及解决水文问题，例如水流预测和洪水预报。

地表径流（也称为降雨径流）是指当过量风暴水或其他水源流过地球表面时发生的水流。通常，认为降雨-径流过程随时间和地点变化呈高度非线性变化，因此不容易用简单模型描述[66]。Amorocho 等人[6]评估了两种不同的方法来建立降雨与流量的关系。一种被称为物理水文学，另一种被称为系统调查。Duan 等人[42]提出了一种有效且高效的全球优化方法，适用于概念性的降雨-径流模型。在过去的十年里，许多基于物理的水文模型已经被开发出来，这些模型专注于流量预测，既基于物理过程，又具有空间分布特性，例如欧洲水文系统（SHE）[1]。

受到数据可用性而非物理考虑的限制[101]，几种数据驱动的方法已经被广泛用于建模这些动态过程。例如，Hsu 等人[66]提出了一种三层前馈人工神经网络（ANN）模型，用于模拟和预测降雨。Toth 等人[130]证明，基于 ANN 的降雨预测比基于 k 最近邻（KNN）和自回归移动平均（ARMA）方法的表现更好。Bray 等人[21]使用支持向量机（SVM）来预测降雨-径流，性能优于基于 ANN 的方法。他们还探索了不同模型结构和核函数之间的关系。Yu 等人[153]也使用 SVM 来模拟降雨-径流过程，并证明 SVM 模型优于神经网络模型。

2.4.3.2 地下水相关工作

地下水是存在于地球表面下方土壤孔隙空间和岩石裂缝中的水，它为许多水资源系统提供了一个重要的组成部分，为家庭、工业和农业用水提供水源[8]。

地下水水力学管理模型能够确定在多种限制条件（如局部水位下降、水力梯度和水生产目标等）下，多个井的最佳位置和抽水速率[99]。Aguado 等人[4]认为地下水系统的物理行为是优化模型的一个组成部分。随后，他们将问题重新表述为一个"固定费用问题"，其中考虑了抽水产生的费用和井安装的固定费用[5,57]。

为了模拟地下水流动，Arnold 等人[8]在一个现有的流域规模地表水模型中增加了一个全面的地下水流动和高程模型，并在 Waco 附近的一个 $471km^2$ 的流域对该模型进行了验证。基于进化多项式回归的混合多目标范式，Giustolisi 等人[57]引入了一种旨在管理地下水资源的水文建模方法，包括测试降雨深度和地下水位深度。Liu 等人[89]没有专注于地下水的水力特性，而是应用了因子分析的方法来探索地下水质量与十三种水文化学参数之间的相关性。

2.4.3.3 管道水质量

由于城市水资源与人们的生活密切相关，因此对管道水质量（例如，余氯）的研究对于管理消毒剂浓度和保护公众健康至关重要。然而，由于管道网络中的水质量在空间和时间上的变化性，建模管道水质量是一个挑战。

几个实验表明，氯的衰减可以表征为液体主体中的一阶反应和管道壁上的质量转移限制反应的组合[131]。一般来说，基于物理的模型已经在许多水配系统中得到广泛应用，通过使用一阶或更高阶的衰减动力学来描述双倍的氯消耗：液体主体和管道壁[120-121]。有许多应用实例使用 EPANET 软件在实际网络上的一阶动力学来模拟氯的衰减[23,103]。为了扩展这些模型，Clark 等人[32]提出了两个二阶项来预测氯的损失或衰减，因为氯在管网中传播。根据液体主体与壁反应的不同功能依赖关系，一个直观的想法是分别建模自由氯的速率。管道材料被分类为高反应性或低反应性的。Hallam 等人[60]表明，前者的壁衰减率受氯运输限制，后者的壁衰减率受管道材料特性限制。尽管有壁反应，Powell 等人[113]还是调查了许多影响液体主体衰减的因素，基于对两百多次液体氯衰减随时间的变化的测定。

在数据驱动的方法方面，Liu 等人[94]提出了一种新颖的多视角多任务学习框架，用于预测管道网络中大约 30 个监测点在几小时内的水质。在这个框架中，城市数据的不同来源，如道路网络、POI 和气象信息，分别被视为水质的空间或时间视角。此外，每个监测点的预测被视为一个任务，不同任务之间的相关性通过管道网络中两个监测点之间的连通性来衡量。实验表明，多任务多视角框架的性能优于经典的预测模型和其他机器学习算法。

除了建模氯衰减外，Ostfeld 等人[106] 将"障碍赛跑"和一种混合遗传–最近邻算法（GA-KNN）结合到一个适用于二维水动力学和水质量（例如，氮、磷，不包括氯）模型的校准模型中。

2.5   用于城市能源消耗的城市计算

城市化的快速进程导致了日益增长的能源消耗，这需要能够感知城市规模的能源成本、改善能源基础设施以及节约能源的技术。

2.5.1   汽油消耗

Zhang 等人[166-167] 提出了一种使用出租车作为传感器，及时估计每个加油站内车辆数量的方法。这样的信息不仅可以向驾驶员推荐等待时间较短的加油站，还可以更有效地帮助规划加油站的位置。直观地说，在某个地区加油站建设过多而加油车辆较少的情况下，我们可以减少一些加油站的运营时间（例如，每天只开放半天）。此外，根据城市车辆燃油箱容量的统计数据，这些信息可以估算在某个时间段内车辆加了多少升汽油。

在提出的方法中，首先从出租车的 GPS 轨迹中检测到加油站加油事件，如图 2.14 所示。出租车在加油站加油所花费的时间用于估计队伍长度（等待加油），然后估算加油站的车辆数量。随后，提出了一种情境感知的张量分解方法，用于估计那些最近没有出租车去加过油的加油站的车辆数量。

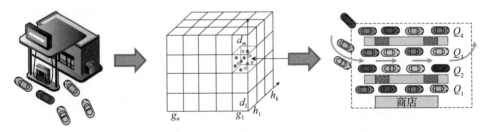

图 2.14   利用配备 GPS 的出租车对城市加油行为进行人群感知（见彩插）

Shang 等人[126] 利用来自样本车辆（例如出租车）的 GPS 轨迹，即时推断在某个时间槽内城市道路网络上行驶的车辆的汽油消耗和排放情况，如图 2.15a 所示。这些知识不仅可以用来建议成本效益高的驾驶路线，还可以识别在哪些道路段有大量的汽油浪费。同时，对车辆污染排放的即时估算可以触发污染警报，并从长远来看，可以帮助诊断空气污染的根本原因。

为了实现这个目标，他们首先使用最近接收到的 GPS 轨迹计算每个道路段的行驶速度。由于许多道路段没有车辆行驶过，不存在轨迹数据（即数据稀疏性），提出了一种基于情境感知矩阵分解方法的行驶速度估计模型。该模型利用从其他数据源（例如地图数据和历史轨迹）学习的特征来处理数据稀疏性问题。随后，提出了一种交通量推断（TVI）模型来推断每分钟

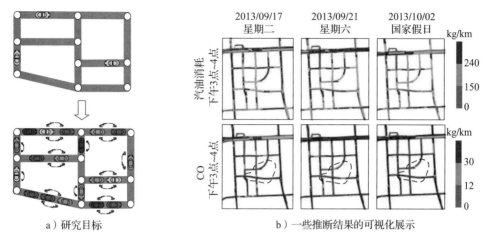

a）研究目标　　　　　　　　b）一些推断结果的可视化展示

图 2.15　根据稀疏轨迹推断车辆的汽油消耗和污染排放（见彩插）

通过每个道路段的车辆数量。TVI 是一个无监督的动态贝叶斯网络，它结合了多个因素，如行驶速度、天气条件以及道路的地理特征。给定道路段的行驶速度和交通量，它可以根据现有的环境理论计算汽油消耗和排放。

图 2.15b 展示了在三天不同的时间点，中关村周边地区的汽油消耗和 CO 排放情况。这个区域是一个混合区域，有许多公司和娱乐场所。在下午 3 点~4 点的时间段，即晚高峰之前，工作日这个地区的汽油消耗量比周末和节假日要少，因为人们还在室内工作。在周末和节假日，许多人会因为这个区域的娱乐活动（例如购物或看电影）而前来，导致更多的能源消耗和 CO 排放。一个电影院、一个超市和两个购物中心位于由虚曲线标记的区域。

2.5.2　电力消耗

有效地整合可再生能源，并满足因车辆电气化和供暖增加而日益增长的电力需求，对于电力的可持续使用至关重要。为了优化居民能源使用，需要智能的需求响应机制，将能源使用转移到需求较低的时期，或者可再生能源供应充足的时期。智能算法，无论是在设备级别还是社区/变压器级别实施，都使得设备能够满足单个设备和用户政策的要求，同时保持在社区分配的能源使用限额之内。

在文献［44］中，社区内的每辆电动汽车（EV）都由一个强化学习代理控制，并得到短期负荷预测算法[98]的支持。每个代理的局部目标是最小化充电价格（这是动态的，直接与当前能源需求成正比）并满足用户期望的效用（例如，确保电动汽车的电池在出发前充至 80%）。每个代理还希望将社区变压器的负荷保持在目标限额以下（例如，通过最小化高峰期间充电的车辆数量）。如果实时监控显示实际需求与预测需求有偏差，将动态地重新预测需求。

Galvan-Lopez 等人[51]提出了一种替代方法，其中不是每个车辆代理单独做出决策，而是由一个全局最优的充电计划通过遗传算法适应需求，并与其他电动汽车进行通信。在文献［62］中，变压器级别的智能设置点控制算法向可控制设备（例如电动汽车或电热水器）发送信号，指示它们用来在特定时刻确定是否应该充电/开启的概率，或者指示每个设备的可变功率充电器应该开启的程度。这实现了对设备需求的细粒度控制，以填补不可控电力负荷与目标变压器负荷之间的空隙，从而平衡整体能源需求。

Momtazpour 等人[102]提出了一个框架，以支持电动汽车的充电和存储基础设施设计。他们提出了协调聚类技术，与城市环境的网络模型一起使用，以帮助确定充电站的位置和支持电动汽车的部署。已经考虑的问题包括：（1）根据电动汽车车主的活动预测电动汽车的充电需求；（2）预测不同城市地点的电动汽车充电需求以及电动汽车电池的可用充电量；（3）设计分布式机制，管理电动汽车向不同充电站的移动；（4）优化电动汽车的充电周期，在满足用户要求的同时最大化车辆到电网的利润。

2.6   用于社交应用的城市计算

2.6.1   基于位置的社交网络概念

互联网上已经有许多社交网络服务，在本节中，我们将重点介绍基于位置的社会网络（LBSN），它们在文献［171-172］中的正式定义如下：

> 基于位置的社交网络不仅是在现有社交网络中添加一个位置，以便社交结构中的人们可以分享嵌入位置信息的内容，还包括由相互依赖的个体构成的新社交结构。这种相互依赖来自现实世界中个体的位置以及个体带位置标记的媒体内容（如照片、视频和文本）。在这里，现实世界的位置包括个体在给定时间戳的即时位置以及个体在某个时期内积累的位置历史。此外，相互依赖不仅包括两个人在同一位置共同出现或具有类似的位置历史，还包括从个体的位置（历史）和带位置标记的数据中推断出的知识，例如共同兴趣、行为和活动。

LBSN 弥合了用户在数字世界和物理世界中的行为之间的差距[37]，这与城市计算的性质相匹配。在 LBSN 中，人们不仅可以追踪和分享个体的位置相关信息，还可以利用从用户生成的和与位置相关的内容（如签到、GPS 轨迹和带地理标记的照片[180,186]）中学到的协同社交知识。LBSN 的例子包括广泛使用的 Foursquare 和一个名为 GeoLife[178,190]的研究原型。通过 LBSN，我们可以分别理解用户和位置，并探索它们之间的关系。关于 LBSN 的更多细节可以在参考文献［171,189］中找到，关于 LBSN 中推荐系统的调查在参考文献［13］中。在这里，我们分别从用户和位置的角度讨论对 LBSN 的研究。

2.6.2   理解基于位置的社交网络中的用户

2.6.2.1   估计用户相似性

个体在现实世界中的位置历史在一定程度上反映了其兴趣和行为。因此，那些具有类似位置历史的人很可能有共同的兴趣和行为。从用户的位置历史推断出的用户之间的相似性可以用于朋友推荐[81]（这即使在用户之前可能不认识对方的情况下也能将兴趣相似的用户连接起来），以及社区发现（这能识别出一群具有共同兴趣的人）。

为了更好地估计用户之间的相似性，须考虑更多的信息，例如参考文献［193］中的地点之间的访问序列、地点的地理空间粒度以及地点的流行度。此外，为了能够计算居住在不同城市中的用户（即在用户的位置历史中地理空间重叠很少）的相似性，Xiao 等人[142-143]通过考虑用户访问地点中的 POI 类别，将 Zheng 的研究从物理位置扩展到位置的语义空间。

2.6.2.2　在地区中寻找本地专家

通过用户的位置信息，我们能够识别出比其他人更了解某个地区（或某个主题，如购物）的本地专家。他们的旅行经历（例如，他们去过的地方）对于旅行推荐来说更具可靠性和价值。例如，本地专家比一些游客更有可能了解高品质的餐厅[194]。

2.6.2.3　理解生活模式和风格

社交媒体数据，尤其是带地理标记的推文、照片和签到，不仅可以帮助我们了解个人生活模式[149]，而且当汇总使用时，还可以了解城市的动态[37]、主题[150]、行为模式[133]或生活方式[161]。我们还可以根据两个地点产生的社交媒体内容计算两个城市之间的相似性。

2.6.3　位置推荐

2.6.3.1　一般点位置推荐

在陌生的城市中找到最有趣的地方是游客在旅行时想要完成的一般任务[194]。然而，对一个地点的感兴趣程度不仅取决于到访该地点的人数，还取决于这些人的旅行知识。例如，一个城市中人们到访最多的地方可能是火车站或机场，这些地方并不是对有趣位置的推荐，一些吸引有经验（即拥有丰富旅行知识）的人的地方才确实有趣。问题在于如何确定一个人的旅行经验。

如图 2.16 所示，Zheng 等人[194]在用户和地点之间构建了一个二分图，并采用了一种基于超文本诱导主题搜索（HITS）的模型来推断地点的有趣程度和用户的旅行知识。基本思想是用户的旅行经验和地点的有趣程度之间存在相互加强的关系。更具体地说，一个用户的知识可以表示为该用户去过地点的有趣程度的总和，一个地点的有趣程度则表示为去过该地点的用户知识之和。

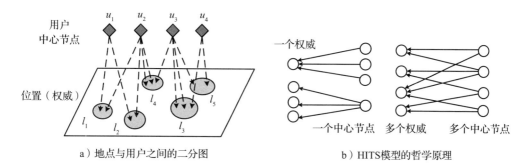

a）地点与用户之间的二分图　　　　　　b）HITS模型的哲学原理

图 2.16　推断最有趣的地方和最有经验的用户

2.6.3.2　个性化点位置推荐

在某些场景中，我们可以在提出位置推荐时考虑用户的偏好（例如，喜欢意大利食物和看电影）和上下文（如当前位置和时间）[88,148]。一种简单的方法是构建一个用户-位置矩阵，其中每一行代表一个用户，每一列代表一个位置，每个元素代表特定用户去特定位置的次数。然后可以使用一些协同过滤方法来填充没有值的元素。这种方法仅根据代表两个用户位置历史的两行来计算用户之间的相似性，而不考虑例如上述位置之间的访问序列等有用信息。

考虑到这些丰富的信息，Zheng 等人[81]将他们在论文中推断出的用户相似性纳入一个基于用户的协同过滤（CF）模型中，以推断用户-位置矩阵中的缺失值。尽管这种方法对用户相似性有更深入的理解，但它受到用户数量增加的影响，因为模型需要计算每对用户之间的相似性。为了解决这个问题，文献［188］提出了基于位置的协同过滤。这个模型根据去这些地点的用户的位置历史计算地点之间的相关性[187]。然后，将这种相关性用作基于物品的 CF 模型中地点之间的某种相似性。鉴于有限的地理空间（即地点的数量是有限的），这种基于位置的模型对于实际系统来说更加实用。

由于用户只能访问有限数量的位置，用户-位置矩阵非常稀疏，这对传统的基于 CF 的位置推荐系统构成了巨大挑战。当人们到一个他们从未去过的新城市旅行时，问题变得更加具有挑战性。为此，Bao 等人[13]提出了一种基于位置和偏好感知的推荐系统，该系统为特定用户在地理空间范围内提供一组场所（如餐厅和购物中心），同时考虑了（1）用户个人偏好，这些偏好自动从用户的位置历史中学习得到；（2）社交观点，这些观点从当地专家的位置历史中挖掘得到。这个推荐系统不仅可以帮助人们在他们的居住地附近旅行，还可以帮助他们到一个对他们来说全新的城市旅行。

2.6.3.3　行程规划

有时，用户需要一个根据他们的旅行时长和出发地点精心设计的行程。行程不仅包括独立的地点，还包括连接这些地点的详细路线和一个适当的时间表，例如到达某个地点的最佳时间和在那里停留的适当时间长度。Yoon 等人[151-152]通过学习人们的大量 GPS 轨迹数据来规划旅行。Wei 等人[137]通过学习许多签到数据点来确定在两个查询点之间最可能的旅行路线。

2.6.3.4　位置-活动推荐器

该推荐器为用户提供两种类型的推荐：（1）在给定地点可以进行的最受欢迎的活动；（2）进行给定活动（如购物）的最受欢迎的地点。这两类推荐可以从大量带有活动标签的用户位置历史中挖掘出来。为了成功生成这两种类型的推荐，Zheng 等人[196]提出了一种上下文感知协同过滤模型，该模型采用矩阵分解方法求解。

此外，Zheng 等人[195,197]将位置-活动矩阵扩展到张量，将用户视为第三个维度。基于上下文感知张量分解方法，提出了一种个性化的位置-活动推荐。

2.7　用于经济服务的城市计算

城市的动态（例如，人类移动模式和 POI 类别变化次数）可能暗含着城市经济的趋势。例如，北京的电影院数量从 2008 年到 2012 年持续增加，达到 260 家。这可能意味着越来越多的北京居民想要在电影院观看电影。一些 POI 类别则可能会变少或消失，这表示对应行业正在衰退。同样，人类移动数据暗含着一些主要城市的失业率，可以帮助预测商业和股市趋势。

2.7.1　商业位置选择

人类移动模式结合 POI 也可以帮助某些商业的选址。Karamshuk 等人[76]在基于位置的社交网络背景下研究了最优零售商店位置的问题。他们从 Foursquare 收集人类移动数据，并分析这些数据以了解纽约市三家零售连锁店的受欢迎程度是如何通过签到次数来衡量的。他们评估了各种数据挖掘特征，建模了关于地点的空间和语义信息以及周边区域用户移动的模式。

结果显示，在这些特征中，用户吸引点（例如火车站或机场），以及目标连锁店同类型的零售商店（例如咖啡店或餐厅）的存在，决定了一个地区的本地商业竞争状况，是最能指示受欢迎程度的指标。

结合多个数据源，我们甚至可以预测房产的排名。Fu 等人[47-49]展示了预测城市房产未来排名的研究，该排名根据从各种数据集中推断出的潜在价值来确定，这些数据集包括人类移动数据和城市地理数据，是目前围绕房产观察到的数据。在这里，价值指的是在上升市场中增长更快的能力，以及在下降市场中比其他房产下降更慢的能力，通过将房产价格的增长或减少比例离散化为五个级别（$R_1 \sim R_5$）来量化，其中 R_1 代表最佳，而 R_5 表示最差。排名对于人们在决定何时定居或分配资产投资时非常重要。

如图 2.17 所示，他们考虑了三个类别的因素，包括地理效用、邻里受欢迎程度和商业区的繁荣程度。这些因素与常见的说法"房产的价值由其位置、位置和位置决定"相对应。更具体地说，他们通过挖掘周围的地理数据（例如，道路网络和 POI）、交通数据（如出租车轨迹和公共交通系统中的刷卡记录）和社交媒体数据，为每个房产确定了一组区分性特征。然后，他们训练了一个成对学习排序模型[92]，将特征-排名对列表输入一个 ANN 中。他们还应用了一个度量学习算法来识别影响排名的前十个最关键特征，这间接揭示了决定房产价值的重要因素。

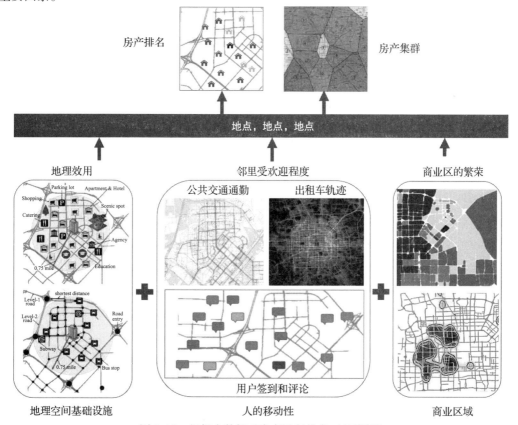

图 2.17　根据大数据对房产进行排名（见彩插）

2.7.2　优化城市物流

城市人口的增加和商业的发展导致了对城市物流的巨大需求。提高现有城市物流系统的吞吐量，对于城市的可持续性来说非常重要。

图 2.18 展示了当前城市快递系统的工作流程，这是一种主要的城市物流类型。城市被划分为几个区域（例如，R_1 和 R_2），每个区域覆盖一些街道和邻里。在某个区域建立一个中转站，临时存储该区域收到的包裹（例如，R_1 中的 ts_1）。中转站收到的包裹根据目的地被进一步分组。每组包裹将定期通过卡车发送到相应的中转站（例如，从 ts_1 到 ts_2）。在每个区域，都有一支快递团队（例如，R_1 中的 c_1 和 c_3）负责将包裹送到特定地点并从该地点接收包裹。当一辆装载包裹的卡车到达中转站时，每位快递员会将这些包裹的一部分通过小型配送货车、自行车或摩托车送到最终目的地，这些交通工具的容量是有限的。在离开中转站之前，他们会基于自己的知识预先计算配送路线（例如灰色线路）。

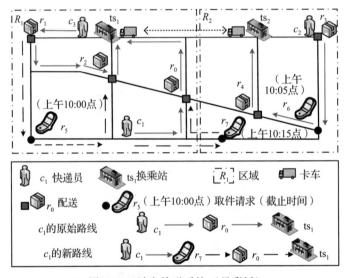

图 2.18　城市快递系统（见彩插）

在配送过程中，每位快递员可能会从中央调度系统或直接从终端用户那里收到取件请求（例如，r_5、r_6 和 r_7）。每个取件请求都与一个位置和一个取件时间截止点相关联。快递员可能会更改原计划的路线去取新包裹，或者由于时间安排或车辆容量限制而拒绝取件请求。所有快递员都必须在特定时间前（以适应定期在各个中转站之间行驶的卡车的时间表）或当车辆满载时返回自己的中转站。

当前快递服务的服务质量和运营效率不尽人意，原因有三。

首先，现有的中央调度系统处理每个取件请求时没有进行全局优化，而是单独处理。例如，一个新的取件请求（例如，r_5）通常会被分配给距离取件地点最近的快递员（例如，c_1）。与此同时，每位快递员仅根据自己当前的情况来决定是否取件，而不知道同一区域内其他快递员的状态（例如，c_3 而不是 c_1 可以去 r_5 取件）。

其次，调度系统在分配新的取件请求之前不知道快递员的当前状态（例如，快递车剩余容量、尚未交付的包裹数量以及接下来的取件-配送路线）。请注意，由于新的取件请求，这些状态会动态变化。

再次，位于区域边界附近的请求（例如，r_7）被其他区域的快递员（例如，c_1）忽略，因为快递员只在自己所在的区域内取件。

为了解决这些问题，Zhang 等人[170]设计了一个带有有效调度算法的中央调度系统，以便快递员能够实时配送和取件。系统中的每位快递员携带一个手持设备，该设备记录他们的位置，在他们配送或取件后向系统上传他们的状态，并接收新的取件请求。中央调度系统从快递员的手持设备里接收关于快递员的信息，并管理他们的时间表，包括取件和配送时间以及路线。在短时间内从客户那里收集取件请求后，系统根据最小累积距离批量处理请求。最后，系统向所有快递员发送更新的时间表，并向客户发送确认或拒绝的消息。动态调度系统可以将当前城市快递服务的吞吐量提高 30%。

2.8 用于公共安全和保障的城市计算

大型活动、大流行病、严重事故、环境灾害和恐怖袭击对公共安全和秩序构成了重大威胁。城市数据的广泛可用性有助于我们从过去的事件中学习如何正确处理这些威胁。它还使我们能够检测到威胁，甚至提前预测它们。

2.8.1 检测城市异常

城市异常可能是由车祸、交通管制、抗议、体育、庆祝、灾难和其他事件引起的。检测城市异常可以帮助缓解拥堵、诊断意外事件，并便于人们在周围移动。

2.8.1.1 基于单个数据集的异常检测

Liu 等人[93]通过主要道路将一个城市划分为不相交的区域，并基于在两个区域之间行驶的车辆的交通状况来梳理两个区域之间的异常连接。他们将一天的时间划分为时间槽，并为每个连接识别出三个特征，包括在一个时间槽内经过该连接的车辆数量（#Obj）、向给定目的区域移动的车辆比例（Pct_d）以及从给定源区域移出的车辆比例（Pct_o）。如图 2.19a 所示，对于连接 $a \to b$，#Obj = 5，$Pct_d = 5/14$，$Pct_o = 5/9$。对这三个特征分别与前几天相应时间槽的特征进行比较，以计算每个特征的最小失真（即 minDistort #Obj、minDistort Pct_d 和 minDistort Pct_o）。然后，如图 2.19b 所示，时间槽中的连接可以表示在一个三维空间中，其中每个维度表示一个特征的最小失真。为了归一化不同方向上的方差影响，使用马氏距离来衡量最极端的点，这些点被视为离群值。

在上述研究之后，Chawla 等人[26]提出了一种两步挖掘和优化框架，用于检测两个区域之间的交通异常，并解释通过这两个区域的交通流量中的异常。如图 2.19d 所示，在两个区域之间发现了一个异常链接 L_1。然而，问题可能并不来自这两个区域。在 2011 年 4 月 17 日，由于北京马拉松，北京的交通流量被引导远离天安门广场。因此，从区域 r_1 到 r_2 的北京南火车站的正常交通路线（显示为间隙较密的虚线路径）受到了引导，间隙较疏的虚线路径承载了过量交通。总之，后者路径上的交通流量导致了异常。

在该方法中，给定一个如图 2.19c 所示的连接矩阵，他们首先使用主成分分析（PCA）算法来检测一些异常连接，这些连接由列向量 b 表示，其中 1 表示在连接上检测到了异常。基于车辆的轨迹，构造一个邻接连接-路线矩阵 A，如图 2.19d 至图 2.19g 所示。矩阵的每个元素表示路线是否经过连接，1 表示是，0 表示否。例如，路线 p_1 经过 l_1 和 l_2。然后通过求解方程 $Ax = b$ 来捕捉异常连接与路线之间的关系，其中 x 是一个列向量，表示哪些路径会导致出现向量 b 所示的这些异常。使用 L1 优化技术，可以推断出 x。

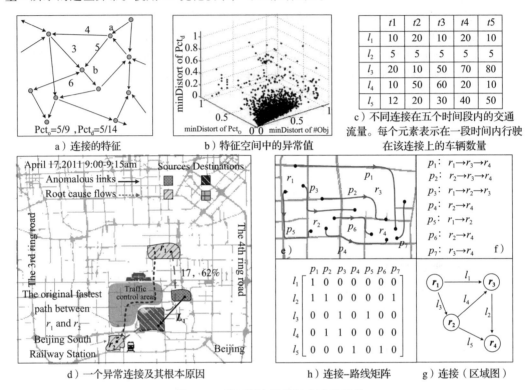

图 2.19　基于距离检测城市交通异常

Pang 等人[109]采用似然比检验（LRT），这种方法之前已在流行病学研究中用于描述交通模式。他们将城市划分为均匀的网格，并计算在一段时间内到达网格的车辆数量。目标是识别具有在统计上最显著偏离预期行为（即车辆数量）的连续单元集合和时间间隔。那些似然比统计值的对数下降到 χ^2 分布尾部的区域可能存在异常。

2.8.1.2　基于多个数据集检测城市异常

Pan 等人[108]根据驾驶者在城市道路网络上的路线行为来识别交通异常。在这里，一个检测到的异常由道路网络的子图表示，其中驾驶者的路线行为与他们的原始模式有显著差异。然后，他们试图通过挖掘异常发生时人们在社交媒体上发布的相关代表性术语来描述一个检测到的异常。检测这类交通异常的系统对驾驶者和交通当局都有益处（例如，通过通知接近异常的驾驶者并建议替代路线，以及支持交通堵塞的诊断和疏散）。

Zheng 等人[192]检测了一种集体异常，这表示在连续几个时间间隔内，一组附近位置在多份数据集共同观察到的现象方面表现出异常。在这里，"集体"有两种含义。

一种含义是，某个异常在单个数据集上可能并不那么异常，但当同时检查多个数据集时，它被视为一个异常。如图 2.20 所示，在位置 r_1 刚刚发生了一个不寻常的事件，影响了其周围位置（例如，从 r_2 到 r_6）。因此，从周围位置进入 r_1 的交通流量增加了 10%。与此同时，这些位置周围的社会媒体帖子流量和自行车租赁流量略有变化。每个单个数据集与其共同模式的偏差并不足以被认为是异常的。然而，当将它们放在一起时，我们可能能够识别出这个异常，因为三个数据集几乎不会同时发生如此程度的变化。

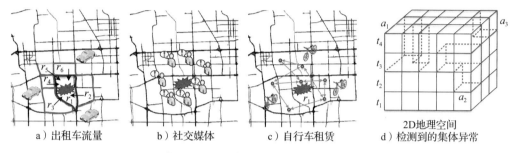

a）出租车流量　　　b）社交媒体　　　c）自行车租赁　　　d）检测到的集体异常

图 2.20　基于多个数据集检测集体异常

另一种含义是指时空集体性。也就是说，一组附近位置在连续的几个时间间隔内表现出异常，如图 2.20d 所示，而如果单独检查，这个集合中的单个位置在单个时间间隔内可能并不异常。例如，从 r_1 到 r_6 的位置在连续的几个时间间隔内（例如，从下午 2 点到下午 4 点）形成了一个集体异常。如果我们单独在下午 2 点检查位置 r_2，它可能不会被考虑为异常。它还关联了个别位置和时间间隔，形成了一个事件的全景视图。这样的集体异常可能表示流行病的早期阶段、自然灾害的开始、潜在问题或潜在灾难性事故的起点。

检测集体异常是非常具有挑战性的，因为不同的数据集具有不同的密度、分布和规模。此外，找到集体异常的时空范围也是耗时的，因为有多种方式可以组合区域和时间槽。Zheng 的方法由三个部分组成：一个多源潜在主题（MSLT）模型，一个时空似然比检验（ST_LRT）模型，以及一个候选生成算法[192]。在主题模型的框架内，MSLT 结合多个数据集来推断地理区域的潜在函数。反过来，一个区域的潜在函数有助于估计该区域生成的稀疏数据集的潜在分布。ST_LRT 为不同的数据集学习适当的潜在分布，并基于似然比检验（LRT）计算每个数据集的异常程度。然后，它使用天际线检测算法汇总不同数据集的异常程度。

2.8.2　预测人群流动

预测城市中人群的流动对于交通管理、风险评估和公共安全维护具有战略重要性。例如，如果我们能够预测人群将到达某个区域，并且知道人群流量将超过该区域的安全容量，就可以启动紧急机制（例如，向人们发送警告并进行交通控制）或者提前疏散人群，从而避免踩踏事件的发生。

Hoang 等人[64]提出了一种基于大数据预测城市每个区域内人群流动的两种类型的新方法，其中大数据包括人类移动数据、天气条件以及道路网络。如图 2.21a 所示，一个区域（如 r_1）被主要道路和两种流动类型环绕，这两种流动类型是：（1）流入，即在一定时间间隔内从某个区域出发的人群流量（例如，人们从停车位开始驾车）；（2）流出，即在某个区域内结束的人群流量（例如，人们停止驾车并停车）。直观上，流入和流出可以追踪人群的来源和目的地，从而总结人群的流动情况，用于交通管理和风险评估。这个问题与预测每个个体的移动和每个道路段的交通状况不同，后者计算成本高昂，并且从城市规模的公共安全角度来看并不必要。

a）需要预测的两种流量类型   b）流量测量的示例

图 2.21   基于多个数据集检测集体异常

为了构建一个实用的城市交通预测解决方案，他们首先使用城市的道路网络和历史人类移动记录将城市地图划分为区域。为了模拟影响人群流动的多个复杂因素，他们将流动分解为三个组件：季节性（周期性模式）、趋势（周期性模式的变化）和残差流动（瞬时变化）。季节性和趋势模型构建为固有高斯马尔可夫随机场，这可以处理噪声和缺失数据，残差模型则利用了不同流动类型和区域之间的时空依赖性以及天气的影响。

遵循这一思路，Zhang 等人[168-169]提出了一种基于深度学习的预测模型，称为 ST-ResNet，以集体预测城市中每个区域的人群流动。他们根据流动数据的空间和时间特性构建了 ST-ResNet 的架构。它由两个主要部分组成：时空建模和全局因子建模。时空组件采用卷积神经网络的框架来同时模拟近距和远距空间依赖性、时间接近性、周期和趋势。全局组件用于捕捉外部因素，如天气条件、时间（一天中的时间）和星期几。ST-ResNet 使用北京出租车数据、贵阳环检测器数据和纽约市共享单车数据进行了评估，展示了其超越四种基线方法的优点。

2.9   总结

本章介绍了城市计算在七个不同领域的应用，包括城市规划、交通、环境、能源、社交和娱乐、经济，以及公共安全和安全。通过使用不同的数据科学技术，这些例子已经革新了解决城市挑战的传统方法。

参考文献

[1] Abbott, M. B., J. C. Bathurst, J. A. Cunge, P. E. O'Connell, and J. Rasmussen. 1986. "An Introduction to the European Hydrological System—Systeme Hydrologique Europeen, 'SHE,' 2: Structure of a Physically-Based, Distributed Modelling System." *Journal of Hydrology* 87 (1–2): 61–77.

[2] Agarwal, Y., B. Balaji, S. Dutta, R. K. Gupta, and T. Weng. 2011. "Duty-Cycling Buildings Aggressively: The Next Frontier in HVAC Control." In *Proceedings of the 10th ACM/IEEE International Conference on Information Processing in Sensor Networks*. Washington, DC: Institute of Electrical and Electronics Engineers (IEEE) Computer Society Press, 246–257.

[3] Agatz, N., A. Erera, M. Savelsbergh, and X. Wang. 2012. "Optimization for Dynamic Ride-Sharing: A Review." *European Journal of Operational Research* 223 (2): 295–303.

[4] Aguado, E., and I. Remson. 1974. "Ground-Water Hydraulics in Aquifer Management." *Journal of the Hydraulics Division* 100 (1): 103–118.

[5] Aguado, E., and I. Remson. 1980. "Ground-Water Management with Fixed Charges." *Journal of the Water Resources Planning and Management Division* 106 (2): 375–382.

[6] Amorocho, J., and W. E. Hart. 1964. "A Critique of Current Methods in Hydrologic Systems Investigation." *Eos, Transactions American Geophysical Union* 45 (2): 307–321.

[7] Antikainen, J. 2005. "The Concept of Functional Urban Area." *Findings of the Espon Project* 1 (1): 447–452.

[8] Arnold, J. G., P. M. Allen, and G. Bernhardt. 1993. "A Comprehensive Surface-Groundwater Flow Model." *Journal of Hydrology* 142 (1–4): 47–69.

[9] Attanasio, A., J.-F. Cordeau, G. Ghiani, and G. Laporte. 2004. "Parallel Tabu Search Heuristics for the Dynamic Multi-Vehicle Dial-a-Ride Problem." *Parallel Computing* 30, no. 3 (March): 377–387.

[10] Balan, R., K. Nguyen, and L. Jiang. 2011. "Real-Time Trip Information Service for a Large Taxi Fleet." In *Mobisys '11. Proceedings of the 9th International Conference on Mobile Systems, Applications, and Services*. New York: Association for Computing Machinery (ACM), 99–112.

[11] Baldacci, R., V. Maniezzo, and A. Mingozzi. 2004. "An Exact Method for the Carpooling Problem Based on Lagrangean Column Generation." *Operations Research* 52 (3): 422–439.

[12] Bao, J., T. He, S. Ruan, Y. Li, and Y. Zheng. 2017. "Planning Bike Lanes Based on Sharing-Bikes' Trajectories." In *Proceedings of the 23rd SIGKDD Conference on Knowledge Discovery and Data Mining*. New York: ACM.

[13] Bao, J., Y. Zheng, D. Wilkie, and M. Mokbel. 2015. "Recommendations in Location-Based Social Networks: A Survey." *Geoinformatica* 19 (3): 525–565.

[14] Bastani, F., Y. Huang, X. Xie, and J. W. Powell. 2011. "A Greener Transportation Mode: Flexible Routes Discovery from GPS Trajectory Data." In *Proceedings of the 19th ACM SIGSPATIAL International Conference on Advances in Geographic Information Systems*. New York: ACM, 405–408.

[15] Beaudry, A., G. Laporte, T. Melo, and S. Nickel. 2010. "Dynamic Transportation of Patients in Hospitals." *OR Spectrum* 32 (1): 77–107.

[16] Bejan, A. I., R. J. Gibbens, D. Evans, A. R. Beresford, J. Bacon, and A. Friday. 2010. "Statistical Modelling and Analysis of Sparse Bus Probe Data in Urban Areas." In *Proceedings of the 13th IEEE International Conference on Intelligent Transportation Systems*. Washington, DC: IEEE Computer Society Press, 1256–1263.

[17] Benchimol, M., P. Benchimol, B. Chappert, A. De La Taille, F. Laroche, F. Meunier, and L. Robinet. 2011. "Balancing the Stations of a Self-Service 'Bike Hire' System." *RAIRO-Operations Research* 45 (1): 37–61.

[18] Berlingerio, M., F. Calabrese, Giusy Di Lorenzo, R. Nair, F. Pinelli, and M. L. Sbodio. 2013. "AllAboard: A System for Exploring Urban Mobility and Optimizing Public Transport Using Cell-phone Data." In *Proceedings of the 12th European Conference on Machine Learning and Principles and Practice of Knowledge Discovery in Databases*. Berlin: Springer, 663–666.

[19] Borgnat, P., E. Fleury, C. Robardet, and A. Scherrer. 2009. "Spatial Analysis of Dynamic Movements of Vlov, Lyon's Shared Bicycle Program." In *Proceedings of the European Conference on Complex Systems*. Coventry, UK: Warwick University.

[20] Borzsony, S., D. Kossmann, and K. Stocker. 2001. "The Skyline Operator." In *Proceedings of the 17th International Conference on Data Engineering*. Washington, DC: IEEE Computer Society Press, 421–430.

[21] Bray, M., and H. Dawei. 2004. "Identification of Support Vector Machines for Runoff Modelling." *Journal of Hydroinformatics* 6 (4): 265–280.

[22] Calvo, R. W., F. de Luigi, P. Haastrup, and V. Maniezzo. 2004. "A Distributed Geographic Information System for the Daily Carpooling Problem." *Computers and Operations Research* 31: 2263–2278.

[23] Castro, P., and M. Neves. 2003. "Chlorine Decay in Water Distribution Systems Case Study—Lousada Network." *Electronic Journal of Environmental, Agricultural and Food Chemistry* 2 (2): 261–266.

[24] Castro-Neto, M., Y. S. Jeong, M. K. Jeong, and L. D. Han. 2009. "Online-SVR for Short-Term Traffic Prediction under Typical and Atypical Traffic Conditions." *Expert Systems with Applications* 36 (3): 6164–6173.

[25] Ceapa, I., C. Smith, and L Capra. 2012. "Avoiding the Crowds: Understanding Tube Station Congestion Patterns from Trip Data." In *Proceedings of the 1st ACM SIGKDD International Workshop on Urban Computing*. New York: ACM, 134–141.

[26] Chawla, S., Y. Zheng, and J. Hu. 2012. "Inferring the Root Cause in Road Traffic Anomalies." In *Proceedings of the 12th International Conference on Data Mining*. Washington, DC: IEEE Computer Society Press, 141–150.

[27] Chemla, D., F. Meunier, and R. Wolfler-Calvo. 2011. "Balancing a Bike-Sharing System with Multiple Vehicles." In *Proceedings of Congress annual de la société Française de recherche opérationelle et d'aidea la décision*. Saint-Etienne, France: Roadef.

[28] Chen, C., D. Zhang, N. Li, and Z. H. Zhou. 2014. "B-Planner: Planning Bidirectional Night Bus Routes Using Large-Scale Taxi GPS Traces." *IEEE Transactions on Intelligent Transportation Systems* 15 (4): 1451–1465.

[29] Chen, L., D. Zhang, G. Pan, X. Ma, D. Yang, K. Kushlev, W. Zhang, and S. Li. 2015. "Bike Sharing Station Placement Leveraging Heterogeneous Urban Open Data." In *Proceedings of the 2015 ACM International Joint Conference on Pervasive and Ubiquitous Computing*. New York: ACM, 571–575.

[30] Chen, P.-Y, J.-W. Liu, and W.-T. Chen. 2010. "A Fuel-Saving and Pollution-Reducing Dynamic Taxi-Sharing Protocol in VANETs." In *Proceedings of the IEEE 72nd Vehicular Technology Conference*. Washington, DC: IEEE Computer Society Press, 1–5.

[31] Chen, X., Y. Zheng, Y. Chen, Q. Jin, W. Sun, E. Chang, and W. Y. Ma. 2014. "Indoor Air Quality Monitoring System for Smart Buildings." In *Proceedings of the 16th ACM International Conference on Ubiquitous Computing*. New York: ACM.

[32] Clark, R. M., and M. Sivaganesan. 2002. "Predicting Chlorine Residuals in Drinking Water: Second Order Model." *Journal of Water Resources Planning and Management* 128 (2): 152–161.

[33] Contardo, C., C. Morency, and L. M. Rousseau. 2012. "Balancing a Dynamic Public Bike-Sharing System." Volume 4. Montreal: Cirrelt.

[34] Cordeau, J. 2003. "A Branch-and-Cut Algorithm for the Dial-a-Ride Problem." *Operations Research* 54 (3): 573–586.

[35] Cordeau, J. F., and G. Laporte. 2003. "A Tabu Search Heuristic for the Static Multi-Vehicle Dial-a-Ride Problem." *Transportation Research Part B: Methodological* 37 (6): 579–594.

[36] Cordeau, J. F., and G. Laporte. 2007. "The Dial-a-Ride Problem: Models and Algorithms." *Annals of Operations Research* 153 (1): 29–46.

[37] Cranshaw, J., E. Toch, J. Hong, A. Kittur, and N. Sadeh. 2010. "Bridging the Gap between Physical Location and Online Social Networks." In *Proceedings of the 12th ACM International Conference on Ubiquitous Computing*. New York: ACM, 119–128.

[38] Dell'Olio, L., A. Ibeas, and J. L. Moura. 2011. "Implementing Bike-Sharing Systems." *Proceedings of the Institution of Civil Engineers-Municipal Engineer* 164 (2): 89–101.

[39] Devarakonda, S., P. Sevusu, H. Liu, R. Liu, L. Iftode, and B. Nath. 2013. "Real-Time Air Quality Monitoring through Mobile Sensing in Metropolitan Areas." In *Proceedings of the 2nd ACM SIGKDD International Workshop on Urban Computing*. New York: ACM.

[40] D'Hondt, E., and M. Stevens. 2011. "Participatory Noise Mapping." In *Proceedings of the 9th International Conference on Pervasive Computing*. Berlin: Springer, 33–36.

[41] d'Orey, P. M., R. Fernandes, and M. Ferreira. 2012. "Empirical Evaluation of a Dynamic and Distributed Taxi-Sharing System." In *Proceedings of the 15th International IEEE Conference on Intelligent Transportation Systems*. Washington, DC: IEEE Computer Society Press, 140–146.

[42] Duan, Q., S. Sorooshian, and V. Gupta. 1992. "Effective and Efficient Global Optimization for Conceptual Rainfall-Runoff Models." *Water Resources Research* 28 (4): 1015–1031.

[43] Dumas, Y., J. Desrosiers, and F. Soumis. 1991. "The Pickup and Delivery Problem with Time Windows." *European Journal of Operational Research* 54, no. 1 (September): 7–22.

[44] Dusparic, I., C. Harris, A. Marinescu, V. Cahill, and S. Clarke. 2013. "Multi-Agent Residential Demand Response Based on Load Forecasting." In *Proceedings of the 1st IEEE Conference on Technologies for Sustainability—Engineering and the Environment*. Washington, DC: IEEE Computer Society Press.

[45] Friginal, J., S. Gambs, J. Guiochet, and M. O. Killijian. 2014. "Towards Privacy-Driven Design of a Dynamic Carpooling System." *Pervasive and Mobile Computing* 14:71–82.

[46] Froehlich, J., J. Neumann, and N. Oliver. 2009. "Sensing and Predicting the Pulse of the City through Shared Bicycling." In *Proceedings of the 21st International Joint Conference on Artificial Intelligence*. Pasadena, CA: International Joint Conferences on Artificial Intelligence Organization (IJCAI), 1420–1426.

[47] Fu, Y., Y. Ge, Y. Zheng, Z. Yao, Y. Liu, H. Xiong, and J. Yuan. 2014. "Sparse Real Estate Ranking with Online User Reviews and Offline Moving Behaviors." In *Proceedings of the 2014 IEEE International Conference on Data Mining*. Washington, DC: IEEE Computer Society Press, 120–129.

[48] Fu, Y., H. Xiong, Y. Ge, Z. Yao, and Y. Zheng. 2014. "Exploiting Geographic Dependencies for Real Estate Appraisal: A Mutual Perspective of Ranking and Clustering." In *Proceedings of the 20th SIGKDD Conference on Knowledge Discovery and Data Mining*. New York: ACM.

[49] Fu, Y., H. Xiong, Y. Ge, Y. Zheng, Z. Yao, and Z. H. Zhou. 2016. "Modeling of Geographic Dependencies for Real Estate Ranking." *ACM Transactions on Knowledge Discovery from Data* 11 (1): 11.

[50] Furuhata, M., M. Dessouky, Fernando Ordóñez, Marc-Etienne Brunet, Xiaoqing Wang, and Sven Koenig. 2013. "Ridesharing: The State-of-the-Art and Future Directions." *Transportation Research Part B: Methodological* 57 (November): 28–46.

[51] Galvan-Lopez, E., A. Taylor, S. Clarke, and V. Cahill. 2014. "Design of an Automatic Demand-Side Management System Based on Evolutionary Algorithms." In *Proceedings of the 29th Annual ACM Symposium on Applied Computing*. New York: ACM, 24–28.

[52] Gandia, R. 2015. "City Outlines Travel Diary Plan to Determine Future Transportation Needs." *Calgary Sun*, May 7.

[53] García-Palomares, J. C., J. Gutiérrez, and M. Latorre. 2012. "Optimizing the Location of Stations in Bike-Sharing Programs: A GIS Approach." *Applied Geography* 35 (1): 235–246.

[54] Gauthier A., C. Hughes, C. Kost, S. Li, C. Linke, S. Lotshaw, J. Mason, C. Pardo, C. Rasore, B. Schroeder, and X. Treviño. *The Bike-Share Planning Guide*. New York: Institute for Transportation and Development Policy.

[55] Ge, Y., H. Xiong, A. Tuzhilin, K. Xiao, M. Gruteser, and M. Pazzani. 2010. "An Energy-Efficient Mobile Recommender System." In *Proceedings of the 16th SIGKDD Conference on Knowledge Discovery and Data Mining*. New York: ACM, 899–908.

[56] Gidofalvi, G., T. B. Pedersen, T. Risch, and E. Zeitler. 2008. "Highly Scalable Trip Grouping for Large-Scale Collective Transportation Systems." In *Proceedings of the 11th International Conference on Extending Database Technology: Advanced Database Technology*. New York: ACM, 678–689.

[57] Giustolisi, O., A. Doglioni, D. A. Savic, and F. Di Pierro. 2008. "An Evolutionary Multiobjective Strategy for the Effective Management of Groundwater Resources." *Water Resources Research* 44 (1). doi:10.1029/2006WR005359.

[58] Goel, P., L. Kulik, and K. Ramamohanarao. 2016. "Privacy-Aware Dynamic Ride Sharing." *ACM Transactions on Spatial Algorithms and Systems* 2 (1): 4.

[59] Guehnemann, A., R. P. Schaefer, K. U. Thiessenhusen, and P. Wagner. 2004. *Monitoring Traffic and Emissions by Floating Car Data*. Clayton, Australia: Institute of Transport Studies.

[60] Hallam, N. B., J. R. West, C. F. Forster, J. C. Powell, and I. Spencer. 2002. "The Decay of Chlorine Associated with the Pipe Wall in Water Distribution Systems." *Water Research* 36 (14): 3479–3488.

[61] Hanson, S., and P. Hanson. 1980. "Gender and Urban Activity Patterns in Uppsala, Sweden." *Geographical Review* 70 (3): 291–299.

[62] Harris, C., R. Doolan, I. Dusparic, A. Marinescu, V. Cahill, and S. Clarke. 2014. "A Distributed Agent Based Mechanism for Shaping of Aggregate Demand." Paper presented at Energycon, Dubrovnik, Croatia.

[63] Herrera, J. C., D. Work, X. Ban, R. Herring, Q. Jacobson, and A. Bayen. 2010. "Evaluation of Traffic Data Obtained via GPS-Enabled Mobile Phones: The Mobile Century Field Experiment." *Transportation Research C* 18 (4): 568–583.

[64] Hoang, M. X., Y. Zheng, and A. K. Singh. "FCCF: Forecasting Citywide Crowd Flows Based on Big Data." In *Proceedings of the 24th ACM International Conference on Advances in Geographical Information Systems*. New York: ACM.

[65] Hsieh, H. P., S. D. Lin, and Y. Zheng. 2015. "Inferring Air Quality for Station Location Recommendation Based on Urban Big Data." In *Proceedings of the 21st ACM SIGKDD International Conference on Knowledge Discovery and Data Mining*. New York: ACM, 437–446.

[66] Hsu, Kuo-lin, Hoshin Vijai Gupta, and Soroosh Sorooshian. 1995. "Artificial Neural Network Modeling of the Rainfall-Runoff Process." *Water Resources Research* 31 (10): 2517–2530.

[67] Hung, C. C., C. W. Chang, and W. C. Peng. 2009. "Mining Trajectory Profiles for Discovering User Communities." In *Proceedings of the 1st ACM SIGSPATIAL GIS Workshop on Location Based Social Networks*. New York: ACM, 1–8.

[68] Hunter, T., R. Herring, P. Abbeel, and A. Bayen. 2009. "Path and Travel Time Inference from GPS Probe Vehicle Data." In *Proceedings of the International Workshop on Analyzing Networks and Learning with Graphs*. Vancouver, Canada: Neural Information Processing Systems Foundation.

[69] Hvattum, L. M., A. Løkketangen, and G. Laporte. 2007. "A Branch-Andregret Heuristic for Stochastic and Dynamic Vehicle Routing Problems." *Networks* 49, no. 4 (July): 330–340.

[70] Ji, S., Y. Zheng, and T. Li. 2016. "Urban Sensing Based on Human Mobility." In *Proceedings of the 2016 ACM International Joint Conference on Pervasive and Ubiquitous Computing*. New York: ACM, 1040–1051.

[71] Jiang, S., J. Ferreira, and M. C. Gonzalez. 2012. "Discovering Urban Spatial-Temporal Structure from Human Activity Patterns." In *Proceedings of the 1st ACM SIGKDD International Workshop on Urban Computing*. New York: ACM, 95–102.

[72] Jiang, Y., K. Li, L. Tian, R. Piedrahita, X. Yun, L. Q. Mansata, L. Shang. 2011. "MAQS: A Personalized Mobile Sensing System for Indoor Air Quality Monitoring." In *Proceedings of the 13th International Conference on Ubiquitous Computing*. New York: ACM, 271–280.

[73] Johnson, M., N. Lam, S. Brant, C. Gray, and D. Pennise. 2011. "Modeling Indoor Air Pollution from Cookstove Emissions in Developing Countries Using a Monte Carlo Single-Box Model." *Atmospheric Environment* 45 (19): 3237–3243.

[74] Kaltenbrunner, A., R. Meza, J. Grivolla, J. Codina, and R. Banchs. 2010. "Urban Cycles and Mobility Patterns: Exploring and Predicting Trends in a Bicycle-Based Public Transport System." *IEEE Pervasive and Mobile Computing* 6:455–466.

[75] Kanoulas, E., Y. Du, T. Xia, and D. Zhang. 2006. "Finding Fastest Paths on a Road Network with Speed Patterns." In *Proceedings of the 22nd International Conference on Data Engineering*. Washington, DC: IEEE Computer Society Press.

[76] Karamshuk, D., A. Noulas, S. Scellato, V. Nicosia, and M. Cecilia. 2013. "Geo-Spotting: Mining Online Location-Based Services for Optimal Retail Store Placement." In *Proceedings of the 19th ACM International Conference on Knowledge Discovery and Data Mining*. New York: ACM, 793–801.

[77] Karlsson, C. 2007. "Clusters, Functional Regions and Cluster Policies." JIBS and CESIS Electronic Working Paper Series 84.

[78] Lathia, N., J. Froehlich, and L. Capra. 2010. "Mining Public Transport Usage for Personalised Intelligent Transport Systems." In *Proceedings of the 10th IEEE International Conference on Data Mining*. Washington, DC: IEEE Computer Society Press, 887–892.

[79] Lathia, S. A., and L. Capra. 2012. "Measuring the Impact of Opening the London Shared Bicycle Scheme to Casual Users." *Transportation Research Part C* 22:88–102.

[80] Lee, D., H. Wang, R. Cheu, and S. Teo. 2004. "Taxi Dispatch System Based on Current Demands and Real-Time Traffic Conditions." *Transportation Research Record: Journal of the Transportation Research Board* 1882 (1): 193–200.

[81] Li, Q., Y. Zheng, X. Xie, Y. Chen, W. Liu, and W. Y. Ma. 2008. "Mining User Similarity Based on Location History." In *Proceedings of the 16th ACM SIGSPATIAL International Conference on Advances in Geographic Information Systems*. New York: ACM, 34.

[82] Li, Y., J. Bao, Y. Li, Y. Wu, Z. Gong, and Y. Zheng. 2016. "Mining the Most Influential *k*-Location Set from Massive Trajectories." *IEEE Transactions on Big Data*. doi:10.1109/TBDATA.2017.2717978.

[83] Li, Y., R. Chen, L. Chen, and J. Xu. 2015. "Towards Social-Aware Ridesharing Group Query Services." *IEEE Transactions on Services Computing* 10 (4): 646–659.

[84] Li, Y., J. Luo, C. Y. Chow, K. L. Chan, Y. Ding, and F. Zhang. 2015. "Growing the Charging Station Network for Electric Vehicles with Trajectory Data Analytics." In *Proceedings of the 2015 IEEE 31st International Conference on Data Engineering*. Washington, DC: IEEE Computer Society Press, 1376–1387.

[85] Li, Y., Y. Zheng, S. Ji, W. Wang, and Z. Gong. 2015. "Location Selection for Ambulance Stations: A Data-Driven Approach." In *Proceedings of the 23rd SIGSPATIAL International Conference on Advances in Geographic Information Systems*. New York: ACM, 85.

[86] Li, Y., Y. Zheng, H. Zhang, and L. Chen. 2015. "Traffic Prediction in a Bike-Sharing System." In *Proceedings of the 23rd SIGSPATIAL International Conference on Advances in Geographic Information Systems*. New York: ACM, 33.

[87] Lin, J. R., and T. H. Yang. 2011. "Strategic Design of Public Bicycle Sharing Systems with Service Level Constraints." *Transportation Research Part E: Logistics and Transportation Review* 47 (2): 284–294.

[88] Liu, B., Y. Fu, Z. Yao, and H. Xiong. 2013. "Learning Geographical Preferences for Point-of-Interest Recommendation." In *Proceedings of the 19th ACM SIGKDD International Conference on Knowledge Discovery and Data Mining*. New York: ACM.

[89] Liu, C. W., K. H. Lin, and Y. M. Kuo. 2003. "Application of Factor Analysis in the Assessment of Groundwater Quality in a Blackfoot Disease Area in Taiwan." *Science of the Total Environment* 313 (1): 77–89.

[90] Liu, D., Di Weng, Yuhong Li, Yingcai Wu, Jie Bao, Yu Zheng, and Huaming Qu. 2016. "SmartAdP: Visual Analytics of Large-Scale Taxi Trajectories for Selecting Billboard Locations." *IEEE Transactions on Visualization and Computer Graphics* 23, no. 1 (January): 1–10.

[91] Liu, J., L. Sun, W. Chen, and H. Xiong. 2016. "Rebalancing Bike Sharing Systems: A Multi-source Data Smart Optimization." In *Proceedings of the 22nd SIGKDD Conference on Knowledge Discovery and Data Mining.* New York: ACM.

[92] Liu, T. Y. 2009. "Learning to Rank for Information Retrieval." *Foundations and Trends in Information Retrieval* 3 (3): 225–331.

[93] Liu, W., Y. Zheng, S. Chawla, J. Yuan, and X. Xing. 2011. "Discovering Spatio-temporal Causal Interactions in Traffic Data Streams." In *Proceedings of the 17th ACM SIGKDD International Conference on Knowledge Discovery and Data Mining.* New York: ACM, 1010–1018.

[94] Liu, Y., Y. Zheng, Y. Liang, S. Liu, and D. S. Rosenblum. 2016. "Urban Water Quality Prediction Based on Multi-Task Multi-View Learning." In *Proceedings of the Twenty-Fifth International Joint Conference on Artificial Intelligence.* Pasadena, CA: IJCAI.

[95] Ma, S., and O. Wolfson. 2013. "Analysis and Evaluation of the Slugging Form of Ridesharing." In *Proceedings of the 21st ACM SIGSPATIAL International Conference on Advances in Geographic Information Systems.* New York: ACM, 64–73.

[96] Ma, Shuo, Yu Zheng, and Ouri Wolfson. 2013. "T-Share: A Large-Scale Dynamic Taxi Ridesharing Service." In *Proceedings of the 29th IEEE International Conference on Data Engineering.* Washington, DC: IEEE Computer Society Press.

[97] Ma, Shuo, Yu Zheng, and Ouri Wolfson. 2015. "Real-Time City-Scale Taxi Ridesharing." *IEEE Transactions on Knowledge and Data Engineering* 27, no. 7 (July): 1782–1795.

[98] Marinescu, A., I. Dusparic, C. Harris, S. Clarke, and V. Cahill. 2014. "A Dynamic Forecasting Method for Small Scale Residential Electrical Demand." In *Proceedings of the 2014 International Joint Conference on Neural Networks.* Washington, DC: IEEE Computer Society Press.

[99] McNeill, J. D. 1990. "Use of Electromagnetic Methods for Groundwater Studies." *Geotechnical and Environmental Geophysics* 1:191–218.

[100] Mimno, D., and A. McCallum. 2008. "Topic Models Conditioned on Arbitrary Features with Dirichlet-Multinomial Regression." In *Proceedings of the Twenty-Fourth Conference on Uncertainty in Artificial Intelligence.* Arlington, VA: AUAI Press, 411–418.

[101] Minns, A. W., and M. J. Hall. 1996. "Artificial Neural Networks as Rainfall-Runoff Models." *Hydrological Sciences Journal* 41 (3): 399–417.

[102] Momtazpour, M., P. Butler, N. Ramakrishnan, M. S. Hossain, M. C. Bozchalui, and R. Sharma. 2014. "Charging and Storage Infrastructure Design for Electric Vehicles." *ACM Transactions on Intelligent Systems and Technology* 5 (3): 42.

[103] Monteiro, L., D. Figueiredo, S. Dias, R. Freitas, D. Covas, J. Menaia, and S. T. Coelho. 2014. "Modeling of Chlorine Decay in Drinking Water Supply Systems Using EPANET MSX." *Procedia Engineering* 70:1192–1200.

[104] Nair, R., E. Miller-Hooks, R. Hampshire, and A. Busic. 2012. "Large-Scale Bicycle Sharing Systems: Analysis of V'Elib." *International Journal of Sustainable Transportation* 7 (1): 85–106.

[105] Nicolas, M., M. Stevens, M. E. Niessen, and L. Steels. 2009. "NoiseTube: Measuring and Mapping Noise Pollution with Mobile Phones." *Information Technologies in Environmental Engineering*. Berlin: Springer, 215–228.

[106] Ostfeld, A., and S. Salomons. 2005. "A Hybrid Genetic—Instance Based Learning Algorithm for CE-QUAL-W2 Calibration." *Journal of Hydrology* 310 (1): 122–142.

[107] Ott, W. R. 1999. "Mathematical Models for Predicting Indoor Air Quality from Smoking Activity." *Environmental Health Perspectives* 107 (Suppl 2): 375.

[108] Pan, B., Y. Zheng, D. Wilkie, and C. Shahabi. 2013. "Crowd Sensing of Traffic Anomalies Based on Human Mobility and Social Media." In *Proceedings of the 21st ACM SIGSPATIAL International Conference on Advances in Geographic Information Systems*. New York: ACM, 344–353.

[109] Pang, L. X., S. Chawla, W. Liu, and Y. Zheng. 2013. "On Detection of Emerging Anomalous Traffic Patterns Using GPS Data." *Data and Knowledge Engineering* 87:357–373.

[110] Pfoser, D. 2008. "Floating Car Data." *Encyclopedia of GIS*. Berlin: Springer.

[111] Pfoser, D., S. Brakatsoulas, P. Brosch, M. Umlauft, N. Tryfona, and G. Tsironis. 2008. "Dynamic Travel Time Provision for Road Networks." In *Proceedings of the 16th International Conference on Advances in Geographic Information Systems*. New York: ACM.

[112] Phithakkitnukoon, S., M. Veloso, C. Bento, A. Biderman, and C. Ratti. 2010. "Taxi-Aware Map: Identifying and Predicting Vacant Taxis in the City." In *Proceedings of the 1st International Joint Conference on Ambient Intelligence*. Berlin: Springer, 86.

[113] Powell, J. C., N. B. Hallam, J. R. West, C. F. Forster, and J. Simms. 2000. "Factors Which Control Bulk Chlorine Decay Rates." *Water Research* 34 (1): 117–126.

[114] Pozdnoukhov, A., and C. Kaiser. 2011. "Space-Time Dynamics of Topics in Streaming Text." In *Proceedings of the 3rd ACM SIGSPATIAL GIS Workshop on Location Based Social Networks*. New York: ACM, 8:1–8:8.

[115] Qi, G., X. Li, S. Li, G. Pan, Z. Wang, and D. Zhang. 2011. "Measuring Social Functions of City Regions from Large-Scale Taxi Behaviors." In *Proceedings of Pervasive Computing and Communications Workshops (PERCOM Workshops), 2011 IEEE International Conference*. Washington, DC: IEEE Computer Society Press, 384–388.

[116] Rana, R. K., C. T. Chou, S. S. Kanhere, N. Bulusu, and W. Hu. 2010. "Ear-Phone: An End-to-End Participatory Urban Noise Mapping System." In *Proceedings of the 9th ACM/IEEE International Conference on Information Processing in Sensor Networks*. New York: ACM, 105–116.

[117] Rana, R. K., C. T. Chou, S. S. Kanhere, N. Bulusu, and W. Hu. 2013. "Ear-Phone: A Context-Aware Noise Mapping Using Smart Phones." doi:arXiv:1310.4270.

[118] Ratti, C., S. Sobolevsky, F. Calabrese, C. Andris, J. Reades, M. Martino, R. Claxton, and S. H. Strogatz. 2010. "Redrawing the Map of Great Britain from a Network of Human Interactions." *PLoS ONE* 5 (12): e14248.

[119] Rinzivillo, S., S. Mainardi, F. Pezzoni, M. Coscia, D. Pedreschi, and F. Giannotti. 2012. "Discovering the Geographical Borders of Human Mobility." *Künstl intell* 26:253–260.

[120] Rossman, L. A., and P. F. Boulos. 1996. "Numerical Methods for Modeling Water Quality in Distribution Systems: A Comparison." *Journal of Water Resources Planning and Management* 122 (2): 137–146.

[121] Rossman, L. A., R. M. Clark, and W. M. Grayman. 1994. "Modeling Chlorine Residuals in Drinking-Water Distribution Systems." *Journal of Environmental Engineering* 120 (4): 803–820.

[122] Rosvall, M., and C. T. Bergstrom. 2008. "Maps of Random Walks on Complex Networks Reveal Community Structure." *Proceedings of the National Academy of Sciences* 105 (4): 1118–1123.

[123] Santani, D., R. K. Balan, and C. J. Woodard. 2008. "Spatio-Temporal Efficiency in a Taxi Dispatch System." Research Collection. School of Information Systems, Singapore Management University, October.

[124] Santi, P., G. Resta, M. Szell, S. Sobolevsky, S. H. Strogatz, and C. Ratti. 2014. "Quantifying the Benefits of Vehicle Pooling with Shareability Networks." *Proceedings of the National Academy of Sciences* 111 (37): 13290–13294.

[125] Shaheen, S., S. Guzman, and H. Zhang. 2010. "Bikesharing in Europe, the Americas, and Asia: Past, Present, and Future." Paper presented at the 2010 Transportation Research Board Annual Meeting, Washington, DC.

[126] Shang, J., Y. Zheng, W. Tong, and E. Chang. 2014. "Inferring Gas Consumption and Pollution Emission of Vehicles throughout a City." In *Proceedings of the 20th SIGKDD Conference on Knowledge Discovery and Data Mining*. New York: ACM.

[127] Silvia, S., B. Ostermaier, and A. Vitaletti. 2008. "First Experiences Using Wireless Sensor Networks for Noise Pollution Monitoring." In *Proceedings of the Workshop on Real-World Wireless Sensor Networks*. New York: ACM, 61–65.

[128] The Copenhagen Wheel. https://www.superpedestrian.com/.

[129] Thiagarajan A., L. Ravindranath, K. Lacurts, S. Madden, H. Balakrishnan, S. Toledo, and J. Eriksson. 2009. "VTrack: Accurate, Energy-Aware Road Traffic Delay Estimation Using Mobile Phones." In *Proceedings of the 7th ACM Conference on Embedded Networked Sensor Systems*. New York: ACM.

[130] Toth, E., A. Brath, and A. Montanari. 2000. "Comparison of Short-Term Rainfall Prediction Models for Real-Time Flood Forecasting." *Journal of Hydrology* 239 (1): 132–147.

[131] Vasconcelos, J. J., L. A. Rossman, W. M. Grayman, P. F. Boulos, and R. M. Clark. 1997. "Kinetics of Chlorine Decay." *American Water Works Association Journal* 89 (7): 54.

[132] Vatsavai, R. R., E. Bright, C. Varun, B. Budhendra, A. Cheriyadat, and J. Grasser. 2011. "Machine Learning Approaches for High-Resolution Urban Land Cover Classification: A Comparative Study." In *Proceedings of the 2nd International Conference on Computing for Geospatial Research and Applications*. New York: ACM, 11:1–11:10.

[133] Wakamiya, S., R. Lee, and K. Sumiya. 2012. "Crowd-Sourced Urban Life Monitoring: Urban Area Characterization Based Crowd Behavioral Patterns from Twitter." In *Proceedings of the 6th International Conference on Ubiquitous Information Management and Communication*. New York: ACM, article no. 26.

[134] Wand, M., and M. Jones. 1995. *Kernel Smoothing*. Volume 60. London: Chapman and Hall.

[135] Wang, Y., Yu Zheng, and Yexiang Xue. 2014. "Travel Time Estimation of a Path Using Sparse Trajectories." In *Proceedings of the 20th SIGKDD Conference on Knowledge Discovery and Data Mining*. New York: ACM.

[136] Watkins, K., B. Ferris, A. Borning, S. Rutherford, and D. Layton. 2011. "Where Is My Bus? Impact of Mobile Real-Time Information on the Perceived and Actual Wait Time of Transit Riders." *Transportation Research Part A* 45 (8): 839–848.

[137] Wei, L. Y., Y. Zheng, and W. C. Peng. 2012. "Constructing Popular Routes from Uncertain Trajectories." In *Proceedings of the 18th SIGKDD Conference on Knowledge Discovery and Data Mining*. New York: ACM, 195–203.

[138] "What is EMS?" 2008. Washington, DC: National Highway Traffic Safety Administration (NHTSA). Accessed August 9, 2008. https://www.ems.gov/whatisems.html.

[139] Wu, H., J. A. Tan, and W. S. Ng et al. 2015. "FTT: A System for Finding and Tracking Tourists in Public Transport Services." In *Proceedings of the 2015 ACM SIGMOD International Conference on Management of Data*. New York: ACM, 1093–1098.

[140] Wu, W., W. S. Ng, S. Krishnaswamy, and A. Sinha. 2012. "To Taxi or Not to Taxi?—Enabling Personalised and Real-Time Transportation Decisions for Mobile Users." In *Proceedings of the IEEE 13th International Conference on Mobile Data Management*. Washington, DC: IEEE Computer Society Press, 320–323.

[141] Xiang, Z., C. Chu, and H. Chen. 2006. "A Fast Heuristic for Solving a Large-Scale Static Dial-a-Ride Problem under Complex Constraints." *European Journal of Operational Research* 174 (2): 1117–1139.

[142] Xiao, X., Y. Zheng, Q. Luo, and X. Xie. 2010. "Finding Similar Users Using Category-Based Location History." In *Proceedings of the 18th ACM SIGSPATIAL Conference on Advances in Geographical Information Systems*. New York: ACM, 442–445.

[143] Xiao, X., Y. Zheng, Q. Luo, and X. Xie. 2014. "Inferring Social Ties between Users with Human Location History." *Journal of Ambient Intelligence and Humanized Computing* 5 (1): 3–19.

[144] Xue, M., H. Wu, W. Chen, W. Siong Ng, and G. Howe Goh. 2014. "Identifying Tourists from Public Transport Commuters." In *Proceedings of the 20th ACM SIGKDD International Conference On Knowledge Discovery and Data Mining*. New York: ACM, 779–1788.

[145] Yamamoto, K., K. Uesugi, and T. Watanabe. 2010. "Adaptive Routing of Cruising Taxis by Mutual Exchange of Pathways." *Knowledge-Based Intelligent Information and Engineering Systems* 5178:559–566.

[146] Yan, X., and J. Han. 2002. "Gspan: Graph-Based Substructure Pattern Mining." In proceedings, *2002 IEEE International Conference on Data Mining*. Washington, DC: IEEE Computer Society Press, 721–724.

[147] Yang, Z., J. Hu, Y. Shu, P. Cheng, J. Chen, and T. Moscibroda. "Mobility Modeling and Prediction in Bike-Sharing Systems." In *ACM International Conference on Mobile Systems, Applications, and Services*. New York: ACM.

[148] Ye, M., Y. Yin, W. Q. Lee, and D. L. Lee. 2011. "Exploiting Geographical Influence for Collaborative Point-of-Interest Recommendation." In *Proceedings of the 34th International ACM SIGIR Conference on Research and Development in Information Retrieval*. New York: ACM.

[149] Ye, Y., Y. Zheng, Y. Chen, J. Feng, and X. Xie. 2009. "Mining Individual Life Pattern Based on Location History." In *Proceedings, 2009 Tenth International Conference on Mobile Data Management: Systems, Services and Middleware*. Washington, DC: IEEE Computer Society Press, 1–10.

[150] Yin, Z., L. Cao, J. Han, C. Zhai, and T. Huang. 2011. "Geographical Topic Discovery and Comparison." In *Proceedings of the 20th International Conference on World Wide Web*. New York: ACM, 247–256.

[151] Yoon, H., Y. Zheng, X. Xie, and W. Woo. 2010. "Smart Itinerary Recommendation Based on User-Generated GPS Trajectories." In *Proceedings of the 7th International Conference on Ubiquitous Intelligence and Computing*. Berlin: Springer-Verlag, 19–34.

[152] Yoon, H., Y. Zheng, X. Xie, and W. Woo. 2011. "Social Itinerary Recommendation from User-Generated Digital Trails." *Journal of Personal and Ubiquitous Computing* 16 (5): 469–484.

[153] Yu, P. S., S. T. Chen, and I. F. Chang. 2006. "Support Vector Regression for Real-Time Flood Stage Forecasting." *Journal of Hydrology* 328 (3): 704–716.

[154] Yuan, J., Yu Zheng, and Xing Xie. 2012. "Discovering Regions of Different Functions in a City Using Human Mobility and POIs." In *Proceedings of the 18th SIGKDD Conference on Knowledge Discovery and Data Mining*. New York: ACM.

[155] Yuan, J., Yu Zheng, and Xing Xie. 2012. "Segmentation of Urban Areas Using Road Networks." *Microsoft Technical Report*, July 1.

[156] Yuan, J., Y. Zheng, X. Xie, and G. Sun. 2011. "Driving with Knowledge from the Physical World." In *Proceedings of the 17th SIGKDD Conference on Knowledge Discovery and Data Mining*. New York: ACM, 316–324.

[157] Yuan, J., Y. Zheng, X. Xie, and G. Sun. 2013. "T-Drive: Enhancing Driving Directions with Taxi Drivers' Intelligence." *IEEE Transactions on Knowledge and Data Engineering* 25 (1): 220–232.

[158] Yuan, J., Y. Zheng, C. Zhang, X. Xie, and Guangzhong Sun. 2010. "An Interactive-Voting Based Map Matching Algorithm." In *Proceedings of the Eleventh International Conference on Mobile Data Management*. Washington, DC: IEEE Computer Society Press.

[159] Yuan, J., Y. Zheng, C. Zhang, W. Xie, X. Xie, G. Sun, and Y. Huang. 2010. "T-Drive: Driving Directions Based on Taxi Trajectories." In *Proceedings of the ACM SIGSPATIAL Conference on Advances in Geographical Information Systems*. New York: ACM, 99–108.

[160] Yuan, J., Y. Zheng, L. Zhang, X. Xie, and G. Sun. 2011. "Where to Find My Next Passenger?" In *Proceedings of the 13th ACM International Conference on Ubiquitous Computing*. New York: ACM, 109–118.

[161] Yuan, N. J., F. Zhang, D. Lian, K. Zheng, S. Yu, and X. Xie. 2013. "We Know How You Live: Exploring the Spectrum of Urban Lifestyles." In *Proceedings of the First ACM Conference on Online Social Networks*. New York: ACM, 3–14.

[162] Yuan, N. J., Y. Zheng, X. Xie, Y. Wang, K. Zheng, and H. Xiong. 2015. "Discovering Urban Functional Zones Using Latent Activity Trajectories." *IEEE Transactions on Knowledge and Data Engineering* 27 (3): 1041–4347.

[163] Yuan, N. J., Y. Zheng, L. Zhang, and X. Xie. 2014. "T-Finder: A Recommender System for Finding Passengers and Vacant Taxis." *IEEE Transactions on Knowledge and Data Engineering* 25 (10): 2390–2403.

[164] Zhang, C., Y. Zheng, X. Ma, and J. Han. 2015. "Assembler: Efficient Discovery of Spatial Co-evolving Patterns in Massive Geo-Sensory Data." In *Proceedings of the 21st ACM SIGKDD International Conference on Knowledge Discovery and Data Mining*. New York: ACM, 1415–1424.

[165] Zhang, D., and T. He. 2013. "CallCab: A Unified Recommendation System for Carpooling and Regular Taxicab Services." In *Proceedings of the IEEE International Conference on Big Data*. Washington, DC: IEEE Computer Society Press, 439–447.

[166] Zhang, F., David Wilkie, Yu Zheng, and Xing Xie. 2013. "Sensing the Pulse of Urban Refueling Behavior." In *Proceedings of the 15th ACM International Conference on Ubiquitous Computing*. New York: ACM.

[167] Zhang, F., Nicholas Jing Yuan, David Wilkie, Yu Zheng, and Xing Xie. 2015. "Sensing the Pulse of Urban Refueling Behavior: A Perspective from Taxi Mobility." *ACM Transactions on Intelligent Systems and Technology* 6 (3), article no. 37.

[168] Zhang, J., Y. Zheng, and D. Qi. 2017. "Deep Spatio-temporal Residual Networks for Citywide Crowd Flows Prediction." In *Proceedings of the 31st AAAI Conference*. Menlo Park, CA: AAAI Press.

[169] Zhang, J., Y. Zheng, D. Qi, R. Li, and X. Yi. 2016. "DNN-Based Prediction Model for Spatial-Temporal Data." In *Proceedings of the 24th ACM International Conference on Advances in Geographical Information Systems*. New York: ACM.

[170] Zhang, Siyuan, Lu Qin, Yu Zheng, and Hong Cheng. 2016. "Effective and Efficient: Large-Scale Dynamic City Express." *IEEE Transactions on Data Engineering* 28 (12): 3203–3217.

[171] Zheng, Y. 2011. "Location-Based Social Networks: Users." In *Computing with Spatial Trajectories*, edited by Y. Zheng and X. Zhou, 243–276. Berlin: Springer.

[172] Zheng, Y. 2012. "Tutorial on Location-Based Social Networks." In *Proceedings of the International Conference on World Wide Web*. New York: ACM.

[173] Zheng, Y. 2015. "Methodologies for Cross-Domain Data Fusion: An Overview." *IEEE Transactions on Big Data* 1 (1): 16–34.

[174] Zheng, Y. 2015. "Trajectory Data Mining: An Overview." *ACM Transactions on Intelligent Systems and Technology* 6 (3), article no. 29.

[175] Zheng, Y., L. Capra, O. Wolfson, and H. Yang. 2014. "Urban Computing: Concepts, Methodologies, and Applications." *ACM Transactions on Intelligent Systems and Technology* 5 (3): 38–55.

[176] Zheng, Y., Xuxu Chen, Qiwei Jin, Yubiao Chen, Xiangyun Qu, Xin Liu, Eric Chang, Wei-Ying Ma, Yong Rui, and Weiwei Sun. 2014. "A Cloud-Based Knowledge Discovery System for Monitoring Fine-Grained Air Quality." *Microsoft Technical Report*, MSR-TR-2014-40, March 1.

[177] Zheng, Y., Y. Chen, Q. Li, X. Xie, and W.-Y. Ma. 2010. "Understanding Transportation Modes Based on GPS Data for Web Applications." *ACM Transactions on the Web* 4 (1): 1–36.

[178] Zheng, Y., Y. Chen, X. Xie, and Wei-Ying Ma. 2009. "GeoLife2.0: A Location-Based Social Networking Service." In *Proceedings of the 10th International Conference on Mobile Data Management*. Washington, DC: IEEE Computer Society Press.

[179] Zheng, Y., X. Feng, Xing Xie, Shuang Peng, and James Fu. 2010. "Detecting Nearly Duplicated Records in Location Datasets." In *Proceedings of the ACM SIGSPATIAL Conference on Advances in Geographical Information Systems*. New York: ACM.

[180] Zheng, Y., and J. Hong. 2012. *Proceedings of the 4th International Workshop on Location-Based Social Networks*. New York: ACM.

[181] Zheng, Y., Q. Li, Y. Chen, and X. Xie. 2008. "Understanding Mobility Based on GPS Data." In *Proceedings of the 11th International Conference on Ubiquitous Computing*. New York: ACM, 312–321.

[182] Zheng, Y., F. Liu, and H.P. Hsieh. 2013. "U-Air: When Urban Air Quality Inference Meets Big Data." In *Proceedings of the 19th SIGKDD Conference on Knowledge Discovery and Data Mining*. New York: ACM, 1436–1444.

[183] Zheng, Y., L. Liu, L. Wang, and X. Xie. 2008. "Learning Transportation Mode from Raw GPS Data for Geographic Application on the Web." In *Proceedings of the 17th International Conference on World Wide Web*. New York: ACM, 247–256.

[184] Zheng, Y., T. Liu, Yilun Wang, Yanchi Liu, Yanmin Zhu, and Eric Chang. 2014. "Diagnosing New York City's Noises with Ubiquitous Data." In *Proceedings of the 16th ACM International Joint Conference on Pervasive and Ubiquitous Computing*. New York: ACM.

[185] Zheng, Y., Y. Liu, J. Yuan, and X. Xie. 2011. "Urban Computing with Taxicabs." In *Proceedings of the 13th International ACM Conference on Ubiquitous Computing*. New York: ACM, 89–98.

[186] Zheng, Y., and M. F. Mokbel. 2011. *Proceedings of the 3rd ACM SIGSPATIAL International Workshop on Location-Based Social Networks*. New York: ACM.

[187] Zheng, Y., and X. Xie. 2009. "Learning Location Correlation from GPS Trajectories." In *Proceedings of the Eleventh International Conference on Mobile Data Management*. Washington, DC: IEEE Computer Society Press, 27–32.

[188] Zheng, Y., and X. Xie. 2011. "Learning Travel Recommendations from User-Generated GPS Traces." *ACM Transactions on Intelligent Systems and Technology* 2 (1): 2–19.

[189] Zheng, Y., and X. Xie. 2011. "Location-Based Social Networks: Locations." In *Computing with Spatial Trajectories*, edited by Y. Zheng and X. Zhou, 277–308. Berlin: Springer.

[190] Zheng, Y., X. Xie, and W.-Y. Ma. 2010. "GeoLife: A Collaborative Social Networking Service among User, Location and Trajectory." *IEEE Data Engineering Bulletin* 33 (2): 32–40.

[191] Zheng, Y., X. Yi, M. Li, R. Li, Z. Shan, E. Chang, and T. Li. 2015. "Forecasting Fine-Grained Air Quality Based on Big Data." In *Proceedings of the 21st SIGKDD Conference on Knowledge Discovery and Data Mining*. New York: ACM.

[192] Zheng, Y., H. Zhang, and Y. Yu. 2015. "Detecting Collective Anomalies from Multiple Spatio-temporal Datasets across Different Domains." In *Proceedings of the 23rd ACM International Conference on Advances in Geographical Information Systems*. New York: ACM, 2.

[193] Zheng, Y., L. Zhang, Z. Ma, X. Xie, and W.-Y. Ma. 2011. "Recommending Friends and Locations Based on Individual Location History." *ACM Transactions on the Web* 5 (1), article no. 5.

[194] Zheng, Y., L. Zhang, X. Xie, and W.-Y. Ma. 2009. "Mining Interesting Locations and Travel Sequences from GPS Trajectories." In *Proceedings of the 18th International Conference on World Wide Web*. New York: ACM, 791–800.

[195] Zheng, V. W., B. Cao, Y. Zheng, X. Xie, and Q. Yang. 2010, July. "Collaborative Filtering Meets Mobile Recommendation: A User-Centered Approach." In *Proceedings of the Twenty-Fourth AAAI Conference on Artificial Intelligence*. Volume 10. Menlo Park, CA: AAAI Press, 236–241.

[196] Zheng, V. W., Y. Zheng, X. Xie, and Q. Yang. 2010. "Collaborative Location and Activity Recommendations with GPS History Data." In *Proceedings of the 19th International Conference on World Wide Web*. New York: ACM, 1029–1038.

[197] Zheng, V. W., Y. Zheng, X. Xie, and Q. Yang. 2012. "Towards Mobile Intelligence: Learning from GPS History Data for Collaborative Recommendation." *Artificial Intelligence* 184:17–37.

[198] Zhu, J. Y., C. Zhang, H. Zhang, S. Zhi, Victor O. K. Li, J. Han, and Y. Zheng. 2017. "pg-Causality: Identifying Spatiotemporal Causal Pathways for Air Pollutants with Urban Big Data." *IEEE Transactions on Big Data*. doi:10.1109/TBDATA.2017.2723899.

[199] Zhu, J. Y., Y. Zheng, Xiuwen Yi, and Victor O. K. Li. 2016. "A Gaussian Bayesian Model to Identify Spatiotemporal Causalities for Air Pollution Based on Urban Big Data." Paper presented at the IEEE InfoCom Workshop on Smart Cities and Urban Computing, San Francisco, CA.

[200] Zimmerman, J., A. Tomasic, C. Garrod, D. Yoo, C. Hiruncharoenvate, R. Aziz, N. R. Thiruvengadam, Y. Huang, and A. Steinfeld. 2011. "Field Trial of Tiramisu: Crowd-Sourcing Bus Arrival Times to Spur Co-Design." In *Proceedings of the 2011 Annual Conference on Human Factors in Computing Systems*. New York: ACM, 1677–1686.

第二部分

城市感知与数据采集

- 第 3 章　城市感知

第 3 章

城 市 感 知

摘要: 本章介绍了四种城市感知范式,讨论了每种范式的挑战和相应技术,还展示了城市感知的通用框架以及每种城市感知范式的丰富示例。

3.1 引言

感知、计算和通信技术的进步为在大都市区域收集广泛的数据提供了前所未有的机会。城市感知作为城市计算的基础,通过从传感器和人那里收集全市数据来探测城市的脉搏和节奏。然后,在城市计算框架的上层对数据进行管理和分析。尽管城市感知的概念在 2008 年的文献 [7-8,29] 中已有讨论,但城市科学和计算技术经过演变产生了新的功能和意义,丰富了城市感知的内涵和扩展。本节介绍每种城市感知范式,展示其代表性应用,并讨论其关键挑战和技术。

3.1.1 城市感知的四种范式

城市感知主要有两种范式,包括以传感器为中心的感知和以人为中心的感知,如图 3.1 所示。前一种范式进一步包括两个子类别:静态感知和移动感知。后一种范式包括两个子类别:被动人群感知和主动人群感知。

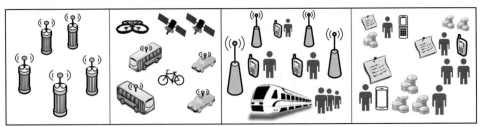

a) 静态感知　　　b) 移动感知　　　c) 被动人群感知　　　d) 主动人群感知

以传感器为中心的感知　　　　　　　以人为中心的感知:城市人群

图 3.1　四种城市感知范式

3.1.1.1　以静态传感器为中心的感知

这种感知范式在固定位置（例如，在气象监测站）部署了一系列静态传感器，如图 3.1a 所示。一旦传感器部署完成，其位置就不会随时间改变。这些传感器以一定的频率（例如，每小时一次）自动向后端系统发送数据。每个传感器可以分别发送数据，也可以先与邻居形成一个传感器网络，然后通过网络中的某些网关集体上传数据。目前城市中部署的大多数感知系统，例如用于感知交通状况的交通循环检测器和用于感知空气污染物浓度的空气质量站，都属于这一类别。这样的城市感知范式面临两个主要挑战。

第一个挑战是由于资源限制，如预算、土地利用和劳动力等因素，我们可以在城市中部署的传感器数量通常非常有限，这导致数据覆盖稀疏，给全市监控和进一步的数据分析带来了挑战。例如，尽管我们希望监测全市的交通状况，但由于各种限制，我们通常只能在一些主要道路上部署交通循环检测器。由于交通流量在不同地点显著且非线性地变化，因此没有循环检测器的道路上的交通状况不能仅根据其他有传感器的道路进行线性插值。

第二个挑战是如何选择合适的地点部署传感器。一个方法是在传感器部署之前测量一个地点的质量，例如，为了最大限度地提高整个城市的空气质量监测能力，应该在哪些地方部署四个额外的空气质量监测站。不幸的是，在部署监测站之前，我们不知道一个地点的空气质量的真实情况。此外，通常有许多候选地点，这导致从中做选择的高计算复杂度。例如，选择三个道路交叉口部署加油站，以便这些加油站覆盖尽可能多的车辆，这相当于一个子模最大化问题，它是 NP 困难的。

3.1.1.2　以移动传感器为中心的感知

这种范式在移动物体上部署传感器，如在自行车、公交车、出租车、无人机和卫星上，如图 3.1b 所示。传感器的位置随着移动物体的移动而改变，不断地在不同位置收集和发送数据到后端系统。一旦部署了这些传感器，人们就不再主动参与感知循环。例如，我们可以在许多公交车上部署传感器来探测城市的空气质量。无线通信模块每过十分钟自动将收集的空气质量数据发送到后端系统（例如，云计算平台）。传感器和通信模块所需的电源可以由公交车的电池提供。假设有相同数量的传感器随着传感器在城市中移动，这种范式收集的数据覆盖范围应该比使用静态感知更大。此外，与静态范式相比，在以移动传感器为中心的范式中部署传感器更加灵活和具有非侵入性。

这种感知范式也面临其自身的挑战。由于城市中移动物体的运动高度倾斜，这种感知范式可能导致数据分布不平衡。在很少有移动物体经过的地方，收集到的数据非常稀疏。在大量移动物体经过的其他地方，则可能会收集到冗余的数据。正如硬币有两面，虽然这种感知范式减少了人力投入，但失去了对可以收集哪些数据的控制。

3.1.1.3　被动人群感知

这种感知范式收集的是人们在被动使用城市基础设施时生成的大量数据，如图 3.1c 所示的无线通信系统和公共交通系统。在这种感知计划中，人们甚至不知道他们在贡献数据，更不用说系统的目的了。例如，虽然无线蜂窝网络是为了个人之间的移动通信而建立的，但大量的手机信号可以帮助理解全市的通勤模式，从而改善城市规划。同样，地铁站或公交车站乘客的刷卡数据可以描述城市中人们的通勤模式，尽管这样的票务系统最初是为了收取人们的行程费用而创建的。当人们通过自动检票闸机时，他们甚至不知道自己在执行感知任务。

其他例子包括自行车共享系统中的检入/检出记录以及乘客的出租车费用数据。这种感知范式面临的挑战是城市基础设施的规模限制了感知任务的地理范围。如何在利用人们的数据的同时保护他们的隐私是一个重大关切点。

3.1.1.4　主动人群感知

这种感知范式是人群感知[24]和参与式感知[6]的结合。如图3.1d所示，它通常由一个感知项目所有者和一组参与者组成。项目所有者定义一个感知任务并提供预算以完成任务。任务可能包括要收集的数据类型、地理区域、预计收集此类数据的时段，以及激励机制以鼓励人们贡献数据。人们可以根据相关可用性和感知项目提供的激励措施来决定何时何地加入感知项目。在参与感知项目时，人们积极收集周围的信息并贡献自己的数据，形成可以解决问题的知识集。人们明确知道收集任务的目的以及他们为参与式感知项目贡献了什么。

在有许多参与者和预算有限的情况下，主动人群感知项目将涉及参与者招募和任务设计过程。前一个过程根据参与者的历史表现和他们所能收集的数据对整个感知项目的潜在贡献来选择优质参与者。后一个过程可以根据地理位置和时间，为特定参与者定制任务（例如，在哪里以及何时收集某种类型的数据）。

主动感知范式面临的挑战有四个方面。第一，城市中人口的分布（和移动性）本质上是不均匀的，导致数据覆盖不平衡。虽然在一些地方接收到的数据是冗余的，但在其他地方可能缺乏数据。第二，衡量已经收集到数据的质量（涉及平衡性和数量）是困难的。显然，相对于数据充足的地方，在数据缺乏的地点收集到的数据应该更有价值。第三，我们不想招募那些会贡献噪声或虚假数据，或者不能履行承诺的参与者。然而，评估参与者的表现并不容易，因为在大多数情况下，我们想要收集的数据没有基准真实值。第四，任务设计过程通常非常消耗计算资源，意味着有时它是一个NP困难问题。

为了在主动人群感知项目中推进参与式感知，Campbell[7-8]和Lane等人[32]提出了机会感知的概念，其中在参与者的设备（例如，手机）状态（例如，地理位置或身体位置）与应用程序的要求相匹配时会自动利用该设备。为了保持透明度，设备的机会使用不应明显影响参与者的正常使用体验，因为它用于满足参与者自身的需求[7-8]。根据Campbell的说法，机会感知的主要挑战在于确定感知设备的状态何时与应用程序的要求相匹配，以及在设备状态与参与者的要求相匹配时进行采样[8]。

3.1.2　城市感知的一般框架

图3.2展示了城市感知的一般框架，它由五个层次组成。

3.1.2.1　第一层

第一层包括四个定义感知程序的元素：地点、执行感知程序的时间间隔、程序的预算，以及一个具体任务（例如感知城市噪声或交通状况）。这四个元素在程序开始前由感知程序的所有者定义。

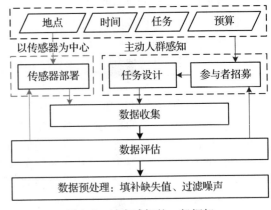

图3.2　城市感知的一般框架

3.1.2.2　第二层

第二层的目的是部署传感器或为人员分配任务，以便他们为感知计划收集数据。在以传感器为中心的感知程序中，传感器部署过程是在第一层给出的预算限制下，在适当的位置或一些移动物体上安装传感器。这一过程旨在通过一些部署模型，根据不同的测量结果优化感知结果。3.3 节将介绍四种类型的模型。

在主动人群感知中，我们首先需要根据一些测量结果选择一些高质量的参与者。有时会利用任务设计流程，根据参与者的偏好或限制条件为特定参与者定制任务。例如，Ji 等人[29]设计了一个由一系列地点（和访问时间间隔）组成的任务，根据参与者的出发地、目的地、出发时间和到达时间，为特定参与者感知城市噪声。由于被动感知计划利用的是已为其他目的建立的现有基础设施，因此无须选择参与者、设计任务或部署传感器。

3.1.2.3　第三层

第三层通过不同的途径从传感器或参与者那里收集数据。通常，在一个静态的以传感器为中心的感知程序中，每个传感器可以分别发送数据，或者首先与邻居形成一个传感器网络，然后通过网络中的网关集体上传数据。关于移动的以传感器为中心的感知，每个传感器通常分别发送数据，因为移动对象可能会单独且随机地移动。最常用于主动人群感知程序的设备是手机，每部手机都配备了相当多的传感器（如三维加速计、陀螺仪、麦克风、相机、GPS设备）和通信模块（如 GSM、Wi-Fi、蓝牙和 NFC）。然后，收集到的数据流会传输到云计算平台。

3.1.2.4　质量评估

在数据收集之后，我们需要评估其质量。对于一个以传感器为中心的感知程序，数据评估过程可以帮助确定是否需要部署额外的传感器以及传感器应该放置的位置。例如，我们在北京部署了 36 个空气质量监测站。这些站点收集的数据在监测整个城市的空气质量方面效果如何？这是一个非常具有挑战性的任务，因为在站点部署之前，我们不知道某个地方的空气质量的真实情况。Zheng 等人[53]通过机器学习推理方法解决了这个问题。基本思想是基于现有站点的数据训练一个推理模型，并用该模型推断没有站点的位置的空气质量。如果一个位置空气质量推理的置信度非常高，那么在那里部署站点并非必要，应将推理不确定性最大的前 k 个位置视为部署站点的地点。基于这个想法，Hsieh 等人[25]在有新的预算可用时建议了部署额外站点的位置。

对于主动人群感知程序，一个好的数据评估指标可以帮助确定是否需要招募更多的参与者，甚至可以在主动人群感知程序真正开始之前帮助选择参与者。例如，Ji 等人[29]提出了一个基于层次熵的指标来评估已经收集或计划收集的数据的质量，同时考虑数据的平衡性和数量。这个指标随后被用来选择那些能够收集数据以显著改善该指标的候选参与者。

3.1.2.5　数据预处理

在感知程序结束后，我们需要进行一些数据预处理，比如填补缺失值和过滤噪声数据。由于通信或设备错误，我们可能会丢失一些传感器在某些时间间隔的数据。这给实时监控和进一步的数据分析带来了挑战。为了解决这个问题，Yi 等人[51]提出了一种通过多视角学习方法集体填补地理感官数据中缺失值的方法，该方法考虑了同一序列中不同时间戳读取之间的时间相关性以及不同时间系列之间的空间相关性。

3.2　传感器和设施部署

在城市感知程序中，我们需要在收集数据之前在静态位置或移动对象上部署传感器和设施。在哪里部署这些传感器和设施成为我们需要解决的首要问题。本节介绍了四种传感器和设施部署模型，可用于解决不同应用的问题。

3.2.1　寻找最佳汇合点

寻找最佳汇合点也称为设施定位问题，已经在运筹学和数据库社区中得到广泛研究。根据目标函数，为解决这一问题提出的模型可以分为两类：最小和（minsum）[3]以及最小最大（minmax）[11]模型。最小和模型旨在定位 k 个设施，使到达所有客户的平均成本最小，最小最大模型则旨在最小化到达这些客户的最高成本。

给定两个数据集：$C = \{c_1, c_2, \cdots, c_n\}$ 表示客户，$F = \{f_1, f_2, \cdots, f_m\}$ 表示设施。设施定位问题是要从 F 中找到一个由 k 个位置组成的集合 R，使得

$$\text{最小和模型}: R = \arg \text{Min}_{R' \subset F} \sum_i \text{cost}(c_i, R'), \text{其中} |R'| = k \tag{3.1}$$

$$\text{最小最大模型}: R = \arg \text{Min}_{R' \subset F} \text{Max}_i \text{cost}(c_i, R'), \text{其中} |R'| = k \tag{3.2}$$

其中 $\text{cost}(c_i, R')$ 表示客户 c_i 与集合 R' 中任何设施 f 之间的最小成本。成本可以是旅行时间、距离或费用。当使用距离作为成本时，有两种主要的度量方式：欧几里得距离和网络距离。

图 3.3 分别为这两种模型提供了示例，用欧几里得距离作为成本度量。当设置 $k = 1$（即寻找最佳地点）时，最小和模型会选择 f_1 作为四个客户 c_1、c_2、c_3 和 c_4 的最佳汇合点。然而，最小最大模型会选择 f_2，因为 f_1 和 c_4 之间的距离大于 f_2 和客户之间的距离。这两个模型有不同的应用场景。例如，政府希望在选举中为 k 个投票站选址，使得选民到最近投票站的平均距离最小。这个问题应该由最小和模型来解决。另一个例子是使用最小最大模型在城市中设置消防站，以使到达火灾现场的最大时间最小。

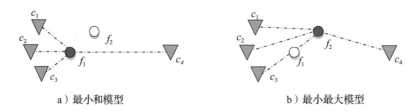

a）最小和模型　　　　　　　　　　　b）最小最大模型

图 3.3　最小和以及最小最大模型示例

无论使用哪种模型来解决设施定位问题，该问题都是 NP 困难的。为此，开辟了一个研究分支，例如局部搜索启发式方法[3]、伪近似方法[36]和最远点聚类启发式方法[21]，以近似解决这一问题，并确保性能。

3.2.1.1　局部搜索启发式方法和伪近似方法

关于最小和模型，局部搜索启发式方法[3]是一个广泛使用的解决方案，它提供了一个在最优值 5 倍以内的近似。给定一个初始位置集 R_{ini}，局部搜索启发式方法尝试用集合 $\{F - R_{\text{ini}}\}$

中的每个候选设施 f 替换 R_{ini} 中的每个当前位置，并估计这种替换的距离减少量。在所有这些尝试性替换中，距离减少量最大的那个将得到执行。局部搜索启发式方法的一个著名实现是围绕中位数的分割（PAM）[14]。

图 3.4 通过一个例子说明了 PAM 方法，该例子旨在从三个候选设施 $\{f_1, f_2, f_3\}$ 中选择两个最优位置，服务四个客户 $\{c_1, c_2, c_3, c_4\}$。初始位置集是 $\{f_1, f_2\}$，总距离为 17。如果我们用 f_3 替换 f_1，如图 3.4b 所示，总距离将减少到 13。同样，如果我们用 f_3 替换 f_2，如图 3.4c 所示，总距离将减少到 12。也就是说，后者的替换更有效。因此，$\{f_1, f_3\}$ 被选为最优的 2 位置集。如果可以同时交换 p 个位置，近似保证可以进一步提高到 $3+2/p$。实际的差距通常远小于这些上限。伪近似方法将近似保证从 $3+2/p$ 提高到 $1+\sqrt{3}+\varepsilon$，尽管运行时间更长[36]。

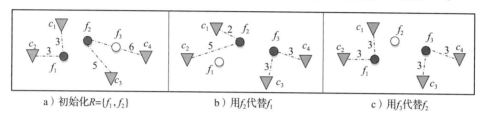

a）初始化 $R=\{f_1, f_2\}$ 　　　　b）用 f_2 代替 f_1 　　　　c）用 f_3 代替 f_2

图 3.4　PAM 示例（针对最小和问题的局部搜索启发式解决方案）

3.2.1.2　最远点聚类启发式方法

对于最小最大模型，最远点聚类启发式方法[21]是一个广泛使用的算法，可以提供最优值 2 倍以内的近似。使用这个算法寻找 k 最优位置集也被称为 k 中心问题。图 3.5 展示了最远点聚类启发式的一个例子，它从四个候选位置中为五个客户找到三最优位置集。算法首先任意选择 f_1 加入结果集 R。然后，由于 f_4 与 $R=\{f_1\}$ 的距离最远，将其加入结果集。最后，由于当 $R=\{f_1, f_4\}$ 时，$d(f_3, R)$ 最大，将 f_3 加入 R，其中 $d(f_3, R)$ 表示 f_3 与 R 中任何设施的最小距离。显然，$\text{dist}(f_3, f_4)$ 大于 $\text{dist}(f_1, f_2)$。因此，最终结果集 $R=\{f_1, f_3, f_4\}$。

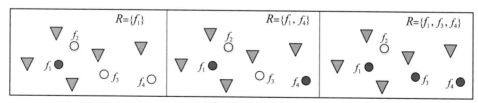

a）任意选择 f_1 　　　　b）距离 R 最远的位置是 f_4 　　　　c）距离 R 最远的位置是 f_3

图 3.5　最小最大模型示例

正式地，算法的过程可以定义如下：

1. 从 F 中任意选择一个位置 f 并将其添加到结果集 R 中。
2. 计算位置 f 与 $F-R$ 中每个设施 f' 之间的距离，并选择最小距离来表示 $d(f', R)$。
3. 将 $f = \arg\max_{f' \subset F-R} d(f', R)$ 与 R 相加，直到 $|R| = k$。

尽管前述的近似解决方案显著减少了解决设施定位问题的时间，但在面对大数据时，它们仍然非常耗时。为了在欧几里得空间中加速局部搜索启发式方法，参考文献［14］提出了几种数据库技术（例如候选分组和最佳优先搜索）来有效地修剪不具前景的候选位置。参考文献［50］提出了一个高效的框架，该框架同时考虑了欧几里得距离和网络距离。然而，这个框架只能解决 $k=1$ 的设施定位问题。

在某些应用场景中，已经部署一些设施，我们尝试添加额外的设施或将一些现有设施移动到新位置，以最小化成本函数[11,43,49]。可以简单地修改 PAM 和最远点聚类启发式方法来解决这两个问题，分别使用最小和模型和最小最大模型。

最近，Li 等人[38]建议在城市中重新定位救护站，试图基于一个三步法最小化到达整个城市中紧急请求发生处的平均行程时间。与之前的研究不同，在考虑欧几里得和网络距离的同时，Li 和 Zheng 的解决方案使用救护车的实际行程时间作为成本衡量标准。图 3.6 通过一个有十个客户和六个候选位置 $\{f_1, f_2, f_3, f_4, f_5, f_6\}$ 的例子说明了这种方法。

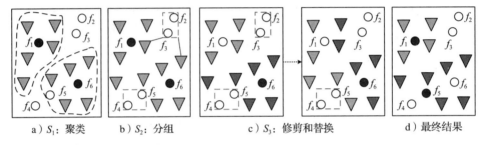

a）S_1：聚类　　b）S_2：分组　　c）S_3：修剪和替换　　d）最终结果

图 3.6　用最小最大模型选择救护站位置

第一步如图 3.6a 所示，该方法对客户端应用 k 中心聚类算法（本例中 $k=2$），选择靠近 k 个簇的中心的候选位置（即 f_1 和 f_6）作为最小和模型初始点。良好的初始点可以显著减少进一步替换计算的负载。

第二步如图 3.6b 所示，该方法将候选位置分组，计算客户端与一组候选位置（例如 f_2 和 f_3）之间的行程时间的下界。实际上，每个客户端与候选位置之间的行程时间可以预先计算，因为将在替换过程中重复使用多次。

第三步进行多次迭代，每次迭代旨在用其他候选位置替换前几轮中选定的位置，如 f_1。每次迭代进一步由许多替换组成，每次替换都尝试找到一组候选位置来替换 f_1。例如，我们尝试用一组候选位置 f_2 和 f_3 替换 f_1。对候选组可以进行修剪，也就是说，如果候选组的行程时间下界大于 f_1，就不需要用组中的每个单独元素来替换 f_1。这样的分组和修剪策略可以减少每次迭代中的替换次数，特别是在一个组中有许多候选位置的情况下。当一个候选组（例如 f_4 和 f_5）不能被修剪时，我们将进一步检查组中每个元素的替换可能性。如果 f_1 无法被替换，那么我们将在另一次迭代中尝试替换 f_6。

3.2.2　最大化覆盖范围

3.2.2.1　最大覆盖问题

最大覆盖问题也称为最大 k 覆盖问题，近几十年来获得了广泛研究。一个典型的例子是从图中选择 k 个节点，使这些节点的单跳邻接集合最大。另一个例子是找到包含最多主题数的 k 篇文章。这个问题的形式化定义如下：给定一个整数 k、一个全集 E 和一个子集集合 $S=(s_1, s_2, \cdots, s_m)$，从 S 中选择 k 个子集来组成一个并集 s'，使得 $\sum_{e_j \in s'} y_j$ 最大，其中 y_j 表示是否

有元素 $e_j \in E$ 被 s' 覆盖，如果 e_j 被覆盖则 $y_j = 1$，否则 $y_j = 0$。

问题也可以表示为整数线性规划（ILP），如下所示：

$$\max: \sum_{e_j \in E} y_j, \quad \text{s. t.} \sum x_i \leq k, \sum_{e_j \in s_i} x_i \geq y_j, x_i \in \{0,1\}, y_j \in \{0,1\} \tag{3.3}$$

其中 x_i 表示是否选择了 s_i。如果 s_i 被选入结果集，则 $x_i = 1$，否则 $x_i = 0$。

例如，如图 3.7 所示，有三个子集 $\{s_1, s_2, s_3\}$ 覆盖了 $E = \{e_1, e_2, e_3, \cdots, e_8\}$ 中的八个元素。$\{s_2, s_3\}$ 是最大 2 覆盖集合，因为它包含所有元素，而 $\{s_1, s_3\}$ 缺少了 e_6，$\{s_1, s_2\}$ 缺少了 $\{e_7, e_8\}$。

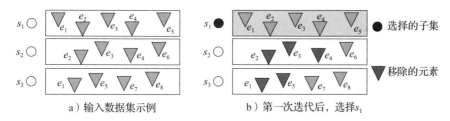

a）输入数据集示例　　　　　　b）第一次迭代后，选择 s_1

图 3.7　最大覆盖问题示例

最大覆盖问题是 NP 困难的，因此计算量很大。文献［15］中提出的贪婪启发式算法具有最佳的多项式时间解，并带有 $(1-1/e)$ 的近似保证。贪婪算法执行以下两个阶段的 k 次迭代：

1. 选择阶段。在这个阶段，贪婪启发式算法将具有最大覆盖增加的子集 s_i 插入当前迭代的结果集中。

2. 更新阶段。在这个阶段，从未选择的子集中移除已经被 s_i 覆盖的元素。

我们以图 3.7b 为例说明了贪婪启发式算法。在第一次迭代中，贪婪算法将子集 s_1 添加到结果集中，因为它覆盖了最多的元素（即 5 个）。然后在更新阶段，从未选择的子集 $\{s_2, s_3\}$ 中移除被 s_1 覆盖的元素 $\{e_1, e_2, e_3, e_4, e_5\}$。假设 $k=2$，在第二次迭代中，贪婪算法将添加覆盖另外两个元素的 s_3 到结果集中，因为 s_2 只覆盖了一个新元素。因此，最终解是 $\{s_1, s_3\}$，覆盖了七个元素。显然，这不是最优解，最优解应该是 $\{s_2, s_3\}$。

3.2.2.2　加权最大覆盖问题

在加权版本中，通用集合 E 中的每个元素 e_j 都与一个权重 $w(e_j)$ 相关联。目标是选择 k 个子集，这些子集具有最大的覆盖权重。加权版本的正式定义如下：

$$\max: \sum_{e_j \in E} w(e_j) \cdot y_j, \quad \text{s. t.} \sum x_i \leq k, \sum_{e_j \in s_i} x_i \geq y_j, x_i \in \{0,1\}, y_j \in \{0,1\} \tag{3.4}$$

贪婪启发式算法也可以用来解决加权最大覆盖问题，在选择阶段选择权重最大的子集，而不是覆盖元素最多的子集。经过轻微修改，贪婪算法也能达到 $(1-1/e)$ 的近似比。

3.2.2.3　预算约束最大覆盖问题

在一些应用场景中，当每个子集 s_i 与一个成本 $c(s_i)$ 相关联时，会指定一个预算约束 B。例如，在设施定位问题中，不同地点可能需要不同的设立成本。我们正式定义预算约束最大覆盖问题如下：

$$\max: \sum_{e_j \in E} w(e_j) \cdot y_j, \quad \text{s. t.} \sum c(s_i) \cdot x_i \leq B, \sum_{e_j \in S_i} x_i \geq y_j, x_i \in \{0,1\}, y_j \in \{0,1\} \tag{3.5}$$

为了解决预算约束最大覆盖问题，参考文献［31］提出了一个算法，当固定整数 $k \geqslant 3$ 时，该算法具有 $(1-1/e)$ 的近似比。尽管 k 表示要选择的子集数量，但它并不是问题的约束。这个算法的伪代码在图 3.8 中给出。

1. $H_1 \leftarrow \text{argmax}\{w|G|\}$, s.t. $G \subset S, |G|<k$, and $c(G) \leqslant B\}$

2. $H_2 \leftarrow \emptyset$

3. For each $R \subset S$, whose $|R|=k$ and $c(R) \leqslant B$ do

4. $U \leftarrow S \backslash R$

5.   Repeat

6.   select $s_i \in U$ that maximizes $\dfrac{w'(s_i)}{c(s_i)}$

7.   if $c(R)+c(s_i) \leqslant B$ then

8. $R \leftarrow R \cup s_i$

9. $U \leftarrow U \backslash s_i$

10.   Until $U = \emptyset$

11.   if $w(R)>w(H_2)$ then $H_2 \leftarrow R$

12. If $w(H_1)>w(H_2)$, output H_1, otherwise, output H_2.

图 3.8　预算约束下的最大覆盖算法

正如第 1 行所示，这个解决方案首先探索所有基数小于 k 且成本小于 B 的 S 的子集，找到权重最大的子集 G。然后算法搜索每个基数等于 δ 且成本小于 B 的 S 的子集，用 R 表示，如第 3 行所示。对于每个 R，算法从 S 的剩余部分（即 U）中选择一个元素 s_i，如果更新后的成本仍然小于 B，则将 s_i 添加到 R 中。这里提出了一种启发式方法来选择 s_i，计算方法为 $w'(s_i)/c(s_i)$，其中 $w'(s_i)$ 是添加 s_i 后的增量权重。上述操作（第 6~9 行）重复迭代，直到 U 中的所有元素都被测试过。在测试迭代之后，我们找到对应 R 的近似最优解。算法尝试所有可能的满足第 3 行所示标准的 R，选择最佳的 H_2。最后，返回 H_1 和 H_2 中权重较大的一个作为最终结果（第 12 行）。

3.2.2.4　最具影响力的 k 位置集问题

最近，Li 等人[37]提出了挖掘有最多辆车穿过的最具影响力的 k 位置集的问题。该问题的正式定义如下：给定一个用户指定的空间区域 R、一个 k 值、一组轨迹 Tr，以及 R 中的空间网络表示 $G_s=(V_s, E_s)$，R 中最具影响力的 k 位置集，在 V_s 中找到 k 个位置（顶点），使得被这 k 个位置覆盖的唯一轨迹的总数最大。

挖掘最具影响力的 k 位置集可以映射为带有两个额外挑战的最大 k 覆盖问题。第一个挑战是不同的用户可能对在不同空间区域内挖掘 k 个位置感兴趣。例如，如图 3.9a 所示，两个当地商家希望在两个不同区域放置不同数量的广告牌，这就要求分别计算两个区域内最具影响力的 k 位置集。感兴趣的空间区域的变化导致新一轮的计算。第二个挑战是用户（例如，领域专家）可能需要多次与挖掘系统交互，将他们的领域知识融入挖掘过程中。例如，如图 3.9b 所示，$\{c_2, c_4\}$ 是覆盖迁徙鸟类轨迹最多的 2 位置集。但是，由于 c_4 位于一个湖中，我们无法找到土地来放置观察站，因此需要将其从结果集中移除。最终，$\{c_2, c_4\}$ 成为备选结果。

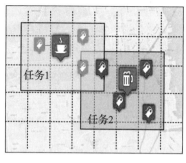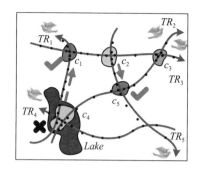

a）位置感知　　　　　　　　　　b）领域知识和交互

图 3.9　挖掘最具影响力的 k 位置集所面临的挑战

图 3.10 展示了挖掘最具影响力的 k 位置集的框架，它包括两个主要模块：预处理和位置集挖掘。如图 3.10 左侧所示，第一个模块通过三个步骤处理轨迹数据集：

1. 空间网络映射将原始轨迹投影到一个空间网络上，这个空间网络可以是道路网络、网格划分或者停留点的集群。

2. 建立倒置轨迹索引为每个顶点生成两种类型的索引。一种是顶点-轨迹索引，用于管理穿过顶点的轨迹。另一种是顶点-顶点索引，用于管理两个顶点之间共享的轨迹 ID。

3. 空间索引根据顶点的空间坐标使用空间索引结构（如四叉树或 R 树）对顶点进行组织。

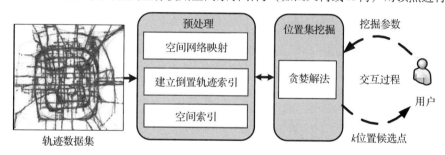

图 3.10　挖掘最具影响力的 k 位置集的框架

如图 3.10 右侧所示，位置集挖掘模块接收用户查询参数，包括空间范围 R、k 值和一组预先标记的顶点作为输入，并通过迭代选择和更新这两个步骤找到 k 个位置。在选择阶段，算法选择在当前迭代中具有最大轨迹覆盖的顶点，并将其放入结果集。在更新阶段，算法通过从它们的覆盖中移除新覆盖的轨迹来更新所有未选择顶点的覆盖值。然而，当轨迹数据集非常大时，移除新覆盖的轨迹是耗时的。基于预处理模块中构建的索引，更新阶段的效率显著提高。

3.2.3　学习排序候选位置

在城市规划中，我们可以对一组位置进行排序，选择前 k 个最佳候选位置来部署资源或设施。例如，为了开设一个盈利的购物中心，我们通常需要根据多个因素对一组候选位置进行排序，如根据周围的 POI、交通设施、交通状况和邻里人气。不同因素的排序函数可以根据现有购物中心及其历史收入学习得到。

这类模型最初是为了信息检索而提出的，通过学习历史来根据一组候选位置的性质对它们进行排序。近年来，机器学习技术已成功应用于排序，产生了三种"学习排序"算法：逐点、逐对和逐列表方法[9,48]。以下，我们将使用图 3.11 所示的例子来介绍这三种方法。

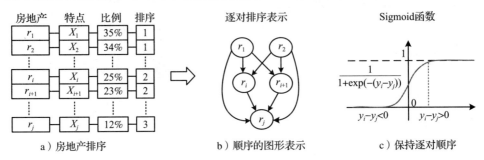

图 3.11　使用学习排序方法对房地产进行排序的一个示例

在这个例子中，我们的目标是根据一系列特征对房地产位置 $\{r_1, r_2, \cdots, r_i, \cdots, r_j\}$ 进行排序。X_i 表示房地产 r_i 的特征，例如 r_i 周围的公交站和购物中心数量。图 3.11a 中第三列代表过去一年内房地产的价格增长率，我们可以据此对这些位置进行排序，并将排序结果进一步离散化为三个级别，其中一级是最高级别，三级是最低级别。有时，区分由一些小差距（例如，0.35 和 0.34）引起的顺序并没有真正的意义。此外，这样的细粒度排序会导致沉重的计算负载，甚至影响排序模型的性能。

3.2.3.1　逐点方法

这种方法（例如参考文献 [41]）将排序转换为针对单个对象的回归或分类问题。关于这个例子，我们可以训练一个线性回归模型，如公式（3.6）所示，以预测一块房地产某属性的增长率。一旦预测出每块房地产的此增长率，我们就可以对它们进行排序。

$$y_i = \boldsymbol{\omega} \cdot X_i + \varepsilon = \sum_m \omega_m x_{im} + \varepsilon \tag{3.6}$$

另一种针对这个例子的逐点方法是训练一个分类模型（如决策树）来预测每块房地产的离散化排序 $\{1, 2, 3\}$。一旦预测出排序值，我们就可以对这些房地产进行排序。由于回归和分类模型只考虑单个属性的信息，它们是逐点方法。

3.2.3.2　逐对方法

这类方法（如参考文献 [5,23]）将排序转换为针对对象对的分类。也就是说，它最终将对象对分类为两类：正确排序的和错误排序的。按照前述例子，逐对方法首先将每两个属性组成一对，如 (X_i, X_j)，并为每对标记 1 或 -1，其中 1 表示 X_i 排在 X_j 之前，-1 表示 X_i 排在 X_j 之后。使用 <特征对，标签>，如 $f(X_i, X_j) \rightarrow 1$、$f(X_i, X_1) \rightarrow -1$、$f(X_j, X_1) \rightarrow -1$ 和 $f(X_2, X_i) \rightarrow 1$，我们可以训练一个分类模型来根据两个属性的特征预测它们的排序。一旦任意两个对象之间的排序都确定了，那么这些对象的最终排序就可以推导出来。

朝着这个研究方向，Herbrich 等人[23] 提出了 Ranking SVM，它使用 SVM 技术构建一个分类模型。Burges 等人[5] 提出了 RankNet，使用交叉熵作为损失函数来训练神经网络模型。RankNet 已经被应用于 Bing 搜索引擎。Fu 等人[16-18] 提出了一种学习排序的方法，目标函数同时考虑了对实例自己的预测（即属性的增长率）和两个实例之间的逐对顺序。图 3.11b 展示了图 3.11a 中显示的属性的图形表示，使用有向边表示两个实例之间的降序关系。例如，$r_i \to r_j$ 表示 r_i 排在 r_j 之前。目标函数呈现在公式（3.7）中。这个方程的第一部分 $\prod_i^N P(y_i \mid X_i)$ 用于最大化每个实例自己的预测准确性。第二部分确保了正确的顺序（每个实例对之间），该顺序由图 3.11b 中显示的有向边表示。

$$\text{Obj} = \prod_i^N P(y_i \mid X_i) \prod_i^{N-1} \prod_{i+1}^{N} P(r_i \to r_j) \tag{3.7}$$

更具体地说，逐对顺序是通过一个 Sigmoid 函数来建模的，该函数将两个属性的个体预测之间的差距（即 $y_i - y_j$）转换为一个 $(0,1)$ 之间的实数值。

$$P(r_i \to r_j) = \text{Sigmoid}(y_i - y_j) = \frac{1}{1 + \exp(-(y_i - y_j))} \tag{3.8}$$

对于公式（3.8），如果 r_i 确实排在 r_j 之前，并且为其预测的增长率高于 r_j（即保持正确顺序的正确推断），那么 $P(r_i \to r_j)$ 趋向于一个相对较大的值。根据 Sigmoid 曲线的分布，当 $y_i - y_j > 0$ 时，$\text{Sigmoid}(y_i - y_j)$ 的值很快接近 1。这给保持正确顺序的正确个体预测提供了正奖励。相反，如果 r_i 确实排在 r_j 之前，但 r_i 的预测增长率小于 r_j，也就是说这两个属性的预测可能不准确，那么 $P(r_i \to r_j)$ 将会非常小。当 $y_i - y_j > 0$ 时，$\text{Sigmoid}(y_i - y_j)$ 很快接近 0，从而惩罚这种不准确的预测。

3.2.3.3　逐列表方法

这类方法（如 ListNet[9] 和 RankCosine[44]）将对象的排序列表（如文档的排序列表）作为实例，并通过最小化根据预测列表和真实列表定义的列表损失函数来训练排序函数。人们称列表方法比以前的工作[9,44]在概念上更能自然地表达排序问题。与其他方法相比，列表方法具有更高的计算负载，但它基于一些数据集测试展示了自身的优势。

3.2.4　最小化不确定性

在某些类型的传感器部署中，很难明确建模选择最佳部署位置的标准。例如，我们希望找到一些地方部署更多的空气质量传感器，以显著提高现有系统的空气质量监测能力。然而，由于我们不知道在部署传感器之前该地点的空气质量，因此很难建模这样的标准。在部署用于监测水质、气象、矿物等的传感器时，我们面临着同样的挑战。

解决这个问题的通用方法是首先根据现有传感器生成的数据训练一个推理模型，然后用该模型推断没有传感器的位置的值。直观上，对于那些模型可以自信地推断出值的位置，没有必要部署传感器，而应该在模型无法处理的位置部署传感器。推理的置信度（也可以称之为不确定性）可以通过熵或概率来衡量。例如，如果一个推理模型可以预测一个位置的空气质量，并且不同类别的概率分布为 <良好：0.85，中等：0.1，不健康：0.05>，那么不确定性非常低，置信度非常高。请注意，置信度不是由推理模型在无须知道该位置空气质量的真实值的情况下得出的准确性。

图 3.12 展示了一个通过最小化推理不确定性来部署空气质量传感器的示例[25]。在这个例子中，首先根据现有传感器（如 G、H、M 和 N）的数据训练一个推理模型，并用该模型预测没有传感器的位置（如 A、B 和 C）的空气质量。该模型可以是决策树或贝叶斯网络。推理结果是不同标签类别（如良好、中等、不健康等）的概率分布。然后我们可以根据这些推理结

果的熵以递减的方式对位置进行排序。最直接的方法是选择熵最高的位置,即最不确定的推理。然而,有许多轮次的推理(如每小时)。不同轮次中位置的排序可能发生变化。此外,这些不确定的位置可能相互关联并且彼此靠近。在较小的地理区域内部署多个传感器是相当浪费的。

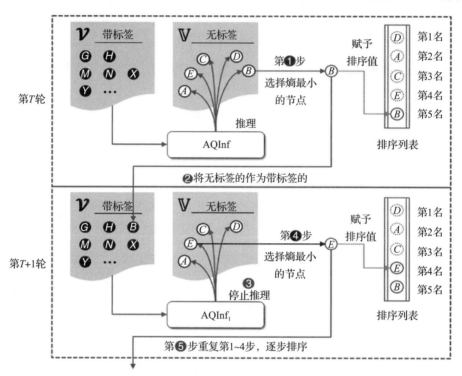

图 3.12   选择部署空气质量传感器的位置(见彩插)

为了达到这个目的,有文献提出选择熵最小的位置(例如 B)作为带标签的位置,将该位置添加到带标签的数据集中。在下一轮预测中,根据增强的带标签的数据集重新训练推理模型,然后用它推断其他位置(如 A、C、D 和 E)的空气质量。同样,选择熵最小的位置(例如 E)添加到带标签的数据集中。在迭代进行多轮推理后,我们汇总每个位置的排名,选择排名前 k 的位置部署新传感器。

3.3   以人为中心的城市感知

以人为中心的城市感知包括两种范式:被动人群感知和主动人群感知。尽管被动人群感知范式可能比主动人群感知贡献更多的数据,但在现实中,考虑到现有基础设施的规模,我们对这种感知范式下人和传感器的控制非常有限。被动人群感知范式的主要挑战可以通过城市计算框架的上层来解决。因此,在本节中,我们专注于讨论主动人群感知范式。

在主动人群感知范式中,我们面临的首要问题是人类移动的不均匀性,因为像中央商务区这样的地方本质上比其他地区更为拥挤。如图 3.13 所示,这导致了不平衡的数据覆盖,对实时监控程序和进一步的数据分析构成了挑战。一方面,我们可能会从人口密集地区接收到重复的数据。由于主动人群感知通常通过激励措施鼓励人们贡献数据,重复的数据可能意味着资源的浪费，如金钱。另一方面，我们不知道在图中带有问号的地方发生了什么。为了解决这个问题，我们需要评估已经收集到的数据的质量，例如数据有多么不平衡？此外，我们需要巧妙地招募参与者，并创造性地为他们设计合适的任务，以便收集高质量的数据集。

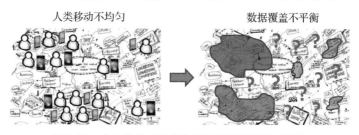

人类移动不均匀　　　　　　　数据覆盖不平衡

图 3.13　由人类移动不均匀引起的数据覆盖不平衡

3.3.1　数据评估

鉴于有限的预算、人类移动的不均匀性以及较大的感知地理空间，我们无法保证可以在任何位置和时间段收集数据。在这种情况下，拥有一个用于评估已收集数据质量的度量标准是非常重要的。这个评估指标不仅可以衡量感知程序的的成功，还可以包含到参与者招募和任务设计的目标函数中。目前，有两种数据评估方法，分别基于覆盖率和基于推理。

3.3.1.1　基于覆盖率的数据评估

数据覆盖率[1,22,54]即跨整个感知区域和整个感知时间范围的数据收集比例，通常用于衡量所收集数据的价值（即效用）。一般来说，在城市感知程序开始之前，会预定义一个覆盖率。感知程序招募参与者的数量，只要确保收集的数据能够满足预定义的比率即可。这样的比率忽略了数据在空间和时间维度的分布，未能揭示数据的平衡性。例如，在图 3.14a 和图 3.14b 中，在四个位置收集了数据。尽管图 3.14b 看起来比图 3.14a 的覆盖率更好，但它们的覆盖率都是 0.25，因此无法区分。然而，如果我们以较粗的粒度查看这两个数据集，如图 3.14d 和图 3.14e 所示，则图 3.14e 的覆盖比图 3.14d 更加平衡。

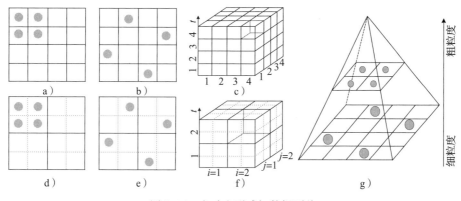

图 3.14　主动人群感知数据覆盖

为了解决这个问题，Ji 等人[29]提出了一种基于分层熵的数据覆盖评估方法，该方法衡量了时空空间中数据的平衡性和数量。由于时空空间具有不同粒度的分区，这些分区具有不同的地理大小和不同长度的时间间隔，如图 3.14c 和图 3.14f 所示，该方法在分层结构中聚合了不同空间和时间粒度的数据分布熵，如图 3.14g 所示。更具体地说，如公式（3.9）所示，数据质量由两部分的加权求和表示：数据平衡性 $E(\mathcal{A})$ 和数量 $Q(\mathcal{A})$。

$$\varphi(\mathcal{A}) = \alpha \cdot E(\mathcal{A}) + (1-\alpha) \cdot Q(\mathcal{A}) \tag{3.9}$$

$Q(\mathcal{A})$ 是在所有空间分区和时间间隔内收集的数据总量。$\mathcal{A}_k(i,j,t)$ 表示在第 k 层上的一个条目的数量。例如，在图 3.14a 和图 3.14b 中，分别收集了四条数据。

$$Q(\mathcal{A}) = \sum_{i,j,t} \mathcal{A}_k(i,j,t) \tag{3.10}$$

$E(\mathcal{A}_k)$ 是图 3.14g 所示层次结构的第 k 层的熵。ω_k 是权重，用于标准化不同层次上 $E(\mathcal{A}_k)$ 的规模，因为不同层次上的熵同等重要。例如，如果没有标准化，$E(\mathcal{A}_1)$ 即底层的熵，可能会远远大于 $E(\mathcal{A}_2)$。因此，后者将受到前者的主导，失去对 $E(\mathcal{A})$ 的贡献。

$$E(\mathcal{A}) = \frac{\sum_k \omega_k E(\mathcal{A}_k)}{k_{\max}} \tag{3.11}$$

$$E(\mathcal{A}_k) = -\sum_{i,j,t} p(i,j,t \mid k) \log_2 p(i,j,t \mid k) \tag{3.12}$$

$$p(i,j,t \mid k) = \mathcal{A}_k(i,j,t)/Q(\mathcal{A}) \tag{3.13}$$

3.3.1.2   基于推理的数据评估

由于不同位置-时间条目之间存在空间和时间相关性，这种方法根据部分收集的数据推断未感知位置的值。收集到的数据的值可以定义为推断缺失数据的能力[47,52]。如果可以使用收集到的数据很好地推断缺失数据，那么收集到的数据被认为是有价值的。

3.3.2   参与者招募与任务设计

在城市感知程序中，参与者招募和任务设计通常与人类移动性有关，因为人们需要在收集数据之前到达感知地点。根据是否改变参与者的原始行程路线，参与者招募和任务设计有两种方法。

第一种方法选择参与者收集数据，而不改变他们自己的行程路线。例如，Jaimes 等人[28]假设参与者可以在他们当前位置的圆圈内收集数据。Zhang 等人[54]通过预测参与者的未来行程来招募参与者，使用一些数学模型，如截断的 Levy 行走模型[22]和马尔可夫链模型[1]，以及他们的历史轨迹。

第二种方法则要求参与者改变他们原来的行程路线，以收集更高价值/效用的数据，因为城市中的人类移动性在本质上是高度偏斜的[13]。如果不改变参与者的原始行程路线，人口稀少的地区根本无法感知。为了解决这个问题，Kawajiri 等人[30]设计了一种奖励机制，为不同地区的数据设置区分性奖励，引导参与者到人口稀少的地区收集数据。在这个框架中，模拟参与者对区分性奖励的反应至关重要。然而，由于许多复杂因素，包括参与者的心理、奖励的分布、要收集的数据类型、天气条件以及交通状况，建立一个这样的模型是非常困难的。

最近，Ji 等人[29]提出了一种新的任务设计机制，该机制根据参与者的通勤计划（包括起点、终点、出发时间和到达时间）选择参与者，旨在收集在总量和数据平衡方面覆盖良好的数据。通过一些激励措施（例如，金钱），许多参与者愿意提交他们的通勤计划，并在新的路线上通行，途经有价值数据的区域，只要能在预定义的到达时间之前到达目的地。图 3.15 展示了在参考文献［29］中提出的城市感知方法的框架，该框架由三个主要部分组成：任务设计、参与者招募，以及加入和感知。

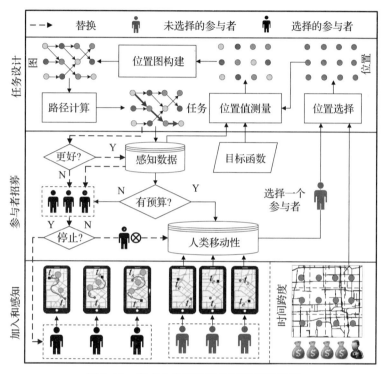

图 3.15　考虑人类移动性的城市感知框架

　　在第一个组成部分中，如图 3.15 底部所示，人们可以通过提交一个地理区域和时间跨度来创建一个城市感知程序，在此期间将收集数据以及要收集的数据类型、预算（例如，他们愿意支付的资金量）和参与者每小时可以获得的最小奖励。感兴趣的参与者（用灰色人形图标表示）可以通过他们的移动设备提交有关移动性的信息，包括起点、终点、出发时间和到达时间。如果被招募，参与者（用黑色人形图标表示）将收到一个任务，该任务包括一系列收集点和相应的时间间隔，参与者应在这些时间间隔内收集数据。之后，被选择的参与者按照分配的任务在现实世界中收集数据，并通过他们的移动设备将收集到的数据返回给系统。

　　在任务设计组件中，如图 3.15 顶部所示，根据每个参与者的移动性和预期收集的数据，通过四个步骤为每个参与者设计一个任务。首先，我们在地理区域内逐个检查每个位置，找到在出发时间和到达时间之间参与者可以到达的位置。每个选定的位置都关联一个可以收集数据的时间间隔（称为收集时间间隔）。其次，我们根据目标函数［如公式（3.9）］和预期在每个选定位置收集的数据来衡量位置的值（为了扩大数据覆盖范围，在图 3.15 中用不同颜色表示）。最后，如果参与者在收集了 L_1 的数据后可以在其收集时间间隔内到达 L_2，我们将连接两个选定的位置 L_1 和 L_2。这样，我们可以构建一个位置图，每个节点表示一个位置，并具有收集时间间隔和覆盖值。在位置图中，从参与者起点到终点的每条路径都是一个无障碍的任务候选。我们在位置图中搜索一个接近最优的路径，它具有接近最大的覆盖值。

参与者招募组件包括两个步骤——参与者选择和参与者替换，如图 3.15 中间部分所示。首先，我们从候选人池中随机逐一选择参与者。使用任务设计组件，我们为每个参与者分配一个任务，并更新预期收集的数据（表示为感知数据）。此刻，实际上还没有收集数据。总预算随后减去将给予参与者的奖励。我们重复参与者选择过程，直到预算用完。之后，我们开始参与者替换过程，该过程随机替换选定组中的一个参与者（表示为黑色人形图标）与候选人池中的另一个参与者。如果替换扩大了数据覆盖范围，我们就保留这个变化，否则放弃替换并继续寻找另一对参与者进行替换。我们重复替换过程，直到在连续尝试一定数量（如 100次）后数据覆盖范围不再有任何改善。

3.4　补充缺失值

3.4.1　问题与挑战

许多传感器被部署在物理世界中，产生了大量具有地理标记的时间序列数据。一般来说，如图 3.16a 所示，每个传感器都与一个部署位置相关联，在每个时间间隔（如每小时）产生一个读数。实际上，由于传感器或通信错误，读数经常在各个意想不到的时刻丢失。这些缺失的读数不仅影响实时监控，还影响了进一步数据分析的性能。

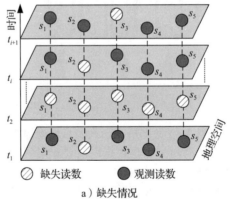

a）缺失情况

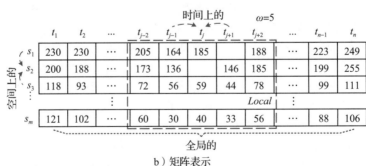

b）矩阵表示

图 3.16　地理感知数据中补充缺失值的问题陈述

图 3.16b 展示了 m 个传感器在 n 个连续时间戳的读数，这些读数以矩阵的形式存储，其中一行代表一个传感器，一列代表一个时间戳。元素 v_{ij} 指的是第 i 个传感器在第 j 个时间戳的读数。如果一个传感器在某个时间间隔内的读数没有成功接收，就会产生一个空白元素。现在，填补传感器缺失值的问题可以转换为在矩阵中填补空白元素的问题。

在一系列地理感知时间序列数据中填补缺失的读数，存在两个挑战。

1. 可能缺失任意传感器和时间戳的读数。在一些极端情况下，我们可能会连续丢失来自一个传感器（例如，图 3.16a 中的 s_2）的读数，或者同时丢失所有传感器在某个（或多个）时间戳（如图 3.16a 中的 t_2 所示）的读数。我们称这些极端情况为块缺失。对于现有模型来说，处理块缺失问题非常困难，因为我们可能无法为模型找到稳定的输入。例如，非负矩阵分解（NMF）无法处理矩阵中某列或某行数据完全缺失的情况。

2. 受到多个复杂因素的影响，传感器读数随位置和时间显著且非线性地变化。首先，距离较近的传感器的读数并不总是比距离较远的传感器更相似。如图 3.17a 所示，对于地理欧几里得距离，s_1 比 s_3 更接近 s_2。然而，如图 3.17b 所示，s_2 的空气质量读数与 s_3 比与 s_1 更相似。原因是 s_2 和 s_3 位于具有相似地理背景的两个区域，例如 POI 和交通模式相似，而 s_1 部署在一个森林中，并且它与 s_2 之间有一个湖泊。这些情况违反了地理学的第一定律，降低了某些基于插值的模型的准确性。其次，传感器读数随时间波动极大，有时会出现突然变化。如图 3.16b 所示，s_2 在第 31 个时间戳的读数在两小时内下降了两百多。这种突然变化实际上对实时监控和进一步数据分析非常重要，但现有的平滑或插值方法无法很好地处理这种情况。

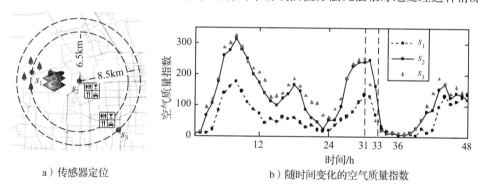

a）传感器定位　　　　　　　　b）随时间变化的空气质量指数

图 3.17　在地理感知数据中补充缺失值的挑战

为了解决这个问题，人们从不同角度提出了许多解决方案。例如，在图 3.16b 所示的矩阵中，$v_{2,j}$ 和 $v_{1,j+1}$ 是缺失的。可以根据其空间邻域（如 s_1 和 s_3）估计 $v_{2,j}$ 的读数，我们称之为空间视角。$v_{2,j}$ 也可以根据相邻时间戳的读数（如 t_{j-1} 和 t_{j+1}）等进行估计，我们称之为时间视角。我们还可以使用不同时间长度的数据进行估计，实现局部和全局视角。例如，我们考虑一个局部数据矩阵中从 t_{j-2} 至 t_{j+2} 的 $v_{2,j}$ 的相邻读数，这被视为局部视角，一个非常长的时间周期内（如从 t_1 到 t_n）的读数，这被视为全局视角。局部视角捕捉瞬时变化，而全局视角代表长期模式。

3.4.2　空间模型

这类模型通过考虑传感器的邻域来估计其在时间间隔内的缺失值。三种广泛使用的方法是反距离加权（IDW）[39]、线性估计和克里金法。

3.4.2.1　反距离加权

这个模型根据与目标传感器的距离为每个可用的在地理空间相邻的传感器的读数分配权重，并使用公式（3.14）聚合这些权重以生成预测值 $\hat{v}_{gs}$。

$$\hat{v}_{gs} = \frac{\sum_{i=1}^{m} v_i \times d_i^{-\alpha}}{\sum_{i=1}^{m} d_i^{-\alpha}} \tag{3.14}$$

其中 d_i 是候选传感器 s_i 与目标传感器之间的空间距离，α 是一个正的幂参数，它通过 $d_i^{-\alpha}$ 控制传感器权重的衰减速率。$d_i^{-\alpha}$ 为距离较近的传感器的读数分配较大权重，较大的 α 表示权重随距离衰减得更快。

图 3.18 使用两个数据集（某城市 2014 年 5 月至 2015 年 5 月的空气质量数据和气象数据）的统计信息来阐述 IDW。在这里，我们计算了同一时间戳两个任意传感器读数之间的比。在两个数据集中，随着两个传感器之间的距离增加，比下降。这遵循地理学的第一定律[46]：一切事物都与其他事物相关，但近的事物比远的事物更相关。这可以被视为地理感知数据的经验空间相关性。

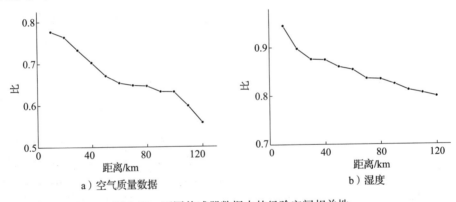

a）空气质量数据　　　　　　　b）湿度

图 3.18　不同传感器数据中的经验空间相关性

在这里，我们使用图 3.16 所示的运行示例来展示 IDW。假设两个传感器 s_1 和 s_3 分别距离 s_2 约 6.5km 和 8.5km。我们的目标是使用 s_1 和 s_3 在时间间隔 t_j 的读数（即 185 和 59）来填充 s_2 在 t_j 的缺失值。如果设置 $\alpha = 1$，那么两个传感器的权重分别是 1/6.5 和 1/8.5。根据公式（3.14），我们计算预测值 $\hat{v}_{gs} = (185/6.5 + 59/8.5)/(1/6.5 + 1/8.5) = 130.4$。

3.4.2.2　线性估计

在未观测到的位置 x_0 处对量 $Z: R^n \rightarrow R$ 的空间推断或估计，是通过观测值 $z_i = Z(x_i)$ 和权重 $\omega_i(x_0)$ 的线性组合来计算的，其中 $i = 0, 1, 2, \cdots, N$：

$$\hat{Z}(x_0) = \sum_{i=1}^{N} \omega_i(x_0) \cdot Z(x_i) \tag{3.15}$$

权重 $\omega_i(x_0)$ 可以通过最小化估计值的均方误差及其真实值 $[\hat{Z}(x_0) - Z(x_i)]^2$ 来学习。这是机器学习中的一种线性回归模型。我们将在第 7 章中详细介绍线性回归。

Pan 和 Li[42] 提出了一个基于 k 最近邻的算法，名为 AKE，用于估计传感器的缺失值。AKE 首先采用线性回归模型根据最近接收的数据计算每对传感器之间的时间依赖空间相关性。在学习过程结束后，生成一个判定系数，描述学习到的线性函数与接收的数据之间的拟合度。判定系数随后被用作对应传感器 $Z(x_i)$ 的权重 $\omega_i(x_0)$，在类似于公式（3.11）的加权平均函数中。尽管权重在不同时间间隔动态更新，但不同时间间隔之间的依赖性并未被考虑。

3.4.2.3　克里金法

在统计学中，克里金法是一种插值方法，插值的值由具有先验协方差的高斯过程建模。基于对先验的合理假设，克里金法为缺失值提供了最佳的线性无偏预测。

假设有 $n+1$ 个点，其索引从 0 到 n。第 i 个点表示为 p_i，其值 z_i 由变量 Z_i 生成。然后我们可以通过以下方式用观察到的值 $z_1, z_2, \cdots, z_n$ 的线性组合来估计未观测点 p_0 的值 $\hat{z}_0$：

$$\hat{z}_0 = \sum_{i=1}^{n} \lambda_i \times z_i \tag{3.16}$$

其中 $\lambda_1, \lambda_2, \cdots, \lambda_n$ 是对应于不同点的权重。在确定这些权重时，克里金法不仅考虑了两点之间的成对距离，还考虑了两点随机变量之间的相关性。一对变量 (Z_i, Z_j) 之间的相关性由协方差矩阵定义，记作 $\text{Cov}(Z_i, Z_j)$。基于对这些变量的假设，已经提出了不同类型的克里金法，例如普通克里金法[27]、通用克里金法[2]、IRFk 克里金法[40] 和指标克里金法[45] 等。

在本节中，我们重点介绍普通克里金法，它假设所有点的变量的期望值共享相同的常数 c，尽管 c 的值可能是未知的，如公式（3.17）所示：

$$E(Z_i) = c, \quad i = 0, 1, 2, \cdots, n \tag{3.17}$$

对 $\hat{z}_0$ 的估计误差定义为公式（3.18）：

$$\varepsilon_0 = \hat{z}_0 - z_0 = \sum_{i=1}^{n} \lambda_j \times z_i - z_0 \tag{3.18}$$

然后，算法会找到参数 λ_1、λ_2、$\cdots$、λ_n，在 $E(\varepsilon_0) = 0$ 的条件下使 $\text{Var}(\varepsilon_0)$ 最小，其定义如公式（3.19）和公式（3.20）：

$$E(\varepsilon_0) = 0 \Leftrightarrow \sum_{i=1}^{n} \lambda_i \times E(Z_i) - E(Z_0) = 0$$

$$\Leftrightarrow \sum_{i=1}^{n} \lambda_i \times E(Z_i) = E(Z_0) \Leftrightarrow c \sum_{i=1}^{n} \lambda_i = c \Leftrightarrow \sum_{i=1}^{n} \lambda_i = 1 \tag{3.19}$$

$$\text{Var}(\varepsilon_0) = \text{Var}\left(\sum_{i=1}^{n} \lambda_i \times Z_i - Z_0 \right)$$

$$= \text{Var}\left(\sum_{i=1}^{n} \lambda_i \times Z_i \right) - 2\text{Cov}\left(\sum_{i=1}^{n} \lambda_i \times Z_i, Z_0 \right) + \text{Cov}(Z_0, Z_0)$$

$$= \sum_{i=1}^{n} \sum_{j=1}^{n} \lambda_i \lambda_j \text{Cov}(Z_i, Z_j) - 2 \sum_{i=1}^{n} \lambda_i \text{Cov}(Z_i, Z_0) + \text{Cov}(Z_0, Z_0) \tag{3.20}$$

那么优化问题就变成了

$$\text{argmin}_\lambda \sum_{i=1}^{n} \sum_{j=1}^{n} \lambda_i \lambda_j \text{Cov}(Z_i, Z_j) - 2 \sum_{i=1}^{n} \lambda_i \text{Cov}(Z_i, Z_0) + \text{Cov}(Z_0, Z_0) \tag{3.21}$$

$$\text{s.t.} \sum_{i=1}^{n} \lambda_i = 1$$

通过添加一个拉格朗日乘子 ϕ，可以求解如下：

$$
\begin{bmatrix} \lambda_1 \\ \vdots \\ \lambda_n \\ \phi \end{bmatrix} = \begin{bmatrix} \mathrm{Cov}(Z_1, Z_1) & \cdots & \mathrm{Cov}(Z_1, Z_n) & 1 \\ \vdots & \ddots & \vdots & \vdots \\ \mathrm{Cov}(Z_n, Z_1) & \cdots & \mathrm{Cov}(Z_n, Z_n) & 1 \\ 1 & \cdots & 1 & 0 \end{bmatrix}^{-1} \begin{bmatrix} \mathrm{Cov}(Z_1, Z_0) \\ \vdots \\ \mathrm{Cov}(Z_n, Z_0) \\ 1 \end{bmatrix} \tag{3.22}
$$

实际上，计算 $\mathrm{Cov}(Z_i, Z_j)$ 并不容易。另一种方法是计算变异函数 $\gamma(Z_i, Z_j)$，定义为公式（3.23）：

$$
\gamma(Z_i, Z_j) = \frac{1}{2} E((Z_i - Z_j)^2) \tag{3.23}
$$

假设所有变量具有相同的方差 σ^2，我们推导出以下关系：

$$
\gamma(Z_i, Z_j) = \sigma^2 - \mathrm{Cov}(Z_i, Z_j)
$$

因此，

$$
\mathrm{Cov}(Z_i, Z_j) = \sigma^2 - \gamma(Z_i, Z_j) \tag{3.24}
$$

通过在公式（3.21）中将 $\mathrm{Cov}(Z_i, Z_j)$ 替换为 $\sigma^2 - \gamma(Z_i, Z_j)$，普通克里金法方法进一步定义为如下：

$$
\mathrm{argmin}_\lambda \sum_{i=1}^n \sum_{j=1}^n \lambda_i \lambda_j (\sigma^2 - \gamma(Z_i, Z_j)) - 2 \sum_{i=1}^n \lambda_i (\sigma^2 - \gamma(Z_i, Z_0)) + \sigma^2 - \gamma(Z_0, Z_0),
$$
$$
\mathrm{s.t.} \sum_{i=1}^n \lambda_i = 1 \tag{3.25}
$$

最后，通过添加一个拉格朗日乘子 ϕ，可以求解如下：

$$
\begin{bmatrix} \lambda_1 \\ \vdots \\ \lambda_n \\ \phi \end{bmatrix} = \begin{bmatrix} \gamma(Z_1, Z_1) & \cdots & \gamma(Z_1, Z_n) & 1 \\ \vdots & \ddots & \vdots & \vdots \\ \gamma(Z_n, Z_1) & \cdots & \gamma(Z_n, Z_n) & 1 \\ 1 & \cdots & 1 & 0 \end{bmatrix}^{-1} \begin{bmatrix} \gamma(Z_1, Z_0) \\ \vdots \\ \gamma(Z_n, Z_0) \\ 1 \end{bmatrix} \tag{3.26}
$$

一旦确定了参数 $\lambda_1, \cdots, \lambda_n$，我们就可以根据公式（3.16）计算 $\hat{z}_0$。

3.4.3　时间模型

这类方法根据传感器在其他时间间隔的自身读数来推断传感器在某个时间间隔的缺失值。这类方法可以分为两组：基于非特征的方法和基于特征的方法。第一组方法，如简单指数平滑（SES）[19]、自回归移动平均（ARMA）[4] 和 SARIMA[26]，在推断缺失值时只考虑传感器的读数。Ceylan 等人[10] 对这些方法在时间序列中补充缺失值进行了比较。第二组方法，如图模型和回归模型[19,34]，利用特征函数，考虑了随时间变化的读数的相关性。由于第二组方法将在第 7 章中详细阐述，因此我们在此之后将重点介绍第一组方法。

3.4.3.1　简单指数平滑

SES 通常用于时间序列领域，作为一种指数移动平均模型，正式定义为：

$$
\hat{v}_{gt} = \beta v_j + \beta(1-\beta) v_{j-1} + \cdots + \beta(1-\beta)^{t-1} v_1 \tag{3.27}
$$

其中 t 是候选读数 v_j 和目标读数之间的时间间隔，β 是一个位于 $(0,1)$ 之间的平滑参数。一般来说 $\beta(1-\beta)^{t-1}$ 会给最近的读数比远处的读数更大的权重，而较小的 β 表示权重随时间间隔更大衰减得更慢。

传统的 SES 只使用目标时间戳的前驱作为输入。Yi 等人[51]通过使用目标时间戳的前驱和后继来扩展 SES。给定一个目标时间戳，改进的 SES 会给同一传感器的每次读数赋予一个权重 $\beta(1-\beta)^{t-1}$，公式（3.28）通过根据归一化权重来计算 $\hat{v}_{gt}$：

$$\hat{v}_{gt} = \frac{\sum_{j=1}^{n} v_j \beta (1-\beta)^{t-1}}{\sum_{j=1}^{n} \beta (1-\beta)^{t-1}} \tag{3.28}$$

在实际应用中，选择位于时间阈值（如 12h）内的读数，因为远期的读数并不是非常有用。SES 模型的灵感来自从时间序列数据观察的结果。图 3.19 展示了使用与图 3.18 相同的空气质量数据和气象数据，同一个传感器在不同时间戳的两个任意读数之间的比。图 3.19 中的两条曲线随着时间间隔的增加而下降，显示出时间序列中的经验时间相关性，也就是说近期时间戳的读数比远期时间戳的读数更为相关。

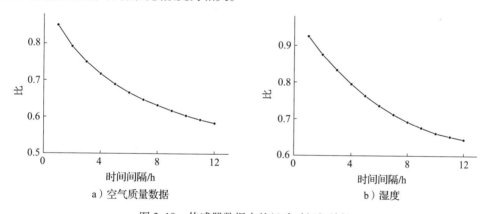

a）空气质量数据　　　　　　　　　b）湿度

图 3.19　传感器数据中的经验时间相关性

我们通过图 3.16 所示的例子来不断展示 SES 的使用。假设我们旨在使用四个相邻时间戳 $(t_{j-2}, t_{j-1}, t_{j+1}, t_{j+2})$ 的读数来补充时间间隔 t_j 处的缺失值 s_2，这四个时间戳的值分别是 173,136,146,185。如果设定 $\beta=0.5$，那么这四个时间戳的权重分别是 0.25,0.5,0.5,0.25。因此，最终结果是：

$$\hat{v}_{gt} = \frac{173 \times 0.25 + 136 \times 0.5 + 146 \times 0.5 + 185 \times 0.25}{0.25 + 0.5 + 0.5 + 0.25} = 230.5$$

3.4.3.2　ARMA

在时间序列的统计分析中，ARMA 模型描述了（弱）平稳随机过程，该过程用两个多项式来表示：一个用于自回归 $AR(p)$，另一个用于移动平均 $MA(q)$[4]。

$AR(p)$ 指的是阶数为 p 的自回归模型，写作：

$$X_t = c + \sum_{i=1}^{p} \varphi_i X_{t-i} + \varepsilon_t \tag{3.29}$$

其中 X_t 表示时间序列在第 t 个时间间隔的读数，$\varphi_1, \varphi_2, \cdots, \varphi_i$ 是参数，c 是一个常数，随机变

量 ε_t 是白噪声。

MA(q) 指的是阶数为 q 的移动平均模型：

$$X_t = \mu + \varepsilon_t + \sum_{i=1}^{q} \theta_i \varepsilon_{t-i} \qquad (3.30)$$

其中 $\theta_1, \theta_2, \cdots, \theta_i$ 是模型的参数，μ 是 X_t 的期望值（通常假设等于 0），$\varepsilon_t, \varepsilon_{t-1}, \cdots$ 是白噪声误差项。

ARMA(p, q) 指的是包含 p 个自回归项和 q 个移动平均项的模型。这个模型包括了 AR(p) 和 MA(q) 模型，

$$X_t = c + \varepsilon_t + \sum_{i=1}^{p} \varphi_i X_{t-i} + \sum_{i=1}^{q} \theta_i \varepsilon_{t-i} \qquad (3.31)$$

滞后算子多项式记法 $L^i X_t = X_{t-i}$ 定义了 p 阶 AR 滞后算子多项式 $\varphi(L) = (1 - \varphi_1 L - \varphi_2 L^2 - \cdots - \varphi_p L^p)$ 和 q 阶 MA 滞后算子多项式 $\theta(L) = (1 + \theta_1 L + \theta_2 L^2 + \cdots + \theta_q L^q)$，我们可以将 ARMA($p, q$) 模型写成：

$$\varphi(L) X_t = c + \theta(L) \varepsilon_t \qquad (3.32)$$

在实现 ARMA 模型时，我们要么使用默认参数 φ_i 和 θ_i，要么预先定义这些参数。通常假设 ε_t 是服从独立同分布的随机变量，它们是从均值为 0 的正态分布中抽取的样本。

3.4.3.3　ARIMA 和 SARIMA

为了包含更现实的动态，特别是均值非平稳性和季节性行为，已经提出了许多 ARMA 模型的变体，包括自回归差分移动平均（ARIMA）模型和季节性自回归差分移动平均（SARIMA）模型。ARIMA 中的 AR 部分表示感兴趣的演化变量回归于其先前的值。MA 部分表示回归误差实际上是一系列在同一时期和过去不同时间发生的误差项的线性组合。I（代表"差分"）表示数据值已经被它们的值与先前值的差值替代（并且这个差分过程可能已经执行了多次）。这些特征的目的都是使模型尽可能好地拟合数据。

非季节性 ARIMA 模型通常表示为 ARIMA(p, d, q)，其中参数 p、d 和 q 是非负整数，p 是自回归模型的阶数（时间滞后数量），d 是差分的程度（数据过去值被减去的次数），q 是移动平均模型的阶数。SARIMA 模型通常表示为 ARIMA(p, d, q)(P, D, Q)m，其中 m 指的是每个季节中的周期数，大写的 P、D、Q 分别指的是 ARIMA 模型季节部分的自回归、差分和移动平均项[26]。

3.4.4　时空模型

这类模型在估算缺失值时同时考虑了不同地点之间的空间相关性以及不同时间间隔之间的时间依赖性，共有三种不同的组合类型。

3.4.4.1　基于协同过滤的方法

这类方法通过矩阵来适应一段时间内的传感器数据，如图 3.16b 所示，其中一行代表一个传感器，一列代表一个时间间隔，一个元素存储了特定传感器在特定时间间隔的值。现在，传感器数据补充问题可以转换为推断缺失元素值的问题。两行之间的相似性表示两个传感器之间的空间相关性，两列之间的相似性表示两个时间间隔之间的时间相关性。解决推断问题的经典模型称为协同过滤，这将在第 8 章中详细介绍。

Li 等人[35] 提出了两种基于矩阵分解的模型，包括 STR-MF 和 MTR-MF，以补充传感器的缺失值，同时考虑了不同传感器之间的相关性以及不同时间间隔之间的相关性。具体来说，STR-MF 通过在矩阵分解模型的损失函数中添加一个时间正则化项和一个空间接近项，来将时空相似性纳入矩阵分解模型中。对于具有多个传感器（例如温度和湿度）的位置，MTR-MF 分别用矩阵容纳每种类型传感器的数据。然后，这些矩阵被集体分解，在损失函数中共享相同的潜在时间空间。此外，Li 等人将 MRT-MF 扩展到三维张量，其中三个维度分别是位置、时间和传感器。随后，提出了一种带有时间正则化项的张量补全方法来估计张量中缺失的项。

3.4.4.2　基于多视图的方法

Yi 等人[51] 提出了一种时空多视图学习（ST-MVL）方法，用于集体补充地理感知时间序列数据集中的缺失读数，考虑了同一系列中不同时间戳之间的时间相关性和不同时间序列之间的空间相关性。如图 3.20 所示，ST-MVL 包含四个视图：IDW、SES、基于用户的协同过滤（UCF）和基于物品的协同过滤（ICF）。然后，将这四个视图聚合以生成对缺失读数的最终估计。

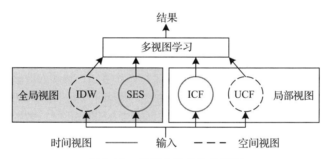

图 3.20　我们方法的结构框架

IDW 根据传感器空间邻域的读数估计传感器的缺失读数。SES 基于同一传感器在其他时间戳的读数来估计传感器的缺失读数。由于 IDW 和 SES 实际上是基于长时间数据得出的经验模型，它们分别表示对缺失读数的全局空间视图和全局时间视图。

UCF 仅根据传感器最近读数与其空间邻域读数之间的局部相似性来估计缺失读数，其中传感器被视为一个用户。同样，ICF 基于不同时间戳最近读数之间的局部相似性来估计缺失读数，其中时间戳表示一个物品。由于 UCF 和 ICF 只考虑空间和时间角度的局部相似性，它们分别代表局部空间视图和局部时间视图。

为了利用不同视图的优势，我们提出了一种多视图学习算法，该算法根据公式（3.33）找到不同视图预测的线性组合，使得平方误差最小：

$$\hat{v}_{mvl} = w_1\hat{v}_{gs} + w_2\hat{v}_{gt} + w_3\hat{v}_{ls} + w_4\hat{v}_{lt} + b \tag{3.33}$$

其中 b 是一个残差，而 $w_i(i=1,2,3,4)$ 是分配给每个视图的权重。算法 1 展示了 ST-MVL 的过程。当一个数据集遇到块缺失问题时，ICF 和 UCF 无法很好地工作，ST-MVL 利用 IDW 和 SES 为那些缺失的项生成一个初始值（见图 3.21 中的第 3 行）。然后，ST-MVL 分别使用 ICF、UCF、IDW 和 SES 预测每个缺失的项（第 4~9 行），根据线性核多视图学习框架［见第 10 行和方程（3.29）］组合这四个预测。分别针对每个传感器训练模型，最小化预测值和基准真实值之间的线性最小二乘误差[33]。

```
Input：Original data matrix M,ω,α,β;
Output：Final data matrix;
 1. O←Get_All_Missing_Values(M);
 2. If there are block missing problem
 3.      M←Initialization(M,α,β);        //using IDW or SES
 4.      For each target t in O
 5.         v̂ls ← UCF(M,t,ω);
 6.         v̂lt ← ICF(M,t,ω);
 7.         v̂gs ← IDW(M,t,α);
 8.         v̂gt ← SES(M,t,β);
 9.         v̂mvl ← Mutiview_Learning(v̂ls,v̂lt,v̂gs,v̂gt);
10.       Add  v̂mvl into M;
11. Return M;
```

图 3.21   ST-MVL 算法的过程

3.5   总结

本章介绍了四种城市感知范式，包括静态感知、移动感知、被动人群感知和主动人群感知。提出了一个用于城市感知的通用框架，该框架包括五个层次：（1）感知程序的定义；（2）面向传感器感知范式的传感器部署或面向人群感知范式的任务设计；（3）数据收集；（4）数据评估；（5）数据预处理。

对每层的功能和挑战已经进行了讨论，其中一些关键技术在细节上进行了阐述。例如，在 3.3 节中介绍了四种传感器部署模型。此外，在 3.4 节中展示了参与者招募技术和任务设计技术。

最后，在 3.5 节中介绍了三种用于补充地理感知数据中缺失值的模型类别，包括空间模型、时间模型和时空模型。

参考文献

[1] Ahmed, A., K. Yasumoto, Y. Yamauchi, and M. Ito. 2011. "Distance and Time Based Node Selection for Probabilistic Coverage in People-Centric Sensing." In *Proceedings: 2011 8th Annual IEEE Communications Society Conference on Sensor, Mesh and Ad Hoc Communications and Networks (SECON)*. Washington, DC: Institute of Electrical and Electronics Engineers (IEEE) Computer Society Press, 134–142.

[2] Armstrong, M. 1984. "Problems with Universal Kriging." *Mathematical Geology* 16 (1): 101–108.

[3] Arya, V., N. Garg, R. Khandekar, A. Meyerson, K. Munagala, and V. Pandit. 2004. "Local Search Heuristics for K-Median and Facility Location Problems." *SIAM Journal on Computing* 33 (3): 544–562.

[4] Box, G., G. M. Jenkins, and G. C. Reinsel. 1994. *Time Series Analysis: Forecasting and Control*. 3rd edition. Upper Saddle River, NJ: Prentice Hall.

[5] Burges, C., T. Shaked, E. Renshaw, A. Lazier, M. Deeds, N. Hamilton, and G. Hullender. 2005. "Learning to Rank Using Gradient Descent." In *Proceedings of the 22nd International Conference on Machine Learning*. New York: Association for Computing Machinery (ACM), 89–96.

[6] Burke, J. A., D. Estrin, M. Hansen, A. Parker, N. Ramanathan, S. Reddy, and M. B. Srivastava. 2006. *Participatory Sensing*. Los Angeles: University of California Center for Embedded Network Sensing.

[7] Campbell, A. T., S. B. Eisenman, N. D. Lane, E. Miluzzo, and R. A. Peterson. 2006. "People-Centric Urban Sensing." In *Proceedings of the 2nd Annual International Workshop on Wireless Internet*. New York: ACM, 18.

[8] Campbell, A. T., S. B. Eisenman, N. D. Lane, E. Miluzzo, R. A. Peterson, H. Lu, X. Zheng, M. Musolesi, K. Fodor, and G. S. Ahn. 2008. "The Rise of People-Centric Sensing." *IEEE Internet Computing* 12 (4): 12–21.

[9] Cao, Z., T. Qin, T. Y. Liu, M. F. Tsai, and H. Li. 2007. "Learning to Rank: From Pairwise Approach to Listwise Approach." In *Proceedings of the 24th International Conference on Machine Learning*. New York: ACM, 129–136.

[10] Ceylan, Y., S. Aslan, C. Iyigun, and I. Batmaz. 2013. "Comparison of Missing Value Imputation Methods in Time Series: The Case of Turkish Meteorological Data." *Theoretical and Applied Climatology* 112 (1): 143–167.

[11] Chen, N., N. Gravin, and P. Lu. 2011. "On the Approximability of Budget Feasible Mechanisms." In *Proceedings of the Twenty-Second Annual ACM-SIAM Symposium on Discrete Algorithms*. Philadelphia: Society for Industrial and Applied Mathematics (SIAM), 685–699.

[12] Chen, Z., Y. Liu, R. C. W. Wong, J. Xiong, G. Mai, and C. Long. 2014. "Efficient Algorithms for Optimal Location Queries in Road Networks." In *Proceedings of the 2014 ACM SIGMOD International Conference on Management of Data*. New York: ACM, 123–134.

[13] Chon, Y., N. D. Lane, Y. Kim, F., Zhao, and H. Cha. 2013. "Understanding the Coverage and Scalability of Place-Centric Crowdsensing." In *Proceedings of the 2013 ACM International Joint Conference on Pervasive and Ubiquitous Computing*. New York: ACM, 3–12.

[14] Deng, K., S. W. Sadiq, X. Zhou, H. Xu, G. P. C. Fung, and Y. Lu. 2012. "On Group Nearest Group Query Processing." *IEEE Transactions on Knowledge and Data Engineering* 24 (2): 295–308.

[15] Feige, U. 1996. "A Threshold of Ln N for Approximating Set Cover (Preliminary Version)." In *Proceedings of the Twenty-Eighth Annual ACM Symposium on Theory of Computing*. New York: ACM, 314–318.

[16] Fu, Y., Y. Ge, Y. Zheng, Z. Yao, Y. Liu, H. Xiong, and J. Yuan. 2014. "Sparse Real Estate Ranking with Online User Reviews and Offline Moving Behaviors." In *2014 IEEE International Conference on Data Mining Workshop*. Washington, DC: IEEE Computer Society Press.

[17] Fu, Y., H. Xiong, Y. Ge. Z. Yao, and Y. Zheng. 2014. "Exploiting Geographic Dependencies for Real Estate Appraisal: A Mutual Perspective of Ranking and Clustering." In *Proceedings of the 20th SIGKDD Conference on Knowledge Discovery and Data Mining*. New York: ACM.

[18] Fu, Y., Hui Xiong, Yong Ge, Yu Zheng, Zijun Yao, and Zhi-Hua Zhou. "Modeling of Geographic Dependencies for Real Estate Ranking." *ACM Transactions on Knowledge Discovery from Data* 11.

[19] Fung, David S. C. 2006. "Methods for the Estimation of Missing Values in Time Series." PhD diss., Edith Cowan University, Perth, Australia.

[20] Gardner, Everette S. 2006. "Exponential Smoothing: The State of the Art—Part II." *International Journal of Forecasting*, 22 (4): 637–666.

[21] Gonzalez, T. F. 1985. "Clustering to Minimize the Maximum Intercluster Distance." *Theoretical Computer Science* 38:293–306.

[22] Hachem, S., A. Pathak, and V. Issarny. 2013. "Probabilistic Registration for Large-Scale Mobile Participatory Sensing." In *Proceedings: 2013 IEEE International Conference on Pervasive Computing and Communications (PerCom)*. Washington, DC: IEEE Computer Society Press, 132–140.

[23] Herbrich, R., T. Graepel, and K. Obermayer. 1999. "Support Vector Learning for Ordinal Regression." In *Ninth International Conference on Artificial Neural Networks, 1999. ICANN 1999*. Conference publication no. 470. Washington, DC: IEEE Computer Society Press, 97–102.

[24] Howe, J. 2006. "The Rise of Crowdsourcing." *Wired Magazine* 14 (6): 1–4.

[25] Hsieh, H. P., S. D. Lin, and Y. Zheng. 2015. "Inferring Air Quality for Station Location Recommendation Based on Urban Big Data." In *Proceedings of the 21st ACM SIGKDD International Conference on Knowledge Discovery and Data Mining*. New York: ACM, 437–446.

[26] Hyndman, Rob J., and George Athanasopoulos. 2015. "8.9 Seasonal ARIMA Models." *Forecasting: Principles and Practice*. Accessed May 19, 2015. https://www.otexts.org/fpp/8/9.

[27] Isaaks, Edward H. 1989. "Applied Geostatistics." No. 551.72 I86. Oxford: Oxford University Press, 278–290.

[28] Jaimes, L. G., I. Vergara-Laurens, and M. A. Labrador. 2012. "A Location-Based Incentive Mechanism for Participatory Sensing Systems with Budget Constraints." In *Proceedings, 2012 IEEE International Conference on Pervasive Computing and Communications*. Washington, DC: IEEE Computer Society Press, 103–108.

[29] Ji, S., Y. Zheng, and T. Li. 2016. "Urban Sensing Based on Human Mobility." In *Proceedings of the 2016 ACM International Joint Conference on Pervasive and Ubiquitous Computing*. New York: ACM, 1040–1051.

[30] Kawajiri, R., M. Shimosaka, and H. Kashima. 2014. "Steered Crowdsensing: Incentive Design towards Quality-Oriented Place-Centric Crowdsensing." In *Proceedings of the 2014 ACM International Joint Conference on Pervasive and Ubiquitous Computing*. New York: ACM, 691–701.

[31] Khuller, S., A. Moss, and J. S. Naor. 1999. "The Budgeted Maximum Coverage Problem." *Information Processing Letters* 70 (1): 39–45.

[32] Lane, N. D., S. B. Eisenman, M. Musolesi, E. Miluzzo, and A. T. Campbell. 2008. "Urban Sensing Systems: Opportunistic or Participatory?" In *Proceedings of the 9th Workshop on Mobile Computing Systems and Applications*. New York: ACM, 11–16.

[33] Lawson, Charles L., and Richard J. Hanson. 1974. *Solving Least Squares Problems*. Englewood Cliffs, NJ: Prentice Hall, 161.

[34] Lee, D., Dana Kulic, and Yoshihiko Nakamura. 2008. "Missing Motion Data Recovery Using Factorial Hidden Markov Models." In *Proceedings, 12th International Conference on Robotics and Automation*. Washington, DC: IEEE Computer Society Press, 1722–1728.

[35] Li, Chung-Yi, Wei-Lun Su, Todd G. McKenzie, Fu-Chun Hsu, Shou-De Lin, Jane Yung-Jen Hsu, and Phillip B. Gibbons. 2015. "Recommending Missing Sensor Values." In *Proceedings, 2015 IEEE International Conference on Big Data*. Washington, DC: IEEE Computer Society Press, 381–390.

[36] Li, S., and O. Svensson. 2016. "Approximating k-Median via Pseudo-Approximation." *SIAM Journal on Computing* 45 (2): 530–547.

[37] Li, Y., J. Bao, Y. Li, Y. Wu, Z. Gong, and Y. Zheng. 2016. "Mining the Most Influential k-Location Set from Massive Trajectories." *IEEE Transactions on Big Data*. doi:10.1109/TBDATA .2017.2717978.

[38] Li, Y., Y. Zheng, S. Ji, W. Wang, and Z. Gong. 2015. "Location Selection for Ambulance Stations: A Data-Driven Approach." In *Proceedings of the 23rd SIGSPATIAL International Conference on Advances in Geographic Information Systems*. New York: ACM, 85.

[39] Lu, George Y., and David W. Wong. 2008. "An Adaptive Inverse-Distance Weighting Spatial Interpolation Technique." *Computers and Geosciences* 34 (9): 1044–1055.

[40] Marcotte, D., and M. David. 1988. "Trend Surface Analysis as a Special Case of IRF-K Kriging." *Mathematical Geology* 20 (7): 821–824.

[41] Nallapati, R. 2004. "Discriminative Models for Information Retrieval." In *Proceedings of the 27th Annual International ACM SIGIR Conference on Research and Development in Information Retrieval*. New York: ACM, 64–71.

[42] Pan, Liqiang, and Jianzhong Li. 2010. "K-Nearest Neighbor Based Missing Data Estimation Algorithm in Wireless Sensor Networks." *Wireless Sensor Network* 2 (2): 115.

[43] Qi, J., R. Zhang, L. Kulik, D. Lin, and Y. Xue. 2012. "The Min-dist Location Selection Query." In *Proceedings, 2012 IEEE 28th International Conference on Data Engineering*. Washington, DC: IEEE Computer Society Press, 366–377.

[44] Qin, T., X.-D. Zhang, M.-F Tsai, D.-S. Wang, T.-Y. Liu, and H. Li. 2007. "Query-Level Loss Functions for Information Retrieval." *Information Processing and Management* 44 (2): 838–855.

[45] Solow, Andrew R. 1986. "Mapping by Simple Indicator Kriging." *Mathematical Geology* 18 (3): 335–352.

[46] Tobler, Waldo R. 1970. "A Computer Movie Simulating Urban Growth in the Detroit Region." *Economic Geography* 46 (2): 234–240.

[47] Wang, L., D. Zhang, A. Pathak, C. Chen, H. Xiong, D. Yang, and Y. Wang. 2015. "CCS-TA: Quality-Guaranteed Online Task Allocation in Compressive Crowdsensing." In *Proceedings of the 2015 ACM International Joint Conference on Pervasive and Ubiquitous Computing*. New York: ACM, 683–694.

[48] Xia, F., T. Y. Liu, J. Wang, W. Zhang, and H. Li. 2008. "Listwise Approach to Learning to Rank: Theory and Algorithm." In *Proceedings of the 25th International Conference on Machine Learning*. New York: ACM, 1192–1199.

[49] Xiao, X., B. Yao, and F. Li. 2011. "Optimal Location Queries in Road Network Databases." In *Proceedings, 2011 IEEE 27th International Conference on Data Engineering*. Washington, DC: IEEE Computer Society Press, 804–815.

[50] Yan, D., Z. Zhao, and W. Ng. 2015. "Efficient Processing of Optimal Meeting Point Queries in Euclidean Space and Road Networks." *Knowledge and Information Systems* 42 (2): 319–351.

[51] Yi, X., Y. Zheng, J. Zhang, and T. Li. 2016. "ST-MVL: Filling Missing Values in Geo-Sensory Time Series Data." In *Proceedings of the 25th International Joint Conference on Artificial Intelligence*. Pasadena, CA: International Joint Conferences on Artificial Intelligence Organization (IJCAI).

[52] Zhang, Y., M. Roughan, W. Willinger, and L. Qiu. 2009. "Spatio-Temporal Compressive Sensing and Internet Traffic Matrices." *ACM SIGCOMM Computer Communication Review* 39 (4): 267–278.

[53] Zheng, Y., F. Liu, and H. P. Hsieh. 2013. "U-air: When Urban Air Quality Inference Meets Big Data." In *Proceedings of the 19th SIGKDD Conference on Knowledge Discovery and Data Mining*. New York: ACM, 1436–1444.

[54] Zhang, D., H. Xiong, L. Wang, and G. Chen. 2014. "CrowdRecruiter: Selecting Participants for Piggyback Crowdsensing under Probabilistic Coverage Constraint." In *Proceedings of the 2014 ACM International Joint Conference on Pervasive and Ubiquitous Computing*. New York: ACM, 703–714.

城市数据管理

第 4 章

时空数据管理

摘要： 空间和时空数据的管理对城市计算非常重要，它为高级机器学习任务提供了对数据的高效访问和查询。本章首先介绍了空间数据的管理技术，如索引和检索算法。然后，展示了管理时空数据的技术，包括移动对象数据库和轨迹数据管理。前者更多关注移动对象在某个（通常是最近）时间戳的确切位置。后者关注移动对象在给定时间间隔内的连续运动（例如，路径）。最后，介绍了用于管理多个数据集的混合索引结构。

4.1 引言

城市每秒钟都会接收来自不同领域的大量异构数据，有效地管理这些数据集对于支持城市的实时监控和数据分析的实施至关重要。为了设计一个有效的城市大数据数据管理系统，我们需要关注四个方面：数据结构、查询、索引和检索算法。

4.1.1 数据结构

城市中生成的绝大多数数据都与独特的时空属性相关，即空间坐标和随时间动态变化的读数。如图 4.1 所示，城市大数据在结构和时空动态方面有六种形式。根据数据结构，我们可以将城市数据分为两组，包括基于点和基于网络的数据，分别由图 4.1 中的两行表示。基于其时空动态，我们可以将数据分为三类，包括时空静态数据、空间静态时间动态数据，以及时空动态数据，分别由三列表示。例如，一个 POI 与一个静态点位置相关，其属性不（如大小和名称）随时间改变，因此它属于时空静态数据（详细内容请参考 1.5.1 节）。我们需要定义合适的数据结构来容纳不同类型的数据。之后，我们可以为不同的数据结构设计不同的存储机制、索引和检索算法。

4.1.2 查询

对时空数据的典型查询可以分为两类：范围查询和最近邻查询[26]。如图 4.2a 所示，第一

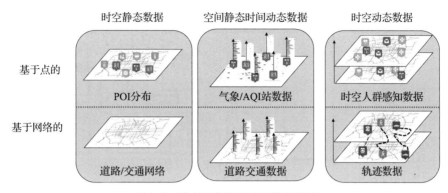

图 4.1 城市大数据的六种数据形式

类查询搜索部分或全部位于特定范围内的对象，这个范围可以是地理区域或时空范围。例如，查找位于某地理区域内的建筑物是空间范围查询，搜索过去两分钟内经过广场的空出租车是时空范围查询。在第二类查询中，给定一个对象或点，我们搜索满足给定条件的 k 最近邻（KNN）对象。这类查询通常涉及距离度量，例如查询驾驶员周围最近的加油站。在这里，驾驶员的位置是查询点，而加油站是要搜索的对象，这里的距离应该是网络距离。对时空数据的这两类查询与搜索文档中的关键词，或调用唯一索引和检索算法非常不同。

a）范围（区域）查询　　　b）最近邻查询

图 4.2 空间和时空数据查询

4.1.3 索引

为了加速数据的访问和检索过程，我们需要设计索引结构来提前充分组织数据。典型的空间索引可以分为两组：基于空间分区的索引和数据驱动的索引。

第一类索引，如基于网格的索引和四叉树索引[29]，如图 4.3a 和图 4.3b 所示，根据某些规则将空间分割成网格（大小相等或不均匀），而不考虑数据的分布。然后构建网格与落入该网格的数据之间的关系。这样的网格极大地减小了检索算法的搜索空间，因为落入不能满足查询条件的网格的数据可以忽略。

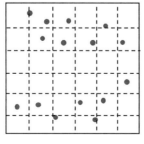 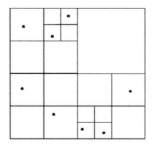

a）基于网格的索引　　　b）四叉树索引

图 4.3 一些常用的空间索引

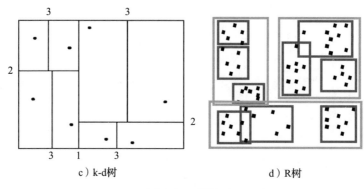

c）k-d树　　　　　　　　　d）R树

图 4.3　（续）

第二类索引（例如 k-d 树[1] 和 R 树[16]）是基于数据分布构建的索引。k-d 树通过使用数据集中的少数几个点来分割数据集。R 树则根据数据构造许多矩形，并将这些小矩形进一步组织成大矩形。我们将在 4.2.1 节中进一步说明这一点。

空间索引可以通过以下三种方法扩展为时空索引。

第一种方法如图 4.4a 所示，我们可以将时间视为第三个维度，直接将空间索引应用于时空数据。例如，3D R 树[39] 是 R 树的扩展，它根据时空点构造三维立方体（而不是矩形）。

第二种方法如图 4.4b 所示，例如多版本 R 树（MVR 树）[37]、历史 R 树（HR 树）[26] 和 HR+树[36]，是为每个时间槽构建一个空间索引。为了提高这种索引的效率，可以在不同时间戳之间重用索引的不变子结构。

第三种方法首先使用空间索引（如四叉树或 R 树）将空间分割成区域，然后为落入每个空间区域的数据构建一个时间索引，如图 4.4c 所示。可扩展且高效的轨迹索引（SETI）[6]、起始-结束时间 B 树（SEB）[32] 和压缩起始-结束树（CSE 树）[40] 都属于这一类别。

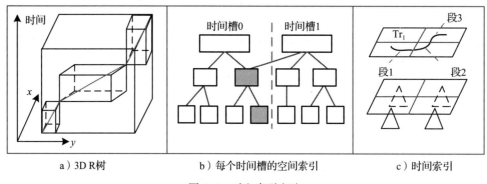

a）3D R树　　　　　　b）每个时间槽的空间索引　　　　　c）时间索引

图 4.4　时空索引方法

4.1.4　检索算法

给定一个查询和一个索引，检索算法搜索满足查询条件的对象。为了提高检索效率，这类算法通常会根据空间或时空索引显著地修剪搜索空间。例如，当进行基于网格索引的空间范围查询时，如图 4.3a 所示，我们只能检索部分或完全位于查询矩形内的网格以便进一步细化，其他网格被过滤掉。有时，检索算法会得出一些上界或下界来修剪搜索空间。例如，给定一个查询点和 R 树索引，我们可以快速估计到一组落在矩形内的点的最短欧几里得距离 d_s 和最长距离 d_l。如果一个其他对象的距离小于 d_s，那么这个矩形内的所有点都不可能是查询点的最近邻点。也就是说，可以在不计算查询点与它们之间距离的情况下修剪它们。我们将在 4.3 节中进一步解释这部分内容。

4.2　数据结构

为了适应图 4.1 中展示的六种数据形式，我们设计了六种类型的数据结构，如图 4.5 所示。每一列代表一种数据结构类型，它由一些组件进一步组成。左边的三列表示基于点的数据结构，包括基于点的空间静态数据、基于点的空间时间序列数据和基于点的时空数据。右边的三列代表基于网络的数据，包括基于网络的空间静态数据、基于网络的空间时间序列数据和基于网络的时空数据。这六种数据结构共享一些组件，如空间点、时间序列、道路网络、元数据和属性读数。我们将在以下几节详细说明每种数据结构类型。

图 4.5　城市大数据的数据结构概述

4.2.1　基于点的空间静态数据

这类数据结构是为了存储位置和读数不随时间改变的基于点的数据（例如，POI）而设计的。例如，一旦加油站建成，其位置不会随时间改变，其大小和类别也不会随时间改变。如图 4.6a 所示，数据结构由三部分组成：ID、空间点以及元数据。空间点进一步包含四个字段：ID、纬度、经度和海拔。元数据包含对象的摘要，包括名称、类别、大小、文本描述和其他信息。由于空间点的组成部分被几种数据结构（如轨迹数据可能包含一系列空间点）使用，因此空间点的 ID 是必要的，以便区分不同的点。当我们存储一个 POI 时，图 4.6a 和图 4.6b 中显示的 ID 是相同的。

图 4.6　基于点的空间静态数据的数据结构

这种基于点的空间静态数据结构也可以用来容纳代表地理区域的静态多边形，例如具有特定形状的广场和卫星图像上的瓦片。在这种情况下，基于点的空间静态数据可以包含描述多边形的多个空间点的列表，元数据可以包含由多边形形成的区域的大小。对于具有规则形状的卫星图像，空间点组件可以是瓦片的中心，元数据可以用来记录瓦片的大小（如宽度和高度），瓦片图像的像素级内容可以存储在磁盘文件中。另一种方法是分别用两个空间点存储瓦片的左上点和右下点。

4.2.2　基于点的空间时间序列数据

这类数据结构是为了存储例如地理感知读数的基于点的数据而设计的，这些读数与静态位置相关，但随时间不断变化。例如，一旦部署气象传感器，其位置就是固定的，但这个传感器每小时的读数都会随时间变化，形成时间序列。因此，如图 4.7 所示，数据结构由四部分组成：ID、元数据、空间点和时间序列。更具体地说，时间序列是一系列成对数据，每一对都由一个时间戳和一个属性读数组成。属性读数可以是子类别或数值。元数据和空间点的结构如图 4.7 所示。

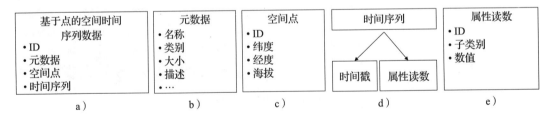

图 4.7　基于点的空间时间序列数据的数据结构

4.2.3　基于点的时空数据

这类数据结构是为了存储位置和读数随时间变化的基于点的数据而设计的。例如，在人群感知计划中，参与者在不同位置和不同时间区间收集数据。同样，在出租车调度系统中，乘客从不同地点在不同时间提交乘车请求。因此，在前述场景中，每个数据实例都与一个位置和时间戳相关联。不同的实例是独立的，具有不同的位置和时间戳。如图 4.8a 所示，这类数据结构由四部分组成：ID、时间戳、空间点和属性读数。所有这些都在前面的段落中介绍过了。

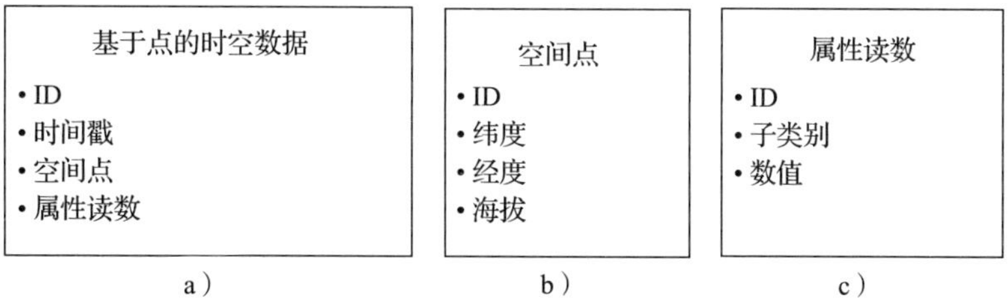

基于点的时空数据
- ID
- 时间戳
- 空间点
- 属性读数

a)

空间点
- ID
- 纬度
- 经度
- 海拔

b)

属性读数
- ID
- 子类别
- 数值

c)

图 4.8 基于点的时空数据的数据结构

4.2.4 基于网络的空间静态数据

这类数据结构存储基于网络的空间数据，如道路网络，它由三种类型的子结构表示：节点、边和邻接表。这样的空间网络一旦构建，其属性便不会随时间变化（即具有静态属性）。如图 4.9a 所示，边可以进一步表示为空间点和元数据的组合，而节点实际上是一种空间点。更具体地说，如图 4.9c 所示，边由一个 ID、两个表示其端点的节点、多个描述其形状的空间点的列表和元数据组成。如图 4.9d 所示，元数据可能包括边的名称、车道数、方向（双向或单向）、速度限制、等级和边界框。此外，为了方便某些应用，例如最大 k 覆盖问题，我们可以预先计算节点数据结构中每个节点的边连接数——称为度，并将其存储在数据结构中，如图 4.9b 所示。最后，维护一个邻接表[12]以表示网络的结构，显示给定边的相邻边。由于空间网络中的节点不是密集连接的（例如，道路段通常有两个或三个邻居），邻接表相比邻接矩阵[4]是更好的选择。

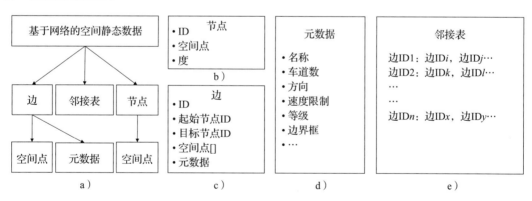

图 4.9 基于网络的空间静态数据的数据结构

4.2.5 基于网络的空间时间序列数据

这类数据结构存储空间网络上的时间序列数据，例如道路网络上的交通状况和管道网络中的水流情况。如图 4.10 所示，这类数据结构由两部分组成。一部分是基于网络的空间静态数据结构，已在图 4.9 中介绍过。另一部分是内容结构，由一系列边 ID 组成，每个边 ID 都与一个时间序列相关联。时间序列的设计与图 4.7 中的相同。

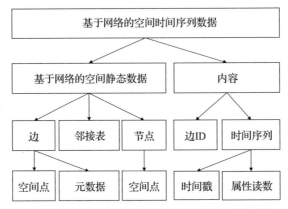

图 4.10　基于网络的空间时间序列数据的数据结构

4.2.6　基于网络的时空数据

这类数据结构存储位置和时间信息不断随时间变化的基于网络的数据。如图 4.11 所示，有两个主要的子类别。一个称为轨迹，它记录移动对象（如车辆、人和动物）的痕迹[43]。另一个称为时空图，表示不同移动对象之间的动态连接和交互。例如，在车辆对车辆网络中，车辆不断移动，在不同时间区间连接到不同的车辆。同样，在战斗中，士兵与最近的坦克进行通信。随着向前移动，他们与坦克之间的连接随时间变化。前面提到的基于点的时空数据中点是完全独立的，与此不同，基于网络的时空数据中不同的点之间存在清晰的连接和强烈的联系。

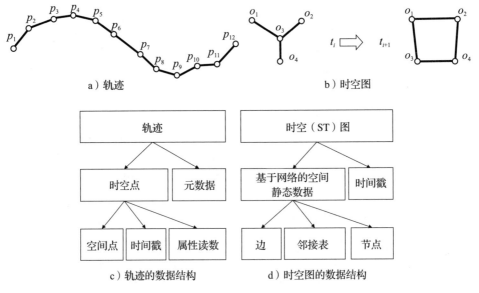

图 4.11　基于网络的时空数据的数据结构

图 4.11c 展示了为轨迹设计的数据结构，包括元数据和一系列时空点（已在图 4.8 中定义）。图 4.11d 显示了为时空图设计的数据结构，构建了一系列基于网络的空间静态数据，这些数据与不同的时间戳相对应。基于网络的空间静态数据的定义与图 4.10 中的相同。

4.3　空间数据管理

在本节中，我们将介绍为管理空间数据（如 POI 和道路网络）而设计的索引结构和检索算法，不论其时间动态情况如何。空间索引可以分为两类：基于空间分区的索引和数据驱动的索引。基于网格的索引和四叉树[29]是常用的基于空间分区的索引。这类索引将地理空间划分为不同区域，不考虑数据的分布，会创建区域与数据实例之间的关系。R 树[16]和 k-d 树[1]属于数据驱动的索引，根据数据的分布构建索引。

对空间索引的需求是双重的。一是要在查询之前构建空间索引，这需要至少扫描给定数据集一次。二是如果有新的数据实例到来或有数据实例被移除，需要更新索引。更新包括插入和删除过程，这可能需要部分或完全重建索引。尽管我们需要付出额外的努力来构建和维护索引，但索引会得到重复使用，为相同类型的查询服务多次，显著降低每次搜索的计算成本。表 4.1 比较了四种主要空间索引结构。

表 4.1　空间索引结构的比较

	处理不平衡数据	范围查询	最近邻	构建难度	平衡结构	索引大小
基于网格的	差	好	正常	容易	是	大
四叉树	好	最佳	差	容易	否	中
k-d 树	好	好	好	容易	几乎	中
R 树	好	好	最佳	困难	是	小

4.3.1　基于网格的空间索引

基于网格的空间索引是管理空间数据最简单的方法，它用网格组织数据。在下文中，我们将分别介绍构建索引、服务空间范围查询和最近邻查询，以及更新索引的过程。

4.3.1.1　构建索引

如图 4.12a 所示，我们首先将给定的地理区域分割成均匀且不重叠的网格。然后，我们将给定数据集（如城市的 POI）投影到这些网格上，构建一个网格点索引，如图 4.12b 所示，该索引存储每个网格内点的 ID 列表。例如，点 p_1 位于网格 g_1 中，p_3 和 p_4 位于 g_2 中。

4.3.1.2　服务空间范围查询

当遇到空间范围查询时，如图 4.12c 中的虚线矩形所示，我们可以快速找到部分或完全位于给定空间区域内的网格。由于区域是均匀分割的，不需要对每个网格与查询范围进行匹配。在图 4.12 所示的示例中，根据矩形左上角和右下角的坐标，我们发现查询范围位于第二和第四水平分割线以及垂直线之间。因此，我们可以快速检索 g_1、g_2、g_3 和 g_4，忽略范围外的其他网格。我们进一步检查这四个网格中的点是否真正落在给定的空间范围内，这通常称为细化。因此，p_1、p_2 和 p_3 被作为答案返回，而 p_4 被过滤掉。

4.3.1.3 服务最近邻查询

如图 4.12d 所示，我们的目标是在基于网格的实例中检索离给定查询点 q 最近的数据实例。最直观的想法是检索落在相同网格（如这里的 g_3）中的实例，然后在其中找到距离 q 最近的实例（如 p_2）。然而，由于网格的形状，g_3 中离 q 最近的实例可能不是整个数据集中离 q 最近的实例。在这个例子中，虽然 p_3 是 q 的最近邻实例，但它并不位于 g_3 中。因此，更保险的方法是进一步探索 g_3 周围的八个网格，检查是否有比 p_2 距离 q 更近的实例（如 p_3）。如果有，则返回相邻网格中的实例，否则返回 p_2。如果查询点所在的网格中没有实例，我们需要向外探索其相邻网格，直到至少找到一个实例。然后，我们可以对这些实例应用细化过程，就像处理 p_2 和 p_3 一样。

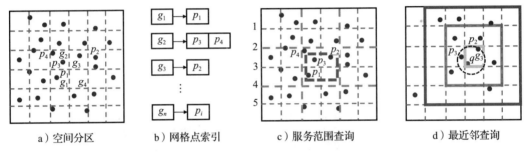

a）空间分区　　b）网格点索引　　c）服务范围查询　　d）最近邻查询

图 4.12　基于网格的空间索引

完成 k 最近邻查询的方法与上述过程相同。在每一轮搜索和扩展中，我们分别保留前 k 个候选实例的距离，并使用第 k 个候选实例的距离作为后续搜索中修剪其他实例的上界。也就是说，如果实例与查询点之间的距离大于第 k 个候选实例的距离，那么它不能作为查询的前 k 个最近邻实例之一。

4.3.1.4 更新索引

基于网格的索引更新过程相对简单，不会改变索引的结构。当有新的数据实例时，我们可以根据它们的空间坐标将它们投影到网格上，然后将每个网格中新实例的 ID 添加到图 4.12b 中对应的网格点列表中。删除过程类似，即从对应的网格点索引中移除实例的 ID。

4.3.1.5 优点和缺点

基于网格的索引易于理解且实现简单。更新基于网格的索引的工作量很小。然而，当处理在地理空间中分布不平衡的数据时（例如，大部分数据实例集中在少数几个网格中，而其他大多数网格几乎是空的），这样的索引会导致某些网格存储许多实例。这会导致细化工作的负载急剧增加，影响索引的空间修剪效果。

4.3.2　基于四叉树的空间索引

为了解决上述数据不平衡问题，人们提出了一个基于四叉树的索引结构[29]，如图 4.13 所示。

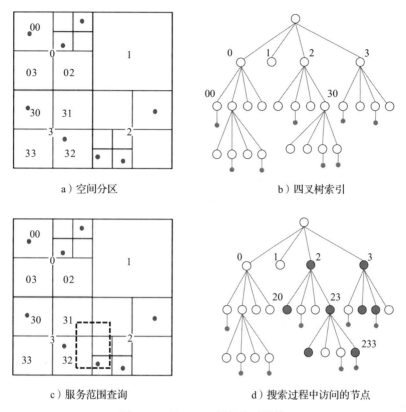

a）空间分区　　　　　　　　　　b）四叉树索引

c）服务范围查询　　　　　　　d）搜索过程中访问的节点

图 4.13　基于四叉树的索引结构

4.3.2.1　构建索引

这种索引结构不断地将给定的区域划分为四个相等的子区域，如图 4.13a 所示，直到某个区域（或子区域）中的实例数量小于给定阈值。如图 4.13b 所示，最终会构建一个树结构来表示层次化的空间分区，其中每个父节点（代表一个区域）有四个子节点（表示四个子区域）。每个非叶节点存储它所覆盖的空间边界框并指向其四个子节点，而数据实例存储在叶节点中。在这个例子中，每个叶节点只包含一个数据实例。这种分割策略可以解决数据不平衡问题，为密集区域提供一个深的树结构。

通常，四叉树中的节点会以从 0 到 3 的数字命名。例如，0 表示第一层分区中的第一个节点，3 代表该层的最后一个节点，00、01、02 和 03 分别表示节点 0 的第 1～4 个子节点。因为节点 1 不包含任何数据实例，所以我们不需要进一步分割它。由于节点 0 和 2 包含更多的实例，因此我们需要进一步分割节点 01 和 23。

4.3.2.2　服务空间范围查询

给定一个空间范围查询，如图 4.13c 中的虚线矩形所示，检索算法首先在四叉树第一层中找到部分或完全位于查询范围内的节点。如图 4.13d 所示，在这种情况下，节点 2 和 3 的空间区域都与查询范围相交。在进一步的搜索过程中，将忽略其他由节点 0 和 1 组成的节点（有时我们说这些节点被修剪了）。然后，检索算法深入到节点 2 和 3，迭代地搜索它们的子节点，这些子节点部分或完全位于查询范围内，如此循环，直到到达存储在叶节点 233 中的数据实例。最后，细化过程会检查叶节点中的每个实例是否真正落在给定的查询范围内。

灰点表示检索算法在搜索过程中访问的节点。由于它们是四叉树中节点的一个小子集，因此计算成本显著降低。同时，每个父节点下只有四个具有相同矩形形状的子节点。因此，我们可以以最小的代价判断一个子节点是否与空间范围相交。最后，不平衡的树结构可以确保每个叶节点中的实例数量均小于阈值。因此，最终细化的工作负载很小。

4.3.2.3 服务最近邻查询

基于四叉树的索引可能不适合处理最近邻查询，但我们不能说它完全无法做到这一点。由于其不平衡的树结构，树同一层上不同区域之间的实例邻近关系并不直接。此外，给定一个节点，其相邻节点的形状可能不规则。一些没有数据的节点可能占有一个非常大的区域，而其他包含许多数据实例的节点可能占有一个非常小的区域。

4.3.2.4 更新索引

当有新实例时，将通过搜索过程把它们插入对应的四叉树叶节点中。一旦叶节点中的实例数量超过给定阈值，将调用分裂过程以进一步将叶节点的空间区域划分为四个相等的子区域。当从叶节点中移除某些数据实例时，如果剩余实例的总数小于给定阈值，将调用合并过程，将四个子叶节点中的剩余数据实例合并到它们的父节点中，否则四叉树的结构保持不变。

4.3.2.5 优点和缺点

基于四叉树的索引易于理解，实现简单，并且能够处理不平衡的空间数据。更新此类索引的工作量也较小。然而，这种索引无法轻松处理最近邻查询。

4.3.3 基于 k-d 树的空间索引

k 维树（k-d 树）是一个二叉树，其中每个节点都是一个 k 维的点。每个非叶节点可以看作一个分割超平面，它将空间分成两部分。超平面左侧的点由该节点的左子树表示，右侧的点由右子树表示。超平面的方向选择方式如下：树中的每个节点都与 k 个维度中的一个相关联，超平面垂直于该维度的轴。例如，对于特定的分裂，如果选择了 x 轴，那么所有 x 值小于该节点的子树中的点都将出现在左子树中，所有 x 值较大的点都将位于右子树中[1]。

4.3.3.1 构建索引

图 4.14a 展示了基于二维点构建 k-d 树的一个示例。图中的每条线（除了外框）对应于 k-d 树中的一个节点。我们首先根据点在 x 维度上的值对所有点进行排序，选择中位数点（即 $x=5$）作为分割超平面，将空间分成两部分。x 值小于 5 的点被插入节点左侧的子树中，而 x 值大于 5 的点被放置在右侧的子树中，如图 4.14b 所示。之后，我们根据左侧子树节点在 y 维度上的值进行排序，选择一个中位数点（即 $y=6$）进一步将这些节点分成两部分。左侧子树容纳 y 值小于 6 的节点，而右侧子树存储 y 值大于 6 的节点。我们递归地对每个子树应用相同的策略，交替选择 x 和 y 维度的中位数来分割子树中的节点，直到子树中的节点数量小于给定阈值。在这个例子中，叶节点中的最大点数被设置为 1。

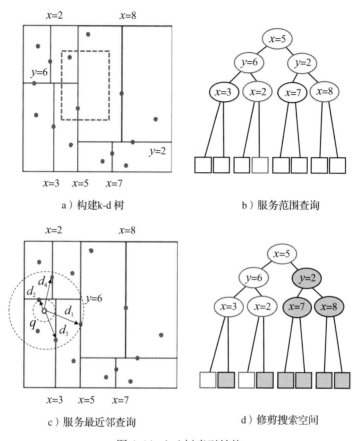

a）构建k-d树　　　　　　　b）服务范围查询

c）服务最近邻查询　　　　　d）修剪搜索空间

图 4.14　k-d 树索引结构

　　这种分区策略构建了一个平衡的树，其中每个叶节点与根节点相距大约相同的距离。平衡树结构在许多应用中可能具有最佳性能。请注意，并不一定需要选择中位数点。在未选择中位数点的情况下，无法保证树将是平衡的。k-d 树通常被视为基于空间分区的索引结构。然而，由于 k-d 树的分割点是根据数据分布（如中位数）从待组织的数据中选择的，我们在本书中将其视为数据驱动的索引结构。也就是说，给定同一空间中略微不同的数据集，关键索引结构（如树中的节点）将会有很大的不同，将更多地依赖于数据本身，而不是固定空间分区。

4.3.3.2　服务空间范围查询

　　为了完成范围查询，检索算法会遍历 k-d 树，从根节点开始，根据查询范围是在分割平面的"左侧"还是"右侧"移动到左子节点或右子节点。图 4.14b 展示了一个基于 k-d 树完成空间范围查询的示例。检索算法首先对给定的范围查询（例如，图 4.14a 中的虚线矩形）与k-d 树的根节点进行匹配。空间范围由矩形左上角点(4.5,8)和右下角点(6.7,4)表示。如果查询的空间范围仅落在根节点分割平面（$x=5$）的一侧，也就是说，矩形的最右侧 x 值小于 5 或最左侧 x 值大于 5，检索算法将只检查根节点的相应子树，并忽略另一个子树。在这个例子中，由于查询的 x 值范围(4.5,6.7)覆盖了两侧，我们需要进一步检查根节点的两个子树。

在第二轮检查中，我们对查询的 y 值范围 $(4,8)$ 与表示 $y=6$ 的分割平面进行比较，发现查询范围与 $y=6$ 的两侧相交。因此，我们需要进一步检查表示 $y=6$ 的节点的两个子树。最后，我们发现查询的 x 范围 $(4.5,6.7)$ 位于分割平面（$x=2$）的右侧。因此，可以忽略 $x=2$ 的左侧。在根节点的右侧子树上的搜索过程与左侧相同，修剪节点 $x=7$ 和节点 $x=8$ 的右侧子树。请注意，k-d 树的节点也可以是落入范围查询结果的一部分。例如，根节点实际上在范围查询的内部。

4.3.3.3   服务最近邻查询

最近邻搜索算法旨在找到 k-d 树中一个距离给定输入查询点最近的点。利用树的性质，可以有效地快速修剪大片搜索空间。从根节点开始，算法递归地在树中向下移动，就像要将查询点插入一样。一旦算法到达叶节点，它就会将该节点作为"当前最佳"保存，并计算查询点 q 与此节点之间的距离 d_s。然后，算法展开树的递归，对从根节点到叶节点的每个节点执行以下步骤。

首先，算法计算节点与 q 之间的距离 d。如果 d 比 d_s 短，它将这个节点记为"当前最佳"节点，并使用 d 更新 d_s。

其次，算法检查是否在分割平面的另一侧有点比"当前最佳"节点更接近 q。在概念上，这是通过将分割平面与围绕查询点的超球体相交来完成的，该超球体的半径等于当前的最近距离。如果超球体不与分割平面相交，那么该节点另一侧的整个分支将被消除，否则分割平面的另一侧可能存在更近的点。因此，算法必须遵循整个搜索的相同递归过程，从当前节点沿着树的另一分支向下移动，寻找更近的点。

例如，如图 4.14c 所示，在将查询点 q 插入 k-d 树之后，q 位于节点 $x=3$ 的左子树中。当前最佳节点是 $x=3$，有 $d_s=d_3$。递归路径包含三个节点：$x=5$，$y=6$，$x=3$。从根节点 $x=5$ 开始，我们可以画一个圆（即二维空间中的超平面），它以 q 为中心，以 d_1 为半径。由于这个圆与分割平面的两侧相交，我们不能忽略任何一个子树。因为 d_1 大于 d_s，所以没有替换发生。在这里，我们可以首先选择节点 $y=6$ 进行检查，因为它在递归路径中（因此更有可能导致空间消除）。我们计算 q 与节点 $y=6$ 之间的距离 d_2，并绘制一个相应的圆，它以 d_2 为半径，以 q 为中心。由于这个圆不与 $x=5$ 的分割平面相交（即在平面的右侧找不到其他距离 q 比 d_2 更短的节点），可以消除根节点的右子树。因为 d_2 小于 d_s，所以我们用 d_2 替换 d_s，并将节点 $y=6$ 设置为"当前最佳"节点。由于这个圆与 $y=6$ 平面的两侧相交，我们需要进一步检查这个节点下的两个子树。因为 d_3 和 d_4 都大于 d_s，所以没有替换发生。由于 d_2 的圆（当前最佳）不穿过 $x=2$ 和 $x=3$ 的平面，因此可以修剪掉这两个平面的右子树。在检查两个左子树的叶节点中的实例后，我们发现没有实例到 q 的距离比 d_s 更短。因此，节点 $y=6$ 是 q 的最近邻。

4.3.3.4   更新索引

为了在 k-d 树中插入一个新的实例，我们需要遍历树，从根节点开始，根据新实例是在分割平面的"左侧"还是"右侧"将它移动到左子节点或右子节点，直到到达叶节点。以这种方式添加点可能会导致树变得不平衡，从而降低树性能。树性能下降的速度取决于被添加的树点的空间分布以及相对于树大小添加的点数。如果树变得过于不平衡，可能需要重新平衡以恢复依赖于树平衡的查询性能，例如最近邻搜索。

4.3.3.5   优点和缺点

k-d 树易于理解，实现简单，并能够处理范围查询和最近邻查询。由于它是一个二叉树，给定相同的数据集和叶节点中实例数的阈值，k-d 树比四叉树更深。因此，在进行范围查询时，在 k-d 树中访问的节点数量比四叉树多得多。

4.3.4 基于 R 树的空间索引

4.3.4.1 基本 R 树

R 树是由 Antonin Guttman 在 1984 年提出的[16]，采用树结构和最小边界矩形（Minimal Bounding Rectangle，MBR）索引多维信息，如地点、矩形或多边形。数据结构的关键思想是将附近的对象分组，并在树的下一个更高层用它们的 MBR 表示它们，R 树中的 R 代表矩形。由于所有对象都位于这个边界矩形内，因此所查询范围如果不与边界矩形相交，就不会与矩形包含的任何对象相交。与 B 树类似，R 树是一个平衡搜索树（所以所有叶节点都在同一高度），它将数据组织成页面，每个页面可以包含最大数量的元素。

- **构建索引** 构建 R 树的一般思路是将数据实例按照 MBR 进行分组，如图 4.15a 所示，并递归地将这些 MBR 聚合成更大的 MBR，直到所有数据实例合并成一个 MBR（即根节点）。每个 MBR 由其左下角点 $(L.x, L.y)$ 和右上角点 $(U.x, U.y)$ 表示。图 4.15b 展示了一个为存储图 4.15a 所示数据实例而构建的 R 树，其中包含 R_{10}、R_{11} 和 R_{12} 的较大 MBR 由 R 树的第二层节点表示，并且每个较大的 MBR 进一步由一些较小的 MBR 组成（例如，R_1、R_2 和 R_3 属于 R_{10}）。非叶节点中的每个元素存储两段数据：识别子节点的方法和该子节点中所有元素的边界框。叶节点存储每个子节点所需的数据：对于点数

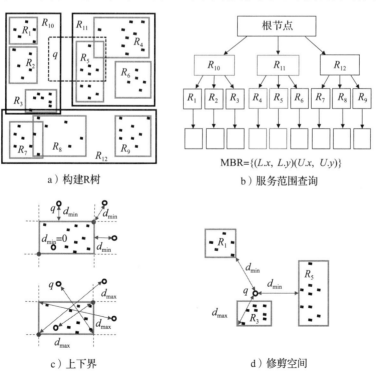

a）构建R树

b）服务范围查询

c）上下界

d）修剪空间

图 4.15 R 树索引结构

据，叶元素可以是点本身；对于多边形数据（通常需要更多存储空间），常见的设置是只存储多边形的 MBR 以及树中的唯一标识符。

R 树的关键难点在于构建一个满足以下三个标准的有效树：第一，树必须平衡（因此叶节点在同一高度）；第二，R 树中的矩形应覆盖空隙，使其尽可能小（即每个 MBR 中的数据实例密度应尽可能高）；第三，这些矩形之间的重叠区域应尽可能小（以便在搜索过程中处理的子树更少）。鉴于这三个标准，没有多项式时间算法可以找到最优解。作为替代方案，可以使用一些基于密度的聚类算法（如 OPTICS[21] 和 DB-SCAN[15]）首先生成一些初步实例组，然后对这些组进行调整，用作构造 MBR 的候选者。

- **服务空间范围查询**　对于空间范围查询，搜索过程与对四叉树和 k-d 树的搜索过程非常相似。从树的根节点开始，检查节点的 MBR 是否与查询矩形重叠。如果是，则必须进一步搜索相应的子节点。以递归方式这样进行搜索，直到所有重叠的节点都被遍历。当到达叶节点时，会测试包含的点或边界框（对于多边形）是否在查询矩形内。位于查询矩形内的对象将被作为结果返回。

图 4.15b 展示了为进行图 4.15a 所示的查询 q 而访问的节点（灰色部分）。由于查询 q 与第二层的 R_{10} 和 R_{11} 相交，因此必须进一步搜索这两个节点的子节点。在进一步匹配 R_{10} 的子节点的 MBR 与 q 之后，我们发现没有子节点实际与查询矩形相交。因此，我们停止从 R_{10} 开始的搜索。在 R_{11} 的子节点中，R_4 和 R_5 的 MBR 与 q 相交。因此，我们需要检索存储在这两个叶节点中的数据实例，搜索位于查询矩形内的实例。尽管 R_4 中没有实例真正位于查询矩形内，但我们仍然需要将存储在其中的每个实例与 q 进行匹配，这是因为 R_4 和 R_5 的 MBR 之间存在重叠。为了减少搜索工作负载，在构建 R 树时，我们需要尽量减少不同节点 MBR 之间的重叠。

- **服务最近邻查询**　MBR 的形状提供了一种有效的方法来计算查询点与一组实例之间的最小和最大距离（也称为下界 d_{min} 和上界 d_{max}）。这些上界和下界可以在响应最近邻查询时显著减小搜索空间。如图 4.15c 所示，当查询点位于 MBR 内时，d_{min} 为 0，d_{max} 为查询点到 MBR 四个顶点之一的最大距离。

$$\text{if } L.x \leqslant q.x \leqslant U.x \text{ and } q.y > U.y,$$
$$d_{min} = q.y - U.y, \text{and } d_{max} = \max\{\text{dist}(q.x, q.y; L.x, L.y), \text{dist}(q.x, q.y; U.x, L.y)\}. \tag{4.1}$$

$$\text{if } q.x > U.x \text{ and } q.y > U.y,$$
$$d_{min} = \text{dist}(q.x, q.y; U.x, U.y), \text{and } d_{max} = \text{dist}(q.x, q.y; L.x, L.y). \tag{4.2}$$

$$\text{if } q.x > U.x \text{ and } L.y \leqslant q.y \leqslant U.y,$$
$$d_{min} = q.x - U.x, d_{max} = \max\{\text{dist}(q.x, q.y; L.x, L.y), \text{dist}(q.x, q.y; L.x, U.y)\}. \tag{4.3}$$

在其他情况下，d_{min} 和 d_{max} 可以很容易地以类似于上面提到的方式导出。

图 4.15d 通过一个示例展示了计算此类边界的好处。如果 q 和 R_3 实例之间的最大距离小于 R_1 和 R_5 的最小距离，那么 R_1 和 R_5 中所有实例到 q 的距离都不能比到 R_3 的实例更短（即它们不能成为最近邻）。因此，可以在不进行进一步检查的情况下从搜索过程中修剪它们。如果在 R 树的层次上，根据 d_{min} 和 d_{max} 无法修剪枝任何矩形，那么我们需要进一步检查它们后代的边界。

- **更新索引**　将元素插入 R 树中最初的想法是，插入那些需要最少量扩展其边界框的子树中。一旦这个页面满了，数据实例就会被分成两个集合，每个集合都应该覆盖每个最小区域。更具体地，为了插入一个实例，从 R 树的根节点开始递归地遍历 R 树。在每一步中，检查当前目录节点中的所有矩形，并使用启发式方法选择一个候选者，例如选择需要最小扩展的矩形。然后搜索下降到这个页面，直到达到一个叶节点。如果叶节点已满，必须在插入之前将其分割。使用启发式方法将节点分成两个部分，因为穷举搜索非常耗时。通过将新创建的节点添加到前一层，这一层可能会再次溢出，一直传播到根节点。如果根节点也溢出，将创建一个新的根节点，树的高度就会增加。

- 优点和缺点　R 树是基于数据分布构建的，这可能产生一个结构精确的高效索引。R 树是一种平衡树，在许多搜索场景（如最近邻搜索）中具有最优性能。R 树的 MBR 可以用来推导上下界，有助于在最近邻搜索过程中显著修剪搜索空间。一旦构建了 R 树，搜索过程就变得易于理解且简单易行。

然而，与基于网格的索引、四叉树和 k-d 树相比，构建一个有效的 R 树是复杂的。考虑到前面提到的三个标准——一个平衡的树、最小的重叠以及在每个 MBR 中的密集表示，没有多项式时间算法可以在这三个标准下找到最优解。

当有新实例时，更新 R 树的计算成本也是很高的，并且必须采用一些启发式方法来找到一个折中的解决方案。由于 R 树结构非常容易受到元素插入顺序的影响，因此与批量加载（bulk-loaded）结构相比，插入构建（insertion-built）结构很可能是次优的。

4.3.4.2　R* 树和 R+ 树

R* 树[2]是 R 树的一种变体，它试图通过结合修订后的节点分裂算法和节点溢出时的强制重新插入概念来解决上述问题。删除和重新插入元素允许在树中为它们找到可能比原始位置更合适的位置。当一个节点溢出时，从节点中移除部分元素并重新插入树中。为了避免由后续节点溢出引起的无限级联重新插入，在插入任何新元素时，重新插入例程可能只在树的每层调用一次。这在节点中产生了更密集的元素群，减少了节点覆盖。此外，实际的节点分裂经常被推迟，导致平均节点占用率上升。重新插入可以被视为一种在节点溢出时触发的增量树优化方法。R* 树的构建成本略高于标准的 R 树，但查询性能更好。

当 MBR 之间的重叠变得很大时，R 树的搜索效率会显著降低。为了解决这个问题，R+ 树[30]通过在必要时将对象插入多个叶节点中来避免内部节点的 MBR 重叠。如图 4.16 所示，在 R 树中，MBR E 导致了 MBR A 和 B 之间的重叠。为了解决这个问题，R+ 树分别重构了 A 和 B 的 MBR，使它们之间没有重叠。因此，MBR E 属于 A 和 B。R+ 树与 R 树的不同之处在于，不能保证节点至少填充一半，任何内部节点的元素不重叠，并且一个对象 ID 可能存储在多个叶节点中。因为节点之间不重叠，所以 R+ 树中的点查询可以通过遍历单个路径来处理（即访问的节点比 R 树少）。由于一个 MBR 可能属于多个父节点，因此 R+ 树可能比构建在相同数据集上的 R 树要大。R+ 树的构建和维护比 R 树及其他 R 树的变体更为复杂。

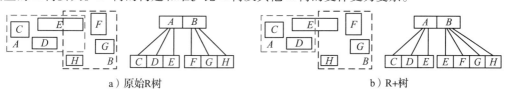

a）原始R树　　　　　　　　　　　　　　　　b）R+树

图 4.16　R+ 树和 R 树之间的区别

4.4　时空数据管理

如图 4.1 所示的三列，根据数据的时空动态，城市中有三种类型的数据。第一类数据，即时空静态数据，已在 4.3 节中讨论过。在本节中，我们将讨论其他类型的数据。

一类是空间静态时间动态数据（即对象的位置是静态的，但来自对象的读数随时间不断变化）。大多数感知数据都属于这一类别。管理这类数据的主要挑战是如何有效地处理每个位置上不断增长的时间序列，以便我们能够高效地进行时空查询。

另一类是时空动态数据（即对象的位置和读数都随时间不断变化）。轨迹数据和人群感知数据属于这一类别，对这类数据的研究有两个视角。一条研究线称为移动对象数据库[5,23,43-44]，专注于查询移动对象的当前位置。另一条研究线如参考文献［28,40,48-49］，更加关注对象历史轨迹的管理。

对时空数据的范围查询涉及一个空间范围和一个时间跨度，或者一个空间范围加上一个读数值范围。对时空数据的最近邻查询与一个位置和一个时间戳相关联。

4.4.1　管理空间静态时间动态数据

这类数据与静态位置和动态读数相关。典型的这类数据集包括地理感知读数和道路段的交通流量。图 4.4c 展示了一种管理此类数据的一般方法。在这个方法中，我们可以使用 4.3 节引入的空间索引结构来管理对象的位置，这些位置不随时间改变。对于每个对象，其动态读数进一步由时间索引（例如排序数组）和 B+树[27]组织。当进行时空范围查询时，我们首先根据空间索引搜索位于给定空间范围内的对象，然后在这些对象的时间索引中找到落在时间范围内的元素。由于空间索引已在 4.3 节中介绍过，本节我们将重点讨论一些可能的时间索引结构。

4.4.1.1　查询

针对这类数据有两种典型的范围查询。一种是检索（对象中）位于给定空间区域和时间跨度内的数据。例如，检索本周一上午 8 点至下午 1 点间纽约市中央公园的湿度数据。另一种是搜索空间位置在给定空间范围内且时间读数在给定时间跨度内的数据，例如检索北京空气质量值大于 200 但小于 300 的数据。

4.4.1.2　时间索引结构

排序数组和 B+树是两种可以用来管理每个对象生成的动态读数的时间索引结构。

- **排序数组**　由于对象的读数是按时间顺序生成的，它们之间存在着自然的顺序。换句话说，我们可以使用一个排序数组来保存每个对象的读数，其中每个元素存储一个时间戳 t_i 和一个相应的值 v_i。新的读数将被自然地追加到数组的末尾，而无须进行排序过程。因此，为找到在时间跨度（例如图 4.17a 中的 $[t_3, t_k]$）内生成的读数，可以很容易地进行两个二分搜索过程，分别搜索 t_3 和 t_k 在排序数组中的位置。在 $[t_3, t_k]$ 之间的元素被检索为搜索结果。在计算机科学中，二分搜索也称为半区间搜索[42]或对数搜索[20]，是一种在排序数组中寻找到目标值位置的搜索算法。二分搜索对目标值与数组中的元素进行比较，如果它们不相等，那么目标值不可能存在的半个区间将被排除，搜索在剩余的半个区间继续进行，直到成功为止。

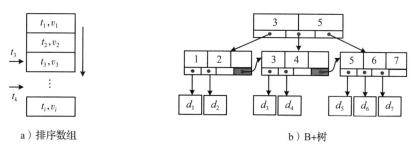

图 4.17　时间动态数据的索引结构

这种索引结构只能处理涉及时间跨度的查询。如果目标是找到值域 $[v_k, v_i]$ 内的元素，我们需要按每个元素的值对数组进行排序，并将新的读数插入数组中的适当位置，每次插入都需要进行搜索过程，并在插入位置后导致元素的移动，这是一个非常耗时的过程。

- B+树　为了解决上述问题，使用 B+树根据动态读数的值存储它。B+树由根节点、内部节点和叶节点组成，它的每个节点都有数量可变但通常众多的子节点。B+树可以被视为一个 B 树，其中每个节点只包含键（而不是键值对），并且底部添加了一个额外的层，它链接着叶节点。B+树的主要价值在于在块导向存储环境中高效地存储数据以实现高效检索。

图 4.17b 使用 B+树管理七个数据实例 $(d_1, d_2, \cdots, d_7)$。根节点将这七个实例分成三个段。值小于 3（即 $v<3$）的数据实例被放入左子树，值在 3 到 5 之间（即 $3 \leqslant v \leqslant 5$）的实例存储在中间子树，值大于 5（即 $v>5$）的实例被放入右子树。左子树通过两个值（1 和 2）进一步分成三个段，并有两个链接分别指向两个数据实例 d_1 和 d_2，其中 d_1 的值 v 小于 1，而 d_2 的值在 1 到 2 之间（$1 \leqslant v \leqslant 2$）。同样的策略也应用于中间子树和右子树，将数据实例分配到相应的范围段。叶节点之间的链表允许快速按序遍历，这加速了找到两个边界数据实例后的检索过程。例如，如果我们尝试搜索值在 1 到 5 之间（$1 \leqslant v \leqslant 5$）的数据实例，我们可以在第一轮搜索中首先找到值最小的实例（即 d_2），然后在另一轮搜索中找到值最大的实例（即 d_5）。最后，我们可以通过叶节点之间的链接快速检索 d_2、d_3、d_4 和 d_5。

当有新实例时，B+树可以通过搜索过程将其插入相应的叶节点中，而不需要像排序数组那样进行重新排序。在大多数情况下，插入操作非常高效。当一个叶节点的桶满了时，会调用分裂过程来分配一个新的叶节点，并将桶中一半的元素移动到新的桶中。

4.4.2　移动对象数据库

移动对象数据库由一系列查询、索引和检索算法组成，这些查询、索引和算法关注的是移动对象（如人、车辆和动物）的当前位置（或在特定历史时刻的位置）。

4.4.2.1　查询

在移动对象数据库中，一个典型的范围查询是检索当前位于某个空间范围内（例如芝加哥北密歇根大道 33 号一英里范围内）和某个时间跨度内（例如过去三分钟内）或具有特定时间戳的对象（例如空闲的出租车），如图 4.18a 所示。

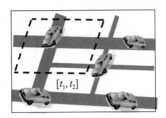

a）时空范围查询

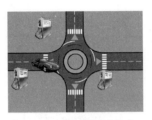

b）KNN查询：移动查询点
和静态对象

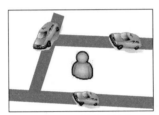

c）KNN查询：静态查询点
和移动对象

d）KNN查询：移动查询点
和移动对象

图 4.18　移动对象数据库中的最近邻查询

关于最近邻查询，有三种场景，这取决于查询点和对象的地理位置是否动态变化。

在第一种场景中，查询点的位置在不断移动，而要搜索的对象的位置是静态的。一个典型的例子是，当车辆在行驶时，搜索车辆附近最近的加油站，如图 4.18b 所示。

在第二种场景中，查询点的位置是静态的，而对象正在移动。一个典型的例子是，寻找一个人周围最近的空出租车，如图 4.18c 所示。

在第三种场景中，查询点的位置和要搜索的对象的位置都是动态的。例如，在战斗中，一名士兵想要找到他周围最近的坦克，以获取整场战斗的更多信息。如图 4.18d 所示，当进行搜索时，坦克和士兵都在战场上移动。

4.4.2.2　索引结构概述

图 4.19 展示了代表性索引结构的演变，这些索引结构用于管理空间和时空数据。由于过去几十年提出了许多索引，这个演变图提供了一个全景视图，展示了不同索引结构在空间和时空数据管理中的联系和差异。

垂直轴代表不同索引被提出的年份。水平轴表示索引关注的数据维度。例如，B 树和 B+ 树被提出用来处理一维（1D）数据（如时间），而 R 树被提出用来管理二维（2D）空间数据。多版本 B 树（MVB 树）是一种索引结构，它为每个时间戳构建一个 B 树。因此，它介于 1D 和 2D 索引之间。2.5D 的索引，如多版本 R 树（MVR 树）[37] 和历史 R 树（HR 树）[26]，为每个时间戳构建一个 2D 空间索引。它们不是真正的三维（3D）索引，如 3D R 树[39]，3D 索引在处理时空数据时将时间视为第三个维度。箭头从索引 A 指向索引 B 表示 B 是从 A 派生的或基于 A 的。例如，R+ 树和 R* 树都是从 R 树派生出来的。同样，压缩起始-结束时间树

（CSE 树）是基于网格索引和 B+树的。位于同一虚线框中的索引结构（如 MVR 树和 MV3R 树），是在同一篇论文（如［37］）中提出的。

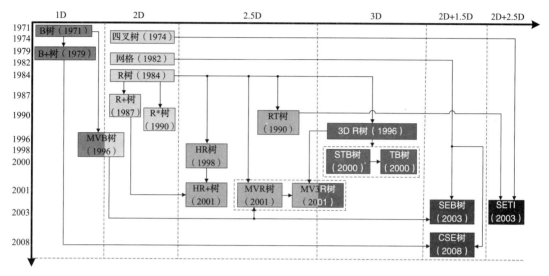

图 4.19　空间和时空数据的索引结构

由于 2D 索引已在 4.3 节中介绍，1D 索引已在 4.4.1 节中讨论，我们将重点讨论 2.5D、3D 及更高维度的索引结构，用于移动对象数据库。

4.4.2.3　基于多版本的时空索引

第一类索引，如 HR 树[26]、HR+树[36] 和 MVR 树[37]，在每一个时间戳构建一个空间索引。为了提高这类索引的效率，可以在连续时间间隔内重用索引的不变子结构。可以采用时间索引结构来管理时间戳，从而加快给定时间戳的搜索速度。

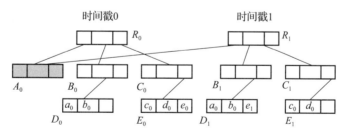

图 4.20　HR 树的结构[26]

图 4.20 展示了具有两个时间戳的 HR 树的一部分。在时间戳 1，对象 e 改变了其位置。因此，其旧版本 e_0 应从时间戳 0 的 R 树中删除，而其新版本 e_0 应插入时间戳 1 的 R 树中。这导致创建了两个叶节点：D_1，包含 D_0 的元素加上 e_1；E_1，包含删除 e_0 后的 E_0 的元素。这些更改传播到根节点，导致 B_1 和 C_1 的创建。即使只有一个对象改变了其位置，整个路径也可能需要复制。以前时间戳的树从不被修改。注意到节点 A_0 被两个树共享，表明其子树中的任何对象在时间戳 1 都没有改变位置[26]。

这类索引能够处理的时空查询通常是时间戳查询，例如找到在特定时间戳位于给定空间范围内的对象（即时间戳+空间范围），或者找到给定对象在特定时间戳的 k 个最近邻（时间戳+KNN）。当接收到时间戳空间范围查询时，我们首先根据时间索引搜索时间戳（详细内容请参考 4.4.1 节），然后检查时间戳的空间索引，找到位于查询空间范围内的对象。同样，当接到带时间戳的 KNN 查询时，搜索算法首先找到相应的时间戳，然后根据时间戳的空间索引搜索查询的 k 个最近邻。这种基于多版本的索引有三个缺点。

第一，这类索引在处理时间跨度（也称为时间区间）查询（例如在一段时间内找到一个广场周围的空出租车）时并不是非常有效。时间区间查询需要搜索许多时间戳（其中大部分可能是多余的），并且需要在不同时间戳之间合并搜索结果。

第二，时间的粒度（即两个时间戳之间的间隔）不好设置。如果我们以非常细的时间粒度（例如每五秒一次）构建这样的索引，那么会导致对象普遍重复，从而在每个时间戳的空间索引中引入许多几乎冗余（并不完全相同）的节点。随着时间粒度的增加，索引的总大小变得非常大，从而牺牲了搜索效率。然而，如果选择一个非常粗的时间粒度，则可能无法准确完成时间戳查询，因为查询没有预先构建相应的空间索引。移动对象的位置在两个时间戳之间变得不确定。时间间隔越大，存在的不确定性越高，因此搜索精度就越低。

第三，这类索引容易受到不同对象采样率的影响。在现实世界中，不同的移动对象通常有不同的采样率，会在不同的时间戳报告它们的位置。也就是说，移动对象在新的位置更新之前都保持同一位置。结果就是在给定时间戳，没有报告的对象将丢失在其空间索引中，因此无法被查询到。

为了克服第一个缺点，提出了一种名为 MV3R 树的混合结构[37]，如图 4.21 所示，它使用 MVR 树进行时间戳查询，并使用较小的 3D R 树进行时间区间查询。因此，它是一种融合了 2.5D 和 3D 索引的混合结构。MVR 树是 MVB 树的扩展，在 MVR 树的叶节点上构建了一个 3D R 树。MV3R 树可以处理时间戳查询和时间区间查询。对于离散事件，它优于其他索引结构，如 3D R 树和 HR 树。然而，这两个索引共享相同的叶节点，这导致了一个相当复杂的插入算法。此外，MVR 树将时间变化建模为离散事件。因此，它无法处理上述提到的第三个缺点。

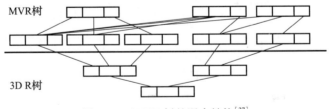

图 4.21　MV3R 树的混合结构[37]

在基于多版本的索引被提出之前，RT 树[45]将时间区间与树中每个节点的空间范围相耦合，这样只须维护一个索引树，而不是像 MVR 树或 HR 树那样维护多个索引树。当向索引树中插入一个记录（MBR，t_i）时，如果存在一个具有相同 MBR 和相同日期的叶节点，该元素的时间区间将扩展到 t_i，否则将根据最小的时间区间和空间覆盖 MBR 创建一个新的元素。RT 树需要的节点数量远少于相应的 MVR 树，因为它不会创建重复的路径。然而，任何时间查询都必须搜索整个 RT 树，因为在索引搜索中沿时间维度没有区分。

4.4.2.4　三维时空索引

第二类索引，如 3D R 树[39]，将时间视为第三个维度，将空间索引结构从管理二维空间数据扩展到管理三维时空数据，如图 4.4a 所示。因此，存在真正的三维索引。

例如，3D R 树使用 $<x,y,t>$ 记录每个移动对象的状态，其中 $<x,y>$ 是地理空间中的二维坐标，而 t 是时间戳。3D R 树将移动对象在最近时间区间内生成的数据用 3D 最小边界框进行分组，这些边界框可进一步聚合成更大的边界框以形成一棵树。类似于 R 树，3D R 树是一棵平衡树，它尽可能保持每个边界框的密集性，并最小化边界框之间的重叠区域。3D R 树中的每个节点存储最小边界框的坐标，覆盖其子节点和指向其子节点的链接。每个叶节点可以存储多个小于给定阈值的数据实例。

基于 3D R 树响应时空范围查询相当于寻找位于 3D 查询框内的对象。它的搜索过程与 R 树的搜索过程非常相似。搜索从树的根节点开始，检查节点的 3D 边界框是否与查询框重叠。如果是，则必须进一步搜索相应的子节点。以递归方式这样进行搜索，直到所有重叠的节点都遍历到。当到达叶节点时，检查包含的数据实例是否位于查询框内。位于查询框内的数据实例被作为结果返回。

同样，响应 KNN 查询可以被视为在 3D 空间中搜索一个 3D 查询点的 k 个最近邻。我们可以根据图 4.15c 和图 4.15d 所示的方式高效地计算查询点与一个 3D 边界框内的一组数据实例之间的距离的上界和下界。如果一个数据实例到查询点的距离小于边界框到查询点的距离下界，那么边界框内的所有数据实例都不可能是查询点的最近邻，因此可以过滤掉这些数据实例，而无须逐一检查。

更新 3D R 树的过程与 R 树相同。它通过一个搜索过程将新的数据实例插入相应的叶节点中，搜索从根节点开始，对新实例的坐标与中间节点的边界框进行匹配，直到到达叶节点。如果叶节点中的实例数量不超过给定阈值，则将新实例存储在那里。否则，将调用分裂过程，将叶节点分割成几个较小的叶节点。如果叶节点的父节点也满了，那么分裂过程需要在更高的层次上执行，直到新实例可以被容纳。

当使用 3D R 树组织长期历史数据时，不同节点最小边界框之间的重叠将不可避免地变得很大。这影响了 3D R 树在响应时空查询时的性能。因此，3D R 树通常用来管理移动对象的近期状态，而不是长期历史。尽管提出了时空 R 树（STR 树）和轨迹束（TB）树[28]来解决这个问题，但随着时间的推移，不同 3D 边界框之间的重叠仍不断增加。由于 STR 树和 TB 树是为了管理轨迹数据而提出的，我们将在 4.4.3 节中介绍它们。

4.4.3　轨迹数据管理

与关注移动对象当前位置（或特定时间戳的位置）的移动对象数据库不同，本节介绍的轨迹数据管理涉及移动对象的行程历史，特别是移动对象在给定时间间隔内生成的路径[14]。

4.4.3.1　查询概述

有三种主要的查询类型：范围查询、KNN 查询和路径查询。其他高级查询可以从这三种基本查询的组合中派生出来。

范围查询检索落在（或相交于）某个空间（或时空）范围的轨迹。例如，如图 4.22a 所示，范围查询可以帮助我们检索过去一个月内下午 2 点至 4 点之间经过给定矩形区域的车辆轨迹。检索到的轨迹（或片段）然后可以用于推导特征，如行驶速度和交通流量，以便于数据挖掘任务中的分类和预测。

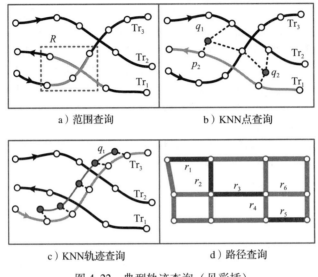

a）范围查询   b）KNN点查询

c）KNN轨迹查询   d）路径查询

图 4.22　典型轨迹查询（见彩插）

KNN 查询用来检索与几个点（称为 KNN 点查询[9,35,38]）或者特定轨迹（称为 KNN 轨迹查询[1,46]）具有最小累积距离的前 k 条轨迹。如图 4.22b 所示，KNN 点查询的一个例子是检索靠近两个给定餐厅（例如 q_1 和 q_2）的车辆轨迹。有时，也考虑查询点之间的顺序[9]（如找到先经过 q_1 然后经过 q_2 的前 k 个最近轨迹）。如果没有考虑顺序，Tr_1 是到两个点最近的轨迹。然而，在考虑顺序后，Tr_2 成为了最近的轨迹。

如图 4.22c 所示，与查询轨迹 q_1 最相似的轨迹（即具有最小累积距离）是 Tr_3。这样的查询可以帮助一个人找到其他人徒步旅行的路径，这些路径与用户将要探索的路径最相似。因此，在徒步活动真正进行之前，这个人可以从其他人的徒步经验中学习。该查询还可以帮助我们找到一起行进的人或动物。例如，给定一只老虎的 GPS 轨迹，动物学家可以根据这个查询识别由其他老虎生成的相似轨迹，这些老虎可能是老虎的同伴或其家人。

前述两种 KNN 查询之间的区别有两点。首先，KNN 点查询关注的是轨迹是否提供了与查询位置的良好连接，而不仅是轨迹的形状是否与查询相似。对于 KNN 点查询来说，考虑在两个查询点之间移动的移动对象的运动并不是很重要。其次，在应用中，查询点的数量通常非常少，且彼此之间可能相隔很远。因此，我们无法将这些查询点依次连接起来形成一个轨迹，然后调用为 KNN 轨迹查询设计的解决方案来解决问题。

路径查询检索恰好经过给定路径的轨迹。这类查询通常在空间图（如道路网络或航空网络）中进行。路径由一系列图边组成，这些边可以是连续的也可以是不连续的。如图 4.22d 所示，路径查询检索依次经过 r_1、r_2、r_3、r_5 四个道路段的车辆轨迹，注意 r_3 和 r_5 之间没有连接。路径查询也可以与时间间隔相关联，例如，寻找过去一小时内 $r_1 \rightarrow r_2 \rightarrow r_3$ 路径上的车辆 GPS 轨迹。通过这种查询检索到的轨迹可以用来估计当前时间间隔内在路径上的通行时间。当与较长的时间间隔（例如，最后一个月）相关联时，检索到的轨迹可以用来计算路径的拥堵指数。在进行此类查询之前，通常需要调用地图匹配算法[24,47]将轨迹投影到空间图上。

4.4.3.2 轨迹的距离

当响应 KNN 查询或对轨迹进行聚类时，需要计算轨迹与几个点之间的距离，或者计算两个轨迹之间的距离（或者可以说相似性）。

点 q 和轨迹 A 之间的距离通常通过 q 到 A 中最近点的距离来测量，表示为 $D(q,A) = \min_{p \in A} D(p,q)$（如图 4.22b 中所示的 q_1 和 p_2）。[9]以相似的方式编写了一种将距离从单个点 q 扩展到多个查询点 Q 的方法：

$$D(Q,A) = \sum_{q \in Q} \mathrm{e}^{D(q,A)}, \quad \text{或} \quad S(Q,A) = \sum_{q \in Q} \mathrm{e}^{-D(q,A)} \tag{4.4}$$

使用指数函数是为了给接近匹配的点对赋予更大的贡献，而给那些远离的点对赋予很低的值。

两个轨迹之间的距离通常是通过两个轨迹的点之间距离的总和来测量的。最近点对距离使用两个轨迹 (A,B) 中点之间的最小距离来表示轨迹的相似性，即 $CPD(A,B) = \min_{p \in A, p' \in B} D(p,p')$。假设两个轨迹长度相同，点对和距离使用两个轨迹相应点的总和来表示距离，即 $SPD(A,B) = \sum_{i=1}^{n} D(p_i, p_i')$。

由于这个假设在现实中可能不成立，因此提出了动态时间规整（DTW）距离，以允许某些点"重复"尽可能多次，获得最佳对齐[1]。由于轨迹中的一些噪声点可能导致两个轨迹之间的距离变大，因此采用了最长公共子序列（LCS）的概念来解决这个问题。基于 LCS 的距离允许在计算轨迹距离时跳过一些噪声点，使用阈值 δ 来控制我们在时间上可以走多远，以便将一个轨迹上的点与另一个轨迹上的点匹配。另一个阈值 ε 用于确定两个点（来自两个不同轨迹）是否匹配。Chen 等人[7]提出了 EDR 距离，它与 LCS 类似，在确定匹配时使用阈值 ε，同时给两个匹配子轨迹之间的间隙分配惩罚。在 [8] 中，Chen 等人提出了 ERP 距离，旨在通过使用一个恒定参考点来计算距离，将 DTW 和 EDR 的优点结合起来。需要注意的是，DTW 不是一个度量，因为它不满足三角不等式。EDR 是一个度量，可以用来修剪不必要的轨迹。

基本上，LCS 和编辑距离是用来匹配字符串的。当用于匹配两个轨迹时，存在一个阈值 ε 需要设置，这并不容易。为了解决这个问题，Chen 等人[9]定义了最佳连接距离（BCT），它是一个不需要参数的轨迹相似性度量，结合了 DTW 和 LCS 的优点。在匹配过程中，K-BCT 可以重复一些轨迹点，并跳过未匹配的轨迹点，包括异常值。

一种用于轨迹段距离的测量基于的是段的 MBR[19]。如图 4.23a 所示，两个段 L_1、L_2 的 MBR 分别是 B_1、B_2，每个 MBR 由下界点 (x_1, y_1) 和上界点 (x_u, y_u) 的坐标描述。基于 MBR 的距离 $D_{\min}(B_1, B_2)$ 定义为 (B_1, B_2) 中任意两点之间的最小距离，计算如下：

$$\sqrt{(\Delta([x_1, x_u], [x_1', x_u']))^2 + (\Delta([y_1, y_u], [y_1', y_u']))^2} \tag{4.5}$$

其中，两个区间之间的距离定义为：

$$\Delta([x_1, x_u], [x_1', x_u']) = \begin{cases} 0 & [x_1, x_u] \cap [x_1', x_u'] \neq \varnothing \\ x_1' - x_u & x_1' > x_u \\ x_1 - x_u' & x_1 > x_u' \end{cases} \tag{4.6}$$

在图 4.23a 所示的两个示例中，L_1 和 L_2 之间的距离分别为 0 和 $y_1' - y_u$。

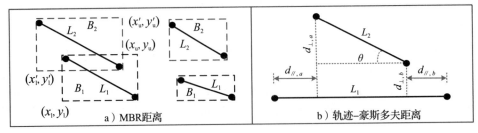

图 4.23　轨迹段的距离度量

Lee 等人[22] 提出了一种距离函数，称为轨迹-豪斯多夫距离（D_{Haus}），如图 4.23b 所示，它是三项的加权和：（1）总垂直距离（$d_\perp$），它衡量两个轨迹之间的分离程度；（2）总平行距离（$d_{//}$），它捕捉两个轨迹长度之间的差异；（3）角距离（d_θ），它反映两个轨迹之间的方向差异。正式地，

$$D_{Haus} = w_1 d_\perp + w_2 d_{//} + w_3 d_\theta \tag{4.7}$$

其中 $d_\perp = \dfrac{d_{\perp,a}^2 + d_{\perp,b}^2}{d_{\perp,a} + d_{\perp,b}}$，$d_{//} = \min(d_{//,a}, d_{//,b})$，$d_\theta = \|L_2\| \cdot \sin\theta$，$w_1$、$w_2$ 和 w_3 是取决于应用的权重。

4.4.3.3　范围查询算法

响应时空查询主要有三种方法。

第一种方法是将多个基于版本的索引，如 HR 树，用于管理轨迹数据。然而，如前所述，这类索引在处理时间间隔查询时并不是非常高效，因为它们需要在许多时间戳的空间索引中搜索对象，并合并不同时间戳的搜索结果。

第二种方法是使用 3D R 树状索引来管理轨迹，该索引将轨迹片段与 3D 框相绑定。例如，STR 树[28] 是 R 树的扩展，以支持对移动对象轨迹的有效查询处理。与 R 树不同，STR 树不仅根据空间特性来组织线段，还试图根据线段所属的轨迹对线段进行分组。这种特性被称为轨迹保存。TB 树[28] 仅用于轨迹保存，而忽略了其他空间特性。图 4.24 显示了 TB 树结构的一部分，其中轨迹由条带而非线条表示。该轨迹被分段到六个节点（例如 c_1 和 c_2）上。在 TB 树中，叶节点只包含属于同一轨迹的段，因此最好理解索引为轨迹束。这些叶节点通过链表连接，这使我们能够以最小的工作量检索（部分）轨迹。缺点是，在空间上靠近的线段（来自不同轨迹）将存储在不同的节点中。随着重叠的增加，空间区分减少。因此，响应范围查询的成本显著增加[28]。

第三种方法是将地理空间分割成网格，然后为每个网格内的轨迹构建时间索引。如图 4.25a 所示，CSE 树[40] 通过网格将轨迹分割成几个片段，这可以是基于网格的索引或四叉树索引的结果。每个网格维护一个时间索引来组织其中的片段。网格中的每个片段由一个 2D 点表示，其坐标是片段的起始时间 t_s 和结束时间 t_e。如图 4.25b 所示，网格中的轨迹片段然后用二维空间中的点表示，横轴表示 t_s，纵轴表示 t_e。时间范围查询寻找时间跨度 $[t_s, t_e]$ 与给定时间间隔 $[T_{min}, T_{max}]$ 相交、位于该间隔或包含该间隔的片段。图 4.25b 展示了应检索其中片段的四种情况。这四种情况可以转换为以下两个标准：$t_s \leqslant T_{max}$ 和 $t_e \geqslant T_{min}$。如果一个片段同时满足这两个标准，则它应该被检索。时间范围查询的视觉表示显示了对落在阴影区域中的点的检索。

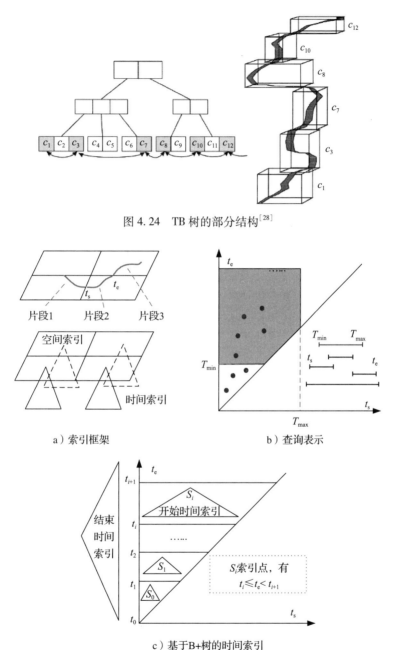

图 4.24　TB 树的部分结构[28]

a）索引框架　　　　　　　　b）查询表示

c）基于B+树的时间索引

图 4.25　CSE 树的索引结构

为了快速找到这样的区域，空间中的点被分成若干组，每组有相同数量的点。如图 4.25c 所示，一旦一组中的点数达到其限制，就会生成一条分割线（如 $t_1, t_2, \cdots, t_i$），并创建一个新的组。对于每组点，建立一个起始时间索引 S_i，使用 B+树索引这些点的起始时间。然后，在这些分割时间线的基础上，使用 B+ 树构建一个结束时间索引。

当检索满足时空查询的轨迹时，CSE 树首先找到与查询空间范围相交的网格，然后在这些网格的时间索引中搜索落在查询时间范围内的轨迹片段。在时间搜索过程中，算法首先在结束时间 B+ 树中搜索 $t_e \geq T_{min}$ 的时间线。然后，它深入到 T_{min} 以上组的起始时间索引中，寻找 $t_s \leq T_{max}$ 的点（即轨迹片段）。最后，CSE 树归并从不同网格中检索到的轨迹片段的 ID（及其开始和结束时间）。

使用两个 B+ 树而不是两个排序数组是为了处理新轨迹的频繁插入。例如，在轨迹共享网站上，人们可以上传任何时间生成的轨迹，这些轨迹可能不遵循时间顺序。也就是说，实际世界中可能在更早的时间生成的轨迹，可能会在另一个在实际世界中更晚时间生成的轨迹之后上传到系统中。这种现象导致会在时间索引中随机插入新记录，这对于排序数组来说是一个繁重的工作负载（详细内容请参考 4.4.1 节）。如果我们正在索引一组不会更新的历史轨迹，我们可以简单地将这两个 B+ 树转换成两个排序数组，以组织每个片段的开始和结束时间。

4.4.3.4 KNN 查询算法

给定一组轨迹 $T = \{R_1, R_2, \cdots, R_n\}$ 和一组查询位置集合 $Q = \{q_1, q_2, \cdots, q_m\}$，k-BCT 查询旨在找到与 Q 具有最高相似度［定义在公式（4.4）中］的 k 条轨迹。尽管原始的 k-BCT 查询没有考虑时间维度，但可以通过给每个查询点添加时间戳将其扩展为时空查询。然后在三维空间中计算距离。

原始的 k-BCT 查询[9]使用 R 树来组织轨迹集合 T。基于空间索引，算法找到每条轨迹上距离查询点最短的点。例如，如图 4.26a 所示，p_1 是 R_1 中与 q_1 最接近的点，p_2 是与 q_2 最近的点，p_5 是与 q_3 最近的点。然后，算法为每个查询点（从 T 中）搜索 λ 最近邻（λ-NN）点（$\lambda \geq k$）。注意，这些 λ-NN 点可能来自同一轨迹或不同的轨迹。圆圈表示查询点和第 λ 个邻居点之间的距离。尽管 p_5 是 R_1 中到 q_3 最近的点，但它不是 q_3 的 λ-NN 点之一。换句话说，还有其他轨迹至少有 λ 个点比 p_5 更接近。算法归并这些 λ-NN 点所属的轨迹，形成一个候选轨迹集 C 以供进一步检查。

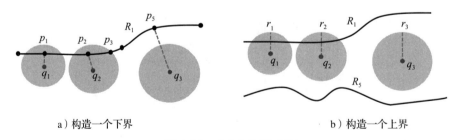

a）构造一个下界　　　　　　　　　　b）构造一个上界

图 4.26　响应 k-BCT 查询

然后，该算法估计 C 和 Q 中轨迹之间相似度的下界。如图 4.26a 所示，Q 和 $R_1 (R_1 \in C)$ 之间的相似度定义为：

$$\text{Sim}(Q, R_1) = e^{-D(q_1, p_1)} + e^{-D(q_2, p_2)} + e^{-D(q_3, p_5)} \tag{4.8}$$

因此，$\text{Sim}(Q, R_1)$ 的下界可以估计为：

$$\text{Sim}(Q, R_1) \geq e^{-D(q_1, p_1)} + e^{-D(q_2, p_2)} \tag{4.9}$$

也就是说，查询集 Q 和 C 中的轨迹之间的相似度下界可以通过只考虑满足以下两个标准的点来计算：（1）是轨迹中 Q 的最近邻点；（2）属于 Q 的 λ-NN 点。

同样，如图 4.26b 所示，如果轨迹 $R_5 \notin C$（即它不包含 Q 的任何 λ-NN 点），则 R_5 和 Q 之间的相似度的上界应为

$$\text{Sim}(Q,R_1) = \text{e}^{-D(q_1,R_5)} + \text{e}^{-D(q_2,R_5)} + \text{e}^{-D(q_3,R_5)} \leqslant \text{e}^{-r_1} + \text{e}^{-r_2} + \text{e}^{-r_3} \qquad (4.10)$$

如果我们能找到 k 个轨迹（从 C 中），其下界不小于所有未扫描轨迹的相似度上界，那么这 k 个最佳连接轨迹必须包含在 C 中。然后，我们可以计算 Q 和 C 中每个轨迹之间的精确相似度，选择最相似的前 k 个轨迹。否则，我们逐渐增加 λ，将更多的轨迹包含到 C 中，并重复计算相似度的下界和上界，直到我们找到最相似的前 k 个轨迹。

4.4.3.5　路径查询算法

在响应这类查询之前，需要使用地图匹配算法将轨迹转换成道路段序列。也就是说，轨迹 Tr 由 $r_1 \rightarrow r_2 \rightarrow r_3$ 表示。之后，有两种方法可以响应路径查询。

一种直接的方法是为每个道路段建立一个倒排索引，记录通过该道路段的移动对象的 ID（和时间）。要进行路径（和时间间隔）查询时，首先分别检索通过路径中每个道路段的移动对象。一些在给定时间间隔内没有在道路段上行驶的移动对象可以过滤掉。由于移动对象可能通过一个路径中的多个道路段，它的 ID 在这些段中会被重复记录。因此，通过联合操作将每个道路段检索到的移动对象 ID 归并在一起。当路径较长时（即路径中包含的道路段数量较大时），联合操作可能不会非常高效。

为了解决这个问题，提出了另一种方法，称为基于后缀树的索引结构[33,41]。如图 4.27 所示，四条轨迹 Tr_1，Tr_2，Tr_3 和 Tr_4 穿过了一个道路网络。在地图匹配过程之后，轨迹被转换成道路段的序列（如 $\text{Tr}_1 : r_1 \rightarrow r_2 \rightarrow r_6$）。将每条轨迹视为一个字符串，每个道路段视为一个字符，我们可以为这四条轨迹建立一个后缀树。在这里，索引树中的每个节点代表一个道路段，树上的每条路径对应于道路网络中的一条路线。每个节点存储穿过从根节点到自己的路径的轨迹的 ID 和行驶时间。例如，$t_{r_1 \rightarrow r_2 \rightarrow r_3}$ 表示穿过路径 $r_1 \rightarrow r_2 \rightarrow r_3$ 的时间。为了找到任何存在的路径，后缀树[25]会找到字符串（即地图匹配的轨迹）的所有后缀，并将它们插入树中。例如，$r_1 \rightarrow r_2 \rightarrow r_6$ 的后缀由 r_6 和 $r_2 \rightarrow r_6$ 组成。为了减少索引的大小，轨迹上的点（如 p_1 和 p_2）不会存储在树中。

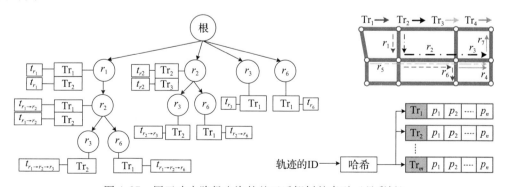

图 4.27　用于响应路径查询的基于后缀树的索引（见彩插）

在搜索过程中，我们可以在满足如下条件的后缀树中轻松找到查询路径：从根节点开始，到表示查询路径最后一个道路段的节点结束。然后，我们可以从结束节点中检索轨迹的 ID 和对应的行驶时间。基于轨迹的 ID，我们可以通过哈希表（如图 4.27 右下部分所示）检索它的点。如果没有任何轨迹通过给定的路径查询，那么这条路径在后缀树中不存在。

后缀树易于构建且能有效用于响应路径查询。然而，它的体积是它将要管理的原始轨迹体积的几倍。随着轨迹数量的增加，索引的大小会迅速增长，因此可能无法存储在计算机的内存中。这样的索引只适用于管理在短时间（如最近的时间间隔）内生成的轨迹。使用这样的索引结构来管理长时间跨度的轨迹数据，需要复杂的索引设计和使用云计算。

4.5　管理多个数据集的混合索引

4.5.1　查询和动机

本节讨论了可以同时管理不同领域多个数据集的索引结构。研究这类混合索引的动机有两点。

首先，我们通常需要探索不同类型数据集之间的相关性。例如，给定三个由天气、交通状况和空气质量数据组成的数据集，我们发现了以下相关性模式：当某个区域出现雾天且交通流量拥堵时，该区域的空气质量往往不健康。这些相关性模式对于诊断空气污染的根本原因非常有价值。为了发现这些模式，我们需要发出许多时空范围查询，这些查询可以在空间距离和时间跨度内找到不同类型数据的同时出现。如图 4.28 所示，不同形状代表不同类型的数据，我们发现正方形总是出现在距离三角形为 d 的空间内。此外，它们的出现之间的时间跨度小于 t。我们称它们在空间距离 d 和时间跨度 t 内同时出现。这样的查询需要在不同数据集之间进行搜索，例如使用每个正方形实例作为查询分别在 (d,t) 内搜索三角形和圆形的对象。同样，我们还需要使用每个圆形实例作为查询在 (d,t) 内搜索正方形和三角形。

图 4.28　多个数据集上的查询

如果没有混合索引，这样的搜索过程会非常耗时，有时甚至会出现重复。如果存在一个显示不同类型数据集之间高级关系的混合索引，我们可以减少许多不必要的查询过程。例如，如果我们知道在正方形对象 s_1 所在的区域周围没有圆形对象，我们可以避免使用 s_1 作为查询点来搜索圆形对象。此外，一个好的混合索引甚至可以让我们避免对一组对象（如 s_1 和 s_2）的搜索。或者，我们可以保证一组正方形对象位于另一组对象（如三角形）的 (d,t) 范围内，而无须进一步检查。

其次，一个对象可能会生成多个数据集或与多个数据集相关联，而我们对不同数据集的对象可能会使用不同的查询标准。例如，一家餐馆与一个地理位置和一些文本信息（比如菜单和用户评论）相关联。用户想要搜索距离他们最近的提供龙虾的餐馆。这个查询涉及餐馆的位置和文本信息，旨在对给定查询点附近的餐馆进行排名，并返回前 k 个结果。如果没有混合索引，完成这个查询的一个直接方法是首先找到所有文本信息中包含"龙虾"的餐馆，然后从这些餐馆中搜索距离查询点最近的。这个搜索过程显然效率不高。如果想要找到提供龙虾并且每人平均消费低于 40 美元的餐馆，搜索过程将变得更加耗时。解决这个问题的研究被称为空间关键词研究[10,13,17]，它专注于在混合索引中整合空间/时空信息与文本信息，以减少搜索工作量。在以下几节中，我们将分别讨论前述两个查询。

4.5.2　空间关键词

图 4.29 展示了空间关键词代表性研究的演变。横轴表示提出方法的年份，虚线框内的方法在同一出版物中提出。一般来说，研究的发展可以分为三个阶段：（1）具有预先指定的地理区域和布尔关键字查询的空间关键词搜索；（2）考虑距离和语义相关性，根据聚合分数排名的前 k 个空间关键词的搜索；（3）轨迹上的空间关键词。

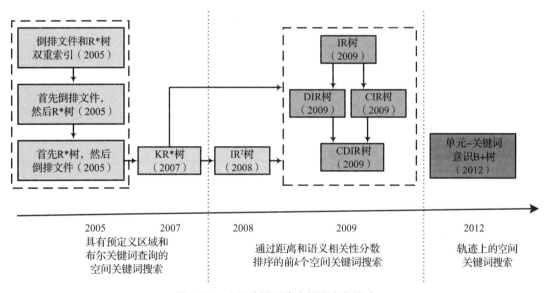

图 4.29　空间关键词代表性研究的演变

4.5.2.1　分离搜索方法

这类研究旨在检索预定空间区域内与一个或多个查询关键词（布尔查询）相关的文档，每篇文档都与一个空间位置相关联。例如，用户对餐厅的评论可以被视为一篇文档。同样，带有地理标签的社会媒体，如推文和文章，也与一个位置相关联。

Zhou 等人[50]提出了三种将空间索引和文本索引集成在一起的方案。如图 4.30 所示，第一种方案分别在位置和文本信息上构建两个独立的索引，它使用一个 R^* 树来组织文档的位置。同时，它创建了一个倒排列表，以维护关键词和包含该关键词的文档之间的关系。为了完成具有一个地理区域和几个关键词的空间关键词查询，该方案在 R^* 树中搜索给定空间区域内的文档，并在倒排列表中搜索包含给定关键词的文档。然后，通过联合操作将从两个索引中检索到的文档归并为最终结果。考虑到基于一个特征获得的候选集可能非常庞大，这种方法在实践中很少使用。

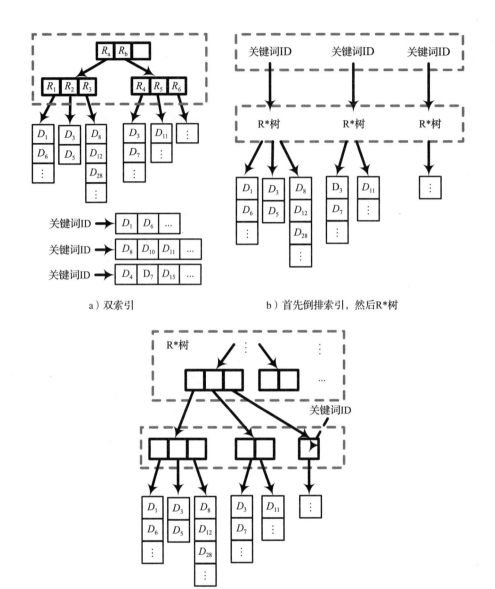

a）双索引

b）首先倒排索引，然后R*树

c）首先R*树，然后倒排索引

图 4.30　空间关键词研究第一阶段的三个方案

为了解决这个问题，如图 4.30b 所示，第二种方案建议在文本描述包含关键词的空间对象上为每个不同的关键词构建一个 R* 树。给定一个具有一组关键词和特定空间范围的空间关键词查询，使用每个查询关键词对应的 R* 树来过滤查询的空间部分。根据指定的布尔关系，可以通过归并多个 R* 树中的对象 ID 来获得最终的答案集。然而，该索引没有利用关键词之间的空间相关性。当查询关键词在地理空间中密切相关时，这种方法会因访问不同的 R* 树而付出额外的磁盘成本，并在随后的归并过程中产生高昂的开销。当一个查询包含多个关键词时，搜索和归并结果的成本会变得很高。此外，为每个不同的关键词构建一个单独的 R* 树需要大量的存储空间。

与第二种方案不同，如图 4.30c 所示，第三种方案首先为所有对象构建一个 R* 树，而不考虑文本信息。然后，它为出现在树的每个叶节点中的关键词创建一个倒排列表文件。该倒排文件索引中的每个关键词都指向对象 ID 的列表，对象 ID 的文本信息包含关键词。当发出查询时，首先基于 R* 树检索与查询矩形相交的一组叶节点。然后，我们使用这些节点的倒排文件索引来找到满足查询关键词的对象。由于叶节点中的对象通常较少，因此叶节点的倒排文件索引通常较小，这种方法加快了关键词过滤过程。然而，当一个查询覆盖了地理空间中的大面积区域时，需对检索到的许多候选词进行进一步的关键词过滤，这很耗时。

为了更好地利用地理空间中关键词的关联，Hariharan 提出了一个 KR* 树[17]从两个方面着手加强了 Zhou 等人的研究。首先，KR* 树不是分别按文本和空间过滤对象，也不是一个接一个地过滤对象，而是同时通过空间和文本过滤对象。其次，KR* 树利用了关键词的联合分布，而不是归并多个关键词的独立结果。如图 4.31 所示，该方法使用 KR* 树列表来扩充 R* 树，该列表存储关键词所在的节点 ID（而不是对象 ID）。由于节点数量远小于对象数量，因此索引的大小已显著减小。在查询时，基于 KR* 树的算法找到与查询区域在空间上相交的节点，并检查 KR* 树列表中是否包含查询关键词。如果关键词列表中没有出现节点 ID，则搜索可以在此节点停止，不再需要搜索其子节点。

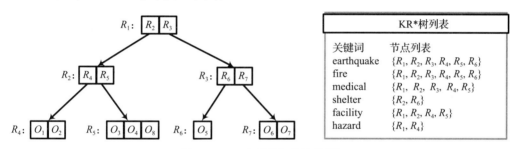

图 4.31　KR* 树的部分结构[14]

4.5.2.2　聚合相关性

这类研究旨在根据同时考虑距离和关键词相关性的指标检索前 k 个对象。它通常被设计为函数 $f(\text{dist}, \text{key})$，以加权方式聚合到查询点的距离以及查询关键词与对象文本信息之间的相关性。

IR^2 树（信息检索 R 树）[13]在每个 R 树节点上增加了一个特定的签名文件，如图 4.32 所示。每个关键词由一个 m 位的向量（即签名）表示。每个节点都有一个签名，该签名叠加了其子节点的签名（即进行了二进制 OR 操作）。

例如，如图 4.32 所示，每个关键词由一个 16 位向量表示。叶节点 R_4 包含两个对象：O_1 和 O_2。与 O_1 关联的关键词通过 OR 操作聚合成一个两字节的签名 $s_1 = <10001011\ 00000010>$。同样，$O_2$ 的签名由另一个两字节向量 $s_2 = <00001110\ 00100011>$ 表示。然后，内部节点 R_2 的两个字节签名是 O_1 和 O_3 签名的二进制 OR 结果。在查询时，查询关键词由一个 m 位向量表示，使用与编码对象关键词相同的方式，然后通过二进制 OR 操作将它们叠加到一个单个签名上。从根节点开始，搜索算法对查询 q 与每个节点的签名 s 匹配，检查是否满足 $q = q\&s$ 的条件。如果条件不成立，查询就不能包含在该节点及其子节点中。例如，一个查询由 $q = <10000011$ 10000110>表示。显然，由于 R_3 的第三位是 0，所以 R_3 不可能包含查询。因此，在随后的搜索过程中，我们可以修剪 R_3 及其子节点。最后，我们发现 O_3 的签名满足条件，因此它可能包含查询关键词。在检查与 O_3 关联的每个关键词后，我们将确定 O_3 是否真正包含查询关键词。

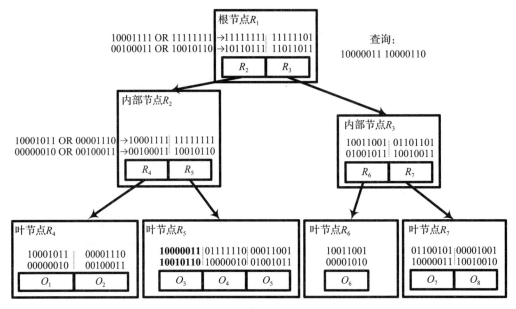

图 4.32　IR^2 树的部分结构

为了处理查询关键词在多个对象中分别出现（但没有任何一个对象包含整个关键词集合）的情况，我们需要将每个查询关键词转换为一个 m 位向量，并单独与 IR^2 树进行匹配。一个节点可能包含的关键词数量可以用作优先级评分，以指导搜索策略。例如，对于一个包含三个关键词的查询，我们发现 R_4 可能包含一个，而 R_5 可能包含两个。在搜索过程中，我们将首先检查 R_5。优先级还可以与对象和查询之间的距离（空间距离）结合使用，以对最终的搜索结果进行排序。然而，IR^2 树不考虑关键词在对象文本信息中出现的频率。对象对查询的相关性仅基于关键词在对象文本信息中的二进制出现。直观上，查询关键词在对象文本信息中出现的频率越高，这个对象对查询的相关性可能就越大。

为了解决这个问题，Cong 等人[10]提出了 IR 树（倒排文件 R 树），它不是用签名文件而是用倒排文件来增强每个节点。如图 4.33 所示，每个叶节点由一些对象组成（如对象 O_1 和 O_2 属于叶节点 R_4），每个对象的文本信息被视为一个文档。一个叶节点的倒排文件由包含不同术语的词汇表和它们在（叶节点包含的）文档中的相应发帖列表组成。术语 t 的发帖列表是<d, $w_{d,t}$>对的序列，其中 d 是包含 t 的文档，$w_{d,t}$ 是 t 在 d 中的权重。常用的术语加权方法，如 TF 或 TF-IDF，可以在这里采用。如图 4.33 所示，单词 "Chinese" 在 O_1 的文本信息中出现了 3 次，在 O_2 的文本信息中出现了 5 次。对于像 R_2 这样的非叶节点，它由两个叶节点 R_4 和 R_5 组成，它的文档是其子节点文档的聚合。一个术语的权重是其子节点文档中最大的 $w_{d,t}$。例如，

对象 O_1 和 O_2 的文档被归并为一个表示 R_4 的虚拟文档。在 R_4 的文档中，单词"Chinese"被认为出现了 5 次，因为 5 是在其两个子节点的文档中出现该单词的最大次数。

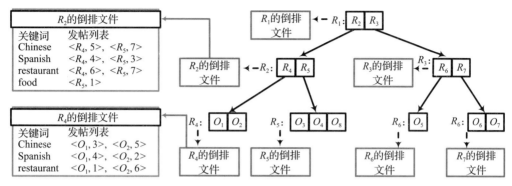

图 4.33　IR 树的部分结构

前述的倒排文件被用于估计查询与节点中包含的对象之间的相关性。一个对象对查询越相关，它们之间的文本距离就越小。结合查询与对象之间的地理距离，这些倒排文件通过一种聚合函数 $f(\text{dist}, \text{key})$ 为每个节点导出一个空间-文本距离。

IR 树使用最佳优先遍历算法来检索前 k 个最近的对象，用一个优先队列跟踪尚未访问的节点和对象。在每次迭代中，算法从队列中选取具有最小空间-文本距离的节点进行访问。给定一个查询 q 和一个 IR 树中的节点 R，所谓的最小空间-文本距离提供了一个实际空间-文本距离的下界，这个距离是 q 与节点 R 矩形内的对象之间的距离。如果下界大于已经检索到的第 k 个最近候选对象（到 q 的距离），则可以修剪 R 中的所有对象而无须进一步检查。当找到 k 个最近的对象时，检索终止。

IR 树的一个变体是 CIR 树（簇增强的 IR 树）。CIR 树的主要思想是根据对象对应的文档将对象聚类成簇。与为每个节点构建单个虚拟文档不同，CIR 树为每个节点中的每个簇构建一个虚拟文档。由于同一簇内的对象比簇之间的对象更相似，因此使用节点中的簇估算的边界将比整个节点的边界更紧密，从而进一步改善了查询性能。

Sun 等人[34]提出了 k 最近邻时间聚合（kNNTA）查询。给定一个查询点和时间间隔，它返回具有最小加权和的前 k 个位置，其中加权项包括：（1）到查询点的空间距离；（2）在时间间隔内对某个属性的时空聚合，例如找到附近的一个在过去一小时内参观人数最多的俱乐部。这类查询在基于位置的社交网络、基于位置的移动广告和社会活动推荐等新兴应用中有着广泛的应用。然而，由于数据量和查询量巨大以及应用的高度动态性，有效地完成这类查询是非常具有挑战性的。

为了应对这个挑战，提出了一种名为 TAR 树的索引，它通过将 R 树与时间索引相结合来组织位置。如图 4.34 所示，TAR 树首先根据空间位置将对象组织成基于 R 树的节点。TAR 树的每个节点包含几个元素，每个元素都与一个 MBR 和一个指向时间索引的指针相关联。时间索引存储每个时间段的非零聚合值，并将每条记录保存为三元组 $<t_s, t_e, \text{agg}>$，其中 t_s 是时间段的开始时间，t_e 是结束时间，agg 是在该时间段内的聚合值（如访问某个 POI 的人数）。叶节点元素的时间索引存储其所包含 POI 的时间聚合。非叶节点元素（也称为内部元素）的时间索引存储其每个时间段内子节点的最大聚合值。例如，c、g 和 b 是包含在一个叶节点中的元素。它们的时间聚合如下：

$$c:<t_0,t_1,2>,<t_1,t_2,2>,\text{and}<t_2,*,2>$$

$$g:<t_0,t_1,2>,<t_1,t_2,3>,\text{and}<t_2,*,1>$$

$$b:<t_0,t_1,1>,\text{and}<t_2,*,1>$$

R_2 是一个内部元素，由一个 MBR 和三个叶元素 c、g 和 b 组成。它的时间聚合是：

$$<t_0,t_1,\max(2,2,1)>,<t_1,t_2,\max(2,3)>,<t_2,*,\max(2,1,1)>$$

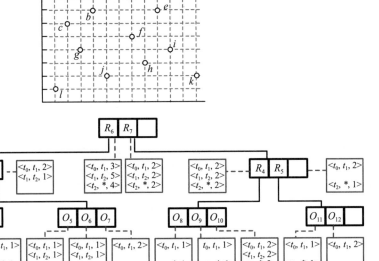

图 4.34　TAR 树的部分结构

任何时间索引结构（如 B+树）都可以用来实现时间聚合索引。例如，我们可以通过等长的时间段来分割时间，计算每个时间段的聚合值，然后使用 B+树对这些三元组进行索引。当一个时间间隔查询 I 到来时，我们可以快速检索与 I 相交的时间段，然后对这些时间段的聚合值进行求和。

最佳优先搜索（BFS）[18]可用于查询处理，其分为三步。

首先，将根节点中的元素插入优先级队列中，其中优先级由元素的得分 $f(p)$ 决定。得分越低，优先级越高。得分定义为：

$$f(p)=\alpha\cdot\text{dist}(q,p)+(1-\alpha)\cdot(1-g(I)) \tag{4.11}$$

其中 $0<\alpha<1$ 是一个权重，用于归并查询点与 POI 之间的距离 $\text{dist}(q,p)$ 以及时间段 I 覆盖的时间聚合。例如，如图 4.33 所示，在从 t_0 到现在的时段内，元素 f 的 $g(I)$ 是 $3+5+4=12$，而元素 g 的 $g(I)$ 是 $2+3+1=6$。为了确保 $f(p)$ 的值在 $[0,1]$ 之间，通过最大化 POI 与查询点之间的距离来归一化 $\text{dist}(q,p)$（即 $\text{dist}(q,p)/\max\text{Dist}$）。同样，通过最大化所有点的时间聚合来归一化 $g(I)$（即 $g(I)/\max g(I)$）。在这个例子中，元素 f 的 $g(I)=12$ 是最大的。因此，归一

化后，元素 g 的 $g(I)$ 变为 $6/12 = 0.5$。

其次，优先队列中的前一个元素被弹出。如果该元素是叶元素，则其中包含的 POI 被添加到结果列表中，否则它的每个子元素都被插入队列中。

再次，重复上一步，直到获得 k 个 POI 为止。

4.5.2.3 轨迹上的空间关键词

前述的混合索引基本适用于具有地理空间位置和文本描述的静态对象的空间关键词查询。Cong 等人[11]将问题扩展到轨迹。给定一个包含文本描述的轨迹数据集，用户可能希望检索一组覆盖多个查询关键词且与查询位置具有最短匹配距离的轨迹。匹配距离通过两项之和来衡量：覆盖所有查询关键词的子轨迹的长度以及从查询位置到子轨迹起始位置的距离。

他们提出了单元关键词-意识 B+树来服务这样的查询，它由两个单独的组件组成。第一个组件用于定位靠近查询位置并包含所有关键词的轨迹的 ID。该组件包含两个独立的索引结构，它们使用四叉树来划分空间空间，然后构建 B+树来索引轨迹及其文本描述。第二个组件计算从所选轨迹到查询 q 的最小匹配距离。通过迭代执行范围查询，并逐步扩大搜索区域，检索到与 q 具有最小距离的前 k 个轨迹。

4.5.3 管理多个数据集的索引

不同的城市现象，例如交通状况、环境、人类行为和经济之间存在内在联系。有时，这些联系是不可见的，但可以通过这些现象生成的数据集之间的相关性揭示出来。例如，当湿度在 $[70, 90]$ 之间时，空气质量通常在 $[150, 200]$ 之间。当一个地区的平均行驶速度低于 $20km/h$ 时，NO_2 的浓度很可能会超过 $0.03\mu g/m^3$。当一周内围绕咖啡店的用户签到次数超过一千次且 POI 的密度超过 100 个/km^2 时，该店每周的收入将超过一万美元。这样的相关性模式揭示了可以解释复杂城市现象的元素，并可以作为诊断问题根本原因的输入。

为了发现多个数据集之间的相关性模式，我们首先需要定义两个数据集的共同出现。然后，我们可以计算共同出现的频率。然而，由于数据集是由不同的来源独立生成的，因此没有像"啤酒"和"尿布"在同一个交易记录中一起购买这样的清晰交易，这种交易自然包含来自两个不同数据集的实例。我们需要使用空间距离阈值 δ 和时间间隔阈值 t 来定义共同出现。如果两个实例分别来自两个数据集，且它们之间的空间距离小于 δ，时间间隔小于 t，那么它们被视为共同出现。计算两个数据集的共同出现需要进行许多次时空搜索，这是非常耗时的。

如图 4.35a 所示，有三个由不同形状表示的数据集：菱形（c_1）、圆形（c_2）和正方形（c_3）。一种计算（c_1 和 c_2）共同出现次数的简单方法是使用 c_1 的每个实例作为时空查询点，在 c_2 中搜索位于查询点的阈值 δ 和 t 之内的实例。当数据集非常大时，不可能在合理的时间间隔内实现这个目标。另一种直接的方法是为所有数据集构建基于网格的空间索引，每个网格存储落在该网格内的所有实例。理想情况下，索引可以在完成时空范围查询时显著减小搜索空间。然而，当数据集非常大时，我们无法将如此大的索引结构存储在单个机器的内存中。实际上，一个大的数据集会被分割成许多部分，这些部分分别由云计算平台中的多台机器或节点存储。如果没有数据集的概览，我们需要将每个查询发送到所有机器进行处理。这不仅浪费计算资源，还会在机器之间产生沉重的通信负载。

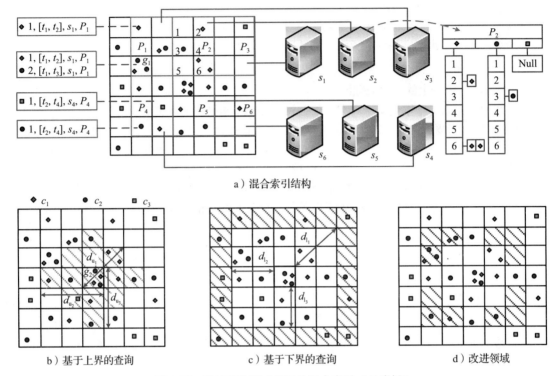

图 4.35 跨域相关模式挖掘的混合索引（见彩插）

为了解决这个问题，我们设计了一个双层混合索引，以有效地管理多个数据集。如图 4.35a 所示，为了简化，我们使用基于网格的索引作为例子，将空间划分为均匀的分区，每个分区进一步划分为均匀的网格。

索引的第一层仅存储每个网格的高级信息，包括每个数据集中实例的数量、这些实例生成的时间范围，以及存储详细实例的服务器和分区 ID。因此，第一层索引很小，可以存储在单个机器的内存中，例如 Azure Storm 中的 spout 节点。如图 4.35a 左部分所示，网格 g_1 包含来自 c_1 的在时间间隔 $[t_1, t_2]$ 生成的一个实例，以及来自 c_2 的在 $[t_1, t_3]$ 生成的两个实例。这三个实例存储在机器 s_1 和分区 P_1 中。

索引的第二层存储每个分区中每个实例的详细信息。一台机器（或云计算平台中的节点）可以存储一个或多个分区。在这个例子中，每个分区存储在一台机器上。例如，由六个网格组成的分区 P_2 存储在机器 s_2 的内存中。有六个列表分别保存属于 P_2 的六个网格中出现的实例的详细信息。例如，网格 2 中有一个菱形，网格 6 中有两个。由于分区 P_2 中没有出现正方形，列表可以为空。由于第二层索引只存储一个或多个分区的详细信息，它不会太大，因此可以存储在机器的内存中。

混合索引结构的第一层使得快速修剪搜索空间成为可能。例如，如图 4.35b 所示，给定网格 g_2 中的两个圆形和一个距离阈值 δ，我们可以快速找到一组网格（其实例与两个圆的距离在 δ 之内），而无须计算每个圆与其他数据集中每个实例之间的距离。d_{u_1}、d_{u_2} 和 d_{u_3} 分别是网格 g_2 中实例与其他网格中实例之间距离的上界。如果 $d_{u_1} \le \delta$、$d_{u_2} \le \delta$ 和 $d_{u_3} \le \delta$，那么落在阴影网格中的所有实例与两个圆的距离都小于 δ。因此，我们只须简单地将这些阴影网格的第一层索引中不同数据集的实例数量相加即可。

同样，我们可以推导出网格 g_2 中实例与其他网格中实例之间距离的下界（即 d_{l_1}、d_{l_2} 和 d_{l_3}）。如图 4.35c 所示，如果 $d_{l_1}>\delta$、$d_{l_2}>\delta$ 和 $d_{l_3}>\delta$，那么阴影网格中的所有实例与 g_2 中两个圆的距离都大于 δ。因此，对这些（以及更远的）网格，可以在不逐一检查它们中实例的情况下修剪它们。

通过结合图 4.35b 和图 4.35c 中的两个阴影区域，我们只需要彻底检查图 4.35d 所示的阴影网格。通过检查第一层索引，我们发现只有三个网格包含另一个数据集的实例（即菱形）。这三个网格属于分区 P_1 和 P_4，分别存储在机器 s_1 和 s_4 上。因此，我们只需要将两个圆圈作为查询发送到 s_1 和 s_4，其他机器将不会参与查询。这减少了许多机器之间不必要的通信，这是分布式计算系统中的主要成本来源之一。

因此，两层混合索引的优点有两点：

1. 第一层索引导出了上界和下界，显著减小了搜索空间，使得查询和修剪实例可以成组进行。这减少了许多不必要的查询过程，也减少了机器之间的通信，例如 Azure Storm 中的 spout 和 bolt 节点之间的通信。后者通常是分布式计算系统中的瓶颈。

2. 两层索引允许我们将数据集的摘要和详细信息加载到不同机器的内存中，从而显著加快搜索过程。这种带有网格和分区的索引结构可以轻松地应用于并行计算框架中。

4.6　总结

本章介绍了空间数据的索引和检索算法。从建立索引、服务时空范围查询、服务最近邻查询和更新索引四个角度介绍了四种广泛使用的索引结构，包括基于网格的索引、基于四叉树的索引、k-d 树和 R 树。比较了这些索引结构的优缺点。

接着介绍了管理时空数据的技术，包括移动对象数据库和轨迹数据管理。前者更多关注在（通常是最近）时间戳上移动对象的具体位置。后者关注的是在给定时间间隔内移动对象穿过的连续运动轨迹（如路径）。

关于移动对象数据库，本章介绍了三种类型的查询，并介绍了两种索引方法。一种索引方法如历史 R 树（HR 树）、HR+树和多版本 R 树（MVR 树），在每个时间戳上构建一个空间索引，并在连续的时间间隔内重用索引中未变化的子结构。另一种索引方法如 3D R 树，将时间视为第三个维度，将空间索引结构从管理二维空间数据扩展到三维时空数据。

关于轨迹数据管理，有三种主要类型的查询：范围查询、KNN 查询和路径查询。其他高级查询可以从这三个基本查询的组合中派生出来。还介绍了为轨迹数据设计的不同距离度量。

最后，我们介绍了用于管理多个数据集的混合索引结构。已经引入了许多数据管理技术来处理空间关键词查询，这些查询同时关注位置和文本。

我们还提出了一种先进的两层混合索引结构，用于挖掘三种类型数据集之间的相关性模式。这种两层索引结构显著减少了机器的计算负担和机器间的通信负载，它使用网格之间的上界和下界距离以及第一层中网格内实例的摘要。这种索引结构可以轻松地应用于分布式计算系统，有效地处理大规模数据集。

参考文献

[1] Agrawal, R., C. Faloutsos, and A. Swami. 1993. *Efficient Similarity Search in Sequence Databases*. Berlin: Springer, 69–84.

[2] Beckmann, N., H. P. Kriegel, R. Schneider, and B. Seeger. 1990. "The R*-tree: An Efficient and Robust Access Method for Points and Rectangles." In *Proceedings of the 1990 ACM SIGMOD International Conference on Management of Data*. New York: Association for Computing Machinery (ACM). doi:10.1145/93597.98741.

[3] Bentley, J. L. 1975. "Multidimensional Binary Search Trees Used for Associative Searching." *Communications of the ACM* 18 (9): 509. doi:10.1145/361002.361007.

[4] Biggs, Norman. 1993. *Algebraic Graph Theory*. 2nd edition. Cambridge: Cambridge University Press, 7.

[5] Brakatsoulas, S., D. Pfoser, and N. Tryfona. 2004. "Modeling, Storing and Mining Moving Object Databases." In *Database Engineering and Applications Symposium, 2004. IDEAS'04. Proceedings. International*. Washington, DC: Institute of Electrical and Electronics Engineers (IEEE) Computer Society Press, 68–77.

[6] Chakka, V. P., A. Everspaugh, and J. M. Patel. 2003. "Indexing Large Trajectory Data Sets with SETI." In *Proceedings of the Conference on Innovative Data Systems Research*. Asilomar, CA: Conference on Innovative Data Research.

[7] Chen, L., and R. Ng. 2004. "On the Marriage of Lp-Norms and Edit Distance." In *Proceedings of the 30th International Conference on Very Large Data Bases*. Burlington, MA: Morgan Kaufmann, 792–803.

[8] Chen, L., M. T. Özsu, and V. Oria. 2005. "Robust and Fast Similarity Search for Moving Object Trajectories." In *Proceedings of the 2005 ACM SIGMOD International Conference on Management of Data*. New York: ACM, 491–502.

[9] Chen, Z., H. T. Shen, X. Zhou, Y. Zheng, and X. Xie. 2010. "Searching Trajectories by Locations—An Efficient Study." In *Proceedings of the 29th ACM SIGMOD International Conference on Management of Data*. New York: ACM, 255–266.

[10] Cong, G., C. S. Jensen, and D. Wu. 2009. "Efficient Retrieval of the Top-k Most Relevant Spatial Web Objects." *PVLDB* 2 (1): 337–348.

[11] Cong, G., H. Lu, B. C. Ooi, D. Zhang, and M. Zhang. 2012. "Efficient Spatial Keyword Search in Trajectory Databases." Cornell University Library Computer Science Database (arXiv preprint arXiv:1205.2880).

[12] Cormen, Thomas H., Charles E. Leiserson, Ronald L. Rivest, and Clifford Stein. 2001. *Introduction to Algorithms*. 2nd edition. Cambridge, MA: MIT Press, 527–529.

[13] De Felipe, I., V. Hristidis, and N. Rishe. 2008. "Keyword Search on Spatial Databases." In *Proceedings of the 2008 IEEE 24th International Conference on Data Engineering*. Washington, DC: IEEE Computer Society Press, 656–665.

[14] Deng, K., K. Xie, K. Zheng, and X. Zhou. 2011. "Trajectory Indexing and Retrieval." In *Computing with Spatial Trajectories*, edited by Y. Zheng and X. Zhou, 35–60. Berlin: Springer.

[15] Ester, M., Hans-Peter Kriegel, Jörg Sander, and Xiaowei Xu. 1996. Evangelos Simoudis, Jiawei Han, Usama M. Fayyad, eds. "A Density-Based Algorithm for Discovering Clusters in Large Spatial Databases with Noise." In *Proceedings of the Second International Conference on Knowledge Discovery and Data Mining*. Menlo Park, CA: AAAI Press, 226–231.

[16] Guttman, A. 1984. "R-trees: A Dynamic Index Structure for Spatial Searching." *ACM SIGMOD Record* 14 (2): 47–57.

[17] Hariharan, R., B. Hore, C. Li, and S. Mehrotra. 2007. "Processing Spatial-Keyword (SK) Queries in Geographic Information Retrieval (GIR) Systems." In *Proceedings, 19th International Conference on Scientific and Statistical Database Management*. Washington, DC: IEEE Computer Society Press, 16.

[18] Hjaltason, G. R., and H. Samet. 1999. "Distance Browsing in Spatial Databases." *ACM Transactions on Database Systems* 24 (2): 265–318.

[19] Jeung, H., M. L. Yiu, and C. S. Jensen. 2011. "Trajectory Pattern Mining." In *Computing with Spatial Trajectories*, edited by Y. Zheng and X. Zhou. Berlin: Springer, 143–177.

[20] Knuth. 1998. §6.2.1 "Searching an ordered table." Subsection "Binary search."

[21] Kriegel, Hans-Peter, Peer Kröger, Jörg Sander, and Arthur Zimek. 2011. "Density-Based Clustering." *Wiley Interdisciplinary Reviews: Data Mining and Knowledge Discovery* 1, no. 3 (May): 231–240. doi:10.1002/widm.30.

[22] Lee, J. G., J. Han, and K. Y. Whang. 2007. "Trajectory Clustering: A Partition-and-Group Framework." In *Proceedings of the 2007 ACM SIGMOD International Conference on Management of Data*. New York: ACM, 593–604.

[23] Li, Z., M. Ji, J. G. Lee, L. A. Tang, Y. Yu, J. Han, and R. Kays. 2010. "MoveMine: Mining Moving Object Databases." In *Proceedings of the 2010 ACM SIGMOD International Conference on Management of Data*. New York: ACM, 1203–1206.

[24] Lou, Y., C. Zhang, Y. Zheng, X. Xie, W. Wang, and Y. Huang. 2009. "Map-Matching for Low-Sampling-Rate GPS Trajectories." In *Proceedings of the 17th ACM SIGSPATIAL International Conference on Advances in Geographic Information Systems*. New York: ACM, 352–361.

[25] McCreight, E. M. 1976. "A Space-Economical Suffix Tree Construction Algorithm." *Journal of the ACM* 23 (2): 262–272.

[26] Nascimento, M., and J. Silva. 1998. "Towards Historical R-Trees." In *Proceedings of the 1998 ACM Symposium on Applied Computing*. New York: ACM, 235–240.

[27] Navathe, Ramez Elmasri, and B. Shamkant. 2010. *Fundamentals of Database Systems*. 6th edition. Upper Saddle River, NJ: Pearson Education, 652–660.

[28] Pfoser, D., C. S. Jensen, and Y. Theodoridis. 2000. "Novel Approaches to the Indexing of Moving Object Trajectories." In *Proceedings of the International Conference on Very Large Data Bases*. Burlington, MA: Morgan Kaufmann, 395–406.

[29] Samet, H. 1984. "The Quad-Tree and Related Hierarchical Data Structures." *ACM Computing Surveys* 16 (2): 187–260.

[30] Sellis, T., N. Roussopoulos, and C. Faloutsos. 1987. "The R+-Tree: A Dynamic Index for Multi-Dimensional Objects." In *Proceedings of the 13th International Conference on Very Large Data Bases*. Burlington, MA: Morgan Kaufmann.

[31] Shekhar, S., and S. Chawla. 2003. *Spatial Databases: A Tour*. Upper Saddle River, NJ: Prentice Hall.

[32] Song, Z., and N. Roussopoulos. 2003. "SEB-Tree: An Approach to Index Continuously Moving Objects." In *Mobile Data Management*. Berlin: Springer.

[33] Song, R., W. Sun, B. Zheng, and Y. Zheng. 2014. "PRESS: A Novel Framework of Trajectory Compression in Road Networks." *Proceedings of the VLDB Endowment* 7 (9): 661–672.

[34] Sun, Y., J. Qi, Yu Zheng, and Rui Zhang. 2015. "K-nearest Neighbor Temporal Aggregate Queries." In *Proceedings of the 18th International Conference on Extending Database Technology*. Konstanz, Germany: Extending Database Technology.

[35] Tang, L. A., Y. Zheng, X. Xie, J. Yuan, X. Yu, and J. Han. 2011. "Retrieving k-nearest Neighboring Trajectories by a Set of Point Locations." In *Proceedings of the 12th Symposium on Spatial and Temporal Databases*. Berlin: Springer, 223–241.

[36] Tao, Y., and D. Papadias. 2001. "Efficient Historical R-trees." In *Proceedings of the 13th International Conference on Scientific and Statistical Database Management*. Washington, DC: IEEE Computer Society Press, 223–232.

[37] Tao, Y., and D. Papadias. 2001. "MV3R-tree: A Spatio-Temporal Access Method for Timestamp and Interval Queries." In *Proceedings of the 27th International Conference on Very Large Data Bases*. Burlington, MA: Morgan Kaufmann, 431–440.

[38] Tao, Y., D. Papadias, and Q. Shen. 2002. "Continuous Nearest Neighbour Search." In *Proceedings of the 28th International Conference on Very Large Data Bases*. Burlington, MA: Morgan Kaufmann, 287–298.

[39] Theodoridis, Y., M. Vazirgiannis, and T. Sellis. 1996. "Spatio-Temporal Indexing for Large Multimedia Applications." In *Proceedings of the 3rd IEEE Conference on Multimedia Computing and Systems*. Washington, DC: IEEE Computer Society Press, 441–448.

[40] Wang, L., Y. Zheng, X. Xie, and W. Y. Ma. 2008. "A Flexible Spatio-Temporal Indexing Scheme for Large-Scale GPS Track Retrieval." In *Proceedings of the Ninth International Conference on Mobile Data Management*. Washington, DC: IEEE Computer Society Press, 1–8.

[41] Wang, Y., Y. Zheng, and Y. Xue. 2014. "Travel Time Estimation of a Path Using Sparse Trajectories." In *Proceedings of the 20th ACM SIGKDD International Conference on Knowledge Discovery and Data Mining*. New York: ACM, 25–34.

[42] Willams, Louis F., Jr. 1975. "A Modification to the Half-Interval Search (Binary Search) Method." In *Proceedings of the 14th ACM Southeast Conference*. New York: ACM, 95–101. doi:10.1145/503561.503582.

[43] Wolfson, O., P. Sistla, B. Xu, J. Zhou, and S. Chamberlain. 1999. "DOMINO: Databases for Moving Objects Tracking." *ACM SIGMOD Record* 28 (2): 547–549.

[44] Wolfson, O., B. Xu, S. Chamberlain, and L. Jiang. 1998. "Moving Objects Databases: Issues

and Solutions." In *Proceedings of the Tenth International Conference on Scientific and Statistical Database Management*. Washington, DC: IEEE Computer Society Press, 111–122.

[45] Xu, X., J. Han, and W. Lu. 1990. "RT-Tree: An Improved R-tree Index Structure for Spatio-temporal Databases." In *Proceedings of the 4th International Symposium on Spatial Data Handling*. Berlin: Heidelberg, 1040–1049.

[46] Yi, B. K., H. Jagadish, and C. Faloutsos. 1998. "Efficient Retrieval of Similar Time Sequences under Time Warping." In *Proceedings of the 14th IEEE International Conference on Data Engineering*. Washington, DC: IEEE Computer Society Press, 201–208.

[47] Yuan, J., Y. Zheng, C. Zhang, X. Xie, and G. Z. Sun. 2010. "An Interactive-Voting Based Map Matching Algorithm." In *Proceedings of the 2010 Eleventh International Conference on Mobile Data Management*. Washington, DC: IEEE Computer Society Press, 43–52.

[48] Zheng, Y. 2015. "Trajectory Data Mining: An Overview." *ACM Transactions on Intelligent Systems and Technology* 6 (3): 29.

[49] Zheng, Y., and X. Zhou. 2011. *Computing with Spatial Trajectories*. Berlin: Springer.

[50] Zhou, Y., X. Xie, C. Wang, Y. Gong, and W. Y. Ma. 2005. "Hybrid Index Structures for Location-Based Web Search." In *Proceedings of the 14th ACM International Conference on Information and Knowledge Management*. New York: ACM, 155–162.

CHAPTER 5

第 5 章

云计算导论

摘要：有效地管理来自不同领域的大规模数据需要基础设施的支持。云计算平台为城市计算提供了良好的基础，以便管理和挖掘城市中不断生成的数据集。本章从以下三个角度概述了云计算的基本技术：存储、计算和应用。我们不描述每个组件的技术细节，而是关注技术通常是如何工作的以及如何用它们来解决问题。由于有许多云计算平台，如微软 Azure 和亚马逊网络服务，它们在类似功能上有不同的实现方式，所以我们选择微软 Azure 作为一个例子来展示云计算的功能。

5.1 引言

城市每秒钟接收来自不同领域的大量异构数据。然而，城市计算的应用通常需要在非常大的区域（如整个城市或数十万条道路）内提供即时响应（例如，预测交通状况和检测城市异常）。为了弥合接收到的数据与应用所需之间的差距，拥有一个强大的平台（例如，云计算平台）是至关重要的，数据可以在这个平台上得到有效的管理和挖掘。云计算对城市计算的主要贡献有三方面：存储大量异构数据、提供强大的计算环境以及提供稳定可扩展的外部服务。以下我们将使用微软 Azure 作为例子来展示这些贡献。

微软 Azure 是由微软创建的一个云计算平台和基础设施，用于通过微软管理的全球数据中心网络构建、部署和管理应用程序和服务[1-2]。它提供了六百多个弹性、可用和可扩展的服务。如图 5.1 所示，我们将微软 Azure 的组件分为三个类别（存储、计算和应用）。

1. 存储大量异构数据。云计算平台提供了多种存储机制，用于存储来自不同领域（如交通、社交媒体和气象学）的异构数据集。例如，微软 Azure 为结构化和非结构化数据存储提供了完整的解决方案，如图 5.1 底部的层次所示。SQL 数据库是基于微软 SQL Server 数据库引擎的云计算关系数据库服务，是存储结构化数据的理想选择，而 Azure 存储适合非结构化数据存储。还可以将数据存储在 Redis 缓存中，以实现高吞吐量和低延迟的数据访问。我们将在 5.2 节中进一步详细讨论这一点。

2. 提供强大的计算环境。例如，微软 Azure 支持不同的计算组件，如图 5.1 中间层次所示。虚拟机（VM）是一种按需、可扩展的计算资源，它给用户提供更多的对计算环境的控制。用户几乎可以在 Azure VM 上做任何事情，就像它是他们的个人计算机或高性能服务器一样。云服务可以运行高可用、可扩展的云应用程序和 API，作为一个标准的网络服务或背景服务，托管在 Azure VM 上。HDInsight 是微软 Azure 中的一个分布式计算组件，用于执行大规模数据预处理、管理和挖掘。常用的 Hadoop、Spark 和 Storm 都属于 Azure 中的 HDInsight。我们将在 5.3 节中进一步解释这部分内容。

图 5.1　微软 Azure 的框架

3. 提供稳定可扩展的外部服务。许多城市计算应用需要向众多用户交付可靠的服务，这些服务应该能够根据用户请求的动态流量灵活地扩展和缩小。这个问题曾经经常阻碍许多研究项目在现实世界中的部署。在微软 Azure 中，如图 5.1 顶部层次所示，Web 应用用于构建和托管网站和网络应用程序，而移动应用用于构建原生移动应用程序，API 应用使得在云中开发、托管和消费 API 变得更加容易。这些组件使我们能够将城市计算应用程序成功地部署并运行到最后。5.4 节将对此进行更多讨论。

5.2　存储

5.2.1　SQL 数据库

SQL 数据库[3]是存储关系和结构化数据到云端的最佳选择之一。它是一个基于微软 SQL Server 数据库引擎的关系数据库服务，能够处理任务关键型的工作负载。SQL 数据库在多个服务级别提供可预测的性能，动态扩展而无须停机，内置业务连续性和数据保护，且几乎不需要管理。这些能力使用户能够专注于快速应用开发，缩短产品的上市时间，而不是将宝贵的时间和资源用于管理虚拟机和基础设施。由于 SQL 数据库基于 SQL Server 引擎，因此支持现有的 SQL Server 工具、库和 API。用户也可以轻松地开发新解决方案，将现有的 SQL Server 解决方案迁移到云端，并扩展现有的 SQL Server 解决方案到微软云，而无须学习新技能。总之，用户使用 SQL 数据库的方式与他们使用普通 SQL Server 的方式相同。

图 5.2 展示了应用程序和工具通过逻辑架构连接到 Azure 中的 SQL 数据库的方式。首先，应用程序和工具可以通过开放数据库连接性（ODBC）和 ActiveX Data Objects. NET（ADO. NET）协议发起连接请求，这两种协议都支持表格数据流（TDS）协议。在建立传入连接之前，防火墙会检查源 IP 地址是否在允许的源列表中。如果源地址不在列表中，连接将被拒绝。否则，命令和请求将被智能路由到

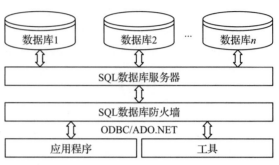

图 5.2　Azure 中 SQL 数据库的逻辑结构

实际运行 SQL 数据库服务器的后端基础设施，并最终建立连接。SQL 数据库逻辑服务器作为多个数据库的中心管理点。

SQL 数据库提供了三个服务层级，分别是基础（Basic）、标准（Standard）和高级（Premium），每个层级都有多个性能级别，以处理不同的工作负载。更高的性能级别提供更多的资源，旨在实现越来越高的吞吐量。用户可以在不停机的情况下动态更改服务层级和性能级别。基础、标准和高级服务层级都具有 99.99% 的可用性服务级别协议（SLA）、灵活的业务连续性选项、安全特性以及按小时计费功能。

设置 SQL 数据库的步骤有如下四步。

1. 在 Azure 门户或通过 Azure PowerShell 创建一个 SQL 数据库服务器。在此过程中，我们需要提供服务器名称、数据中心的位置（例如，美国西部）以及用于登录 SQL 数据库的用户名和密码。为了确保应用程序高效访问 SQL 数据库，建议将 SQL 数据库放置在应用程序所在的数据中心位置。

2. 在 Azure 门户或通过 Azure PowerShell 创建一个服务器级别的防火墙规则。默认情况下，只有那些托管在 Azure 中的客户端才能连接到 SQL 数据库。我们可以打开服务器上的 SQL 数据库防火墙，允许单个 IP 地址或一系列地址的连接。打开防火墙后，SQL 管理员和用户可以使用有效的凭据登录服务器上任何他们有权访问的数据库。

3. 管理 SQL 数据库。我们可以在 Azure 门户、通过 Azure PowerShell 或使用最新版本的 SQL Server Management Studio 创建、删除或缩放 SQL 数据库。当向服务器添加数据库时，我们需要创建一个数据库名称并选择一个定价层级。例如，我们可以在"东亚"数据中心的"标准"定价层级下创建一个名为 UAirDBv3 的数据库。

4. 访问 SQL 数据库。应用程序可以通过连接到本地 SQL 服务器来访问 SQL 数据库。有关在本地计算机上使用普通 SQL 服务器的更多详细信息，请参阅［4］。如果应用程序需要访问云端的 SQL 数据库，请确保将其 IP 地址添加到防火墙中。

示例如图 5.3 所示，dy8Injfo1r 是一个 SQL 数据库服务器，它有两个用户创建的数据库，分别是 UAirDBv3 和 UAirDBv3Pre。AirQuality 是 SQL 数据库 UAirDBv3Pre 中的一个表，包含一些属性，如"station_id""time""PM25_Concentration"等。有关 SQL 数据库的更多详细信息，请参阅［3］。

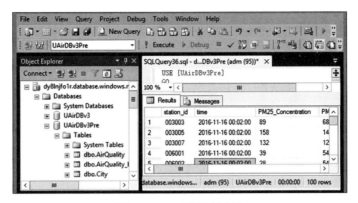

图 5.3 SQL 数据库示例

5.2.2 Azure 存储

Azure 存储[5]是一种适用于存储非结构化和半结构化数据的云存储服务。Azure 存储为依赖耐用性、可用性和可扩展性的现代应用程序提供了存储解决方案。它包含四个主要服务：blob（二进制大对象）存储、表存储、队列存储和文件存储。

blob 存储用于存储非结构化对象数据。blob 可以是任何类型的文本或二进制数据，例如文档、媒体文件或应用程序安装程序。blob 存储也被称为对象存储。

表存储用于存储结构化数据集，采用 NoSQL 键-属性的数据存储格式。它支持快速开发和快速访问大量数据。如果用户不关心数据之间的关系，它的价格比 SQL Server 便宜得多。

队列存储为工作流处理和云服务组件之间的通信提供了可靠的消息服务。

文件存储为使用标准服务器消息块（SMB）协议的遗留应用程序提供了共享存储。Azure VM、云服务以及本地应用程序可以通过挂载共享或代表性状态转移（REST）API 在应用程序组件之间共享文件。

要使用 Azure 存储，我们首先需要在 Azure 门户或通过 Azure PowerShell 创建一个 Azure 存储账户，以便访问 Azure 存储中的服务，并为存储资源提供唯一的命名空间。在创建存储账户时，我们需要提供一个账户名和一个数据中心位置（例如，美国西部）。图 5.4 显示了 Azure 存储资源之间的关系。我们将在之后小节中详细说明每个资源。

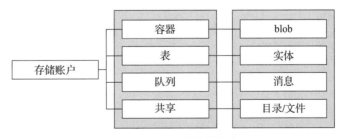

图 5.4 Azure 存储的概念

创建存储账户后，我们就可以使用 Microsoft Azure Storage Explorer[6]，这是一个强大的工具，有适用于 Windows、MacOS 和 Linux 的版本，以便轻松地处理 Azure 存储数据。

5.2.2.1 blob 存储

blob 是在 Azure 存储系统中作为单个实体存储的一组二进制数据。它可以存储任何类型的文本或二进制数据，如文档、媒体文件，甚至是应用程序可执行文件。图 5.5 展示了 blob 的分层结构示例。每个存储账户可以创建多个存储容器，每个容器都分组了一系列 blob。也就是说，blob文件需要存储在容器中。在这个例子中，Sally 是一个存储账户，分别创建了两个标题为图片和电影的容器。图片容器进一步由两个 blob 文件组成：IMG001.JPG 和 IMG002.JPG。请注意，blob服务基于平面存储方案（在容器中），在底层结构中没有目录的概念。但是，具有相同前缀的blob 在逻辑上可以被视为位于同一目录中。例如，电影容器中的 blob 名称 2017/MOV1.AVI 在逻辑上可以被视为（虚拟）目录 2017 中名为 MOV1.AVI 的 blob。

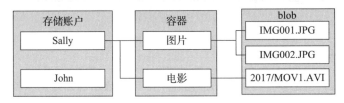

图 5.5 Azure 存储中 blob 文件的结构

blob 有三种类型：块 blob、追加 blob 和页 blob。

块 blob 非常适合存储文本或二进制文件，如文档和媒体文件，使我们能够高效地上传大型 blob。块 blob 由块组成，每个块都由一个块 ID 标识。块 ID 是 blob 内部长度相等的字符串。块客户端代码通常使用 base-64 编码将字符串标准化为相等长度。当使用 base-64 编码时，预编码字符串必须少于或等于 64 字节。块 ID 值可以在不同的 blob 中重复。我们通过编写一系列块并按它们的块 ID 提交来创建或修改块 blob。每个块可以有不同的大小，最大可达 100MB，一个块 blob 可以包含多达 50 000 个块。因此，块的最大大小略大于 4.75TB（100MB×50 000 个块）[7]。

我们可以通过插入、替换或删除现有块来修改现有的块 blob。在上传一个或多个已更改的块后，我们可以通过将新块与需要保留的现有块一起提交来提交 blob 的新版本。对于任何提交操作，如果有块未找到，则整个提交操作将失败并带有错误，blob 不会被修改。块提交会覆盖 blob 的现有属性和元数据，并丢弃所有未提交的块。

如果我们为不存在的 blob 编写一个块，将会创建一个新的块 blob，其长度为零字节。这个 blob 将会出现在包括未提交 blob 的 blob 列表中。如果我们没有向这个 blob 提交任何块，它以及它的未提交块将在最后一次成功块上传一周后被丢弃。当使用单步（而不是两步的块上传-提交）过程创建具有相同名称的新 blob 时，所有未提交的块也会被丢弃。

追加 blob 也是由块组成的，但它们针对追加操作进行了优化，这使得它们适用于日志记录场景。例如，它们可以用于存储移动对象的轨迹数据，其中最近接收到的点总是被追加到文件的末尾。当我们修改追加 blob 时，块只被添加到 blob 的末尾。不支持更新或删除现有块。与块 blob 不同，追加 blob 不会暴露其块 ID。每个追加 blob 中的块可以有不同的大小，最大可达 4MB，一个追加 blob 可以包含多达 50 000 个块。因此，追加 blob 的最大大小略大于 195GB（4MB×50 000 个块）[7]。

页 blob 对于频繁的读取或写入操作更为高效。每个页 blob 由 512 字节的页组成，被 Azure

VM 用作操作系统（OS）和数据磁盘。在创建页 blob 时，我们初始化页 blob 并指定页 blob 能增长到的最大大小。为添加或更新页 blob 的内容，我们可以指定与 512 字节页边界对齐的偏移量和范围来写入一个页或多个页。对页 blob 的写入可以只是覆盖一个页、一些页，或者最多 4MB 的页 blob。对页 blob 的写入就地发生，并且立即提交到 blob。页 blob 的最大大小为 1TB。

创建 blob 时需要指定 blob 类型。一旦创建了 blob，就无法更改其类型，并且只能通过使用适合该 blob 类型的操作（即将块或块列表写入块 blob、将块追加到追加 blob 以及将页面写入页 blob）来更新该 blob。存储账户可以创建的文件或容器数量没有限制，但存储账户的总大小不能超过 500TB[8]。

举个例子，我们使用微软 Azure Storage Explorer 将图片上传到 Azure。如图 5.6 所示，我们首先在名为 stdatamanage 的存储账户下创建了一个名为 pictures 的容器。点击 Upload 按钮（用矩形标记）后，我们将看到一个弹出窗口，我们可以选择要上传的图片以及存储这些图片的 blob 类型（如这个例子中的块 blob）。选中的图片将被上传到 blob 容器中。

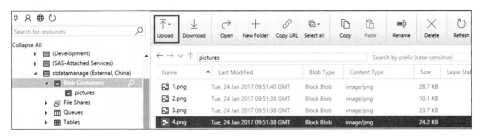

图 5.6　使用 blob 文件的示例

我们还可以通过编写程序来自动将文件上传到 Azure blob。在这个例子中，我们使用 C# 语言来展示一个包含四个步骤的上传过程。

1. 使用存储连接字符串连接到存储账户：

"CloudStorageAccount storageAccount = CloudStorageAccount. Parse（［StorageConnectionString］）;"

其中［StorageConnectionString］进一步由以下字段组成：

"DefaultEndpointsProtocol =［Protocol Type］;AccountName =［Account Name］;
AccountKey =［Storage Account Key］;EndpointSuffix =［Endpoint Suffix］"

其中［Protocol Type］是互联网上通信协议的名称（如 http 或 https），［Account Name］是存储账户的名称，［Endpoint Suffix］根据 Azure 的版本而有所不同（如 core. windows. net 和 core. chinacloudapi. cn 分别代表全球 Azure 和中国 Azure），［Storage Account Key］是用于访问存储账户的私钥。

2. 创建一个 blob 客户端，通过它可以管理存储账户中的 blob：

"CloudBlobClient blobClient = storageAccount. CreateCloudBlobClient（）;"

3. 检索对容器的引用，如果容器不存在，则创建该容器：

"CloudBlobContainer container = blobClient. GetContainerReference（［Container Name］）;
container. CreateIfNotExists（）;"

其中［Container Name］是要指定的容器的名称。

　4. 检索对 blob 的引用并将文件上传到它：

"CloudBlockBlob blob = container.GetBlockBlobReference（［Blob Name］）；

blob.UploadFromStream（［File Stream］）；"，

其中［Blob Name］是我们想要存储图片的 blob 的名称，［File Stream］是我们想要上传的文件的流。在这里我们选择块 blob。如果我们想要选择页 blob 和追加 blob，可以分别使用"container.GetPageBlobReference（［Blob Name］）"和"container.GetAppendBlobReference（［Blob Name］）"。关于 blob 存储的更多信息，请见参考文献［9］。

5.2.2.2　表存储

　　表存储是指在云端存储结构化 NoSQL 数据的服务，是一种没有模式设计的（即无模式的）关键属性存储。因为表存储是无模式的，所以随着应用程序需求的发展，很容易适应应用程序的数据。此外，对于类似的数据量，表存储的成本明显低于传统 SQL。图 5.7 描述了表服务的层次结构，包括以下组件：

- **存储账户**　存储账户是存储系统内的全局唯一实体。所有对 Azure 存储的访问都是通过存储账户完成的。每个存储账户可以创建无限数量的表，只要每个表都有唯一的名称。
- **表**　表是实体的集合。表不对实体强制执行模式（即单个表可以包含具有不同属性集的实体）。
- **实体**　实体是一组类似于数据库行的属性。实体的最大大小可达 1MB。表可以容纳的实体数量仅受存储账户容量的限制（即 500TB）[8]。在每一个表中，表实体由两个属性标识，分别是分区键和行键。具有相同分区键的实体存储在同一个分区中，这样可以更快地查询，并且可以以原子操作进行插入/更新。实体的行键是其在分区内的唯一标识符，分区键和行键共同唯一标识表中的每一个实体。
- **属性**　属性是名称-值对。每个实体可以包含最多 255 个属性来存储数据，包括三个系统属性，分别指定一个分区键、一个行键和一个时间戳。因此，除了三个系统属性，用户可以包括最多 252 个自定义属性。在每次插入、更新和删除操作中，我们必须包含分区键和行键属性。时间戳属性是一个日期时间值，由服务器端维护，以记录实体最后一次被修改的时间。

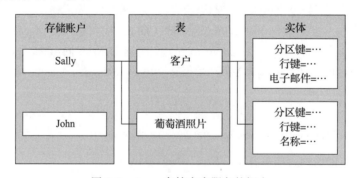

图 5.7　Azure 存储中表服务的概念

Azure 表是存储不需要复杂连接和外键的半结构化数据集的最佳方式。访问 Azure 表最有效的方式是点查询（即指定分区键和行键）。Azure 表也非常高效，可以完成对同一分区键内行键的范围查询。

例子如图 5.8 所示，我们使用表服务来存储由出租车生成的 GPS 轨迹。在这个例子中，我们根据每辆出租车的标识分别创建了一个表。出租车的记录存储在其自己的表中，每个实体对应一个 GPS 点记录。实体的分区键是记录生成所在的小时，行键是记录生成的确切时间戳。例如，"2017012422" 意味着记录是在 2017 年 1 月 24 日的 22:00 到 23:00 之间生成的，而 "20170124221023" 意味着记录是在 2017 年 1 月 24 日的 22:10:23 生成的。属性包括速度、行驶方向以及记录的纬度和经度坐标。

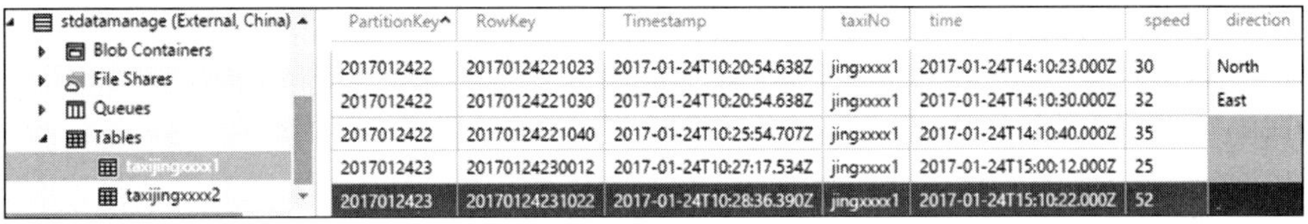

stdatamanage (External, China)	PartitionKey	RowKey	Timestamp	taxiNo	time	speed	direction
▶ Blob Containers	2017012422	20170124221023	2017-01-24T10:20:54.638Z	jingxxxx1	2017-01-24T14:10:23.000Z	30	North
▶ File Shares	2017012422	20170124221030	2017-01-24T10:20:54.638Z	jingxxxx1	2017-01-24T14:10:30.000Z	32	East
▶ Queues	2017012422	20170124221040	2017-01-24T10:25:54.707Z	jingxxxx1	2017-01-24T14:10:40.000Z	35	
▼ Tables	2017012423	20170124230012	2017-01-24T10:27:17.534Z	jingxxxx1	2017-01-24T15:00:12.000Z	25	
taxijingxxxx1	2017012423	20170124231022	2017-01-24T10:28:36.390Z	jingxxxx1	2017-01-24T15:10:22.000Z	52	
taxijingxxxx2							

图 5.8　表服务示例

当查询某辆出租车在给定时间戳的位置时，我们可以首先根据出租车的标识找到对应的表，并将查询时间转换为分区键和行键，然后可以根据分区键和行键检索实体。

当搜索某辆出租车在一段时间间隔内的位置时（如检索 "jingxxxx1" 在 2017 年 1 月 24 日 22:30 到 23:00 期间的轨迹记录），我们可以在 "jingxxxx1" 表中执行以下查询（关于 Table 存储的更多信息，请参考 [10]）：

"PartitionKey ge '2017012422' and PartitionKey lt '2017012423' and
RowKey ge '20170124223000' and RowKey lt '20170124230000'"

其中，ge 表示一个字符串大于或等于另一个字符串，lt 表示一个字符串小于另一个字符串，两者都是根据字典顺序。将实体的分区键包含在其行键中可以简化跨多个分区的范围查询。

5.2.2.3　队列存储

Azure 队列存储提供了云应用组件之间的消息传递服务。在设计可扩展的应用时，应用组件通常会被解耦，这样它们就可以独立扩展。队列存储为应用组件之间的通信提供了异步消息传递服务，无论这些组件是在云端、桌面、企业内部服务器还是移动设备上运行[11]。队列存储还支持管理异步任务和构建流程工作流。如图 5.9 所示，队列服务有三个主要组件。

- 存储账户　与表和 blob 存储一样，对队列存储的访问是通过存储账户完成的。每个存储账户都可以创建无限数量的队列，这些队列根据队列名称进行区分。
- 队列　队列包含一组消息。所有消息都必须在队列中。请注意，在 Azure 中，队列名称必须全部小写。
- 消息　任何格式的消息大小可以高达 64KB。只要总大小不超过最大存储账户容量（即 500TB），每个队列中的消息数量就没有限制。消息通常被添加到队列的末尾，并从队列的前端检索，尽管不保证先进先出（FIFO）的行为。如果需要存储大于 64KB 的消息，我们可以将消息数据存储在 blob 或表中，并将对数据的引用作为队列中的消息存储。消息在队列中可以保留的最长时间为七天。

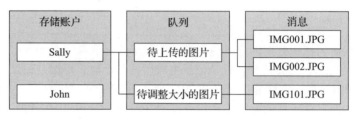

图 5.9 Azure 存储中队列服务的概念

举个例子，假设有成千上万张图片需要上传。我们可以使用队列来分配上传任务给多个上传器。如图 5.10 所示，命令是一个程序，它接收用户请求并将其转发给不同的上传器，这通过向队列发送消息来实现。消息包含有关哪张图片以及上传到哪的信息。位于不同机器上的上传器分别从队列存储中主动检索消息，然后根据消息中包含的位置信息将相应的图像上传到云端。每张图片可以存储在一个 blob 中。

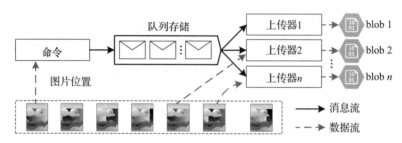

图 5.10 使用 Azure 队列服务上传大量图片的示例

5.2.2.4 文件存储

文件存储是一种服务，它使用标准的服务器消息块（SMB）协议在云端提供文件共享[12]，对 SMB 2.1 和 SMB 3.0 都支持。通过 Azure 文件存储，我们可以快速将依赖文件共享的遗留应用程序迁移到 Azure，而无须进行昂贵的重写。在 Azure VM 或云服务中运行的应用程序，或者来自企业内部客户端的应用程序，可以像桌面应用程序挂载典型的 SMB 共享一样挂载云中的文件共享。然后，任意数量的应用程序组件可以同时挂载并访问文件存储共享。图 5.11 展示了文件存储的逻辑结构，它由四个组件组成。

- **存储账户** 文件存储必须通过存储账户进行访问，该账户可以包含 0 个或多个文件共享。一个存储账户中的文件共享总大小不能超过 500TB，这是存储账户的容量限制。
- **共享** 文件存储共享是 Azure 中的一个 SMB 文件共享，是我们可以挂载的虚拟驱动器。一个共享可以存储无限数量的文件或目录，直到达到文件共享的总容量（5TB）。
- **目录** 作为一个可选的层次结构，必须在共享中或其他目录中创建它。目录包含 0 个或更多文件或目录，只要总大小不超过共享的限制（即 5TB）。
- **文件** 一个包含二进制数据、属性和元数据的单一实体。文件应该包含在共享或目录中。文件的大小可能高达 1TB。

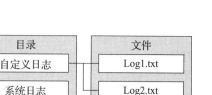

图 5.11 Azure 存储中文件的逻辑结构

举个例子，要使用文件存储，我们首先在存储账户下创建共享。有多种方法可以创建共享，例如，如图 5.12a 所示，使用微软 Azure Storage Explorer，或者在 Azure 门户中。例如，我们在 Azure 存储账户 stdmanage 下创建了一个名为 sharetest 的共享。

a）在 Azure 存储账户下创建一个共享　　　　b）在本地机器上使用文件存储

图 5.12 在 Azure 中使用文件存储的示例

任何支持标准 SMB 协议的机器都可以连接到共享。例如，在 Windows 中，我们可以在命令行中输入以下命令来挂载共享：

"net use［drive letter］：\\［storage account name］. file.［endpoint

suffix］\［share name］/u：［storage name］［storage account access key］"

其中［drive letter］是一个分配给已挂载共享的单字母字符（从 A 到 Z），［storage account name］和［share name］分别代表存储账户和共享的名称，［endpoint suffix］根据 Azure 的版本而不同（如 core. windows. net 和 core. chinacloudapi. cn 分别代表全球 Azure 和中国 Azure），［storage account access key］是用于访问存储账户的私钥。

在 Linux 中，我们可以使用以下命令来挂载一个共享：

"sudo mount -t　cifs //［storage account name］. file.［endpoint

suffix］/［share name］［mount point］-o　vers = 3. 0, username = ［storage name］,

password = ［storage account access key］, dir_mode = 0777, file_mode = 0777"

其中［mount point］是一个目录，共享被挂载到这个目录，［storage account name］和［share name］分别代表存储账户和共享的名称，［endpoint suffix］根据 Azure 的版本而不同（如 core. windows. net 和 core. chinacloudapi. cn 分别代表全球 Azure 和中国 Azure），［storage account access key］是用于访问存储账户的私钥。需要注意的是，"0777"代表一个目录/文件权限代码，它赋予了所有用户执行/读取/写入权限。我们可以根据 Linux 文件权限文档将其替换为另一个文件权限代码。

连接到共享后，我们可以像访问本地磁盘一样读取或写入共享中的文件。如图 5.12b 所示，我们可以看到共享 sharetest 已经被挂载到本地计算机上，作为硬盘驱动器。请记住，在本地网络中打开对端口 445（TCP 出站）的互联网访问，这是 SMB 协议所必需的，因为一些互联网服务提供商可能会阻止端口 445。

5.2.3 Redis 缓存

Azure Redis 缓存基于流行的开源 Redis 缓存，它在物理计算机环境中广泛用作内存数据库。Azure Redis 缓存使用户能够访问一个安全的、专用的 Redis 缓存，该缓存由微软管理，并可以从 Azure 内部或本地任何应用程序中进行访问[13]。Azure Redis 缓存是一个先进的内存键值存储方式，可以用作数据库、缓存和消息代理。图 5.13 描述了 Redis 缓存的逻辑结构，它由三个组件组成。

- Redis 实例 用户可以在 Azure 订阅内创建多个 Redis 实例。一个 Redis 实例可以类比为一个小型 Redis 服务器，它可以被独立地管理、扩展/缩减或监控。Azure Redis 实例有三个层次：基础、标准和高级。每个层次的功能和定价都有所不同，更高性能层次提供更多资源，旨在实现越来越高的吞吐量。用户可以在不停机的情况下动态更改服务层次和性能水平。
- 数据库 默认情况下，每个 Redis 实例中有 16 个数据库（编号从 0 到 15）。在创建 Redis 实例之前，可以指定数据库的数量，但每个 Redis Cache 定价层的限制不同。例如，标准层 C3（6GB）最多可以容纳 16 个数据库，而高级层 P2（13GB）可以包含多达 32 个数据库。每个 Redis 数据库都有自己的键空间。通过为"暂存"和"生产"数据或者为不同的应用程序使用不同的数据库，用户无须担心它们之间的键冲突[17]。
- 键值对 在每个数据库中，有多个键值对，它们支持如字符串、哈希、列表、集合、带有范围查询的有序集合、位图以及带有半径查询的地理空间索引等数据结构。Redis 支持对这些数据类型的一系列原子操作，以确保数据的一致性。

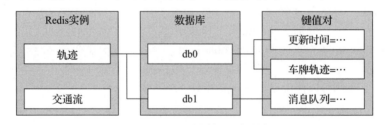

图 5.13 Redis 缓存的逻辑结构

存储在内存中，Azure Redis 缓存是存储被频繁访问、高吞吐量、低延迟和共享数据的理想选择。它也可以用作轻量级消息队列或消息代理，有关更多信息，请参考［15］。

要在微软 Azure 中使用 Redis 缓存，请按照以下步骤操作。

1. 创建一个 Redis 缓存。在微软 Azure 门户中，我们点击"New"→"Data and Storage"→"Redis Cache"，在这个过程中，应该提供缓存的名称，选择在世界上的哪个地方运行它，并选择一个符合应用程序需求的定价层。例如，我们可以在北美中部创建一个名为"Trajectory"的 Redis 缓存，其定价层次为标准 C3（6GB）。

举个例子，图 5.14 展示了 Redis Desktop Manager[14]的用户界面，这是一个强大的工具，用于访问和修改 Redis 中的内容。在这个例子中，Trajectory 是 Redis 的名称，它包含三个数据库，即 db0、db1 和 db2。在 db1 中，"taxijingxxxx1" 和 "taxijingxxxx2" 是两个键值对，分别表示两辆出租车的 GPS 轨迹。键 taxijingxxxx1 是一个出租车标识，拥有多行值，每行代表出租车轨迹中的一个 GPS 点，包括时间、纬度、经度、方向和速度。

图 5.14　使用 Redis 桌面管理器浏览 Redis 缓存中内容的示例

2. 管理 Redis 缓存。在创建 Redis 缓存后，可以使用 Azure 门户或 Azure PowerShell 来配置设置并监控其使用情况。

3. 使用 Redis 缓存。可以像连接到在个人计算机上建立的本地 Redis 一样连接到 Azure Redis 缓存。例如，要使用 StackExchange. Redis（一个适用于 . NET 语言的高性能通用 Redis 客户端）连接到 Azure Redis 缓存，我们可以使用以下连接字符串：

"〔redis name〕. redis. cache. 〔endpoint suffix〕: 6380, password = 〔access key〕,
ssl = True, abortConnect = False"

其中〔redis name〕是 Azure Redis 的名称，〔endpoint suffix〕根据 Azure 的版本而有所不同，其中 windows. net 和 chinacloudapi. cn 分别代表全球 Azure 和中国 Azure，〔access key〕是私钥。

图 5.15 展示了一个使用 Redis 在不同组件之间共享数据的示例。出租车将它们的原始轨迹上传到 Redis 缓存，其他组件（如地图匹配组件或索引组件）则从 Redis 读取原始轨迹并进行处理。

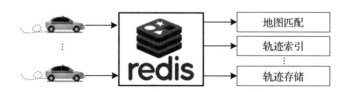

图 5.15　使用 Redis 在不同组件之间共享数据

5.3　计算

微软 Azure 为计算提供了不同的组件。在本节中，我们将介绍其中的一些，即虚拟机（VM）、云服务和 HDInsight。

5.3.1　虚拟机

Azure VM 是 Azure 提供的几种按需、可扩展计算资源之一，它是基础设施即服务（IaaS）的一个例子。通常，当我们需要比其他选择对计算环境进行更多的控制时，我们会选择 VM，尤其是在以下组件中。

- 开发和测试　Azure VM 提供了一种快速简便的方法来创建具有特定配置的计算机，以便编码和测试应用程序。
- 云中的应用程序　因为对应用程序的需求可能会波动，所以在 Azure 中的 VM 上运行它可能具有经济意义。在需要时为额外的虚拟机付费，在不需要时关闭它们。
- 扩展数据中心　在 Azure 虚拟网络中的 VM 可以轻松连接到组织的网络。

除了 Windows VM 之外，微软 Azure 还支持运行由多个合作伙伴提供和维护的多种流行的 Linux 发行版。可以在 Azure Marketplace 中找到诸如 Red Hat Enterprise、CentOS、Debian、Ubuntu、CoreOS、RancherOS、FreeBSD 等发行版，甚至可以在 Azure VM 中使用我们自己的自定义 Linux 系统。

Azure 提供了多种大小选项，以支持多种类型的使用场景，可以从中选择适合我们工作负载的使用。现有的 VM 可以调整大小，这决定了它的处理能力、内存和存储容量。Azure 根据 VM 的大小和操作系统按小时计费。

Azure VM 提供了虚拟化的灵活性，而无须购买和维护运行它的物理硬件。然而，我们仍然需要通过执行诸如配置、打补丁和安装在其上运行的软件等任务来维护 VM。要了解更多关于微软 Azure VM 的信息，请见参考文献［18］。

要在 Azure 中使用 VM，请按照下面显示的步骤操作。

1. 创建一个 VM。在 Azure 门户或通过 Azure PowerShell 创建 VM 时，我们需要选择一个操作系统（Windows 或 Linux），然后设置 VM 的名称、用户名和密码以便登录，为 VM 选择一个位置（例如，美国西部），以及一个适合应用程序工作负载的大小。

2. 连接到 VM。在 VM 创建完成后，可以通过远程桌面连接（对于 Windows VM）或 Putty[16]（对于 Linux VM）连接到它。在登录过程中，需要提供创建 VM 时使用的地址、用户名和密码。地址的格式如下：

"［computer name］.［endpoint suffix］:［port］"

其中［computer name］是 VM 的名称；根据 Azure 的版本，［endpoint suffix］有两个选择，分别是 windows. net 和 chinacloudapi. cn，分别代表全球 Azure 和中国 Azure；［port］是 Azure 自动为 VM 创建的端口号。

3. 在 VM 上工作。我们可以通过 Azure VM 做几乎所有事情，就像它是我们的个人计算机或者高性能服务器一样。例如，我们可以在 VM 中构建一个网站来提供 Web 服务，并安装 SQL Server 和 Redis 用于数据存储。VM 中的服务可以从任何地方访问。

5.3.2　云服务

微软 Azure 云服务是一个角色容器，旨在托管和运行高可用、可扩展的云应用程序和 API。云服务是平台即服务（PaaS）的一个示例，它托管在 VM 上。在云服务中有两种类型的角色，如图 5.16 所示。

- Web 角色　Web 角色提供标准的 Web 服务。用户通过超文本传输协议（HTTP）访问此服务。

图 5.16　云服务中的角色

Web 角色会自动运行一个 Windows 服务器，并将 Web 应用程序部署到互联网信息服务（IIS）上。

- Worker 角色 Worker 角色是云服务中的另一种角色类型，它运行一个没有 IIS 的 Windows 服务器。实际上，Worker 角色作为宿主 VM 中的后台服务运行。除了 HTTP，Worker 角色还使用其他协议提供更多服务，例如使用用户数据报协议（UDP）和传输控制协议（TCP）。

每个云服务可以具有多个角色（要么是 Web 角色要么是 Worker 角色），每个角色可以具有相同实现的多个实例。实例是在 VM 中扮演某种角色的进程。为了应对应用程序的繁重访问负载，我们可以为应用程序创建多个实例。这样的配置可以自动在多个实例之间平衡用户请求。微软 Azure 可以以避免单个硬件故障点的方式在云服务应用程序中扩展和部署 VM。

即使应用程序在 VM 中运行，重要的也是要理解云服务提供的是 PaaS，而不是 IaaS。在 IaaS 模式下，例如 Azure VM，首先创建和配置应用程序将运行的环境，然后将应用程序部署到这个环境中。我们负责管理这些应用程序的很多方面，比如在每个 VM 上部署操作系统的新补丁版本。相比之下，在 PaaS 模式下，环境已经存在，我们要做的就是部署应用程序。云服务为我们处理了所有管理应用程序运行平台（包括部署新版本操作系统），以及创建 VM 的细节。我们提供一个配置文件给 Azure，告诉它为不同的角色创建多少实例（例如，三个 Web 角色实例和两个 Worker 角色实例），然后平台自动为我们创建这些实例。尽管如此，我们仍然需要为那些支撑 VM 选择一个大小。如果我们的应用程序需要处理更大的负载，我们可以通过创建更多的实例来请求更多的 VM。如果负载减少，我们可以关闭那些实例并停止为它们付费。关于云服务的更多细节可以在参考文献 [19] 中找到。

举个例子，简单的应用程序可能只使用一个 Web 角色，更复杂的应用程序可能会使用一个 Web 角色来处理来自用户的输入请求，然后将工作（这些请求）传递给一个（或多个）Worker 角色，以通过队列进行处理，如图 5.17 所示。

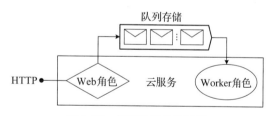

图 5.17 使用云服务的示例

要在 Azure 中使用云服务，必须遵循以下步骤。

1. 在 Azure 门户或 Azure PowerShell 中创建云服务，在此过程中，必须提供一个服务名称并选择一个服务将运行的位置。

2. 使用开发环境（如微软 Visual Studio）创建 Azure 云服务项目，在这个过程中，需要创建一些 Web 角色或 Worker 角色。这些角色将与云服务关联。如图 5.18 所示，WebRole1 和 WorkerRole1 被添加到了项目中。

3. 在每个角色自己的配置页面中设置它们。例如，可以在图 5.18 中双击 WebRole1 来打开其配置页面，如图 5.19 所示。需要指定实例的数量以及实例将运行的虚拟机的大小。这里，我们使用一个小型虚拟机（即单核 CPU，1.75GB 内存）的实例。根据图 5.19 所示的说明，还有其他设置需要配置，例如操作日志和端口。这里不逐一列举它们。

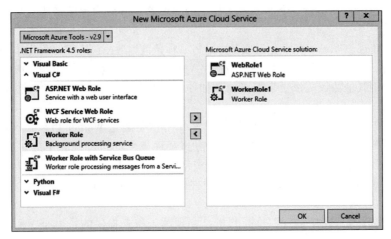

图 5.18　创建一个具有 Web 角色和 Worker 角色的云服务项目

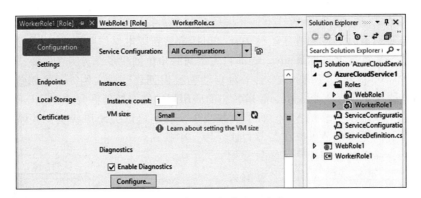

图 5.19　在云服务中配置角色

4. 将云服务项目发布到 Azure。发布云服务可以通过在 Visual Studio 中右键点击相应的项目名称（即图 5.19 所示的 AzureCloudService1）来简单完成。在选择了 Azure 订阅和第 1 步中构建的云服务之后，我们最终可以发布云服务。

5.3.3　HDInsight

除了传统的虚拟机和云服务之外，微软 Azure 还支持以下分布式并行计算平台，称为 HDInsight[20]，以执行大规模数据处理。HDInsight 将 Hadoop、Spark、HBase、Storm 以及 Hadoop 生态系统中的其他技术集成到微软 Azure 中。我们将介绍其中一些组件，包括 Hadoop、Spark 和 Storm，这些组件可以广泛用于时空数据管理。

图 5.20 展示了 HDInsight 的结构，它由两个组件组成：HDInsight 集群和 Windows Azure Storage Blob（WASB）。HDInsight 集群是一组用于运行作业的计算资源。它抽象了单个节点的安装和配置的实现细节。我们只需要提供一般的配置信息。WASB 是 Hadoop 分布式文件系统（HDFS）在 Azure blob 存储上的实现。将数据存储在 blob 存储中可以使用户在删除用于计算的 HDInsight 集群时不会丢失用户数据，从而确保数据的安全。

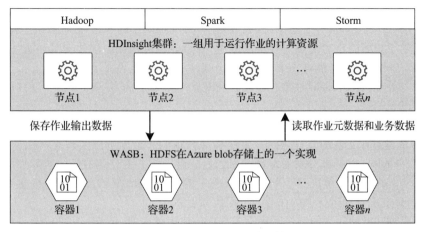

图 5.20 HDInsight 的逻辑结构

要在 Azure 中使用 HDInsight，我们需要遵循以下步骤。

1. 要在 Azure 门户或通过 Azure PowerShell 创建一个集群，首先设置集群的名称、集群的类型（例如，Hadoop、Spark 或 Storm）、集群将运行的位置，上传作业使用的用户名和密码，以及节点的数量和大小。此外，需要选择一个 Azure 存储账户和一个容器来安装程序，这些程序存储在 blob 文件中。请记住，blob 文件需要存储在一个容器中（更多信息请参见图 5.5）。

2. 使用集成开发环境（IDE，例如微软 Visual Studio）创建一个集群项目。

3. 将作业上传到集群。上传作业到集群有许多方法，我们可以通过远程连接到集群的主节点，通过内置的集群仪表板，或者通过使用 IDE 来上传作业。

4. 管理集群。我们可以通过使用 Azure 门户来管理（即监控、扩展或删除）集群。除非删除存储账户，否则存储集群数据的存储不会受到影响。

Hadoop、Spark 和 Storm 服务可以根据前述三个步骤创建，但它们在 Azure 中的管理系统彼此略有不同。我们将在以下小节中讨论它们。

5.3.3.1 Azure Hadoop

Hadoop 是最广泛使用的 MapReduce[21] 框架，非常适合执行离线基于批处理的大数据处理。图 5.21 显示了 Hadoop 2.x 的框架，它由四个主要组件组成。

1. Hadoop Common。Hadoop Common 包含了其他 Hadoop 模块所需的库和工具。这些库提供了文件系统和操作系统级别的抽象，包含了启动 Hadoop 所需的必要 Java 文件和脚本。

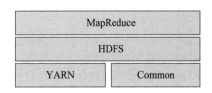

图 5.21 Hadoop 组件

2. Hadoop YARN。Hadoop YARN（另一个资源协商器）是一个用于作业调度和集群资源（如 CPU、内存等）管理的框架。

3. HDFS。HDFS 是一个分布式文件系统，用于提供永久、可靠和分布式的存储，以实现对应用程序数据的高吞吐量访问。其他替代存储解决方案（如 WASB）也可以使用。

4. MapReduce。MapReduce 是一个基于 YARN 的并行处理框架。

Azure HDInsight 在云中部署和管理 Apache Hadoop[23] 集群，以处理、分析和报告高可靠和可用的大数据。作为 Azure 云生态系统的一部分，HDInsight 中的 Hadoop 具有以下几个好处。

- 它提供了集群的自动配置。与手动配置 Hadoop 集群相比，创建 HDInsight 集群要容易得多。一个 Hadoop 集群由多个 VM（节点）组成，这些节点用于在集群上进行分布式任务处理。HDInsight 抽象化了安装和配置单个节点的实现细节，所以只需要提供一般的配置信息。
- HDInsight 提供了许多先进的 Hadoop 组件，可以从中选择最适合应用程序的一个。
- Hadoop 通过在集群的节点之间分发服务和数据的多余副本来实现高可用性和可靠性。然而，Hadoop 的标准分发通常只有一个主节点，单个主节点的任何故障都可能导致集群停止工作。为了解决这个问题，Azure 上的 HDInsight 集群提供了两个主节点，以增加 Hadoop 服务和运行中的作业的可用性和可靠性。
- 集群扩展功能使用户能够在不删除或重新创建运行中 HDInsight 集群的节点的情况下更改它的数量。
- 使用 Azure blob 存储作为 Hadoop 存储选项既高效又经济，我们还可以将 Azure 中的 Hadoop 与其他 Azure 服务（包括 SQL 数据库和 Web 应用程序）相集成。（将在下一节中讨论 Web 应用程序。）

举个例子，图 5.22 展示了通用 Hadoop 的基本原理。假设 HDFS 中有一个文件存储了许多 POI。文件中的每一行代表一个 POI 记录，包含 POI 的类别和其他相关信息。我们想要计算每个类别中 POI 的数量，该过程有两个阶段：映射阶段和归约阶段。在映射阶段，读取数据文件，并将文件中的每一行传递给一个单独的映射实例。

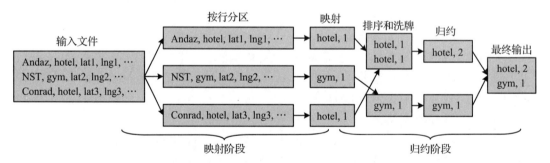

图 5.22　通过 Hadoop 统计不同类别的 POI

映射实例与每条记录形成键值对（例如，<hotel,1>），其中"hotel"是类别，"1"表示一家酒店。完全在整个数据集上执行映射器之后，归约器开始工作。在归约阶段，先将这些键值对根据键名进行排序和洗牌，然后对相同键名的键值进行计数。由此，新的键值对生成（例如，<hotel,2>），其中每个键名是一个类别，而键值是一个计数。最后，所有的类别-计数对都被写入 HDFS 中的文件。

要将前述例子转换为 Hadoop 作业，首先需要在 Azure 门户中根据创建 HDInsight 的标准流程创建一个 HDInsight 集群，并选择 Hadoop 作为集群类型。

然后，可以使用 Hive[22] 提交这个 Hadoop 作业，Hive 是 HDInsight 查询控制台中集成的数据仓库工具。HDInsight 查询控制台可以通过 Azure 门户访问，使用户能够提交作业、查看作业历史和监控 Azure Hadoop 的状态。Hive 提供了一种类似 SQL 的语言（称为 HiveQL），并将查询转换为 MapReduce 作业，使用户能够与 Hadoop 交互。

图 5.23 展示了 Hive 编辑器的用户界面，其中 Query Name 文本字段允许我们为作业赋予一个有意义的名称，相应的作业命令可以放在下方的文本框中。例如，前述的 POI 计数作业可以用 HiveQL 编写，包括以下两个命令：

1. 使用以逗号分隔的 POI 数据创建 poi 表：

"create external table poi(`name`string，`category`string，`lat`double，`lng`double)
row format delimited fields terminated by'，' stored as textfile location
'wasb：//［Container Name］@［Storage Account Name］. blob.［endpoint suffix］/
［Blob Virtual Directory Path］/'"

其中［Container Name］ 和 ［Storage Account Name］ 分别是集群的容器和存储账户的名称，［endpoint suffix］根据 Azure 的版本而有所不同（如 core. windows. net 和 core. chinacloudapi. cn 分别代表全球 Azure 和中国 Azure），［Blob Virtual Directory Path］是 POI 数据文件的虚拟目录路径。上述语句将创建一个名为 poi 的表。

2. 计算每个类别的数量：

"select category，count（ * ）as counts from poi group by category"

图 5.23 在 HDInsight 查询控制台中使用 Hive 提交 Hadoop 作业

点击 Submit 按钮后，作业将被上传，其状态可以在底部 Job Session 表中查看。作业完成后，我们可以在 Job History 页面查看其输出。

有关 Azure Hadoop 的更多信息，请参阅文献［20］。要获得更多关于 Apache Hadoop 的知识，请参阅文献［23］。关于 Hadoop 的原理，请阅读文献［21］。

5.3.3.2 Azure Spark

与传统的 Hadoop 框架相比，Spark 避免了磁盘输入/输出（I/O），能够将查询速度提高到一百倍。Spark 广泛用于数据分析、机器学习领域和图计算，因为它为提取-转换-加载（ETL）、批处理查询、交互式查询、实时流处理、机器学习和图处理等任务提供了一种通用的执行模型。

图 5.24 描述了一个通用 Spark 框架，由五个组件组成。Spark Core 是底层的通用执行引擎。Spark SQL 允许用户在 Spark 程序中查询结构化数据，使用 SQL 或者熟悉的 DataFrame API。Spark Streaming 使 Spark 能够执行流式分析。MLlib 是一个机器学习库，实现了包括分类、回归、决策树等的一些常用机器学习算法。GraphX 提供了各种图算法（如 PageRank）、连通分量和三角形计数。

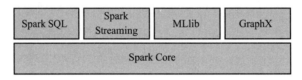

图 5.24　Spark 的组件

Hadoop 将其中间结果存储在磁盘上，因此不适合迭代或交互场景。为了解决这个问题，Spark 引入了一种称为弹性分布式数据集（RDD）的抽象[26-27]，它将数据存储在尽可能大和久的内存中。RDD 是对象的只读集合，包含多台计算机上的一组分区。RDD 可以形成一个有向无环图（DAG），反映它们之间的依赖关系。如果一个分区丢失，可以通过它是如何从其他 RDD 派生的相关信息来重建它。RDD 支持两种类型的操作：（1）转换，根据现有数据集创建新的数据集；（2）动作，在数据集上运行计算之后，向驱动程序（由用户编写的主程序）返回值。转换是延迟计算的，这意味着在触发动作操作之前不会执行转换。

图 5.25 大致展示了 Spark 集群[25]，它由一个驱动程序、一个集群管理器和多个工作节点组成。驱动程序是用户编写的主程序，其中 SparkContext 对象协调在集群上作为独立进程集合运行的 Spark 应用程序。集群管理器是一个外部服务，用于获取集群上的资源（例如，独立管理器、Mesos 或 YARN）。工作节点可以启动多个进程（也称为执行器）来运行应用程序代码和缓存数据。一个作业是由多个任务组成的并行计算，这些任务将被分发给不同的执行器。

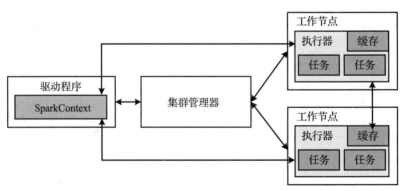

图 5.25　Spark 集群概述

具体来说，要运行一个作业，首先 SparkContext 连接到集群管理器。一旦连接，SparkContext 就通过集群管理器在工作节点上获取执行器。接下来，SparkContext 将应用程序代码发送到执行器。最后，SparkContext 将任务发送到执行器以运行，不同工作节点中的不同执行器可以相互通信。要获取关于 Spark 的更多信息，可以查看 Apache Spark 网站[24]。

HDInsight 包括了 Apache Spark[24]，这是 Apache 生态系统中的一个开源项目，可以运行大规模数据分析应用程序。HDInsight 中提供的 Apache Spark 也被称为 Azure Spark。Azure Spark 提供的优势包括但不限于以下几点。

- 易用性 我们可以在几分钟内通过 Azure 门户在 HDInsight 上创建一个新的 Spark 集群。Azure Spark 还集成了许多有用的工具（例如，Jupyter、Livy 和 Ambari），使我们能够方便地提交作业、监控运行中的作业以及管理集群。

- 并发查询 Azure Spark 支持并发查询，允许来自一个用户的多条查询或来自不同用户和应用程序的多条查询共享相同的集群资源。

- 固态硬盘（SSD）上的缓存 我们可以选择将数据缓存到内存中或者缓存到连接到集群节点的 SSD 中。内存中的缓存提供最佳的查询性能，但可能成本较高。SSD 上的缓存使得不需要创建一个集群，其大小要能够将整个数据集放入内存，查询性能就得到了提升。

- 高可扩展性和可用性 虽然我们可以在创建时指定集群中的节点数，但可能需要根据工作负载的增加或减少来扩展或缩小集群。所有 HDInsight 集群都允许更改集群中的节点数。此外，由于所有数据都存储在 Azure 存储中，因此可以删除 Spark 集群而不会丢失数据。此外，HDInsight 上的 Spark 还提供企业级别的 24/7 支持和服务级别协议（SLA）99.9% 的正常运行时间。

- Azure Spark 还支持许多商业智能工具，如 PowerBI、Tableau、QlikView 和 SAP Lumira，使 Azure Spark 成为数据分析师、商业专家和关键决策者的理想平台。

要使用 Azure Spark，首先需要在 Azure 门户中按照创建 HDInsight 的标准流程创建一个 HDInsight 集群，并选择 Spark 作为集群类型。然后，可以使用集成在 Azure Spark 中的 Jupyter 以活动方式提交作业，如图 5.26a 所示。Azure Spark 默认还集成了 Apache Ambari，使用户能够配置、管理和监控其集群，如图 5.26b 所示。

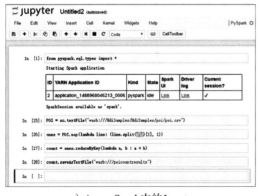
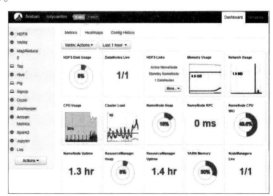

a）Azure Spark中的Jupyter   b）Azure Spark中的Ambari

图 5.26 Azure Spark 中 Jupyter 和 Ambari 的用户界面

举个例子，根据图 5.19 所示的示例，我们想要使用 Azure Spark 计算每个类别的 POI 数量。图 5.27 展示了使用 Python 编程语言和相应的 RDD 的实现。首先，通过读取包含所有 POI 的从 blob 中读取的文件，创建一个名为 POIs_RDD 的 RDD。接下来，将 POIs_RDD 转换为一个名为 Single_POI_RDD 的新 RDD，在这个过程中，每行都被映射到一个键值对<category，1>。然后，根据它们的键名对键值对进行求和（即将具有相同键名的键值相加）。最后，使用 saveAsTextFile 将结果保存到 Azure blob。textFile、map 和 reduceByKey 是转换操作，saveAsText-File 是一个动作。前者的转换操作直到动作发生时才会执行。

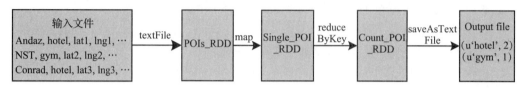

POIs_RDD = sc.textFile（"wasb:///poi.csv"）
Single_POI_RDD = POIs_RDD.map（lambda line : (line.split(',')[1], 1)）
Count_POI_RDD = Single_POI_RDD.reduceByKey（lambda a, b : a + b）
Count_POI_RDD.saveAsTextFile（"wasb:///poicountresults"）

图 5.27　使用 Spark 计算 POI 的数量

5.3.3.3　Azure Storm

Apache Storm[28]是一个分布式、实时事件处理解决方案，适用于处理大量快速数据流。它是处理实时数据和提供在线服务的最佳选择。Storm 中的分布式逻辑称为 Storm 拓扑，它与 MapReduce 作业类似。它们之间的关键区别在于，MapReduce 作业最终会完成，而拓扑永远运行（或者直到我们杀死它）。

如图 5.28 中的框所示，Storm 拓扑是由与流连接的 spout 和 bolt 构成的图。流是一个以分布式方式并行处理和创建的无界元组序列。spout 是拓扑中流的（逻辑）源，可以在 Storm 集群的多个机器上运行。通常，spout 从外部源（例如，消息队列）中读取元组并将它们发送到拓扑中。bolt 是一个逻辑处理单元，其功能可以由用户定义，包括过滤、聚合、连接、与数据库通信等。每个 spout 或 bolt 可以在 Storm 集群的不同机器上执行多个任务。每个任务对应于

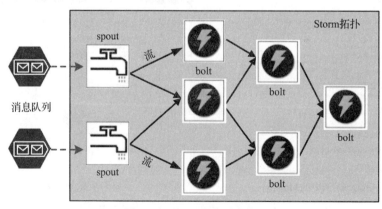

图 5.28　Storm 的概念框架

执行的一个线程，而发送元组在不同任务之间的策略由流分组定义。Storm 中有几种内置的流分组，可以用来处理时空数据。

- 无序分组　元组随机分布在 bolt 的任务中，确保每个 bolt 都能获得相等数量的元组。
- 字段分组　流根据分组中指定的字段进行分区。例如，如果流按"user-id"字段进行分组，具有相同"user-id"的元组将始终被发送到同一个任务，具有不同"user-id"的元组则可能会发送到不同的任务。
- 全局分组　整个流都发送到同一个 bolt 的任务。
- 全部分组　流在所有 bolt 的任务之间复制。

HDInsight 上的 Apache Storm 是一个集成到 Azure 环境中的托管集群，称之为 Azure Storm。它具有以下关键优点。首先，HDInsight 上的 Storm 比 Apache Storm 更稳定。它作为一个托管服务，具有 99.9% 的正常运行时间 SLA。其次，可以选择一种编程语言，如 Java、C#或 Python，甚至可以使用混合语言（如使用 Java 读取数据，然后使用 C#处理数据）。再次，扩展 HDInsight 集群对运行中的 Storm 拓扑没有影响，这对产品环境很重要。最后，可以将 Storm 与其他 Azure 服务（如 SQL 数据库、Azure 存储等）集成。

要使用 Azure Storm，我们首先在 Azure 门户中创建一个 HDInsight 集群，并选择 Storm 作为集群类型。然后可以使用集成工具提交作业并在运行作业时监控集群。HDInsight 集成了 Storm 仪表板（Storm Dashboard），我们可以使用它提交拓扑并监控 Storm 集群的状态。如图 5.29 所示，Storm 仪表板有两个标签页：提交拓扑（Submit Topology）和 Storm UI。在提交拓扑的子页面中，可以上传一个新的 jar 文件（用 Java 编写的可执行文件），其中包含一个 Storm 拓扑，并在指定拓扑的类名和附加参数后提交拓扑。在 Storm UI 的子页面中，可以检查集群和拓扑的状态，查看拓扑的输出，并停止拓扑。

a）提交拓扑　　　　　　　　　　　　　　　b）监控 Storm状态

图 5.29　Azure HDInsight 中 Storm 仪表板的用户界面

举个例子，根据图 5.19 所示的示例，使用 Azure Storm 来计算用户签到数据中不同类别 POI 的数量。每条签到记录包含 POI 的类别（以及其他信息），并在创建后不断流式传输到一个消息队列（如 Azure 队列存储）中。图 5.30 展示了为这项任务设计的 Storm 拓扑，包含四个组件。

- spout　spout 从消息队列中读取签到记录，然后使用洗牌分组机制（即随机分配以实现负载平衡）将它们发送给 POI 解析 bolt。

- POI 解析 bolt　POI 解析 bolt 从 spout 那里接收签到记录，从每条记录中提取 POI 的类别。然后使用字段分组机制将 POI 发送到 POI 计数 bolt，该机制将相同类别的 POI 分配到同一个 bolt。
- POI 计数 bolt　POI 计数 bolt 计算它收到的每个类别的 POI 数量。收到一个 POI，POI 计数 bolt 就将相应 POI 类别的计数增加 1。随后，根据全局分组机制（即所有数据流都流入一个 bolt），不同 POI 类别的计数会被发送到 POI 报告 bolt。
- POI 报告 bolt　POI 报告 bolt 会缓存计数结果，并将它们以批处理模式写入 Redis 或 Azure 表格，以减少频繁小写操作的高 I/O 开销。

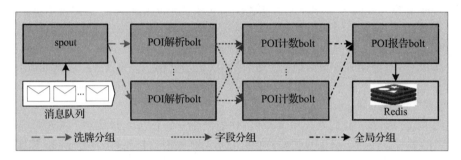

图 5.30　使用 Storm 对不同类别的 POI 进行计数

5.3.3.4　Hadoop、Spark 和 Storm 的比较

在比较 Hadoop、Spark 和 Storm 之前，让我们快速回顾一下它们的关键特性。

Hadoop 是一个开源的分布式处理框架，用于存储大量数据并在各种集群上运行分布式分析过程。Hadoop 高效的原因在于它不需要大数据应用程序通过网络传输大量数据。Hadoop 的另一个优点是，即使集群或单个服务器出现故障，大数据应用程序也能持续运行。由于 Hadoop MapReduce 一次只能处理一个批处理作业，因此 Hadoop 主要用于数据仓库，而不是需要频繁访问数据或与人即时交互的数据分析。

Spark 是一个数据并行、开源的处理框架，通过内存计算能力将批处理、流处理和交互式分析集成到一个平台上。Spark 便于使用，提供了使用内置操作符和 API 快速编写应用程序的能力，以及更快的性能和实现。它还支持健壮的分析，提供了用于复杂数据分析、机器学习和交互式查询的现成算法和函数。Spark 还支持多种语言，如 Java、Python 和 Scala。

Storm 是一个任务并行、开源的实时流数据处理框架。Storm 在拓扑（即 DAG）中有其独立的工作流。拓扑结构由 spout、bolt 和流组成，其中 spout 充当来自外部源的数据的接收器和 bolt 流的创建者，以支持实际处理。Storm 中的拓扑持续工作，直到出现缺陷或系统关闭。Storm 不在 Hadoop 集群上运行，而使用 Zookeeper 和它自己的小助手来管理进程。Storm 可以从 HDFS 读取和向 HDFS 写入文件。

Hadoop、Spark 和 Storm 之间的相似之处包括以下几点：三者都是开源的处理框架；所有这些框架都可以用于商业智能和大数据分析，尽管 Hadoop 只能用于分析历史数据，且不需要即时响应；每个框架都提供容错性和可扩展性；Hadoop、Spark 和 Storm 分别使用基于 Java 虚拟机（JVM）的编程语言 Java、Scala 和 Clojure 实现。

表 5.1 展示了 Hadoop、Spark 和 Storm 之间的比较。

表 5.1 Hadoop、Spark 和 Storm 的比较

特性		Hadoop	Spark	Storm
系统框架	实现语言	Java	Scala	Clojure
	集群协调组件	YARN	独立的/YARN/Mesos	Zookeeper
	存储解决方案	HDFS		
编程模型	处理模型	仅批处理	批处理/微批处理	仅流式
	基本计算单元	可写入	RDD，DStream	元组
	数据源	HDFS	HDFS，网络	spout
	计算力/转换	映射，归约，洗牌	动作，转换，窗口操作	bolt
	有状态操作	是	是	否
	交互模式支持	否	是	否
	易于开发	难	简单	简单
	语言选项	任意	Java，Scala，Python	任意
可靠性模型	最多一次	否	否	是
	最少一次	否	否	是
	只有一次	是	是	否
性能	流处理延迟		秒	毫秒
	批处理性能	低	高	
	内存使用	少量	巨多	少量

- Hadoop 与 Spark 当比较 Hadoop 和 Spark 时，人们实际上是想比较 Spark 和 Hadoop MapReduce（Hadoop 的处理引擎），两者都使用 HDFS 以可靠和安全的方式存储数据。它们之间的区别有三方面。

  第一，Spark 处理的是内存中的数据，将处理过程加载并存储到内存中以供缓存。因此，Spark 需要大量的内存。另外，Hadoop MapReduce 仅在映射或归约动作后往磁盘写入数据和从磁盘读取数据。因此，在数据分析方面，Spark 比 Hadoop MapReduce 具有更高的效率。

  第二，Hadoop MapReduce 是为批量处理设计的，一次处理一个作业。在作业完成之前，Hadoop MapReduce 无法运行另一个作业。然而，Spark 使用自己的流式 API 而不是 YARN 来执行功能，允许在短时间间隔内连续批量处理独立的过程。因此，Spark 可以用于批量处理，也可以用于实时处理。

  第三，Spark 不仅限于数据处理，它还具有一系列数据分析功能。例如，它可以使用现有的机器学习库来处理图。它有一个内置的交互式模式，允许人们（或算法）根据模型生成的结果交互式地修改模型的参数。这样的功能充分支持机器学习的理念，其中参数是根据每次迭代生成的错误迭代调整的。内置的交互式模式还可以启用交互式查询，人们可以根据之前查询检索到的结果重新指定他们的查询条件。Spark 还提供了 Java、Scala 和 Python 语言的高级 API。

- Spark 与 Storm 当比较 Spark 和 Storm 时，我们关注每种解决方案的流式处理方面。它们之间的区别有四个方面。

第一，Spark Streaming 和 Storm 使用不同的处理模型。Spark Streaming 使用微批量处理来处理事件，而 Storm 逐个处理事件。因此，Spark Streaming 的延迟为秒级，而 Storm 提供毫秒级的延迟。Spark 的方法让我们可以像编写批处理作业一样编写流式作业，使我们能够重用大部分代码和业务逻辑。Storm 专注于流处理（有些人将其称为复杂事件处理），其框架使用容错方法来完成计算或对流入系统的事件的多个计算进行管道化处理。

第二，Spark Streaming 提供了一种高级抽象，称为离散流（DStream），它代表了一系列连续的 RDD。Storm 通过在一个称为拓扑的框架中编排 DAG 来工作，这些拓扑描述了每个进入系统的数据片段将经历的各种转换或步骤。拓扑由流、spout 和 bolt 组成。

第三，Storm 提供了至少一次处理保证。也就是说，每条消息最少被处理一次，但在某些故障场景下可能存在重复。Storm 也提供了最多一次处理保证，其中每条消息只被处理一次。Storm 不保证消息将按顺序处理（为了实现只处理一次、有状态、按顺序的处理，Storm 引入了一个名为 Trident 的抽象，但它超出了本书的范围）。Spark Streaming 则能够实现完美的一次性、按顺序的消息传递。

第四，与仅支持 Java、Scala 和 Python 的 Spark Streaming 不同，Storm 支持多种语言，为用户定义拓扑提供了许多选择。

- Storm 与 Hadoop 基本上，Hadoop 和 Storm 框架用于分析大数据。它们相互补充并在以下几个方面有所不同。

第一，Hadoop 是一个开源框架，用于分布式地存储和处理大数据，其中数据大多是静态的，存储在大型商品硬件集群的持久存储中。Storm 是一个自由和开源的分布式实时计算系统，它作用于持续的数据流，而不是存储在持久存储中的数据。

第二，Storm 采用主从架构，基于 Zookeeper 进行协调。主节点被称为 nimbus，从节点被称为 supervisors。Hadoop 采取主从架构，可选地基于 Zookeeper 进行协调。主节点是作业跟踪器，从节点是任务跟踪器。

第三，Storm 拓扑不保证消息按顺序得到处理，并且只要用户没关闭或没遇到意外且无法恢复的故障就一直运行。Hadoop 中的 MapReduce 作业则是按顺序执行的，并且一旦作业完成，进程就会终止。

5.4 应用

在本节中，将介绍一些 Azure 的平台即服务（PaaS）组件，称为 App 服务，这些组件被广泛用于为任何平台或设备开发 Web 应用程序和移动应用程序。这些服务使开发者能够专注于他们的代码，并快速达到稳定、高度可扩展的生产状态。App 服务包括 Web 应用、移动应用和 API 应用。

可以通过以下步骤使用这些服务。

1. 在 Azure 门户或使用 Azure PowerShell 创建应用程序（如 Web 应用程序、移动应用程序或 API 应用程序），在此期间，我们指定服务的名称和运行位置。可以在任何浏览器中使用以下 URL 访问该应用程序：

"http(s)://[service name].[endpoint suffix]/"

其中［service name］是应用程序的名称，［endpoint suffix］根据 Azure 的版本具有不同的值（如 azurewebsites. net 和 chinacloudsites. cn 分别表示全球 Azure 和中国 Azure）。

2. 使用编辑器或集成开发环境（IDE）创建一个 Web 项目。在过程中，为不同的 App 服务选择不同的模板。例如，在微软 Visual Studio 中，为 API 应用选择 Azure API Apps 模板，为移动应用选择 Azure Mobile Apps 模板。

3. 将项目部署到 Azure。有许多方法可以将 Web 项目部署到 Azure（即在 Azure 门户中，通过 Azure PowerShell 或使用 IDE）。图 5.31 展示了使用微软 Visual Studio 将网站项目发布到 Web 应用程序 http://urbantraffic. chinacloudsites. cn 的示例。可以在 Azure 门户中获取必要的信息，如服务器、网站名称、用户名称和密码。

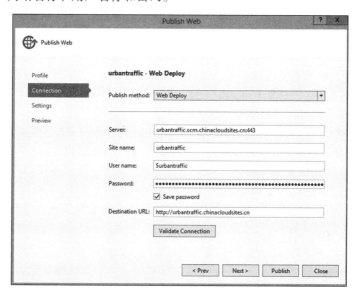

图 5.31　使用 Visual Studio 将网站发布到 Web 应用程序

4. 管理应用程序。可以在 Azure 门户中或通过使用 Azure PowerShell 来监控、扩展和删除应用程序。在底层实现中，Web 应用、移动应用和 API 应用之间没有太多显著的差异，因为它们都托管在一个 Web 服务器上，即 IIS（互联网信息服务）服务器。例如，我们甚至可以将使用 Azure API Apps 模板的 Web 项目部署到一个移动应用，主要的区别在于它们提供的默认功能不同。我们将在接下来的子节中进一步详细说明。

5.4.1　Web 应用

Web 应用是一个完全管理的计算平台，经过优化用于托管网站和 Web 应用程序。微软 Azure 提供的这项 PaaS 服务使用户能够专注于他们的业务逻辑，而 Azure 负责运行和扩展应用程序的基础设施。计算资源可能位于共享或专用虚拟机上，这取决于我们所选择的定价层。应用程序代码在一个与其他客户隔离的管理虚拟机上运行。Web 应用程序支持多种编程语言，包括 ASP. NET、Node. js、Java、PHP 和 Python。在单个 Web 应用程序中可能存在多个实例，所有这些实例共享一个公共 IP 地址。用户的请求会自动在它们之间平衡负载。此外，这种机制避免了单点硬件故障。实例的数量可以根据 CPU 使用情况自动更改。关于 Azure 中 Web 应用的更多详细信息，可以参考文献 [31]。

5.4.2　移动应用

移动应用为企业和系统集成商提供了一个高度可扩展、全球可用的移动应用开发平台，为移动开发者实现了一整套丰富的功能。如图 5.32 所示，移动应用提供了以下对云使能移动开发至关重要的功能。

- **客户端 SDK**　移动应用提供了一套完整的客户端软件开发工具包，涵盖了原生开发（iOS、Android 和 Windows）、跨平台开发（Xamarin for iOS 和 Android、Xamarin Forms）以及混合应用开发（Apache Cordova）。每个客户端 SDK 都带有 MIT（麻省理工学院）许可证，并且是开源的。
- **数据访问**　Azure 移动应用提供了一个移动友好型的 OData v3 数据源，与 SQL Azure 或本地 SQL Server 相连。这项服务基于 Entity Framework，可以轻松与其他 NoSQL 和 SQL 数据提供者集成，包括 Azure 表存储、MongoDB、DocumentDB，以及像 Office 365 和 Salesforce 这样的 SaaS API 提供者。
- **认证和授权**　从不断增长的身份提供者列表中选择，包括用于企业认证的 Azure Active Directory，以及像 Facebook、Google、Twitter 和 Microsoft 账户这样的社交提供者。Azure Mobile Apps 为每个提供者提供了一个 OAuth 2.0 服务。我们还可以集成身份提供者的 SDK，以实现提供者特定的功能。
- **推送通知**　客户端 SDK 与 Azure 通知中心的注册功能无缝集成，使我们能够同时向数百万用户发送推送通知。

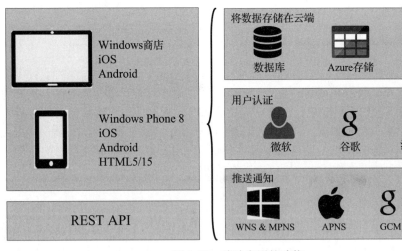

图 5.32　移动应用的功能

与 Web 应用一样，移动应用也可以自动扩展，并且提供专用环境。参考文献 [32] 可以了解更多关于 Mobile Apps 的信息。

5.4.3 API 应用

API 应用提供了使开发、托管和消费云上和本地 API 更加便捷的功能。使用 API 应用，我们可以获得企业级安全性、简单的访问控制、混合连接以及自动 SDK 生成。以下是一些关键特性。

- **让现有的 API 保持原样** 我们不需要更改现有 API 中的任何代码就可以利用 API 应用的功能，只须将代码部署到一个 API 应用中。API 可以使用 App 服务支持任何语言或框架，包括 ASP. NET 和 C#、Java、PHP、Node. js 和 Python。
- **易于消费** 对 Swagger API 元数据的集成支持使 API 易于被各种客户端使用。它会自动为 API 生成各种语言的客户端代码，包括 C#、Java 和 JavaScript 语言的。它可以在不更改代码的情况下轻松配置跨源资源共享（CORS）。
- **简单的访问控制** 在不更改代码的情况下，保护 API 应用程序免受未经验证的访问。内置身份验证服务为其他服务或代表用户的客户端访问提供安全 API。支持的身份提供者包括 Azure 活动目录、谷歌和微软账户等。客户端可以使用活动目录身份验证库（ADAL）或移动应用程序 SDK。
- Visual Studio 中的专用工具简化了创建、部署、使用、调试和管理 API 应用程序的工作。

5.5 总结

本章从存储、计算和应用的角度介绍了云计算平台的主要组件。我们展示了每个组件的框架以及使用它们的通用流程。在介绍这些组件的详细实现时，以微软 Azure 为例。

在微软 Azure 中，有三种主要的存储类型：SQL Server、Azure 存储和 Redis 缓存。第一种适用于存储结构化数据，而 Azure 存储适合存储非结构化数据。Azure 存储进一步细分为四个子类别：Azure blob、表、队列和文件。Redis 缓存则专为高吞吐量和低延迟的数据访问而设计。

在微软 Azure 中，有三种类型的计算资源：虚拟机、云服务和 HDInsight。用户几乎可以像使用个人计算机或高性能服务器一样使用 Azure VM 进行任何事情。云服务可以运行作为标准网页服务或后台服务的、具有高可用性和可扩展性的云应用和 API，这些服务托管在 VM 上。HDInsight 是微软 Azure 中的一个分布式计算组件，用于执行大规模数据预处理、管理和挖掘，包含广泛使用的 Hadoop、Spark 和 Storm。

Azure 提供了三种类型的应用程序接口。Web 应用用于构建和托管网站和网络应用程序，移动应用用于构建原生移动应用程序。API 应用使得在云端开发、托管和消费 API 变得更加容易。这些组件赋予了我们确保城市计算应用程序顺利、可靠实施的能力。

参考文献

[1] Global Microsoft Azure. https://azure.microsoft.com/.

[2] *Wikipedia*. 2017. Microsoft Azure. https://en.wikipedia.org/wiki/Microsoft_Azure.

[3] SQL Database. https://docs.microsoft.com/en-us/azure/sql-database/.

[4] Jorgensen, Adam, Bradley Ball, Brian Knight, Ross LoForte, and Steven Wort. 2014. *Professional Microsoft SQL Server 2014 Administration*. Hoboken, NJ: John Wiley and Sons.

[5] Azure Storage. https://docs.microsoft.com/en-us/azure/storage/.

[6] Microsoft Azure Storage Explorer. http://storageexplorer.com/.

[7] *Understanding Block Blobs, Append Blobs, and Page Blobs*. 2017. Microsoft Docs. https://docs.microsoft.com/en-us/rest/api/storageservices/fileservices/understanding-block-blobs—append-blobs—and-page-blobs.

[8] *Azure Storage Scalability and Performance Targets*. 2017. Microsoft Docs. https://docs.microsoft.com/en-us/azure/storage/storage-scalability-targets.

[9] *Blob Service Concepts*. 2017. Microsoft Docs. https://docs.microsoft.com/en-us/rest/api/storageservices/fileservices/blob-service-concepts.

[10] *Table Service Concepts*. 2017. Microsoft Docs. https://docs.microsoft.com/en-us/rest/api/storageservices/fileservices/table-service-concepts.

[11] *Queue Service Concepts*. 2017. Microsoft Docs. https://docs.microsoft.com/en-us/rest/api/storageservices/fileservices/queue-service-concepts.

[12] *File Service Concepts*. 2017. Microsoft Docs. https://docs.microsoft.com/en-us/rest/api/storageservices/fileservices/file-service-concepts.

[13] Redis Cache. https://redis.io/.

[14] Redis Desktop Manager. https://redisdesktop.com/.

[15] Azure Redis Cache. https://azure.microsoft.com/en-us/services/cache/.

[16] Putty. http://www.putty.org/.

[17] *How to Configure Azure Redis Cache*. 2017. Microsoft Docs. https://docs.microsoft.com/en-us/azure/redis-cache/cache-configure.

[18] *Virtual Machines*. 2017. Microsoft Docs. https://docs.microsoft.com/en-us/azure/virtual-machines/.

[19] *Cloud Services*. 2017. Microsoft Docs. https://docs.microsoft.com/en-us/azure/cloud-services/cloud-services-choose-me.

[20] *An Introduction to the Hadoop Ecosystem on Azure HDInsight*. 2017. Microsoft Docs. https://docs.microsoft.com/en-us/azure/hdinsight/hdinsight-hadoop-introduction.

[21] Dean, J., and S. Ghemawat. 2008. "MapReduce: Simplified Data Processing on Large Clusters." *Communications of the ACM* 51 (1): 107–113.

[22] Apache Hive. https://hive.apache.org/.

[23] Apache Hadoop. http://hadoop.apache.org/.

[24] Apache Spark. http://spark.apache.org/.

[25] *Cluster Mode Overview*. 2017. Spark 2.1.0 document. http://spark.apache.org/docs/latest/cluster-overview.html.

[26] Zaharia, M., M. Chowdhury, M. J. Franklin, S. Shenker, and I. Stoica. 2010. "Spark: Cluster Computing with Working Sets." *HotCloud* 10:10.

[27] Zaharia, Matei, Mosharaf Chowdhury, Tathagata Das, Ankur Dave, Justin Ma, Murphy McCauley, Michael J. Franklin, Scott Shenker, and Ion Stoica. 2012. In *Resilient Distributed Datasets: A Fault-Tolerant Abstraction for In-Memory Cluster Computing. Proceedings of the 9th USENIX Conference on Networked Systems Design and Implementation.* Berkeley, CA: USENIX, 2.

[28] Apache Storm. http://storm.apache.org/.

[29] *Introduction to Apache Storm on HDInsight: Real-Time Analytics for Hadoop.* 2017. Microsoft Docs. https://docs.microsoft.com/en-us/azure/hdinsight/hdinsight-storm-overview/.

[30] *Trident Tutorial.* 2017. http://storm.apache.org/releases/1.1.2/Trident-tutorial.html.

[31] *Web Apps Overview.* 2017. Microsoft Docs. https://docs.microsoft.com/en-us/azure/app-service-web/app-service-web-overview.

[32] *What is Mobile Apps?.* 2017. Microsoft Docs. https://docs.microsoft.com/en-us/azure/app-service-mobile/app-service-mobile-value-prop.

CHAPTER 6

第 6 章

在云端管理时空数据

摘要： 大量的时空数据导致需要在云端使用高级数据管理技术，然而，当前的商业云计算平台由于时空数据的独特结构和查询方式而缺乏处理时空数据的能力。本章介绍了分别为六种时空数据类型设计的数据管理方案，这些方案使得当前的云计算平台能够轻松管理大规模和动态的时空数据。对于每种数据类型，根据是否使用空间或时空索引以及是否部署在分布式系统上，提出了四种数据管理方案，而不是从根本上重建一个新的平台，我们利用现有资源和架构，如云存储和 HDInsight，在当前的云上创建增强的空间和时空数据管理平台。四种方案中最高级的数据管理方案是将空间和时空索引（例如基于网格的索引、R 树和 3D R 树）集成到分布式计算系统（如 HDInsight 中的 Spark 和 Storm）中。这种高级方案结合了两者的优势，使我们能够更高效地处理更大规模的时空数据，同时使用更少的计算资源。

6.1 引言

6.1.1 挑战

存在许多类型的数据，如文本、图像、交通和气象数据等，这些都是由城市空间中不同的源头不断生成的。为了更好地支持高级数据挖掘和服务，需要跨不同领域管理大规模和动态的数据集。云计算平台，如微软 Azure 和亚马逊网络服务，被视为处理大规模和动态数据的理想基础设施。由于大多数城市数据都与空间信息和时间属性（称为时空数据）相关联，城市计算需要云计算技术来管理时空数据。然而，当前的云计算平台并不是专门为时空数据设计的。以下是在处理时空数据时，现有云计算平台面临的主要挑战。

- 独特的数据结构　时空数据具有独特的数据结构，与文本和图像不同。例如，一旦拍摄完成，照片的大小就是固定的，而出租车在城市中行驶时，其行驶轨迹的长度会不断增加。移动对象的轨迹数据会以无法更改的顺序不断传输到云端。我们无法预先知道轨迹何时结束以及其大小。此外，为了支持不同的查询，时空数据的存储机制应该设计得不同。

- **不同的查询**　我们通常使用关键词来查询文档，也就是说，对几个关键词与一组文档进行精确或近似的匹配。然而，在城市计算中，通常需要处理针对时空数据的时空范围查询或 k 最近邻查询。例如，在 60s 的时间范围内找到附近的空驶出租车是对出租车轨迹数据的时空范围查询。同样，在驾驶过程中搜索最近的加油站的查询是对 POI 的连续 1 最近邻查询。现有云组件无法直接且高效地处理时空查询，因为大多数云存储系统中没有索引和检索算法。

- **混合索引结构**　传统的索引和查询算法通常是针对单一类型的数据提出的。例如，R 树是用于索引空间点数据的，倒排索引是用来处理文本文档的。然而，在城市计算中，需要利用具有不同格式和更新频率、跨越不同的领域的多个数据集。例如，为了研究交通状况、空气质量与 POI 之间的相关性，需要计算这三个数据集实例的共同出现次数。如果没有混合索引结构，需要使用数据集中的每一个实例作为查询对象，来搜索其他两个数据集中与查询对象在空间和时间距离上相近的实例，这是一个非常耗时的过程，阻碍了交互式视觉数据分析的发生。有关详细信息，请参见 4.5.3 节。

- **将时空索引与云计算集成**　在处理文本和图像时，云计算平台主要依赖于分布式计算环境，如 Spark、Storm 和 Hadoop。由于为文本和图像设计的索引结构的功能非常有限，我们在分布式计算环境中几乎看不到这样的索引。例如，倒排索引通常用于维护单词与包含它们的文档之间的关系。然而，对于时空数据，有效的索引结构可以将检索算法的效率提高一到几个数量级。在云计算中结合时空索引和分布式计算系统的优势使得云能够更高效地处理更大规模的数据，同时使用更少的计算资源。

将时空索引集成到云的并行计算环境中是一项不容易的任务，特别是在有大量轨迹数据不断流入云端的情况下。例如，要在几分钟内找到穿越一系列道路段的车辆，就需要将轨迹索引结构系统地集成到基于 Storm 的计算框架中。给定并行计算框架和索引结构，如何平衡内存和输入/输出（I/O）吞吐量是一个挑战，这需要有关分布式系统、云计算存储和索引算法的知识。一些索引结构在独立机器上表现非常好，但考虑到索引分区和更新的潜在问题，可能不适合分布式环境。

6.1.2　云上的通用数据管理方案

图 6.1 基于是否使用了索引以及索引是否部署在分布式系统上，展示了在云计算平台上管理时空数据的四种方案：

- **单磁盘数据管理**　如图 6.1a 所示，最简单的方案是使用某种类型的存储设备将时空数据存储在单个虚拟机（或节点）上，然后直接根据云存储查询数据。云存储将数据存储在磁盘上，并且可能用一个非常简单的索引来访问特定的数据实例，这种方案不足以高效地完成在线查询。

- **单索引数据管理**　如图 6.1b 所示，为了提高查询效率，预先为存储在磁盘上的原始数据构建一个索引。由于索引只存储数据实例的标识和摘要，因此它的体积远小于原始数据，可以被保存在内存中以便高效访问。一个查询首先访问内存中的索引，检索满足查询条件的数据实例的标识，再从磁盘检索这些数据实例的完整信息。这个方案比图 6.1a 所示的方案要高效得多，原因有两个。首先索引的使用显著减少了搜索空间，其次大多数计算过程都在内存中完成，减少了访问磁盘的次数。

- **分布式磁盘数据管理** 当时空数据的规模很大时，它无法存储在单个机器的磁盘上。因此，如图 6.1c 所示，将数据分区，并将它们存储在分布式的云存储（例如 HDFS）上。分布式存储的每个节点都在自己的磁盘上保存一个数据分区。到来的查询被发送到所有节点，在每个节点上根据云存储搜索满足查询条件的实例，搜索结果被返回到主节点并在那里合并。尽管这个数据管理方案可以处理大规模数据，但它不足以处理需要即时响应的查询。
- **分布式索引数据管理** 为了解决上述问题，如图 6.1d 所示，在每个数据分区上构建一个索引，并将其加载到每个节点的内存中。到来的查询被分发到每个节点。在每个节点中，查询首先在索引中搜索满足其条件的实例列表，然后从磁盘检索这些实例的完整信息。在某些情况下，可以先将这些实例的标识发送回主节点，并在那里合并，再从磁盘检索它们的互补信息。通过将索引结构与分布式计算系统相结合，这样的数据管理方案可以高效地处理对大规模时空数据的即时查询。

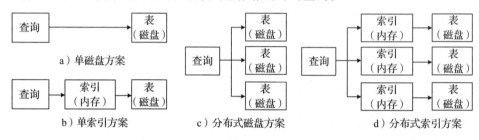

图 6.1　云上时空数据的一般数据管理方案

在以下各节中，我们将重点介绍后三种数据管理方案，因为单磁盘数据管理非常简单，并且当分布式系统中只有一台机器涉及数据存储时，它可以被视为分布式磁盘方案的一个特例。因此，在本章的其余部分我们将这两种数据管理方案合并称为磁盘数据管理方案。这些数据管理方案的实现例子基于微软 Azure。

6.2　管理基于点的数据

6.2.1　管理基于点的时空静态数据

6.2.1.1　磁盘数据管理

- **存储和索引** 时空静态数据，如 POI，与固定位置和静态属性相关联。如图 6.2 所示，给定一个数据集，我们将空间区域划分为均匀网格（例如，P_1、P_2 和 P_3），并使用 Azure 表存储数据。如图 6.2b 所示，每个网格对应于 Azure 表中的一个分区，其中的数据实例具有相同的分区标识。实例的标识用作行键，如图 6.2c 所示。使用分区键和行键，Azure 表可以精确找到按行记录的特定实例。POI 的属性（如纬度、经度和类别）存储在同一行的其他列中，紧接在分区键和行键列之后。

　　当数据规模较小时，可以采用单磁盘数据管理方案（如图 6.1a 所示）。为了处理大规模基于点的时空静态数据，使用细粒度空间分区（即尺寸较小的网格）来生成更多的分区。Azure 表会自动将这些分区存储在不同的物理机器上（用户不需要知道这些分区被分配到哪里）。因此，采用了分布式磁盘数据管理方案。

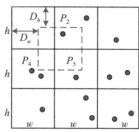

a）基于点的数据　　　　　b）基于网格的索引

分区键	行键	纬度	经度	A_1	...	A_k
P_1	d_1			餐厅		
P_2	d_2			商场		
P_2	d_3			电影院		
P_3	d_4			博物馆		

c）基于表的存储

图 6.2　时空静态数据的数据管理方案

- **空间范围查询**　给定一个空间范围查询（例如图 6.2b 中显示的虚线矩形），我们首先找到与查询范围相交或包含在查询范围内的网格（即 P_1、P_2、P_4 和 P_5），然后检索这些分区内的所有实例。接着，进行进一步的细化过程，以找到实际上落在查询空间范围内的实例（即 d_2）。为了确保搜索效率，一个分区中的实例数量不应过大（例如在 Azure 表中少于 500 个），否则，细化过程将会非常耗时。
- **更新**　当有新的数据实例时，如图 6.3a 中的灰点所示，将它们投影到网格上，并插入图 6.2c 所示表格的相应分区中。例如，d_7 属于 P_5 分区，将带有分区键 P_5 和行键 d_7 的记录插入图 6.2c 所示的表格中。Azure 表确保具有相同分区键的数据实例在物理上存储在一起，当一个分区中的实例数量变得非常大时，可以进一步将一个网格划分为四个子分区，甚至考虑重新构建分区。

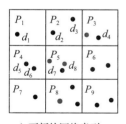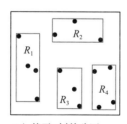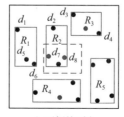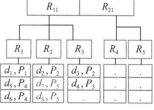

a）更新的网格索引　　　b）基于R树的分区　　　c）更新的R树　　　d）基于R树的索引

图 6.3　基于索引的时空静态数据管理方案示例

当空间分区基于均匀网格时，我们可以轻松找到与给定空间范围相交或包含在给定空间范围内的分区，而无须构建任何索引。例如，知道整个空间区域左上角和右下角的坐标，我们可以计算出空间区域的宽度 W 和高度 H，并在分区过程后进一步计算网格的均匀宽度 w 和高度 $h(w=W/n,\ h=H/n,$ 其中 n 是每个维度上的分区数)。给定一个空间范围查询，我们快速计算查询的左上角点与整个空间的左上角点之间的水平距离 D_w。通过计算 $D_w \bmod w$，知道查询的左上角点落在第一列，同样，通过计算 $D_h \bmod h$，我们知道查询的左上角点落在第一行。使用相同的方法，可以确定右下角点落在第二列和第二行（即 P_5）。因此，我们知道 P_1、P_2、P_4 和 P_5 与范围查询相交。

6.2.1.2　单索引数据管理方案

当空间分区不是基于均匀网格时（例如将网格分成四部分或使用 R 树之后），必须在内存中维护一个空间索引，以便找到与空间范围查询相交或包含在空间范围查询内的网格。

一方面，空间索引显著提高了查询效率。另一方面，将这些索引与云存储结合仍然具有挑战性。例如，与基于均匀网格的索引结构相比，R 树在查询不平衡的空间数据时效率更高，然而其动态和数据驱动的结构给将其集成到云中带来了挑战。如图 6.3b 所示，如果使用 R 树来组织基于点的时空静态数据，我们将得到一系列 MBR，每个矩形包含几个点。但是，由于新实例的到来可能会彻底改变分区，不能使用这样的 MBR 作为分区来在 Azure 表中存储这些点。例如，在图 6.3b 中插入四个新的灰色点后，会构建五个新的 MBR，而图 6.3b 中显示的四个原始 MBR 将消失。因此，不能简单地将像 R 树这样的索引应用到分布式磁盘数据管理方案上，以建立一个分布式索引数据管理方案。

- *存储和索引*　为了解决这个问题，我们为数据构建了一个基于 R 树的空间索引，并将在内存中维护该索引，如图 6.3d 所示。R 树的每个叶节点存储落在其 MBR 内的点集。对于每个点，我们记录其标识符和所属的空间分区。例如，在 R_2 下的 (d_7, P_5) 表示数据实例 d_7 属于 MBR R_2，并存储在分区 P_5 中，完整的数据集按照图 6.2 所示的方法存储在 Azure 表中。基于 R 树的索引随着新实例的到来在内存中不断变化，而基于网格的空间分区不随时间改变。

- *空间范围查询*　当一个空间范围查询到来时，如图 6.3c 所示，首先在 R 树中搜索几个落在查询空间范围内的点，例如 (d_7, P_5) 和 (d_8, P_5)。更具体地，搜索从 R 树的根节点开始，检查节点的 MBR 是否与查询的空间范围重叠。如果是，则必须进一步搜索相应的子节点。以这种方式递归地进行搜索，直到遍历完所有重叠的节点。当到达一个叶节点时，将测试其中的点是否位于查询矩形内。位于查询矩形内的对象将被作为结果返回，然后根据这些点的标识符和空间分区从 Azure 表中检索这些点的完整信息。

- *更新*　当有新的数据实例时，在内存中更新 R 树索引——这个工作负载较轻，并将这些实例插入 Azure 表中。Azure 表中的分区结构不会随新实例的到来发生变化，因为这些分区仅用于存储而非搜索。

6.2.1.3　分布式索引数据管理方案

当数据规模非常大时，空间索引也会变得非常大，因此无法存储在单个机器的内存中。为了能够对大规模数据进行即时查询，需要将索引结构和分布式计算系统整合到数据管理方案中（即图 6.1d 所示的分布式索引数据管理方案）。

- *存储和索引*　我们首先将整个空间区域划分为均匀的网格，如图 6.2a 所示。数据存储在云端（例如，Azure 表），使用所属网格的标识符作为分区键，用自己的标识符作为行键，如图 6.2c 所示。云存储会自动将不同的分区存储在不同的物理服务器上（用户不需要关心这些）。这与 6.2.1.1 节中介绍的内容相同。

我们将给定数据集随机划分为许多小部分，每部分几乎含有相同数量的点。为每个数据部分构建一个空间索引（例如 R 树），并将其加载到分布式计算系统中某台机器的内存中。数据的完整信息按照 6.2.1.1 节中介绍的方法存储在 Azure 表中，随机数据分区方法确保了分布式计算系统中每台机器的工作负载均衡。此外，如果按照空间分区划分数据（即每台机器持有来自同一个空间分区的数据的空间索引），则在对应于给定查询的机器停机时，将无法返回任何结果。

- 空间范围查询　图 6.4 展示了基于 Azure Storm 完成空间范围查询的一个示例。在这个示例中，有两种类型的 bolt 节点。一种类型的 bolt 节点（即 bolt A_1 到 bolt A_n）在第 2 层，保存着内存中一部分数据的空间索引（例如一个 R 树）。另一种类型的 bolt 节点（即 bolt B）合并了 bolt A 节点返回的结果。

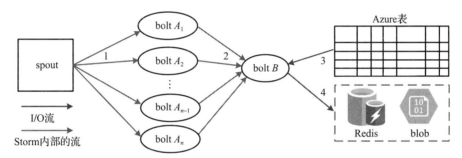

图 6.4　基于 Storm 完成空间范围查询

给定一个空间范围查询，spout 节点将其发送给所有 bolt A 节点。一旦收到查询，每个 bolt A 节点就会搜索自己的空间索引，找出满足查询条件的数据实例。如果一个 bolt A 节点中没有实例落在查询空间范围内，它会返回"null"给 bolt B 节点。由于落在范围查询中的点数可能非常大，从 Azure 表中分别检索它们仍然是一个耗时的过程。为此，bolt B 节点进一步聚合了 bolt A 节点返回的数据实例的标识符。然后，bolt B 节点集体检索来自同一分区的实例的完整信息。例如，如图 6.2a 所示，d_2 和 d_3 属于同一分区 P_2，它们构成了这个分区。因此，我们可以检索整个分区的信息，而不是每行信息。最后，检索到的结果被写入一个 blob 文件中，或者存储在内存块（例如，Redis）中，供其他应用程序使用。

双层 bolt 结构有两个优点。一个是减少在将结果写入 blob 或 Redis 时不同 bolt 之间的写入冲突，这比使用多个 bolt 同时写入 Redis 要快。另一个优点是聚合落在同一分区中的对象，这样这些对象的信息可以从 Azure 表中以块方式检索，而不是以实例方式，这提高了从磁盘检索数据的效率。

- 更新　当有新的数据实例时，将它们投影到网格上，并使用相应的网格标识作为分区键，用它们自己的标识作为行键，将它们插入 Azure 表中。新的实例被分配给拥有最少点的机器。

6.2.2　管理基于点的空间静态时间动态数据

这类数据与不随时间变化的静态位置以及随时间不断变化的动态读数相关，大多数地理感知数据属于这一类别，其数据结构如图4.7所示。

6.2.2.1　磁盘数据管理方案

- **存储和索引**　类似于时空静态数据（如POI）的磁盘数据管理方案，我们将空间区域划分为均匀的网格（例如，P_1、P_2和P_3），如图6.5a所示。每个对象的空间信息和元数据（例如，与d_1类似）都存储在一个Azure表中，如图6.5b所示。在这个表中，每一行代表一个对象。对象所属的网格的标识用作分区键，对象的标识用作行键。对象的属性，如纬度、经度和类别，存储在同一行的其他列中，紧接在分区键和行键列之后。

a）空间分区　　　　　　b）元数据的表存储　　　　　　c）存储d_4的动态读数

图 6.5　空间静态时间动态数据的磁盘数据管理方案

每个对象的动态读数存储在单独的表中，如图6.5c所示，其中一行代表在一个时间戳生成的读数。如果有十个对象，就会为它们分别创建十个表。在一个表中，分区键是读数生成的日期（例如2017-08-23），行键是读数生成的时间（例如8:05:26）。分区键和行键之后的列代表读数的具体值（例如温度和风速）。对象的读数按时间顺序插入表中，当新的读数到来时，它被添加到表的末尾。为了处理大规模数据集，Azure表会自动将这些时间分区存储在不同的物理机器上（用户不需要知道这些分区被分配到哪里）。因此，实际上采用了分布式磁盘数据管理方案。

- **时空范围查询**　完成空间范围查询的步骤与时空静态数据相同，已在6.2.1.1节中描述。当一个时空范围查询到达时，首先搜索图6.5b所示的表，找到位于给定空间范围内的对象。然后搜索图6.5c所示的表，找到位于给定时间范围内的读数。例如通过在d_4的表中执行以下查询，可以检索从2017年1月23日20:30到1月24日23:00的d_4的读数：

"PartitionKey ge ' 20170123' and PartitionKey lt ' 20170124' and

RowKey ge ' 20170123203000' and RowKey lt ' 20170124230000' "

其中，ge表示一个字符串大于或等于另一个字符串，lt表示一个字符串小于另一个字符串，根据字典顺序。将实体的分区键包含在其行键中可以简化跨多个分区的范围查询。当读数以高频率生成时，我们可以使用日期+小时（例如"2017012320"）作为分区键，以分钟+秒（例如"20170123203000"）作为行键。具体细节请参考5.2.2.2节。

- **更新** 当新对象到达时,可以将它们投影到网格上,并将它们插入图 6.5b 所示表的相应分区中。创建一个如图 6.5c 所示的新表来存储新对象的动态读数,现有对象的新读数被添加到对象的表的末尾,如图 6.5c 所示。

6.2.2.2 单索引数据管理方案

当数据规模较大时,磁盘数据管理方案无法有效地完成查询。此外,当数据在地理空间中分布不均匀时,需要采用其他空间分区方法(例如 R 树)。因此,在内存中构建并维护一个索引,以加快查询处理过程。

- **存储和索引** 与图 6.5 中介绍的磁盘数据管理方案类似,我们将空间区域划分为网格,并将所有对象的元数据和空间信息存储在 Azure 表中。每个对象的动态读数存储在一个单独的表中,表的每一行代表一个读数。创建一个基于 R 树的索引来根据对象的空间信息管理它们,如图 6.6b 所示。R 树的每个叶节点包含一个对象列表,每个对象都与一个指向对象时间索引的锚点相关联,如图 6.6c 所示。时间索引可以是按时间顺序排序的动态数组或 B+树(具体细节请参考 4.4.1 节)。由于内存大小远小于磁盘,而读数持续生成,因此我们只能在内存中保存最近的读数,并将历史数据存储在表中。

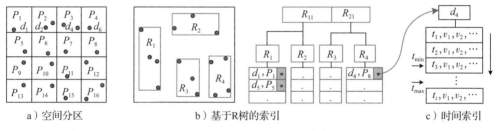

a)空间分区　　　　　b)基于R树的索引　　　　　c)时间索引

图 6.6　针对空间静态时间动态数据的单索引数据管理

- **时空范围查询** 对于时空范围查询,首先搜索空间索引,找到位于查询空间范围内的对象,这个过程与搜索 POI 的过程相同,如图 6.3 所示。然后分别搜索这些对象的时间索引,找出给定时间范围 $[t_{min}, t_{max}]$ 内的读数。如果时间索引基于按时间顺序排序的数组,则我们通过两个二分搜索过程分别在数组中搜索 t_{min} 和 t_{max},如图 6.6c 所示,返回 t_{min} 和 t_{max} 之间的动态读数。由于空间和时间索引都存储在内存中,因此搜索过程非常高效。当需要对象的元数据时,根据这些对象的分区键和行键从图 6.5b 所示的表中检索即可。

　　当给定的时间范围涉及一个历史时间段(其数据未存储在内存中)时,我们搜索保存对象动态读数的表(如图 6.5c 所示)以获取结果。内存中保存的数据的大小取决于应用程序,并随着可负担的计算资源的不同而变化。由于大多数查询关注的是最近的时间段,我们大多数情况下可以有效地找到结果。

- **更新** 当新对象到来时,如图 6.6a 所示,将它们投影到网格上,并将它们的元数据插入图 6.5b 所示表的相应分区中。创建一个如图 6.5c 所示的新表来存储新对象的动态读数,基于网格的空间分区在新实例到达时不会改变,然后在内存中更新时空索引。在大多数情况下,根据新对象的坐标将新对象插入相应的叶节点中,而不改变整个索引的结构。有时,因为新对象的到来可能需要重建整个空间索引(请参见图 6.3c 的示例）。之后，为每个新对象创建一个时间索引，该索引由空间索引的叶节点中的元素指向。

现有对象的新读数按时间顺序被追加到对象的表的末尾，如图 6.5c 所示。由于内存大小有限，我们为每个对象在内存中保留最近的 n 个读数。当新的读数到达时，会将相对较旧的读数从内存中清除。但是，每个读数都会记录在磁盘上的表中，使用它们生成时的时间戳作为分区键和行键。

6.2.2.3　分布式索引数据管理方案

当数据规模非常大时，空间和时间索引也会变得非常大，因此无法全部存储在内存中。为了响应针对大规模数据的即时查询，需要将索引结构和分布式计算系统纳入数据管理方案中（即图 6.1d 所示的分布式索引数据管理方案）。

- **存储和索引**　我们首先将整个空间区域划分为均匀的网格，如图 6.7a 所示，并将对象投影到这些网格上。对象的元数据和动态读数存储在云存储设备中（例如，Azure 表中），如图 6.5b 和图 6.5c 所示。云存储设备自动将不同分区存储在不同的物理服务器上（用户无须为此担心），这与 6.2.2.2 节中介绍的内容相同。

  一个简单的想法是将单索引数据管理方案直接应用到分布式计算环境中。更具体地，由分布式系统中的节点存储几个分区的信息。例如，如图 6.7a 所示，P_1、P_2、P_5 和 P_6 属于节点 S_1，P_3、P_4、P_7 和 P_8 属于节点 S_2。在每个节点中，建立一个空间索引结构（如 R 树）来管理节点所包含分区中的对象的空间信息。每个对象的动态读数由一个时间索引管理，并存储在对象所属的节点的内存中。图 6.7b 展示了节点 S_1 的时空索引结构，这与单机上的结构相同。

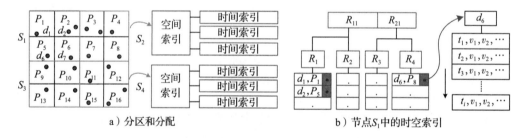

a）分区和分配　　　　　　　　　　　b）节点 S_1 中的时空索引

图 6.7　简单的分布式索引数据管理方案

以 Azure Storm 为例，如图 6.8a 所示，bolt A 节点存储了一个如图 6.7b 所示的时空索引。然而，如果数据高度不平衡，这样的简单设计有两个缺点。首先，拥有许多对象的 bolt A 节点可能没有足够的内存来存储这些对象的动态读数，拥有少数对象的节点则浪费了内存。其次，在搜索过程中，拥有许多对象的 bolt A 节点将被查询更频繁地访问。它们还需要比 bolt B 节点更长的时间来返回搜索结果，从而延迟整个查询处理过程。例如，在 bolt B 节点中，只有在从其前驱 bolt 中接收所有结果后，才能开始归并过程。

为了解决这些问题，图 6.8b 以 Azure Storm 为例提出了一种高级数据管理方法，用于将时空索引集成到分布式计算系统中。一个基于 R 树的空间索引，包含所有对象的空间信息，存储在一个 spout 节点中，而对象的动态读数均匀存储在不同的 bolt A 节点中（即按对象分区）。在图 6.8a 中，空间和时间索引是分离的，而不是耦合的。例如，bolt A_1 存储对象 d_1、d_2 和 d_3 的动态读数的时间索引，d_4、d_5 和 d_6 的时间索引存储在 bolt A_2 中。不同的 bolt A 节点保存相同数量的对象的动态读数，因此具有相同的内存消耗和查询负载（假设不同的对象具有相同的采样率）。因为对象的空间信息是静态的，在大多数情况下，可以用单个 spout 节点来容纳它们。

如果需要管理的对象太多（例如索引全球的温度传感器），可以按空间区域对它们进行分区，并为每个空间分区构建一个空间索引。为了生成平衡的数据分布，空间分区不一定要基于均匀网格。然后，在 Storm 框架中，使用多个 spout 节点，每个节点存储一个分区的空间索引，如图 6.8c 所示。数据按对象进行分区：每个 bolt A 节点保存相同数量的对象的时间索引。这与图 6.8b 所示的方法相同，每个 spout 节点连接到第二层的所有 bolt A 节点，这些 bolt A 节点最终连接到 bolt B 以归并结果。

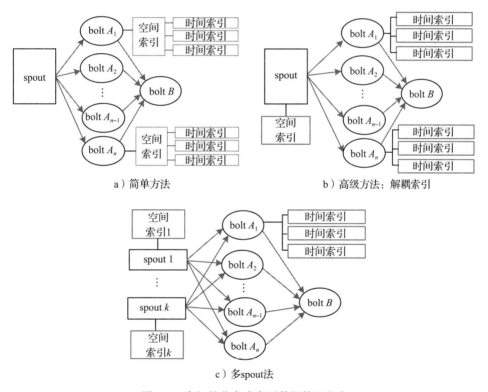

图 6.8　高级的分布式索引数据管理方案

- 时空范围查询　当接收到查询时，分布式计算系统将查询发送到所有节点，每个节点首先搜索位于查询空间范围内的对象，在这些对象中寻找位于查询时间范围内的读数，然后将结果聚合并输出到文件或内存块中。

　　如果采用了图 6.8a 所示的简单数据管理方案，那么 spout 节点会直接将查询分发到连接到它的每个 bolt A 节点。一旦从 spout 节点那里接收到查询，每个 bolt A 节点就都会在自己的索引中搜索落在查询时空范围内的对象及其读数。满足查询条件的对象标识和动态读数随后被发送到 bolt B 节点，该节点归并对象的标识并从相应的表中检索这些对象的元数据。这些对象的元数据和动态读数最终被写入一个 blob 文件或 Redis 中，以供其他应用程序使用。

如果采用图 6.8b 提出的高级方法，spout 节点首先在自己的空间索引中搜索落在查询空间范围内的对象，然后将这些对象的标识和查询的时间范围分发给所有 bolt A 节点。如果一个 bolt A 节点中有对象的标识来自从 spout 那接收的消息，该节点会搜索相应的时间索引，找到落在查询时间范围内的动态读数。搜索结果和对象标识随后传递给 bolt B 节点，该节点归并来自同一空间分区的对象，以加快从表中检索对象元数据的过程。

如果采用了图 6.8c 所示的多 spout 方法，则会向所有 spout 发送一个查询，与查询空间范围没有重叠的 spout 会向所有 bolt A 节点返回"null"。这些 bolt A 节点将什么都不做，并将 null 传递给 bolt B 节点。对于与查询空间范围相交的 spout，首先找到落在该范围内的对象的标识，然后将这些对象的标识发送给所有 bolt A 节点。一个 bolt A 节点可能会从多个 spout 节点那里收到消息，因为它可能包含落在不同空间分区中的对象。通过检查对象标识，bolt A 节点可以验证是否存储了某个对象的信息。如果是，节点会搜索其时间索引，以找到落在查询时间范围内的动态读数。如果不是，节点将什么都不做，并将 null 传递给 bolt B 节点。其余部分与上述两种方法相同。

- 更新　当新对象出现时，将它们投影到网格上，并将它们的元数据插入图 6.5b 所示表的相应分区中，创建一个如图 6.5c 所示的新表来存储新对象的动态读数。空间分区不一定会随着新实例的到来而改变，然而会在 spout 节点的内存中更新空间索引，如图 6.8b 和 6.3c 所示。为了在不同 bolt 节点之间平衡工作负载，新对象会被分配给拥有最少对象的 bolt 节点，然后在该节点的内存中更新时间索引，对象与 bolt 节点之间的映射也会更新。

现有对象的新读数被追加到对象的表的末尾，如图 6.5c 所示，还会在相应 bolt 节点的内存中更新时间索引。

6.2.3　管理基于点的时空动态数据

这类数据结构是为基于点的数据而设计的，这些数据的位置和读数会随时间变化。例如，在人群感知程序中，参与者会在不同的地点和不同的时间区间收集数据。同样，在出租车调度系统中，乘客会从不同的地方在不同的时间戳提交乘车请求。因此，在前述场景中，每个数据实例都与一个位置和时间戳相关联。不同的实例是独立的，具有不同的位置和时间戳。

6.2.3.1　磁盘数据管理

- 存储和索引　如图 6.9a 所示，我们将地理空间分割成网格，这些网格可以是均匀网格或基于四叉树的分区。对于每个空间分区（即一个网格），如图 6.9b 所示，创建一个表来存储落在该空间分区中的时空动态数据实例的信息。例如，对于 16 个网格，会创建 16 个表。由于地理空间是有限的，分区的数量是有限的，因此表的数量也是有限的。如果空间不是均匀分割的，我们会记录每个分区的左上角和右下角的空间坐标。

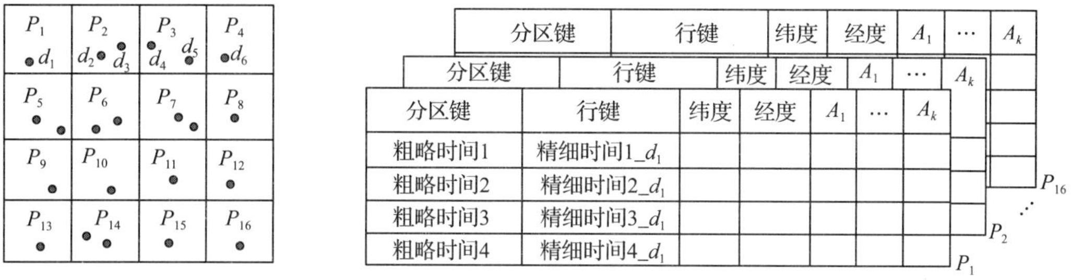

a）空间分区　　　　　　　　　　　b）每个空间分区的表存储

图 6.9　对时空动态数据的磁盘数据管理方案

在这样的表中，每一行对应一个数据实例。数据实例生成时的时间戳用于推导实例的分区键和行键。更具体地，可将时间戳的粗略表示用作分区键，以便将在接近的时间戳生成的实例存储在同一个分区中。时间戳的完整表示与对象的标识结合用作行键。为了避免在相同时间戳生成两个数据实例，将对象的标识附加到时间戳的末尾来形成对象的行键。例如，给定一个在时间戳 "2017-12-24 20: 15: 20" 生成的实例 d_1，可以在表中将其分区键设置为 "2017122420"，并将其行键设置为 "20171224201520_d_1"。随着时间的推移，表中将创建更多的分区，这些分区将自动由 Azure 表存储在不同的物理机器上。

分区键的粒度（即粗略的时间表示）可以根据应用程序预先定义（如每小时或每天）。然而，在某些情况下（如在重大事件期间或热点地区），可能会在很短的时间区间内生成许多实例，导致许多实例存储在同一个分区中，这会降低表在响应范围查询时的搜索效率。

为了解决这个问题，除了默认值之外，分区键的粒度可以根据接收到的实例数量动态变化。例如，一旦接收到 400 个数据实例，即使还没有过去一个小时，也会创建一个新的分区。在表中创建分区之前，这些实例会在内存中缓冲一段时间。使用第一个和最后一个数据实例时间戳的公共部分作为 400 个实例的分区键。例如，第 1 个实例是在 "2017-12-24 20: 10: 20" 生成的，第 400 个实例是在 "2017-12-24 20: 19: 20" 生成的。公共部分 "20171224201" 用作分区键。然而，如果第 400 个实例是在 "2017-12-24 20: 28: 20" 生成的，它与第一个实例之间的公共部分仍然是 "2017122420"，因此这 400 个实例将插入之前创建的分区中（即策略不再有用）。在这种情况下，需要根据时间将 400 个实例分成两部分，确保每部分实例的时间表示比 "2017122420" 更精细一致。例如，可以将 "20171224201" 设置为第一部分的开头，将 "20171224202" 设置为第二部分的开头。动态设置可以确保表中的每个分区不会太大，从而提高了查询性能。

- 时空范围查询　给定一个时空查询，首先搜索与查询空间范围部分相交或完全落入该范围的空间分区，然后将查询的时间范围 (t_{min}, t_{max}) 发送到对应这些空间分区的表。在每个表中，使用 6.2.2.1 节中介绍的方法找到时间戳在 t_{min} 之后且在 t_{max} 之前的数据实例，这些实例被聚合并作为最终结果返回。

- 更新 当新的数据实例到达时，将它们投影到空间分区上，然后根据它们的时间戳将它们插入相应的表中。有时由于通信渠道的多样性，可能会在实例实际生成后很久才收到它们。这导致后来到达的实例的时间戳比之前接收到的实例的时间戳更早。在这种情况下，可以根据实例的时间戳将其插入之前创建的分区中，并根据分区的时空粒度生成相应的分区键和行键。

6.2.3.2 单索引数据管理

- 存储和索引 为了响应对大规模基于点的时空动态数据的即时查询，除了基于表的存储之外，需要在内存中维护一个时空索引。可以根据不同的应用场景，采用图 4.4 展示的三种索引结构中的一种。

  如果数据高度不平衡，则采用三维（3D）方法，如基于 3D R 树的索引结构。如图 6.10a 所示，每个数据实例都由三维空间中的一个点来表示，根据其空间坐标和时间戳，时间被视为二维地理空间的第三个维度。附近的数据实例首先被分组到小的立方体（例如 R_{11} 和 R_{12} 中），这些小的立方体随后被更大的立方体（如 R_1）限定。图 6.10b 显示了索引的树结构。

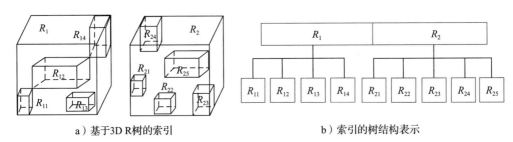

a）基于3D R树的索引   b）索引的树结构表示

图 6.10 基于 3D R 树的时空动态数据索引

  如果数据在地理空间中分布均匀，则可以采用图 4.4c 所示的索引结构（即将地理空间分割成不重叠的网格，并为每个空间分区构建一个时间索引）。当数据在时间维度上分布均匀时，可以采用图 4.4b 所示的索引结构。也就是说，将时间维度划分为（均匀的）区间，为每个时间区间的数据构建一个空间索引。

  由于内存大小有限，我们在索引中只保留最近接收到的数据，过时的数据会从索引中清除。如果实例的元数据包含许多字段，我们只在索引中保留这些实例的标识符、空间坐标和时间戳。所有数据实例都按照图 6.9 所示的方式插入表中并存储在磁盘上，为存储而创建的空间分区不会因为新实例的到来而改变。

- 时空范围查询 当处理时空范围查询时，首先在内存中搜索时空索引（例如图 6.10 所示的 3D R 树），寻找与查询立方体部分相交或完全包含在查询立方体内的立方体。然后对这些立方体中的实例进行进一步检查，以确定它们是否真包含在查询立方体中。之后根据空间分区（即表标识）和时间戳（即表中的分区键）对查询检索到的数据实例进行聚合，以便可以高效地从磁盘上整体检索它们。对来自同一表中同一分区的数据实例应该整体检索而不是单独检索，当通过查询检索到的实例数量非常大时，后者是一个非常耗时的过程。

如果一个时空范围查询涉及的（历史）时间段没有被内存中的索引覆盖，那么需要使用 6.3.2.1 节中介绍的方法在磁盘上的表中进行搜索以获取结果。

- 更新　当新的数据实例出现时，将它们投影到空间分区上，然后根据它们的时间戳将它们插入相应的表中，遵循 6.2.3.1 节中提出的方法，此外还会更新内存中的时空索引。在大多数情况下，新实例被插入现有时空索引的叶节点中，而不改变索引的结构。这可能会导致索引结构逐渐变得低效（例如高度不平衡的 3D R 树），需要对整个索引进行根本性的重建。由于索引的构建发生在内存中，并且与磁盘上的存储无关，因此可以以最小的工作量完成。

6.2.3.3　分布式索引数据管理

当数据规模非常大时，时空索引也会变得非常大，无法存储在内存中。为了响应对大规模时空动态点数据的即时查询，我们将索引结构和分布式计算系统融入数据管理方案中。

总体思路是首先将数据划分为许多小分区，然后根据每个分区的数据分布分别构建适当的时空索引（详细内容请参考 6.2.3.2 节）。每个分区的索引都存储在机器的内存中，而完整的数据实例集合按照 6.2.3.1 节中介绍的方法存储在磁盘上。

例如，使用图 6.8a 所示的框架，将给定的数据集随机划分为多个分区，每个分区都具有（几乎）相同的时空覆盖范围。然后为每个分区构建一个 3D R 树，并将索引加载到 bolt A 节点的内存中。到来的时空查询被传递给所有 bolt A 节点，每个节点都在自己的 3D R 树中搜索落入查询范围的数据实例。这些实例的标识符被发送到 bolt B 节点进行聚合，最后，从表中高效地整体检索这些数据实例的完整信息。随机分区使得分布式计算系统在响应查询时考虑了所有 bolt A 节点，并在不同节点之间平衡工作负载。

使用图 6.8b 和图 6.8c 中提出的框架时需要小心，因为这个框架将空间索引与时间索引分离，并将这些索引分别部署在 spout 和 bolt 节点中。在处理基于点的空间静态时间动态数据时，由于位置是固定的，因此空间索引返回的对象数量是有限的。因此，从 spout 节点发送到 bolt 节点的包含这些对象标识的消息的大小是有限的。然而，如果将这些框架应用于时空动态点数据，从空间索引检索到的数据实例数量可能是巨大的。因此，spout 和 bolt 节点之间的通信成本会增加。此外，对于 bolt 节点来说，当实例标识列表非常长时，检查实例是否属于它是耗时的。

一个调整方法是先将地理空间划分为不重叠的网格，基于均匀网格或其他空间分区方法（如四叉树），分别为每个网格内实例构建一个时空索引（而不是时间索引）。空间索引（关于网格分区）存储在 spout 节点中，每个 bolt A 节点维护一个网格的时空索引，当发生时空范围查询时，spout 节点首先在其空间索引中搜索部分与查询空间范围相交或完全落入查询空间范围的网格，然后将这些网格的标识发送给所有 bolt A 节点。如果一个 bolt A 节点发现了属于它的网格标识，它会搜索自己的时空索引，找到完全落入查询时空范围的实例。否则，bolt A 节点在不执行任何操作的情况下返回 null 给第二层。注意，即使 spout 节点中已经保存了空间索引，每个 bolt A 节点也必须维护一个时空索引，而不仅是时间索引。因为与查询空间范围部分相交的网格可能包含实际上并未落入查询空间范围的实例，仅维护时间索引的 bolt 节点无法再过滤这些实例，因此这并不是一个高效的索引方法。此外，查询工作负载可能由非常少的 bolt 节点承担，一旦这些 bolt 节点停止服务，将无法返回任何结果。

6.3 管理基于网络的数据

6.3.1 管理时空静态网络

这类数据结构存储基于空间网络（如道路网络）的数据，由三种类型的子结构组成：节点、边和邻接表。节点是一种时空静态点，类似于POI，边由一个标识符、两个表示其起点和终点的节点、描述其形状的空间点列表和元数据组成。元数据包括边的名称、车道数、方向（双向或单向）、级别以及边界框。邻接表表示（有向）网络的结构，显示给定边的相邻边或给定节点的相邻节点。一旦构建了这样的空间网络，这三种子结构的属性就不会随时间变化（即具有静态属性）。

6.3.1.1 磁盘数据管理

- **存储和索引** 类似于对基于点的时空静态数据（如POI）的磁盘数据管理方案，将空间划分为不重叠的网格（如P_1、P_2和P_3），如图6.11a所示，将空间网络的边和节点投影到这些网格上。节点和边的信息分别存储在两个表中。

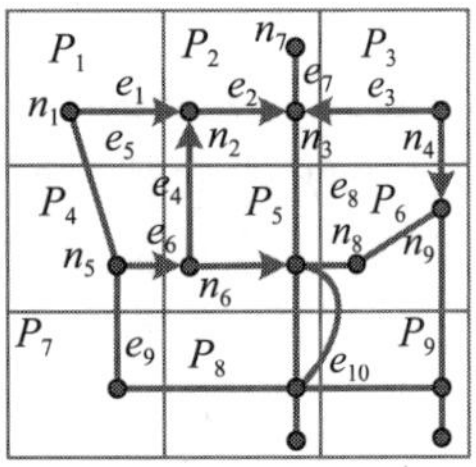

a）空间分区

b）用于网络节点的表存储

分区键	行键	纬度	经度	连接边	A_1	$\cdots$	A_k
P_1	n_1			e_1, e_5			
P_2	n_2			e_1, e_2, e_4			
P_2	n_3			e_2, e_3, e_7, e_8			
P_3	n_4			$\cdots$			

d）节点邻接表

分区键	行键	邻接节点
P_1	n_1	n_2, n_5
P_2	n_2	n_3
P_2	n_3	n_7, n_8
P_3	n_4	n_9

c）网络中边的表存储

分区键	行键	NID_s	NID_e	方向	形状点	A_2	$\cdots$	A_k
P_1	e_1	n_1	n_2	1			$\cdots$	
P_1	e_5	n_1	n_5	0			$\cdots$	
P_2	e_1	n_1	n_2	1			$\cdots$	
P_2	e_2	n_2	n_3	1			$\cdots$	

e）边邻接表

分区键	行键	邻接边
P_1	e_1	e_2
P_1	e_5	e_1, e_6, e_9
P_2	e_1	e_2
P_2	e_2	e_7, e_8

图6.11 对时空静态网络数据的磁盘数据管理

如图6.11b所示，每一行存储一个节点的信息，使用节点所在的时空分区标识作为分区键，使用节点自身的标识作为行键，表格的第三列和第四列分别表示节点的纬度和经度，第五列存储包含该节点的边的标识。例如，n_1位于时空分区P_1中，并且包含在边e_1和e_5中，这是为了方便检索给定节点的边信息。节点的其他属性（如入度、出度和级别）存储在从A_1到A_k的列中。

如图6.11c所示，表格中的每一行代表一条边。边完全落入或部分相交于的时空分区的标识用作分区键，边的标识是行键。边的起点和终点存储在第三列和第四列，每条边都与一个方向相关联，要么是单向（1）要么是双向（0），如图第五列所示。

当边不由直线表示时，第六列会记录描述其形状的中间空间点列表。边的其他属性，如速度限制和车道数，存储在剩余的列中。

由于边可能穿越多个空间分区，它可能会记录在这个表的多个分区中。例如，e_1 穿越了分区 P_1 和 P_2。因此，在表中为 e_1 创建了两个记录，分别使用 P_1 和 P_2 作为分区键，这是为了确保空间范围查询的搜索结果完整。例如当一个空间范围查询在 P_2 中部分与 e_1 相交但未覆盖 P_1 时，如果 e_1 只存储在 P_1 的分区中，那么 e_1 将无法被找到。一个极端的例子是 e_{10}，其端点分别位于 P_5 和 P_8 中，而其中间点属于四个分区。如果一个空间范围查询覆盖了 e_{10} 在 P_6 和 P_9 中的部分，将无法正确返回 e_{10} 作为结果。因此，在存储边时，会遍历其端点和中间空间点，检查它们所属的分区，然后分别为这些分区中的边创建一个记录。

除了记录单个节点和边的信息外，我们还从两个角度维护给定网络的结构。一个是节点之间的连接。如图 6.11d 所示，对于每个节点，记录它能够到达的一跳邻居。例如，n_1 可以到达 n_2 和 n_5，然而 n_2 无法到达 n_1，因为 e_1 是一条单向边。

维护给定网络结构的另一个角度是边之间的邻接关系，如图 6.11e 所示。这张表记录了每条边根据边的方向能够到达的一跳邻居。例如，由于 e_1 和 e_4 是单向边，不能从 e_1 到达 e_4。因此，e_4 不会存储在 e_1 的邻接表中。

- **空间范围查询**　给定一个空间范围查询，可以通过搜索图 6.11b 所示的表来找到落在查询范围内的节点，这类似于使用基于表的数据管理方案来搜索 POI。然后，可以根据节点所在的分区标识和这些边的标识，从图 6.11c 所示的表中检索包含节点的边的信息。为了从边表中高效检索信息，可以执行聚合操作以归并从节点表返回的边。可以整体检索来自同一分区的边，而在整合后，不同分区中具有多个记录的边将被检索一次。

  如果目标是找到完全落在或部分相交于给定空间范围查询的边，可以直接搜索图 6.11c 所示的表，这个过程与搜索节点几乎相同。首先，找到完全落在或部分相交于查询空间范围的分区。然后检索每条边的详细信息，特别是边的端点和中继点，检查这些空间点是否落在查询的空间范围内。如果是，则返回边的标识。

- **更新**　当创建新边时，分别将它们插入节点表和边表对应的分区中。对于节点表，在新边端点所在的空间分区中插入两行新记录。大多数情况下，边从一个现有节点开始或结束，因此只须插入一个新记录。在这种情况下，需要更新现有节点的记录，将新边的标识添加到其邻接边字段中。在某些极端情况下，添加一条边是为了连接两个现有节点。因此，在节点表中不创建新行，但仍然需要更新两个现有节点的邻接边字段。然后，更新图 6.11d 所示的节点的邻接表，将（新）节点标识添加到相应节点的邻接表中。

  对于边表，新边的记录被插入边完全落入或相交于的分区中。我们还将更新图 6.11e 所示的边的邻接表，将新边的标识添加到相应边的邻接表中。

6.3.1.2　单索引数据管理

磁盘数据管理由于 I/O 成本无法提供高效的查询处理能力，一种更有效的方法是针对基于时空网络的数据构建一个空间索引。空间索引存储在内存中，保存关键节点和边的信息，所有关于节点和边的信息都存储在磁盘上（例如使用 6.3.1.1 节中引入的基于表的数据管理方案）。

- **存储和索引**   如图 6.12a 所示，将空间划分为不重叠的网格（如 P_1、P_2 和 P_3），并将空间网络的边和节点投影到这些网格上，空间分区不会因为仅在磁盘上存储数据而随时间改变。节点和边的完整信息分别存储在两个表中，如图 6.11b 和图 6.11c 所示，遵循 6.3.1.1 节中引入的方法。然后，针对数据中的所有空间点构建一个空间索引（例如 R 树），如图 6.12b 所示。空间点包括节点和边的中继点，叶节点存储几个空间点的信息，包括空间点的标识、纬度、经度和所在的分区标识，例如，节点 n_1 落在空间分区 P_1 中。如果一个空间点是边的中继点，则也会包括边的标识（例如 s_1 是描述 e_{10} 形状的中继点）。索引存储在内存中，因此可以高效更新。

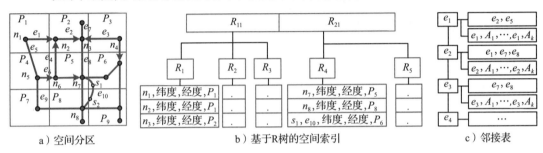

a）空间分区   b）基于R树的空间索引   c）邻接表

图 6.12   对时空静态网络数据的单索引数据管理方案

除了节点和边的空间索引之外，还将在内存中保留边之间的邻接表（例如，$e_1: e_2$，e5 和 $e_2: e_1, e_7, e_8$），如图 6.12c 所示。根据应用的需求，边的一些重要属性，如长度和速度限制，也可以存储在内存中。信息可以附加到邻接表中边的元素上，或者存储在一个单独的数组中，这是为了方便在时空静态网络中进行路由和将轨迹映射到这样的网络上。

- **查询处理**   当接收到空间范围查询时，我们在空间索引中搜索落在查询范围内的空间点。由于可能返回来自同一边的多个空间点，通过边标识和分区标识归并结果，然后根据分区标识和节点标识从节点表中检索节点的完整信息。同样地，通过分区标识和边标识从边表中检索边的完整信息。KNN 查询也可以通过空间索引处理，这里不详细介绍（更多内容请参考 4.3 节）。

- **更新**   当向给定数据集添加新边时，可以根据 6.3.1.1 节中引入的方法将其插入相应的表并更新相关字段，然后在内存中更新空间索引。在大多数情况下，可以简单地将边的空继点插入基于其空间坐标的现有 R 树的叶节点中。对于每个新添加的空间点，在叶节点中创建一个元素，包含其标识、边标识、分区标识、纬度和经度。有时，当插入的数据导致树严重不平衡时，我们需要重建整个树。最后，更新邻接表中的相应元素，并为新添加的边创建一个新的元素。由于这两个索引都存储在内存中，更新成本是可承受的。此外，由于这类数据的性质，更新发生的频率非常低，例如道路网络的结构不会不断变化。

6.3.1.3   分布式索引数据管理

- **存储和索引**   当一个给定的时空静态网络数据集非常大时，无法将其索引存储在单个机器的内存中。因此，需要将这样的网络数据划分为小的分区。考虑到负载平衡和通信成本，为图找到最优分区的问题是 NP 完全的，这个问题已经研究了很多年。此外，不同的应用需要不同的最优图分区方法。在本节中，不深入探讨这个问题，只考虑一种简单的分区方法来完成空间范围查询和 KNN 查询。

如图 6.13 所示，将给定的数据集随机划分为（几乎）均匀的部分，每个部分都有类似数量的边。然后，按照图 6.12b 所示的方法为每部分数据构建一个空间索引。分布式系统中的每台机器都加载有数据一个部分的索引，一条边只能存储在一个机器的索引中。请注意，数据是按边划分的，而不是按空间网格，因为后者可能导致不同机器上的工作负载不平衡和数据分布不均。边的邻接表和属性与边的空间索引存储在同一台机器中，节点和边在磁盘上的存储方式与 6.3.1.1 节中介绍的方式相同。

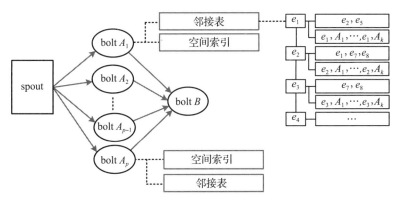

图 6.13　对时空静态网络数据的分布式索引数据管理方案

- **查询处理**　以图 6.13 中展示的基于 Storm 的框架为例，我们展示了响应空间范围查询或 KNN 查询的过程。当空间范围查询到来时，spout 节点将查询分发到所有 bolt A 节点，每个节点都在自己的空间索引中搜索落在查询范围内的结果。然后，bolt B 节点聚合来自所有 bolt A 节点的结果，归并来自同一边的空间点。结果然后被输出到一个 blob 文件或 Redis 中的内存块，供其他应用程序使用。如果是 KNN 查询，每个 bolt A 节点将返回距离查询点最近的边的标识和到查询点的距离。bolt B 节点然后根据它们到查询点的距离对这些边进行排序，最后返回最近的边。

  当需要一些聚合结果时（如计算给定空间范围内道路段的总长度），每个 bolt A 节点从邻接表中检索相应的信息，如边的长度。在这个例子中，只需要边的属性，不使用邻接关系。每个 bolt A 节点计算其索引中落在空间范围内的所有边的总长度。bolt B 节点进一步聚合所有 bolt A 节点返回的长度。

  如果想要计算给定空间范围内道路交叉点的数量，每个 bolt A 机器会在自己的空间索引中搜索落在查询范围内的（网络）节点。然后，它会将从其索引中检索到的节点数量发送到 bolt B 节点进行进一步聚合。

- **更新**　当向给定的数据集中添加新边时，可以根据 6.3.1.1 节中介绍的方法将其插入相应的表中并更新相关字段，边被添加到边数最少的机器中。然后，根据 6.3.1.2 节中介绍的方法更新该机器的空间索引和邻接表，相应机器中连接到新边的现有边的邻接表也会被更新。

6.3.2　管理基于网络的空间静态时间动态数据

当动态读数在空间网络上重叠时（例如交通状况随时间变化的道路网络），会生成空间静态时间动态网络数据。不断生成的动态读数需要一种新的数据管理方法，用于时空静态网络数据的方法不再适用。

6.3.2.1　磁盘数据管理方法

- **存储**　存储边和节点的元数据到磁盘的方法与 6.3.1.1 节中介绍的方法相同，该方法使用两个表分别存储边和节点的静态信息，跨越两个空间分区的边在这两个分区中重复记录，还用另外两个表分别根据节点和边的邻接关系维护网络的结构（详见图 6.11）。

　　除此之外，还创建了一个表来存储边的动态读数，其中每一行保存了在同一个时间戳生成的读数，读数按照时间戳顺序排列。该表以边的标识命名。分区键和行键来源于时间戳，例如，如图 6.14b 所示，创建了一个表来存储 e_1 的动态读数。如果在一个读数在 2017 年 1 月 23 日 20: 30: 00 生成，可以将 2017 年 1 月 23 日（即"20170123"）设置为分区键，将"20170123203000"设置为行键（详细请参考 6.2.2.1 节）。根据更新频率，可以为分区键使用不同的时间粒度。另外，可以创建一个表来存储节点的动态读数，以节点的标识命名，并使用读数的时间戳作为分区和行键。

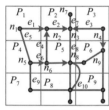

分区键	行键	V_1	$\cdots$	V_m
日期	时间			
日期	时间			
日期	时间			
日期	时间			

分区键	行键	V_1	$\cdots$	V_m
日期	时间			
日期	时间			
日期	时间			
日期	时间			

a）空间分区　　　　b）e_1 动态读数的存储　　　　c）n_1 动态读数的存储

图 6.14　对空间静态时间动态网络数据的磁盘数据管理方案

- **时空范围查询**　当一个时空范围查询到达时，首先搜索图 6.11c 所示的表，寻找完全落在给定空间范围内或部分与给定空间范围相交的边。响应空间范围查询的过程与 6.3.1.1 节中描述的相同。然后搜索这些边的表（例如，图 6.14b 显示的表）获取给定时间范围内的动态读数。例如可以在 e_1 的表中执行以下查询，检索从 2017 年 1 月 23 日 19: 00 到 2017 年 1 月 24 日 23: 00 的 e_1 的读数：

"PartitionKey ge ' 20170123' and PartitionKey lt ' 20170124' and

RowKey ge ' 20170123190000' and RowKey lt ' 20170124230000' "

其中，ge 表示一个字符串大于或等于另一个字符串，lt 表示一个字符串小于另一个字符串，根据字典顺序。将实体的分区键包含在其行键中可以简化跨多个分区的范围查询。有关 Azure 表的详细信息，请参考 5.2.2.2 节。

- **更新**　当有新的边时，根据 6.3.1.1 节介绍的方法，在图 6.11c 所示的边表中创建一个新的记录。创建一个新的表，如图 6.14b 所示，以存储新对象的动态读数。现有边的新读数将根据生成这些读数的时间戳添加到边的动态读数表的末尾。

6.3.2.2　单索引数据管理方法

- **存储和索引**　为了响应对大量空间静态时间动态数据的即时查询，建立一个空间索引（例如 R 树，如图 6.15a 所示）覆盖所有边中的空间点，空间点由边的端点和中继点组成。索引的叶节点中的每个元素对应一个空间点，包含空间点的标识、所属边的标识、纬度、经度以及所在的空间分区。例如，落入空间分区 P_1 的节点 n_1 是边 n_2 的一个端点。

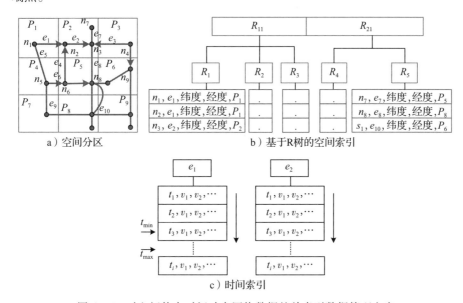

a）空间分区　　　　b）基于 R 树的空间索引

c）时间索引

图 6.15　对空间静态时间动态网络数据的单索引数据管理方案

建立一个时间索引来覆盖边的动态读数，时间索引可以是一个按时间顺序排序的动态数组，如图 6.15b 所示，也可以是一个 B+树（详细请参考 4.4.1 节）。由于内存大小远小于磁盘，而读数不断生成，因此只能在内存中保存最近的读数，而将历史数据存储在表中。

- **时空范围查询**　当一个时空范围查询到来时，首先搜索图 6.15c 所示的空间索引，寻找完全落在查询空间范围内的空间点。由于同一边可能有多个空间点，因此将包含相同边标识的结果相聚合。根据返回的边标识，可以分别搜索这些边的时间索引，以找到落在查询时间范围内的读数。

- **更新**　当出现新的边时，如图 6.15a 所示，将它们投影到网格上，并将它们的元数据分别插入节点表和边表的相应分区中，遵循 6.3.1.1 节介绍的方法。

　　然后在内存中更新空间索引。大多数情况下，可以简单地根据新边的空间坐标将空间点插入现有 R 树的叶节点中。对于每个新添加的空间点，在叶节点中创建一个元素，包含其标识、边标识、分区标识、纬度和经度。有时候，当插入的数据导致树严重不平衡时，需要重新构建整个树。最后，更新邻接表中的相应元素，并为新添加的边创建一个新的元素。

现有边的新读数根据生成时的时间戳追加到对象表的末尾。由于内存大小有限，因此在内存中为每条边保留最新的 n 个读数。当新读数到达时，相对较旧的读数会被从内存中清除，但是所有读数都记录在磁盘上的表中，将它们生成时的时间戳作为分区和行键。

6.3.2.3 分布式索引数据管理方法

- **存储和索引** 当一个给定的时空静态网络数据集非常大时，无法将其索引存储在单个机器的内存中，因此，需要将这样的网络数据分割成小分区。由于寻找图的最优分区问题是 NP 完全的，并且取决于应用程序，我们只考虑一种简单的分区方法来响应空间范围查询和 KNN 查询。

  如图 6.16 所示，将给定的数据集随机分成（几乎）均匀的部分，每个部分都有类似数量的边。然后按照图 6.12b 所示的方法为每部分数据构建一个空间索引，并根据图 6.15c 中介绍的方法为每条边创建一个时间索引。分布式系统中的每台机器都加载一部分数据的空间和时间索引，一条边只能存储在一个机器的索引中。注意，数据是按边分割的，而不是按空间网格，因为后者可能导致不同机器间的工作负载和数据分布不平衡。边的邻接表和属性与边空间索引存储在同一台机器中，节点和边在磁盘上的存储方式与 6.3.1.1 节中介绍的方式相同。

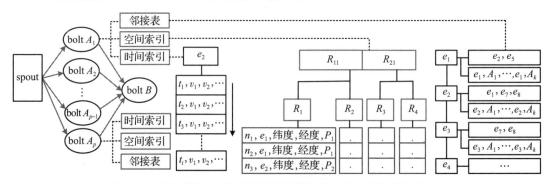

图 6.16 对空间静态时间动态网络数据的分布式索引数据管理方案

- **时空范围查询** 使用图 6.16 所示的基于 Storm 的框架作为示例，我们展示了响应时空范围查询的过程。当发生这样的范围查询时，spout 节点将查询分布到所有 bolt A 节点，每个节点都在其自己的空间索引中搜索完全落在查询空间范围内的空间点。由于同一条边有多个空间点，因此在 bolt A 节点中分别聚合具有相同边标识的结果。然后，每个 bolt A 节点搜索由空间搜索返回的边的时空索引，以找到落在查询时间范围内的读数。bolt B 节点接着聚合所有 bolt A 节点的结果，并将结果输出到一个 blob 文件或 Redis 的内存块中，供其他应用程序使用。

- **更新** 当向给定的数据集添加新边时，可以按照 6.3.2.1 节中介绍的方法将其插入相应的表中并更新相关字段，新边被添加到拥有最少边的机器中，然后根据 6.3.2.2 节中介绍的方法更新该机器的空间索引、时间索引和邻接表，相应机器中连接到新边的现有边的邻接表也会被更新。

6.3.3 管理基于网络的时空动态数据

这类数据的时空信息随着时间的推移不断变化，且不同数据实例之间存在网络结构。它有两个主要的子类别：一种是轨迹数据，记录了移动对象（如车辆、人员和动物）的痕迹，另一种是时空图，表示不同移动对象之间的动态连接和交互。在本节中，我们专注于管理轨迹数据，因为它已在许多系统中广泛使用。

6.3.3.1 磁盘数据管理方法

- **存储和索引** 如图 6.17a 所示，将空间分割成不重叠的网格，并将不同移动对象生成的轨迹投影到这些网格上。网格不一定是均匀的，取决于数据的分布。当使用非均匀网格分区来处理不平衡的数据时，将创建另一个表来存储每个网格边界框的空间坐标。

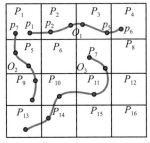

a）空间分区

分区键		行键		pid	纬度	经度	时间	A_1	$\cdots$	A_k
粗略时间1		精细时间1		p_1						
粗略时间2		精细时间2		p_2						
粗略时间3		精细时间3		p_3						
粗略时间4		精细时间4		p_4						

b）用于存储每个移动对象轨迹的表存储

分区键		行键		pid	O_ID	纬度	经度	时间	A_1	$\cdots$	A_k
粗略时间1		精细时间1_O_1		p_1	O_1						
粗略时间2		精细时间2_O_2		p_7	O_2						
$\cdots$		$\cdots$									
$\cdots$		$\cdots$									

c）用于存储每个分区中时空点的表存储

图 6.17 对轨迹数据的磁盘数据管理方案

对于每个移动对象，会创建一个单独的表，根据移动对象的标识命名它，以存储它自身的数据，如图 6.17b 所示。在这样的表中，每一行表示来自轨迹的一个时空点的记录，使用点的时间戳来推导其分区键和行键。例如，如果一个点是在 2017 年 1 月 23 日 20: 30: 00 生成的，可以将分区键设置为 "20170123"，将行键设置为 "20170123203000"（具体细节请参考 6.2.2.1 节）。点的标识（pid）、纬度、经度、时间戳和其他属性存储在其余的列中。根据轨迹中点的时间戳，它们会按时间顺序插入表中，点的标识会逐个增加。Azure 表会自动在云中的不同物理机器上存储不同的分区，试图将接近的分区分配到同一台机器上。因此，一个表可以非常大，用户不需要关注磁盘上的低级存储机制。

对于每个空间分区，会创建一个单独的表来存储落在其中的点（来自不同移动对象），如图 6.17c 所示，这个表中的每一行存储了一个移动对象生成的点的信息。使用点的时间戳来推导其分区键和行键，遵循上面提到的方法。由于可能有多个移动对象在相同的时间戳生成记录，因此会在时间戳的末尾附加对象的标识来形成一个点的唯一行键。生成点的移动对象的标识、点的身份、纬度、经度、时间戳和其他属性存储在其余的列中。一条穿过多个空间分区的轨迹会分别在这些分区的表中生成多个记录，例如移动对象 O_1 生成了从 p_1 到 p_6 的六个点，p_1 落在空间分区 P_1 中，而 p_6 落在空间分区 P_4 中，因此它们分别记录在 P_1 和 P_4 的表中。

- 时空范围查询　给定一个时空范围查询，首先找到完全落在或部分相交于查询空间范围的空间网格。然后，分别根据每个表的分区键和行键在这些网格的表中搜索时间戳在查询时间范围内的点。例如，可以通过在 P_1 的表中执行以下查询来检索在 2017 年 1 月 23 日 19:00 到 2017 年 1 月 24 日 23:00 之间 P_1 中生成的点：

  " PartitionKey ge ' 20170123' and PartitionKey lt ' 20170124' and
  RowKey ge ' 20170123190000' and RowKey lt ' 20170124230000' "

  其中 ge 表示一个字符串大于或等于另一个字符串，lt 表示一个字符串小于另一个字符串，根据字典序。将实体的分区键包含在其行键中可以方便地完成跨多个分区的范围查询。关于 Azure 表的详细信息，请参考 5.2.2.2 节。

  由于存在跨越多个网格的轨迹，我们会根据与点关联的移动对象标识归并属于同一轨迹的点，进一步进行空间细化，移除结果中未真正落在查询空间范围内的点。

- 更新　当一个新的移动对象出现时，会创建一个独立的表来记录它的点。当由移动对象生成的新点出现时，会根据这些点的时间戳将它们按时间顺序插入移动对象的表中。这些点被投影到网格上，并插入它们所在的分区的表中。由于在同一个空间分区中可能有不同移动对象生成多个点，因此将移动对象的标识附加到其点的标识的末尾。

6.3.3.2　单索引数据管理方法

- 存储和索引　上述方法涉及磁盘上的许多 I/O 操作，因此效率不高。为了能够即时查询大量轨迹数据，需要在轨迹数据上创建一个时空索引。轨迹在磁盘上的存储方式与 6.3.3.1 节中介绍的方法相同。

  如图 6.18a 所示，可以基于所有轨迹上的点（参考 4.4.2.4 节了解 3D R 树）创建一个时空索引（例如，3D R 树），其中纬度、经度和时间戳构成了三个维度，一系列点被限制在一个三维立方体中，一些小的立方体进一步组合成一个更大的立方体。图 6.18b 展示了索引的树结构表示，其中每个叶节点由一个元素列表组成。每个元素存储一个点的关键信息，包括点的标识、纬度、经度、时间戳以及生成该点的移动对象的标识。由于内存大小有限，因此在索引中保留最近的数据，而将历史数据存储在磁盘上（例如通过表）。

- 时空范围查询　给定一个时空范围查询，可以视它为一个三维立方体，首先在时空索引（例如，图 6.18 中的 3D R 树）中搜索完全位于立方体内的点。在返回的结果中，具有相同移动对象标识的点会被聚合。根据点的标识和分区键，可以从相应移动对象的表中检索关于点的详细信息，这些键可以简单地根据其空间坐标推导出来。

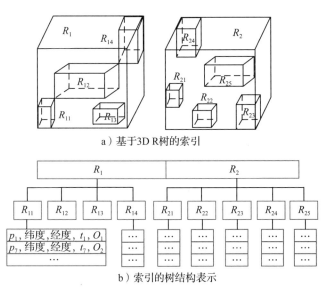

图 6.18 轨迹数据的单索引数据管理方案

根据不同的应用场景，还可以采用其他时空索引结构来管理轨迹数据，这些应用可能具有不同的更新频率。在这里，仅选择 3D R 树作为示例来说明如何将时空索引与云存储集成。

例如，首先将空间划分为网格，然后为每个网格构建一个时间索引，如排序动态数组和 B+树。给定一个时空范围查询，搜索完全位于或部分相交于查询空间范围的网格，然后在这些网格的时间索引中搜索时间戳位于查询时间范围内的点。最后，对返回结果进行空间细化，确保每个点都真正位于查询的空间范围内。如果使用 3D R 树，则最后一步是不必要的。

● 更新 更新包含两个部分，一是更新存储在磁盘上的表中的记录，二是更新内存中的索引。

当新移动对象出现时，会创建一个独立的表来记录它的点，如图 6.17b 所示。当由移动对象生成的新点到达时，根据这些点的时间戳按时间顺序将它们插入移动对象的表中。这些点被投影到网格上，并插入它们所在的分区表中，如图 6.17c 所示。因为在同一个空间分区中可能有多个由不同移动对象生成的点，所以将移动对象的标识附加到其点的标识的末尾。

然后在内存中更新索引。例如，当使用 3D R 树时，根据点的空间坐标和时间戳将新产生的点插入相应的立方体中。为了确保索引的大小不会太大以至于无法存放在内存中，应该从索引中移除很久以前生成的点。当一个 3D R 树变得极度不平衡时，完全重建这棵树，这个插入-移除-重建的过程非常复杂。因此，一个更实际的解决方案是创建一个新的 3D R 树来处理最近时间间隔（如最后十五分钟）内接收到的数据。在新索引创建之前，新点被插入现有的 3D R 树中。现有索引的树结构不会改变，即使在新点插入后变得不平衡，也不会进行节点分裂和归并操作。当创建一个新索引时，现有的索引将被淘汰，构建新索引的频率取决于应用场景。例如，在出租车调度系统中，可以每两分钟构建一个新的索引来处理最后十五分钟内接收到的轨迹数据。

如果查询很久以前的数据，会搜索图 6.17 显示的相应表，遵循 6.3.3.1 节中介绍的方法。

6.3.3.3   分布式索引数据管理方法

- **存储和索引**   当轨迹数据极其庞大时，无法将它的时空索引存储在单个机器的内存中。在这种情况下，通过移动对象（即轨迹）随机地将轨迹数据分区，将不同移动对象的轨迹分配给不同的机器，每个数据分区几乎有相同数量的移动对象。同一对象的所有轨迹数据都分配给同一台机器，为每部分轨迹数据构建一个时空索引，并加载到机器的内存中。

  图 6.19a 展示了使用 Storm 和 3D R 树构建和更新索引的一个示例。当接收新点时，每个点都包含点标识、移动对象标识、纬度、经度、时间戳以及其他属性，spout 节点将这些点的信息分布给所有 bolt A 节点。每个 bolt A 节点都维护一个属于其索引的移动对象标识列表。如果在接收到的消息中找到来自这些移动对象的点，则 bolt A 节点将这些点插入其时空索引中。为了确保索引的大小不会太大以至于无法存放在内存中，根据 6.3.3.2 节中介绍的更新方法，以一定的频率为最近接收到的轨迹数据创建新索引。旧的索引然后被淘汰，所有点都被插入图 6.17 所示的表中，这些表存储在磁盘上，由云管理。

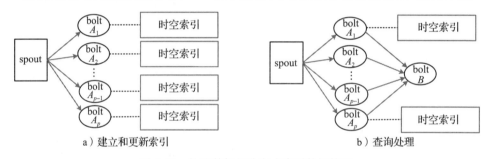

a）建立和更新索引   b）查询处理

图 6.19   轨迹数据的分布式索引数据管理

- **时空范围查询**   在处理时空范围查询时，spout 节点将其分发给所有 bolt A 节点。每个 bolt A 节点根据 6.3.3.2 节中介绍的方法在其自己的时空索引中搜索落在查询范围内的点。首先在每个 bolt A 节点中按移动对象标识（例如 $O_1: p_1 \sim p_5$）对这些点的标识进行聚合，然后发送到 bolt B 节点。bolt B 节点从对应的移动对象表中整体检索聚合结果中点的详细信息，例如，从 O_1 的表中检索 $p_1 \sim p_5$ 的信息，如图 6.17b 所示。然后，bolt B 节点将检索到的结果输出到文件或内存块中，供其他应用程序使用。

6.4   城市大数据平台

图 6.20 展示了城市大数据平台的框架，该框架由五个层次组成。在底层，根据数据结构和时空属性定义了六种数据模型（详细内容请参考 4.1 节）。使用这六种数据模型来容纳城市中创建的各种数据集，即使这些数据集可能看起来不同，并且生成于不同的领域。这增强了城市大数据平台的可扩展性，因为当接收新的数据集时，可以重用现有的数据模型，而不是创建一个新的模型。

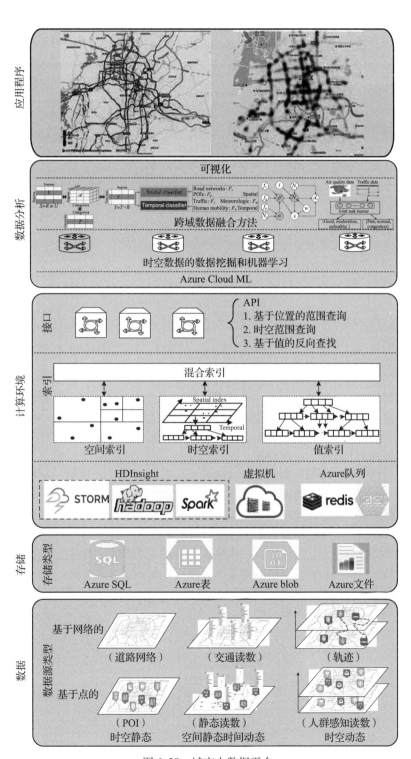

图 6.20　城市大数据平台

我们利用现有云计算平台的存储（如 Azure 表和 blob），而不是重新构建存储平台。不同的数据模型有不同的存储机制。具体细节请参考本章前面的部分。

在存储层之上，为不同类型的数据模型设计了空间和时空索引，以及用于管理跨不同领域多个数据集的混合索引。索引结构随后被集成到一个分布式计算环境，例如 Hadoop、Spark 或 Storm 中，具体细节请参考前面的章节。还为上层的机器学习算法提供了一些 API，从而提高了 AI 技术的效率。

城市数据分析进一步由三个子层组成，最底层的子层包括基本的机器学习算法，如聚类、分类、回归和异常检测模型，中间的子层包含专为时空数据设计的先进机器学习算法（详细内容请参考第 8 章），顶层的子层包含用于融合来自多个不同数据集知识的先进机器学习模型（详细内容请参考第 9 章）。

在城市大数据平台之上，有多个垂直应用，例如推断细粒度的空气质量、预测全市的交通状况以及为电动汽车部署充电站。通过将平台不同层的组件组合在一起，可以快速启用新的应用程序，同时保持平台的可扩展性和效率。

6.5   总结

当前的云计算平台并不是为了处理时空数据而设计的，这类数据具有独特的数据结构和查询方式。在现有的云平台中，缺少许多技术（例如空间和时空索引结构），将这些索引结构集成到云计算平台中需要来自双方的知识。

本章介绍了四种在云上管理时空数据的方案，这些方案基于是否使用索引以及在是否分布式系统上部署索引，分别是单磁盘、单索引、分布式磁盘和分布式索引数据管理方法。最后一种是最先进且具有挑战性的数据管理方案，将空间和时空索引（例如基于网格的索引、R 树和 3D R 树）集成到分布式计算系统（如 HDInsight 中的 Spark 和 Storm）中。这种方案使云能够更有效地处理更大规模的时空数据，同时使用更少的计算资源。

本章分别讨论了四种数据管理方案的实现过程，针对六种数据模型，包括基于点的时空静态数据、基于点的空间静态时间动态数据、基于点的时空动态数据、基于网络的时空静态数据、基于网络的空间静态时间动态数据，以及基于网络的时空动态数据。对于每种数据类型介绍了存储和索引、响应空间或时空范围查询以及更新的过程。

基于现有的云计算平台，提出了城市大数据平台的一个框架，定义了六种数据模型以容纳各种类型的数据。空间和时空索引被集成到分布式计算环境（如 Spark 和 Storm）中，以显著提高处理和查询大规模时空数据的性能，还设计了先进的机器学习算法来处理时空数据，并融合来自不同领域多个数据集的知识。

城市数据分析

第 7 章

城市数据的基本数据挖掘技术

摘要：本章介绍了数据挖掘的一般框架，并从五个方面展示了基本的数据挖掘方法，包括关联规则和频繁模式、聚类、回归、分类和异常值检测。我们没有讨论每种方法的技术细节，而是重点介绍了每种模型的一般概念和具体示例，展示了如何应用模型从空间和时空数据中挖掘知识。由于数据挖掘是一个知识发现的过程，可以通过数据库技术或机器学习算法来进行，所以按照从数据库到机器学习的方式来介绍这些数据挖掘模型。

7.1 引言

7.1.1 数据挖掘的一般框架

数据挖掘，也称为从数据中提取知识（KDD），通过收集、清洗和分析数据的过程，自动或方便地提取代表知识的模式，这些知识隐式存储或体现在数据中。图 7.1 展示了数据挖掘的一般框架，它由两个主要部分组成：数据预处理和分析过程。第一部分包括数据清洗、数据转换和数据集成等组件。数据预处理的技术细节将在 7.2 节中介绍。第二部分包括各种数据挖掘模型、结果评估和表示方法。我们将在 7.3 节中详细阐述每种数据挖掘模型的类别。

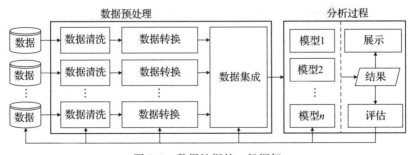

图 7.1　数据挖掘的一般框架

数据清洗的目的是通过填充缺失值、平滑噪声数据以及去除异常值来清洗数据。脏数据可能在挖掘过程中引起混淆，导致不可靠的输出。

数据转换将不同形式的数据转换成对数据挖掘模型用户友好型的格式。特征构建和（尺度）归一化是这一组件的两个主要过程。

数据集成归并不同来源的数据，同时减少数据表示，最小化信息内容的损失。

根据模型将要完成的任务，数据挖掘模型可以分为五个主要类别，包括频繁模式挖掘、聚类、分类、回归分析和异常值检测。

- 频繁模式　挖掘指在数据集中经常出现的项集、子序列或子结构。例如，在交易数据集中，牛奶和面包经常一起出现，这就是一个频繁模式。

- 聚类　将一组数据对象分组到多个组或簇的过程，簇内的对象高度相似，簇间的对象非常不同。例如，可以根据学生在学校的学习兴趣和行为将他们聚类到几个不同的组中。

- 分类　一个两步过程，包括学习阶段（其中构建分类模型）和分类阶段（其中使用模型预测给定数据的类别标签）。一个典型的例子是银行根据申请人的特征（如年龄、性别、收入和职业）决定是否向申请人发放信用卡。分类通常被称为有监督学习，聚类则被称为无监督学习。

- 回归分析　一种统计过程，用于估计变量之间的关系。例如，可以使用回归模型根据过去几小时的道路交通情况和天气预报来预测未来几小时某一路段的行驶速度。在这里，回归模型估计了两个特征变量与行驶速度之间的关系。分类模型的标签只能是分类值，回归分析的输出则是一个连续值。

- 异常值检测　也称为异常点检测，是寻找行为与预期差异很大的数据对象的过程。除了欺诈检测外，异常值检测在医疗保健、入侵检测和公共安全等领域有着广泛的应用。异常值检测和聚类分析是两个高度相关的任务。聚类找到数据集中存在的主要模式，并据此组织数据，而异常值检测试图捕捉那些与主要模式有很大偏差的异常值情况。

一些模型可以同时属于多个类别。例如，人工神经网络可以用作回归模型或分类模型。数据挖掘任务可能在同一阶段使用多个功能类似的模型（如集成学习），或者在不同阶段使用功能不同的模型。

在数据挖掘模型生成结果后，需要评估它们的性能。一些任务（如分类和回归）很容易评估，因为可以将模型的输出与明确的真实值进行匹配。例如，给定一个分类任务的真实值，可以使用两个度量标准，即精确度和召回率，来衡量分类模型的性能。同样，可以使用均方根误差（RSME）来衡量回归任务的性能。然而，一些数据挖掘任务（如聚类和异常值检测）可能难以评估，因为它们没有真实值。请注意，数据挖掘是一个迭代过程，如果数据挖掘模型的性能不够好，可以考虑使用其他模型，或者以另一种方式聚合数据，还可以提取和选择不同的特征，甚至添加或替换新数据集，在图 7.1 中用虚线箭头表示。总的来说，数据比特征更重要，特征比模型更重要。

在从数据中发现知识之后，需要通过可视化以更直观的方式呈现它。知识的表示可能会揭示进一步的洞察，这些洞察可能会激发新的特征和模型设计。它还可以帮助评估一些数据挖掘任务（例如，聚类），并使专家能够将领域知识贡献给数据挖掘任务。

7.1.2 数据挖掘与相关技术之间的关系

近年来，充斥着一系列热门词汇，如大数据、机器学习、人工智能、深度学习、强化学习和云计算。其中一些，如人工智能，虽然不是新词，但再次变得流行。一些术语，如数据管理或数据库，可能不再是热门词汇，但与数据挖掘非常相关。很多人心里都有一个疑问："数据挖掘与这些术语之间的关系是什么？"在介绍了数据挖掘的一般框架之后，可以进一步解释它与其他技术（或术语）的联系。

人工智能这个术语是由 John McCarthy 博士在 1956 年提出的。在计算机科学中，人工智能研究领域将人工智能定义为对"智能体"的研究，智能体是任何能够感知环境并采取行动以最大化其在某些目标上成功机会的设备。人工智能有三个能力层次：

1. 与现实世界交互（即感知、理解和行动）；
2. 推理和规划（即建模外部世界、规划和做出决策）；
3. 学习和适应（即解决尚未遇到过的新问题的能力）。

第一层能力相对容易实现，而第三层仍然困难。近年来人工智能的普及并不是它在历史上的第一次兴起。尽管在 1990 年之前就已经发明了许多智能算法，但当时的数据和计算基础设施能力仍然非常薄弱，因此成为人工智能发展的瓶颈。现在，这些问题已经不复存在。

图 7.2 展示了人工智能技术的分类，其中机器学习可以被视为人工智能的一个分支。当然，从事机器学习的研究人员中有一部分来自数学统计领域（而不是原始的人工智能领域）。除了机器学习之外，人工智能还有多个子领域，包括专家系统、规划、进化计算、推荐系统、模糊逻辑等。然而，与机器学习相比，它们并没有同样受益于数据和计算基础设施。与此同时，机器学习作为一种工具已经开始为其他子领域做出贡献，如为推荐系统，这就是人们在谈论人工智能时主要关注机器学习的原因。人工智能社区之外的人甚至可能误解人工智能在某种程度上等同于机器学习，这是不正确的。机器学习要实现的任务包括回归、分类、聚类、度量学习、异常值检测、因果分析等。此外，根据从数据中学习的方式，机器学习可以分为六类。

- 有监督学习　从标记的训练数据中推断函数的机器学习任务。训练数据中的每个实例都是由输入特征向量和期望输出值（有时称为类标签）组成的对。有监督学习算法分析训练数据并生成推断函数，该函数可用于确定新（未见）实例的类标签，分类是有监督学习的一个典型任务。

- 无监督学习　从未标记的数据中推断一个函数来描述隐藏结构的机器学习任务（即观察中不包括分类或归类）。由于提供给学习者的示例是未标记的，因此不会客观评估由相关算法输出的结构的准确性。这是区分无监督学习、有监督学习和强化学习的一种方式，聚类是无监督学习的一个典型任务。

- 半监督学习　介于无监督学习和有监督学习之间。它也可以被视为一类特殊的有监督学习技术，利用未标记的数据（通常是少量的标记数据与大量的未标记数据相结合）进行训练。许多机器学习研究人员发现，当未标记的数据与少量标记数据结合使用时，可以显著提高学习准确性。

- 集成学习　使用多个学习算法来获得比任何单个学习算法都更好的预测性能。

- 深度学习　机器学习的一个分支，基于一组试图在数据中建模高级抽象的算法。深度神经网络（DNN）和深度学习是几乎可以等同使用的相似术语。DNN 是一个具有多个隐藏层单元的人工神经网络，由输入层和输出层之间的线性和非线性变换组成。术语 DNN 强调复杂的深层网络结构，而术语深度学习关注训练 DNN 以建模高级抽象的学习算法。卷积神经网络（CNN）和递归神经网络（RNN）是应用于计算机视觉和语音识别的最受欢迎的两种 DNN 模型。

- 强化学习　受行为主义心理学启发的机器学习领域，关注软件代理如何在环境中采取行动以最大化某种累积奖励。强化学习与标准的有监督学习不同，在有监督学习中，正确的输入/输出对从不呈现，也不会明确纠正次优行为。此外，强化学习关注在线性能，这涉及在探索（未知领域）和利用（当前知识）之间找到平衡。强化学习本身并不是一种新的机器学习技术，但最近与深度学习结合使用时引起了大量关注。深度强化学习使用深度学习技术来学习一个近似值函数（对于强化学习算法），它直接估计给定状态和动作策略的奖励，而无须遍历所有可能的中继状态。

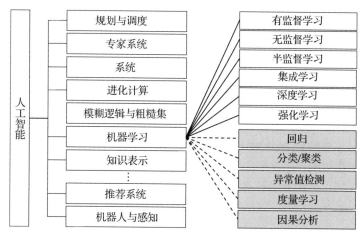

图 7.2　人工智能

图 7.3 展示了数据挖掘与其他技术术语之间的联系，这些术语包括机器学习、人工智能、数据管理（数据库）、大数据和云计算。一般来说，数据挖掘是一个利用各种工具从数据中挖掘知识的过程。这些工具可以是数据库技术（如频繁模式挖掘）、机器学习算法（例如，支持向量机和决策树），或其他人工智能技术（如进化计算和模糊逻辑）。通常，数据库技术侧重于生成结果的效率，而机器学习算法（以及其他适用于数据挖掘的人工智能技术）关注所发现结果准确性（或有效性）。因此，可以从数据库的角度进行数据挖掘，也可以从机器学习（及相关人工智能）的角度进行数据挖掘。许多数据挖掘方法结合数据库技术和机器学习算法来完成任务，这对于实际世界的数据挖掘应用非常重要。

当需要挖掘的数据规模很大且应用要求在线数据处理时，需要用像云这样的强大计算基础设施来有效地存储、访问、挖掘和表示数据。云计算是一个更有计算环境导向的术语，为数据挖掘任务提供 IaaS 和 PaaS。数据库技术、机器学习算法和其他人工智能方法可以部署在云端，并被应用程序和任务作为服务使用（即 SaaS）。知识表示，特别是交互式视觉数据分析，也可以依赖于云计算平台。

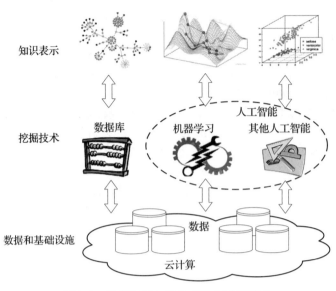

图 7.3　数据挖掘与其他术语之间的联系

　　大数据通常包括超出常用软件工具捕获、整理、管理和处理能力的数据集，这些工具无法在可接受的时间内处理这些数据。业界广泛认为大数据具有"3V"特征，即体积（volume，数据量）、速度（velocity，数据的进出速度）和多样性（variety，数据类型和来源的范围）。一些组织机构增加了额外的"V"来描述大数据，包括价值（value）和真实性（veracity）。然而，一些术语，包括体积、速度和价值，很难具体判断或量化。例如，大数据的体积会随着时间的推移不断变化，从几十太字节变化到许多拍字节的数据。争论十几太字节数据是否可以被视为大数据是非常困难的。与这些模糊的术语相比，多样性非常清晰且易于判断。因此，大数据关注新技术形式的集成，以揭示多样、复杂和大规模数据集涵盖的内容，主要组成部分包括数据分析技术（如机器学习）、数据管理（如云计算和数据库）和可视化。因此，大数据也强调从数据中发掘知识，但描述的是从数据的视角出发的技术。

　　总之，可以说数据挖掘描述的是从挖掘过程视角进行知识发现，它可以使用数据库、机器学习和相关人工智能技术作为工具，以及使用云计算平台作为计算环境（在处理大数据时）。大数据描述的是从数据视角进行知识发现，这是一种端到端解决问题的能力（从数据收集、管理、分析到可视化）。云计算描述的是一种计算方式，它可以赋能大数据、数据挖掘和其他大规模系统。

7.2　数据预处理

7.2.1　数据清洗

　　现实世界中的数据往往因为多种原因而不完整且充满噪声。一些数据收集技术本身就不准确，这可能受限于与收集和传输相关的硬件，也可能由于硬件故障或电池耗尽而丢失了读数。这种脏数据会导致挖掘过程混乱，从而导致不可靠的输出。数据清洗的目的是通过处理缺失项和平滑噪声数据来清理数据。

7.2.1.1　处理缺失项

由于数据收集方法不完善，许多数据项可能仍然是空的。有三类技术可用于处理此类缺失项。

- 任何包含缺失项的数据记录都可以完全删除。但是，当大部分记录都包含缺失项时，这种方法可能就不实用了。此外，忽略元组中的一个或两个缺失项后，我们就无法利用元组中的其余属性值了。
- 对缺失值可以根据其邻域或经验值（如历史平均值）进行估计。在时空数据中估算这些缺失值是一个具有挑战性的任务[52]，因为有多种可能的估计选择。例如，可以用最近的空间邻域的值或过去几小时内的自身值来估算缺失项（具体细节请参考 3.5 节），估计过程产生的错误可能会影响数据挖掘算法的结果。
- 设计分析模型，用它们处理缺失值。实际上，许多数据挖掘方法都是设计来健壮地处理缺失值的。例如，可以在贝叶斯网络中使用"未知"来表示变量的缺失值。这种方法通常是最佳选择，因为它避免了由估计过程引起的错误。

7.2.1.2　处理噪声项

噪声是测量变量中的随机误差或方差。处理噪声项的关键方法分为三类。

- *基于领域知识的规则*　领域知识通常表现为属性的范围或指定不同属性之间关系的规则。例如，在城市中不可能看到以超过 400 公里/小时的速度行驶的出租车。因此，行驶速度高于 400 公里/小时的 GPS 点可以被视为噪声点。
- *异常值检测*　与剩余数据分布不一致的数据点通常被称为异常值。可以通过聚类来检测异常值，例如，落在聚类集合之外的数据点可能被视为异常值。另外，假设所有异常值都是由错误引起的是有风险的。例如，表示信用卡欺诈的记录可能与大多数（正常）数据的模式不一致，但不应将其作为噪声数据移除。此外，异常值检测是数据挖掘的一个研究主题，仍有许多挑战尚未解决。尽管有许多高级的异常值检测方法（具体细节请参考 7.6 节），但在数据清洗阶段花费过多精力进行异常值检测可能不是一个好的选择。
- *其他平滑技术*　对于时空数据，可以使用平滑技术，如卡尔曼滤波器、粒子滤波器和离散小波变换（DWT），来清除噪声。例如，卡尔曼滤波器估计的轨迹是对测量结果和运动模型的折衷。除了给出遵守物理定律的估计值外，卡尔曼滤波器还提供了对速度等高级运动状态的原则性估计。卡尔曼滤波器通过假设线性模型和高斯噪声来提高效率，但粒子滤波器放宽了这些假设，以实现更通用但效率较低的算法。关于如何使用卡尔曼和粒子滤波器修复噪声轨迹点的教程式介绍可以在以往文献中找到。DWT 最初是一种数据降维技术，将数据向量 X 转换为另一个大于用户指定阈值的小波系数向量 X'（具体细节请参考 7.2.3.2 节）。它也可以作为一种数据清洗方法，在移除噪声的同时还不平滑数据的主要特征。给定一组系数，可以通过应用 DWT 的逆变换来构造原始数据的近似。

在大数据时代，面对大量数据，其中高质量数据相对于噪声数据的比例非常高，我们可能会觉得没有必要花费太多精力从训练有效机器模型的角度去除这些噪声值。注意，并不是说在拥有大量高质量数据时去除噪声就不再必要，因为确保数据归一化的有效性也是非常重要的（参见 7.2.2.2 节）。如图 7.4 所示，如果一个小数据集有一个噪声点，那么最适合整个数据集的线性回归模型（即到所有点的累积垂直距离最小）将是虚线，真实的模型应该是实线（如果移除了噪声点）。也就是说，在小数据集中，一个噪声点将导致机器学习模型（拟合整个数据集）与其真实形式（仅拟合正常点）显著偏离。然而，当高质量数据的量非常大时，即使有几个噪声点，拟合整个数据集的线性回归模型仍然会非常接近真实的模型（即实线）。在这种情况下，可能只需要根据一些（常识）规则去除一些非常噪声的点，避免了通过聚类（或某些高级方法）去除不确定的异常值，这样做既有些风险，又计算成本高。

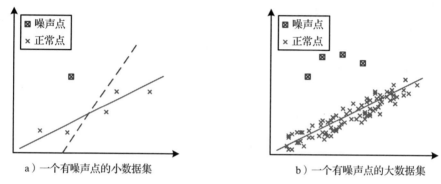

a) 一个有噪声点的小数据集   b) 一个有噪声点的大数据集

图 7.4 用线性回归模型拟合数据

7.2.2 数据转换

7.2.2.1 特征构建

当数据被收集后，可能以复杂的日志形式或自由形式对它编码，自由形式对于数据挖掘模型来说不是直接可计算的。因此，将其转换为对数据挖掘算法友好的格式是至关重要的，例如多维向量或时间序列格式。向量格式是最常见的，其中向量的不同元素对应于不同的属性，这些属性被称为特征或维度。例如，给定一个城市的 POI 数据集，我们可以计算每个邻居中不同类别 POI 的数量。假设一个邻居中有五家餐厅、三个公交站、一个加油站和一个电影院。我们从 POI 数据中提取的该邻居的特征向量是 $<5,3,1,1,\cdots>$。在这个例子中，一个邻居被视为一个实例，它具有多样的特征。

提取与我们要解决的问题相关的特征至关重要，特别是对于分类和回归问题，这需要对问题本身有足够的知识和理解。例如，为了确定银行是否应该向申请人发放信用卡，需要考虑申请人的年龄、工作和收入。这些因素可以成为二分类模型的特征，该模型根据从历史数据中提取的相同特征和标签为每个申请人生成是或否的标签。同样，为了预测某个地理区域的交通状况，需要考虑该区域的道路网络结构以及天气条件。从相应的道路网络数据中提取的特征，如道路交叉口数量和高速公路总长度，对该区域的交通状况有显著影响。如果问题的关键特征没有从数据中提取出来，那么接下来的数据挖掘问题可能会变得非常难以解决。提取过多的特征（尤其是无关特征）则需要更多的训练数据来调整不同特征的权重参数，否则一个小数据集含有过多特征会导致过拟合。在这种情况下，需要调用子集特征选择技术，这将在 7.2.3.2 节中介绍。

7.2.2.2　数据归一化

数据可能以极其不同的规模记录。例如,城市的湿度通常在 [0,100%] 之间,而一个人的收入可能每月有几万美元,后者的特征通常比前者大几个数量级。因此,根据任何不同特征计算的聚合函数(例如,欧几里得距离或线性回归模型)都将被具有较大数值的特征主导。换句话说,具有小值的特征被隐式地忽略了。因此,在将它们应用到数据挖掘模型之前,归一化不同规模的特征是非常重要的。有两种广泛使用的数据归一化方法:最小最大归一化和零均值归一化。

最小最大归一化对原始数据进行线性变换,将数据映射到 [0,1] 的范围。假设 $\min_A$ 和 $\max_A$ 是属性 A 的最小值和最大值。最小最大归一化通过计算将 A 的值 v_i 映射到 v_i':

$$v_i' = \frac{v_i - \min_A}{\max_A - \min_A} \tag{7.1}$$

当一个数据集包含一些异常值时,这种方法不太有效,因为它将大多数数据映射到一个非常小的范围内。例如,假设记录了一个异常湿度值(10)。那么,归一化后的湿度属性的大部分将会在 [0,0.1] 的范围内。因此,这个属性可能会被降权。为了解决这个问题,提出了零均值归一化。

零均值归一化根据属性 A 的均值 $\overline{A}$ 和标准差 σ_A 来映射 A 的值,计算如下:

$$v_i' = \frac{v_i - \overline{A}}{\sigma_A} \tag{7.2}$$

其中 $\overline{A} = \frac{1}{n}(v_1 + v_2 + \cdots + v_n)$ 和 $\sigma_A = \sqrt[2]{\frac{1}{n}\sum_{i=1}^{n}(v_i - \overline{A})^2}$。这种归一化方法在属性的实际最小值和最大值未知,或存在主导属性最大/最小值的异常值时非常有用。在正态分布的假设下,大多数归一化的值通常会在 [-3,3] 的范围内。

零均值归一化的一种变体用均值绝对偏差 s_A 代替标准差 σ_A,其计算方法如下:

$$s_A = \frac{1}{n}(|v_1 - \overline{A}| + |v_2 - \overline{A}| + \cdots + |v_n - \overline{A}|) \tag{7.3}$$

均值绝对偏差 s_A 比标准差 σ_A 更能够不受异常值影响,因为 $|v_i - \overline{A}|$ 没有平方。

7.2.3　数据集成

7.2.3.1　数据合并和知识集成

数据挖掘任务很可能涉及来自多个数据源的数据。如图 7.5a 所示,传统数据集成旨在归并描述相同对象的不同模式(来自不同来源)的数据。例如,三个不同的数据提供者生成了三个北京 POI 数据集,传统数据集成旨在将这三个数据集归并到一个具有一致数据模式的数据库中。在这种情况下,主要的挑战是模式映射和对象匹配。前者将不同的模式转换为一个一致的表示,后者识别不同来源中相同对象的记录,归并这些记录的互补属性,并删除重复的值。

最近的数据集成有了新的使命,那就是融合不同领域多个不同数据集的知识。如图 7.5b 所示,可能没有一个明确的对象,使我们可以基于该对象简单对齐不同数据集的记录。例如,

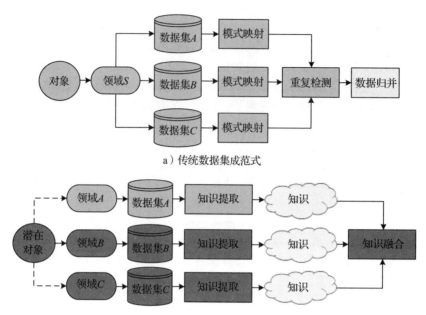

a）传统数据集成范式

b）（跨领域）大数据的数据融合范式

图 7.5　数据集成的概念

交通状况、POI 和区域的人口统计共同描述了区域的潜在功能，尽管它们来自三个不同的领域。实际上，这三个数据集的记录描述了不同的对象：道路段、POI 和邻居。因此，不能通过模式映射和对象匹配直接归并它们，而需要通过不同的方法从每个数据集中提取知识，系统地融合它们的知识，以共同理解一个区域的功能，这更多地和知识融合而不是和模式映射有关。

在这个例子中，整合三个数据源的一个可能方法是从每个来源提取区域级别的特征，并将这些特征放置在不同的矩阵中。如图 7.6 所示，可以将来自交通数据的特征放置在左边的矩阵中，其中每一行代表一个区域，每一列代表一个时间间隔。这个矩阵中的元素 v_{ij} 表示在时间间隔 t_j 区域 r_i 的平均行驶速度。同样，我们可以将 POI 相关的特征放置在右边的矩阵中，其中每一列代表一个 POI 类别（例如，餐厅），元素 n_{ij} 表示区域 r_i 中属于类别 c_j 的 POI 数量。例如，一个区域有五家餐厅、一个购物中心和一家电影院。这两个矩阵具有相同的区域维度，但列具有不同的含义。由于区域内的交通状况随时间变化很大，而区域内的 POI 可能不会随时间变化，所以将这两个特征集集成到一个矩阵中不是一个好的选择。对于这样的数据集成方法，可以应用高级知识融合方法（见第 9 章），例如情境感知矩阵分解，来融合两个不同数据集的知识。

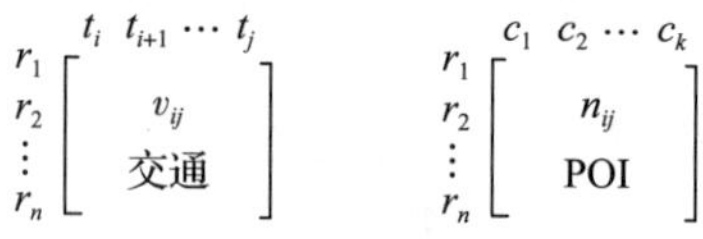

图 7.6　对不同数据集的
数据集成示例

7.2.3.2　数据降维

数据降维技术可以应用于获得数据集的简化表示，这种表示在体积上远小于原始数据集，同时又能紧密保持原始数据的完整性。也就是说，在简化数据集上进行挖掘应该更有效率，还能产生相同（或几乎相同）的分析结果。数据降维策略包括属性子集选择（也称为特征选择）、基于轴旋转的降维以及基于摘要的降维方法。

- 属性子集选择 分析用的数据集可能包含数百个属性，其中许多可能与挖掘任务无关或者是冗余属性，省略相关属性或保留无关属性可能会导致挖掘算法混淆。此外，这些无关或冗余属性会增加某些数据挖掘模型中的参数数量，不仅减慢挖掘过程，还会影响模型的准确性。一个具有许多特征的小训练集可能会导致过拟合问题。属性子集选择通过移除无关或冗余属性来减小数据集大小，同时确保由这些选定属性生成的数据挖掘结果尽可能接近使用所有属性的结果。穷举搜索最优属性子集的成本可能会非常昂贵，因此通常使用启发式方法来探索降维的搜索空间。

  - 逐步前向选择 该过程从空属性集开始，确定原始属性中的最佳属性并将其添加到降维集中。在随后的每次迭代中，都将剩余原始属性中的最佳属性添加到集合中。

  - 逐步后向消除 该过程从完整的属性集开始，在每一步中，都会移除集合中剩余的最差属性。

  - 前向选择与后向消除的组合 前述两种逐步方法可以结合使用，在每次迭代中，该过程选择最佳属性，并从剩余属性中移除最差的属性。

  - 决策树归纳 决策树算法最初是为了分类而设计的（详细信息请参见 7.5.3 节）。当它们用于特征选择时，可以假设在构建的树中未出现的特征为无关特征，出现在树中的属性集合形成了属性的降维子集。

    最近，先进的机器学习模型被赋予了处理数据稀疏性和噪声的能力（如正则化）。在大数据时代，当有足够的训练数据和先进的机器学习算法时，进行特征选择可能并不是非常必要，或者可以在特征选择上比以前少花费很多精力。给定足够的训练数据，机器学习模型可以自动确定每个特征的重要性，为冗余或无关特征设置较小的值。一个极端的例子是深度学习，它将图像的每个像素作为输入，而不进行特征选择。

- 基于轴旋转的降维 这类方法包括小波变换、主成分分析（PCA）和矩阵分解。属性子集选择通过保留初始属性的一个子集来减少属性集的大小，与此不同，这类方法通过在另一个空间中创建另一个更小的变量集来结合属性的核心内容。

  离散小波变换（DWT）是一种线性信号处理技术，它将时间序列或数据向量 X 变换为数值上不同的向量 X'，其中包含小波系数和相应的基向量。X 和 X' 的长度相同，但可以通过存储最强小波系数的一小部分来保留 X'。通过小波系数和基向量的乘积可以恢复原始数据向量。DWT 与离散傅里叶变换（DFT）密切相关，DFT 是一种涉及正弦和余弦的信号处理技术。一般来说，DWT 可比 DFT 实现更好的有损压缩。也就是说，给定一个数据向量，如果为 DWT 和 DFT 保留相同数量的系数，DWT 版本将提供对原始数据更精确的近似。因此，对于等效的近似，DWT 所需的空间比 DFT 少。与 DFT 不同，小波在空间中非常局部化，有助于保存局部细节。DWT 有几个系列，包括 Haar-2、Daubechies-4 和 Daubechies-6。

  Haar 小波是一种受欢迎的小波分解形式，因为它的性质直观和易于实现。假设一个传感器监控一个地点的温度，每分钟生成一个读数。尽管相邻时间间隔的温度非常相似，但传感器一天内的输出包括 $60 \times 24 = 1\,440$ 个记录，其中大部分是冗余表示。如果只存储一天的平均值，这可以提供关于温度的一些信息，但关于一天内温度变化的其他信息并不多。如果还存储了一天中前半部分和后半部分平均温度之间的差异，则可以从这两个值中推导出前半部分和后半部分的平均值。这个原理可以递归应用，因为一天的前半部分可以进一步划分为第一天和第二天的1/4。因此，通过存储四个值，可以完美地重构一天四个部分的平均值。这个过程可以递归地应用到传感器读数的粒度级别。

图7.7展示了使用Haar小波变换将时间序列的一个片段(8,6,3,2,4,6,6,5)转换为几个小波系数的例子。在最底层，整个时间序列的平均值是5。如果进一步计算前半部分和后半部分的平均值（4.75和5.25），会发现两者之间的平均差 $c_{1,1}$ 是(4.75-5.25)/2=-0.25。因此，时间序列可以大致表示为整个时间序列的平均值加上或减去 $c_{1,1}$（即5-0.25和5+0.25），对应于这种表示的基向量是(1,1,1,1,-1,-1,-1,-1)。为了更准确地表示时间序列，可以进一步计算时间序列的第一个1/4的平均值［即(8+6)/2=7］和第二个1/4的平均值［即(3+2)/2=2.5］，平均差 $c_{2,1}$ 是(7-2.5)/2=2.25。因此，可以用4.75±2.25表示时间序列的前半部分，基向量是(1,1,-1,-1,0,0,0,0)。同样，可以计算 $c_{2,2}$=(5-5.5)/2=-0.25，并使用5.25-0.25和5.25+0.25表示时间序列的后半部分。递归地将每个1/4分为两半，直到小波系数的数量等于原始时间序列的长度。这些"差值"，如 $c_{1,1}$、$c_{2,1}$ 和 $c_{2,2}$，用于推导小波系数(5,-0.25,-0.25,2.25,0.5,-1,0.5,1)。根据小波系数和相应的基向量，可以恢复原始时间序列。另外，可以说小波表示将原始长度为 q 的时间序列分解为了 q 个相互正交的"更简单"时间序列（或小波）的加权和。这些更简单的时间序列是基向量，而小波系数表示在分解中不同基向量的权重。

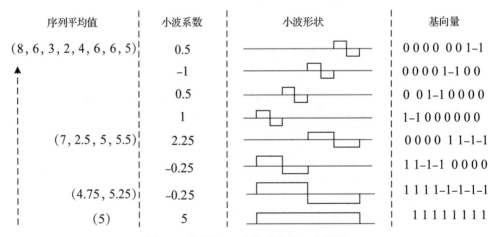

序列平均值	小波系数	小波形状	基向量
(8, 6, 3, 2, 4, 6, 6, 5)	0.5		0 0 0 0 0 0 1 -1
	-1		0 0 0 0 1 -1 0 0
	0.5		0 0 1 -1 0 0 0 0
	1		1 -1 0 0 0 0 0 0
(7, 2.5, 5, 5.5)	2.25		0 0 0 0 1 1 -1 -1
	-0.25		1 1 -1 -1 0 0 0 0
(4.75, 5.25)	-0.25		1 1 1 1 -1 -1 -1 -1
(5)	5		1 1 1 1 1 1 1 1

图7.7 使用 Haar 小波变换的一个例子

如果小波系数数量等于原始时间序列的长度，那么还无法实现任何数据降维。然而，是较大的小波系数对应于时间序列中数值变化的更显著程度，而不是较小的系数。因此，为了数据降维，可以保留大于用户指定阈值的系数（在本例中为1），并将其余系数设置为0，即(5,0,0,2.25,0,-1,0,1)。对于许多时间序列，如温度读数，在短时间内有许多相似的数据，因此必然有许多小的系数，这些系数在经过阈值平滑处理后将被设置为 0。因此，只需要存储少数小波系数的值和索引（例如，$c_{2,1}$ 代表第一半的第二级系数）。基向量根据小波系数的索引（例如在前一个例子中，对应于 $c_{2,1}$ 的基向量是$(1,1,-1,-1,0,0,0,0)$）可以构建，因此无须存储。

主成分分析（PCA）计算 k 个 p 维正交向量（称为主成分），它们用作基向量以最佳地表示原始数据，原始数据可以表示为一个 $n \times m$ 的矩阵，其中 $p<m$。主成分按重要性递减的顺序排序，本质上为数据提供了一组新的轴。如图 7.8a 所示，第一个轴显示了数据中的最大方差，第二个轴显示了次大方差，以此类推。原始数据因此被投影到一个更小的空间中，从而实现了降维。另外，可以说输入数据然后被表示为主成分的线性组合。注意，数据必须进行均值中心化，即 $x_{ij}-\mu_j$（即每一行的每个元素减去该元素所属列的整列均值 μ_j）。然后可以将初始数据投影到这个较小的集合上，主成分可以用作多元回归和聚类分析的输入。

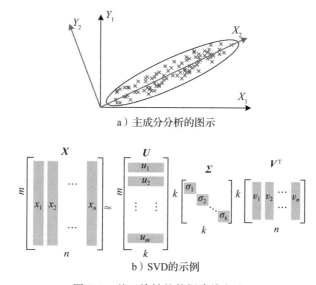

a）主成分分析的图示

b）SVD的示例

图 7.8　基于旋转的数据降维方法

矩阵分解将一个（稀疏）矩阵 X 分解为两个（低秩）矩阵的乘积，这两个矩阵分别表示每行和每列的潜在表示。潜在表示的大小通常远小于其原始特征集，可以用作数据挖掘算法的特征，从而减少数据的大小。此外，这两个矩阵的乘积可以近似矩阵 X，因此有助于填充 X 中的缺失值。有两种广泛使用的矩阵分解方法：奇异值分解（SVD）和非负矩阵分解（NMF）。SVD 将一个 $m \times n$ 的矩阵 X 分解为三个矩阵的乘积 $X=U \Sigma V^{\mathrm{T}}$，其中 U 是一个 $m \times m$ 的实单位矩阵（也称为左奇异向量）；Σ 是一个 $m \times n$ 的矩形对角矩阵，其对角线上是非负实数（也称为奇异值）；V^{T} 是一个 $n \times n$ 的实单位矩阵（也称为右奇异向量）。在实践中，当试图通过 $U \Sigma V^{\mathrm{T}}$ 近似矩阵 X 时，只需要保留 Σ 中的前 k 个最大奇异值和相应的奇异向量，如图 7.8b 所示。也就是说，$X \approx U_k \Sigma_k V_k^{\mathrm{T}}$。NFM 将一个 $m \times n$ 的矩阵 R（有 m 行和 n 列）分解为 $m \times K$ 的矩阵 P 和 $K \times n$ 的矩阵 Q 的乘积，即 $R=P \times Q$，这三个矩阵都没有负元素。例如，选择 Σ 中前 k 个对角线元素，其总和大于所有对角线元素总和的 90%。然而，与 NFM 相比，SVD 在计算上更加昂贵且更难并行化。

  PCA 在处理稀疏数据方面往往表现得更好，而小波变换更适合于高维数据但邻近元素有相似读数的情况。SVD 与 PCA 密切相关，但 SVD 比 PCA 更具普遍性。首先，SVD 为数据矩阵的行和列提供了潜在表示，而 PCA 只提供数据矩阵行的基向量。其次，SVD 通常用于对稀疏的非负数据进行去中心化处理，例如用户-物品矩阵。当数据没有进行均值中心化时，SVD 和 PCA 的基向量不会相同，可能会得到不同的结果。一旦矩阵进行了均值中心化，PCA 就可以通过 SVD 实现。

- 基于摘要的降维 这类数据降维方法倾向于使用数据的摘要来代表数据，包括基于直方图和基于聚类的降维方法。

  - 基于直方图的方法 直方图将属性 A 的数据分布分割成不重叠的子集，称为桶（bucket）或箱（bin），用属性值/频率对表示每个桶中的数据，以降维数据。例如，有 100 辆出租车在一个地区以不同的速度行驶。如果想要提取与行驶速度相关的特征，一种可能的方法是将出租车的行驶速度分割成几个不重叠的桶，例如 $[0,20)$，$[20,40)$ 和 $[40,100]$。然后，根据它们的行驶速度计算每个桶中出租车的数量，形成三个属性值/频率对，例如 $[0,20)/25$，$[20,40)/60$ 和 $[40,100]/15$。后来，一个属性值（范围）如 $[40,100]$ 成为特征，而对应于该范围的计数将用作特征的值。基于直方图的方法并未使用 100 辆出租车的行驶速度作为特征，可以将特征集的大小从 100 减少到 3。

  - 基于聚类的方法 聚类技术将数据元组视为对象，将这些对象分割成组或称为簇，簇内的对象彼此"相似"，簇间的对象"不相似"。在数据降维中，使用数据的簇表示而非使用实际数据。例如，有一个关于购物中心的数据集，每个购物中心都与许多特征相关联，这些特征如大小、楼层数量、商店数量及其在不同类别中的分布，以及关于它们车库的信息。可以根据这些特征对这些购物中心进行聚类，然后通过购物中心所属的簇的标识来表示一个购物中心，从而显著减少特征的大小。也可以利用这些簇作为桶，计算每个桶中购物中心的数量。然后，可以采用基于直方图的方法来制定属性值/频率对，其中簇的标识是属性值，属于簇的购物中心数量是频率。

7.3 频繁模式挖掘和关联规则

  频繁模式是指在一个数据集中经常出现的项集、子序列或子结构。例如，在交易数据集中经常一起出现的牛奶和面包是一个（频繁的）项集模式。如果一个子序列（比如先买一包面包，然后是啤酒，最后是尿布）在购物中心的交易记录中频繁出现，那么它是一个（频繁的）序列模式。子结构可以指不同的结构形式，如子图、子树或子格，它们可能与项集或子序列结合。如果子结构频繁出现，则它被称为一个（频繁的）结构化模式。寻找频繁模式在挖掘关联、相关性以及数据之间许多其他有趣关系方面发挥着重要作用。

7.3.1 基本概念

  项集、子序列或子结构在数据集中出现的频率称为支持度。如果一个模式的支持度不低于某个阈值，它被称为频繁模式。图 7.9 展示了三种不同类型的频繁模式。

如图 7.9a 所示，四条交易记录包含五种不同的物品：牛奶、面包、尿布、啤酒和酸奶。如果设置支持度的阈值为 3/4，那么（啤酒，尿布，面包）是一个频繁项集模式，因为它出现在四条记录中的三条中。尽管（啤酒，尿布）和（面包，尿布）的支持度也不小于 3/4，但这些模式是（啤酒，尿布，面包）的子集，即不是最大频繁模式。如果进一步考虑这些物品的购买顺序，如图 7.9b 所示，则（啤酒→面包）是唯一满足阈值的顺序模式。注意，两个物品之间的顺序不需要连续。例如，在第四条记录中，酸奶位于啤酒和面包之间。图 7.9c 说明了两种频繁子图模式的类别。上面的例子展示了一个频繁子图模式 (A, B, C)，它出现在三个具有相同连接结构的独立图中。因此，它的

牛奶，面包，尿布，啤酒	牛奶→面包→尿布
啤酒，尿布，面包	啤酒→尿布→面包
啤酒，面包，酸奶	啤酒→面包→酸奶
尿布，啤酒，酸奶，面包	尿布→啤酒→酸奶→面包
（啤酒，尿布，面包）	（啤酒→面包）
a）频繁项集模式	b）频繁序列模式

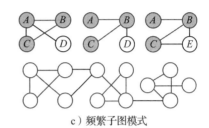

c）频繁子图模式

图 7.9　频繁模式示例

支持度是 100%，这也称为事务设置。图 7.9c 下面的例子在没有区分节点的单个图中找到了一个频繁子结构，由四个节点组成的灰色子结构在图中出现了三次。

频繁模式可以以关联规则的形式表示，并带有两个度量（即支持度和置信度），分别表示发现规则的实用性和确定性。例如，顾客购买啤酒的同时也倾向于购买尿布的信息可以表示为以下关联规则：

$$啤酒 \Rightarrow 尿布 [支持度 = 10\%，置信度 = 60\%] \tag{7.4}$$

其中，10% 的支持度意味着所有交易中有 10% 显示了啤酒和尿布是同时购买的，60% 的置信度意味着购买啤酒的顾客中有 60% 也购买了尿布。正式地，可以定义如下支持度和置信度规则：

$$支持度 (A \Rightarrow B) = P(A \cup B) \tag{7.5}$$

$$置信度 (A \Rightarrow B) = P(B \mid A) = \frac{支持度 (A \cup B)}{支持度 (A)} \tag{7.6}$$

其中 A 和 B 是像啤酒和尿布这样的项集。项集也可以由多个物品组成，例如：

$$（面包，啤酒）\Rightarrow 尿布 [支持度 = 8\%，置信度 = 50\%]$$

关联规则被认为是有趣的，如果它们同时满足最小支持度阈值和最小置信度阈值。此外，给定一个支持度，我们想要找到不是任何其他模式的子集的最大频繁模式。例如，如果（啤酒，尿布，面包）是一个频繁模式，那么这个模式的任何子集，如（啤酒，尿布）和（尿布，牛奶），也都是频繁模式。因此，没有必要再输出它的子集。

图 7.10 总结了挖掘三种频繁模式类别（频繁项集模式、序列模式和子图模式）的算法进展。该图还展示了代表性频繁模式挖掘算法之间的关系，算法 A 和算法 B 之间的实线箭头（即 $A \rightarrow B$）表示算法 B 是从算法 A 衍生出来的。不同层次上的算法之间的虚线表示不同类别中算法之间的对应关系，例如在序列模式挖掘算法中，与用于挖掘频繁项集的 FreeSpan 相对应的是 PrefixSpan。它们思路相似，但用于挖掘不同类型的频繁模式。在接下来的部分中，将分别介绍每个算法类别的算法，并描述它们之间的联系和差异。

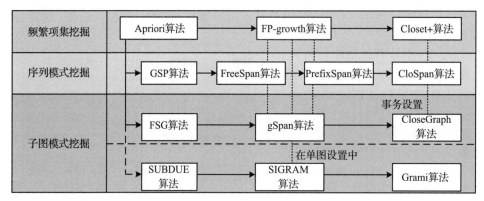

图 7.10 挖掘频繁模式及其关系的代表性算法

7.3.2 频繁项集挖掘方法

本节介绍了三种广泛使用的频繁项集挖掘算法：Apriori、FP-growth 和 Closet+，它们体现在图 7.10 的顶层。Apriori 算法通过生成 – 测试的方法挖掘频繁项集。然而，它可能仍然需要生成大量的候选集。为了提高挖掘效率，FreeSpan 算法采用了一种无须生成候选集的分治策略来挖掘频繁项集模式，Apriori 和 FreeSpan 算法都检测完整的频繁项集，这些项集是冗余且昂贵的。为了解决这个问题，提出了 Closet+算法来挖掘不包含在其他超项集中的闭频繁项集。

7.3.2.1 Apriori 算法

Apriori 算法是一个用于挖掘遵循布尔关联规则的频繁项集的启发式算法，它利用频繁项集的先验知识，即一个频繁项集的所有非空子集也必须是频繁的。Apriori 采用迭代逐层搜索的方式，其中 k 项集用于探索$(k+1)$项集。首先，通过扫描数据库累计每个项的计数并收集满足最小支持度的项，找到频繁 1 项集，该集合用 L_1 表示。接下来，用 L_1 找到频繁 2 项集的集合 L_2，再用 L_2 找到 L_3，以此类推，直到找不到更多的频繁 k 项集。每一层的搜索都通过以下两个步骤来完成。

第一步是连接步骤。为了找到 L_k，即频繁 k 项集，会生成一个候选 k 项集，通过将 L_{k-1} 与自身进行连接。这个候选集合用 C_k 表示，它是 L_k 的超集。也就是说，C_k 的成员可能是也可能不是频繁的，但所有频繁的 k 项集都包含在 C_k 中。

第二步是修剪步骤。确定 C_k 中的候选项是否频繁的一个直接方法是扫描整个数据库，然而这非常耗时。为了减少 C_k 的大小，使用 Apriori 属性。任何非频繁的$(k-1)$项集都不能是频繁 k 项集的子集。换句话说，如果候选 k 项集有任何$(k-1)$子集不在 L_{k-1} 中，那么这个候选集也不能是频繁的，因此可以从 C_k 中移除。这种子集测试可以通过维护所有频繁项集的哈希树来快速完成。

图 7.11 展示了 Apriori 算法的实现，使用了一个包含五个项$\{I_1, I_2, I_3, I_4, I_5\}$和九条记录$\{T_1, T_2, T_3, T_4, T_5, T_6, T_7, T_8, T_9\}$的示例数据集 D。在第一次迭代中，每个项都是候选 1 项集 C_1 的成员。算法简单地扫描所有交易来计算每个项的出现次数。假设最小支持计数是 2（即支持度为 2/9＝22%），并且 C_1 中的所有候选项都可以保留为频繁 1 项集 L_1。在第二次迭代中，算

法通过连接 L_1 中的项生成候选 2 项集 C_2。在修剪步骤中，无法从 C_2 中移除任何候选项，因为 C_2 的每个子集都是频繁的。再次扫描 D 中的交易以计算 C_2 中每个候选项的支持度。像 $\{I_1, I_2\}$ 这样的满足最小支持度的候选项被移动到 L_2，其他项如 $\{I_2, I_4\}$ 和 $\{I_4, I_5\}$，则不符合条件。在第三次迭代中，算法通过连接 L_2 中的项集生成 C_3：

$$C_3 = \{\{I_1, I_2, I_3\}, \{I_1, I_2, I_5\}, \{I_2, I_3, I_5\}\}$$

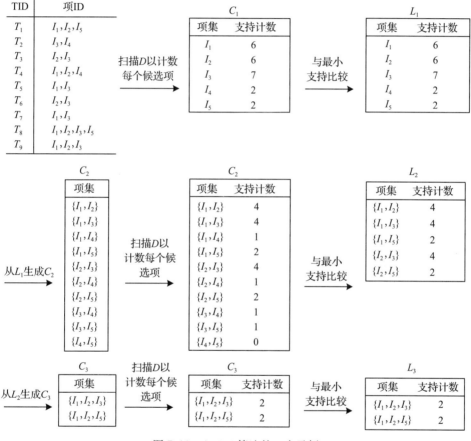

图 7.11　Apriori 算法的一个示例

然而，$\{I_3, I_5\}$ 并不是 L_2 中的频繁项集。根据 Apriori 属性，$\{I_2, I_3, I_5\}$ 不能是一个频繁项集，因此不能在未扫描 D 的情况下从 C_3 中移除。然后，算法扫描 D，计算这两个候选项的出现次数。最后，发现这两个候选项都满足最小支持度，因此它们是 L_3 中的频繁项集。

7.3.2.2　FP-growth 算法

Apriori 算法中的候选生成-测试方法显著减少了候选集合的大小。然而，可能仍然需要生成大量的候选集合。如果有 10^4 个频繁的 1 项集，算法将生成超过 10^7 个候选者。此外，它可能需要反复扫描整个数据库并检查大量候选者的支持度。为了解决这些问题，Han 等人提出了频繁模式增长（FP-growth）方法，该方法通过采用分治策略来挖掘频繁项集模式，而无须生成候选者。首先，将表示频繁项的数据库压缩成频繁模式树，即 FP 树，保留项集关联信息。然后，将压缩的数据库分割成一组条件数据库（一种特殊的投影数据库），每个都与一个频繁项或"模式片段"相关联，并分别挖掘每个数据库。对于每个模式片段，只需要检查其关联的数据集。因此，这种方法可能会显著减少需要搜索的数据量。

图 7.12 展示了使用相同交易数据集 D 的 FP-growth 方法的示例。对 D 的第一次扫描与 Apriori 算法相同，推导出频繁项（1 项集）及其支持计数。使用与前一个示例相同的最低支持计数 2，频繁项按照支持计数降序排序，结果集用 L 表示，然后按照以下方式构建 FP 树。首先，创建树的根节点，标记为"null"。第二次扫描 D，为每笔交易在树中创建一个分支。每笔交易按照 L 的顺序处理，例如，T_9 将被转换为三个项$<I_3: 1>,<I_1: 1>,<I_2: 1>$，这些项将与 FP 树链接在一起形成一个分支。更具体地，$<I_3: 1>$与根节点链接，$<I_1: 1>$作为子节点链接到 $<I_3: 1>$。然后，$<I_2: 1>$作为子节点链接到$<I_1: 1>$。如果待插入的交易与 FP 树中先前的分支共享公共前缀，算法会递增共享分支上节点的计数。例如，在插入 T_1 之后，FP 树包含一个分支$<I_1: 1>,<I_2: 1>,<I_5: 1>$。当插入 T_4（即$<I_1: 1>,<I_2: 1>,<I_4: 1>$）时，前两个节点在树中已经存在。算法不会创建新的分支，而会递增公共前缀（即$<I_1: 2>,<I_2: 2>$）的计数，如图 7.12b 所示。为了便于树遍历，构建了一个项头表，使得每个项通过一系列节点链接指向其在树中出现的位置，如图中的虚线箭头所示。

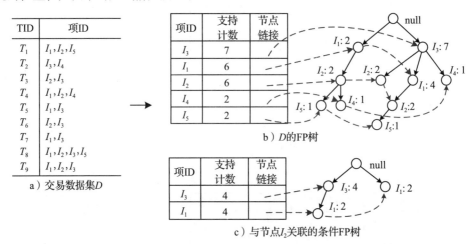

a）交易数据集D

b）D的FP树

c）与节点I_2关联的条件FP树

项	条件模式基	条件FP树	生成的频繁模式
I_5	$\{I_1,I_2:1\},\{I_3,I_1,I_2:1\}$	$<I_1:2,I_2:2>$	$\{I_1,I_5:2\},\{I_2,I_5:2\},\{I_1,I_2,I_5:2\}$
I_4	$\{I_1,I_2:1\},\{I_3:1\}$	null	null
I_2	$\{I_1:2\},\{I_3:2\},\{I_3,I_1:2\}$	$<I_3:4,I_1:2>,<I_3:2>$	$\{I_3,I_1:4\},\{I_3,I_2:4\},\{I_3,I_1,I_2:2\}$
I_1	$\{I_3:4\}$	$<I_3:4>$	$\{I_3,I_1:4\}$

d）通过创建条件子模式基来挖掘FP树

图 7.12　使用 FP-growth 算法挖掘频繁模式

FP 树的挖掘过程如下。算法从每个频繁的长度为 1 的模式（作为初始后缀模式）开始，构建其条件模式基，这些条件模式基由 FP 树中与后缀模式共同出现的所有前缀路径组成。接着，算法根据长度为 1 的模式构建条件 FP 树，然后在这个树上递归地进行挖掘。模式增长是通过将后缀模式与从条件 FP 树中生成的频繁模式相连接来实现的。如图 7.12d 所示，算法首先考虑 I_5，它是 L 中的最后一个项。I_5 在 FP 树的两个分支中出现，这两个分支是 $<I_1, I_2, I_5: 1>$ 和 $<I_3, I_1, I_2, I_5: 1>$。将 I_5 视为后缀，它的两个前缀路径是 $<I_1, I_2: 1>$ 和 $<I_3, I_1, I_2: 1>$，这两者形成了 I_5 的条件模式基。使用这个条件模式基作为事务数据库，我们构建了一个 I_5 的条件 FP 树，它只包含一个路径：$<I_1: 2>, <I_2: 2>$，I_3 没有被包含，因为它的支持计数 1 小于条件数据库中的阈值。通过将后缀模式 I_5 与在条件 FP 树中生成的频繁模式（即单个路径）相结合，算法生成了频繁模式：$\{I_1, I_5: 2\}, \{I_2, I_5: 2\}, \{I_1, I_2, I_5: 2\}$。

对于 I_4，它的两个前缀路径形成了条件模式基 $\{\{I_1, I_2: 1\}, \{I_3: 1\}\}$，这不能生成其中分支的支持计数满足阈值的 FP 树。因此，没有生成频繁模式。

同样地，I_2 的条件模式基是 $\{\{I_1: 2\}, \{I_3: 2\}, \{I_3, I_1: 2\}\}$。它的条件 FP 树有两个分支，如图 7.12c 所示，分别是 $<I_3: 4, I_1: 2>$ 和 $<I_3: 2>$。最后，I_3 的条件模式基是 $\{I_3: 4\}$，其 FP 树只包含一个节点 $<I_3: 4>$，这生成了一个频繁模式 $\{I_3, I_1: 4\}$。

7.3.2.3　Closet+算法

当支持阈值较大且模式空间稀疏时，Apriori 算法和 FP-growth 算法可能表现出良好的性能。然而，当支持阈值减小时，频繁项集的数量会急剧增加。由于生成了大量模式，这些算法的性能会迅速恶化。此外，完整的频繁项集可能并不是那么有用，因为存在许多冗余的模式。闭频繁项集可以在保留频繁项集完整信息的同时，显著减少模式数量。如果在一个数据集 S 中不存在一个适当的超项集 Y，使得 Y 在 S 中的支持计数与 X 的相同，并且 X 满足最小支持度，那么 X 是 S 中的一个闭项集。一个简单的方法是首先挖掘完整的频繁项集，然后移除每一个既是现有频繁项集的真子集也具有相同支持度的频繁项集。然而，这种方法代价相当高。

为了解决这个问题，Closet+被提出用于挖掘闭项集，它采用分治范式和深度优先搜索策略。引入了一种混合树投影方法来提高搜索效率，它使用 FP 树作为压缩技术，并通过构建和扫描其投影数据库（我们将在 7.3.3.2 节中提供更多关于投影数据库的详细信息）来计算某个前缀的局部频繁项。与频繁项集挖掘不同，Closet+算法在闭项集挖掘过程中移除了那些对完善闭项集没有帮助的前缀项集。此外，算法还提出了项跳过技术来进一步修剪搜索空间。

为了检查一个新发现的闭项集候选者是否真的是闭项集，维护迄今为止在内存中挖掘出的所有频繁闭项集成本仍然是非常高的。为了应对这个挑战，Closet+设计了一个高效的子集检查方案，结合了两级哈希索引结果树方法和基于伪投影的向上检查方法，这不仅节省了内存使用，还显著加快了闭项集的检查速度。

7.3.3　序列模式挖掘

本节介绍了四个广泛用于序列模式挖掘的算法：GSP、FreeSpan、PrefixSpan 和 CloSpan，如图 7.10 中间层所示。第一个算法基于 Apriori 算法的思想（即候选生成-测试），后三个算法基于 FP-growth 算法的思想，通过模式增长生成序列模式，而无须生成候选序列。因此，它们比 GSP 更有效率。此外，在大多数顺序数据库中，PrefixSpan 比 FreeSpan 算法更快，因为它避免了检查每个潜在候选序列的可能组合。前三个算法生成的是完整的频繁序列模式，这些模式是冗余且耗时的。为了解决这个问题，CloSpan 挖掘的是不被任何具有相同支持度的超序列包含的频繁闭子序列。

一个序列，表示为 $s = <e_1 e_2 \cdots e_l>$，是一个有序的项集列表 $I = <I_1, I_2, \cdots, I_m>$。序列中的每个元素 e_i 都是一个项集（即 $e_i = (x_1 x_2 \cdots x_j)$，其中 $x_j \in I$ 是一个项）。图 7.13 展示了一个序列数据库 S，它包含四个序列 $<s_1, s_2, s_3, s_4>$。例如，第一个序列 $s_1 = <a(abc)(ac)d(cf)>$ 表示五个项集，它们按照 $a \to (abc) \to (ac) \to d \to (cf)$ 的顺序记录。一个项最多只能在一个序列的一个元素中出现一次，但可以在一个序列的不同元素中出现多次。序列中项的实例数量称为序列的长度。例如，S 中的第一个序列是一个长度为 9 的序列。如果一个序列 $\alpha = <a_1, a_2, \cdots, a_n>$ 是另一个序列 $\beta = <b_1, b_2, \cdots, b_m>$ 的子序列，记作 $\alpha \subseteq \beta$，那么存在整数 $1 \leqslant j_1 < j_2 < \cdots < j_n \leqslant m$，使得 $a_1 \subseteq b_{j_1}, a_2 \subseteq b_{j_2}, \cdots, a_n \subseteq b_{j_n}$。换句话说，我们可以说 β 是 α 的超序列。例如，$<a(bc)df>$ 是 s_1 的子序列。序列 α 的支持记作 support(α)，是 S 中作为 α 的超序列的序列数量。即使子序列在序列中可能多次出现，序列也只能为其子序列的支持贡献一次。例如，如果将最小支持设置为 2，那么 $<(ab)c>$ 是一个频繁的序列模式，因为它是 s_1 和 s_3 的子序列。给定一个序列数据库 S 和一个最小支持阈值，顺序模式挖掘用于找到数据库中的完整序列模式集。

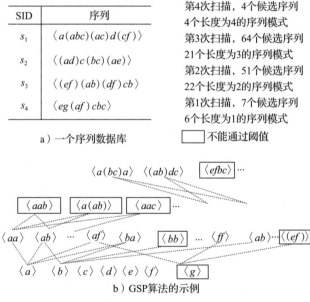

图 7.13　使用序列数据库 S 说明 GSP 算法的一个示例

7.3.3.1　GSP 算法

一个典型的通用序列模式挖掘方法称为 GSP，它采用基于先验原理的候选子序列生成-测试方法来挖掘序列模式。图 7.13b 说明了挖掘过程，GSP 首先扫描 S，计算每个项的支持，并找到频繁项集（即频繁长度为 1 的子序列）：$<a>:4, <b>:4, <c>:3, <d>:3, <e>:3, <f>:3, <g>:1$。通过过滤掉不频繁项 g，得到种子集 $L_1 = \{<a>, <b>, <c>, <d>, <e>, <f>\}$，其中每个元素都是一个一元素的序列模式。每次扫描都从前一次扫描中找到的种子集开始，并使用它生成新的潜在序列模式，称为候选序列。例如，在第二扫描中基于 L_1 生成了 51 个候选序列。在第 k 次扫描中，一个序列只有当其每个长度为 $(k-1)$ 的子序列都是在第 $(k-1)$ 次扫描中找到的序列模式时，才是一个候选序列。对数据库的新一轮扫描收集每个候选序列的支持度，并找到新的序列模式集。算法重复此过程，直到在一次扫描中找不到序列模式，或者不再生成候选序列。GSP 算法与 Apriori 算法有类似的优缺点，尽管 GSP 算法可以修剪许多不频繁的候选序列，但候选生成的工作量仍然很大，扫描次数至少是序列模式最大长度。

一个直观的想法是使用 FP-growth 算法来挖掘序列模式。然而，由于在一系列有序项中找到公共数据结构并不容易，因此 FP-growth 算法不能直接应用于解决这个问题。为了解决这个问题，提出了两种算法，称为 FreeSpan 和 PrefixSpan，它们通过模式增长来挖掘序列模式。这两种算法不是反复扫描整个数据库并生成-测试大量的候选序列，而是递归地将序列数据库投影到与迄今为止挖掘的模式集相关的一组较小数据库中，然后在每个投影的数据库中挖掘局部频繁模式。这两种算法在数据库投影的标准上有所不同：FreeSpan 根据当前的频繁模式集创建投影数据库，而没有特定的顺序（即增长方向），而 PrefixSpan 通过增长频繁的前缀来投影数据库。因此，在大多数序列数据库中，PrefixSpan 比 FreeSpan 快得多。

7.3.3.2　FreeSpan 算法

对于序列 $\alpha=<e_1 e_2 \cdots e_l>$，项集 $e_1 \cup e_2 \cup \cdots \cup e_l$ 被称为 α 的投影项集。FreeSpan 基于以下性质：如果项集 X 是不频繁的，那么任何投影项集是 X 的超集的序列都不能是序列模式。我们依旧使用图 7.13a 中的例子来说明 FreeSpan 算法，将支持阈值设置为 2。第一步与 GSP 类似，通过扫描 S 收集每个项的支持，并找到频繁项，它们按支持降序列出：f_list $=\langle a\rangle:4,\langle b\rangle:4,$ $\langle c\rangle:3,\langle d\rangle:3,\langle e\rangle:3,\langle f\rangle:3$。根据 f_list，$S$ 中的完整序列模式集可以划分为六个不相交的子集，其中只包含项 a（即 $\{\langle aaa\rangle,\langle aa\rangle,\langle a\rangle,\langle a\rangle\}$）的被称为 $\langle a\rangle$ 投影数据库，包含项 b 但不包含 f_list 中 b 之后其他项的（即 $\{\langle a(ab)a\rangle,\langle aba\rangle,\langle(ab)b\rangle,\langle ab\rangle\}$）被称为 $\langle b\rangle$ 投影数据库，包含项 c 但不包含 f_list 中 c 之后其他项的，以此类推，最后是包含项 f 的。与这六个分区子集相关的序列模式可以通过构建六个投影数据库（通过 S 的一次额外扫描获得）来挖掘。

通过挖掘 $\langle a\rangle$ 投影数据库 $\{\langle aaa\rangle,\langle aa\rangle,\langle a\rangle,\langle a\rangle\}$，只找到了一个额外只包含项 a 的序列模式，即 $\langle aa\rangle:2$。通过挖掘 $\langle b\rangle$ 投影数据库，找到了四个额外包含项 b 但不包含 f_list 中 b 之后其他项的序列模式，它们是 $\{\langle ab\rangle:4,\langle ba\rangle:2,\langle(ab)\rangle:2,\langle aba\rangle:2\}$。当挖掘 $\langle c\rangle$ 投影数据库 $\{\langle a(abc)(ac)c\rangle,\langle ac(bc)a\rangle,\langle(ab)cb\rangle,\langle acbc\rangle\}$ 时，按照如下过程。

对投影数据库进行一次扫描生成长度为 2 的频繁序列集，它们是 $\{\langle ac\rangle:4,\langle(bc)\rangle:2,$ $\langle bc\rangle:3,\langle cc\rangle:3,\langle ca\rangle:2,\langle cb\rangle:3\}$。对 $\langle c\rangle$ 投影数据库再进行一次扫描，分别生成六个模式的投影数据库。例如，$\langle ac\rangle$ 投影数据库是 $\{\langle a(abc)(ac)c\rangle,\langle ac(bc)a\rangle,\langle(ab)cb\rangle,\langle acbc\rangle\}$，而 $\langle bc\rangle$ 投影数据库是 $\{\langle a(abc)(ac)c\rangle,\langle ac(bc)a\rangle\}$。然后算法挖掘 $\langle ac\rangle$ 投影数据库，生成长度为 3 的模式集 $\{\langle acb\rangle:3,\langle acc\rangle:3,\langle(ab)c\rangle:2,\langle aca\rangle:2\}$。将为四个长度为 3 的模式生成四个投影数据库。挖掘 $\langle acb\rangle$ 投影数据库 $\{\langle ac(bc)a\rangle,\langle(ab)cb\rangle,\langle acbc\rangle\}$ 不生成任何长度为 4 的模式。因此，这条线路终止。同样，对其他三个投影数据库的挖掘也因为没有为 $\langle ac\rangle$ 投影数据库生成任何长度为 4 的模式而终止。根据相同的程序，算法递归地挖掘其他长度为 2 的模式投影数据库，从而推导出完整的序列模式集。

一方面，FreeSpan 在每个后续数据库投影中搜索比 GSP 更小的投影数据库。另一方面，

FreeSpan 可能需要生成许多非平凡投影数据库。如果一个模式出现在数据库中的每个序列中，它的投影数据库将不会缩小（除了删除一些不频繁的项）。在这个例子中，$\langle f \rangle$ 投影数据库包含与原始序列数据库中相同的三个序列。此外，由于有许多种方式可以根据长度为 k 的子序列生长出长度为 $(k+1)$ 的候选序列，所以检查可能的组合是昂贵的。

7.3.3.3　PrefixSpan 算法

为了避免检查每个潜在候选序列的可能组合，PrefixSpan 按字母顺序固定了每个元素内项的顺序。例如，序列 s_4 表示为 $\langle a(abc)(ac)d(cf) \rangle$ 而不是 $\langle a(abc)(ac)d(fc) \rangle$。然后，算法遵循序列前缀的顺序，并只投影序列的后缀。例如，$\langle a \rangle$，$\langle aa \rangle$，$\langle a(ab) \rangle$ 和 $\langle a(abc) \rangle$ 是 s_4 的前缀。然而，如果前缀 $\langle a(abc) \rangle$ 中的每个项在 S 中都是频繁的，那么 $\langle ab \rangle$ 和 $\langle a(bc) \rangle$ 都不会被视为前缀。$\langle (a(bc)(ac)d(cf) \rangle$ 是关于前缀 $\langle a \rangle$ 的后缀，$\langle (\_bc)(ac)d(cf) \rangle$ 是关于前缀 $\langle aa \rangle$ 的后缀，而 $\langle (\_c)(ac)d(cf) \rangle$ 是 $\langle a(ab) \rangle$ 的后缀。

图 7.14 使用与图 7.12 和图 7.13 相同的设置来展示 PrefixSpan 算法。它的第一步与 GSP 和 FreeSpan 相同，找到所有长度为 1 的频繁序列：$\langle a \rangle$:4，$\langle b \rangle$:4，$\langle c \rangle$:3，$\langle d \rangle$:3，$\langle e \rangle$:3，$\langle f \rangle$:3。完整的序列模式集可以根据六个前缀划分为六个子集，分别是前缀为 $\langle a \rangle$ 的、前缀为 $\langle b \rangle$ 的、……、前缀为 $\langle f \rangle$ 的。可以通过构建相应的投影数据库集并递归挖掘每个子集来挖掘序列模式的子集。在一个包含 $\langle a \rangle$ 的序列中，只应考虑以 $\langle a \rangle$ 首次出现作为前缀的子序列。例如，在序列 $\langle (ef)(ab)(df)cb \rangle$ 中，为挖掘以 $\langle a \rangle$ 为前缀的序列模式，只应考虑子序列 $\langle (\_b)(df)cb \rangle$。$(\_b)$ 表示 a 是前缀中的最后一个元素。

前缀	投影（后缀）数据库	序列模式
$\langle a \rangle$	$\langle (abc)(ac)d(cf) \rangle$，$\langle (\_d)c(bc)(ae) \rangle$，$\langle (\_b)(df)(cb) \rangle$，$\langle (\_f)cbc \rangle$	$\langle a \rangle$，$\langle aa \rangle$，$\langle ab \rangle$，$\langle a(bc) \rangle$，$\langle a(bc)a \rangle$，$\langle aba \rangle$，$\langle abc \rangle$，$\langle (ab) \rangle$，$\langle (ab)c \rangle$，$\langle (ab)d \rangle$，$\langle (ab)f \rangle$，$\langle (ab)dc \rangle$，$\langle ac \rangle$，$\langle aca \rangle$，$\langle acb \rangle$，$\langle acc \rangle$，$\langle ad \rangle$，$\langle adc \rangle$，$\langle af \rangle$
$\langle b \rangle$	$\langle (\_c)(ac)d(cf) \rangle$，$\langle (\_c)(ae) \rangle$，$\langle (df)cb \rangle$，$\langle c \rangle$	$\langle b \rangle$，$\langle ba \rangle$，$\langle bc \rangle$，$\langle (bc) \rangle$，$\langle (bc)a \rangle$，$\langle bd \rangle$，$\langle bdc \rangle$，$\langle bf \rangle$
$\langle c \rangle$	$\langle (ac)d(cf) \rangle$，$\langle (bc)(ae) \rangle$，$\langle b \rangle$，$\langle bc \rangle$	$\langle c \rangle$，$\langle ca \rangle$，$\langle cb \rangle$，$\langle cc \rangle$
$\langle d \rangle$	$\langle (cf) \rangle$，$\langle c(bc)(ae) \rangle$，$\langle (\_f)cb \rangle$	$\langle d \rangle$，$\langle db \rangle$，$\langle dc \rangle$，$\langle dcb \rangle$
$\langle e \rangle$	$\langle (\_f)(ab)(df)cb \rangle$，$\langle (af)cbc \rangle$	$\langle e \rangle$，$\langle ea \rangle$，$\langle eab \rangle$，$\langle eac \rangle$，$\langle eacb \rangle$，$\langle eb \rangle$，$\langle ebc \rangle$，$\langle ec \rangle$，$\langle ecb \rangle$，$\langle ef \rangle$，$\langle efb \rangle$，$\langle efc \rangle$，$\langle efcb \rangle$
$\langle f \rangle$	$\langle (ab)(df)cb \rangle$，$\langle cbc \rangle$	$\langle f \rangle$，$\langle fb \rangle$，$\langle fbc \rangle$，$\langle fc \rangle$，$\langle fcb \rangle$

图 7.14　PrefixSpan 算法的一个示例

S 中包含 $\langle a \rangle$ 的序列被投影以形成 $\langle a \rangle$ 投影数据库，该数据库由四个后缀序列组成：$\langle (abc)(ac)d(cf) \rangle$、$\langle (\_d)c(bc)(ae) \rangle$、$\langle (\_b)(df)cb \rangle$ 和 $\langle (\_f)cbc \rangle$。通过扫描一次 $\langle a \rangle$ 投影数据库，其局部频繁项为 a:2、b:4、$\_b$:2、c:4、d:2 和 f:2。因此，所有以 $\langle a \rangle$ 为前缀的长度为 2 的序列模式都是 $\langle aa \rangle$:2、$\langle ab \rangle$:4、$\langle (ab) \rangle$:2、$\langle ac \rangle$:4、$\langle ad \rangle$:2 和 $\langle af \rangle$:2。递归地，所有以 $\langle a \rangle$ 为前缀的序列模式都可以划分为六个子集，分别是以 $\langle aa \rangle$ 为前缀的、以 $\langle ab \rangle$ 为前缀的、……、以 $\langle af \rangle$ 为前缀的。这些子集可以通过构建相应的投影数据库并递归挖掘每个子集来挖掘，按照如下过程。

$\langle aa \rangle$ 投影数据库由两个以 $\langle aa \rangle$ 为前缀的后缀子序列组成：$\langle (\_bc)(ac)d(cf) \rangle$ 和 $\langle (\_e) \rangle$。因此，无法从这两个序列中生成频繁子序列。挖掘 $\langle aa \rangle$ 投影数据库的过程终止。$\langle ab \rangle$ 投影数据库由三个后缀序列组成：$\langle (\_c(ac)d(cf)) \rangle$、$\langle (\_c)a) \rangle$ 和 $\langle c \rangle$。递归挖掘 $\langle ab \rangle$ 投影数据库返回四个序列模式：$\langle (\_c) \rangle$、$\langle (\_c)a \rangle$、$\langle a \rangle$ 和 $\langle c \rangle$，它们构成了以 $\langle ab \rangle$ 为前缀的完整序列模式集（即 $\langle a(bc) \rangle$、$\langle a(bc)a \rangle$、$\langle aba \rangle$ 和 $\langle abc \rangle$）。$\langle (abc) \rangle$ 投影数据库由两个后缀序列组成：$\langle (\_c)(ac)d(cf) \rangle$ 和 $\langle (df)(cb) \rangle$，它们得出了以下以 $\langle (ab) \rangle$ 为前缀的序列模式：$\langle c \rangle$、$\langle d \rangle$、$\langle f \rangle$ 和 $\langle dc \rangle$。因此，最终的序列模式是 $\langle (ab)c \rangle$、$\langle (ab)d \rangle$、$\langle (ab)f \rangle$ 和 $\langle (ab)dc \rangle$，如图 7.14 所示。可以类似地构建和挖掘 $\langle ac \rangle$、$\langle ad \rangle$ 和 $\langle af \rangle$ 投影数据库。

为寻找具有前缀 $\langle b \rangle$、$\langle c \rangle$、$\langle d \rangle$、$\langle e \rangle$ 和 $\langle f \rangle$ 的序列模式，可以构建相应的投影数据库，并采用与挖掘 $\langle a \rangle$ 投影数据库类似的方式挖掘它们。

7.3.3.4　CloSpan 算法

前述的频繁序列模式挖掘算法面临着与频繁项集挖掘算法类似的问题，即生成完整的序列模式集是冗余且耗时的。为了解决这个问题，提出了 CloSpan 算法来挖掘频繁的闭子序列（这种序列不包含具有相同支持的超序列）。例如，如图 7.14 所示，两个频繁序列模式 $\langle fcb \rangle$ 和 $\langle efcb \rangle$ 的支持都是 2。因此，认为 $\langle fcb \rangle$ 是冗余的，它并不是一个闭的序列模式。

为了解决这个问题，提出了基于投影数据库等价概念的 CloSpan 算法来挖掘闭的序列模式。此外，还设计了一个基于哈希的算法来优化搜索空间，代价几乎可以忽略不计。这里不会详细介绍技术细节，我们将举一个使用 CloSpan 算法从人类移动数据（例如，用户生成的 GPS 轨迹）中挖掘序列模式的例子。

如图 7.15 所示，给定一个用户的 GPS 日志，其中每条记录包含纬度、经度和时间戳，以及其他信息如速度。我们可以构造一个 GPS 轨迹，这是按时间顺序排列的空间点序列。使用停留点检测算法来检测一些停留点，如 S_1 和 S_2，用户在这些点的位置花费了一段时间在一定的空间距离内。这样的停留点具有语义意义，例如参观旅游景点、在餐厅用餐或在购物中心购物，因此它们比轨迹中的其他 GPS 点更重要。现在，GPS 轨迹被转换为一系列停留点，这极大地简化了对人类移动的表示，同时捕捉了轨迹的语义意义。拥有用户多天的 GPS 日志后，就可以构造多个停留点序列，如 $S_1 \rightarrow S_3 \rightarrow S_5 \rightarrow S_8$ 和 $S_2 \rightarrow S_4 \rightarrow S_7$。

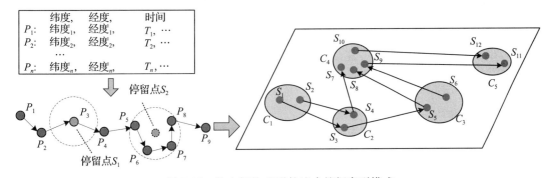

图 7.15　从人们的 GPS 轨迹中挖掘序列模式

由于 GPS 点的准确性不高，访问同一地点的人可能会生成略有不同的停留点。因此，序列之间不能直接比较，它们并不完全共享任何项。为此，我们进一步将停留点分组到簇中

（例如，S_1 和 S_2 被分到簇 C_1 中）。因此，如图 7.15 所示的用户移动由四个簇 ID 序列表示：$C_1{\rightarrow}C_2{\rightarrow}C_4$、$C_1{\rightarrow}C_2{\rightarrow}C_3{\rightarrow}C_4$、$C_3{\rightarrow}C_4{\rightarrow}C_5$ 和 $C_4{\rightarrow}C_5$。使用 CloSpan 算法并将支持阈值设置为 2，我们发现了以下的闭序列模式：$\langle C_1{\rightarrow}C_2{\rightarrow}C_4 \rangle$、$\langle C_3{\rightarrow}C_4 \rangle$ 和 $\langle C_4{\rightarrow}C_5 \rangle$。

7.3.4　频繁子图模式挖掘

频繁子图挖掘（FSM）是图挖掘的基本构建块。FSM 的目标是从图数据集中提取所有出现次数超过给定阈值的频繁子图，图数据集可以分为两类：由许多独立（小）图组成的数据集（称为事务性图设置），以及具有单个大型图的数据集。在事务性图设置中，频繁子图模式是包含在图数据集的一部分图中的子图，它所占比例大于给定阈值（例如，30%）。在单个图设置中，频繁子图是在大型图中出现次数超过某个数量的子图。

7.3.4.1　事务设置中的 FSM

如图 7.10 的底层所示，具有事务设置的代表性 FSM 方法包括 FSG、gSpan 和 CloseGraph。FSG 算法是一个基于 Apriori 的算法[1]，它通过连接大小为 k 的频繁子图来创建大小为 $(k+1)$ 的候选频繁子图。gSpan 是一种类似于 FP-growth 的基于模式增长的方法，用于挖掘频繁项集。它将频繁子图的生长和检查合并为一个过程，无须生成候选集。CloseGraph 寻找闭的频繁子图模式，这些模式不包含在任何具有相同支持度的超图中。

- FSG　给定一个图数据库 $G=\{G_1 \cdots G_n\}$ 和最小支持 θ，使用 FSM 算法在部分图中找到支持不小于 θ 的频繁子图。基本的 FSM 算法，称为 FSG，是一个基于 Apriori 的算法，使用逐层扩展来根据大小为 k 的频繁子图生成大小为 $(k+1)$ 的候选子图。子图的大小可以是节点数或者边数，将大小为 k 的图称为 k 子图或 k 图。在连接过程中，使用子图同构算法来确定两个 k 图是否共享一个大小为 $(k-1)$ 的公共子图，从而使它们可以连接形成 $k+1$ 图。候选频繁模式可以通过两个图之间的节点连接或边连接来生成。

  基于节点的连接从一组节点开始，这些节点的标签至少出现在 G 的 θ 个图中。当两个具有 $k-1$ 个共同节点的 k 子图连接以创建具有 $k+1$ 个节点的候选子图时，存在歧义（即如果两个不匹配的节点之间存在边）。例如，如图 7.16 顶部所示，如果通过节点连接将两个 3 子图 G_1 和 G_2 归并，可能会产生两个 4 子图的候选者——C_1 和 C_2。在 k 子图中连接的节点（如 v_1-v_2、v_1-v_3 和 v_2-v_3）在连接后必须在 $(k+1)$ 子图中连接。然而，由于两个 v_3 分别连接到 G_1 中的 v_1 和 G_2 中的 v_2，在基于节点的连接中它们被视为不同的节点，因此两个 v_3 在 $(k+1)$ 子图中可能是连接的也可能是断开的。

  在基于边的连接的情况下，每个单图包含一个单独的边，这个边至少出现在 G 的 θ 个图中，位于特定的节点标签之间。为了连接两个 k 图（即每个图中边的数量是 k），应该在两个图中找到一个具有 $k-1$ 条边的匹配图。结果候选图将恰好包含 $k+1$ 条边，而候选图中的节点数量可能不会超过原始图中节点数量。如图 7.16 底部所示，C_4 具有与原始图对相同的节点数量。这是因为当寻找候选图时，会检查子图同构性。通常，基于边的连接生长时倾向于生成总数较少的候选图，因此效率更高。

  之后，应用 Apriori 修剪技术来减少候选图的数量。也就是说，只要有包含在候选 $(k+1)$ 图中的 k 子图是不频繁的，就可以被修剪这个候选 $(k+1)$ 图。对于每个剩余的候选子图，计算其在图数据库 G 中的支持。如果支持不小于 θ，则生成一个频繁的 $(k+1)$

子图模式。这个过程会迭代重复，直到找不到任何频繁子图模式为止。基于 Apriori 的方法的缺点是代价昂贵的连接操作和假阳性修剪。

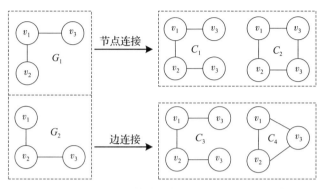

图 7.16　用于子图模式挖掘的两个图之间的连接

- gSpan　为了解决这个问题，提出了 gSpan 方法，它通过基于模式生长的方法直接从单个子图扩展子图，而不是连接两个现有的频繁子图。该算法使用深度优先搜索（DFS）字典序来构建一个称为 DFS 编码树的分层搜索空间，覆盖所有可能的模式。这个搜索树的每个节点代表一个 DFS 编码。树的第(k+1)层包含 k 子图的 DFS 编码节点。这个树的第一层节点只包含顶点标签（即 0 边）。因此，(k+1) 子图是通过对树的第(k+1)层的 DFS 编码进行 1 边扩展来生成的。这种搜索树以 DFS 方式进行遍历，并且剪掉所有具有非最小 DFS 编码的子图，以避免重复的候选生成。由于 gSpan 直接从单个子图扩展子图，而不是连接两个之前的子图，因此与基于连接的方法（如 FSG）相比，其成本要低得多。实验显示，gSpan 的性能比 FSG 高出一个数量级。
- CloseGraph　尽管 gSpan 比 FSG 快得多，但它仍然生成了许多冗余的子图模式。就像闭项集和闭序列模式一样，如果一个图 g 在数据集中没有合适的超图具有与它相同的支持度，那么这个图 g 就是闭的。然而，gSpan 在图模式中建立了一个非常严格的顺序，阻止了自己生成闭子图模式。为了解决这个问题，CloseGraph 提出了一种从给定图数据库中挖掘闭子图模式的方法，它使用了两个新概念——等效出现和早期终止，以修剪搜索空间。因为早期终止可能会失败并错过一些模式，所以实现了一个失败检测来消除这些情况，确保闭图模式的完整性和正确性。实验结果显示，CloseGraph 优于 gSpan 和 FSG。

7.3.4.2　单个图中的 FSM

具有单图设置的 FGM 寻找在单个大型图中频繁出现的子图。单图设置是事务设置的一个泛化，将一组小图看作单个大型图中的连通分量。然而，在单个图中检测频繁子图更加复杂，因为相同子图的多个实例可能重叠。随着图的大小增加，计算负载呈指数级增长。

如图 7.17 所示，一个图由七个节点组成，每条边旁边的数字是权重。子图 S 在 G 中有三个同构子图：(u_2, u_4, u_5)，(u_2, u_3, u_5)，(u_7, u_6, u_3)。当两个图中的顶点可以通过重新标记来匹配另一个图中的顶点，同时保持邻接关系时，这两个图是同构的。例如，如果将 u_2 的标签替换为 v_1，u_4 的替换为 v_2，u_5 的替换为 v_3，则 (u_2, u_4, u_5) 在每对节点之间的邻接关系是相同的。

请注意，不仅是匹配的节点，匹配的边也有相同的标签。因此，考虑边的权重时，(u_5, u_3, u_6) 不是 S 的同构子图。在文献中，同构子图也被称为实例、出现、外观或嵌入。如果设置支持为 3，那么 S 在图 G 中是一个频繁子图模式。

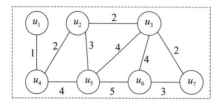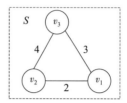

图 7.17　单个图中同构和频繁子图模式的概念

图 7.10 的底部展示了在单图设置下 FSM 方法的发展。SUBDUE 基于生长-存储的想法，这与 Apriori 的想法有些相似，但是它近似匹配两个子图。SIGRAM 维护支持值的对立属性，以帮助修剪候选子图的搜索空间，从而在生长-存储过程中避免进行穷举搜索。Grami 不是一个生长-存储方法，其效率高于 SIGRAM。

SUBDUE 是一个不精确的 FSM 算法，它使用近似度量来比较两个子图之间的相似性（即两个子图不需要完全相同就可以计入支持中）。然而，SUBDUE 的运行时间并不随着输入图的大小线性增加。此外，SUBDUE 倾向于只发现少量的模式。典型的生长-存储方法（如 SUB-DUE）的主要瓶颈是候选子图数量庞大，这使得这些方法在实际中不可行。

SIGRAM 引入了反单调支持值来修剪假阳性候选子图。给定一个输入图 G 和两个子图 S_1、S_2，其中 S_1 是 S_2 的子图，反单调性质表明 S_2 在 G 中的支持值永远不应该大于 S_1 在 G 中的支持值。在大型图中，违背反单调性通常是由同构子图之间的重叠（即共同节点）引起的。因此，在大型图上定义适当的反单调支持度量至关重要。为了解决违背问题，所有重叠的同构子图只能计数一次。文献中提出了不同类型的反单调支持度量。例如，将重叠图的最大独立集（MIS）的大小作为直观的支持度量[6]。重叠图的每个顶点都代表给定数据图中子图的同构。如果两个顶点之间的子图同构重叠（即它们共享相同的顶点），则存在重叠图中的边。然而，SIGRAM 需要枚举所有同构，并依赖于计算 MIS 的高昂成本，而 MIS 是 NP 完全的。因此，在实践中这种方法非常昂贵。

Grami 不需要构建所有同构，并且可以扩展到更大的图，它只存储频繁子图的模板，而不是它们在图上的外观。这消除了生长-存储方法的局限性，并允许 Grami 挖掘大型图和支持低频率阈值。

7.4　聚类

7.4.1　概念

聚类是将一组数据对象分组到多个组或簇的过程，簇内的对象具有高度相似性，簇间的对象非常不同。相似性和不相似性基于描述对象的属性值进行评估，通常涉及距离度量，如欧几里得距离、余弦相似性和皮尔逊相关系数。例如，我们可以根据餐厅的基本属性和人们的访问模式，使用皮尔逊相关系数作为距离度量，将餐厅聚类到几个不同的组中。

主要的聚类算法可以分为三类，分别是划分方法、层次方法和密度方法，如图 7.18 所示。

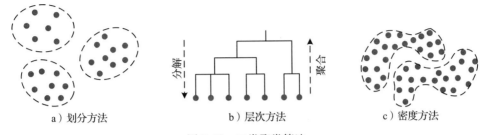

图 7.18　三类聚类算法

划分方法如图 7.18a 所示，给定一个包含 n 个对象的集合，划分方法构建 k 个数据分区（$k \leqslant n$），其中每个分区代表一个簇，并且必须包含至少一个对象。在大多数划分方法中，每个对象通常只能属于一个簇。一些模糊算法放宽了这一要求，允许一个对象属于多个簇。给定 k，划分方法创建一个初始分区，然后通过将对象从一个组移动到另一个组来迭代改进分区。判断一个好分区的通用标准是，同一簇中的对象彼此"接近"，而不同簇中的对象彼此"远离"。基于这样的标准实现全局最优分区在计算上是不可行的。因此，大多数应用采用启发式方法，如 k 均值和 k 中心点聚类算法。

层次方法。层次方法通过聚合或分解的方式创建给定对象集的层次分解，如图 7.18b 所示。聚合方法，也称为自下而上的方法，从每个对象作为一个单独的组开始，先后归并彼此接近的组的对象，直到所有组合并为一个或达到终止条件。分解方法，也称为自上而下的方法，从所有对象都在同一个簇开始，每次迭代将较大的簇分解成多个较小的簇，直到每个对象分别在一个簇中或达到终止条件。层次聚类方法可以作为框架或元方法，在每次聚合或分解迭代中可以采用划分方法和密度方法。一旦对象被分配到一个簇中，它将与簇一起移动（即我们将使用簇的性质，如其中心进行后续聚类）。即使在后续迭代中存在更适合对象的簇，也不会将它重新分配到其他簇。一方面，这种策略使得计算工作量大大减少，另一方面，这些技术无法纠正错误的决定。

在大多数密度方法中，数据对象根据其属性值被分组到多个组或簇中，使得簇内的对象具有较高的相似性，而簇间的对象非常不同。相似性和不相似性是基于描述对象的属性值来评估的，通常涉及距离度量，例如欧几里得距离、余弦相似性和皮尔逊相关系数。例如，可以根据餐馆的基本属性和人们的访问模式，将餐馆聚类到几个不同的组中。

7.4.2　划分聚类方法

在本节中，将介绍最著名和常用的划分方法——k 均值和 k 中心点聚类算法，其中 k 是要将一组对象聚类的分区数。k 的值需要根据应用需求由用户指定。然而，这有时并不容易确定。

7.4.2.1　k 均值算法

图 7.19 展示了 k 均值算法的工作流程。给定一个对象集 D，并设置 $k = 3$，算法首先从 D 中随机选择三个对象作为初始质心，基于这三个质心将 D 划分为三个组。算法计算每个对象与每个质心的距离，将对象分配给距离最近的质心所在的分区，如图 7.19a 所示。然后，k 均值算法根据每个簇中的对象计算新的质心，并重新分配每个对象，形成三个新的分区。如

图 7.19b 所示，三个交叉标记是新的质心，实线边界表示新的簇。原本属于 C_1 的两个点由于重新分配而被移动到 C_2，同样，另外两个点从 C_2 移动到了 C_3。k 均值算法重复这个过程（即计算新的质心和将对象重新分配），迭代地提高聚类的质量，直到聚类结果不再变化（也就是收敛）。最后，将得到如图 7.19c 所示的结果。

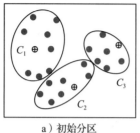 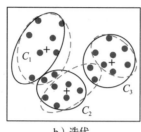 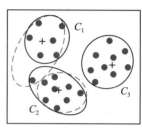

　　　　a）初始分区　　　　　　　　　　b）迭代　　　　　　　　　　c）最终结果

图 7.19　k 均值算法示例

7.4.2.2　k 中心点算法

k 均值算法对远离数据主体的异常值非常敏感，因为这样的对象可能会显著扭曲簇的平均值。为了解决这个问题，k 中心点算法提出使用簇中的一个代表性对象（而不是平均值）来代表簇。然后，它通过最小化每个对象与其代表性对象之间的距离之和来将数据划分为簇。然而，这是一个 NP 困难问题，每个迭代的复杂性为 $O(k(n-k)^2)$。

围绕中心点划分（PAM）算法[14] 是 k 中心点聚类的一个流行实现，通过迭代和贪心方法来解决问题。算法考虑是否通过用非代表性对象替换代表性对象来提高聚类质量。替换的迭代过程持续进行，直到无法再提高簇的质量。图 7.20 用一个例子说明了 PAM 算法，该例子旨在将七个对象 $\{o_1, o_2, o_3, o_4, o_5, o_6\}$ 划分为两个簇。如果选择 $\{o_6, o_7\}$ 作为最初的两个代表性对象，对象与两个质心之间的总距离是 20。如果用 o_3 替换 o_6，如图 7.20b 所示，总距离减少到 15。同样，如果用 o_3 替换 o_7，如图 7.20c 所示，总距离减少到 14。也就是说，后者的替换更有效。尝试其他替换不能得到更小的距离，因此，$\{o_7, o_3\}$ 被选为两个簇的质心。

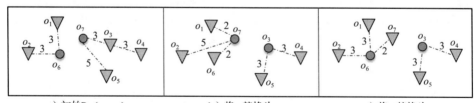

　　　a）初始R=$\{o_6, o_7\}$　　　　　　b）将 o_6 替换为 o_3　　　　　　c）将 o_7 替换为 o_3

图 7.20　使用 PAM 实现 k 中心点聚类的示例

7.4.3　密度聚类方法

与旨在找到球形簇的划分和层次聚类方法不同，密度方法可以找到任意形状的簇，甚至可以过滤掉异常值。接下来，将介绍三种常用的密度聚类算法：DBSCAN、OPTICS、DEN-CLUE，以及基于网格的聚类方法。

7.4.3.1 DBSCAN

DBSCAN 算法用两个用户指定的参数定义了邻域的密度，参数分别是距离阈值 ϵ 和最小点数 MinPts。如果一个对象 q 的 ϵ 邻域至少包含 MinPts 个对象，那么对象 q 是一个核心对象。在 q 的 ϵ 邻域内的对象 p 直接从 q 密度可达（给定 ϵ 和 MinPts）。如果存在一个对象 q，使得 p_1 和 p_2 都从 q 密度可达，那么两个对象 p_1 和 p_2 是密度连接的（给定 ϵ 和 MinPts）。

例如，如图 7.21 所示，设置 MinPts = 3，并将 ϵ 设置为圆的半径，那么 p、q、o 和 m 都是核心对象。对象 q 直接从 o 密度可达，对象 o 直接从 p 密度可达。因此，q 间接地从 p 密度可达。然而，p 不是从 q 密度可达的，因为 q 不是核心对象。对象 s 和 r 是密度连接的，因为它们都是从核心对象 m 密度可达的。

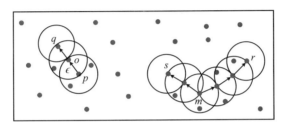

图 7.21　密度聚类中的密度可达性和密度连接性

DBSCAN 算法的工作原理如下：首先，给定数据集 D 中的所有对象都被标记为未访问。DBSCAN 随机选择一个未访问的对象 o，将其标记为已访问，并检查其 ϵ 邻域是否包含至少 MinPts 个对象。如果没有，将 o 标记为噪声点。否则，为 o 创建一个新的簇 C，并将 o 的 ϵ 邻域中的所有对象添加到候选集 N 中。DBSCAN 迭代地将不属于任何其他簇的 N 中的对象添加到 C 中。在这个过程中，对于具有未访问标签的对象 o'（在 N 中），DBSCAN 将其标记为已访问，并检查 o' 的 ϵ 邻域是否包含至少 MinPts 个对象，将 o' 的 ϵ 邻域中的那些对象添加到 N 中。DBSCAN 算法继续将对象添加到 C 中，直到 C 无法再扩展（即 N 为空）。在这一刻，簇 C 完全形成。为了找到下一个簇，算法从 D 的其余部分随机选择一个未访问的对象，再次执行上述过程，直到形成一个新簇。当所有对象都被访问后，DBSCAN 算法终止。

DBSCAN 的复杂度是 $O(n^2)$，其中 n 是数据集中的对象数量。如果使用空间索引，计算复杂度可以降低到 $O(n\log n)$。通过选择适当的 ϵ 和 MinPts，DBSCAN 可以找到任意形状的簇。然而，设置这两个参数并不是一件容易的任务，它取决于对问题的经验理解以及给定数据集的分布。此外，现实世界中的高维数据集往往具有非常倾斜的分布，以至于它们的内在聚类结构可能不能通过密度参数的全局设置来表征。

7.4.3.2 OPTICS

为了克服在聚类分析中使用一套全局参数的困难，OPTICS 输出的是一个簇排序而不是显式的簇。这是所有分析对象的线性列表，表示数据的基于密度的聚类结构。更密集簇中的对象在簇排序中彼此靠得更近，这个排序相当于从广泛的参数设置中获得的基于密度的聚类。因此，OPTICS 不需要用户提供一个特定的密度阈值。OPTICS 需要对象的两个重要属性：核心距离和可达距离。

- **核心距离**　对象 p 的核心距离是，使得它的 ϵ' 邻域至少有 MinPts 个对象的最小 ϵ'。换句话说，ϵ' 是使得 p 成为核心对象的最小距离阈值。如果给定 ϵ 和 MinPts，p 不是一个核心对象，那么 p 的核心距离是未定义的。例如，如图 7.22a 所示，如果设置 MinPts=5，那么对象 p 的核心距离是 ϵ'，它小于 ϵ。

- 可达距离　从对象 q 到对象 p 的可达距离是使得 p 从 q 密度可达的最小半径值。根据密度可达性的定义，q 必须是一个核心对象，而 p 必须在 q 的邻域内。因此，从 q 到 p 的可达距离是 max(核心距离(q),距离(p,q))。例如，如图 7.22b 所示，从 q_1 到 p 的可达距离是 ϵ'，而从 q_2 到 p 的可达距离是距离(p,q_2)。如果给定 ϵ 和 MinPts，q 不是一个核心对象，那么从 q 到 p 的可达距离是未定义的。

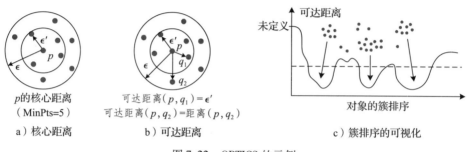

p 的核心距离	可达距离$(p,q_1)=\epsilon'$	
（MinPts=5）	可达距离$(p,q_2)=$距离(p,q_2)	
a）核心距离	b）可达距离	c）簇排序的可视化

图 7.22　OPTICS 的示例

OPTICS 为每个对象存储核心距离和合适的可达距离，并维护一个列表（称为 OrderSeeds），该列表按每个对象从其相应核心对象出发的最小可达距离排序。开始时，OPTICS 将输入数据库中的任意对象作为当前对象 p，确定其核心距离，并将可达距离设置为未定义。然后 p 被写入输出，进行下一轮迭代。

如果 p 不是一个核心对象，则 OPTICS 简单地跳转到数据库中的下一个对象。否则，OPTICS 检索 p 的 ϵ 邻域。对于 p 的 ϵ 邻域中的每个对象 q，OPTICS 更新从 p 到 q 的可达距离。如果尚未处理 q，OPTICS 根据 q 到 p 的可达距离将 q 插入 OrderSeeds 以进行进一步扩展，并标记 p 为已处理。OPTICS 检索 OrderSeeds 中具有最小可达距离的对象 k（即将从 OrderSeeds 中移除对象 k），确定 k 的核心距离，并将 k 写入输出。如果 k 是一个核心对象，OPTICS 将进一步检索 k 的 ϵ 邻域中的对象，并更新它们从 k 出发的可达距离。如果尚未处理这些邻域对象，OPTICS 根据它们的可达距离将这些邻域对象插入 OrderSeeds 以进行进一步扩展。然后，这些对象将被标记为已处理。迭代继续进行，直到 OrderSeeds 为空。OPTICS 在所有数据集中的对象都被处理完毕后才会终止。输出文件中对象的顺序称为簇排序。

图 7.22c 展示了一个二维数据集的簇排序的可视化（即可达性图）。水平轴表示对象的簇排序，垂直轴表示对象的可达距离。可视化可以用来推导数据集的内在聚类结构，例如，三个空腔代表三个簇。与其他聚类方法相比，OPTICS 的可达性图对输入参数 ϵ 和 MinPts 不敏感。这两个值只需要足够"大"以产生良好的结果，具体值并不关键，因为总能从对应的可达性图中看到数据集的聚类结构，而这需要范围广泛的可能值。我们选择的 ϵ 值越小，就可能有更多对象的可达距离未定义。因此，可能看不到低密度簇。

7.4.3.3　DENCLUE：基于密度分布函数的聚类

在 DBSCAN 和 OPTICS 中，密度是通过计算一个由半径参数 ϵ 定义的邻域内的对象数量来估计的，这种密度估计可能对使用的半径值非常敏感。有时，半径的轻微增加便会极大地改变密度。核密度估计是一种统计中的非参数密度估计方法，可以用来解决这个问题。基本思想是将观察到的对象视为周围区域高概率密度的指示器，点 x 处的概率密度取决于从这个点到观察到的对象的距离。

正式地，设 $x_1, \cdots, x_n$ 是一个随机变量 f 的独立同分布样本。点 x 处的概率密度函数的核密度近似为：

$$\hat{f}_h(x) = \frac{1}{nh} \sum_{i=1}^{n} K\left(\frac{x-x_i}{h}\right) \tag{7.7}$$

其中 $K(\ )$ 是一个核函数，h 是带宽，作为平滑参数。可以选择尽可能小的 h，只要数据允许。核函数的可以表达为建模样本点在其邻域内的影响。一个经常使用的核函数是具有均值 0 和方差 1 的标准高斯函数：

$$K\left(\frac{x-x_i}{h}\right) = \frac{1}{\sqrt{2\pi}} e^{-\frac{(x-x_i)^2}{2h^2}} \tag{7.8}$$

DENCLUE 使用高斯核来估计基于给定待聚类对象集的密度。如果一个点 x^* 是估计密度函数的局部最大值（即局部峰值），那么被称为密度吸引子。为了避免无关的点，DENCLUE 只考虑那些使得 $\hat{f}_h(x^*)$ 大于噪声阈值 α 的密度吸引子 x^*。

非平凡的密度吸引子被用作初始的聚类中心，分析中的对象通过逐步爬山算法被分配给这些密度吸引子。如果两个密度吸引子之间存在一条路径，且路径上的密度高于 α，那么这两个密度吸引子就会被连接起来。通过归并多个连接的密度吸引子，DENCLUE 可以找到任意形状的簇，同时处理噪声问题。

7.4.3.4　基于网格的聚类方法

这类聚类方法将（嵌入）空间分割成均匀的单元格，不考虑输入对象的分布，然后将一组相连的单元格分组形成簇。通过用某些统计属性，例如密度和平均值表示每个单元格，这类方法可以显著减少聚类算法需要处理的对象数量，从而变得非常高效且易于扩展。此外，这样的网格结构便于并行计算和增量更新。基于网格的聚类算法可以被看作一种粗粒度的密度聚类方法，使用网格作为近似来大致估计对象的密度。

图 7.23a 描述了基于网格的聚类算法原理，使用了一组二维空间点。算法首先将空间分割成不重叠的网格，并识别出点数大于给定阈值 τ 的密集网格。如果两个网格共享一个公共边，则它们是相邻连接的。如果可以从一个网格找到到达另一个网格的路径，且路径只包含相邻连接的网格序列，则这两个网格是密度连接的。然后，算法使用这些密集网格来构建簇，每个簇都是由这些连接的网格形成的最大区域。通过在网格上使用基于图的模型，可以容易地确定这样的连接网格区域。每个密集网格在图中由一个节点表示，图中的每条边表示两个网格之间的相邻连接。图中的连通分量可以通过在图上使用广度优先或深度优先搜索来确定，这些连通分量中的数据点被报告为最终的簇。

我们也可以将图 7.23a 中的每个点视为具有两个特征的对象（例如，一个具有收入和年龄特征的个体）。每个特征可以被视为一个维度，根据均匀间隔进行分割。然后，可以按照上述相同的过程找到最大的连接网格作为簇。同样，具有三个特征的对象的密度可以由三维立方体中的点数表示，如图 7.23b 所示。聚类结果是一组连接的密集立方体，每个立方体至少

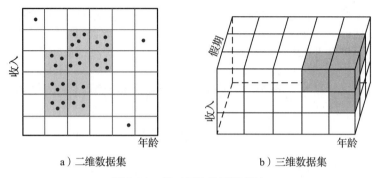

a）二维数据集   b）三维数据集

图 7.23   基于网格的聚类算法

包含 τ 个点。如果两个立方体共享一个公共二维表面，则它们是连接的，这种算法可以推广到 k 维数据集。如果两个 k 维立方体共享一个至少具有 r 维的表面，则它们可能被视为相邻的，其中 $r<k$。

基于网格的聚类方法不需要定义簇的数量，并且可以找到任意形状的簇。然而，定义网格的大小和密度阈值 τ 并不直观。改变这两个参数通常会得到非常不同的聚类结果。

7.4.4   层次聚类方法

层次聚类方法通过分解或聚合的方式将对象分组到簇的层次结构中，可以作为一个聚类框架，其中可以使用其他聚类方法（如划分和密度方法）。

如图 7.24 所示，我们的目标是基于大量用户生成的 GPS 轨迹识别热点（例如，旅游景点）。采用层次聚类方法来发现不同地理大小的簇，因为热点可以由不同粒度的位置表示，如一个特定的餐厅或购物中心，或公园，甚至商业区。此外，将密度方法集成到层次聚类框架中，以过滤掉那些不够密集、无法表示热点的琐碎位置。

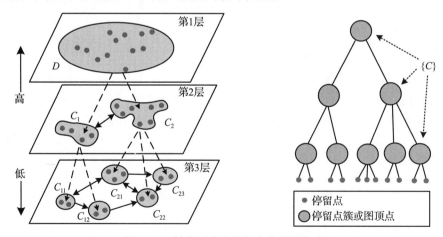

图 7.24   结合层次聚类与密度聚类方法

在图 7.24 中，可以将停留点（从 GPS 轨迹中检测的）全部放在一起形成一个数据集 D，它可以被视为图中右侧所示层次结构的根节点。通过对 D 应用密度聚类方法（如 OPTICS，其

中 $\epsilon = 500\text{m}$，$\text{MinPts} = 30$），可以得到两个簇 C_1 和 C_2，它们可以被视为根节点的两个子节点。还可以分别对 C_1 和 C_2 中的停留点施加更细粒度的 OPTICS 参数设置，如 $\epsilon = 100\text{m}$ 和 $\text{MinPts} = 8$。最后，基于 C_1 中的停留点形成了两个子簇 C_{11} 和 C_{12}，基于 C_2 形成了三个簇，包括 C_{21}、C_{22} 和 C_{23}。这些簇构建了一个层次结构（或树），其中高级节点代表粗粒度的热点（即较大的地理大小，如公园），而低级节点表示细粒度的热点（即较小的地理大小，如餐厅）。之后，可以根据用户在这些地点之间的转换构建不同层次上的图。

7.5　分类

7.5.1　概念

数据分类是一个两步过程，包括训练步骤和分类步骤。在训练步骤中，根据历史数据构建一个分类器，而在分类步骤中，使用该模型为给定数据预测类别标签。在第一步中，分类算法通过分析或"学习"训练集来构建分类器，训练集由数据元组 X 的集合和它们对应的类别标签组成。一个元组 X 由一个 n 维特征向量表示，即 $X = (x_1, \cdots, x_n)$，其中每个元素表示一种特征的值。每个元组都与一个预定义的类别 c 相关联，类别 c 是一个取离散值和无序的属性。数据元组可以称为实例、样本、对象或数据点。训练步骤也可以被视为找到一个映射函数 $f(X)$ 的过程，该函数将给定的 X 与其类别标签 c 相关联。在第二步中，使用分类器对测试集中的元组进行分类，测试集与训练集独立。这可以被视为根据数据元组 X 和映射函数 $f(X)$ 预测该元组的类别标签 c 的过程。然后，使用一些指标来估计分类器的性能。

分类模型的评估涉及两个问题。一个是生成训练集和测试集的数据划分方法。另一个是评估指标，例如精确度、召回率和 F 值。

7.5.1.1　数据划分方法

有两种广泛使用的数据划分方法用于生成训练和测试数据集。一种被称为保留法（holdout method），通常选择 2/3 的数据作为训练集，剩下的 1/3 作为测试集。训练集和测试集不重叠。另一种方法被称为 k 折交叉验证，将给定数据集随机划分成 k 个几乎等大小的子集（也称为 k 折）$D_1, \cdots, D_n$。训练和测试进行 k 次。在第 i 次迭代中，D_i 保留为测试集，剩下的折集体用于训练模型。准确度是 k 次迭代中正确分类的总次数除以初始数据中的元组总数。与保留法不同，每个实例用于训练 $k-1$ 次和测试一次。因此，通过 k 折交叉验证评估的分类器的性能通常高于保留法。当分类任务处理的数据规模较小时，通常使用 k 折交叉验证。

7.5.1.2　评估指标

精确度、召回率、准确度和 F 值是常用的评估分类模型性能的指标。在介绍这些指标之前，需要了解一些其他术语，包括真正例（TP）、真负例（TN）、假正例（FP）和假负例（FN）。图 7.25a 以二分类任务（即有两个类别：是和否）为例，展示了这些术语在混淆矩阵中的使用：

- TP　代表被分类器正确标记为正例的实例。
- TN　代表被分类器正确标记为负例的实例。
- FP　代表被错误标记为正例的负例。
- FN　代表被错误标记为负例的正例。

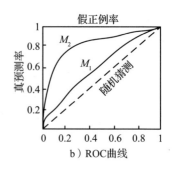

预测类别

真实值		是	否	召回率	总计
	是	TP	FN	$\dfrac{TP}{TP+FN}$	P
	否	FP	TN	$\dfrac{TN}{FP+TN}$	N
	精确度	$\dfrac{TP}{TP+FP}$	$\dfrac{TN}{FN+TN}$	$\dfrac{TP+TN}{P+N}$	P+N

a）混淆矩阵

b）ROC曲线

图 7.25　分类评估指标

分类器的准确度是指测试集中被分类器正确分类的实例所占的百分比：

$$准确度 = \frac{TP+TN}{TP+TN+FP+FN} = \frac{TP+TN}{P+N} \tag{7.9}$$

然而，在处理类别不平衡问题时，如果感兴趣的主要类别是罕见的，准确度将无法反映分类器的真实性能。例如，在一个医学数据集中，只有1%的数据来自患有癌症的人，而另外99%的数据来自没有癌症的人。如果想根据医学数据训练一个分类器来区分"癌症"和"非癌症"，我们将面临一个类别不平衡问题，这样得到的分类器会适应具有大多数实例的类别（因此牺牲相反的类别）。更具体地说，即使癌症类别的 TP 为 0，训练的分类器的（总体）准确度可能仍然高于 98%（因为 TN 足够大）。然而，与检测相反类别（即没有癌症）相比，能够识别这些罕见类别对于应用程序来说非常重要。为了解决这些问题，提出了精确度和召回率来观察分类器在不同类别上的性能。

精确度是对精确性的度量（即在被标记为某个类别的实例中，实际上属于该类别的实例所占百分比）。召回率是对完整性的度量（即实际上属于某个类别的实例被标记为该类别所占的百分比）。每个类别都有自己的精确度和召回率。正式地，类别是和否的精确度定义如下：

$$精确度（是）= \frac{TP}{TP+FP}; \quad 精确度（否）\frac{TN}{TN+FN} \tag{7.10}$$

两个类别的召回率定义为：

$$召回率（是）= \frac{TP}{TP+FN} = \frac{TP}{P}; \quad 召回率（否）= \frac{TN}{FP+TN} = \frac{TN}{N} \tag{7.11}$$

根据前述关于医学数据的例子，我们可以知道，如果癌症类别的精确度或召回率非常低，那么分类器的性能是不好的。在所有四个指标上都有良好记录的分类器被视为强大的分类器。然而，不同的分类器可能在不同的指标上有各自的优势。例如，一些分类器可能精确度稍高一些，但召回率稍低一些，或者在一个类别上精确度和召回率都稍高一些，但在另一个类别上稍差一些。判断分类器的整体性能是困难的。人们尝试解决这个问题的另一个方法是结合精确度和召回率来制定 F 值，如下所示：

$$F 值 = \frac{2×精确度×召回率}{精确度+召回率} \tag{7.12}$$

F 值无法衡量用于生成实例属于某个类别的概率（而不是类别标签）的分类器的性能。考虑到医学数据，像决策树这样的分类器为每个实例生成的是实例属于两个类别的概率，例如癌症（0.75）或非癌症（0.25）。属于是类别的概率高于阈值 τ（例如 $\tau = 0.7$）的实例，最终被分类为癌症类别。否则，该实例仍被标记为非癌症。

为了解决这个问题，有人提出了 ROC 曲线来衡量二元分类器的性能。该曲线是通过在不同阈值 τ（例如，τ 从 0.9 变化到 0.1）下绘制真正例率 $\left(\text{即 } TPR = \dfrac{TP}{P}\right)$ 与假正例率 $\left(\text{即 } FPR = \dfrac{FP}{N}\right)$ 之间的关系来创建的。图 7.25b 展示了两个分类器 M_1 和 M_2 的 ROC 曲线，对角线代表随机猜测。分类器的 ROC 曲线越接近对角线，模型的准确度越低。因此，M_2 是比 M_1 更好的分类器。最初，当降低阈值 τ 时，更有可能遇到真正例。因此，曲线会从零点陡峭上升。随后，随着开始遇到较少的真正例和更多的假正例，曲线变得平缓，变得更加水平。

7.5.2　朴素贝叶斯分类法

假设 X 是数据实例，C 是类别标签。朴素贝叶斯分类法就是根据贝叶斯定理，找出后验概率 $P(C \mid X)$ 最大的类别标签：

$$P(C \mid X) = \frac{P(X \mid C)P(C)}{P(X)} \tag{7.13}$$

正式地，令 D 是一个由实例组成的训练集，每个实例是一个由 n 维特征 $(A_1, A_2, \cdots, A_n)$ 组成的向量 $X = (x_1, x_2, \cdots, x_n)$（例如，$x_1$ 是特征 A_1 的值）。假设有 m 个类别 $C_1, C_2, \cdots, C_m$。朴素贝叶斯分类器预测实例 X 属于类别 C_i，当且仅当 $P(C_i \mid X) > P(C_j \mid X)$，其中 $1 \leqslant j \leqslant m$，$j \neq i$。换句话说，是找到使 $P(C_i \mid X)$ 最大的类别 C_i，这被称为最大后验假设。应用贝叶斯定理，我们得到：

$$P(C_i \mid X) = \frac{P(X \mid C_i)P(C_i)}{P(X)} \tag{7.14}$$

由于 $P(X)$ 对于所有类别都是常数，因此只需要最大化 $P(X \mid C_i)P(C_i)$。$P(C_i)$ 通常被称为先验概率，可以通过 $P(C_i) = \mid C_i, D \mid / \mid D \mid$ 估计，其中 $\mid C_i, D \mid$ 是训练集中属于类别 C_i 的实例数量。

对于具有许多特征的数据集，计算 $P(X \mid C_i)$ 会非常耗费计算资源。为了减少计算负担，朴素贝叶斯分类器假设特征在给定类别标签的情况下彼此条件独立，即：

$$P(X \mid C_i) = P(x_1 \mid C_i) \times P(x_2 \mid C_i) \times \cdots \times P(x_n \mid C_i) \tag{7.15}$$

我们可以通过以下方式轻松计算 $P(x_1 \mid C_i)$，$P(x_2 \mid C_i)$ 和 $P(x_n \mid C_i)$：如果特征 A_i 是分类的，那么 $P(x_i \mid C_i)$ 是 D 中属于类别 C_i 的实例中具有 A_i 的值 x_i 的数量除以 $\mid C_i, D \mid$。例如，$P(x_i = \text{女性} \mid C_i = \text{购买电脑者})$ 可以通过计算购买电脑的男性消费者的数量来估计，这个计数再除以购买电脑的总消费者数量。

如果 A_i 是连续值，我们需要根据分布来计算 $P(x_i \mid C_i)$，比如根据具有平均值 μ 和标准差 σ 的高斯分布：

$$f(x, \mu, \sigma) = \frac{1}{\sqrt{2\pi}\,\sigma} e^{-\frac{(x-\mu)^2}{2\sigma^2}} \tag{7.16}$$

$$P(x_i \mid C_i) = f(x_k, \mu_{C_i}, \sigma_{C_i}) \tag{7.17}$$

其中 μ_{C_i} 和 σ_{C_i} 分别是特征 A_k 值的平均值和标准差，可以根据 D 来估计。例如，令 $X = (36,$

$45\,000$），其中 A_1 和 A_2 分别是年龄和收入。令标签类别为购房＝是或否。假设从训练集中，我们发现 D 中购买房屋的客户年龄为 37 ± 10 岁（即 $\mu=37$ 和 $\sigma=10$）。然后，可以根据方程（7.16）计算 $P(x_1=36\,|\,\text{购房}=\text{是})$。

尽管在许多真实数据集中类条件独立性可能不成立，但朴素贝叶斯分类器的性能在实践中是可以接受的，特别是对于特征和类别标签数量较少的分类问题。关于朴素贝叶斯分类器的更多详细信息。

7.5.3　决策树

决策树采用树状结构，是一种对特征变量进行分层决策的分类方法。决策树某一节点上的决策，即分裂准则，通常是对训练数据中一个或多个特征变量设置的条件。分裂准则将训练数据分为两个或多个部分，尽量减少树的每个分支中类变量的"混合"程度。从逻辑上讲，决策树中的每个节点都代表了数据空间的一个子集，该子集由其上节点中的分裂标准组合定义。一旦建立了决策树，我们就可以根据测试实例的特征值遍历决策树，将其分配到叶节点上。实例属于不同类别的概率由叶节点中不同类别的比例来表示。

经典的决策树算法包括 ID3、C4.5 和 CART（分类和回归树）。ID3 专为具有分类特征和类别标签的分类而设计。C4.5 处理实值特征和类别分类的问题。CART 可以处理实值特征和实值预测，可视为一种回归模型。

7.5.3.1　ID3 算法

如图 7.26 所示，基于图 7.26a 显示的训练数据，使用 ID3 算法构建了图 7.26b 所示的决策树。每个实例代表一个用户，该用户与两个特征（年龄和收入），以及一个类别标签（购买计算机：是或否）相关联。ID3 选择具有最大信息增益的特征作为分裂标准，算法首先根据以下方程计算给定数据集 D 的信息熵：

$$\text{熵}(D)=-\sum_{i=1}^{m}p_i\log_2 p_i \tag{7.18}$$

其中 p_i 是类 C_i 在 D 中的比例，m 是类别标签的数量。在这个例子中，有两个类别标签：是或否。熵 (D) 表示 D 的不纯度。如果 D 中的所有实例都属于同一个类别（即 $p_i=1$ 且 $p_j=0$，$1\leqslant j\leqslant m$，$j\neq i$），则熵 (D) 获得最小值 0。如果 D 中不同类别的比例相等，则熵 (D) 获得最大值（即最不纯）。例如，如果 D 中有两个类别等比例分布，即 $p_1=p_2=\dfrac{1}{2}$，那么熵 $(D)=-\dfrac{1}{2}\log_2\dfrac{1}{2}-\dfrac{1}{2}\log_2\dfrac{1}{2}=\dfrac{1}{2}+\dfrac{1}{2}$。

假设我们通过某个特征 A 划分 D，A 有 k 个不同的值（$x_1,x_2,\cdots,x_k$），特征 A 值等于 x_i 的实例将被分配到一个子集。也就是说，可以得到 k 个子集（$D_1,D_2,\cdots,D_k$）。然后可以通过以下方式计算这些分区的信息熵：

$$\text{熵}_A(D)=-\sum_{j=1}^{k}\frac{|D_j|}{|D|}\text{熵}(D_i) \tag{7.19}$$

其中 $\dfrac{|D_j|}{|D|}$ 是第 j 个分区的权重，$|D_j|$ 表示第 j 个分区中的实例数量。然后可以通过以下方

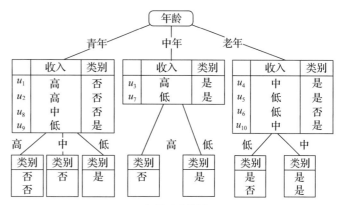

UID	年龄	收入	类别：购买计算机
u_1	青年	高	否
u_2	青年	高	否
u_3	中年	高	是
u_4	老年	中	是
u_5	老年	低	是
u_6	老年	低	否
u_7	中年	低	是
u_8	青年	中	否
u_9	青年	低	是
u_{10}	老年	中	是

a）训练实例　　　　　　　　　b）构建决策树

图 7.26　基于 ID3 算法构建决策树

式计算分区标准的信息增益：

$$增益(A) = 熵(D) - 熵_A(D) \tag{7.20}$$

在图 7.26a 中所示的这个例子中，是和否的比例分别是 3/5 和 2/5。因此，D 的熵是：

$$熵(D) = -\frac{2}{5}\log_2\frac{2}{5} - \frac{3}{5}\log_2\frac{3}{5} \approx 0.971\text{bits}$$

如果我们选择年龄作为分裂准则，将 D 分成三个部分（青年、中年、老年），如图 7.26b 中的前三个子节点所示，则 D 的信息熵计算如下：

$$熵_{年龄}(D) = \frac{4}{10}\times\left(-\frac{1}{4}\log_2\frac{1}{4} - \frac{3}{4}\log_2\frac{3}{4}\right) + \frac{2}{10}\times(-1\log_2 1 - 0\log_2 0) +$$

$$\frac{4}{10}\times\left(-\frac{3}{4}\log_2\frac{3}{4} - \frac{1}{4}\log_2\frac{1}{4}\right) = 0.649\text{bits}$$

信息增益增益(年龄) = 0.971 - 0.646 = 0.325。如果我们选择收入作为分裂准则，将 D 分成三个部分（低、中、高），D 的信息熵计算如下：

$$熵_{收入}(D) = \frac{3}{10}\times\left(-\frac{1}{3}\log_2\frac{1}{3} - \frac{2}{3}\log_2\frac{2}{3}\right) + \frac{3}{10}\times\left(-\frac{2}{3}\log_2\frac{2}{3} - \frac{1}{3}\log_2\frac{1}{3}\right) +$$

$$\frac{4}{10}\times\left(-\frac{3}{4}\log_2\frac{3}{4} - \frac{1}{4}\log_2\frac{1}{4}\right) = 0.876\text{bits}$$

$$增益(收入) = 0.971 - 0.876 = 0.095$$

增益(收入)＜增益(年龄)，意味着年龄对于纯化 D 是一个更好的分裂标准，所以我们使用年龄来构建第一层的节点。然后，使用收入进一步将第一层节点中的实例划分到子集，如图 7.26 所示。

如果我们完全将一个数据集划分到叶节点，其中包含属于同一类别的实例，决策树的结构可能会变得非常复杂，并且过度拟合训练数据。此外，这种细粒度节点中的实例可能包含一些噪声和异常值。当我们将这样的决策树应用到测试集时，其性能可能不佳。一个解决方案是使用统计度量来移除决策树中最不可靠的分支，从而得到一个更小、更简单的版本，这个版本更容易理解。有两种常见的树修剪方法：预修剪和后修剪。在预修剪方法中，通过及早停止树的构建来修剪它，后剪枝方法则从完全构建好的树中移除子树。

7.5.3.2 C4.5 算法

当实例的属性是实数值（例如用户的年龄是 35）时，我们没有可以用来划分数据集的属性类别值。因此，ID3 算法无法再应用于解决这类问题。C4.5 算法被提出用于处理连续和离散特征。

为了处理连续属性，C4.5 创建了一个阈值，然后将列表分为属性值大于阈值的和小于或等于阈值的。为了找到最佳阈值，对属性 A 的值排序，并将每对连续值之间的中点作为分裂点（即 $(a_i + a_{i+1})/2$）。对于 A 的每个分裂点，计算熵$_A(D)$，其中分区数为两个。我们找到最大信息增益增益(A) 对应的最佳分裂点，然后数据被分为两部分，一部分是属性 A 的值小于或等于分裂点的，另一部分是 A 的值大于分裂点的。C4.5 算法使用了一种称为增益比的信息增益的扩展来处理离散特征。它使用一种"分裂信息"值对信息增益进行归一化处理，该值与熵$_A(D)$ 有类似定义：

$$分裂信息_A(D) = -\sum_{j=1}^{k} \frac{|D_j|}{|D|} \log_2\left(\frac{|D_j|}{|D|}\right) \tag{7.21}$$

这个值表示通过将训练数据集 D 划分成 k 个分区生成的潜在信息，这 k 个分区对应于对属性 A 进行测试的 k 个结果。增益比然后定义为：

$$增益比(A) = \frac{增益(A)}{分裂信息_A(D)} \tag{7.22}$$

具有最大增益比的属性被选为分裂标准，这是为了避免由生成许多分区的属性引起偏差。例如，如果使用产品标识（ID，这是实例的唯一标识符）作为分裂标准，将生成大量的分区。由于每个分区只包含一个实例，因此分区的信息熵熵$_{ID}(D) = 0$。这会得到最大的信息增益，因此它将被选为分裂标准，然而这样的划分对于分类是没有用的。使用增益比，我们会发现分裂信息$_{ID}(D)$ 非常大（即增益比非常小）。因此，ID 不会被选为分裂标准。

C4.5 可以处理带有缺失属性值的训练数据，允许将缺失属性值标记为问号（？）。在增益和熵的计算中，简单地不使用缺失属性值。一旦创建了决策树，C4.5 就会后向遍历整棵树，并尝试移除那些没有帮助的分支，用叶节点替换它们。

7.5.4 支持向量机

支持向量机（SVM）通过非线性映射将原始训练数据转换到更高维度，并寻找将一个类别的实例与其他类别的实例分开的线性最优分离超平面。SVM 使用支持向量（即训练实例）和由支持向量定义的边际（margin）来找到这个超平面。

图 7.27 展示了为数据集寻找最优超平面的一个例子，其中每个实例与两个特征（A_1 和 A_2）和一个两类别标签（是 $= 1$ 和否 $= -1$）相关联。如果把两个特征看作空间的两个维度，那么每个实例可以在这个空间中用一个点来表示。更具体地说，使用两种类型的圆来表示两个类别的实例，在转换之后，有多种方法可以分离两个类别的实例。图 7.27a 和图 7.27b 分别描绘了两个可能的分离超平面，它们都能正确地分类所有给定的实例。然而，直观上，具有较大边际的超平面可能比具有狭窄边际的超平面在分类未来的数据实例时更准确。正式地，可以说过一个超平面到其边际一侧的最短距离等于过超平面到边际另一侧的最短距离，其中边

际的"两侧"与超平面平行。

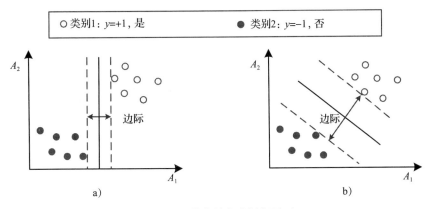

图 7.27　搜索最大边际超平面

　　SVM 通过解决一个受约束的（凸）二次优化问题来找到具有最大边际超平面（MMH）的数据最优分离，例如使用序列最小优化（SMO）。当没有线性映射可以将两个类别的实例分离时，SVM 基于非线性变换将原始数据投影到更高维度的空间。例如，在图 7.28a 所示的两维空间中，无法找到一个超平面可以完美地分离属于不同类别的实例。然而，如果把这些实例投影到三维空间中，如图 7.28b 所示，可能会发现这些实例位于空间的不同部分（底部和顶部），因此可以找到一个分离它们的超平面。

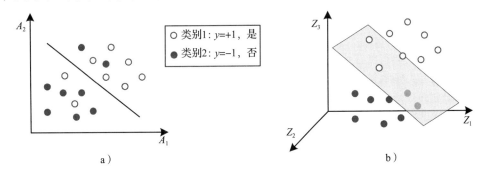

图 7.28　将实例转换到更高维空间以找到最佳 MMH

　　但是，存在一些问题。首先，如何选择到更高维度空间的非线性映射？其次，在这样高维度的空间中寻找最大边际超平面的计算将是昂贵的。为了解决这两个问题，提出了核函数。假设 $\varphi(X)$ 是应用于转换原始实例的非线性映射函数，在转换之后，可以在新的高维空间中通过解决线性 SVM 的二次优化问题来找到最大边际超平面。在更高维度空间中实例的点积，

$$\varphi(X_i) \cdot \varphi(X_i) = K(X_i, X_j) \tag{7.23}$$

可以替换为在原始空间中计算核函数，这可能是低很多维度的。我们可以安全地避免映射，甚至不需要知道映射是什么。使用这个技巧后，可以类似于找到线性 SVM 的方式找到 MMH。三种可接受的核函数是：

$$h \text{ 度多项式核函数}: K(X_i, X_j) = (X_i \cdot X_j + 1)^h$$

$$\text{高斯径向基核函数}: K(X_i, X_j) = e^{-\|X_i - x_j\|^2 / 2\sigma^2} \tag{7.24}$$

$$\text{Sigmoid 核函数}: K(X_i, X_j) = \tanh(kX_i \cdot X_j - \delta)^h$$

没有系统的方法来确定哪个核函数将导致最准确的 SVM，使用高斯径向基核函数的 SVM 生成的决策超平面与一种名为径向基函数网络的神经网络相同。使用有 Sigmoid 核函数的 SVM 相当于一个简单的两层神经网络，称为多层感知器（没有隐藏层）。

当使用 SVM 处理多类别分类问题时，需要递归地将训练集分为两部分（即一个类别的实例和其他数据），学习一个分类器来确定一个实例是否属于某个类别。例如，在一个数据集 D 中，一个实例可能有三个可能的类别标签（C_1、C_2 和 C_3）。我们首先将 D 分为两部分 D_1 和 D_2：D_1 存储属于类别 C_1 的实例，而 D_2 是其他类别实例的集合。使用非 C_1 作为 D_2 中实例的类别标签，然后训练一个 SVM 来确定一个实例是否属于 C_1。接着，将 D_2 分为两部分 D_{21} 和 D_{22}，用 D_{21} 存储 C_2 的实例，用 D_{22} 存储 D_2 的其余部分（即 C_3）。训练另一个 SVM 来确定一个实例是否属于 C_2，这些 SVM 可以形成一个树结构，其中每个节点是一个确定实例是否属于某个类别的 SVM，树的高度等于类别的数量。通过遍历树，可以确定测试集中一个实例的类别。

考虑到二次优化问题和核函数，SVM 的实现是一项困难的任务。已经开发了一些工具，如 LibSVM，帮助人们快速实现 SVM 来解决他们的问题。

7.5.5　不平衡数据的分类

如果一个数据集中的类别分布显著不均匀，那么认为这个数据集是失衡的。例如，在医疗数据中，患有癌症的人数远远少于没有癌症的人数。在股票市场或银行系统中，很少有交易（例如，少于 0.001%）被认作欺诈。尽管在数据中这些类别（如癌症和欺诈）非常少，但它们通常比大多数类别更有价值。如果基于这样一个不平衡的数据集直接训练分类器，那么少数类别将被分类模型忽略。通过拟合大多数数据，分类器可能会表现出非常好的性能，即使少数类别全部被错误分类，这显然不是我们想要的。

为了解决这个问题，近年来进行了一系列名为"学习不平衡数据"的研究，提出了四类方法：重采样、成本敏感学习、集成学习和一类学习。

7.5.5.1　重采样

这类方法并不告诉分类器如何从失衡数据中学习，而是通过过采样少数数据集和欠采样多数数据集来为标准算法提供平衡的数据集。随机过采样的机制通过复制少数集 $S_{\min}$ 中选定的例子并将其添加到原始集 S 中来增强 S。随机欠采样从多数集 $S_{\maj}$ 中随机选择例子，并将这些样本从 S 中移除。

随机过采样和欠采样的机制分别存在过拟合和丢失信息的风险。因此，重采样应该根据提供的失衡数据设计启发式方法。一种广泛使用的过采样方法是合成少数类过采样技术（SMOTE），在现有的少数类实例之间创建人工数据。更具体地说，如图 7.29 所示，对于某些少数类实例 X_i 和一些指定的整数 K（在这个例子中 $K=3$），新实例 X_{new} 是这样创建的：

$$X_{\text{new}} = X_i + \delta \times (X_i - X_i') \tag{7.25}$$

其中 X_i' 是从 X_i 的 K 个最近少数类实例中随机选择的一个少数类实例，δ 是一个在 $[0,1]$ 之间的随机数。最终，SMOTE 算法填补了少数类的凸包，使它们更具代表性。

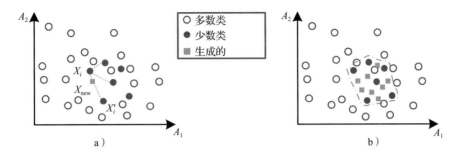

图 7.29　SMOTE 算法示例

7.5.5.2　成本敏感学习

成本敏感方法考虑对少数类实例的错误分类分配更大的惩罚。例如，在两类不平衡数据中，这类方法定义了一个成本矩阵 C，$C[c_1, c_2]$ 表示将类别 c_2 的实例错误分类为 c_1 的成本，其中 $C[\text{Maj}, \text{Min}] > C[\text{Min}, \text{Maj}]$（即将少数类错误分类为多数类的成本高于将多数类错误分类为少数类的成本）。对于正确分类，$C[c_1, c_2] = 0$。通过将成本矩阵纳入标准分类范式，成本敏感学习方法旨在最小化总体成本 $\sum_{X_i} C[f(X_i), y_i]$，其中 $f(X_i)$ 表示分类器。例如，在多层感知器中，原始损失函数是

$$E = \frac{1}{2} \sum_{o_i} (\hat{o}_1 - o_i)^2 \tag{7.26}$$

其中，少数类和多数类没有区分。可以将成本矩阵加入原始损失函数，来赋予多层感知器成本敏感性：

$$E = C[\text{Min}, \text{Maj}] \times \frac{1}{2} \sum_{o_i \in \text{Maj}} (\hat{o}_1 - o_i)^2 + C[\text{Maj}, \text{Min}] \times \frac{1}{2} \sum_{o_i \in \text{Min}} (\hat{o}_1 - o_i)^2 \tag{7.27}$$

其中 $\hat{o}_1$ 是真实标签，而 o_i 是模型的输出。然后，可以根据新的损失函数学习一个成本敏感的神经网络。

7.5.5.3　集成学习

集成学习是通过有策略地生成和组合多个子模型来构建最终模型的过程。如图 7.30 所示，考虑到数据不平衡问题，可以生成子数据集，每个子数据集包含全部的少数类数据和多数类数据的一部分，并使用这些子数据集训练子模型。一个简单的解决方案是将多数类的实例随机分割成与少数类相等的大小。还有一些基于某些启发式方法来生成子数据集的更聪明的策略。然后，将这些单个分类器的分类结果进行聚合。

7.5.5.4　一类学习

一类学习方法试图通过仅包含特定类别对象的训练集来识别所有对象中的特定类别对象。当有大量的"正常"数据和少量的"异常"例子时，一类学习非常有用，因此一类学习非常适合极度不平衡的数据。一个典型的一类分类器是一类 SVM。标准 SVM 是寻找一个超平面来分离两个类别，与此不同，如图 7.31 所示，一类 SVM 试图找到一个可以围绕属于目标类别的大部分数据（在不平衡学习中是多数类）的超球面。当学习到超球面时，位于超球面外的实例被分类为异常类或少数类。注意，一类 SVM 的学习仅依赖于内积，就像标准 SVM 一样，所

以当多数类和少数类在原始特征空间中不可分时，也可以将核函数应用于一类 SVM。

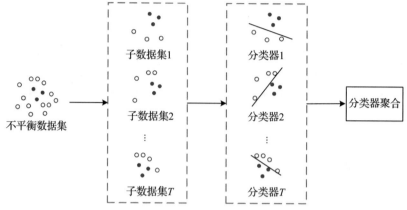

图 7.30 针对不平衡数据的集成学习

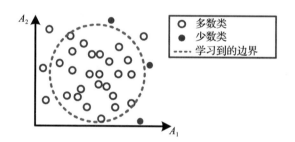

图 7.31 针对不平衡数据的一类 SVM

7.6 回归

由分类模式生成的结果是一个实例的类别，这些类别是分类值，有时与不同类别的概率相关。还有一类问题是根据一组观察值（即特征或属性）来估计一个实数值，比如一天的气温或产品的价格。这类问题可以通过回归模型来处理，回归模型是一种用于估计变量之间关系的统计技术。回归模型可以根据给定数据插值和预测未观察到的值。

有许多类型的回归模型，包括线性回归、自回归、逻辑回归、回归树等。一些回归模型，如逻辑回归，可以用于解决分类问题。一些回归模型，如回归树，源自决策树，这是经典的分类模型。在本节中，我们将重点介绍三种广泛使用的回归模型：线性回归、自回归，以及回归树。

7.6.1 线性回归

线性回归是一种建模标量依赖变量 y 与一个或多个解释变量（或独立变量）X 之间关系的方法。一个解释变量的情况称为简单线性回归，多个解释变量的情况称为多元线性回归。如果存在多个相关依赖变量（Y）而不是单个标量变量 y 需要预测，这个过程被称为多变量线性回归。

7.6.1.1　简单线性回归

假设有一个数据集 $D = \{(x_1, y_1), (x_2, y_2), \cdots, (x_m, y_m)\}$，简单线性回归模型旨在找到一个函数

$$f(x_i) = \omega \cdot x_i + \varepsilon, \quad \text{s. t.} f(x_i) \cong y_i \tag{7.28}$$

其中 ω 是一个参数，表示 x 的权重，ε 是一个偏差（或误差项）。我们可以通过最小化估计值与真实值之间的平方误差来学习这两个参数，正式表示为：

$$(\omega, \varepsilon) = \operatorname{argmin}_{(\omega, \varepsilon)} \sum_{i=1}^{m} (f(x_i) - y_i)^2 = \operatorname{argmin}_{(\omega, \varepsilon)} \sum_{i=1}^{m} (y_i - \omega \cdot x_i - \varepsilon)^2 \tag{7.29}$$

使用最小二乘法，我们可以找到这两个参数的最佳估计。正式地，我们可以分别对误差 $E_{(\omega, \varepsilon)} \sum_{i=1}^{m} (y_i - \omega \cdot x_i - \varepsilon)^2$ 求关于 ω 和 ε 的偏导数，计算如下：

$$\frac{\partial E_{(\omega, \varepsilon)}}{\partial \omega} = 2\left(\omega \sum_{i=1}^{m} x_i^2 - \sum_{i=1}^{m} (y_i - \varepsilon) x_i\right) \tag{7.30}$$

$$\frac{\partial E_{(\omega, \varepsilon)}}{\partial \varepsilon} = 2\left(m\varepsilon - \sum_{i=1}^{m} (y_i - \omega x_i)\right) \tag{7.31}$$

让上述两个方程等于 0，我们可以得出如下闭式结果：

$$\omega = \frac{\sum_{i=1}^{m} y_i (x_i - \bar{x})}{\sum_{i=1}^{m} x_i^2 - \frac{1}{m}\left(\sum_{i=1}^{m} x_i\right)^2} \tag{7.32}$$

$$\varepsilon = \frac{1}{m} \sum_{i=1}^{m} (y_i - \omega x_i) \tag{7.33}$$

其中 $\bar{x} = \sum_{i=1}^{m} x_i$ 为 x 的平均值。

一旦线性回归模型训练好（即 ω 和 ε 已知），就可以根据实例的特征 x_i 和函数 $f(x_i)$ 推断出实例的值。

7.6.1.2　多元线性回归

如果有一个变量 y 受到多个特征的影响，这便成了多元线性回归。假设数据集 D 有 m 个实例，$X_i = (x_1, x_2, \cdots, x_n)$ 是第 i 个实例的特征向量，而 y_i 是实例的实值标签，多元线性回归模型旨在找到一个函数 $f(X)$：

$$f(X_i) = \omega_1 x_1 + \omega_2 x_2 + \cdots + \omega_n x_n + \varepsilon, \quad \text{s. t.} f(X_i) \cong y_i \tag{7.34}$$

其中 $(\omega_1, \omega_2, \cdots, \omega_n)$ 是表示每个特征权重的参数，ε 是误差项。令 $\omega = (\omega_1, \omega_2, \cdots, \omega_n)$，可以将方程写成另一种形式：

$$f(X_i) = \boldsymbol{\omega} \cdot X_i + \varepsilon \tag{7.35}$$

让 $\hat{\boldsymbol{\omega}} = (\boldsymbol{\omega}; \varepsilon)$，$\boldsymbol{y} = (y_1, y_2, \cdots, y_m)$，且

$$X = \begin{bmatrix} x_{11} & x_{12} & \cdots & x_{1n} & 1 \\ x_{21} & x_{22} & \cdots & x_{2n} & 1 \\ \vdots & & & \vdots & \\ x_{m1} & x_{m2} & \cdots & x_{mn} & 1 \end{bmatrix} \tag{7.36}$$

我们可以将方程（7.25）写为

$$\hat{\boldsymbol{\omega}}* = \mathrm{argmin}_{(\hat{\boldsymbol{\omega}})} \sum_{i=1}^{m} (\boldsymbol{y}-\boldsymbol{X}\hat{\boldsymbol{\omega}})^{\mathrm{T}}(\boldsymbol{y}-\boldsymbol{X}\hat{\boldsymbol{\omega}}) \tag{7.37}$$

让 $E_{\hat{\boldsymbol{\omega}}} = \sum_{i=1}^{m} (\boldsymbol{y}-\boldsymbol{X}\hat{\boldsymbol{\omega}})^{\mathrm{T}}(\boldsymbol{y}-\boldsymbol{X}\hat{\boldsymbol{\omega}})$，我们可以计算 $E_{(\hat{\boldsymbol{\omega}})}$ 关于 $\hat{\boldsymbol{\omega}}$ 的偏导数：

$$\frac{\partial E_{\hat{\boldsymbol{\omega}}}}{\partial \hat{\boldsymbol{\omega}}} = 2\boldsymbol{X}^{\mathrm{T}}(\boldsymbol{X}\hat{\boldsymbol{\omega}}-\boldsymbol{y}) \tag{7.38}$$

令上述方程等于 0，当 $\boldsymbol{X}^{\mathrm{T}}\boldsymbol{X}$ 是一个满秩矩阵或者正定矩阵时，我们可以找到闭式结果。当 $\boldsymbol{X}^{\mathrm{T}}\boldsymbol{X}$ 不是一个满秩矩阵（例如，参数的数量多于实例的数量）时，可能有多个 $\hat{\boldsymbol{\omega}}$ 的值。在这种情况下，需要采用正则化来为 $\hat{\boldsymbol{\omega}}$ 选择一个更好的结果。

7.6.1.3 多变量线性回归

当需要为一个实例推断多个变量时（即 $Y_i = (y_{i_1}, y_{i_2}, \cdots, y_{i_k})$，基于实例的多个特征 $X_i = (x_1, x_2, \cdots, x_n)$），这个过程称为多变量线性回归。这不同于多元线性回归，在多变量线性回归中，只有一个依赖变量 y 需要推断。正式地说，假设数据集 D 有 m 个实例，那么多变量线性回归试图找到 $\boldsymbol{B}$ 和 $\boldsymbol{U}$，使得 $\boldsymbol{Y}=\boldsymbol{X}\boldsymbol{B}+\boldsymbol{U}$。如果 $\boldsymbol{Y}$、$\boldsymbol{B}$ 和 $\boldsymbol{U}$ 是列向量，那么矩阵方程表示的就是多元线性回归。

$$
\boldsymbol{Y} = \begin{bmatrix} y_{11} & y_{12} & \cdots & y_{1k} \\ y_{21} & y_{22} & \cdots & y_{2k} \\ \vdots & & & \vdots \\ y_{m1} & y_{m2} & \cdots & y_{mk} \end{bmatrix} = \begin{bmatrix} Y_1 \\ Y_2 \\ \vdots \\ Y_m \end{bmatrix}
$$

$$
\boldsymbol{X} = \begin{bmatrix} x_{11} & x_{12} & \cdots & x_{1n} \\ x_{21} & x_{22} & \cdots & x_{2n} \\ \vdots & & & \vdots \\ x_{m1} & x_{m2} & \cdots & x_{mn} \end{bmatrix} = \begin{bmatrix} X_1 \\ X_2 \\ \vdots \\ X_m \end{bmatrix}
$$

$$
\boldsymbol{B} = \begin{bmatrix} \omega_{11} & \omega_{12} & \cdots & \omega_{1k} \\ \omega_{21} & \omega_{22} & \cdots & \omega_{2k} \\ \vdots & & & \vdots \\ \omega_{n1} & \omega_{n2} & \cdots & \omega_{nk} \end{bmatrix} = \begin{bmatrix} \omega_1^{\mathrm{T}}, \omega_2^{\mathrm{T}}, \cdots, \omega_k^{\mathrm{T}} \end{bmatrix}
$$

$$
\boldsymbol{U} = \begin{bmatrix} \varepsilon_{11} & \varepsilon_{12} & \cdots & \varepsilon_{1k} \\ \varepsilon_{21} & \varepsilon_{22} & \cdots & \varepsilon_{2k} \\ \vdots & & & \vdots \\ \varepsilon_{m1} & \varepsilon_{m2} & \cdots & \varepsilon_{mk} \end{bmatrix}
\tag{7.39}
$$

7.6.2 自回归

自回归旨在根据时间序列中时间戳之前的数据点来预测时间戳处的值。自回归移动平均（ARMA）是一种基本模型[4]，结合自回归和移动平均过程来预测结果。基于 ARMA，提出了两种高级模型，一种称为自回归差分移动平均（ARIMA）模型，考虑了连续时间戳之间值的差异，另一种是季节性自回归差分移动平均（SARIMA）[27]，进一步根据 ARIMA 考虑了时间序列的周期信息。

7.6.2.1　自回归移动平均

给定一个数据时间序列 $X=(x_1, x_2, \cdots, x_t)$，ARMA 模型基于两个过程预测这个序列的未来值：自回归（AR）过程和移动平均（MA）过程。该模型通常被称为 ARMA(p,q) 模型，其中 p 是自回归部分的阶数，q 是移动平均部分的阶数。符号 AR(p) 指的是阶数为 p 的自回归模型，正式写作：

$$x_t = C + \sum_{i=1}^{p} \varphi_i x_{t-i} + \varepsilon_t \qquad (7.40)$$

其中 $\varphi_1, \varphi_2, \cdots, \varphi_p$ 是参数，C 是常数，随机变量 ε_t 是白噪声。

符号 MA(q) 指的是阶数为 q 的移动平均模型：

$$x_t = \mu + \varepsilon_t + \sum_{i=1}^{q} \theta_i \varepsilon_{t-i} \qquad (7.41)$$

其中 $\theta_1, \theta_2, \cdots, \theta_q$ 是参数，μ 是 x_t 的期望值（通常假设等于 0），$\varepsilon_t, \varepsilon_{t-1}, \cdots$ 是白噪声误差项。

因此，ARMA(p,q) 写作：

$$x_t = C + \varepsilon_t + \sum_{i=1}^{p} \varphi_i x_{t-i} + \sum_{i=1}^{q} \theta_i \varepsilon_{t-i} \qquad (7.42)$$

在实现 ARMA 时，我们要么使用 φ_i 和 θ_i 的默认参数，要么预先定义这些参数。通常假设 ε_t 是服从独立同分布的变量，从均值为 0 的正态分布中抽样得到。

7.6.2.2　ARIMA 和 SARIMA

为了包含更现实的动态，特别是均值非平稳性和季节性行为，已经提出了许多 ARMA 模型的变体，包括 ARIMA 和 SARIMA。

ARIMA 的 AR 部分表示感兴趣的演变变量回归于其自身的前期值，MA 部分表示回归误差实际上是同时在当前和过去不同时间点发生的误差项的线性组合，I（代表差分）表示数据值已经被替换为它们的值与先前值之间的差异（并且这个差分过程可能已经执行了不止一次）。例如，$x_t' = x_t - x_{t-1}$ 是一阶差分，而 $x_t^* = x_t' - x_{t-1}'$ 表示二阶差分。这些特征中每一个的作用都是使模型尽可能好地拟合数据。

非季节性 ARIMA 模型通常表示为 ARIMA(p,d,q)，其中参数 p、d 和 q 是非负整数，p 是自回归模型的阶数（时间滞后数量），d 是差分的阶数（数据过去值被减去的次数），q 是移动平均模型的阶数。

SARIMA 模型通常表示为 ARIMA$(p,d,q)(P,D,Q)_m$，其中 m 指每个季节中的周期数，P、D、Q 分别指的是 ARIMA 模型季节部分的自动回归、差分和移动平均项[27]。

7.6.3　回归树

决策树，如 CART，其中目标变量可以取连续值（通常是实数）的，被称为回归树。一般来说，回归树会根据一些判别特征将给定的数据集层次化地分割成组，直到叶节点中的数据可以被一个简单模型拟合。

当特征和目标变量都是连续的时，回归树使用数据中方差的减小（在某种程度上类似于决策树中的信息增益）来确定分割阈值。假设有一个数据集 $D=\{(X_1,y_1),(X_2,y_2),\cdots,(X_n,y_n)\}$，其中 X_i 是一个 m 维特征向量，而 y_i 是一个实值变量。数据集 D 的方差是：

$$\mathrm{Var}(D)=\frac{\sum_{i=1}^{m}(y_i-\overline{y})^2}{m} \tag{7.43}$$

其中 $\overline{y}=\dfrac{\sum_{i=1}^{m}y_i}{m}$ 是目标变量的均值。如果根据特征 A 将 D 分割成 k 个子集 $D_1,D_2,\cdots,D_k$，那么它的方差是：

$$\mathrm{Var}(D)_A=\sum_{j=1}^{k}\frac{|D_j|}{|D|}\mathrm{Var}(D_i) \tag{7.44}$$

其中 $|D_j|$ 表示 D_j 中的实例数量，而 $\mathrm{Var}(D_i)$ 是计算的 D_i 的方差。方差的减少定义为：

$$\mathrm{D\_Var}=\mathrm{Var}(D)-\mathrm{Var}(D)_A \tag{7.45}$$

寻找实值特征分裂点的方法与 C4.5 相同。按特征 A 的值进行排序，并将每对连续值之间的中点作为分裂点（即 $(a_i+a_{i+1})/2$）。导致目标变量方差减少最多的分割点被选为特征的阈值。导致方差或信息增益减少最多的特征将被选为第一个节点，将数据分成两部分。这个过程在数据的每个部分迭代进行，直到满足某些标准（例如树的深度或叶节点中的实例数量或叶节点中的数据可简单拟合）。

在将 D 分割成回归树的叶节点之后，我们可以用简单的模型（例如直接使用数据的均值或使用线性回归模型）拟合每个节点中的数据。图 7.32 展示了一个预测城市空气质量（AQI）的回归树示例，该树基于多个特征，如空间因素、时间因素、风速、湿度等。树中的椭圆节点表示用于分割数据的特征；每个矩形叶节点代表一个线性回归模型（LM），该模型结合不同的特征来计算 AQI（即拟合节点中的数据）。与树中每条边相关联的数字是所选特征的阈值。例如，当空间因素值小于 0.003 且时间因素大于 -0.08 时，使用 LM4 来计算 AQI。在不同 LM 中特征的权重是不同的。例如，如图 7.32 右侧所示，当风速高于 6.62 时，选择 LM2 来计算 AQI，其中时间因素被赋予更高的权重。在 LM3 中，空间因素则被赋予了较高的权重。

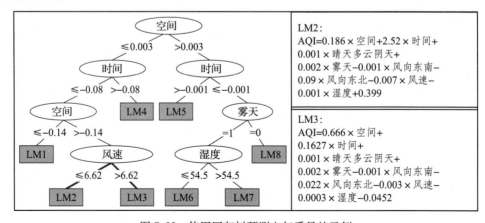

图 7.32　使用回归树预测空气质量的示例

7.7 异常值检测

假设一个数据集是由给定的统计过程生成的。异常值是指与其他对象显著不同的数据对象，就好像它是由不同的机制生成的。异常值与噪声数据不同，噪声数据是可测量变量中的随机误差或方差。

Han 等人将异常值分为三类：全局异常值、上下文异常值和集体异常值。全局异常值是最简单的异常值类型，它们与数据集中的其他数据显著不同，如图 7.33a 所示。如果一个数据对象显著偏离于对象的特定背景，则该数据对象是上下文异常值。这类异常值也被称为条件异常值，例如图 7.33b，假设水平轴表示日期，垂直轴代表日间温度。在全年中，25℃ 的温度并不是异常值，但如果这是北京 12 月的一天，则认为它相当异常。12 月的温度记录成为这个异常值的上下文，如果一组对象整体上显著偏离整个数据集，即使子集中的单个对象不是异常值，这组对象也将形成一个集体异常值。例如图 7.33c，每个实心对象单独来看并不是异常值，然而这些对象的集体是一个异常值，因为它们的密度比数据集中的其他部分要高得多。

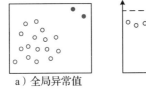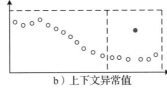

a）全局异常值　　　　b）上下文异常值　　　　c）集体异常值

图 7.33　三种类型的异常值

检测异常值的方法可以分为两大类。

第一类方法是基于邻近性的方法，假设如果一个数据对象与其最近邻居的邻近性显著偏离了同一数据集中大多数其他对象与它们的最近邻居的邻近性，那么这个数据对象就是一个异常值。基于邻近性的方法包括三个子类别：基于距离的、基于聚类的和基于密度的方法。

第二类方法是统计方法，假设正常数据对象遵循一个统计模型，不遵循该模型的数据被视为异常值。统计方法进一步包括两个子类别：基于统计假设的和基于预测模型的方法。

7.7.1　基于邻近性的异常值检测

7.7.1.1　基于距离的异常值检测方法

基于距离的异常值检测方法会参考由距离函数和半径阈值定义的数据对象的邻域。假设一个数据集 $D = \{o_1, o_2, \cdots, o_n\}$ 由 n 个对象组成，每个对象都与 m 个属性相关联，记为 $o_i = (f_1, f_2, \cdots, f_m)$。$o_i \cdot f_k$ 表示 o_i 的第 k 个特征，$\mathrm{Dist}(o_i, o_j)$ 表示两个对象之间的距离。它可以是两个对象属性向量之间的欧几里得距离：

$$\mathrm{Dist}(o_i, o_j) = \sqrt[2]{\sum_{k=1}^{m} (o_i \cdot f_k - o_j \cdot f_k)^2} \tag{7.46}$$

或其他距离，如 Pearson 相关性和马氏距离。通过计算 D 中所有对象的每个属性的均值 $\bar{f}_k = \frac{1}{n} \sum_{i=1}^{n} o_i \cdot f_k$，$1 \leqslant k \leqslant m$，$1 \leqslant i \leqslant n$，可以得到 D 的中心。这些均值的向量表示 D 的中心对象

（即 $o_c = (\bar{f}_1, \bar{f}_2, \cdots, \bar{f}_m)$）。

一个非常简单的基于距离的方法是检查落在某个对象 r 邻域内的对象数量除以数据集 D 的大小 $|D|$，是否不超过比例阈值 p。这可以正式写为：

$$\frac{\|\{o' \mid \mathrm{Dist}(o, o') \leq r\}\|}{\|D\|} \leq p \tag{7.47}$$

其中 r 是距离阈值。我们将这个算法表示为 $\mathrm{DB}(r, p)$。例如，如果数据落在一个对象 100m 邻域内的比例小于 1%，则该对象被视为异常值。这种基于距离的方法可以检测到全局异常值，但对于集体异常值效果不佳。此外，距离和比例阈值不容易确定。

另一种广泛使用的基于距离的异常值检测方法计算对象 o_i 与给定数据集中心之间的距离（即 $\mathrm{Dist}(o_i, o_c)$），然后检查这个距离是否是数据集标准差 σ 的 3 倍，正式地写作：

$$\sigma = \sqrt[2]{\frac{1}{n} \sum_{i=1}^{n} \mathrm{Dist}(o_i, o_c)^2} \tag{7.48}$$

$$\mathrm{Dist}(o_i, o_c) \geq 3\sigma \tag{7.49}$$

如果方程（7.44）所示的条件成立，则 o_i 被视为异常值。这种基于距离的异常值检测是非参数的，可以处理集体异常值，因此在许多应用中得到了广泛的使用。然而，这种方法无法处理稀疏数据集。

7.7.1.2　基于聚类的异常值检测

直观上，异常值是一个属于小且偏远的簇或不属于任何簇的对象。这导致了三种基于聚类的异常值检测的一般方法。

- 不属于任何簇的对象被检测为异常值　如图 7.34a 所示，使用基于密度的聚类算法，如 OPTICS，可以将不属于任何簇的点 a 视为异常值。
- 位于小且偏远的簇中的对象被检测为异常值　如图 7.34b 所示，使用划分方法，如 k 均值算法，可以将给定数据集划分为几个簇，那些像 C_3 一样小且远离其他簇的簇中的对象被视为异常值。
- 远离最近簇中心的对象被检测为异常值　如图 7.34c 所示，使用划分方法，可以将给定数据集划分为几个簇。在计算每个簇的中心后，我们发现离对象 a 最近的簇是 C_1，离对象 b 最近的簇是 C_2。由于 a 远离 C_1 的中心，b 远离 C_2 的中心，因此它们被检测为异常值。

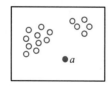 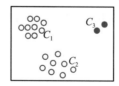 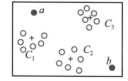

a）不属于任何簇的对象　　b）位于小且偏远簇中的对象　　c）离最近的中心很远的对象

图 7.34　基于聚类算法的异常值检测

7.7.1.3　基于密度的异常值检测

基于距离和基于聚类的异常值检测方法可以使用全局参数设置来检测全局异常值。然而，许多现实世界的数据集具有更复杂的结构，在这种情况下，对象可能会相对于其局部邻域而不是全局数据分布被视为异常值。

例如，如图 7.35 所示，存在一个稀疏簇 C_1 和一个密集簇 C_2。使用基于距离或基于聚类的异常值检测方法，可以将对象 o_1 检测为异常值，因为它远离大多数数据点。然而，o_2 和 o_3 不能通过这些异常值检测方法被识别为异常值，因为它们之间的距离甚至小于 C_1 中对象与其最近邻之间的平均距离。如果期望使用 7.6.1.1 节中介绍的 DB(r,p) 算法来识别 o_2 和 o_3 作为异常值，则需要选择一个较小的距离阈值 r。不幸的是，这个设置将把 C_1 中的整个对象群检测为异常值。为了解决这个问题，可以相对于簇 C_2 考虑 o_2 和 o_3，由于这两个对象显著偏离于其他 C_2 中的对象，它们可以被检测为异常值。

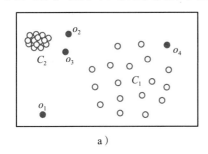 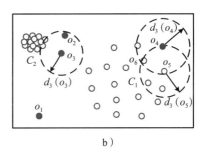

a)　　　　　　　　　　　　　　b)

图 7.35　基于密度的异常值检测方法的示例

基于密度的异常值检测方法的基本假设是，正常对象周围的密度与其邻居周围的密度相似，而异常对象周围的密度与其邻居周围的密度有显著差异。基于这个假设，基于密度的异常值检测方法使用对象相对于其邻居的相对密度来表示对象是异常值的程度，如下是正式定义。

给定一个由对象集合组成的数据集 D，对象 o 的 k 距离记为 $d_k(o)$，是 o 与其第 k 近邻之间的距离。例如，如图 7.35b 所示，当设置 $k=3$ 时，我们可以看到 $d_k(o_3)$、$d_k(o_4)$ 和 $d_k(o_5)$。对象 o 的 k 距离邻域记为 $N_k(o) = \{o' \mid o' \in D, \text{dist}(o,o') \le d_k(o)\}$，包含所有与 o 的距离不超过 $d_k(o)$ 的对象。$N_k(o)$ 可能包含超过 k 个对象，因为可能有多个对象与 o 的距离相同。例如，$N_k(o_5)$ 有 4 个对象，因为 o_4 和 o_6 与 o_5 的距离相同。

一种直接的方法是使用 $N_k(o)$ 中的对象到 o 的平均距离来测量 o 的局部密度。然而，当 o 有非常接近的邻居时，距离测量的统计波动可能过高。为了解决这个问题，引入了可达距离作为平滑因子。对于两个对象 o 和 o'，从 o' 到 o 的可达距离表示为：

$$\text{reach\_}d_k(o \leftarrow o') = \max\{d_k(o), \text{dist}(o,o')\} \tag{7.50}$$

其中 k 是用户指定的参数，用于控制平滑效果。现在，对象 o 的局部可达性密度定义为：

$$\text{local\_dense}_k(o) = \frac{\|N_k(o)\|}{\sum_{o' \in N_k(o)} \text{reach\_}d_k(o \leftarrow o')} \tag{7.51}$$

同样，我们可以定义对象 o 的局部异常因子为：

$$\text{LOF}_k(o) = \frac{1}{\|N_k(o)\|} \sum_{o' \in N_k(o)} \frac{\text{local}_{\text{dense}_k}(o')}{\text{local\_dense}_k(o)} \tag{7.52}$$

如果 $\mathrm{local\_dense}_k(o)$ 较低，而 o 的邻居的可达性密度较高，那么 $\mathrm{LOF}_k(o)$ 较高。因此，o 很可能是异常值。如图 7.35b 所示，$\mathrm{local\_dense}_k(o_4)$ 和 $\mathrm{local\_dense}_k(o_5)$ 几乎相同。因此，o_4 没有被检测为异常值。然而，$\mathrm{local\_dense}_k(o_3)$ 远小于 o_3 的邻居的可达性密度，因此 o_3 可以被检测为异常值。

7.7.2　基于统计的异常值检测

基于统计的异常值检测技术的根本原则是"异常值是一个观察值，因为它不是由假设的随机模型生成的，所以怀疑它是部分或完全无关的"[10]。基于这个关键假设，正常数据实例出现在随机模型的高概率区域，而异常值出现在随机模型的低概率区域。统计技术针对给定数据拟合统计模型（通常是正常行为），然后应用统计推断检验来确定未见实例是否属于此模型。若对一个实例应用测试统计得到了低概率，则该实例被宣布为异常值。

7.7.2.1　对数似然比检验

在统计学中，似然比检验（LRT）用于比较两个模型的拟合度，其中一个模型（零模型）是另一个模型（备选模型）的特殊情况（或者"嵌套于"另一个模型之中）。这通常发生在测试模型的一个简化假设是否有效时，比如当假设两个或更多模型参数相关时。这两个竞争模型，即零模型和备选模型，分别用数据拟合，并记录对数似然值。检验统计量（通常表示为 Λ）是这两个对数似然值差的负两倍：

$$\Lambda = -2\log \frac{\text{零模型的似然}}{\text{备选模型的似然}} \tag{7.53}$$

是否备选模型比零模型显著更好地拟合了数据可以通过推导获得的差值 Λ 的概率或 p 值来确定。在许多情况下，检验统计量 Λ 的概率分布可以近似为自由度为 fd 的卡方分布 $\chi^2(\Lambda, \mathrm{fd})$，其中 $\mathrm{fd} = \mathrm{fd}_2 - \mathrm{fd}_1$，$\mathrm{fd}_1$ 和 fd_2 分别代表零模型和备选模型的自变量数。

当将 LRT 应用于在地理区域 r 收集的数据集 s 时，我们假设 s 遵循具有参数 Θ 的某种分布 P（例如，到达率为 λ 的泊松分布）。假设在时间间隔 t_i 观察到的 s 的出现次数为 x_i，似然比定义为：

$$\Lambda(s) = -2\log\left(\frac{\mathcal{P}(x_i \mid \Theta)}{\sup\{\mathcal{P}(x_i \mid \Theta')\}}\right) \tag{7.54}$$

其中 Θ' 是随着 Θ 变化的新参数，它对观察到的数据拟合得最好；sup 表示求极值函数，找到最大化 $\mathcal{P}(x_i \mid \Theta')$ 的 Θ' 并返回前者。这个测试的异常程度 od 是通过以下计算得出的：

$$\mathrm{od} = \chi^2\_\mathrm{cdf}(\Lambda, \mathrm{fd}) \tag{7.55}$$

其中 χ^2_cdf 表示卡方分布的累积密度函数，fd 是自由度。od 大于给定阈值（即 Λ 的值落入 χ^2 分布的尾部）的时间槽可能是异常的。

图 7.36 展示了两个使用 LRT 从时空数据集中检测异常值的例子。如图 7.36a 所示，首先考虑一个具有正态分布的时间槽，其方差与均值成比例（均值 = 200，方差 = 1 300）。假设在时间槽 x_t 处 s 的出现次数为 70，那么 s 的异常程度计算如下：

1. 计算零模型的似然：

$$L_{\mathrm{null}} = \mathrm{Gaussian}(70 \mid \text{均值} = 200, \text{方差} = 1\,300)$$

2. 计算 Θ'：在这种情况下，可以通过将备选模型的均值设置为 70 来得到最大似然。由于假设分布的方差与其均值成比例，我们应该将方差乘以 $p=70/200=0.35$。因此，备选模型的新参数 $\varTheta'$ 为均值 $=200\times0.35=70$ 和方差 $=1\,300\times0.35=455$。

3. 计算替代模型的似然性：

$$L_{\text{alter}}=\text{Gaussian}(70\mid 均值=70,方差=455)$$

4. 计算 $\varLambda(s)$ 和 od：由于我们假设方差和均值之间存在不变线性关系，因此 fd 为 1。根据式（7.54）和式（7.55），异常程度计算如下：

$$\varLambda(s)=-2\log\left(\frac{L_{\text{null}}}{L_{\text{alter}}}\right)=14.05,\quad od=\chi^2\_\text{cdf}(14.05,\text{fd}=1)=0.999$$

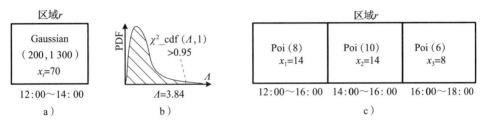

图 7.36　应用 LRT 于地理区域内收集数据的示意图

如图 7.36b 所示，如果设置 od 的阈值为 0.95，则 $<r,t>$ 显然是一个异常值。$\varLambda$ 对应于 χ^2 分布中的 0.95，并且 1 自由度为 3.84。因此 $\varLambda(s)=14.05>3.84$ 被视为 χ^2 分布的尾部。

在第二个例子中，如图 7.36c 所示，我们考虑了一个跨越三个连续时间槽 $\{t_1,t_2,t_3\}$ 的区域 r。假设底层分布是泊松分布，但不同的时间槽有不同的 λ：$\lambda_1=8$，$\lambda_2=10$ 和 $\lambda_3=6$。数据集在三个时间槽的发生次数分别为 14、14 和 8。

1. 计算零模型的似然：

$$L_{\text{null}}=\text{Poi}(14\mid\lambda_1=8)\times\text{Poi}(14\mid\lambda_2=10)\times\text{Poi}(8\mid\lambda_3=6)$$

2. 计算 $\varTheta'=\{\lambda_1',\lambda_2',\lambda_3'\}$：为了最大化备选模型的似然，我们将 λ_s 乘以（假设 fd=1）：

$$p=\frac{14+14+8}{8+10+6}=1.5$$

$$\lambda_1'=8\times1.5=12,\quad \lambda_2'=10\times1.5=15,\quad \lambda_3'=6\times1.5=9$$

3. 计算备选模型的似然：

$$L_{\text{alter}}=\text{Poi}(14\mid\lambda_1')\times\text{Poi}(14\mid\lambda_2')\times\text{Poi}(8\mid\lambda_3')$$

4. 计算 $\varLambda(s)$ 和 od：

$$\varLambda(s)=-2\log\left(\frac{L_{\text{null}}}{L_{\text{alter}}}\right)=5.19,\quad od=\chi^2\_\text{cdf}(5.19,\text{fd}=1)=0.978$$

如果将 od 的阈值设置为 0.95，根据图 7.36b，这三个时间槽将被视为异常值。有人提出了一种高级时空对数似然比测试（ST_LRT），用于从多个时空数据集中检测集体异常值。

7.7.2.2　基于预测的异常值检测

受多个因素的影响，变量的分布可能过于复杂，无法用现有的分布函数来描述。解决这个问题的一个方法是根据历史数据训练一个预测模型，这个模型可以看作变量及其影响因素之间的复杂映射函数。然后，可以应用这个模型根据观察到的因素来预测变量的值。如果预测值与其真实值存在显著偏差，那么它可以被视为一个异常值。

　　例如，如图 7.37 所示，一个预测模型被训练来估计暖通空调（HVAC，即加热、通风和空调）系统需要多长时间才能将建筑的室内空气质量净化到一定标准。在大多数情况下，预测时间（PTI）与实际时间非常吻合。然而，我们可以看到在标记为虚线圈的时间间隔之间，它们之间存在很大的差距，这是一个异常值。对楼层 HVAC 系统的检查发现滤网片非常脏，需要更换，更换后差距消失了。

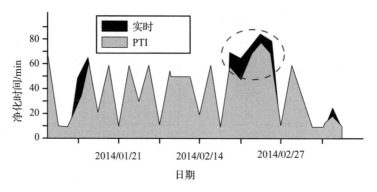

图 7.37　基于预测模型的异常值检测示例

　　另一种方法是基于不平衡数据训练分类模型，这种数据中正常实例占多数，异常值占少数。可以使用为不平衡数据设计的分类模型（如成本敏感方法和过采样/欠采样方法，见7.5.5 节）来识别异常值。这可能需要将一些标记的异常值作为训练数据，在许多现实世界系统中（例如，医疗数据中的癌症数据和信用卡数据中的欺诈数据），这可能不是一个问题，尽管收集异常值并不容易。

　　当没有收集到异常值时，可以尝试使用一类 SVM。例如，如图 7.31 所示，可以训练一个一类 SVM 模型，找到能够包围大多数正常案例数据的超球面。当学习到超球面时，位于其外的实例将被分类为"异常值"。

7.8　总结

　　本章介绍了数据挖掘的总体框架，它包括两个主要部分：数据预处理和数据分析。

　　数据预处理部分进一步包括数据清洗、数据转换和数据集成。数据清洗的目的是通过填充缺失值、平滑噪声数据和移除异常值来清理数据。数据转换组件将不同形式的数据转换成对数据挖掘模型用户友好的格式。数据集成组件归并不同来源的数据，同时在最小化信息内容损失的前提下减少数据的表示。

　　数据分析进一步由各种数据挖掘模型、结果展示方法和评估方法组成。根据模型要完成的任务，数据挖掘模型可以分为五个主要类别：频繁模式挖掘、聚类、分类、回归分析和异常值检测。

　　频繁模式是在数据集中经常出现的项集、子序列或子结构。分别介绍了用于挖掘频繁项集、序列和子图模式的三个算法类别，还介绍了频繁模式挖掘的进展以及这些算法之间的联系。

数据聚类是将一组数据对象分组成多个组或簇的过程，簇内的对象具有较高的相似性，簇间的对象非常不同。我们介绍了三种聚类算法类别：划分方法、层次方法和密度方法。聚类也被称为无监督学习，与被称为有监督学习的分类相对。

数据分类是一个两步过程，包括一个训练步骤（在这个步骤中，根据历史数据构建一个分类器），以及一个分类步骤（在这个步骤中，使用模型为给定数据预测类别标签）。我们介绍了三种著名的分类模型，包括朴素贝叶斯、决策树和支持向量机，这三种算法分别代表了基于后概率、信息纯度（即信息熵）和对象之间距离的三种主要分类方法。我们还讨论了学习不平衡数据的方法。

数据回归旨在根据一组观测值（即特征或属性）估计一个实数值。数据回归包括一个训练步骤（其中基于历史数据构建一个模型），以及一个预测步骤（其中使用模型预测给定数据的实数值，而不是类别标签）。我们介绍了三种著名的回归模型，包括线性回归、自回归和回归树。

异常值是显著偏离其他对象的数据对象，就好像它们是由不同的机制生成的。本章介绍了两种异常值检测算法类别，包括基于邻近性的异常值检测算法和统计检测算法。第一类别进一步由基于距离、基于聚类和基于密度的异常值检测算法组成，第二类别包括似然比检验和基于预测的异常值检测方法。

参考文献

[1] Agrawal, R., and R. Srikant. 1994. "Fast Algorithms for Mining Association Rules." In *Proceedings of the 20th International Conference on Very Large Data Bases*. San Jose, CA: Very Large Data Bases Endowment (VLDB), 487–499.

[2] Ankerst, M., M. M. Breunig, H. P. Kriegel, and J. Sander. 1999. "OPTICS: Ordering Points to Identify the Clustering Structure." *ACM SIGMOD Record* 28 (2): 49–60.

[3] Box, G., G. M. Jenkins, and G. C. Reinsel. 1994. *Time Series Analysis: Forecasting and Control*. 3rd edition. Englewood Cliffs, NJ: Prentice-Hall.

[4] Breiman, L., J. H. Friedman, R. A. Olshen, and C. J. Stone. 1984. *Classification and Regression Trees*. Monterey, CA: Wadsworth and Brooks.

[5] Chang, C. C., and C. J. Lin. 2011. "LIBSVM: A Library for Support Vector Machines." *ACM Transactions on Intelligent Systems and Technology* 2 (3): 27.

[6] Aggarwal, Charu C. 2015. *Data Mining: The Textbook*. Cham, Switzerland: Springer.

[7] Chawla, Nitesh V., et al. 2011. "SMOTE: Synthetic Minority Over-Sampling Technique." *Journal of Artificial Intelligence Research* 16 (1): 321–357.

[8] Chen, M. S., J. Han, and P. S. Yu. 1996. "Data Mining: An Overview from a Database Perspective." *IEEE Transactions on Knowledge and Data Engineering* 8 (6): 866–883.

[9] Chen, X., Y. Zheng, Y. Chen, Q. Jin, W. Sun, E. Chang, and W. Y. Ma. 2014. "Indoor Air Quality Monitoring System for Smart Buildings." In *Proceedings of the 2014 ACM International Joint Conference on Pervasive and Ubiquitous Computing*. New York: Association for Computing Machinery (ACM), 471–475.

[10] Cook, D. J., and L. B. Holder. 1994. "Substructure Discovery Using Minimum Description Length and Background Knowledge." *Journal of Artificial Intelligence Research* 1:231–255.

[11] Cortes, C., and V. Vapnik. 1995. "Support-Vector Networks." *Machine Learning* 20 (3): 273–297.

[12] Deng, K., S. W. Sadiq, X. Zhou, H. Xu, G. P. C. Fung, and Y. Lu. 2012. "On Group Nearest Group Query Processing." *IEEE Transactions on Knowledge and Data Engineering* 24 (2): 295–308.

[13] Elseidy, M., E. Abdelhamid, S. Skiadopoulos, and P. Kalnis. 2014. "Grami: Frequent Subgraph and Pattern Mining in a Single Large Graph." *Proceedings of the VLDB Endowment* 7 (7): 517–528.

[14] Ester, M., H. P. Kriegel, J. Sander, and X. Xu. 1996. "A Density-Based Algorithm for Discovering Clusters in Large Spatial Databases with Noise." *Proceedings of the Second International Conference on Knowledge Discovery and Data Mining* 96 (34): 226–231.

[15] Freedman, D. A. 2009. *Statistical Models: Theory and Practice*. New York: Cambridge University Press.

[16] Golub, G. H., and C. Reinsch. 1970. "Singular Value Decomposition and Least Squares Solutions." *Numerische mathematik* 14 (5): 403–420.

[17] Han, J., J.. Pei, and M. Kamber. 2011. *Data Mining: Concepts and Techniques*. Waltham, MA: Morgan Kaufmann.

[18] Han, J., J. Pei, B. Mortazavi-Asl, H. Pinto, Q. Chen, U. Dayal, and M. C. Hsu. 2001. "Prefix-span: Mining Sequential Patterns Efficiently by Prefix-Projected Pattern Growth." In *Proceedings of the 17th International Conference on Data Engineering*. Washington, DC: IEEE Computer Society Press, 215–224.

[19] Han, J., J. Pei, and Y. Yin. 2000. "Mining Frequent Patterns without Candidate Generation." *ACM SIGMOD Record* 29 (2): 1–12.

[20] He, H., and E. A. Garcia. 2009. "Learning from Imbalanced Data." *IEEE Transactions on Knowledge and Data Engineering* 21 (9): 1263–1284.

[21] Hinneburg, A., and D. A. Keim. 1998. "An Efficient Approach to Clustering in Large Multimedia Databases with Noise." In *Proceedings of the Fourth International Conference on Knowledge Discovery and Data Mining*. New York: AAAI Press, 58–65.

[22] Hochreiter, S., and J. Schmidhuber. 1997. "Long Short-Term Memory." *Neural Computation* 9 (8): 1735–1780.

[23] Hoyer, P. O. 2004. "Non-Negative Matrix Factorization with Sparseness Constraints." *Journal of Machine Learning Research* 5:1457–1469.

[24] Hyndman, Rob J., and George Athanasopoulos. "8.9 Seasonal ARIMA Models." *Forecasting: Principles and Practice*. oTexts. Retrieved May 19, 2015. www.otexts.org/book/fpp.

[25] Kaelbling, Leslie P., Michael L. Littman, and Andrew W. Moore. 1996. "Reinforcement Learning: A Survey." *Journal of Artificial Intelligence Research* 4:237–285.

[26] Kang, Pilsung, and S. Cho. 2006. "EUS SVMs: Ensemble of Under-Sampled SVMs for Data

Imbalance Problems." In *Neural Information Processing. Lecture Notes in Computer Science*. Berlin: Springer, 837–846.

[27] Klema, V., and A. J. Laub. 1980. "The Singular Value Decomposition: Its Computation and Some Applications." *IEEE Transactions on Automatic Control* 25 (2): 164–176.

[28] Kukar, M., and I. Kononenko. 1998. "Cost-Sensitive Learning with Neural Networks." In *Proceedings of the 13th European Conference on Artificial Intelligence* (ECAI). New York: John Wiley and Sons, 445–449.

[29] Kuramochi, M., and G. Karypis. 2001. "Frequent Subgraph Discovery." In *Proceedings of the 2001 IEEE International Conference on Data Mining*. Washington, DC: Institute of Electrical and Electronics Engineers (IEEE) Computer Society Press, 313–320.

[30] Kuramochi, M., and G. Karypis. 2005. "Finding Frequent Patterns in a Large Sparse Graph." *Data Mining and Knowledge Discovery* 11 (3): 243–271.

[31] Laney, D. 2001. "3D Data Management: Controlling Data Volume, Velocity and Variety." *META Group Research Note* 6:70.

[32] LeCun, Y., L. Bottou, Y. Bengio, and P. Haffner. 1998. "Gradient-Based Learning Applied to Document Recognition." *Proceedings of the IEEE* 86 (11): 2278–2324.

[33] LeCun, Y., Y. Bengio, and G. Hinton. 2015. "Deep Learning." *Nature* 521 (7553): 436–444.

[34] Lee, D. D., and H. S. Seung. 2011. "Algorithms for Non-Negative Matrix Factorization." In *Advances in Neural Information Processing Systems*. La Jolla, CA: Neural Information Processing Systems (NIPS), 556–562.

[35] Lee, W.-C., and J. Krumm. 2011. "Trajectory Preprocessing." In *Computing with Spatial Trajectories*, edited by Y. Zheng and X. Zhou, 1–31. Berlin: Springer.

[36] Lang, M., H. Guo, J. E. Odegard, C. S. Burrus, and R. O. Wells. 1996. "Noise Reduction Using an Undecimated Discrete Wavelet Transform." *IEEE Signal Processing Letters* 3 (1): 10–12.

[37] Li, Q., Y. Zheng, X. Xie, Y. Chen, W. Liu, and W. Y. Ma. 2008. "Mining User Similarity Based on Location History." In *Proceedings of the 16th ACM SIGSPATIAL International Conference on Advances in Geographic Information Systems*. New York: ACM, 34.

[38] Liu, Xu Ying, J. Wu, and Z. H. Zhou. 2006. "Exploratory Under-Sampling for Class-Imbalance Learning." In *Proceedings, Sixth International Conference on Data Mining*. Washington, DC: IEEE Computer Society Press, 965–969.

[39] Manyika, J., M. Chui, B. Brown, J. Bughin, R. Dobbs, C. Roxburgh, and A. H. Byers. 2011. *Big Data: The Next Frontier for Innovation, Competition, and Productivity*. New York: McKinsey.

[40] Mashey, J. R. 1997. "Big Data and the Next Wave of InfraStress." Paper presented at Computer Science Division Seminar, October, University of California, Berkeley.

[41] Mnih, V., K. Kavukcuoglu, D. Silver, A. A. Rusu, J. Veness, M. G. Bellemare, A. Graves, M. Riedmiller, A. K. Fidjeland, G. Ostrovski, and S. Petersen. 2015. "Human-Level Control through Deep Reinforcement Learning." *Nature* 518 (7540): 529–533.

[42] Mohri, M., A. Rostamizadeh, and A. Talwalkar. 2012. *Foundations of Machine Learning*. Cambridge, MA: MIT Press.

[43] Opitz, D., and Maclin, R., 1999. "Popular Ensemble Methods: An Empirical Study." *Journal of Artificial Intelligence Research* 11:169–198.

[44] Pei, J., J. Han, and L. V. Lakshmanan. 2001. "Mining Frequent Itemsets with Convertible Constraints." In *Proceedings of the 17th International Conference on Data Engineering.* Washington, DC: IEEE Computer Society Press, 433–442.

[45] Pei, J., J. Han, B. Mortazavi-Asl, J. Wang, H. Pinto, Q. Chen, U. Dayal, and M. C. Hsu. 2004. "Mining Sequential Patterns by Pattern-Growth: The Prefixspan Approach." *IEEE Transactions on Knowledge and Data Engineering* 16 (11): 1424–1440.

[46] Platt, J. 1998. "Sequential Minimal Optimization: A Fast Algorithm for Training Support Vector Machines." PDF. Technical Report MSR-TR-98-14. https://pdfs.semanticscholar.org/59ee/e096b49d66f39891eb88a6c84cc89acba12d.pdf.

[47] Quinlan, J. R. 2014. *C4.5: Programs for Machine Learning.* New York: Elsevier.

[48] Russell, S., and P. Norvig. 1995. *Artificial Intelligence: A Modern Approach.* Englewood Cliffs, NJ: Prentice-Hall, 27.

[49] Schölkopf, B., John C. Platte, John C. Shawe-Taylor, Alex J. Smola, and Robert C. Williamson. 2001. "Estimating the Support of a High-Dimensional Distribution." *Neural Computation* 13 (7): 1443–1471.

[50] Shang, J., Y. Zheng, W. Tong, E. Chang, and Y. Yu. 2014. "Inferring Gas Consumption and Pollution Emission of Vehicles throughout a City." In *Proceedings of the 20th ACM SIGKDD International Conference on Knowledge Discovery and Data Mining.* New York: ACM, 1027–1036.

[51] Srikant, R., and R. Agrawal. 1996. "Mining Sequential Patterns: Generalizations and Performance Improvements." In *Proceedings, 1996 International Conference on Extending Database Technology.* Berlin: Springer, 1–17.

[52] Ullmann, J. R. 1976. "An Algorithm for Subgraph Isomorphism." *Journal of the ACM* 23 (1): 31–42.

[53] Utgoff, P. E. 1989. "Incremental Induction of Decision Trees." *Machine Learning* 4 (2): 161–186.

[54] Vanetik, N., S. E. Shimony, and E. Gudes. 2006. "Support Measures for Graph Data." *Data Mining and Knowledge Discovery* 13 (2): 243–260.

[55] Wang, J., J. Han, and J. Pei. 2003. "Closet+: Searching for the Best Strategies for Mining Frequent Closed Itemsets." In *Proceedings of the Ninth ACM SIGKDD International Conference on Knowledge Discovery and Data Mining.* New York: ACM, 236–245.

[56] Wang, Y., Y. Zheng, and Y. Xue. 2014. "Travel Time Estimation of a Path Using Sparse Trajectories." In *Proceedings of the 20th ACM SIGKDD International Conference on Knowledge Discovery and Data Mining.* New York: ACM, 25–34.

[57] Wu, M., X. Song, C. Jermaine, Sanjay Ranka, and John Gums. 2009. "A LRT Framework for Fast Spatial Anomaly Detection." In *Proceedings of the 15th ACM SIGKDD Conference on Knowledge Discovery and Data Mining.* New York: ACM, 887–896.

[58] Yan, X., and J. Han. 2002. "Gspan: Graph-Based Substructure Pattern Mining." In *Proceedings, 2002 IEEE International Conference on Data Mining*. Washington, DC: IEEE Computer Society Press, 721–724.

[59] Yan, X., and J. Han. 2003. "CloseGraph: Mining Closed Frequent Graph Patterns." In *Proceedings of the Ninth ACM SIGKDD International Conference on Knowledge Discovery and Data Mining*. New York: ACM, 286–295.

[60] Yan, X., J. Han, and R. Afshar. 2003. "CloSpan: Mining: Closed Sequential Patterns in Large Datasets." In *Proceedings of the 2003 SIAM International Conference on Data Mining*. Philadelphia: Society for Industrial and Applied Mathematics (SIAM), 166–177.

[61] Ye, Y., Y. Zheng, Y. Chen, J. Feng, and X. Xie. 2009. "Mining Individual Life Pattern Based on Location History." In *Tenth International Conference on Mobile Data Management: Systems, Services and Middleware*. Washington, DC: IEEE Computer Society Press, 1–10.

[62] Yi, X., Y. Zheng, J. Zhang, and T. Li. 2016. "ST-MVL: Filling Missing Values in Geo-Sensory Time Series Data." In *Proceedings of the 25th International Joint Conference on Artificial Intelligence*. Pasadena, CA: International Joint Conferences on Artificial Intelligence Organization (IJCAI).

[63] Zheng, Y. 2015. "Methodologies for Cross-Domain Data Fusion: An Overview." *IEEE Transactions on Big Data* 1 (1): 16–34.

[64] Zheng, Y., X. Yi, M. Li, R. Li, Z. Shan, E. Chang, and T. Li. 2015. "Forecasting Fine-Grained Air Quality Based on Big Data." In *Proceedings of the 21st ACM SIGKDD International Conference on Knowledge Discovery and Data Mining*. New York: ACM, 2267–2276.

[65] Zheng, Y., H. Zhang, and Y. Yu. 2015. "Detecting Collective Anomalies from Multiple Spatiotemporal Datasets across Different Domains." In *Proceedings of the 23rd SIGSPATIAL International Conference on Advances in Geographic Information Systems*. New York: ACM, 2.

第 **8** 章

用于时空数据的高级机器学习技术

摘要： 本章介绍了时空数据的独特特性，这些特性要求专门设计数据挖掘和机器学习模型。然后，本章在时空数据的背景下介绍了六类高级机器学习技术，包括协同过滤、矩阵分解、张量分解、概率图模型、深度学习和强化学习。

8.1 引言

实际问题通常比第 7 章中介绍的例子更为复杂。例如，有许多因素是从不同数据集中提取的，这些数据集影响着我们关心的变量，如何将这些因素结合起来预测变量的值？在分类任务中，带有类别标签的数据（即训练数据）可能非常稀少，使我们无法为任务训练有效的分类器。如何处理标签稀缺的问题？有时候，我们只能看到变量的结果（例如，用户对餐馆的评分），而影响变量的因素是不可见的。如何估计变量的值（在另一个背景下，比如用户对另一家餐馆的评分或其他用户对这家餐馆的评分）？这些挑战需要更高级的数据挖掘和机器学习模型。

然而，大多数机器学习技术最初是为了解决计算机视觉和自然语言处理问题而提出的。由于时空数据与文本、图像和视频非常不同，简单地应用现有的机器学习模型来应对城市计算所提出的挑战并不是非常有效。在这种情况下，需要将高级机器学习技术适应于时空数据。考虑到时空数据的独特性质，这并非易事。

8.2 时空数据的独特性质

与图像和文本数据相比，时空数据具有独特的空间属性和时间属性。空间属性包括空间距离和空间层次。时间属性包括时间接近性、周期和趋势。

8.2.1 空间属性

8.2.1.1 空间距离

● 空间相关性随着空间距离改变　这是根据地理学第一定律，即"每一事物都与其他事物相关，但接近的事物比遥远的事物更相关。"例如，如图 8.1a 所示，距离近的两个位置（n_1 和 n_3）之间的温度通常比那些距离远的位置（n_2 和 n_3）之间的温度更相似。因此，旨在根据邻居节点推断一个地点温度的机器学习算法可以赋予近邻的读数更大的权重。空间距离不仅限于地理空间中的欧几里得距离，它可以是交通网络中的网络距离，其中每个节点具有空间坐标，每条边与空间长度相关。如图 8.1b 所示，尽管 v_1 和 v_4 之间的欧几里得距离比 v_1 和 v_2 之间的短，但后两个节点之间的交通流量比前两个之间的更相似，前者在道路网络中的距离更长（$v_1 \rightarrow v_2 \rightarrow v_3 \rightarrow v_4$）。这要求机器学习算法能够区分具有不同空间距离的对象之间的相似性。

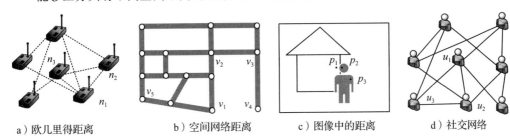

a）欧几里得距离　　b）空间网络距离　　c）图像中的距离　　d）社交网络

图 8.1　空间距离

尽管有时图像中两个像素之间的距离也被用作对象识别或图像分割的特征，但图像中的景深被压缩，因此与时空数据中的距离相比，这个距离并没有太大的意义。例如，如图 8.1c 所示，图像中的两个像素（p_1, p_2）分别来自个体脸部和背景场景，尽管它们在图像中非常接近，但由这两个像素表示的真实位置在现实世界中非常远，因此它们完全不相关。距离较远但都在个体身上的两个像素（p_2, p_3）比（p_1, p_2）更相关。

- 空间距离的三角形不等式　例如，如图 8.1a 所示，n_1、n_2 和 n_3 之间的欧几里得距离遵循三角形不等式：

$$\left[\mathrm{dist}(n_1, n_3) - \mathrm{dist}(n_2, n_3) \right] \leqslant \mathrm{dist}(n_1, n_2) \leqslant \left[\mathrm{dist}(n_1, n_3) + \mathrm{dist}(n_2, n_3) \right] \qquad (8.1)$$

同样，如图 8.1b 所示，$v_5 \rightarrow v_3$ 的最短路径长度小于 $v_5 \rightarrow v_2$ 的最短路径长度加上 $v_2 \rightarrow v_3$ 的最短路径长度，即

$$\mathrm{Shortest}(v_5 \rightarrow v_3) \leqslant \mathrm{Shortest}(v_5 \rightarrow v_2) + \mathrm{Shortest}(v_2 \rightarrow v_3) \qquad (8.2)$$

因此

$$\mathrm{Shortest}(v_5 \rightarrow v_2) \geqslant \mathrm{Shortest}(v_5 \rightarrow v_3) - \mathrm{Shortest}(v_2 \rightarrow v_3) \qquad (8.3)$$

空间距离的三角形不等式可以推导出上界和下界，这些界限显著减小了数据挖掘任务中的搜索空间。假设 v_5 和 v_3 分别被选为自己区域中的锚点，并且它们之间的最短路径已经预先计算出来（即 $\mathrm{Shortest}(v_5 \rightarrow v_3)$ 已经已知）。计算 $\mathrm{Shortest}(v_2 \rightarrow v_3)$ 非常容易，由于它们在空间上非常接近。在这里，它们位于同一路段上。根据等式（8.3），可以快速推导出 v_5 和 v_2 之间道路网络距离的下界，而无须真正计算最短路径。下界可以加速许多计算过程，例如 k 最近邻搜索和可达性估计。

这种距离在其他类型的数据中并不存在。例如，在图 8.1d 所示的社交网络中，当考虑 u_2 和 u_3 与 u_1 的距离时，我们无法区分它们，因为它们都与 u_1 直接连接（即一跳连接），所有直接连接到 u_1 的用户到 u_1 的距离都是相同的（即一跳距离）。

8.2.1.2 空间层次

不同粒度的位置自然导致空间层次的产生（例如，一个州包含许多县，每个县进一步由许多城市组成）。不同层次上的数据表示意味着不同层次的知识，对于机器学习算法来说，捕捉具有不同粒度的时空数据信息是一项具有挑战性的任务。

如图 8.2 所示，不同个体的位置历史形成了一个地理层次结构，其中上层节点表示具有较粗粒度的位置簇。例如，c_{10} 由三个较细粒度的位置簇 c_{20}、c_{21} 和 c_{22} 组成，c_{20} 进一步由 c_{30} 和 c_{31} 组成，不同的点代表四个不同用户的位置历史。

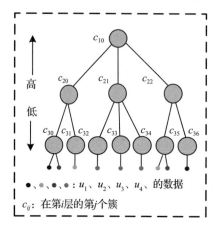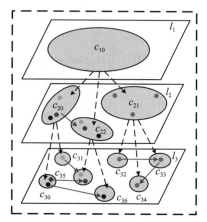

图 8.2　空间层次属性

我们希望根据四名用户（u_1、u_2、u_3、u_4）的位置历史估计他们之间的相似性，一般的观点是相似的用户可能会共享更多的位置历史[38]。如果只检查他们在第二层 l_2 的位置历史，将无法区分 u_1、u_2 和 u_3，因为他们都经过 $c_{20} \rightarrow c_{22}$。然而，如果检查 l_3，会发现 u_2 和 u_3 都访问过 c_{35}。因此，与 u_1 相比，u_3 与 u_2 更为相似。同样，与 u_2 相比，u_3 与 u_1 更为相似，因为 u_1 和 u_3 都访问过 c_{30}。

然而，如果我们只在 l_3 上探索这些个体的数据，那么 u_1、u_2 和 u_4 很难进行比较，因为他们在这一层上没有共享任何位置。但是，通过检查他们在 l_2 的位置历史，我们可以区分 u_2 和 u_4，因为 u_1 和 u_2 都经过 $c_{20} \rightarrow c_{22}$，$u_1$ 和 u_2 则没有。总的来说，如果没有这样的空间层次，就无法区分这四个用户。

8.2.2　时间属性

- **时间接近性**　时间接近性类似于空间距离，表示在两个相近时间戳生成的数据通常比来自两个遥远时间戳的数据更相似[67]。例如，如图 8.3a 所示，水平轴表示两个时间戳之间的时间跨度，垂直轴代表两个时间戳的空气质量读数的相似性。随着时间跨度的增加，相似性降低，几乎遵循指数分布。

- **时间周期性**　如图 8.3a 所示的时间接近性并不总是成立，因为时空数据具有周期性模式。例如，如图 8.3b 所示，数据具有每日周期性，某条道路上午 8 点的交通速度在连续的工作日中几乎相同但是可能与当天上午 11 点的交通速度大不相同，尽管当天上午

11 点比前一天上午 8 点更接近上午 8 点。

- 时间趋势　随着时间的推移，周期会发生变化。如图 8.3c 所示，周末上午 9 点~10 点的通行速度随着冬季的临近而持续增加。当温度下降时，人们会推迟周末活动的开始时间。因此，这条道路在上午 9 点的交通状况越来越好。

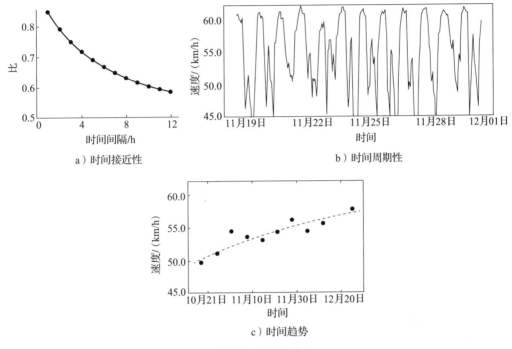

a）时间接近性　　　　　　　　　　b）时间周期性

c）时间趋势

图 8.3　时间属性

在关于视频分析的文献中，我们也观察到"时空"一词的频繁使用，因为视频也被视为一种时间序列数据，尽管它不具备上述提到的空间和时间属性。例如，电影永远不会每几分钟重复一次（即没有周期），也没有明确的趋势。图像中每对像素之间的距离并不像地理空间中的距离那样有意义。尽管也可以通过将图像层次分解为不重叠的区域或缩小原始分辨率来所谓地构造一个层次结构，但这个层次结构并不承载 8.2.1.2 节中引入的空间层次结构的语义意义。图像中区域的分割和多个像素的归并并没有考虑图像内容的语义意义。

因此，对于数据挖掘和机器学习算法来说，编码上述时空属性仍然是一个具有挑战性的任务。

8.3　协同过滤

协同过滤（collaborative filtering, CF）是一种在推荐系统中广泛使用的知名模型。协同过滤背后的基本思想是，相似的用户会以类似的方式为相似的物品创建评分[10]。因此，如果在用户和物品之间确定了相似性，就可以预测用户对未来物品的评分。用户和物品通常组织在一个矩阵中，其中每个元素表示用户对物品的评分。评分可以是显式的排名或隐式的指示，比如访问某个地方的次数或用户浏览某个物品的次数。在本节中，我们以位置推荐为例介绍

CF 模型[44]，其中将位置视为一个物品。

8.3.1 基本模型：基于用户和基于物品

如图 8.4 所示，矩阵 M 的每一行代表一个用户，每一列代表一个位置，每个元素的值是一个用户访问一个位置的次数，这被用作用户对位置的一个隐式评分。x 表示用户没有访问过该位置，这是我们所能收集到的数据，也是 CF 模型需要估计的值。一旦矩阵构造好，矩阵中两行之间的距离就表示两个用户之间的相似性，如图 8.4a 所示，而两列之间的距离表示两个物品（即位置）之间的相似性，如图 8.4b 所示。通过填充矩阵 M 中的缺失值，可以预测用户对未访问位置的可能兴趣，从而进行个性化位置推荐。

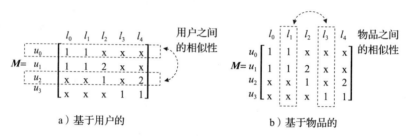

a）基于用户的   b）基于物品的

图 8.4 基于记忆的 CF 模型

基于记忆的 CF 是最广泛使用的算法，它计算未知评分用户和物品的值作为一些其他用户（通常是 N 个最相似的用户）对同一物品评分的聚合。基于记忆的 CF 模型分为两类：基于用户的技术和基于物品的技术。

8.3.1.1 基于用户的 CF 模型

基于用户的 CF 模型估计每对用户之间的相似性，通常基于两个用户对现有物品的评分，如图 8.4a 所示。基于用户的 CF 模型有很多变体。接下来我们介绍一种广泛使用的实现方式。

假设一个用户 u_p 的评分，称为评价，表示为一个向量 $R_p = (r_{p_0}, r_{p_1}, \cdots, r_{p_n})$，其中 r_{p_j} 是 u_p 对位置 j 的评分。用户 p 对未访问位置 i 的兴趣（r_{p_i}）可以预测为：

$$r_{p_i} = \overline{R_p} + d \sum_{u_q \in U'} \text{sim}(u_p, u_q) \times (r_{q_i} - \overline{R_q}) \tag{8.4}$$

$$d = \frac{1}{|U'|} \sum_{u_q \in U'} \text{sim}(u_p, u_q) \tag{8.5}$$

$$\overline{R_p} = \frac{1}{|S(R_p)|} \sum_{i \in s(R_p)} r_{p_i} \tag{8.6}$$

其中 $\text{sim}(u_p, u_q)$ 表示用户 u_p 和 u_q 之间的相似性，U' 是最相似于 u_q 的用户集合。集合 S 中的元素数量是 $|S|$。R_q 和 R_p 是 u_p 和 u_q 的平均评分，分别表示他们的评分尺度。$S(R_p)$ 是 R_p 的子集，对于所有 $r_{p_j} \in S(R_p)$，$r_{p_j} \neq 0$（即 u_p 已经评分过的位置集合）。

$r_{q_i} - R_q$ 的作用是避免不同用户之间的评分偏差。例如，假设 10 是最高评分，一些保守的用户可能会给他们认为很好的电影评分为 7，而其他人可能会给这样的好电影评分为 9。同样，对于一些用户来说，给电影评分为 6 意味着这部电影非常糟糕，而其他人可能会认为分数低于 4 才是差的。

有相当多的相似性函数，如皮尔逊相关性或余弦相似性，基于 R_p 和 R_q 计算 $\mathrm{sim}(u_p, u_q)$。以下是皮尔逊相关性的实现：

$$\mathrm{sim}(u_p, u_q) = \frac{\sum_{i \in S(\boldsymbol{R}_p) \cap S(\boldsymbol{R}_q)} (r_{p_i} - \overline{\boldsymbol{R}}_p) \cdot (r_{q_i} - \overline{\boldsymbol{R}}_q)}{\sqrt{\sum_{j \in S(\boldsymbol{R}_p) \cap S(\boldsymbol{R}_q)} (r_{p_j} - \overline{\boldsymbol{R}}_P)^2 \cdot \sum_{j \in S(\boldsymbol{R}_p) \cap S(\boldsymbol{R}_q)} (r_{q_j} - \overline{\boldsymbol{R}}_q)^2}} \tag{8.7}$$

$\mathrm{sim}(u_p, u_q)$ 也可以从考虑更多因素的高级模型中推导出来，例如位置之间的序列和位置的受欢迎程度[38,75]。

8.3.1.2 基于物品的 CF 模型

当用户数量变得很大时，对于实际系统来说，计算每对用户之间的相似性是不切实际的。考虑到物品（如位置）数量可能小于用户数量，已经提出了基于物品的协同过滤模型（如 Slope One 算法[37]）来解决这个问题。我们仍然在位置推荐背景下介绍 Slope One 算法，其中每个物品代表一个位置。

给定任意两个位置 i 和 j，它们在用户的评分评价中分别具有评分 r_{p_j} 和 r_{p_i}，我们考虑位置 i 相对于位置 j 的平均偏差为：

$$\mathrm{dev}_{j,i} = \sum_{\boldsymbol{R}_p \in S_{j,i}(\mathcal{X})} \frac{r_{p_j} - r_{p_i}}{|S_{j,i}(\mathcal{X})|} \tag{8.8}$$

其中，$\mathcal{X}$ 是评价的完整集合；$S_j(\mathcal{X})$ 表示包含位置 j 的一组评价，对于所有 $\boldsymbol{R}_p \in S_j(\mathcal{X})$，$i,j \in S(\boldsymbol{R}_p)$。$S_{i,j}(\mathcal{X})$ 是同时包含位置 i 和 j 的评价集。

假设 $\mathrm{dev}_{j,i} + r_{p_i}$ 是基于 r_{p_i} 对 r_{p_j} 的预测，合理的预测器可能得到所有预测的平均值：

$$P(r_{p_j}) = \frac{1}{|\mathcal{W}_j|} \sum_{i \in \mathcal{W}_j} (\mathrm{dev}_{j,i} + r_{p_i}) \tag{8.9}$$

其中 $\mathcal{W}_j = \{i \mid i \in S(\boldsymbol{R}_p), i \neq j, |S_{j,i}(\mathcal{X})| > 0\}$ 是所有相关位置的集合。此外，同时包含两个位置的评价数量已被用于对不同物品的预测进行加权。直观地说，为了预测用户 u_p 对位置 A 的评分，给定用户 u_p 对物品 B 和 C 的评分，如果有 2 000 名用户同时评价了 A 和 B，而只有 20 名用户同时评价了 A 和 C，那么用户 u_p 对 B 的评分很可能比对 C 的评分对于预测 A 的评分更有用。简而言之，$|S_{j,i}(\mathcal{X})|$ 越大，位置 i 和 j 之间的相关性越强。基于这个想法，如式（8.10）所示，可以进一步放宽 $|S_{j,i}(\mathcal{X})|$ 为一种介于两个位置之间的相关性 Cor_{ji}，这种相关性可以通过考虑更多因素（如人们在两个位置之间的转换模式[75]）来推导：

$$P(r_{p_j}) = \frac{\sum_{i \in S(\boldsymbol{R}_p) \wedge i \neq j} (\mathrm{dev}_{j,i} + r_{p_i}) \cdot |S_{j,i}(\mathcal{X})|}{\sum_{i \in S(\boldsymbol{R}_p) \wedge i \neq j} |S_{j,i}(\mathcal{X})|} \tag{8.10}$$

$$P(r_{p_j}) = \frac{\sum_{i \in S(\boldsymbol{R}_p) \wedge i \neq j} (\mathrm{dev}_{j,i} + r_{p_i}) \cdot \mathrm{Cor}_{ji}}{\sum_{i \in S(\boldsymbol{R}_p) \wedge i \neq j} \mathrm{Cor}_{ji}} \tag{8.11}$$

8.3.2　时空数据的协同过滤

8.3.2.1　基于用户的位置推荐

给定一个如图 8.4a 所示的用户-位置矩阵 M，在原始的基于用户的协同过滤模型中，用户（u_p, u_q）之间的相似性仅仅由两个用户对位置的评价（即 R_p 和 R_q）之间的距离（或相关性）表示。然而，如同公式（8.7）所示，这种相似性并没有考虑时空数据的独特属性，例如位置之间的顺序和空间层次，因此无法充分支持地理位置推荐。

第一，一个用户的位置历史由访问过的位置序列表示。用户生活中的两个位置之间存在自然的联系，这表明了用户行为和兴趣的语义意义。例如，两个用户先后访问同一家餐厅和购物中心，他们将共享类似的生活模式。因此，他们之间的相似性应该比那些分别访问这两个地方（但从未在一次出行中）的用户更高。同样，那些共享更长位置序列的用户（例如，x 大学→y 餐厅→z 电影院）会比那些共享较短序列的用户（例如，x 大学→y 餐厅）更相似。两个用户位置历史共享的位置序列越多、越长，这两个用户可能就越相似。

第二，地理空间中存在空间层次结构，表示不同粒度级别的位置，如图 8.2 所示。例如，可以说两个用户在教室、大学或城市中共享一个位置。因此，用户的位置历史也可以由空间层次结构中不同层次上的位置序列表示。直观上，共享更细粒度位置历史的用户可能比共享更粗粒度位置的用户更有相关性。

第三，同时出现在具有不同人气的位置的人们可能具有不同水平的相似性。例如，很多人参观过长城，这并不意味着这些人彼此相似。然而，如果两个用户都去了一家不太知名的餐厅，他们可能确实共享一些相似的偏好或有某些（潜在的）联系。共同去过一个较少人访问的位置的用户可能比那些共同去过一个许多人访问过的位置的用户更相关。

考虑到上述三个因素，我们根据以下步骤计算两个用户基于他们的位置历史的相似性。

首先，根据给定数据构建空间层次结构，如图 8.5 所示，其中每个实心圆点代表最细粒度的地点，例如用户访问过的具体 POI（餐厅或用户停留过的地方）。位置可以从用户在在线社交网络服务上的签到数据中提取，或使用停留点检测算法从用户的 GPS 轨迹中检测到[38]。将所有用户的位置放入一个集合中，可以将位置集合分层聚类成不同大小的簇。层次结构中较深层级的簇代表更细粒度和更小的位置，这个层次结构使得可以比较不同用户的地理位置历史。

然后，根据每个用户自己的位置历史和共享的空间层次结构，在每个层次上构造他们的位置序列。例如，用户 u_1 的位置历史可以通过层次结构的第三层上的序列 S_1^3 和第二层上的序列 S_1^2 来表示：

$$S_1^3 = c_{32} \xrightarrow{\Delta t_1} c_{30} \xrightarrow{\Delta t_2} c_{31} \xrightarrow{\Delta t_3} c_{34} \xrightarrow{\Delta t_4} c_{32} \xrightarrow{\Delta t_5} c_{34} \tag{8.12}$$

$$S_1^2 = c_{21} \xrightarrow{\Delta t_1'} c_{20} \xrightarrow{\Delta t_2'} c_{21} \tag{8.13}$$

其中 Δt_1 是从 c_{32} 到 c_{30} 的行程时间间隔。

其次，我们使用一种序列匹配算法来寻找两个用户共享的公共子序列，该算法考虑了位置的标识和两个连续位置之间的时间间隔[65]。给定两个序列 S_1 和 S_2 中的两个子序列 $S_1[a_1, a_2, \cdots, a_k]$ 和 $S_2[b_1, b_2, \cdots, b_k]$，以及时间约束因子 $\rho \in [0, 1]$，如果满足以下两个条件，那么这

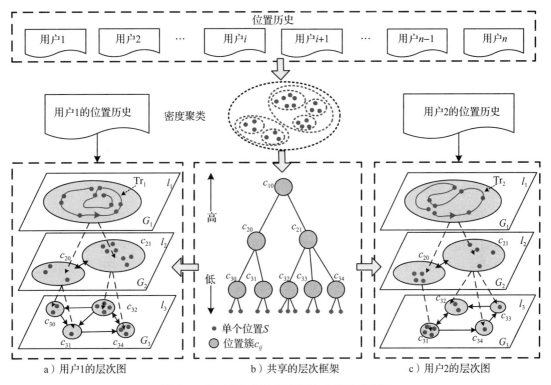

图 8.5 基于位置历史计算用户之间的相似性

两个子序列就形成了一个长度为 k 的公共子序列：

$$1.\ \forall i \in [1,k],\quad a_i = b_i;$$

$$2.\ \forall i \in [2,k],\quad \frac{|\Delta t_i - \Delta t_i'|}{\mathrm{Max}(\Delta t_i, \Delta t_i')} \leqslant \rho \tag{8.14}$$

其中 Δt_i 是用户从位置 a_{i-1} 到 a_i 花费的时间，$\Delta t_i'$ 是位置 b_i 和 b_{i-1} 之间的时间间隔。例如，u_1 和 u_2 的位置历史可以由图 8.5 所示的空间层次结构第三层中的两个序列表示：

$$S_1^3 = c_{32} \xrightarrow{1} c_{30} \xrightarrow{1} c_{31} \xrightarrow{1.4} c_{34} \xrightarrow{1.8} c_{32} \xrightarrow{0.8} c_{34}$$

$$S_2^3 = c_{31} \xrightarrow{1.5} c_{34} \xrightarrow{0.5} c_{33} \xrightarrow{1} c_{32} \xrightarrow{2.2} c_{31} \xrightarrow{1.6} c_{32} \xrightarrow{0.6} c_{31}$$

如果设置 $\rho = 0.2$，我们会发现 $c_{31} \rightarrow c_{34} \rightarrow c_{32}$ 是两个用户共享的公共序列。假设 u_2 在 c_{33} 花费了 0.3 小时，那么 u_2 从 c_{34} 到 c_{32} 的总行程时间是 1.8 小时（0.5+0.3+1），这与 u_1 相同。在进行序列匹配时，允许位置在原始序列中不是连续的。虽然 $c_{31} \rightarrow c_{34}$ 也是两个用户共享的公共子序列，但它不是最长的子序列，因为它包含在 $c_{31} \rightarrow c_{34} \rightarrow c_{32}$ 中。同样，$c_{32} \rightarrow c_{31}$ 是两个用户共享的最长公共子序列。

一些著名的序列匹配算法，如最长公共子序列搜索（LCSS）和动态时间规约（DTW），不能用于此处发现最大公共子序列，因为它们在匹配过程中没有考虑两个位置之间的行程时间。因此，在 [65] 中提出了一种方法，用于检测两个用户位置历史之间的最大公共子序列。

之后，我们根据逆文档频率（IDF）的概念来建模位置 c 的流行度，如下所示：

$$\mathrm{iuf}(c) = \log \frac{N}{n} \tag{8.15}$$

其中 N 是用户总数，n 是访问过 c 的用户数。n 越大，$\mathrm{iuf}(c)$ 越小。我们将 $\mathrm{iuf}(c)$ 称为位置 c 的逆用户频率。

最后，我们根据以下方式计算用户 u_1 和 u_2 之间的相似度得分[77]：

$$\mathrm{SimUser}(u_1, u_2) = \sum_{l=1}^{L} f_w(l) \times \mathrm{SimSq}(S_1^l, S_2^l) \tag{8.16}$$

$$\mathrm{SimSq}(S_1, S_2) = \frac{\sum_{j=1}^{m} \mathrm{sg}(s_j)}{|S_1| \times |S_2|} \tag{8.17}$$

$$\mathrm{sg}(s) = g_w(k) \times \sum_{i=1}^{k} \mathrm{iuf}(c_i) \tag{8.18}$$

其中 s 是两个用户共享的子序列，$\mathrm{sg}(s)$ 是基于 s 计算的得分，$\mathrm{iuf}(c_i)$ 是 s 中包含的每个位置的逆用户频率，$g_w(k) = 2^{k-1}$ 是一个随 s 长度（k）变化的加权函数。较长的子序列将被赋予更大的权重。$\mathrm{SimSq}(S_1, S_2)$ 表示基于层次结构中 u_1 和 u_2 的序列计算的相似度得分。假设 S_1 和 S_2 有 m 个共同子序列，$\mathrm{SimSq}(S_1, S_2)$ 就是这 m 个子序列相似度得分的总和。$\mathrm{SimSq}(S_1, S_2)$ 进一步通过两个序列长度的乘积 $|S_1| \times |S_2|$ 进行归一化，因为不同的用户可能有不同规模的数据。否则，具有更长位置历史记录的用户将与其他用户共享更多的子序列。因此，数据更多的用户通常与其他用户更相似。S_1^l 表示 u_1 在第 l 层的位置序列。$f_w(l) = 2^{l-1}$ 是一个加权函数，为层次结构中在更深层级上共享的子序列赋予更大的权重。$\mathrm{SimUser}(u_1, u_2)$ 是对所有层次上序列相似度得分的加权聚合。

在获得用户之间的相似性后，我们将 $\mathrm{SimUser}(u_1, u_2)$ 应用于原始的基于用户的协同过滤模型。例如，替换式（8.4）和式（8.5）中的 $\mathrm{sim}(u_p, u_q)$。

为了估计不共享物理位置的用户（如居住在不同城市的用户）之间的相似性，首先用一个位置的类别来表示该位置（如餐馆）。然后，一个用户的位置历史由一系列 POI 类别组成，例如餐馆→购物中心→大学，可以采用 POI 类别的分类学来替代图 8.5 所示的空间层次结构。例如，餐馆类别进一步由中餐、意大利菜、日本料理等组成。现在我们可以应用前述的序列匹配方法来计算每对用户之间的相似度得分。当用户访问的确切 POI 未知时（例如，当试图从用户的 GPS 轨迹中检测到一系列停留点时），使用停留点周围的 POI 类别分布来表示人们停留了一段时间的位置[65]。然后，根据它们的类别分布对这些位置进行分层聚类，构造出类似于图 8.5 所示的层次结构。由于在这种方法中没有物理位置存在，用户相似性不能再应用于位置推荐，而是可以用于朋友推荐和社区发现。

8.3.2.2 基于物品的位置推荐

在最初的基于物品的 CF 模型中，两个位置之间的相似性是根据用户对这两个位置的评价来估计的。这种相似性并没有揭示位置之间的相关性，因为它忽略了位置之间的顺序以及用户的出行体验。

首先，两个位置之间的相关性不仅取决于访问这两个位置的人数，还取决于这些人的知识积累（或旅行经验）。例如，海外游客可能会随机参观北京的一些地方，因为他们对这个城市不熟悉，而北京本地人更有能力以合理的方式去参观北京某些地方。因此，对一个地区有丰富知识（关于这些位置）的人顺序参观的位置比那些对这个地区知之甚少的人参观的位置更有相关性。

估计一个人的旅行知识是一个非常具有挑战性的任务，因为它取决于个人去过的位置的质量。反过来，一个位置的质量取决于到访过它的人们的知识沉淀。直观上，一个知识丰富的用户更有可能找到高质量的旅游景点。反过来，一个高质量的旅游景点能够吸引更多有丰富知识的人。也就是说，它们相互依赖，但我们事先都不知道它们。此外，个人在不同地方的旅行知识是不同的，已经提出了一个基于 HITS（超文本诱导主题搜索）的推理模型来解决这些问题，计算每个位置的质量和每个人的旅行知识[75]。我们将在第 9 章介绍这个模型。

其次，两个位置 A 和 B 之间的相关性也取决于它们被到访的顺序。A 和 B 之间的这种相关性 $Cor(A,B)$ 是不对称的 [即 $Cor(A,B) \neq Cor(B,A)$]。到访顺序 $A{\rightarrow}B$ 的语义意义可能与 $B{\rightarrow}A$ 截然不同。例如，在一条单行道上，人们只能从 A 到 B，而不能从 B 到 A。此外，用户连续访问的两个位置之间的相关性会比那些断断续续访问的位置之间的相关性更强。有些用户会直接从 A 到达 $B(A{\rightarrow}B)$，而另一些用户会在到达 B 之前先访问另一个位置 $C(A{\rightarrow}C{\rightarrow}B)$。直观上，由这两种顺序指示的 $Cor(A,B)$ 可能有所不同。同样，在顺序 $A{\rightarrow}C{\rightarrow}B$ 中，$Cor(A,C)$ 会大于 $Cor(A,B)$，因为用户在访问 C 后前往 B 的途中持续访问了 $A{\rightarrow}C$。

总之，两个位置之间的相关性可以通过整合在旅行中访问它们的用户的旅行经验来计算，并且要考虑权重。正式地说，位置 A 和 B 之间的相关性可以通过以下公式计算：

$$Cor(A,B)=\sum_{u_k \in U'} \alpha \cdot e_k \tag{8.19}$$

其中 U' 是那些在旅行中访问过 A 和 B 的用户集合，e_k 是用户 u_k 在 A 和 B 所属的区域中的旅行经验，且 $u_k \in U'$。$0 < \alpha \leq 1$ 是一个衰减因子，它随着两个位置在旅行中索引的增加而减小。例如，我们设置 $\alpha = 2^{-(|j-i|-1)}$，其中 i 和 j 是在相关序列中 A 和 B 的索引。也就是说，个人到访两个位置的连续性越差（$|i-j|$ 会很大，因此 α 会变得很小），个人对两个位置之间相关性的贡献就越小。

最后，我们可以将两个位置之间的相关性应用到公式（8.10）中，从而为位置推荐实现一个更好的基于项目的协同过滤模型。

8.4 矩阵分解

8.4.1 基本矩阵分解方法

当用户数量和物品数量都非常庞大时，可以采用基于矩阵分解的方法来实现协同过滤模型。矩阵分解将一个（稀疏）矩阵 X 分解为两个（低秩）矩阵的乘积，这两个矩阵分别表示用户和物品的潜在变量。用户和物品的潜在表示可以用作一种降维技术，有助于聚类和分类问题。同时，这两个矩阵的乘积可以近似矩阵 X，从而帮助填充 X 中的缺失值。因此，它可以用于估计用户对未见物品的评分，同时考虑用户之间和物品之间的相似性。

有两种广泛使用的矩阵分解方法：奇异值分解（SVD）[1,30] 和非负矩阵分解（NMF）[25,36]。

SVD 将一个 $m \times n$ 的矩阵 X 分解为三个矩阵的乘积 $X = U \Sigma V^{\mathrm{T}}$，其中 U 是一个 $m \times m$ 的实单位矩阵（也称为左奇异向量）；Σ 是一个 $m \times n$ 的矩形对角矩阵，对角线上是非负实数（也称为奇异值）；V^T 是一个 $n×n$ 的实单位矩阵（也称为右奇异向量）。在实际应用中，如图 8.6 所示，当试图通过 $U\Sigma V^\mathrm{T}$ 来近似矩阵 X 时，只需要保留 Σ 中的前 k 个最大奇异值以及相应的 U 和 V 中的奇异向量。

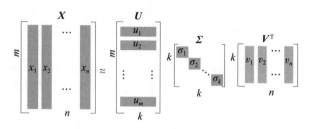

图 8.6　SVD 的概念

SVD 具有一些良好的性质。首先，U 和 V 是正交矩阵（即，$U \cdot U^\mathrm{T}=I$，且 $V \cdot V^\mathrm{T}=I$）。其次，k 的值可以通过 Σ 确定，例如选择前 k 个对角线元素（在 Σ 中），它们的和大于整个对角线元素和的 90%。然而，与 NMF 相比，SVD 在计算上更加昂贵且难以并行化。

NMF 将一个 $m×n$ 的矩阵 R（其中有 m 个用户和 n 个物品）分解为 $m×K$ 的矩阵 P 和 $K×n$ 的矩阵 Q 的乘积，即 $R=P×Q$，具有这三个矩阵都没有负元素的性质。这种非负性使得结果矩阵更易于检查[25]。此外，非负性是许多应用中考虑的数据的固有属性，例如位置推荐[75]、交通估计[51] 和处理音频频谱应用。矩阵 P 的每一行表示一个用户的潜在特征，矩阵 Q 的每一列代表一个物品的潜在特征。K 可以显著小于 m 和 n，表示用户和物品的潜在特征的数量。要预测用户 u_i 对物品 d_j 的评分，我们可以计算对应于 u_i 和 d_j 的两个向量的点积为

$$\hat{r}_{ij}=p_i^\mathrm{T}q_j=\sum_{k=1}^{k} p_{ik}q_{kj} \tag{8.20}$$

为了找到合适的 P 和 Q，我们首先用一些值初始化这两个矩阵，并计算它们的乘积与 R 之间的差，如下所示：

$$e_{ij}^2=(r_{ij}-\hat{r}_{ij})^2=\left(r_{ij}-\sum_{k=1}^{K} p_{ik}q_{kj}\right)^2 \tag{8.21}$$

然后我们尝试通过梯度下降迭代地最小化 e_{ij} 的平方，以找到差的一个局部最小值。为了知道我们需要修改值的方向，分别求公式（8.21）对 p_{ik} 和 q_{kj} 的偏导数：

$$\frac{\partial e_{ij}^2}{\partial p_{ik}}=-2(r_{ij}-\hat{r}_{ij})(q_{kj})=-2e_{ij}q_{kj} \tag{8.22}$$

$$\frac{\partial e_{ij}^2}{\partial q_{kj}}=-2(r_{ij}-\hat{r}_{ij})(p_{ik})=-2e_{ij}p_{ik} \tag{8.23}$$

获得了梯度之后，现在为 p_{ik} 和 q_{kj} 制定以下更新规则：

$$p_{ik}'=p_{ik}+\alpha\frac{\partial e_{ij}^2}{\partial p_{ik}}=p_{ik}+2e_{ij}q_{kj} \tag{8.24}$$

$$q_{kj}'=q_{kj}+\alpha\frac{\partial e_{ij}^2}{\partial q_{kj}}=q_{kj}+2e_{ij}p_{ik} \tag{8.25}$$

其中 α 是一个小值，它决定了接近最小值的速度。在优化 p_{ik} 时，NMF 固定 q_{kj}，反之亦然。梯

度下降迭代进行，直到总误差 $\sum e_{ij}^2$ 收敛到其最小值。为了避免过拟合，在误差函数中引入了正则化：

$$e_{ij}^2 = \left(r_{ij} - \sum_{k=1}^{K} p_{ik}q_{kj} \right)^2 + \frac{\beta}{2} \sum_{k=1}^{K} (\|P\|^2 + \|Q\|^2) \tag{8.26}$$

与 SVD 相比，NFM 更加灵活且可以并行化，但精度较低。

8.4.2 时空数据的矩阵分解

在时空数据的背景下，前述矩阵中的元素也可以是位置、网站或公司，而用户可以是司机、乘客或某项服务的订阅者。我们甚至可以将用户泛化为一个对象，将物品泛化为对象的属性。当一个对象有多个相关数据集时，不能简单地将不同来源的不同属性放入单个矩阵中。由于不同的数据集有不同的分布和含义，因此在单个矩阵中对它们进行分解会导致矩阵中缺失值的补充不准确。

高级方法，如文献 [51,72] 中所述，使用耦合矩阵分解（也称为上下文感知矩阵分解）[53] 来适应具有不同矩阵的不同数据集，这些矩阵共享一个公共维度。通过协同分解这些矩阵，可以将从一个数据集中学到的不同对象之间的相似性转移到另一个数据集，从而更准确地补充矩阵中的缺失值。在以下两个小节中，将介绍两个使用耦合矩阵分解的例子。

8.4.2.1 用于位置推荐的耦合矩阵分解

人们在旅行时通常心中有两种类型的问题。他们想知道去哪里观光购物，以及在一个特定位置他们可以做什么。第一个问题对应于给定特定活动查询的位置推荐，这可能包括餐厅、购物中心、电影/表演、运动/锻炼区域和观光目的地。第二个问题对应于给定特定位置查询的活动推荐。

本节介绍了一个位置-活动推荐系统[72]，通过挖掘各种社交媒体数据，如带有标签的轨迹或签到序列，来回答这两个问题。关于第一个问题，该系统为用户提供了一系列有趣的位置（如故宫和长城），这些位置是进行给定活动的 top-k 候选位置。对于第二个问题，如果用户正在参观北京奥林匹克公园，推荐器会建议用户尝试一些附近的锻炼活动和美食。这个推荐器将位置推荐和活动推荐整合为一个基于耦合矩阵分解方法的知识挖掘过程，因为位置和活动在本质上是紧密相关的。

如图 8.7 所示，基于许多用户的位置历史构建了一个位置-活动矩阵 X。矩阵 X 中的一行代表一个位置，一列代表一种活动（如购物和餐饮）。矩阵 X 中的一个元素表示在特定位置进行特定活动的频率（由所有用户）。如果这个位置-活动矩阵被完全填满，可以通过从对应于该活动的列中检索频率相对较高的前 k 个位置来为特定活动推荐一组位置。同样地，当为某个位置进行活动推荐时，可以从对应于该位置的行中检索前 k 个活动。

图 8.7 用于推荐的耦合矩阵分解

然而，位置-活动矩阵是不完整的且非常稀疏的，因为我们只拥有部分用户的数据（而且个人可能只访问非常少量的位置）。因此，传统的协同过滤模型在生成高质量推荐方面效果不佳，仅仅对 X 进行分解也没有太大帮助，因为数据过于稀疏。

为了解决这个问题，将图 8.7 左侧和右侧分别显示的两个矩阵（Y 和 Z）的信息分别纳入矩阵分解中。

一个是指位置-特征矩阵，另一个是活动-活动矩阵。这类额外的矩阵通常被称为上下文，可以从其他数据集中学习得到。在这个例子中，矩阵 Y 是一个位置-特征矩阵，其中一行代表一个位置，一列代表该位置内的一类 POI（如餐厅和酒店）。矩阵 Y 是基于 POI 数据库构建的。矩阵 Y 中两行之间的距离表示两个位置在地理属性上的相似性。可以看出，具有相似地理属性的两个位置可能有类似的用户行为。另一个是矩阵 Z，它建模了两个不同活动之间的相关性。矩阵 Z 可以通过将两个活动的标题发送到搜索引擎来从搜索结果中学习得到。

耦合矩阵分解的主要目的是通过要求在集体矩阵分解模型中共享低秩矩阵 U 和 V 来传播 X、Y 和 Z 之间的信息。由于矩阵 Y 和 Z 是基于密集数据构建的，可以更准确地分解它们（即矩阵 U 和 V）。因此，矩阵 X 可以通过 $X = UV^{\mathrm{T}}$ 来更准确地补充。更具体地说，目标函数可以表述为：

$$
L(U,V,W) = \frac{1}{2}\|I \circ (X-UV^{\mathrm{T}})\|_{\mathrm{F}}^2 + \frac{\lambda_1}{2}\|Y-UW^{\mathrm{T}}\|_{\mathrm{F}}^2 +
$$
$$
\frac{\lambda_2}{2}\|Z-VV^{\mathrm{T}}\|_{\mathrm{F}}^2 + \frac{\lambda_3}{2}(\|U\|_{\mathrm{F}}^2 + \|V\|_{\mathrm{F}}^2 + \|W\|_{\mathrm{F}}^2)
$$

(8.27)

其中 $\|\cdot\|_{\mathrm{F}}$ 表示 Frobenius 范数。I 是一个指示矩阵，如果 X_{ij} 缺失，则其元素 $I_{ij} = 0$，否则 $I_{ij} = 1$。运算符"。"表示逐元素乘法。目标函数中的前三项控制矩阵分解的损失，最后一项控制分解矩阵的正则化以防止过拟合。一般来说，这个目标函数对于所有变量 U、V 和 W 并不是联合凸的。因此，一些数值方法，如梯度下降，被用于获得局部最优解。

8.4.2.2 用于交通状况估计的耦合矩阵分解

道路网络上的交通状况可以通过一个矩阵来建模，其中一行代表一个时间间隔，一列代表一个道路段，矩阵中的元素表示在特定时间间隔内在特定道路段上的行驶速度（或行驶时间）。我们可能有对少数道路段交通状况的观测结果（例如，基于环形检测器读数或车辆的 GPS 轨迹）。然而，还有许多道路段（没有传感器或没有装备 GPS 的车辆经过），我们不知道交通状况。这些都是我们需要推断的。本节介绍了一种耦合矩阵分解方法[51]，该方法基于一组车辆（如出租车）的 GPS 轨迹，瞬间估计整个城市中每条道路段的行驶速度。

如图 8.8a 所示，将 GPS 轨迹映射到道路网络后，可以形成一个矩阵 M_r'，其中一行代表一个时间槽（例如，下午 2 点~2 点 10 分），一列代表一个道路段。M_r' 中的每个元素包含根据最近接收到的 GPS 轨迹计算出的特定道路段在特定时间槽的行驶速度。目标是填充第 t_j 行中的缺失值，该行对应于当前时间槽。尽管仅通过对 M_r' 应用矩阵分解就能实现目标，但由于大多数道路段没有轨迹覆盖，推断的准确性并不是很高。

为解决这个问题，构建了四个上下文矩阵（M_r、M_G、M_G' 和 Z）。具体来说，M_r 代表路段的历史交通模式。虽然 M_r 的行和列与 M_r' 的含义相同，但 M_r 中的元素表示通过长期历史数据得出的平均行驶速度。M_r' 和 M_r 中的两个相应元素的差表示当前交通状况（在路段上）与其

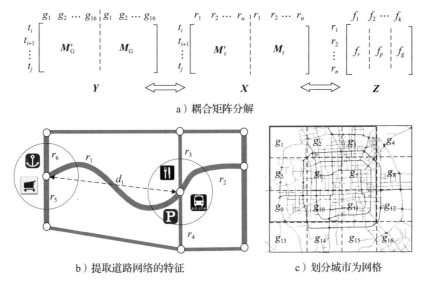

a）耦合矩阵分解

b）提取道路网络的特征   c）划分城市为网格

图 8.8 基于矩阵分解和车辆轨迹估计交通状况

平均模式的偏差。如图 8.8b 所示，Z 包含路段的物理特征，如道路形状、车道数量、速度限制以及周边 POI 的分布。一般的假设是，具有类似地理属性的两个道路段在同一天的同一时间可能会有类似的交通状况。

为了捕捉高级别的交通状况，如图 8.8c 所示，一个城市被划分为均匀的网格。通过将最近接收到的 GPS 轨迹投影到这些网格中，构建了一个矩阵 M'_G，其中一列代表一个网格，一行表示一个时间槽，M'_G 的元素表示在特定网格和特定时间槽中行驶的车辆数量。同样，通过将长期历史轨迹投影到网格中，构建了一个类似的 M_G，每个元素表示在特定网格和特定时间槽中行驶的平均车辆数量。这意味着 M'_G 表示城市中的实时高级别交通状况，而 M_G 表示历史高级别交通模式。这两个矩阵中相同位置元素的差表示当前高级别交通状况与其历史平均值的偏差。

通过组合这些矩阵（即 $X = M'_r \| M_r$，$Y = M'_G \| M_G$），将耦合矩阵分解应用于 X、Y 和 Z，目标函数为：

$$L(T, R, G, F) = \frac{1}{2} \| Y - T(G; G)^T \|_F^2 + \frac{\lambda_1}{2} \| I \circ (X - T(R; R))^T \|_F^2 +$$

$$\frac{\lambda_2}{2} \| Z - RF^T \|_F^2 + \frac{\lambda_3}{2} (\| T \|_F^2 + \| R \|_F^2 + \| G \|_F^2 + \| F \|_F^2) \quad (8.28)$$

其中 $\| \cdot \|_F$ 表示 Frobenius 范数。I 是一个指示矩阵，如果 X_{ij} 缺失，其元素 $I_{ij} = 0$，否则 $I_{ij} = 1$。"。"表示逐元素乘法。目标函数中的前三个项控制矩阵分解的损失，而最后一个项是一个正则化惩罚项，用于防止过拟合。

8.5 张量分解

8.5.1 张量的基本概念

张量是矩阵的多维扩展，描述了两个以上实体之间的关系。例如，图 8.9a 展示了一个三

维张量 $\mathcal{X}$，其中第一个维度代表地理区域，第二个维度表示 POI 的类别，第三个维度是时间段。张量中的元素 $\mathcal{X}(i,j,k)$ 存储了在第 k 个时间间隔内访问第 i 个地区第 j 个 POI 类别的人数。由于多种原因，我们可以收集的数据总是完整数据集的一个样本。图 8.9b 展示了另一个张量 $\mathcal{X}'$，它建模了不同驾驶者在不同时间段内在不同道路段的行驶时间。

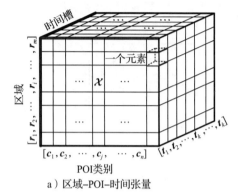 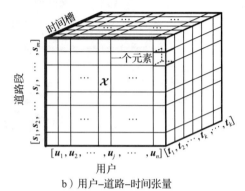

a）区域-POI-时间张量　　　　　　b）用户-道路-时间张量

图 8.9　张量示例

通过同时捕捉多个实体之间的关系，这样的高阶张量为我们提供了丰富的知识以更好地理解每个维度（实体），并且比二维矩阵更可能准确地估计空元素的值。

我们通常将张量的维度称为模式，张量的阶数是它的模式数。例如，可以将一个三阶张量称为三模张量。图 8.10a、图 8.10b 和图 8.10c 分别展示了三维张量的三个模式，这三个模式的纤维分别表示为 $\mathcal{X}_{:jk}$、$\mathcal{X}_{i:k}$ 和 $\mathcal{X}_{ij:}$。基于不同的模式，将张量转换为不同的矩阵，如图 8.10d 所示。例如，基于模式 1 的张量 $\mathcal{X}$ 的矩阵表示是 $\mathcal{X}_{(1)}$，这种矩阵表示将在分解张量和计算张量与矩阵之间的乘积时使用。

两个向量 $\boldsymbol{u} \in \mathbb{R}^I$ 和 $\boldsymbol{v} \in \mathbb{R}^I$ 的内积表示为 $\boldsymbol{u} \cdot \boldsymbol{v} = \sum_i \boldsymbol{u}(i) \times \boldsymbol{v}(i)$。

两个向量 $\boldsymbol{u} \in \mathbb{R}^I$ 和 $\boldsymbol{v} \in \mathbb{R}^J$ 的外积表示为 $\boldsymbol{Y} = \boldsymbol{u} \circ \boldsymbol{v}$，其中 $\boldsymbol{Y} \in \mathbb{R}^{I \times J}$，

$$\boldsymbol{Y}(i,j) = \boldsymbol{u}(i) \times \boldsymbol{v}(j) \tag{8.29}$$

M 模张量 $\mathcal{X} \in \mathbb{R}^{I_1 \times I_2 \times \cdots \times I_M}$ 和向量 $V \in \mathbb{R}^{I_n}$ 表示为 $\boldsymbol{Y} = \mathcal{X}_{\times n} V$，$\boldsymbol{Y} \in \mathbb{R}^{I_1 \times \cdots \times I_{n-1} \times I_{n+1} \times \cdots I_M}$。

$$\boldsymbol{Y}(i_1, \cdots, i_{n-1}, i_{n+1}, i_M) = \sum_{i_n=1}^{I_n} \mathcal{X}(i_1, i_2, \cdots, i_M) V(i_n) \tag{8.30}$$

例如，对于一个三模张量 $\mathcal{X} \in \mathbb{R}^{I \times J \times K}$ 和向量 $V \in \mathbb{R}^I$，有 $\mathcal{X}_{\times 1} V \in \mathbb{R}^{J \times K}$，其中

$$\boldsymbol{Y}(j,k) = \sum_{i=1}^{I} \mathcal{X}(i,j,k) V(i)$$

给定一个 M 模张量 $\mathcal{X} \in \mathbb{R}^{I_1 \times I_2 \times \cdots \times I_M}$ 和一个矩阵 $\boldsymbol{A} \in \mathbb{R}^{J \times I_n}$，$\mathcal{X}$ 和 $\boldsymbol{A}$ 的 n 模积表示为 $\boldsymbol{Y} = \mathcal{X}_{\times n} \boldsymbol{A}$，其中 $\boldsymbol{Y} \in \mathbb{R}^{I_1 \times \cdots \times I_{n-1} \times J \times I_{n+1} \times \cdots \times I_M}$，并且

$$\boldsymbol{Y}(i_1, \cdots, i_{n-1}, j, i_{n+1}, i_M) = \sum_{i_n=1}^{I_n} \mathcal{X}(i_1, i_2, \cdots, i_M) \boldsymbol{A}(j, i_n) \tag{8.31}$$

例如，一个三模张量 $\mathcal{X} \in \mathbb{R}^{I \times J \times K}$ 与一个矩阵 $\boldsymbol{A} \in \mathbb{R}^{M \times J}$ 之间的乘积，二模乘积 $\boldsymbol{Y} = \mathcal{X}_{\times 2} \boldsymbol{A}$，$\boldsymbol{Y} \in \mathbb{R}^{I \times M \times K}$，以及 $\boldsymbol{Y}(i,m,k) = \sum_j^J \mathcal{X}(i,j,k) \boldsymbol{A}(m,j)$。

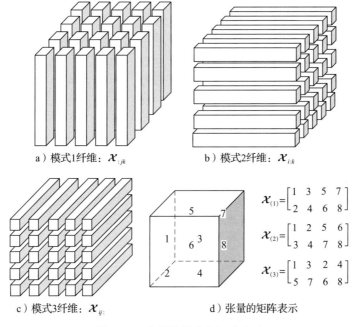

a）模式1纤维：$\mathcal{X}_{:jk}$　　　　　b）模式2纤维：$\mathcal{X}_{i:k}$

c）模式3纤维：$\mathcal{X}_{ij:}$　　　　　d）张量的矩阵表示

图 8.10　张量的模式和矩阵表示

张量 $\mathcal{X} \in \mathbb{R}^{I_1 \times I_2 \times \cdots \times I_M}$ 的 Frobenius 范数定义为

$$\|\mathcal{X}\|_F = \sqrt{\sum_{i_1}^{I_1} \sum_{i_2}^{I_2} \cdots \sum_{i_M}^{I_M} \mathcal{X}(i_1, i_2, \cdots, i_M)^2} \tag{8.32}$$

8.5.2　张量分解方法

随着张量维度的增加，张量比二维矩阵更容易变得稀疏。例如，在给定的时间间隔内，人们只能在少数几段路上行驶。因此，包含在张量 $\mathcal{X}'$ 中的时间槽越多，空元素出现的次数也就越多。与矩阵分解类似，张量分解被提出来实现以下两个目标。

- 潜在表示　一个目标是学习一个维度的潜在表示。例如，通过分解图 8.9a 所示的张量 $\mathcal{X}$，我们可以分别为不同的地理区域、POI 类别和时间间隔获得一个潜在表示（通常维度要低得多）。潜在表示可以用于进一步的数据挖掘和机器学习任务，例如聚类相似区域或预测未来几小时内的访问某个区域的客流交通情况。
- 填充缺失值　张量分解的另一个目标是根据非空元素的值来填充稀疏张量中的缺失值。例如，可以通过填充图 8.9b 所示的张量 $\mathcal{X}'$ 中的缺失值来估计驾驶员穿过给定道路段所需花费的时间。一般的想法是首先根据非空元素将张量分解为一些低秩矩阵的乘积，然后通过这些低秩矩阵的乘积来恢复缺失元素的值。

有两种广泛使用的张量分解方法：PARAFAC[1,19] 和 Tucker[37,59] 分解。如图 8.11a 所示，PARAFAC（也称为典型多线性分解）将一个三模张量 $\mathcal{X} \in \mathbb{R}^{I \times J \times K}$ 分解为三个三维外积的和。Tucker 分解将 $\mathcal{X}$ 分解为三个矩阵和一个核心张量的乘积，如图 8.11b 所示。

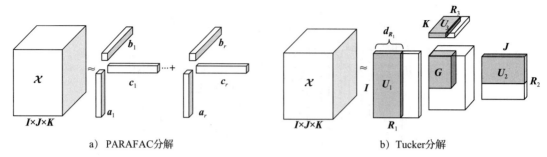

a) PARAFAC分解　　　　　　　　　b) Tucker分解

图 8.11　张量分解方法

8.5.2.1　PARAFAC 分解

如图 8.11a 所示，该方法将张量 $\mathcal{X}$ 分解为三元外积，如下所示：

$$\mathcal{X} \approx \sum_{r=1}^{R} \boldsymbol{a}_r \circ \boldsymbol{b}_r \circ \boldsymbol{c}_r \tag{8.33}$$

其中 $\boldsymbol{a}_r \in \mathbb{R}^I, \boldsymbol{b}_r \in \mathbb{R}^J, \boldsymbol{c}_r \in \mathbb{R}^K$ 分别表示在第 r 个分量中的第一、第二和第三因子向量，R 是图 8.11a 中显示的组件数量。$\boldsymbol{a}_r$、$\boldsymbol{b}_r$ 和 $\boldsymbol{c}_r$ 的三维外积由下式给出：

$$(\boldsymbol{a}_r \circ \boldsymbol{b}_r \circ \boldsymbol{c}_r)(i,j,k) = \boldsymbol{a}_r(i)\boldsymbol{b}_r(j)\boldsymbol{c}_r(k)，对于任意 \, i,j,k \tag{8.34}$$

有了因子向量，因子矩阵定义为：

$$\boldsymbol{A} = [\boldsymbol{a}_1, \boldsymbol{a}_2, \cdots, \boldsymbol{a}_R] \in \mathbb{R}^{I \times R},$$
$$\boldsymbol{B} = [\boldsymbol{b}_1, \boldsymbol{b}_2, \cdots, \boldsymbol{b}_R] \in \mathbb{R}^{J \times R},$$
$$\boldsymbol{C} = [\boldsymbol{c}_1, \boldsymbol{c}_2, \cdots, \boldsymbol{c}_R] \in \mathbb{R}^{K \times R}.$$

通过最小化以下目标函数，可以解决 PARAFAC 分解问题。该函数是非凸的，然而如果固定其中两个因子矩阵，问题就转化为第三个矩阵的线性最小二乘问题。

$$\min_{\boldsymbol{A},\boldsymbol{B},\boldsymbol{C}} \left\| \mathcal{X} - \sum_{r=1}^{R} \boldsymbol{a}_r \circ \boldsymbol{b}_r \circ \boldsymbol{c}_r \right\|_F^2 \tag{8.35}$$

为了避免过拟合，通常会在目标函数中添加一些正则化项，如下所示：

$$\min_{\boldsymbol{A},\boldsymbol{B},\boldsymbol{C}} \left[\frac{1}{2} \left\| \mathcal{X} - \sum_{r=1}^{R} \boldsymbol{a}_r \circ \boldsymbol{b}_r \circ \boldsymbol{c}_r \right\|_F^2 + \frac{\lambda}{2} \left(\|\boldsymbol{A}\|_F^2 + \|\boldsymbol{B}\|_F^2 + \|\boldsymbol{C}\|_F^2 \right) \right] \tag{8.36}$$

其中，$\frac{\lambda}{2}\left(\|\boldsymbol{A}\|_F^2 + \|\boldsymbol{B}\|_F^2 + \|\boldsymbol{C}\|_F^2 \right)$ 是一个正则化惩罚项，用于避免过拟合；λ 是一个参数，控制正则化惩罚项的贡献。显然，三个因子矩阵越大，$\sum_{r=1}^{R} \boldsymbol{a}_r \circ \boldsymbol{b}_r \circ \boldsymbol{c}_r$ 对 $\mathcal{X}$ 的近似越好。然而，分解结果变得不那么有用，因为张量分解倾向于找到原始数据的低秩潜在表示。产生近似质量的最小 R 被称为张量的秩。式（8.36）没有闭式解来找到最优结果，通常采用梯度下降法来找到一个局部最优解。

如果数据中存在缺失值，不能假设这些缺失项在张量中的值为 0，因为 0 也是一个值。解决这个问题的一个方法是只考虑近似值与非空项的值之间的误差，如下：

$$\min_{\boldsymbol{A},\boldsymbol{B},\boldsymbol{C}} \left\| \boldsymbol{W} \cdot \left(\mathcal{X} - \sum_{r=1}^{R} \boldsymbol{a}_r \circ \boldsymbol{b}_r \circ \boldsymbol{c}_r \right) \right\|_F^2 \tag{8.37}$$

其中 $W(i,j,k) = \begin{cases} 1, & 若(i,j,k)元素存在 \\ 0, & 若(i,j,k)元素缺失。 \end{cases}$

在 N 维张量 $\mathcal{X} \in \mathbb{R}^{I_1 \times I_2 \times \cdots \times I_N}$ 的情况下，通过为每个额外的模式添加一个新的因子矩阵 $A(n)$，可以将三向典型多线性（CP）分解扩展为：

$$\mathcal{X} \approx \sum_{r=1}^{R} \boldsymbol{a}_r^{(1)} \circ \boldsymbol{a}_r^{(2)} \circ \cdots \circ \boldsymbol{a}_r^{(N)} \tag{8.38}$$

其中 $\boldsymbol{a}_r^{(n)}$ 表示第 r 个分量中的第 n 个因子向量。

$$\boldsymbol{A}^{(n)} = \left[\boldsymbol{a}_1^{(n)}, \boldsymbol{a}_2^{(n)}, \cdots, \boldsymbol{a}_r^{(n)} \right]$$

N 个因子矩阵的外积定义为：

$$\mathcal{X}(i_1, i_2, \cdots, i_N) = \boldsymbol{a}_r^{(1)}(i_1) \times \boldsymbol{a}_r^{(2)}(i_2) \times \cdots \times \boldsymbol{a}_r^{(N)}(i_N) \tag{8.39}$$

8.5.2.2　Tucker 分解

这种分解方法最初由 Tucker[59] 提出并进一步由 De Lathauwer 等人[34] 推广，其中提出了高阶奇异值分解（HOSVD）来计算 Tucker 分解。实际上，Tucker 提出了三种不同的模型。图 8.11b 展示了第三种模型，也称为 Tucker-3（以下简称 Tucker）。Tucker 分解将一个三模张量 $\mathcal{X} \in \mathbb{R}^{I \times J \times K}$ 分解成三个因子矩阵 $\boldsymbol{A} \in \mathbb{R}^{I \times R_1}, \boldsymbol{B} \in \mathbb{R}^{J \times R_2}, \boldsymbol{C} \in \mathbb{R}^{K \times R_3}$，乘以一个核心张量 $\boldsymbol{G}$：

$$\mathcal{X} \approx \boldsymbol{G}_{\times 1} \boldsymbol{A}_{\times 2} \boldsymbol{B}_{\times 3} \boldsymbol{C} \tag{8.40}$$

或者，分解可以逐元素地写成：

$$\mathcal{X}(i,j,k) \approx \sum_{r_1=1}^{R_1} \sum_{r_2=1}^{R_2} \sum_{r_3=1}^{R_3} \boldsymbol{G}(r_1, r_2, r_3) \boldsymbol{A}(i, r_1) \boldsymbol{B}(j, r_2) \boldsymbol{C}(k, r_3) \tag{8.41}$$

$\boldsymbol{A}$、$\boldsymbol{B}$、$\boldsymbol{C}$ 和 $\boldsymbol{G}$ 可以通过高阶奇异值分解（HOSVD）计算得到。

有时，为了防止过拟合，会在目标函数中添加正则化项：

$$L(\boldsymbol{G}, U_1, U_2, U_3) = \frac{1}{2} \| \mathcal{X} - \boldsymbol{G}_{\times 1} \boldsymbol{A}_{\times 2} \boldsymbol{B}_{\times 3} \boldsymbol{C} \|_F^2 + \frac{\lambda}{2} (\| \boldsymbol{G} \|_F^2 + \| \boldsymbol{A} \|_F^2 + \| \boldsymbol{B} \|_F^2 + \| \boldsymbol{C} \|_F^2) \tag{8.42}$$

其中目标函数的第一部分是最小化 $\mathcal{X}$ 中的非空项的值与近似值之间的误差。$\frac{\lambda}{2} (\| \boldsymbol{G} \|_F^2 + \| \boldsymbol{A} \|_F^2 + \| \boldsymbol{B} \|_F^2 + \| \boldsymbol{C} \|_F^2)$ 是避免过拟合的正则化惩罚，λ 是控制正则化惩罚贡献的参数。

对于目标函数，没有闭式解可以找到最优的 $\boldsymbol{A}$、$\boldsymbol{B}$、$\boldsymbol{C}$ 和 $\boldsymbol{G}$，通常采用梯度下降法来找到一个局部最优解。正如式（8.37）所示，当一个张量由许多缺失项组成时，在目标函数中添加一个掩码 $\boldsymbol{W}$，以便在计算近似误差时只考虑非空项：

$$\frac{1}{2} \| \boldsymbol{W} \cdot (\mathcal{X} - \boldsymbol{G}_{\times 1} \boldsymbol{A}_{\times 2} \boldsymbol{B}_{\times 3} \boldsymbol{C}) \|_F^2 \tag{8.43}$$

在解出 $\boldsymbol{A}$、$\boldsymbol{B}$、$\boldsymbol{C}$ 和 $\boldsymbol{G}$ 之后，我们使用积 $\boldsymbol{G}_{\times 1} \boldsymbol{A}_{\times 2} \boldsymbol{B}_{\times 3} \boldsymbol{C}$ 恢复出 $\mathcal{X}$ 中的缺失项。更多细节可以在论文 [31] 和 [47] 中找到。

8.5.3　时空数据的张量分解

位置和时间是构建矩阵的两个自然维度。通过向位置-时间矩阵添加第三个维度（例如，POI 类别或用户），可以轻松形成一个能更好地捕捉时空数据相关性的张量。另外，第三个维度将创建更多我们无法观测到的元素，从而加剧数据稀疏性问题。简单的张量分解技术不再能够准确填充非常稀疏的张量中的缺失元素。为了解决这个问题，提出了耦合张量分解（也称为上下文感知张量分解），它结合了多个数据源的信息来更准确地填充这些缺失元素。在耦合多个数据源时，如何保留原始数据的时空特性也是一个困难的问题。

　　为了展示耦合张量分解技术，本节介绍了三个例子，第一个例子是进行个性化位置推荐，第二个例子是估计在特定时间间隔内道路上每个驾驶者在路段上的行驶时间，第三个例子是在不同时间间隔诊断不同地点的噪声组成。

8.5.3.1　个性化位置推荐

　　由于不同的人可能对不同类型的地方有不同的偏好，我们可以通过向原始的位置-活动矩阵中添加一个用户维度将 8.4.2.1 节中介绍的通用位置-活动推荐[72]扩展为个性化的推荐。如图 8.12 所示，建立一个用户-位置-活动张量 A，其中每个元素表示特定用户在特定地点进行特定活动的次数。如果能够推断出每个元素的值，就可以实现个性化推荐。然而，张量 A 非常稀疏，因为用户通常只访问几个地方。因此，简单的张量填充方法无法很好地填充其缺失元素。

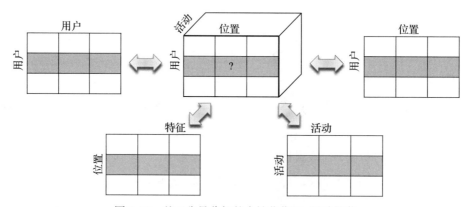

图 8.12　基于张量分解的个性化位置-活动推荐

　　为了解决这个问题，根据额外的非稀疏数据源（如道路网络和 POI 数据集）建立了四个上下文矩阵。此外，这些矩阵与张量 A 共享一些维度。例如，张量 A 与矩阵 B 共享用户维度，与矩阵 E 共享位置维度。因此，这些矩阵中的知识可以转移到张量中，帮助完成张量 A。

　　采用 PARAFAC 风格的张量分解框架来整合这些上下文矩阵，以实现正则化分解。更具体地说，定义目标函数如下：

$$\mathcal{L}(X,Y,Z,U)=\frac{1}{2}\|W\cdot(\mathcal{A}-[\![X,Y,Z]\!])\|_F^2+\frac{\lambda_1}{2}\mathrm{tr}(X^T L_B X)+\frac{\lambda_2}{2}\|C-YU^T\|_F^2+$$

$$\frac{\lambda_3}{2}\mathrm{tr}(Z^T L_D Z)+\frac{\lambda_4}{2}\|E-XY^T\|_F^2+\frac{\lambda_5}{2}(\|X\|_F^2+\|Y\|_F^2+\|Z\|_F^2+\|U\|_F^2) \tag{8.44}$$

其中 $[\![X,Y,Z]\!]=\sum x_i\circ y_i\circ z_i$，运算符 $\circ$ 表示外积，W 是一个选择非空项的掩码。如果 $A(i,j,k)$ 为空，则 $W(i,j,k)=0$。L_B 是矩阵 B 的拉普拉斯矩阵，定义为 $L_B=Q-B$，其中 Q 是一个对角矩阵，其对角线元素 $Q_{ij}=\sum_j B_{ij}$。$\mathrm{tr}(\cdot)$ 表示矩阵的迹，F 表示 Forbenius 范数。$\lambda_i(i=1,\cdots,5)$ 是可调模型参数。给定目标函数，采用梯度下降法来寻找 X、Y 和 Z 的局部最小结果。

8.5.3.2　估计个别驾驶者的行驶时间

在 8.4.2.2 节中，介绍了耦合矩阵分解以估计每条道路段的平均行驶速度。由于不同的人可能具有不同的驾驶技能、习惯和对不同道路的了解，他们在同一条道路上的行驶时间可能会有很大差异。如果想要估计特定驾驶者到达目的地的时间，需要推断不同驾驶者在不同道路段和不同时间间隔的行驶时间，这自然是一个张量分解问题。为了处理数据稀疏性问题，我们建立了几个上下文矩阵以融合来自其他数据源的知识[61]。

如图 8.13 所示，构造了一个张量 $\boldsymbol{\mathcal{A}}_r \in \mathbb{R}^{N \times M \times L}$，其中三个维度分别代表道路段、驾驶者和时间槽，基于最近接收的 L 个时间间隔的 GPS 轨迹数据和道路网络数据。元素 $\boldsymbol{\mathcal{A}}_r(i,j,k)=c$ 表示第 i 条道路段被第 j 位驾驶者在时间槽 k（例如，下午 2 点 ~ 2 点 30 分）以时间成本 c 行驶。最后一个时间槽表示当前时间槽，结合它之前的 $L-1$ 个时间槽来构成张量。显然，这个张量非常稀疏，因为驾驶者在短时间内只能行驶几个道路段。如果可以基于非零元素的值推断出缺失的元素，就可以获得任何驾驶者在当前时间槽内和任何道路段上的行驶时间。

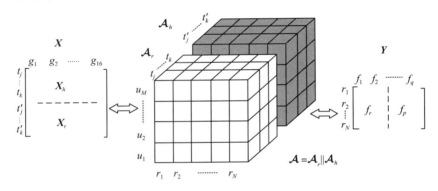

图 8.13　使用张量分解的行程时间估计

为此，根据一段长时间（如一个月）的历史轨迹数据，构建了另一个张量 $\boldsymbol{\mathcal{A}}_h$。$\boldsymbol{\mathcal{A}}_h$ 的结构与 $\boldsymbol{\mathcal{A}}_r$ 相同，元素 $\boldsymbol{\mathcal{A}}_h(i,j,k)=c'$ 表示第 j 位驾驶者在过去记录的时间槽 k 中在第 i 条道路段的平均行驶时间。本质上，$\boldsymbol{\mathcal{A}}_h$ 比 $\boldsymbol{\mathcal{A}}_r$ 要密集得多，它表示整个道路网络上的历史交通模式和驾驶者的行为。

为了补充 $\boldsymbol{\mathcal{A}}_r$ 中缺失的元素，构建了两个上下文矩阵（$\boldsymbol{X}$ 和 $\boldsymbol{Y}$）。矩阵 $\boldsymbol{X}$（由 $\boldsymbol{X}_r$ 和 $\boldsymbol{X}_h$ 组成）表示不同时间间隔之间在粗粒度交通条件方面的相关性。这类似于图 8.8c 显示的网格。$\boldsymbol{X}_r$ 的元素表示在特定时间间隔内穿过特定网格的车辆数量。$\boldsymbol{X}_r$ 的一行代表在特定时间槽内城市中的粗粒度交通状况。因此，两个不同行的相似性表示两个时间间隔之间交通流的相关性。$\boldsymbol{X}_h$ 与 $\boldsymbol{X}_r$ 具有相同的结构，存储从 t_i 到 t_j 的时间段内穿过网格的历史平均车辆数量。

矩阵 $\boldsymbol{Y}$ 存储每个道路段的地理特征，这与图 8.8a 所示的矩阵 $\boldsymbol{Z}$ 类似。随后，通过优化以下目标函数，使用矩阵 $\boldsymbol{X}$ 和 $\boldsymbol{Y}$ 协同分解 $\boldsymbol{\mathcal{A}}=\boldsymbol{\mathcal{A}}_r \parallel \boldsymbol{\mathcal{A}}_h$：

$$\mathcal{L}(\boldsymbol{S},\boldsymbol{R},\boldsymbol{U},\boldsymbol{T},\boldsymbol{F},\boldsymbol{G})=\frac{1}{2}\left\|\boldsymbol{W}\cdot(\boldsymbol{\mathcal{A}}-\boldsymbol{S}\times_R\boldsymbol{R}\times_U\boldsymbol{U}\times_T\boldsymbol{T})\right\|_{\mathrm{F}}^2+\frac{\lambda_1}{2}\|\boldsymbol{X}-\boldsymbol{TG}\|_{\mathrm{F}}^2+$$

$$\frac{\lambda_2}{2}\|\boldsymbol{Y}-\boldsymbol{RF}\|_{\mathrm{F}}^2+\frac{\lambda_3}{2}(\|\boldsymbol{S}\|_{\mathrm{F}}^2+\|\boldsymbol{R}\|_{\mathrm{F}}^2+\|\boldsymbol{U}\|_{\mathrm{F}}^2+\|\boldsymbol{T}\|_{\mathrm{F}}^2+\|\boldsymbol{F}\|_{\mathrm{F}}^2+\|\boldsymbol{G}\|_{\mathrm{F}}^2)$$

$$(8.45)$$

其中$\|W\cdot(\mathcal{A}-S\times_R R\times_U U\times_T T)\|_F^2$最小化了张量分解的误差。$W$是一个掩码，如果$\mathcal{A}(i,j,k)$为空，则$W(i,j,k)=0$，否则$W(i,j,k)=1$。$\|X-TG\|_F^2$和$\|Y-RF\|_F^2$分别最小化了矩阵$X$和$Y$的分解误差。$\|S\|_F^2+\|R\|_F^2+\|U\|_F^2+\|T\|_F^2+\|F\|_F^2+\|G\|_F^2$是为了避免过拟合而进行的正则化。$\lambda_1$、$\lambda_2$和$\lambda_3$是权重参数，用于权衡目标函数中不同部分的重要性。

8.5.3.3 诊断城市噪声

Zheng等人[74]通过使用311投诉数据与社会媒体、道路网络数据以及POI来推断细粒度的噪声情况。如图8.14所示，纽约市的噪声情况被建模为一个三维张量，其中三个维度分别代表区域、噪声类别和时间槽。元素$\mathcal{A}(i,j,k)$存储在给定的时间段，区域r_i中时间槽t_k内噪声类别为c_j的311投诉总数。这是一个非常稀疏的张量，因为可能不会有人在任何时间和地点报告噪声。如果能够完全填充张量，将能够了解整个城市的噪声情况。

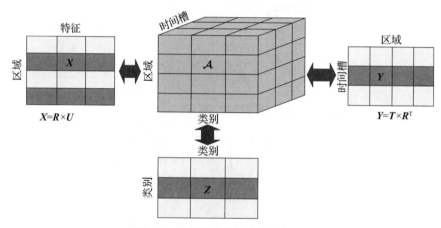

图8.14　使用张量分解诊断城市噪声

为了处理数据稀疏性问题，他们从POI/道路网络数据、用户签到和311数据中分别提取了三类特征：地理特征、人类流动性特征和噪声类别相关性特征（分别用矩阵X、Y和Z表示）。例如，矩阵X的一行代表一个区域，每一列代表该区域的一个道路网络特征，如路口数量和道路段的总长度。矩阵X融合了两个区域在地理特征方面的相似性。直观上，具有相似地理特征的区域可能有类似的噪声情况。$Z\in R^{M\times M}$是不同噪声类别之间的相关性矩阵。$Z(i,j)$表示噪声类别c_i与另一个类别c_j共同出现的频率。

这些特征被用作上下文感知张量分解方法中的上下文，以补充张量的缺失元素。更具体地说，$\mathcal{A}$根据其非零元素被分解成几个（低秩）矩阵和一个核心张量（或者只是几个向量）的乘积。矩阵X可以被分解成两个矩阵的乘积，即$X=R\times U$，其中$R\in\mathbb{R}^{N\times d_R}$和$U\in\mathbb{R}^{d_R\times P}$分别是区域和地理特征的低秩潜在因子矩阵。同样，矩阵Y可以被分解成两个矩阵的乘积，即$Y=T\times R^T$，其中$T\in\mathbb{R}^{L\times d_T}$是时间槽的低秩潜在因子矩阵。$d_T$和$d_R$通常非常小。目标函数定义为：

$$\mathcal{L}(S,R,C,T,U)=\frac{1}{2}\|W\cdot(\mathcal{A}-S\times_R R\times_C C\times_T T)\|_F^2+\frac{\lambda_1}{2}\|X-RU\|_F^2+\frac{\lambda_2}{2}\mathrm{tr}(C^T L_Z C)+$$
$$\frac{\lambda_3}{2}\|Y-TR^T\|_F^2+\frac{\lambda_4}{2}(\|S\|_F^2+\|R\|_F^2+\|C\|_F^2+\|T\|_F^2+\|U\|_F^2) \tag{8.46}$$

其中$\|\boldsymbol{W} \cdot (\mathcal{A}-\boldsymbol{S}\times_R\boldsymbol{R}\times_C\boldsymbol{C}\times_T\boldsymbol{T})\|_F^2$控制了分解$\mathcal{A}$的误差。$\boldsymbol{W}$是一个掩码，如果$\mathcal{A}(i,j,k)$为空，则$\boldsymbol{W}(i,j,k)=0$，否则$\boldsymbol{W}(i,j,k)=1$。$\|\boldsymbol{X}-\boldsymbol{RU}\|_F^2$控制了$\boldsymbol{X}$分解的误差，$\|\boldsymbol{Y}-\boldsymbol{TR}^T\|_F^2$控制了$\boldsymbol{Y}$分解的误差，$\|\boldsymbol{S}\|_F^2+\|\boldsymbol{R}\|_F^2+\|\boldsymbol{C}\|_F^2+\|\boldsymbol{T}\|_F^2+\|\boldsymbol{U}\|_F^2$是为了避免过拟合而施加的正则化惩罚，$\lambda_1$、$\lambda_2$、$\lambda_3$和$\lambda_4$是控制协同分解过程中每个部分贡献的参数。

在这里，矩阵$\boldsymbol{X}$和$\boldsymbol{Y}$与张量$\mathcal{A}$具有相同的区域维度。张量$\mathcal{A}$与$\boldsymbol{Y}$共享时间维度，与$\boldsymbol{Z}$共享类别维度。因此，它们在区域、时间和类别方面共享潜在空间。这个概念已经在耦合矩阵分解中引入。$\text{tr}(\boldsymbol{C}^T\boldsymbol{L}_Z\boldsymbol{C})$是从以下流形对齐中推导出来的：

$$\sum_{i,j}\|\boldsymbol{C}(i,.)-\boldsymbol{C}(j,.)\|^2\boldsymbol{Z}_{ij}=\sum_k\sum_{i,j}\|\boldsymbol{C}(i,k)-\boldsymbol{C}(j,k)\|^2\boldsymbol{Z}_{ij} \tag{8.47}$$
$$=\text{tr}(\boldsymbol{C}^T(\boldsymbol{D}-\boldsymbol{Z})\boldsymbol{C})=\text{tr}(\boldsymbol{C}^T\boldsymbol{L}_Z\boldsymbol{C})$$

其中$\boldsymbol{C}\in\mathbb{R}^{M\times d_C}$是类别的潜在空间。$\boldsymbol{D}_{ii}=\sum_i\boldsymbol{Z}_{ij}$是一个对角矩阵，而$\boldsymbol{L}_Z=\boldsymbol{D}-\boldsymbol{Z}$是类别相关图的拉普拉斯矩阵。$\text{tr}(\boldsymbol{C}^T\boldsymbol{L}_Z\boldsymbol{C})$保证了在新的潜在空间$\boldsymbol{C}$中具有更高的相似性（即$\boldsymbol{Z}_{ij}$更大）的两个（如第$i$个和第$j$个）噪声类别也应该有更近的距离。在这种情况下，只有一组数据（即311数据）涉及了流形对齐。因此，$\boldsymbol{D}=\boldsymbol{D}$。由于式（8.46）所示的目标函数没有闭式解以找到全局最优结果，所以采用了数值方法，即梯度下降法，来找到局部最优解。

8.6　概率图模型

8.6.1　一般概念

概率图模型是一种概率模型，其中图表达了随机变量之间的条件依赖结构。通常，它使用基于图的表示作为编码多维空间上完整分布的基础。这个图可以被视为一组在特定分布中成立的独立性的紧凑或分解表示。

分布的图表示有两种通用分支：贝叶斯网络和马尔可夫网络（也称为马尔可夫随机场[29]）。这两个家族都包含分解和独立性的属性，但它们在可以编码的独立性的集合以及它们诱导的分布的分解方面有所不同[7]。

贝叶斯网络是一个有向无环图，它将n个变量$X_1,X_2,\cdots,X_n$的联合概率分解为$P[X_1,X_2,\cdots,X_n]=\prod_{i=1}^n P[X_i\mid PA(X_i)]$。例如，如图8.15a所示，联合概率$P(A,B,C,D)=P(A)P(B)P(C\mid A,B)P(D\mid B,C)$。贝叶斯网络也可以用来表示不同变量之间的因果关系。

马尔可夫网络是一组具有由无向图描述的马尔可夫性质的随机变量，这个图可能是有环的。因此，马尔可夫网络可以表示贝叶斯网络无法表示的某些依赖关系（如循环依赖），但它无法表示贝叶斯网络可以表示的某些依赖关系（如诱导依赖）。

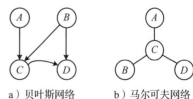

a）贝叶斯网络　　b）马尔可夫网络

图8.15　两种类型的图模型

图模型的结构通常是基于人类知识手动设计的，尽管从理论上讲，它可以自动从给定的数据中学习。自动学习图模型的结构仍然是一个公开的挑战，因为它非常复杂且计算成本高昂。将人类知识集成到模型中，图模型可以处理只有少量训练数据甚至没有标记数据的机器学习问题。这可以帮助解决标签稀疏性问题。与像SVM这样的其他分类模型相比，它还可以处理分类任务中的标签不平衡问题。

如果处理一个有许多变量的问题（例如，推断城市中每一段道路的交通状况），图模型将是一个非常庞大和复杂的结构，这将大大增加学习和推断的工作量。因此，可以说不容易将图模型扩展到可以处理具有大量数据的复杂问题。

8.6.2　贝叶斯网络

8.6.2.1　概述

如图8.16所示，使用贝叶斯网络时有两个主要步骤。

第一步是学习步骤。贝叶斯网络中有两种类型的学习。一种是学习网络的结构。另一种是在给定贝叶斯网络结构的情况下学习参数（即条件概率）。参数学习的方法可以分为三类：最大似然估计（MLE）[46]、最大后验概率（MAP）和期望最大化（EM）[11]。

第二步是推断步骤。这一步骤的目的是根据一些依赖变量的观测值和从学习步骤中获得的分布参数，推断一个变量相对于依赖变量的边际概率。推断算法分为两类：精确推断和近似推断。典型的精确推断算法包括变量消除、信念传播（BP）[66]和团树，可以为变量的边际概率生成一个精确的推断结果。由于贝叶斯网络过大而无法获得精确的推断结果，我们需要使用近似推断算法，例如循环BP[43]、变分推断[60]和采样方法。

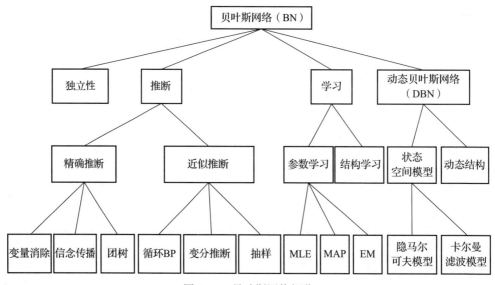

图8.16　贝叶斯网络概览

为了将贝叶斯网络的联合概率分解为条件概率的积，并将其用于学习和推断步骤，我们需要通过D分离来找到变量之间的条件独立性。

动态贝叶斯网络（DBN）是一种将变量在相邻时间步骤上相互关联的贝叶斯网络。DBN有两种类型。第一种类型在不同时间间隔共享相同的贝叶斯网络结构，而其他类型在不同时间间隔可能具有不同的结构。第二种类型是隐马尔可夫模型（HMM）和卡尔曼滤波器的推广。贝叶斯网络的推断和学习算法可以应用于DBN的学习和推断步骤，尽管DBN可能有一些额外的推断算法，如前向-后向算法和Viterbi算法。

8.6.2.2　独立性和 D 分离

在深入探讨贝叶斯网络中的推断和学习步骤之前，我们需要介绍变量之间的依赖关系。如果 $P(X,Y)=P(X)P(Y)$，或者 $P(X\mid Y)=P(X)$，则两个变量 X 和 Y 是独立的。给定另一个变量 Z，如果 $P(X,Y\mid Z)=P(X\mid Z)P(Y\mid Z)$，则它们是条件独立的。这个定义可以很容易地扩展到多个变量。如果我们能够在贝叶斯网络中识别变量之间的条件独立性，则可以将网络的联合概率分解为条件概率的乘积，基于这一点，贝叶斯网络的推断和学习步骤可以更加容易。例如，如果给定 Z，X 和 Y 是独立的，那么 $P(X,Y\mid Z)=P(X\mid Z)P(Y\mid Z)$。

在贝叶斯网络中精确指定条件独立性的方法是使用 D 分离[27]。图 8.17 展示了 D 分离的三种基本情况，包括尾对尾、头对尾和头对头，基于这些基本情况可以应对更复杂的情况。

1. 尾对尾。这种结构表明 X 和 Y 是独立的，并且给定 Z 后也是条件独立的。观察到的 Z 阻塞了从 X 到 Y 的路径（表示为 X-Y）。

2. 头对尾。这种结构表明 X 和 Y 是相关的，并且给定 Z 后是条件独立的。观察到的 Z 阻塞了路径 X-Y。

3. 头对头。这种结构表明 X 和 Y 是独立的。此外，给定 Z 或 Z 的任何后代，X 和 Y 是条件相关的。观察到的 Z 或 Z 的任何后代都会解除 X-Y 路径的阻塞。

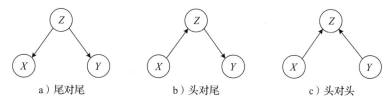

a）尾对尾　　　　　b）头对尾　　　　　c）头对头

图 8.17　D 分离的三种基本情况

要推广这些 D 分离情况，任何一组节点 A 和 B 在给定另一组节点 C 的情况下都是条件独立的，如果从 A 组中的任何节点到 B 组中的任何节点的路径都被阻塞了。

8.6.2.3　推断算法

给定一个联合概率 $P(X,Y,Z)$，其中 X 有两个状态 (x_1,x_2)，Y 有两个状态 (y_1,y_2)，如果观察到 $Z=z_1$，可以如下推断 $P(X\mid Z=z_1)$：

$$P(X\mid Z=z_1)=\frac{P(X,Y,Z=z_1)}{P(Z=z_1)}=\frac{\sum_{Y}P(X,Y,Z=z_1)}{\sum_{X,Y}P(X,Y,Z=z_1)} \tag{8.48}$$

基本上，可以通过首先找到 $Z=z_1$ 的实例，然后分别计算这些实例中 X 和 Y 的不同枚举数量（即 $(X=x_1,Y=y_1),(X=x_1,Y=y_2),(X=x_2,Y=y_1)$ 和 $(X=x_2,Y=y_2)$ 的实例数量）来计算此概率。这种枚举算法的计算复杂度是 $O(n^m)$，其中 n 是状态的数量，m 是除给定变量 Z 外的依赖变量的数量（在这个情况下，$n=m=2$）。当存在多个变量时，计数过程变得过于计算密集，难以执行。

下面介绍精确推断。

为了减少枚举的计算复杂度 $O(n^m)$，已经开发了各种算法来进行贝叶斯网络的推断。以下，我们将介绍三种广泛使用的方法：变量消除、信念传播和团树算法。

- 变量消除 如果 X 和 Y 在给定 Z 的情况下是条件独立的，则可以将联合概率分解为 $P(X, Y, Z) = P(Z)P(X \mid Z)P(Y \mid Z)$。因此，通过以下方式推断 X 的边际概率：

$$P(X) = \sum_Y P(X \mid Y) \sum_Z P(Z)P(Y \mid Z)$$

这具有 $O(n \times 2)$ 的时间复杂度，其中 n 是 Y 和 Z 的状态数量。

用 $\varphi_1(Y)$ 表示 $\sum_Z P(Z)P(Y \mid Z)$，我们可以通过以下方式计算 $P(X)$：

$$P(X) = \sum_Y P(X \mid Y) \varphi_1(Y)$$

这相当于在计数过程中从 $P(X, Y, Z)$ 中消除变量 Z。我们进一步用 $\varphi_2(X)$ 表示 $\sum_Y P(X \mid Y)\varphi_1(Y)$，从而在推断中消除 Y。

在一般情况下，当我们利用变量消除法进行推断步骤时，会按照一定的顺序来消除变量（即选择变量）。不同的消除顺序（例如，首先消除 Z 或 Y）会导致不同的推断时间复杂度。寻找最优的消除顺序是 NP 困难的。找到变量消除顺序的两种常用方法是最大基数搜索和最小亏格搜索。

- 信念传播 变量消除算法在每个时间点为特定变量推断边际概率。如果需要推断多个变量，则需要多次运行算法，这不够高效。为了解决这个问题，信念传播算法在具有树结构的贝叶斯网络中同时计算多个变量的边际概率。尽管信念传播算法有多种变体，但我们关注的是针对因子图的算法。因子图由两组节点组成——变量和因子，通过因子的乘积表示联合概率分布。

例如，如图 8.18a 所示，根据 D 分离规则，给定 Z 的情况下，X 和 W 是相关的（头对头），(W, X) 和 Y 是独立的（头对尾）。因此，$P(W, X, Y, Z) = P(Z)P(WX \mid Z)P(Y \mid Z)$。通过定义因子节点函数 $f_1 = P(Z)$，$f_2 = P(WX \mid Z)$ 和 $f_3 = P(Y \mid Z)$，我们可以将 $P(X, Y, Z)$ 表示为图 8.18b 所示的因子图。推断的目标是基于条件概率（即 f_1、f_2 和 f_3）计算 $P(X)$、$P(Y)$ 和 $P(Z)$ 的边际概率。

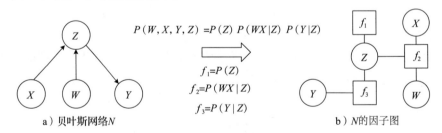

a) 贝叶斯网络 N b) N 的因子图

图 8.18 因子图的信念传播

信念传播算法基于图中的条件独立关系进行高效的推断。它沿着从变量到因子以及从因子到变量的边传递消息，这些消息基于一个迭代过程，其中变量到因子节点的消息表示为因子节点到变量的消息的乘积，反之亦然。例如，如图 8.18 所示，一个从变量节点 Z 到因子节点 f_2 的消息（即 $\text{message}_{Z \to f_2}$）是 Z 的相邻因子节点（不包括 f_2）到 Z 的消息的乘积。也就是说，

$$\text{message}_{Z \to f_2} = \text{message}_{f_3 \to Z} \times \text{message}_{f_1 \to Z} \tag{8.49}$$

反过来，从因子节点 f_2 到 Z 的消息（即 $\text{message}_{f_2 \to Z}$）是来自它所连接的变量节点

（不包括 Z）的消息的乘积，即 $\mathrm{message}_{X \to f_2} \times \mathrm{message}_{W \to f_2} \times f_2$。$\mathrm{message}_{f_2 \to Z}$ 在 W 和 X 上被进一步边际化，也就是说，

$$\mathrm{message}_{f_2 \to Z} = \sum_{WX} \mathrm{message}_{X \to f_2} \times \mathrm{message}_{W \to f_2} \times f_2 \qquad (8.50)$$

在因子图中随机选择一个节点（例如，Y）作为根节点，我们将因子图转换为一棵树。根节点可以是变量节点或因子节点。然后，从根节点开始，将消息传播到叶节点。消息的构造方式与式（8.49）和式（8.50）类似。从根节点传播的消息的初始值是 1（即 $\mathrm{message}_{Y \to f_3} = 1$），然后 $\mathrm{message}_{f_3 \to Z} = 1 \times f_3 = P(Y \mid Z)$。在第一轮传播结束后，从叶节点（例如，$W$ 和 X）开始向根节点传播消息，遵循与第一轮相同的信息构建方法。经过迭代后，可以找到精确的推断结果。

- **团树算法**　信念传播算法无法为具有循环的贝叶斯网络生成精确的推理结果。此外，在贝叶斯网络中并不需要计算所有变量的边际概率。为了解决这些问题，提出了团树算法，通过将变量聚类成单个节点来消除贝叶斯网络中的循环。然后，它为每个节点中的变量推断联合概率，之后可以使用枚举或变量消除算法轻松地对每个单变量进行推理。

团树算法是信念传播算法的一个变体，它在一棵团树上进行操作。团树是一种无向树，其中每个节点（称为团）对应于一组变量。如果团树中的两个团有共同变量，那么在这两个团之间的路径上的所有团都必须包含这些共同变量。例如，团 LSB 有三个变量，与另一个团 RDB 共享变量 B。因此，团 RLB 必须包含共同变量 B，否则它就不是一棵团树。例如，图 8.19b 所示的树不是一棵团树，因为 RDB 和 BS 之间的路径不包含共同变量 B。

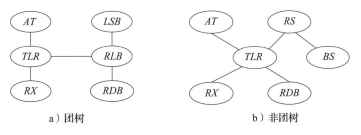

a）团树　　　　　　　　　　　b）非团树

图 8.19　团树示例

在生成团树之后，在树上进行信念传播以获得每个节点中变量的联合概率。例如，根据图 8.19a 所示的团树，通过信念传播算法得到 $P(T, L, R)$。之后可以通过以下方式计算团中每个变量的边际概率：

$$P(T) = \sum_{L,R} P(T, L, R), \quad P(L) = \sum_{T,R} P(T, L, R), \quad P(R) = \sum_{T,L} P(T, L, R)$$

团树可以通过以下四个步骤构建。

第一步，我们为给定的贝叶斯网络创建一个道德图（moral graph），连接那些至少共享一个子节点的节点。例如，节点 T 和 L 应该通过一个无向边连接，如图 8.20a 所示，因为它们共享相同的后代节点 R。同样的规则适用于节点 R 和 B。之后，我们将所有边转换为无向边。

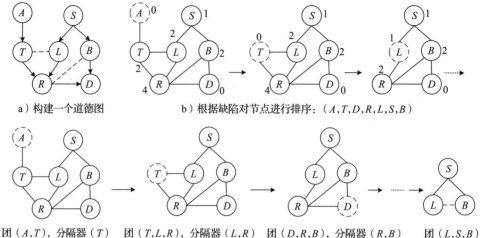

a）构建一个道德图　　　　b）根据缺陷对节点进行排序：（A, T, D, R, L, S, B）

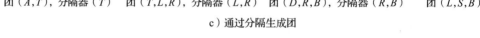

团（A, T），分隔器（T）　团（T, L, R），分隔器（L, R）　团（D, R, B），分隔器（R, B）　团（L, S, B）

c）通过分隔生成团

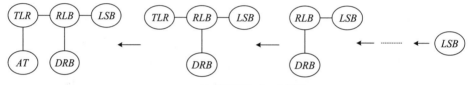

d）基于团生成一个团树

图 8.20　团树推断算法

第二步，我们计算第一步获得的道德图中每个节点的缺陷，逐步删除具有最小缺陷的节点，直到贝叶斯网络中的所有节点都被删除。节点的缺陷是指删除该节点后，为了保持其邻居节点之间的连通性需要添加的边的数量。例如，如图 8.20b 所示，节点 T 的缺陷是 2。也就是说，如果我们从道德图中删除节点 T，我们需要在节点 A 和 R 之间添加一条边，以及在节点 A 和 L 之间添加另一条边，以保持节点 T 的邻居节点之间的连通性。如果我们删除节点 A，这里不需要添加任何边，因为 A 只有一个邻居（即节点 T）。在获得所有节点的缺陷后，我们从具有最小缺陷的节点开始。在这个例子中，节点 A 和 D 都可以作为起始节点。不同的删除顺序会导致不同的团。在从道德图中删除一个节点后，更新每个节点的缺陷，然后删除具有最小缺陷的节点。这个迭代重复进行，直到所有节点都被删除。图 8.20b 所示的例子生成了一个删除顺序：A, T, D, R, L, S, B。

第三步，根据第二步生成的删除顺序，按照顺序为每个节点构建一个团，通过归并节点及其一跳邻居。一个节点的一跳邻居也称为分隔器，将节点与其余的道德图分隔开。例如，如图 8.20c 所示，节点 A 与 T 归并形成一个团，然后从道德图中删除。之后，节点 T 与 L 和 R 归并形成一个团。以此类推，直到每个节点只剩下一跳邻居，剩余的节点形成一个团。

第四步，逐步连接第三步生成的共享公共变量的团，以形成一个团树。例如，如图 8.20d 所示，从最后一个团 LSB 开始，依次将其他团添加到团树中。团 RBL 与 LSB

相连，因为它们共享公共变量 L 和 B。然后，将团 DRB 添加到 RBL，因为它们共享变量 R 和 B。最后，建立一个没有循环的团树。因此，信念传播算法可以应用于团树，计算每个团的联合概率。

下面介绍近似推断。

在现实应用中，图模型涉及大量具有复杂依赖结构的随机变量。因此，诸如计算边际分布或联合分布的推理任务的计算代价变得高昂。因此，上述引入的精确推断算法对于解决这种复杂图模型的推断问题变得不可行。

此外，对于某些应用来说，精确的推断结果可能并不是非常必要的。例如，为了预测未来某个时间路段是否会出现交通拥堵，我们只需要知道在给定一些观察数据（如过去几小时的天气和交通状况）时看到拥堵的近似概率。如果 $P($拥堵 $==$ 是 $|$ 观察数据$)$ 显著高于 $P($拥堵 $==$ 否 $|$ 观察数据$)$，我们知道拥堵可能很快就会发生。至于 $P($拥堵 $==$ 是 $|$ 观察数据$)$ 的确切值是 0.79 还是 0.81，并不是非常重要，只要我们估计它大约是 0.8 即可。

由于这两个原因，我们引入了三种近似推断方法。

- 循环信念传播 尽管信念传播算法最初是为无环图模型设计的，但经过轻微修改，它可以用在一般图中计算近似的推断结果。图通常包含循环，因此该算法有时被称为循环信念传播。与之前描述的对无环图的调度相比，消息更新的初始化和调度必须受到轻微调整，因为图可能不包含任何叶子节点。循环信念传播将所有变量消息初始化为 1。它使用与信念传播算法相同的消息定义，并在每次迭代时更新所有消息。存在一些图在多次迭代后会发散或者在不同状态之间振荡。在包含单个循环的图中，算法在大多数情况下会收敛，但获得的概率可能不正确。循环信念传播收敛须满足的确切条件仍然不是很好理解。

- 变分推断 变分方法主要用于近似贝叶斯推断中出现的不可处理积分[60]。变分推断的基本思想是简化原始的图模型，并近似给定观测数据后未观测变量（即隐藏变量和参数）的后验概率。它通过变分分布提供对未观测变量后验概率的分析近似，并推导出观测数据的边际似然的下界。

  变分推断方法可以被视为期望最大化（EM）算法的扩展。变分推断方法包括一个变分期望步骤和一个变分最大化步骤。然而，原始的 EM 算法依赖于隐藏变量之间的独立性假设，因此无法处理多个隐藏变量之间存在依赖关系的情况。也就是说，由于无法计算存在依赖关系的隐藏变量的边际概率 $P(D,\theta)$，EM 算法在 E 步中无法生成条件概率 $P(Z|D,\theta)$ 的推导，其中 Z 代表隐藏变量，D 和 θ 分别表示观测数据和估计参数。

  为了解决这个问题，变分推断方法基于均值场理论，最小化可处理分布 $q(\theta)$ 与不可处理分布 $P(Z|D,\theta)$ 之间的 KL 散度，而不是最大化辅助函数。

- 采样 采样方法，也称为蒙特卡罗方法，基于从分布中进行的随机数值采样。采样的总体思想是从分布中独立获取一组样本，以提供对精确后验的数值近似。最常用的采样方法有拒绝采样、重要性采样和吉布斯采样。例如，吉布斯采样算法在直接采样困难时，从指定的多变量概率分布中生成一系列观测值。这个序列可以用来近似联合分布，近似一个变量的边际分布，或者计算其中一个变量的期望值。

8.6.2.4　学习算法

1. 结构学习。贝叶斯网络的结构反映了变量之间的条件依赖关系。推断和学习都是基于贝叶斯结构进行的。然而，由于搜索空间很大[13,58]，学习贝叶斯网络结构是非常具有挑战性的。在没有关于图模型结构的任何先验知识的情况下，我们需要尝试任意数量变量之间所有可能的组合。简单起见，一些研究在学习结构时假设贝叶斯网络是一棵树，但在实践中这并不总是成立。

2. 参数学习。

- 最大似然估计（MLE）　这种方法通过最大化在给定参数的情况下观测值的似然来估计参数。例如，假设贝叶斯网络的联合概率为 $P(X,Y,Z\,|\,\theta)$，其中 θ 是估计参数，观测值为 $\{(x_1,y_1,z_1),(x_2,y_2,z_2),(x_3,y_3,z_3)\}$，那么这些观测值的似然可以定义为 $L=\prod_{i=1}^{3}P(x_i,y_i,z_i\,|\,\theta)$，从中可以通过 $\max_\theta L$ 来估计参数 θ。

- 最大后验概率（MAP）　给定先验知识和一些观测值，MAP 通过最大化后验概率来估计参数。假设参数 θ 的先验分布为 $P(\theta)$，给定观测值的采样分布 $f(X,Y,Z\,|\,\theta)$，可以以下方式估计参数：

$$\theta=\mathrm{argmax}_\theta P(\theta\,|\,X,Y,Z)=\mathrm{argmax}_\theta\frac{f(X,Y,Z\,|\,\theta)P(\theta)}{P(X,Y,Z)} \tag{8.51}$$

  其中 $P(X,Y,Z)$ 是对所有参数求平均的数据概率，$P(X,Y,Z)=\int f(X,Y,Z\,|\,\theta)P(\theta)\mathrm{d}\theta$。最大似然估计可以被视为假设参数服从均匀先验分布的特殊情况下的最大后验概率估计，或者忽略先验的 MAP 的一个变体，因此它是无正则化的。

- 期望最大化（EM）　EM 是一种常用的优化方案，用于解决存在未观测到的潜在变量的模型中的 MLE 和 MAP 问题。特别是，EM 算法包括两个重要的步骤：期望步（E 步）和最大化步（M 步）。在 E 步中，通过使用当前模型参数的估计值来计算对数似然函数的期望。在 M 步中，推导模型参数的新解以最大化对数似然函数（在 MLE 中）或 E 步中期望的对数后验函数（在 MAP 中）的期望。

8.6.3　马尔可夫随机场

前面几节中介绍的推断和学习算法实际上是为一般的图模型设计的，包括贝叶斯网络和马尔可夫随机场。也就是说，所有这些算法都可以应用于马尔可夫随机场。当马尔可夫随机场不是很大且复杂时，可以应用精确推断方法，如信念传播算法。否则，应该使用近似推断方法（如变分推断和采样方法）。

例如，对于没有循环的马尔可夫随机场，可以使用信念传播算法生成精确的推断结果。对于有循环的马尔可夫随机场，使用团树算法将其转换为树状结构图，基于这个结构图，信念传播算法可以用来推导出精确的推断结果。另一种方法是使用循环信念传播算法来为有循环的马尔可夫随机场生成近似的推断结果。当马尔可夫随机场中有很多循环时，使用变分推断和采样方法来进行近似推断。

在本节中，不进一步介绍关于马尔可夫随机场的学习和推断的技术细节，并且我们将在8.6.5 节中展示更多使用马尔可夫随机场的应用。

8.6.4　用于时空数据的贝叶斯网络

贝叶斯网络可以从四个方面应用于时空数据挖掘。第一，基于概率依赖关系，贝叶斯网络提供了一种在不同时空数据集之间融合知识的方法。第二，当无法获得标记数据或标记数据非常稀少时，贝叶斯网络可以处理推断问题。第三，贝叶斯网络可以揭示不同时空变量之间的因果关系。第四，动态贝叶斯网络可以模拟时空数据的时序序列。

将贝叶斯网络应用于时空数据的主要挑战在于，如何构建一个精确的结构来模拟复杂的时空推断问题，以便能够扩展到处理大规模的推理问题。

8.6.4.1　用于时空数据的基本贝叶斯网络

本节介绍了两个使用基本贝叶斯网络（即非动态贝叶斯网络）进行时空数据推断的例子。第一个例子是基于多种数据集（如出租车的 GPS 轨迹和 POI[51]）的交通流量推断，这个例子展示了上面提到的贝叶斯网络的第一个和第二个应用场景。第二个例子旨在推导不同地点的空气污染物以及气象条件之间的因果关系[78]，展示了贝叶斯网络的第一个和第三个应用场景。第一个例子涉及分类变量，第二个例子处理连续变量。

在交通流量估计例子中，我们的目标是基于出租车的 GPS 轨迹、POI 和道路网络来推断过去几分钟内每条道路段上的交通流量（即车辆数量）。本质上，交通速度、流量和密度之间存在一定的关系（例如，基本图）。然而，要准确量化这种关系需要大量的交通流量数据。由于许多道路段没有配备路面设备，因此在城市范围收集这样的训练数据代价非常高昂，使用有监督学习算法来学习这种关系是不切实际的。此外，样本车辆（例如，出租车）在道路段上的出现可能与整个车辆集合大不相同，尽管它们的行驶速度可能相似。换句话说，观察到道路段上有更多的出租车并不意味着其他车辆的出现次数也更多。鉴于这一点，我们无法直接根据样本交通数据来估计总交通流量。

为了解决这个问题，提出了一种基于部分观察到的贝叶斯网络的无监督图模型，称为 TVI（交通流量推断）。图 8.21 展示了 TVI 模型的图结构，其中白色节点表示隐藏变量，灰色节点是观测值。一个直接的想法是构建一个贝叶斯网络来模拟整个道路网络，这可能包含数十万条道路段。这将得到一个具有数百万节点和边的贝叶斯网络，进行学习和推断过于复杂。鉴于此，我们使用相同级别所有道路段的数据来训练每个级别的 TVI 模型。然后，将模型应用于推断每个级别道路段的交通流量。

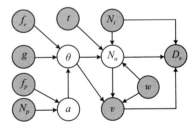

图 8.21　基于贝叶斯网络的
交通流量推断

具体来说，每个道路段的每条车道 N_a 的交通流量（即每分钟每条车道上的车辆数量）受到四个主要因素的影响：天气条件 w、一天中的时间 t，道路的潜在类型 θ，以及观察到的样本车辆流量 N_t。此外，一条道路的 θ 由其道路网络特征 f_r（如道路段的长度、入度、出度和曲折程度）、全球位置特征 f_g 以及周围 POI（由潜在变量 α 表示）共同决定。α 进一步受到不同 POI 类别分布 f_p 和道路段周围 POI 的总数 N_p 的影响，$\bar{v}$ 和 d_v 分别是平均行驶速度和速度方差，它们可以从出租车轨迹数据中观察到，或者从其他模型（例如参考文献［51］中提出的 TSE）中推断出来。$\bar{v}$ 取决于 θ、N_a 和 w，d_v 取决于 N_t、N_a 和 v。模型中的所有变量都进行了离散化，这降低了推断难度，同时确保了推断结果在统计上对燃油消耗和排放计算有用。

由于存在隐藏节点，无法简单地通过计数每种条件的出现来得出 N_a 的条件概率。因此，我们使用 EM 算法以无监督的方式学习参数。在算法的初始部分，设置具有随机值的参数——条件概率（例如，$P(\alpha\,|\,f_p,N_p)$ 和 $P(\bar{v}\,|\,N_a,\theta,w)$）。在 E 步中，使用精确推断方法来计算每个观测数据实例中隐藏节点的值（α,θ,N_a）。这是一个推断过程。在 M 步中，通过扫描 E 步中推断的结果，算法重新计算条件概率，这将替换旧的参数。持续迭代直到参数收敛，从而学习到了未知参数的解决方案。

在空气污染物的因果关系推断例子中，确定空气污染的根本原因对于许多城市的可持续性至关重要[78]。在这个例子中，我们尝试使用贝叶斯网络和多种数据集（如空气质量数据和气象数据）来推断不同城市中不同空气污染物之间的因果关系。例如，如图 8.22a 所示，当风速小于 5m/s 时，张家口的高浓度 PM10（直径小于 $10\mu m$ 的颗粒物）主要是由高浓度 SO_2 引起的，而保定的高浓度 PM2.5（直径小于 $2.5\mu m$ 的颗粒物）主要是由来自衡水和沧州的 NO_2 引起的。了解这样的因果关系有助于从源头解决空气污染问题。

a）不同空气污染物之间的因果途径

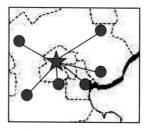
b）选择相关性最高的 N 个传感器

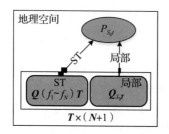
c）根据局部和全局因素为传感器构建 GBN

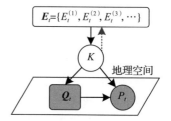
d）通过混杂因子考虑环境因素

图 8.22　基于贝叶斯网络确定空气污染的根本原因

然而，生成因果关系是一个非常具有挑战性的任务。首先，一个地点空气中污染物浓度的增加和减少取决于许多因素，比如该地点及其空间邻域过去几小时的情况，以及环境条件（例如气象条件）。如果在贝叶斯网络中将所有可能因素连接到目标变量（例如北京的PM2.5），模型的结构会变得相当复杂，因此无法有效地进行学习和推断。例如，距离北京300km 的城市约有 100 个。每个城市可能有超过十个空气质量监测站，每个监测站会生成六种空气污染物的浓度数据。因此，需要考虑 100×10×6 个因素。每个因素可能进一步有超过四种状态。此外，目标变量会受到这些因素在多个时间间隔（不仅仅是当前时间间隔）内的值的影响，这种依赖关系还取决于不同的天气条件，这显著增加了贝叶斯网络的复杂性。

其次，为了降低模型的复杂性，一个直观的想法是只保留贝叶斯网络中最相关的 top-N 个因素。然而，在这个应用中，确定目标变量与其他因素之间的相关性也不是一件容易的事情。目标变量和因素的读数由带有地理标签的时间序列表示，这在大多数情况下随着时间的推移会有一些轻微的变化，伴随着一些微小的波动。如果简单地计算这些时间序列之间的皮尔逊相关系数，它们之间的相关性将由那些稳定读数和微小波动主导，而真正揭示两个时间序列之间依赖关系的是在巨大变化期间的读数。

例如，在图 8.23 中，传感器 S_2 的 PM2.5 读数通常接近 S_3，而与 S_1 相差较大。因此，S_1 和 S_2 之间的皮尔逊相关系数大于 S_2 和 S_3 之间的相关系数。然而，当 S_1 的 PM2.5 发生变化时，S_2 的 PM2.5 也会变化，几乎遵循相同的趋势。这种巨大的变化可能表明不同空气污染物之间存在某些物理相互作用或化学反应，因此比微小的波动更有价值。此外，在计算两个传感器之间的依赖关系时，需要考虑它们的空间位置。即使有时两个相隔较远的位置的空气污染物读数看起来相似，它们也不会直接相互依赖，因为空气污染物需要通过在环境中的传播和扩散在位置之间传播。

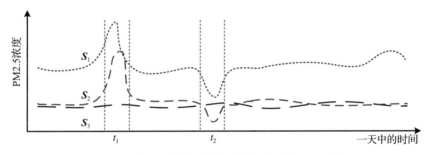

图 8.23　获取不同传感器读数之间的真实相互依赖

为了解决前述的两个问题，我们首先基于一个高效的算法[70]挖掘每对传感器读数之间的空间共演化模式，如图 8.22b 所示。这些模式可以有效地确定不同地点不同空气污染物之间的依赖关系，从而帮助我们在一个贝叶斯网络中选取最相关的 top-N 个因素。它们还找到了两个空气污染物真正相互依赖的时间间隔（例如，图 8.23 中的 t_1 和 t_2）。因此，在计算两个时间序列之间的依赖关系时，可以找到更有意义的时间间隔处的读数，这降低了贝叶斯网络的复杂性，同时提高了推断结果的准确性。

然后，我们构建一个贝叶斯网络，表示在时间间隔 t 内某个地点的目标空气污染物 s_0（例如，北京的 PM2.5），记为 $P_{s_0,t}$。将 $P_{s_0,t}$ 连接到过去 T 小时内其他地点最相关的 top-N 个空气污染物（例如，保定的 PM2.5 和 NO$_2$，以及张家口的 SO$_2$），记为 $Q^{\text{ST}}_{[s_1,\cdots,s_n]T}$，以及 s_0 自身在过去 T 小时内的读数，记为 $Q^{局部}_{s_0,T}$。$Q^{\text{ST}}_{[s_1,\cdots,s_n]T}$ 和 $Q^{局部}_{s_0,T}$ 构成了 $P_{s_0,t}$ 的父节点（记为 Q_t），如图 8.22d 所示。因此，有 $T\times(N+1)$ 个影响 $P_{s_0,t}$ 的因素。此外，使用一小时差值（即当前小时的值减去一小时前的值），而不是传感器的原始值。

在这里，我们使用高斯贝叶斯网络（GBN）来解决这个问题，因为空气污染物的浓度是连续值。此外，空气质量的一小时差值遵循高斯分布。GBN 具有一些良好的性质，例如目标变量 $P_{s_0,t}$ 的分布，其以其父节点为条件，遵循高斯分布。根据 GBN 的性质，

$$P_{s_0,t} = \mu_{s_0,t} + (Q^{\text{ST}}_{[s_1,\cdots,s_n]T} \oplus Q^{\text{局部}}_{s_0,T})A_k + \varepsilon_{s_0,t}$$

其中，$\mu_{s_0,t}$ 是 $P_{s_0,t}$ 的平均值，$\oplus$ 表示这些特征的连接，A_k 是与这些特征对应的（回归）参数向量，$\varepsilon_{s_0,t}$ 是回归的偏差，而 $\mu_{s_0,t}$、A_k 和 $\varepsilon_{s_0,t}$ 是我们需要从数据中学习的参数。实际上，这是一个高斯回归模型。

为了考虑环境因素 $E_t = \{E_t^{(1)}, E_t^{(2)}, \cdots, E_t^{(n)}\}$ 对空气污染物之间因果关系的影响，我们在 GBN 中引入了一个（潜在）混杂变量 K，如图 8.22d 所示。因为存在多个环境因素，每个因素又有多种状态，将它们结合起来会得到一个非常大的状态空间。例如，假设有五个因素，包括风速、风向、湿度、温度和天气，每个因素有四个（离散化）状态。那么，总共有 $4^5 = 1\,024$ 种状态。如果直接使用 E_t 作为混杂变量，每个状态对应的样本数量非常少，这将导致推断结果不可靠。通过引入具有少数离散值的潜在变量 K（例如，$K = 1, 2, 3$，每个值表示环境状态的一个簇），每个聚类中的样本数量将变得很大，从而可以得到更可靠的推断结果。我们可以简单地将 K 个潜在簇理解为 K 种环境情况，分别具有良好、正常和不良的扩散条件，尽管这个含义比这些词要复杂得多。基于马尔可夫等价性（具有相同联合概率分布的有向无环图），可以将箭头 $E_t \rightarrow K$ 反转为 $K \rightarrow E_t$。K 决定了 E_t、Q_t 和 P_t 的分布，从而使我们能够从生成过程中学习图模型的分布。

贝叶斯网络的学习过程如图 8.24 所示。基于空间共演化模式，我们为特定目标污染物选择最相关的 top-N 个（从 M 个污染物中选择，$M > N$）空气污染物，构建一个高斯贝叶斯网络。使用 K 均值算法将环境条件聚类成 K 个初始簇，这有助于加速后续迭代的收敛。然后，我们提出一个 EM 算法来推断这个贝叶斯网络的参数。

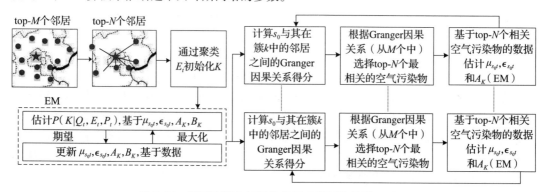

图 8.24　用于诊断空气污染的贝叶斯网络的学习过程

在学习了参数之后，根据 $P(Q_t, E_t, P_t)$ 为每个时间间隔分配一个 K 值。基于每个簇的时间间隔的读数，进一步计算目标空气污染物与 top-M 个候选污染物之间的 Granger 因果关系。这一步精炼了目标空气污染物与其他候选污染物之间的因果关系。请注意，基于共演化模式获得的相关性并不是真实的因果关系，它只用于修剪搜索空间和减少无关波动。然后，选择 Granger 因果关系得分最高的 top-N 个候选污染物来构建贝叶斯网络。因此，有对应于 K 个簇的 K 个贝叶斯网络。使用相同 EM 算法，估计每个贝叶斯网络的参数，再重新计算 Granger 因果关系并重建贝叶斯网络。每个簇中的迭代，直到贝叶斯网络的结构不再变化时停止。每个簇的贝叶斯网络表示在不同环境情况下不同空气污染物之间的因果关系。

使用上述方法，可以推断出每个地点在不同环境情况下每种空气污染物的因果关系。通过连接同一簇中不同地点之间的一跳因果关系，形成了一条因果路径。例如，如图 8.22a 所示，当风速小于 5m/s 时，北京高浓度的 PM10 主要是由张家口的 SO_2 和保定的 PM2.5 引起的。进一步地，保定的 PM2.5 主要是由衡水和沧州的 NO_2 引起的。

8.6.4.2 用于时空数据的隐马尔可夫模型

隐马尔可夫模型（HMM）是一种动态贝叶斯网络，在每个时间戳上重复相同的结构，如图 8.25 所示。每个白色节点表示一个隐藏状态，这是一个属于 $S = \{s_1, s_2, \cdots, s_m\}$ 的类别值，灰色节点是观测值（例如我们从在对应时间间隔收集的数据中提取的特征）。在 HMM 中有三个重要的条件概率。第一个是不同状态之间的转移概率，表示为 $P(s_j \mid s_i)$，$1 \leqslant i, j \leqslant m, i \neq j$。第二个是发射概率，表示为 $P(s \mid o)$，$s \in S$，这表示在给定观测值 o 的情况下看到状态 s 的可能性。第三个是隐藏变量的先验概率 $P(h_1 = s_i)$，$1 \leqslant i \leqslant m$。

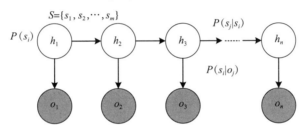

图 8.25 隐马尔可夫模型的结构

隐马尔可夫模型可以用于完成三种类型的任务。第一种是给定上述概率，推断序列末尾的隐藏状态（即 $P(h_n \mid o_1, o_2, \cdots, o_n)$），这称为滤波，这个问题可以通过前向算法解决。第二种任务称为平滑，推断序列中间变量的隐藏状态（即 $P(h_k \mid o_1, o_2, \cdots, o_n)$），这可以通过前向-后向算法解决。最后一种任务，称为最可能解释，是寻找一个隐藏状态的序列，使得观察整个序列的概率最大化，这个问题可以通过 Viterbi 算法解决。

基于隐马尔可夫模型的地图匹配是将一系列原始经纬度坐标转换为一系列道路段的过程。了解车辆曾经/正在哪条道路上对于评估交通流量、指导车辆导航、检测起点和终点之间最频繁的行驶路径等非常重要。考虑到并行道路、立交桥和支线，地图匹配并不是一个简单的问题。

图 8.26 展示了一种基于隐马尔可夫模型为低分辨率 GPS 轨迹实现的地图匹配算法[39]。它首先找到与轨迹中每个点在圆距离内的候选道路段。例如，如图 8.26a 所示，道路段 e_i^1、e_i^2 和 e_i^3 在 p_i 的圆距离内，c_i^1、c_i^2 和 c_i^3 是 p_i 应该投影到的候选点（在这些道路段上）。点 p_i 与候选点之间的距离 $\mathrm{dist}(c_i^j, p_i)$ 表示 p_i 可以匹配到候选点的概率 $N(c_i^j)$。这个概率可以被视为 HMM 的发射概率，它由正态分布模型建模：

$$N(c_i^j) = \frac{1}{\sqrt{2\pi}\sigma} e^{-\frac{\mathrm{dist}(c_i^j, p_i)^2}{2\sigma^2}}$$

该算法还考虑了每两个连续轨迹点的候选点之间的转移概率。例如，如图 8.26b 所示，考虑到 p_{i-1} 和 p_{i+1}，c_i^2 更有可能是 p_i 的真实匹配。两个候选点之间的转移概率由它们之间的欧几里得距离与道路网络距离之间的比表示。

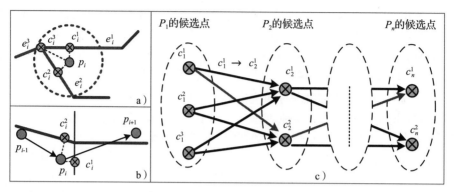

图 8.26 基于 HMM 的地图匹配

最后，如图 8.26c 所示，通过结合发射和转移概率，地图匹配算法找到一系列道路段，使得匹配的全局概率最大。这个想法类似于 HMM，其中考虑发射和转移概率来找到给定观测序列的最可能状态序列。在这个问题中，隐藏状态是 GPS 点实际生成的道路段，而 GPS 点是观测值。

8.6.4.3 用于时空数据的潜狄利克雷分布

潜狄利克雷分布（LDA）是一种包含隐藏变量的生成模型。其直觉是，一个文档可以由潜在主题的随机混合表示，每个主题都由单词的分布来表征[8]。通过文档的主题表示，可以将文档的维度从数万个单词降低到几个主题，从而提高计算效率和计算两篇文档之间相似度的准确性。例如，可以聚类具有相似含义的文档，尽管它们可能使用不同的单词。基于主题分布的相似性也可以帮助推荐系统和搜索引擎。LDA 是一种无监督学习算法，用户唯一需要指定的是主题的数量。

图 8.27 展示了 LDA 的图表示。α 和 η 分别是狄利克雷文档-主题分布和主题-单词分布的先验参数。假设有 K 个主题和 M 个单词在词汇表中，$\boldsymbol{\beta}$ 是一个 $K \times M$ 的矩阵，其中 β_k 表示第 k 个主题在 M 个单词上的分布。第 d 个文档的主题比例是 θ_d，其中 $\theta_{d,k}$ 表示第 d 个文档中第 k 个主题的比例。例如，一个文档涉及两个主题（即 $k=2$）：狗和猫。那么 $\theta_d = (0.8, 0.2)$ 意味着这个文档 80% 的主题是关于狗的，20% 是关于猫的。第 d 个文档的主题分配是 Z_d，其中 $Z_{d,n}$ 表示第 d 个文档中第 n 个单词的主题分配。在文档 d 中观测到的单词是 W_d，其中 $W_{d,n}$ 是文档 d 中的第 n 个单词。

LDA 的生成过程如下：

1. 对于每个主题 k，找出 $\beta_k \sim \text{Dirichlet}(\eta)$。
2. 对于文档 d，找出 $\theta_d \sim \text{Dirichlet}(\alpha)$。
3. 对于文档 d 中的第 n 个单词 $W_{d,n}$，
   a. 找出 $Z_{d,n} \sim \text{Multinomial}(\theta_d)$；
   b. 找出 $W_{d,n} \sim \text{Multinomial}(\beta_{Z_{d,n}})$。

LDA 的学习过程是通过最大化后验分布 $P(\theta, z, \beta \mid W, \alpha, \eta, K)$ 来估计参数 (θ, z, β)，基于观测到的数据 (W, α, η, K)。这可以通过一个 EM 算法实现，其中期望步骤（即推理步骤）可以通过吉布斯采样或变分推断来处理。

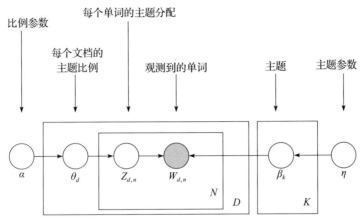

图 8.27　LDA 的图表示

将 LDA 应用于时空数据面临三个挑战。第一个是如何根据时空数据构建文档和单词，第二个是如何将时空数据的先验知识编码到基于 LDA 的模型中，第三个是如何融合多个时空数据集的知识。在本小节的剩余部分，我们将介绍两个使用 LDA 变体处理时空数据的例子。

● 推断功能区域　Yuan 等人[68-69]使用主要道路（如高速公路和环路）将城市划分为不相连的区域，然后利用每个区域内的 POI 和人类移动模式来推断区域的功能。这是一项具有挑战性的任务，因为一个区域的功能是复合的，包含了不同类别的场所（如商业区、教育区和住宅区）。

　　如图 8.28a 所示，提出了一种基于 LDA 变体的推断模型，将一个区域视为一个文档，一个区域的功能视为主题，POI 的类型（例如，餐厅和购物中心）视为元数据（类似作者、所属机构和关键词），人类移动模式视为单词。直觉上，具有某种功能的区域将产生某种类型的移动模式。通过将 POI 和人类移动模式输入这个模型的不同部分，一个区域将由一组功能的分布表示，每个功能进一步由移动模式的分布表示。

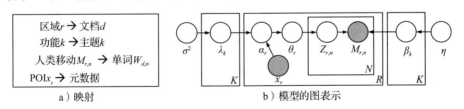

a）映射　　　　　　　　　　　　b）模型的图表示

图 8.28　基于 LDA 变体模型的学习功能区域

　　图 8.28b 展示了 LDA 变体模型的图表示，其中 N 代表移动模式的数量，R 表示区域的数量，K 是功能的数量，需要预先定义。在基本的 LDA 模型中，所有文档共享相同的狄利克雷先验 α，因为没有关于选择 α 的先验知识。当将 LDA 模型应用于这个应用时，我们知道一个区域内的 POI，这在一定程度上可以描述一个区域的功能。因此，如图 8.28b 所示，不同功能的区域可以有不同的 α_r，这取决于一个区域的 POI 特征 x_r。形成 x_r 的一个简单方法是计算一个区域内不同类别 POI 的数量，例如，在一个区域内有五家餐厅、一家电影院、两家购物中心、一所大学等。然后 $x_r=(5,1,2,1,\cdots)$，一种更高

级的方法是将 x_r 进一步归一化，通过每个类别 POI 的 TF-IDF（词频-逆文档频率）。

移动模式 $M_{r,n}$ 被定义为人们在区域之间的通勤模式，也就是人们离开区域 r 的时间和他们离开的地方、人们到达区域 r 的时间以及他们来自哪里。每个通勤模式代表了一个描述区域的单词，而模式的频率表示在文档中单词出现的次数。以下是该模型的生成过程：

1. 对于每个功能 k，
   a. 找出 $\boldsymbol{\lambda}_k \sim N(0, \sigma^2 I)$；
   b. 找出 $\beta_k \sim \text{Dirichlet}(\boldsymbol{\eta})$。
2. 给定区域 r，
   a. 对于每个功能 k，令 $\alpha_{r,k} = \exp(\boldsymbol{x}_r^{\mathrm{T}} \boldsymbol{\lambda}_k)$；
   b. 找出 $\theta_r \sim \text{Dirichlet}(\alpha_r)$；
   c. 对于区域 r 中的第 n 个移动模式 $M_{r,n}$，
      i. 找出 $Z_{r,n} \sim \text{Multinomial}(\theta_r)$；
      ii. 找出 $M_{r,n} \sim \text{Multinomial}(\beta_{Z_{r,n}})$。

其中 $N(\cdot)$ 表示以 σ 为超参数的高斯分布，$\boldsymbol{\lambda}_k$ 是一个与 $\boldsymbol{x}_r$ 长度相同的向量，$\boldsymbol{\eta}$ 是主题-单词分布的先验参数。这个模型可以使用 EM 算法进行估计，其中推断步骤基于吉布斯采样。

● **检测集体异常**　为了确定一个实例在数据集中的异常情况，通常需要测量该实例偏离其潜在分布的程度。这需要对给定数据集的潜在分布进行估计，当数据集稀疏时这是非常困难的，例如，某个特定疾病在某个地区可能每几天才发生一次。如果我们把这些发生串联成一个序列，用零值表示不存在（即 <0,0,0,0,1,0,0,0,0,0,2,⋯>），那么这个序列的均值和方差都非常接近零。在这种情况下，如果使用基于距离的异常检测方法，序列中的每个非零条目都将被视为异常，因为其与均值（几乎为 0）的距离是标准差（也接近 0）的三倍。

为了解决这个问题，提出了多源潜在主题（MSLT）模型[76]，以结合多个数据集来更好地估计一个稀疏数据集在某个区域中的分布。在准确估计每个数据集的分布之后，可以将其放入一个统计模型（例如，对数似然比检验）中来检测城市中的潜在异常。例如，MSLT 基于出租车数据、共享单车数据和 311 投诉数据，检测纽约市的集体异常。

MSLT 模型有两个核心思想。首先，一个区域内的不同数据集从不同的角度描述该区域，从而相互加强。例如，POI 和道路网络数据描述了一个区域的土地利用，出租车和自行车流量则指示了该区域人们的移动模式。因此，合并个别数据集可以更好地理解一个区域的潜在功能。通过将一个区域的潜在功能作为桥梁，这些数据集之间存在着内在的联系和影响。例如，一个区域的土地利用以某种方式决定了该区域的交通流量，而一个区域的交通模式可能表明了该区域的土地利用。在共同更好地描述一个区域的潜在功能之后，该区域内的不同数据集可以相互加强，从而帮助更好地估计它们自己的分布。其次，一个数据集可以参考不同区域之间的信息。例如，两个具有类似 POI 分布和类似道路结构的区域（r_1, r_2）可能具有类似的交通模式。因此，即使在

r_1 中收集不到足够的交通数据，我们也可以根据 r_2 中的交通数据来估计其分布。

基于这些思想，可以设计一个潜在主题模型来融合多个数据集，如图 8.29a 所示。类似于第一个例子，在这个模型中，一个地理区域被视为一篇文档，一个区域的潜在功能对应于文档的潜在主题，一个区域内的 POI 和道路网络数据被视为文档的关键词。此外，一个区域的狄利克雷先验 α_r 也取决于其地理属性，如 POI 和道路网络，而不是经验设置。与第一个例子不同，MSLT 的词汇来自不同的数据集，不同数据集的类别被视为单词。因此，存在多个主题-单词分布 $(\beta_1, \beta_2, \cdots, \beta_s)$，其中 s 是数据集的数量。

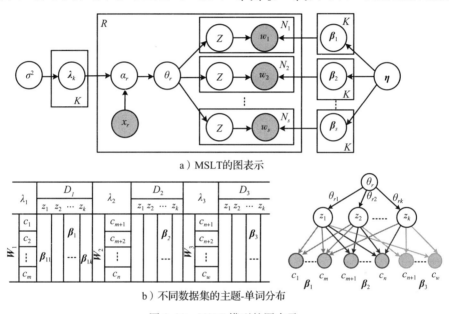

a）MSLT的图表示

b）不同数据集的主题-单词分布

图 8.29 MSLT 模型的图表示

更具体地说，图 8.29a 中的灰色节点是观测值，白色节点是隐藏变量。类似于第一个例子，K 是主题的数量；x_r 是一个向量，存储了从位于该区域的道路网络和 POI 中提取的特征；λ_k 是一个与 x_r 长度相同的向量，对应于第 k 个潜在主题，λ_k 中每个元素的值遵循一个零均值、标准差为 σ 的高斯分布。$\alpha_r \in \mathbb{R}^K$ 是每个区域的主题分布的狄利克雷先验的参数。$\theta_r \in \mathbb{R}^K$ 是区域 r 的主题分布。

与第一个例子不同，$\mathcal{W} = \{W_1, W_2, \cdots, W_s\}$ 是单词集的集合，其中 W_i 是对应于第 i 个数据集的单词集合。β_i 是一个矩阵，表示第 i 个数据集（即 W_i）的主题-单词分布。W_i 中的一个单词 w 是第 i 个数据集拥有的一个类别（例如，$W_1 = \{c_1, c_2, \cdots, c_m\}$）。类别可以是城市中的噪声类型，或者是根据时间和起止点定义的移动模式类型。如图 8.29b 所示，三个不同的数据集在区域 r 中共享由 θ_r 控制的主题分布，但它们有自己的主题-单词分布 β_i，$1 \leqslant i \leqslant 3$，用不同深浅的箭头表示。$\beta_{iz}$ 是一个向量，表示在词汇集合 W_i 中主题 z 的单词分布。MSLT 模型的生成过程如下：

1. 对于每个主题 z，找出 $\lambda_k \sim \mathcal{N}(0, \sigma^2 I)$。

2. 对于每个单词集 W_i 和每个主题 z，抽取 $\beta_{iz} \sim \mathrm{Dir}(\eta)$。

3. 对于每个区域 r（即文档 r）：

    a. 对于每个主题 k，设 $\alpha_{r,k} = \exp(x_r^T \lambda_k)$。

    b. 找出 $\theta_r \sim \text{Dirichlet}(\alpha_r)$。

    c. 对于文档 r 中的每个单词 w：

        i. 找出 $z \sim \text{Multinomial}(\theta_r)$。

        ii. 选择 w 所属的相应单词集的 β_i。

        iii. 找出 $w \sim \text{Multinomial}(\beta_{iz})$。

虽然 σ^2、η 和 K 是固定参数，但我们需要根据观察到的 α 和 W 来学习 λ 和 β。使用随机 EM 算法训练模型，在此过程中，交替执行以下两个步骤。第一步是从当前先验分布中根据观察到的词汇和特征采样主题分配，第二步是在给定主题分配的情况下，数值优化参数 β。

然后，利用区域内的潜在主题分布 θ_r 和主题-单词分布 β 来计算每个单词 w 的比例 $\text{prop}(w)$，如下所示（注意，在 MSLT 模型中，一个类别被表示为一个单词）：

$$\text{prop}(w) = \sum_z \theta_{rz} \beta_{iz}(w)$$

其中 θ_{rz} 是区域 r 中主题 z 的分布，$\beta_{iz}(w)$ 表示主题 z 在单词 w 上的分布；β_{iz} 是一个向量，表示主题 z 在词汇 w 所属的词汇集合中的词汇分布。由于 MSLT 模型根据多个数据集学习 θ_r 和 β，这些数据集相互加强，因此它比简单地计算每个类别的出现次数然后计算其分布要准确得多。

8.6.5 用于时空数据的马尔可夫网络

8.6.5.1 线性链条件随机场

线性链条件随机场（CRF）是一种用于解析序列数据（例如自然语言文本[33]）的判别性无向概率图模型。CRF 相对于 HMM 的优势在于放宽了特征之间的独立性假设。此外，CRF 避免了最大熵马尔可夫模型表现出的标签偏差问题。在以下段落中，我们将介绍一个使用 CRF 推断某个地点空气质量的例子。

关于城市空气质量（例如，PM2.5 的浓度）的信息对于保护人类健康和控制空气污染非常重要。许多城市通过建立地面空气质量监测站来监测 PM2.5。然而，由于建立和维护这样的监测站成本高昂，一个城市中只有有限的空气质量监测站。不幸的是，空气质量会根据位置非线性地变化，这取决于多种复杂因素，如气象、交通量和土地利用。因此，在没有监测站的情况下，我们实际上并不知道一个地点的空气质量。

图 8.30 展示了一个模型的图结构 G，该模型根据位置的多种特征（如气象条件 F_m、交通条件 F_t、人类移动模式 F_h 以及观察到的位置的时间 t）推断空气质量。模型由两种类型的节点组成，$G = (X, Y)$。白色节点 $Y = \{Y_1, Y_2, \cdots, Y_n\}$ 代表需要推断的隐藏状态变量，给定由灰色节点 $X = \{X_1, X_2, \cdots, X_n\}$ 表示的观察值序列，$X_i = \{F_m, F_t, F_h, t\}$。$Y$ 中的 Y_i 形成一个链条，每个 Y_{i-1} 和 Y_i 之间有一条边，并且具有属于 $C = \{$健康、中等、对敏感人群不健康、不健康、非常不健康、危险$\}$ 的 AQI "标签"。

例如，我们可以形成一个新的序列，该序列由三个状态节点组成，以表示过去三个小时的空气质量状态。训练数据是从空气质量监测站收集的，一旦模型训练好，就可以根据过去

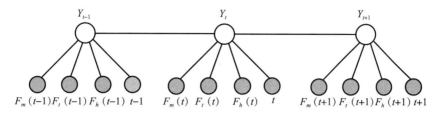

图 8.30　空气质量推断模型的图表示

三个小时在其他没有监测站的地方的观察 X_i 推断出过去三个小时的空气质量状态。输出可能是像健康→中等→中等这样的序列。

训练过程如下，当以 X 为条件时，随机变量 Y_i 遵循图 G 上的马尔可夫性质：

$$P(Y_i \mid X, Y_j, i \neq j) = P(Y_i \mid X, Y_j, i \sim j) \qquad (8.52)$$

其中 $i \sim j$ 意味着在 G 中 i 和 j 是相邻的。

给定观察值序列 x 时，特定标签序列 y 的概率定义为潜在函数的归一化乘积，如下所示：

$$\exp\Big(\sum_j \lambda_j t_j(y_{i-1}, y_i, x, i) + \sum_k \mu_k s_k(y_i, x, i) \Big) \qquad (8.53)$$

其中 $t_j(y_{i-1}, y_i, y_i, x, i)$ 是整个观察序列和位置 i 及 $i-1$ 处的标签的转移特征函数，$s_k(y_i, x, i)$ 是位置 i 处的标签和观察值序列的状态特征函数，而 λ_j 和 μ_k 是需要从训练数据中估计的参数。

写 $s_k(y_i, x, i) = s_k(y_{i-1}, y_i, x, i)$，我们将公式（8.53）转换为：

$$P(y \mid x, \lambda) = \frac{1}{Z(x)} \exp\Big(\sum_j \lambda_j f_j(y_{i-1}, y_i, x, i) \Big) \qquad (8.54)$$

其中 $Z(x)$ 是一个归一化因子。可以非正式地认为这是对输入序列的测量，它们部分地确定了 Y_i 每个可能值的概率。模型为每个特征分配一个数值权重，并将它们结合起来确定 Y_i 某个值的概率。

给定训练数据的 k 个序列 $\{(x^{(k)}, y^{(k)})\}$，学习参数 λ 是通过最大似然学习 $P(y \mid x, \lambda)$ 来完成的，这可以通过梯度下降来解决：

$$L(\lambda) = \sum_k \Big[\log \frac{1}{Z(x)} + \sum_j \lambda_j f_j(y_{i-1}, y_i, x, i) \Big] \qquad (8.55)$$

8.6.5.2　用于时空数据的亲和图

亲和图（AG）是一个多层加权连通图 $G = \langle \mathcal{G}^1, \mathcal{G}^2, \cdots, \mathcal{G}^n \rangle$，其中每一层代表一个时间间隔，来自 $t_1, t_2, \cdots, t_n$；$\mathcal{G}^i = \langle V, E, W^{t_i} \rangle$ 是在时间间隔 t_i 的图；V 是所有网格的集合；E 是边的集合；W^{t_i} 代表在 t_i 处的边权重。如图 8.31 所示，使用 AG 来推断一个地点的 AQI。8.6.5.2 节中引入的线性链 CRF 模型单独推断一个地点的空气质量，与此不同，基于 AG 的解决方案同时推断所有地点的空气质量。

在进行推断之前，一个城市被分割成均匀且不重叠的（例如，1km×1km）网格。AG 中的节点是一个随机变量，表示网格中空气质量的状况。节点集 $V = U \cup V$ 由没有空气质量监测站的网格子集 U（用白色节点表示）和有监测站的网格子集 V（用灰色节点表示）组成。我们将 V 中的节点称为标记节点，将 U 中的节点称为未标记节点。每个未标记节点 $u \in U$ 都与一个待推断的 AQI 分布 $P(u)$ 相关联。AG 的构建方式如下[26]：

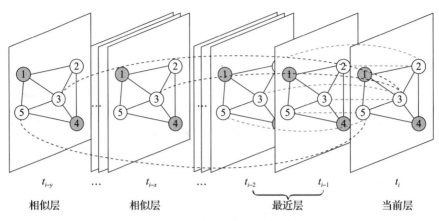

图 8.31　用亲和图推断空气质量

1. 连接到车站位置。每个未观测到的节点 $u \in U$ 都连接到同一时间戳下所有观测到的节点 $v \in V$，无论它们之间的地理距离如何，用连接白色节点和灰色节点的实线表示。由于观测节点非常稀疏，添加这些连接并不会显著影响效率。

2. 连接到附近位置。由于附近位置的 AQI 值自然高度相关，因此在图的每一层中，每个节点都连接到给定地理半径 r 内的邻居节点 $w \in U$，用连接不同白色节点的实线表示。

3. 连接到最近层。因为一个地点的 AQI 值与其历史 AQI 值高度相关，所以时间戳为 t_i 的每个节点 $u \in U$ 都连接到前 z 个时间戳，即 $t_{i-1}, t_{i-2}, \cdots, t_{i-z}$，用图 8.31 中的浅色虚线表示。

4. 连接到相似层。由于环境因素可以在一定周期内重复出现（例如，每二十四小时），当前层上的节点将与具有最相似环境特征的某些过去层上的对应节点连接，用深色虚线表示。层之间的相似性是基于特征计算的。

基于 AG 和从数据中学习的亲和函数，提出了一种基于图的半监督学习方法，基于以下三个思想：首先，利用从标记节点 $v \in V$ 上观察到的 AQI 来推断未标记节点 $u \in U$ 的 AQI 分布 $P(u)$；其次，具有相似特征的两个节点应该有相似的 AQI 分布，因此它们之间的边权重应该更大。再次，由于未观测地点的 AQI 值不可用，且观测数据稀疏，因此实际操作中不太可能调整模型参数以最小化推断误差。相反，我们提议调整参数以最小化模型的不确定性。

将这三个想法结合起来，我们寻求一组最优的边权重 W，使得 a) 在推断后，未标记节点应与其邻近节点具有相似的 AQI 分布，b) 学习的标签分布应具有较小的熵以最小化推断的不确定性。

为了实现 a)，我们提议最小化以下损失函数：

$$Q(P) = \sum_{(u,v) \in E} w_{u,v} \cdot (P(u) - P(v))^2 \qquad (8.56)$$

其中 $P(u)$ 是位置 $u(u \in U)$ 的空气质量在不同类别中的概率（或分布）。$P(v)$ 是位置 $v(v \in V)$ 的空气质量分布。$w_{u,v}$ 是 AG 中连接节点 u 和 v 的边的权重。如果 $w_{u,v}$ 很大（即位置 u 和 v 非常相关），两个地点的空气质量差应该很小，因此 $(P(u) - P(v))^2$ 应该很小。可以采用多种距离函数，如 KL 散度，来衡量 $P(u) - P(v)$。

目标是找到未标记节点的 AQI 分布，使得 $Q(P)$ 最小化。

函数 P 的谐波性质导出了使用其相邻节点的加权平均值来分配每个未标记节点的 AQI 分布的解：

$$P(u) = \frac{1}{\deg_u} \sum_{(u,v) \in E} w_{u,v} \cdot P(v) \tag{8.57}$$

其中 $\deg_u$ 是节点 u 的度数，$w_{u,v}$ 的定义如下：

$$w_{u,v} = \exp\left(-\sum_k \pi_k^2 \times (a \cdot \|u.f_k - v.f_k\| + b)\right) \tag{8.58}$$

其中 f_k 是一种特征类型（例如一个地点中的交通灯数量）。$\|u.f_k - v.f_k\|$ 表示 u 和 v 的特征 f_k 之间的差异，π_k、a 和 b 是需要学习的参数。这对应于第二个思想，即具有相似特征的节点应该有相似的 AQI 分布。

一个直观的方法是调整 $\{\pi_k\}$ 以最大化使用验证数据标记节点的似然。然而，由于观察到的数据非常稀疏，这种方法会导致模型过度拟合验证数据。因此，我们通过最小化未标记节点推断的 AQI 分布的熵来学习 π_k。直观地说，如果推断的分布具有高信息熵，推断模型就变得没有用。例如，如果 $P(u == 良好) = P(u == 中等) = \cdots = P(u == 危险) = 1/6$，我们就不知道应该选择哪个标签作为预测结果。在这种情况下，信息熵是最高的（即最不确定的）。如果 $P(u == 良好) = 1$，则我们肯定会预测"良好"作为最终的标签。在这种情况下，熵为 0。

未标记节点 U 的平均 AQI 分布熵 $H(P_U)$ 可以定义为

$$H(P_U) = -\sum_{u \in U} \left[P(u)\log(P(u)) + (1 - P(u))\log(1 - P(u)) \right] \tag{8.59}$$

$|U|$ 是 AG 中未标记节点的数量。

然后，开始一个相互强化的推断流程，其中学习的特征权重 π_k 更新未标记节点 $u \in U$ 的 AQI 分布 $P(u)$，而 $P(u)$ 决定下一迭代中要最小化的平均 AQI 分布熵 $H(P_U)$。特征权重 π_k 的每次变化都会触发边权重 $w_{u,v}$ 的更新，进一步根据 AG 生成新的 AQI 分布 $P(u)$，并迭代进行，直至收敛。

8.6.5.3　高斯马尔可夫随机场

一个随机向量 $X = (x_1, x_2, \cdots, x_n)$ 被称为高斯马尔可夫随机场（GMRF），相对于图 $G = \{V, E\}$，具有均值 μ 和精度矩阵 Q，当且仅当其密度具有以下形式：

$$\pi(X) = (2\pi)^{-n/2} |Q|^{1/2} \exp\left(-\frac{1}{2}(X - \mu)^T Q (X - \mu)\right) \tag{8.60}$$

$$且\ Q_{ij} \neq 0 \Leftrightarrow \{i, j\} \in E$$

其中 V 是节点集，E 是边集。图 G 的结构直观地反映了 X 中变量之间的条件依赖关系，矩阵 Q 的值决定了 X 的特殊概率密度。

基于 GMRF，我们可以预测人群流入一个区域和离开一个区域的流动情况[22]。GMRF 对噪声和缺失数据具有鲁棒性，并且可扩展到大数据。例如，可以将一个区域在 n 个时间间隔内的流入表示为一个时间序列 $X = (x_1, x_2, \cdots, x_n)$，基于这个序列可以估计 x_{n+1}。由于概率密度 X 可能不具有公式（8.60）所示的形式，因此在将 GMRF 应用于这个问题之前，需要计算时间 t 的一阶前向差分 $\Delta x_t = x_{t+1} - x_t$，$t = 1, 2, \cdots, n-1$。根据对实际数据的实证研究，$\Delta x_t$ 遵循高斯分布。因此，可以将 GMRF 应用于这个问题。

为了使 Q 和 G 稀疏，我们对 X 施加以下假设：

$$\Delta x_t \sim N(0, k^{-1}) \tag{8.61}$$

其中 $k \in R$ 是需要从数据中学习的精度参数。基于假设和图 8.32 所示的图结构，可以构建精度矩阵 Q 和密度函数如下：

$$\pi(X \mid k) \propto k^{(n-1)/2} \exp\left(-\frac{1}{2} X^T Q X\right) \tag{8.62}$$

在学习过程中，我们使用最大后验估计来找到参数 k。由于 GMRF 的结构非常简单，因此可以非常高效地进行学习和推断。

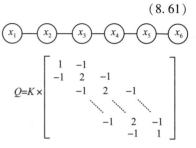

图 8.32　使用 GMRF 预测时间序列

8.7　深度学习

深度学习是将人工神经网络（ANN）应用于学习任务，这些网络包含一个以上的隐藏层。如图 8.33 所示，一个典型的 ANN 具有输入层、隐藏层和输出层。通常，称具有多个隐藏层的 ANN 为深度神经网络，如图 8.33b 所示。深度学习使用许多层非线性处理单元的级联来进行特征提取和转换。每一层都使用前一层输出的结果作为输入[12]。尽管深度神经网络和深度学习几乎被同等使用，但前者更多关注 ANN 的结构，后者则强调学习算法。深度学习提供了两个主要功能。

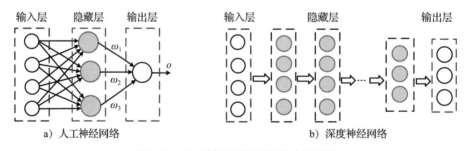

a）人工神经网络　　　　　　　　　　b）深度神经网络

图 8.33　人工神经网络和深度神经网络

一个主要功能是学习表示。深度学习是建立在数据表示学习上的一种更广泛机器学习方法的一部分。高级特征是从低级特征中衍生出来的，形成分层表示。例如，如图 8.33b 所示，深度神经网络中一个隐藏层的输出可以被视为输入的潜在表示。潜在表示然后可以用作其他分类和聚类模型的输入，以完成一个任务。学习算法可以是有监督的、无监督的或部分监督的。有监督学习几乎与学习 ANN 相同，通常基于反向传播算法和许多输入-输出训练对。无监督技术（如自编码器）通过将三层神经网络的输出设置得与其输入相同来学习给定输入的潜在表示，中间层（即隐藏层）的值被视为潜在表示。潜在表示的维度通常远低于输入，这有助于解决高维度的诅咒，同时提高计算效率。

另一个主要功能是端到端预测。除了生成输入的潜在表示外，深度学习还可以提供包括回归和分类任务的端到端预测。例如，可以使用深度学习来预测城市中每个区域的人群流动情况[71]。这是一个回归问题，因为输出是实数。也可以使用深度神经网络来对不同主题的图像进行分类，比如狗和猫主题。对于这样的端到端应用，我们需要提供大量的训练对，每个训练对由输入和相应的输出组成。在这种端到端预测中，隐藏层的值也可以被视为输入的潜在表示。

由于一些最成功的深度学习方法都涉及人工神经网络，所以我们从介绍人工神经网络开始开启本节。之后，将介绍两种最成功的深度学习方法，包括卷积神经网络和循环神经网络。在循环神经网络子部分中，也将简要介绍长短期记忆网络。

8.7.1　人工神经网络

人工神经网络（ANN）受到了 1959 年由诺贝尔奖获得者 Hubel 和 Wiesel 提出的生物模型的启发，他们在初级视觉皮层中发现了两种类型的细胞：简单细胞和复杂细胞。许多 ANN 可以被看作由这些生物观察启发的一层层细胞类型的级联模型。

8.7.1.1　概念

一个典型的 ANN 具有输入层、隐藏层和输出层。输入层（即图 8.33a 中最左边的层）接收输入值（例如，从给定数据集中提取的特征）。输入层中的节点数通常与输入的数量相对应。图 8.33a 中最右边的层（即输出层）生成最终结果。输出层中的节点数取决于 ANN 需要完成的任务。例如，如果是一个回归问题，旨在预测单个值，输出层将只有一个节点。如果是一个二分类问题，通常有两个节点，每个节点代表一个类别。对于隐藏层中节点数的设置没有明确的规则。

在 ANN 中，每个节点通过连接到前一层节点的边接收一定数量的输入。通常，ANN 在不同层之间的节点采用完全连接的策略。也就是说，一个节点连接到前一层的所有节点。同一层上的节点之间不连接，每条边都与一个权重相关联，该权重定义了来自前驱节点的输入的重要性。每个节点首先计算输入的加权和，然后使用激活函数（如 Sigmoid 函数）将其转换为 $(0,1)$ 之间的值。例如，图 8.33a 所示的 ANN 的输出是：

$$o = \mathrm{Sigmoid}(\omega_1 o_1 + \omega_2 o_2 + \omega_3 o_3 + b) \tag{8.63}$$

其中 ω_1、ω_2 和 ω_3 分别对应边的权重，o_1、o_2 和 o_3 分别是隐藏层上三个节点的输出，b 是一个偏置常数。ω_1、ω_2、ω_3 和 b 是我们需要根据数据学习的参数。o_1、o_2 和 o_3 可以使用与式（8.63）相同的方式计算得到，基于第一层的输出。由于最左边是可以从数据中观察到的输入，我们计算给定神经网络的最终输出。

8.7.1.2　学习

ANN 的训练过程基于反向传播算法。该算法首先随机为 ANN 的参数设置初始值，根据输入计算训练实例的输出。然后，测量每个实例预测值 $\hat{p}_i$ 与真实值 p_i 之间的误差，并修订参数，以最小化所有实例平方误差之和（也称为均方误差，MSE）：

$$E = \sum_i (\hat{p}_i - p_i)^2 \tag{8.64}$$

其中 $\hat{p}_i$ 是根据式（8.63）所示的方法计算的。由于没有闭式解来找到最优结果，通常采用梯度下降法来找到一个局部最优结果。在调整一个参数（如 ω_1）的值时，其他参数的值是固定的。ω_1 的值迭代调整方式如下：

$$\omega_1 \leftarrow \omega_1 - \gamma \cdot \frac{\partial E}{\partial \omega_1} \tag{8.65}$$

其中 $\dfrac{\partial E}{\partial \omega_1}$ 是误差 E 关于 ω_1 的偏导数；γ 是学习率（由用户指定），控制下降速度。当连续两轮

的 MSE 下降值小于预定义阈值（即 $|E_n - E_{n-1}| < \delta$）时，迭代终止，并确定本轮 ω_1 的值。之后，转向调整其他参数，如 ω_2，而 ω_1 保持固定。在一轮调整结束后，开始新的一轮调整，重新调整 ω_1、ω_2 等，直到所有参数的值收敛或与上一轮的值相比变化不大。

8.7.1.3 示例

图 8.34 展示了一个使用 ANN 预测一个地点（没有监测站）的空气质量的例子，该预测基于现有监测站的空气质量读数和城市中的地理数据[73]。如图 8.34a 所示，每个实心点代表一个空气质量监测站，每小时生成一次空气质量读数。

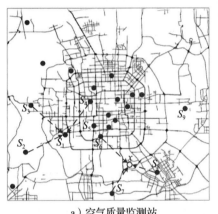

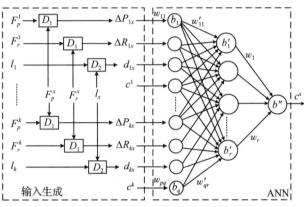

a）空气质量监测站   b）基于神经网络的推断模型

图 8.34 基于 ANN 推断空气质量

图 8.34b 展示了基于 ANN 的推断模型的结构，它由两部分组成：输入生成（左边的矩形块）和人工神经网络。推断模型可以被视为一种非线性插值算法，在插值时考虑了地点之间地理属性（而不仅仅是地理距离）的差异。

- **输入生成**　在这个阶段，我们随机选择 n 个监测站与要推断的地点配对。例如，如图 8.34a 所示，可以根据 S_1、S_2 和 S_3 站的读数推断地点 x 的空气质量（在这个例子中设 $n=3$），而不是使用这些站的原始特征作为输入，通过式（8.66）~式（8.68）计算站点特征与地点 x 特征之间的差，其中 F_p^k、F_r^k、l^k 和 c^k 分别表示站点 k 的 POI 特征、道路网络特征、地理位置和空气质量指数值，D_1 是特征之间的距离函数（例如，皮尔逊相关系数），D_2 是两个地点之间的地理距离。

$$\Delta P_{kx} = \text{Pearson\_Cor}(F_p^k, F_p^x) \tag{8.66}$$

$$\Delta R_{kx} = \text{Pearson\_Cor}(F_r^k, F_r^x) \tag{8.67}$$

$$d_{kx} = \text{Geo\_Distance}(l^k, l^x) \tag{8.68}$$

这种成对的差有助于以下 ANN 学习具有不同地理距离和地理特征的地点对之间的空气质量相关性。

- **人工神经网络**　如图 8.34b 所示，推断模型的右半部分是一个三层神经网络，正式定义如下：

$$c^k = \varphi\Big(\sum_r w_r \varphi\Big(\sum_q w'_{qr} \cdot \Big(\sum_p f_p w_{pq} + b_q\Big) + b'_n\Big) + b''\Big) \tag{8.69}$$

其中 f_p 是输入特征，p 是特征的数量，$\varphi(x)$ 是 Sigmoid 函数，b_m、b'_n 和 b'' 是与不同层次上的神经元相关的偏置，而 w_{pq}、w'_{qr} 和 w_r 分别表示与不同层次输入相关的权重。

推断模型是基于现有监测站的数据进行训练的。例如，可以根据 S_2、S_3 和 S_4 的空气质量来推断 S_1 的空气质量。推断模型的输入可以通过式（8.66）~式（8.68）计算得出，S_1 的实际空气质量读数随后被用作地面真实值来衡量推断误差。还可以根据 S_4、S_5、S_6 或 S_2、S_5、S_7 的空气质量来推断 S_1 的空气质量。或者，可以根据 S_4、S_5、S_6 或 S_1、S_3、S_6 的空气质量来推断 S_2 的空气质量。通过将一个监测站与不同的其他监测站配对，可以制定许多输入-标签对作为训练数据。可以使用上述提到的反向传播算法找到一组参数（即 b_m、b'_n、b''、w_{pq}、w'_{qr} 和 w_r），以最小化所有这些推断的均方误差。注意，不能只将一个监测站与其三个最近的邻居配对，因为需要学习由地点地理属性（例如，地理距离和 POI 分布）差异引起的对空气质量的影响。通过这种输入-标签对训练出的模型允许我们推断具有不同类型邻近监测站的任意地点的空气质量。

在推断过程中，还将要推断的地点与多个监测站集合（每个集合包含三个监测站）配对，并生成一个空气质量预测。然后，可以平均多个集合的预测，生成一个最终的实数值。图 8.34 中介绍的模型可以很容易地扩展到一个分类任务，其中预测结果是空气质量的一个类别而不是一个实数值，这通过在输出层设置 y 个节点来实现。每个节点对应一个类别，具有最大实值的节点被选为最终的预测结果。然后，可以汇总多个监测站集合的预测结果，计算每个类别在预测结果中出现的频率，这个频率可以被视为预测结果中每个类别的概率。

8.7.2　卷积神经网络

8.7.2.1　CNN 的基本结构

卷积神经网络（CNN）起源于一个在层与层之间完全连接的前馈神经网络中经常出现的问题。这种完全连接在神经网络规模非常大时会导致维度诅咒（即需要学习的参数太多）。它还去除了可能对许多应用有用的输入的空间信息。

生物过程中，单个皮质神经元对（称为感受野的）受限空间区域中的刺激做出响应，受此启发，CNN 由一系列卷积层和采样（也称为池化）层组成，如图 8.35 所示。CNN 的输入可以是一个二维矩阵（例如，每个像素包含一个灰度级别的图像）。在这里，矩阵的每个元素表示图像的一个像素，元素的值代表该像素的灰度级别。当一个元素包含多个值时，可以将矩阵转换为张量，其中每个元素进一步包含一个向量。向量中值的数量称为通道。例如，具

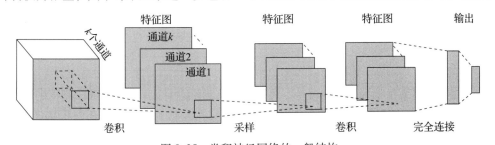

图 8.35　卷积神经网络的一般结构

有 RGB 表示的图像在每个像素中有三个通道（分别表示红、绿和蓝的级别）。每个通道在每个 CNN 层的内部都有自己的特征图。最后，在经过几个卷积层和最大池化层之后，神经网络中的高级推断通过完全连接层来完成。完全连接层中的神经元与前一层的所有激活项具有完全连接，正如在常规神经网络中那样。

要深入理解图 8.35，需要学习 CNN 的以下三个主要概念。

1. 局部连接性。在前馈神经网络中，输入与每个神经元的下一个隐藏节点完全连接，如图 8.36a 所示。相比之下，CNN 的输入只在一个小区域内进行连接。隐藏层中的每个神经元与前一层的一个小区域相连，这个小区域称为局部感受野。直观上，图像中的对象通常由一组邻近的像素表示，而图像不同部分的像素可能没有直接相关性。局部连接性的概念显著降低了神经网络的复杂性，有助于解决维度诅咒问题，并捕捉输入之间的空间相关性。

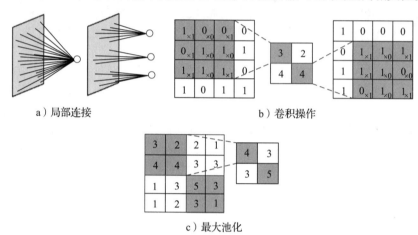

a）局部连接　　　　　　　　　　b）卷积操作

c）最大池化

图 8.36　CNN 的三个主要思想

2. 共享权重。在卷积层中，神经元被组织成多个并行的隐藏层，每个层称为一个特征图。特征图中的每个神经元都连接到其前一层上的局部感受野。对于每个特征图，所有神经元共享相同的权重参数，这在特征图中被称为滤波器或核。权重共享进一步减少了参数的数量，使得 CNN 可以有多个隐藏层并处理大量的输入。

图 8.36b 展示了一个权重共享的例子，其中每个网格代表图像中的一个像素或 CNN 隐藏层中的一个神经元。简单起见，从一个二维例子开始，其中每个网格只有一个值。如果局部感受野有 3×3 的网格（由灰色区域表示），那么第一个卷积层的一个神经元将连接到图像中的 9 个像素。同样，隐藏层上的一个神经元将连接到其前一层隐藏层中的 9 个神经元。每个网格底部右侧的小图是核的参数，类似于普通神经网络中边的权重。在卷积操作之后，实际上是在内核参数和输入之间的点积之后，将前 9 个网格的值聚合成一个值（即 3）。具有相同参数的核滑动到另外 9 个网格，计算另一个值，以此类推，直到前一层中的所有网格都被计算完毕。由于在滑动过程中核参数不会改变，我们可以说特征图中的所有内核共享相同的参数集。

3. 池化。除了卷积层之外，CNN 有时还包含池化层，它们通常紧接在卷积层之后使用。这意味着卷积层的输出是网络池化层的输入。池化层的作用是通过计算特征图中小感受野的卷积激活的统计信息来生成平移不变特征。这里的小感受野的大小取决于池化大小或核池化。

例如，如图 8.36c 所示，如果选择一个 2×2 的最大池化核，并将其应用于图 8.36b 所示的卷积层的输出，池化的结果将是 4，这是四个网格中的最大值。同样，其他池化的结果分别是 3、3 和 5。注意，在执行池化操作时，相邻感受野之间没有重叠。

8.7.2.2　CNN 的经验设置

有些 CNN 的经验设置没有理论支持，但有实际贡献。

- **零填充**　有时在输入容量的边界上用零填充输入很方便。零填充提供了对输出容量空间大小的控制。特别是，有时希望精确保留输入容量的空间大小，例如预测城市中每个网格中的人群流动。

- **丢弃**　由于完全连接层占据了大部分参数，它容易发生过拟合。减少过拟合的一种方法是将节点或节点之间的连接随机丢弃[55]。在每次训练阶段，单个节点被"丢弃"出网络的概率为 $1-p$，或者被保留的概率为 p，从而留下一个简化了的网络，连接到被丢弃节点的入边和出边也被移除。只有简化后的网络基于该阶段的数据进行训练。然后，移除的节点会被重新插入网络中，并恢复其原始权重。

- **ReLU（修正线性单元）**　这是一种应用非饱和激活函数 $f(x) = \max(0, x)$ 的神经元层。它增强了决策函数和整个网络的非线性特性，而不影响卷积层的感受野。与其他函数［如 $\tanh(x)$ 和 $\mathrm{sigmoid}(x)$］相比，使用 ReLU 可以使神经网络训练速度提高几倍[32]，而对泛化精度的影响不大。

8.7.2.3　CNN 的训练过程

CNN 的训练过程与普通的 ANN 非常相似。也就是说，它涉及通过反向传播算法最小化所有实例的均方误差。然而，当 CNN 中的隐藏层数增加时，由于消失梯度问题，参数变得难以调整，这从一开始就阻碍了收敛。这个问题已经通过归一化初始值和中间归一化层在很大程度上得到了解决，这使得具有数十层的网络能够开始向随机梯度下降和反向传播算法收敛。然而，随着网络深度的不断增加，精度首先达到饱和然后迅速下降。出乎意料的是，这种下降并不是由过拟合引起的，而且在拥有适当深度的模型中添加更多层会导致更高的训练误差[21]。

为了解决性能下降的问题，提出了一种深度残差学习框架，让层拟合一个残差映射，而不是直接拟合一个期望的潜在映射。形式上，不是学习期望的潜在映射 $H(x)$，而是让堆叠的非线性层拟合另一个映射 $F(x) := H(x) - x$，其中 x 是输入。原始映射被重新表达为 $F(x) + x$。实验证明，优化残差映射 $F(x)$ 比优化原始的未参考映射 $H(x)$ 容易得多。使用深度残差网络，已经为几个图像分类任务训练了一个 152 层的深度卷积神经网络，其表现超越了基线方法，显示出卓越的性能。

8.7.2.4　CNN 的变体

在 1990 年，LeCun 等人[35]开发了第一个 CNN 模型来对手写数字进行分类。随着标记数据和计算资源［如图形处理单元（GPU）和云计算平台］的可用性增加，催生了各种 CNN 变体。例如，Krizhevsky 等人提出了一个经典的 CNN 模型（称为 AlexNet），该模型在 2012 年的一个著名图像竞赛（ImageNet）的图像分类任务中获胜。自那时起，一系列变体，如 ZFNet、VGGNet、GoogleNet 和 ResNet 已经创建出来，具有越来越深的网络结构。

CNN 在图像分类中的成功导致产生了众多 CNN 架构的变体，以解决其他计算机视觉任务，如目标检测、目标跟踪、姿态估计、视觉显著性检测和动作识别。最著名的一种基于 CNN 的目标检测器是基于区域的 CNN（R-CNN）[16]，首先使用选择性搜索算法提取大约两千个区域提案。然后，这些区域提案被强制成固定大小，并输入一个预训练的 CNN 模型中进行特征提取。每个区域提案的特征用来训练多个二分类器，每个分类器对应一个对象类别，如汽车和人。一旦这些二分类器训练好，可以将每个区域提案的特征输入所有这些分类器中，确定该区域是否包含特定类型的对象。确定对象的类别后，使用线性回归模型输出一个更紧密的坐标，用于指定对象的边界框。

尽管 R-CNN 实现了显著的性能提升，但由于许多区域提案之间存在重叠，并且每个区域提案都多次由自己的 CNN 模块处理，因此计算成本很高。为了解决这个问题，提出了空间金字塔-池化网络（SPP-net）[20]通过共享计算来加速 R-CNN。也就是说，不一定要多次处理不同区域提案之间的重叠区域。然而，R-CNN 和 SPP-net 的训练过程仍然是一个多阶段管道。基于 CNN 的特征提取器是在其他任务中，基于其他类型的标记数据（例如，使用 VGGNet）预先训练的。因此，标记数据（专门用于目标检测）无法帮助调整基于 CNN 的特征提取器的参数。

为了解决这个问题，Fast R-CNN[15]通过使用端到端的训练过程来改进 SPP-net，该过程可以预测一个区域中包含对象的概率分布（跨越不同类别）并同时生成对象的边界框。尽管在端到端过程中也使用了预训练的 CNN 模块，但在微调过程中可以更新整个网络的参数，包括区域提案的边界框。Fast R-CNN 在简化训练过程的同时展现了令人信服的准确性和速度。基于 Fast R-CNN，Faster R-CNN[48]引入了一个区域提案网络来加速对象提案的生成。

另一条研究线索将序列到序列学习应用于 CNN。WaveNet[45]是为文本到语音（TTS）和语音合成任务设计的，它由一个条件网络（该网络将语言特征上采样到所需的频率），以及一个自回归网络（该网络生成离散音频样本的概率分布）组成。为了处理生成原始音频所需的长距离时间依赖关系，WaveNet 使用了一系列膨胀因果卷积，这些卷积具有非常大的感受野。尽管 WaveNet 可以生成接近人类水平的语音，但由于模型的自回归性质导致的高频率，其推断中存在一个棘手的计算问题。为了解决这个问题，Arik 等人[1]提出了一个名为 DeepVoice 的 WaveNet 变体，它为 TTS 调整了层数、残差通道数和跳过通道数。Deep Voice 需要的参数更少，同时实现了 100 到 400 倍于 WaveNet 的速度提升。

Gehring 等人[14]为机器翻译中的序列到序列学习引入了一种完全基于 CNN 的架构。与递归神经网络（如 LSTM）相比，在训练过程中对所有元素的计算可以完全并行化。优化过程更容易，因为非线性函数的数量是固定的，且与输入长度无关。

8.7.3 循环神经网络

8.7.3.1 循环神经网络的一般框架

循环神经网络（RNN）是一种人工神经网络，其单元之间的连接形成了一个有向环。这创造了网络的内部状态，使其能够表现出动态的时序行为。与前馈神经网络不同，RNN 可以利用其内部记忆处理任意输入序列。这使得它们适用于未分段连续手写识别或语音识别[50] 等任务。RNN 中的循环，是指它们为序列中的每个元素执行相同的任务，输出取决于先前的计算。另一种思考 RNN 的方式是，它们具有"记忆"，可以捕捉目前为止已经计算的信息。原则上，RNN 可以利用任意长序列中的信息，但在实践中，它们仅回顾前面少数几步。

图 8.37a 展示了 RNN 的一般框架，其中 x_t 和 o_t 分别代表时间步 t 的输入和输出，h_t 是时间步 t 的隐藏状态，而 W、V 和 U 分别是输入、输出和转换的参数。更具体地说，s_t 是网络的"记忆"，它是根据先前的隐藏状态和当前步骤的输入计算得出的：$h_t = f(Uh_{t-1}, Wx_t)$。函数通常是诸如 tanh 或 ReLU 的非线性函数。第一个隐藏状态用 h_0 表示，通常初始化为零。图 8.37b 展示了 RNN 的聚合表示。

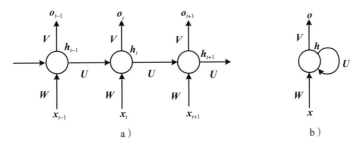

图 8.37　RNN 的总体框架

以自然语言处理为例，如果想要预测给定句子中的下一个单词，可以将每个单词视为一个时间步，x_t 是句子中的第 t 个单词（它可以由一个单跳向量或某些单词嵌入表示），o_t 可以是词汇表中概率的向量。对于一个训练句子，如果观察到了下一个单词，可以将单词的概率设置为 1，并将词汇表中的其他单词的概率设置为 0。在训练过程结束后，可以应用这个 RNN 模型来预测部分句子中的下一个单词，选择概率最大的单词作为最终预测。

传统深度神经网络在每个层次上使用不同的参数，RNN 则在所有步骤共享相同的参数（即 U、V 和 W）。这反映了这样一个事实：RNN 在每个步骤执行相同的任务，只是输入不同。这大大减少了需要学习的总参数数量。

图 8.37 中每个时间步都有输出，但这是否必要取决于任务。例如，当预测句子的情感时，可能只关心最终输出，而不是每个单词后的情感。同样，可能不需要在每个时间步都有输入。RNN 的主要特征是其隐藏状态，它捕捉了关于序列的信息。

8.7.3.2　LSTM

最常用的 RNN 类型是 LSTM[23]，它们在捕捉长期依赖关系方面比基本的 RNN 要好得多。LSTM 本质上与 RNN 相同，只是在计算隐藏状态方面有不同的方式。LSTM 单元是一种循环网络单元，擅于记忆值，无论是长期还是短期。这种能力的关键在于它在循环组件内不使用激活函数。因此，存储的值不会随着时间的推移而被迭代压缩，当应用时间反向传播算法来训练它时，梯度或责任项也不会趋向于消失。

有许多类型的 LSTM。图 8.38 展示了一个窥视孔 LSTM 块的结构，其中 x_t 是输入向量，h_t 是输出向量，c_t 是单元状态向量，W、V 和 b 是参数矩阵和向量。f_t 是一个遗忘门向量，表示记住旧信息的权重。i_t 是一个输入门向量，表示获取新信息的权重。o_t 是一个输出门向量，表示输出候选。从 c_t 节点出发的退出箭头（由虚线箭头表示）实际上表示从 c_{t-1} 出发的退出箭头，从右向左的单个箭头除外。

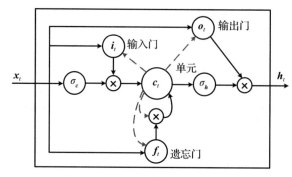

图 8.38 LSTM 块的结构

与传统的 LSTM 相比，在大多数地方使用 c_{t-1} 而不是 h_{t-1}。上述向量计算如下：

$$f_t = \sigma_g(W_f x_t + U_f c_{t-1} + b_f) \tag{8.70}$$

$$i_t = \sigma_g(W_i x_t + U_i c_{t-1} + b_i) \tag{8.71}$$

$$o_t = \sigma_g(W_o x_t + U_o c_{t-1} + b_o) \tag{8.72}$$

$$c_t = f_t \cdot c_{t-1} + i_t \cdot \sigma_c(W_c x_t + b_c) \tag{8.73}$$

$$h_t = o_t \cdot \sigma_h(c_t) \tag{8.74}$$

其中 σ_g 是 Sigmoid 函数；σ_c 是双曲正切；σ_h 建议使用 $\sigma_h(x) = x$，这在传统 LSTM 中原本是一个双曲正切；符号·表示逐元素乘积；初始状态 $c_0 = 0$ 和 $h_0 = 0$。

为了最小化 LSTM 在一系列训练序列上的总误差，可以使用迭代梯度下降算法，如时间反向传播[42]，来改变每个权重使其与其对误差的导数成比例。对于标准 RNN 的梯度下降，一个主要问题是误差梯度会随着重要事件之间时间间隔的大小呈指数级快速消失。然而，对于 LSTM 块，当从输出端回传误差值时，误差会被困在块的记忆部分。这被称为误差回转，它会不断地将错误反馈到每个门，直到它们学会切断该值。因此，普通的反向传播在训练 LSTM 块以记忆非常长的持续时间内的值方面是有效的。

8.7.4　用于时空数据的深度学习

8.7.4.1　挑战

深度学习最初是为了处理图像、视频和语音而提出的，后来应用于自然语言处理。当使用深度学习处理时空数据时，面临着以下三个挑战。

1. 数据转换。卷积神经网络的输入通常是矩阵或张量。LSTM 的输入可以是一系列向量。然而，时空数据的格式不同，可能是一组具有非均匀位置的点、具有任意形状和长度的轨迹，或者是一个连接非常稀疏且节点动态变化的图。将时空数据转换成可以被深度学习模型使用的格式是一个困难的任务。

2. 编码时空特性。如 8.2 节所述，时空数据具有其独特的特性，如空间距离、空间层次结构以及时间周期和趋势，这些在图像和文本数据中并不明显存在。因此，在解决城市计算问题时，不能简单地采用不考虑这些因素的现有深度学习算法。如何在一个深度学习模型中同时捕捉这些独特的时空特性仍然是一个挑战。

3. 融合不同领域知识。在城市计算应用中，我们通常需要利用多种数据集。如何通过深度学习框架跨不同领域的数据集融合知识仍然是一个挑战。

8.7.4.2 基于深度学习预测人群流动

我们通过一个例子来展示如何利用为时空数据设计的复杂深度学习模型应对前述三个挑战[71]。在这个例子中，我们的目标是预测城市中每个区域的人群流入和流出情况。然而，一个区域的人群流动依赖于许多复杂因素，例如过去几小时内该区域的人群流动情况（即时间相关性）、其邻近区域以及远距离区域的人群流动情况（即空间相关性），以及外部因素如天气条件和事件。

- **数据转换** 图 8.39 展示了数据转换过程，其输入是一大群人的 GPS 轨迹，输出是一个三维张量。每条轨迹是一系列具有相应时间戳的 GPS 坐标，表示一个人的移动模式。我们将城市划分为均匀的网格，并将人们的轨迹投影到这些网格上。通过计算进入和离开每个网格的轨迹数量，可以得出每个网格在给定时间间隔内的流入和流出量。然后，可以将每个时间间隔（例如，每小时）接收到的轨迹数据转换为三维张量，其中前两个维度是地理空间上的网格，第三个维度存储两个流动量的值。为了简化，图 8.39 只可视化了每个网格的流入情况（即张量降级为矩阵）。一个网格的颜色越浅，其交通量越大。通过在一段时间内生成轨迹，可以生成一系列矩阵。此外，每个时间间隔还有其他外部因素，如天气条件和事件，这些构成了深度学习模型的输入。预测旨在基于过去的帧给出接下来几帧的样子。

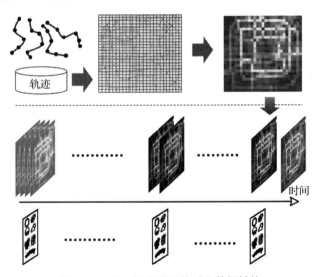

图 8.39 基于深度学习的时空数据转换

图 8.40a 展示了用于解决这个问题的深度学习模型框架，称为 ST-ResNet（时空残差网络）。它由三个深度残差卷积神经网络、一个早期融合组件和一个完全连接神经网络组成。这是一个端到端的预测框架，可以整体预测每个地区的流量。

- **编码时间属性** 这三个深度残差 CNN 共享相同的网络结构，分别建模时间接近性、周期性和趋势性属性。更具体地说，最右边的深度残差 CNN 将最近几小时的（流量）帧作为输入，以模拟人群流量的时间接近性（即相邻时间间隔的流量会随时间平滑变

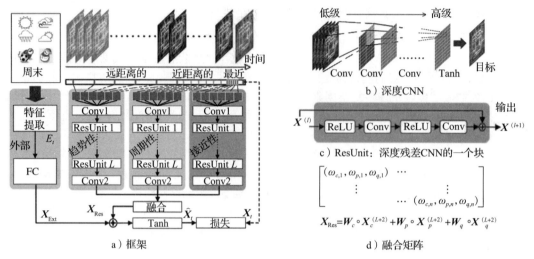

图 8.40 ST-ResNet 的结构

化）。中间的深度残差 CNN 将昨天、前天以及前几天同一时间的帧作为输入，以模拟周期性。直观上，人群流量几乎每天都会重复。最左边的深度残差 CNN 将上周、上周之前甚至上个月同一时间的帧作为输入，以模拟趋势性。在学习和预测过程中可以跳过其他帧，这使得深度学习模型能够在不增加网络结构和训练复杂性的情况下，从长期数据中捕捉到所有三种时间属性。

- 编码空间属性　如图 8.40b 所示，在每个深度残差 CNN 中，我们使用具有多个卷积层的 CNN 来捕捉近距离和远距离的空间相关性。经过一轮或两轮卷积操作后，将附近区域的信息聚合成一个值。这看起来像是捕捉了近距离地点之间的空间相关性。如果继续进行卷积操作，我们可以聚合远距离的网格信息，从而捕捉更远距离的相关性。然而，随着隐藏层数的增加，CNN 的训练变得困难（参见 8.7.2.3 节了解原因）。然后，为 CNN 模型采用深度残差结构。框架中的深度残差 CNN 实际上是一些 ResUnit 的级联，如图 8.40c 所示。为了确保预测结果大小与输入相同，使用了零填充。

- 融合　在该框架中有两个融合层次。首先，模型使用融合矩阵对三个深度残差 CNN 生成的预测结果进行融合，如图 8.40d 所示，其中每个元素由三个对应于特定区域内三个 CNN 权重的值组成。显然，这三种时间属性在不同区域有不同的表现。一些区域，如大学，可能会显示出明显的周期性流量，因为学生需要定期上课，无论天气如何，而趋势性可能不那么明显。矩阵的值与神经网络的其他参数一起在端到端预测框架中学习。第二个融合层次通过逐元素求和对 X_{Res} 和 X_{Ext} 进行聚合，X_{Ext} 是完全连接层的输出，它将外部因素（如天气条件）转换成向量。然后，在求和之前，将向量重塑为与 X_{Res} 相同的矩阵表示形式。

ST-ResNet 在许多数据集上的性能超过了 LSTM 和 CNN，例如在纽约和北京的出租车和共享单车数据上。如果想使用 LSTM 捕捉人群流量的趋势性，数据输入的时间跨度必须足够大（例如，超过三个月），否则趋势不会体现在数据中。如果每帧设置为一小时，LSTM 模型的长度将超过两千。训练如此长的 LSTM 模型是不切实际的，而且内存无法保存如此长时间以前的信息。此外，LSTM 无法捕捉地点之间的空间相关性。因此，在预测时空数据方面，它们的准确性不如 ST-ResNet。

8.8 强化学习

在现实世界中，人们通常需要做出一系列决策以在任务中获得最大奖励。例如，当玩像 Atari Breakout 这样的视频游戏时，用户需要将屏幕底部的操纵杆向左或向右移动，以便尽快弹回球来击碎屏幕顶部的砖块。使用最优的运动决策序列会用最短时间击碎所有砖块。在另一个例子中，从起点到达目的地的途中，司机可以通过在不同的路口决定左转、右转或直行来尝试不同的路径。最优的决策序列会得到到达目的地的最快路径。同样，为了提高共享单车系统的运行效率和单车使用率，需要不断地（例如，每小时一次）将过剩的自行车从超负荷的位置转移到缺少自行车的地点。最优的重新分配决策序列可能使自行车使用率最大。

强化学习是机器学习的一个分支，处理序列决策制定问题[29,57]，它受到关注软件智能体如何在环境中采取行动以最大化某种累积奖励的行为主义心理学的启发。本节介绍了强化学习的一般框架以及寻找最优或近似最优行动的各种方法。

8.8.1 强化学习的概念

8.8.1.1 强化学习的一般框架

图 8.41a 展示了强化学习的基本框架，其中智能体与环境互动以在一定时间内获得最大奖励。更具体地说，智能体基于环境的状态 s_t 做出决策，之后智能体收到一个即时的标量奖励 r_t，环境的状态演变到 s_{t+1}。

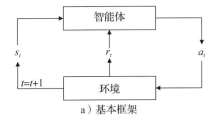
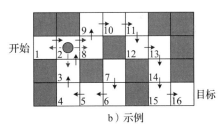

a）基本框架　　　　　　　　　　　　　　　　b）示例

图 8.41　强化学习的概念

在强化学习任务中，智能体通过以下过程做出一系列决策，接收奖励，并影响环境的下一个状态：

$$s_0 \xrightarrow{a_0,r_0} s_1 \xrightarrow{a_1,r_1} \cdots \longrightarrow s_t \xrightarrow{a_t,r_t} s_{t+1} \longrightarrow \cdots \tag{8.75}$$

强化学习的目标是学习智能体的最优策略 $\pi^*(a_t \mid s_t)$，使得对于任何状态 $s_t \in S$，智能体在状态 s_t 之后能够通过策略 π^* 获得最大长期奖励。$\pi^*(a_t \mid s_t) \in [0,1]$ 是智能体在状态 s_t 下采取动作 $a_t \in A$ 的概率，其中 S 和 A 分别表示状态空间和动作空间。

$$\sum_{at \in A} \pi^*(a_t \mid s_t) = 1 \tag{8.76}$$

状态 s_t 之后的长期奖励可以通过折现奖励 $\sum_{k=0}^{\infty} \gamma^k r_{t+k}$ 或 T 步奖励 $\sum_{k=0}^{T} \gamma^T r_{t+k}$ 来定义，其中 $\gamma \in [0,1]$ 是一个折现率。如果对于一个状态 s_t 只有一个最优动作 a_t，那么最优策略 π^* 是一个

确定性策略，可以表示为 $a_t = \pi^*(s_t)$。下面，分析具有折现奖励的强化学习任务，类似的结果可以很容易地扩展到 T 步奖励。

我们使用图8.41b中的迷宫游戏来阐述强化学习的概念。智能体用圆形表示，从左上角的网格开始，它试图找到最快的出路（即到达"目标"网格）。环境是迷宫，状态可以定义为智能体的位置（即网格索引）。例如，智能体当前的状态是 $s = 2$。智能体可以决定向上、下、左或右移动，这些都是它的可能动作。目前，智能体不允许向上移动，因为没有向上的路。每次智能体采取行动时，它会收到一个 -1 的奖励。使用强化学习方法，给定任何状态 s（其位置），智能体将找到一系列最优动作，以便最快地离开迷宫。由于每次移动都与 -1 的奖励相关联，最快的路径实现了最大长期奖励。

8.8.1.2　马尔可夫决策过程

如果一个强化学习任务的环境具有马尔可夫性质，那么我们称这个强化学习任务为马尔可夫决策过程（MDP）[5-6,64]。在一个具有马尔可夫性质的环境中，环境的下一个状态 s_{t+1} 仅依赖于当前状态 s_t 和当前动作 a_t。也就是说，下一个状态 $s_{t+1} \in S$ 的概率只与当前状态和动作有关。

$$p(s_{t+1} \mid s_0, a_0, s_1, a_1, \cdots, s_t, a_t) = p(s_{t+1} \mid s_t, a_t) \tag{8.77}$$

即时奖励 r_t 是使用 s_t、a_t 和 s_{t+1} 的结果，可以表示为 $r_t = r(s_t, a_t, s_{t+1})$。许多现实世界的强化学习任务可以表述为 MDP，而且大多数强化学习方法都是针对 MDP 提出的。例如，图8.41b所示的迷宫游戏就是一个 MDP。因此，在以下章节中，我们将关注 MDP。

在介绍寻找最优策略 $\pi^*(a \mid s)$ 的方法之前，我们首先需要了解强化学习中的两个基本概念：状态值函数和动作值函数。给定任意策略 $\pi(a \mid s)$，可以定义其状态值函数 $v_\pi(s)$ 和动作值函数 $q_\pi(s, a)$。状态值函数 $v_\pi(s)$ 是智能体遵循策略 $\pi(a \mid s)$，在状态 s 之后所能获得的总期望长期奖励。在数学上，它是

$$v_\pi(s) = \mathbb{E}_\pi \left[\sum_{k=0}^{\infty} \gamma^k r_{t+k} \mid s_t = s \right] \tag{8.78}$$

同样地，动作值函数 $q_\pi(s, a)$ 定义为从状态 s 开始，采取动作 a，遵循策略 $\pi(a \mid s)$ 所能获得的总期望长期奖励。它是

$$q_\pi(s, a) = \mathbb{E}_\pi \left[\sum_{k=0}^{\infty} \gamma^k r_{t+k} \mid s_t = s, a_t = a \right] \tag{8.79}$$

最优策略 π^* 为每个状态 $s \in S$ 实现了最大的状态值，超越了其他策略：

$$v_{\pi^*}(s) \geq v_\pi(s), \forall s \in S, \forall \pi \neq \pi^* \tag{8.80}$$

一般来说，根据状态空间 S 和动作空间 A 的大小，学习最优策略 $\pi^*(a \mid s)$ 的方法可以分为两类：表格动作值方法和近似方法。当状态空间 S 和动作空间 A 较小时，可以计算每个状态的值 $v_\pi(s)$ 和每个动作的值 $q_\pi(s, a)$，并将它们保存在一个表格中。然而，当 S 或 A 较大甚至无限大时，这种方法变得不切实际。在这种情况下，可以使用一些观测到的状态的值 $v_\pi(s)$ 来学习一个近似函数 $v_\pi(s; \theta)$ 及其参数 θ。然后，使用近似函数 $v_\pi(s; \theta)$ 来近似任何未观测到的状态。类似地，对于动作值函数 $q_\pi(s, a)$，可以使用带有参数 ω 的函数 $q_\pi(s, a; \omega)$ 来近似它，并使用 $q_\pi(s, a; \omega)$ 来估计其他（未观测）动作的值。表格动作值方法能够获得最优结果，近似方法则实现近似结果。在许多实际问题中，状态空间和动作空间可能非常大，因此

近似方法比表格动作值方法更实用。

8.8.2　表格动作值方法

在这一类方法中，有三种基本方法：动态规划方法$^{[4,24,64]}$、蒙特卡罗方法$^{[3,54]}$和时序差分方法$^{[49,56,62]}$。动态规划方法需要精确地建模环境，状态转移概率$p(s_{t+1}|s_t,a_t)$和即时奖励$r_t=r(s_t,a_t,s_{t+1})$都是完全给定的（通过方程）。在现实世界中，环境可能过于复杂以至于无法精确建模。因此，提出了使用抽样方法来迭代寻找最优策略的蒙特卡罗方法和时序差分方法。表 8.1 列出了这三种方法之间的比较，将在后面的章节中详细讨论。

表 8.1　不同表格动作值方法之间的比较

方法		策略评估步骤				策略改进步骤
		初始化	规则/抽样	迭代		
动态规划方法	策略迭代	随机 $v^0_{\pi_0}(S)$	预定义函数	多步		确定性
	价值迭代	$v^1_{\pi_0} \rightarrow v^0_{\pi_1}$	预定义函数	单步		确定性
蒙特卡罗方法	基本方法	随机 $q(s,a)$；随机 a_0	抽样	一个 episode 之后更新 $q(s,a)$		确定性
	在线策略方法	随机 $q(s,a)$；随机 a_0	抽样	一个 episode 之后更新 $q(s,a)$		ε 贪心策略
时间差分方法	Sarsa 算法	随机 $q(s,a)$；随机 a_0	抽样	一个 episode 之后更新 $q(s,a)$		ε 贪心策略；$(r_0 + \gamma q(s_1,a_1))$
	Q 学习算法	随机 $q(s,a)$；选择 a_0 基于 ε 贪心策略	抽样	一个 episode 之后更新 $q(s,a)$		ε 贪心策略；$(r_0 + \gamma \max_a q(s_1,a))$

8.8.2.1　动态规划方法

我们介绍两种动态规划方法：策略迭代方法和值迭代方法。在介绍这两种方法之前，首先介绍贝尔曼方程$^{[5-6]}$，它是动态规划方法的基础。贝尔曼方程需要知道状态转移概率$p(s'|s,a)$和奖励$r(s,a,s')$。

如图 8.42a 所示，遵循策略π，对于当前状态s，我们有概率$\pi(a|s)$选择动作a，然后环境状态有概率$p(s'|s,a)$变为s'。因此，根据定义状态值函数的式（8.78），当前状态的值$v_\pi(s)$与下一个状态的值$v_\pi(s')$之间的关系是：

$$v_\pi(s) = \sum_{a \in A'} \pi(a|s) \sum_{s' \in S'} p(s'|s,a)[r(s,a,s') + \gamma v_\pi(s')] \qquad (8.81)$$

其中A'是给定s时可能采取的动作集合，S'是给定A'时可能达到的状态集合。例如，如图 8.42a 所示，给定s时有三种可能的动作（即$|A'|=3$）。采取这些动作后，可能达到六个不同的状态S'。A'可能是A的子集，因为s施加的限制。例如，在图 8.41b 所示的迷宫游戏中，只能在第三列上下移动。同样，S'也可能是S的子集。

如图 8.42b 所示，我们可以得到当前动作值$q_\pi(s,a)$与下一个状态值$v_\pi(s')$之间的关系：

$$q_\pi(s,a) = \sum_{s'} p(s'|s,a)[r(s,a,s') + \gamma v_\pi(s')] \qquad (8.82)$$

基于两个贝尔曼方程，我们可以推导出：

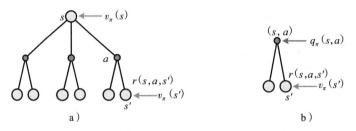

图 8.42 状态动作值之间的关系

$$v_\pi(s) = \sum_a \pi(a \mid s) q_\pi(s,a) \tag{8.83}$$

当 $\pi(a \mid s)$ 是一个确定性策略时，$v_\pi(s) = q_\pi(s, \pi(s))$。

- **策略迭代方法** 该方法由两个步骤组成：策略评估（E）和策略改进（I）。给定任意一个策略 π_0，通过策略评估步骤获得其状态值函数 v_{π_0}。基于 v_{π_0}，通过策略改进步骤将策略 π_0 改进为策略 π_1。我们迭代地执行这两个步骤，如下所示：

$$\pi_0 \xrightarrow{\text{E}} v_{\pi_0} \xrightarrow{\text{I}} \pi_1 \xrightarrow{\text{E}} v_{\pi_1} \xrightarrow{\text{I}} \pi_2 \xrightarrow{\text{E}} \cdots \xrightarrow{\text{I}} \pi^* \xrightarrow{\text{E}} v_{\pi^*} \tag{8.84}$$

直到策略无法再进行改进，此时我们得到了最优策略 π^*。

在策略评估步骤中，对于任何策略（以初始策略 π_0 为例），我们试图根据 π_0 策略获得状态值函数 $v_{\pi_0}(s)$。这可以通过策略评估步骤内部的次要迭代来实现。最初，随机设置值函数为 $v_{\pi_0}^0(s)$。然后，根据贝尔曼方程（8.81），使用以下方法更新状态值函数：

$$v_{\pi_0}^{k+1}(s) = \sum_{a \in A'} \pi_0(a \mid s) \sum_{s' \in S} p(s' \mid s,a) \left[r(s,a,s') + \gamma v_{\pi_0}^k(s') \right] \tag{8.85}$$

其中 k 是从 0 开始的（次要）迭代次数。也就是说，在第（k+1）次迭代中，从状态 s 开始的期望状态值可以通过将当前奖励 $r(s,a,s')$ 加上在第 k 次迭代中估计的下一个状态 s' 的（折扣为 γ 的）期望状态值来计算。随着 k 的增加，$v_{\pi_0}^{k+1}(s)$ 将逐渐收敛到实际的状态值函数 $v_{\pi_0}(s)$。

在策略改进步骤中，获得初始策略 π_0 的状态值 $v_{\pi_0}(s)$ 之后，我们尝试改进策略 π_0 并得到一个更好的策略 π_1。利用 $v_{\pi_0}(s)$，可以根据贝尔曼方程（8.82）计算每个动作 $a \in A'$ 的 $q_{\pi_0}(s,a)$：

$$q_{\pi_0}(s,a) = \sum_{s' \in S'} p(s' \mid s,a) \left[r(s,a,s') + \gamma v_{\pi_0}(s') \right] \tag{8.86}$$

然后我们从 A' 中选择具有最大值 $q_{\pi_0}(s,a)$ 的动作 a，也就是说，用

$$\pi_1(s) = \arg\max_a q_{\pi_0}(s,a) \tag{8.87}$$

以替换策略 π_0。策略 π_1 经证明比策略 π_0 更好，也就是说，

$$v_{\pi_1}(s) \geq v_{\pi_0}(s), \quad \forall s \in S$$

- **价值迭代方法** 在策略迭代方法的策略评估步骤中，为了获得状态值函数（例如，$v_{\pi_0}(s)$），需要进行多轮次要迭代。然而，如果策略（例如，π_0）不是一个好的初始策略，那么进行多轮迭代可能是多余的，并且浪费时间。因此，值迭代方法在策略评估步骤中提

出了以下两个改进。

首先，给定初始策略 π_0 和初始状态值函数 $v_{\pi_0}^0(s)$，仅通过一轮次要迭代（表示为图 8.43 中括号内的操作），我们得到：

$$v_{\pi_0}^1(s) = \sum_{a \in A'} \pi_0(a \mid s) \sum_{s' \in S'} p(s' \mid s, a) \left[r(s, a, s') + \gamma v_{\pi_0}^0(s') \right]$$

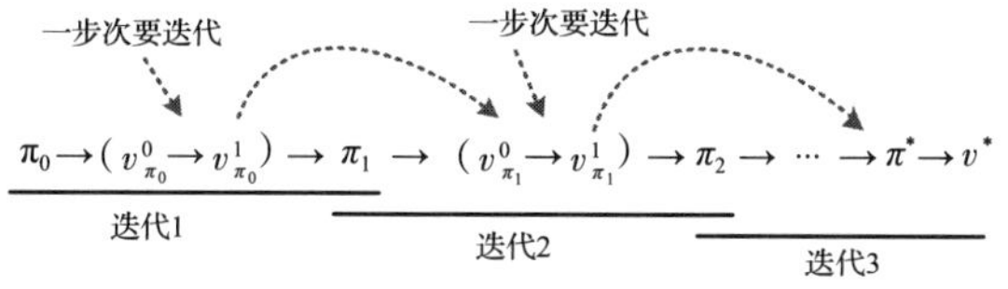

一步次要迭代　　一步次要迭代

$$\pi_0 \rightarrow (v_{\pi_0}^0 \rightarrow v_{\pi_0}^1) \rightarrow \pi_1 \rightarrow (v_{\pi_1}^0 \rightarrow v_{\pi_1}^1) \rightarrow \pi_2 \rightarrow \cdots \rightarrow \pi^* \rightarrow v^*$$

迭代1　　　　　　迭代2　　　　迭代3

图 8.43　价值迭代法示例

也就是说，我们在这个迭代之后立即停止。但是，在策略迭代方法中，我们需要进行如下操作：$\pi_0 \rightarrow v_{\pi_0}^0 \rightarrow v_{\pi_0}^1 \rightarrow \cdots \rightarrow v_{\pi_0}^k \rightarrow \pi_1$。

其次，我们在下一轮迭代中使用 $v_{\pi_1}^0(s)$ 的值来替换 $v_{\pi_1}^0(s)$，这由图 8.43 中的虚线箭头表示。也就是说，从第二轮迭代开始，不再随机选择 $v_{\pi_1}(s)$ 的初始值。

策略改进步骤与之前的方法相同。通过这种方式，我们获得了最优策略 π^*。

8.8.2.2　蒙特卡罗方法

动态规划方法需要了解强化学习任务的环境，包括状态转移概率 $p(s' \mid s, a)$ 和奖励 $r(s, a, s')$，这些在现实世界中可能过于复杂而难以获得。因此，提出了蒙特卡罗方法和时序差分方法，这些方法不需要环境的精确模型。

- **基本的蒙特卡罗方法**　与动态规划方法类似，蒙特卡罗方法也使用迭代方法来获得最优策略 π^*，如下所示：

$$\pi_0 \xrightarrow{E} q_{\pi_0} \xrightarrow{I} \pi_1 \xrightarrow{E} q_{\pi_1} \xrightarrow{I} \pi_2 \xrightarrow{E} \cdots \xrightarrow{I} \pi_i \xrightarrow{E} \cdots \rightarrow \pi^* \xrightarrow{E} q_{\pi^*} \quad (8.88)$$

其中 E 代表策略评估步骤，I 表示策略改进步骤。然而，它们与动态规划方法在两个方面有所不同。

首先，在策略评估步骤中，蒙特卡罗方法评估的是动作值函数 $q_{\pi_i}(s, a)$，而不是状态值函数 $v_{\pi_i}(s)$。由于 $v_{\pi_i}(s)$ 和 $q_{\pi_i}(s, a)$ 之间没有预定义的关系，就像在复杂环境中的等式（8.86），我们必须直接计算 $q_{\pi_i}(s, a)$，否则不能通过 $\pi_{i+1}(s) = \mathrm{argmax}_a q_{\pi_i}(s, a)$ 推导出新的确定性策略。也就是说，$v_{\pi_i}(s)$ 不能推导出 $\pi_{i+1}(s)$，尽管计算 $v_{\pi_i}(s)$ 比计算 $q_{\pi_i}(s, a)$ 要简单。

其次，在策略评估步骤中，由于状态转移概率 $p(s' \mid s, a)$ 和奖励 $r(s, a, s')$ 是未知的，蒙特卡罗方法使用抽样方法来获得每个状态–动作对 (s, a) 的动作值 $q_{\pi_i}(s, a)$。奖励是通过观察在给定环境中采取某个动作的结果来获得的。奖励过于复杂，无法基于现有函数 $r(s, a, s')$ 来计算。

如图 8.44 顶部所示，给定一个随机起始状态 s_0 和动作 a_0，通过与环境的互动，智能体可以获得奖励 r_0，环境的状态变为 s_1。根据策略 π_0，智能体采取动作 a_1，获得奖励 r_1，状态变为 s_2。基于与环境的互动，我们观察到一系列状态–动作对 (s_t, a_t)，其中

$t=0,1,\cdots,T$，T 是智能体与环境互动的时间长度。这样一系列状态-动作对被称为一次抽样，也称为一个 episode，当智能体停止与环境互动时抽样结束（例如，在智能体解决迷宫问题后）。对于每个出现在 episode 中的状态-动作对 (s_t,a_t)，我们可以计算其回报，即 (s_t,a_t) 之后的长期奖励，表示为 $G(s_t,a_t)=\sum_{l=t}^{T}\gamma^{l-t}r_l$，$\gamma\in(0,1)$ 是一个折扣因子。

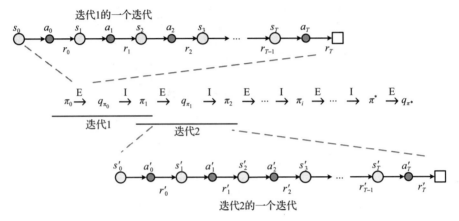

图 8.44 蒙特卡罗方法中的一个迭代

在蒙特卡罗方法中，我们在第 i 轮迭代中根据 π_i 采样一个 episode。同时，为不同 episode 中出现的每个状态-动作对 (s,a) 维护一个全局存储。如果在当前 episode 中出现了某个状态-动作对，可以根据对该 episode 的观察计算其回报 $G_i(s,a)$，否则 $G_i(s,a)$ 为空。然后，$q_{\pi_i}(s,a)$ 是过去 i 次迭代中非空回报 $G_q(s,a)(q=0,1,\cdots,i)$ 的平均值。

在策略改进步骤中，基于 $q_{\pi_i}(s,a)$，可以获得一个新策略 π_{i+1}，该策略将用于生成第 $(i+1)$ 个 episode。

- on-policy 蒙特卡罗方法　基本的蒙特卡罗方法要求每个状态-动作对在 episode 中出现足够多次，以便每个状态-动作对的值可以通过其历史平均值来评估。否则，在策略改进步骤中我们无法有效地改进策略。实际上，遵循式（8.88）所示的确定性策略 π_k，智能体只能探索非常有限的状态-动作对。这就是探索开始问题。为了处理探索开始问题，研究人员开发了两类方法：on-policy 蒙特卡罗方法和 off-policy 蒙特卡罗方法。下面，介绍一个经典的 on-Policy 蒙特卡罗方法，而 off-policy 蒙特卡罗方法更为复杂，可以在文献［28，56］中找到。

　　on-policy 蒙特卡罗方法通过引入选择其他动作，而不仅是最佳动作的随机概率，来处理探索开始问题。具体来说，给定初始的非确定性政策 π_0，在通过抽样一个 episode 更新其动作值函数 q_{π_0} 后，可以得到一个新的非确定性政策 π_1。对于任何状态 s，政策 π_1 有 $1-\varepsilon$ 的概率选择具有最大动作值的动作，有 ε 的概率随机选择一个动作，其中 $\varepsilon\in[0,1]$，称这为 ε 贪心策略。同样，可以使用相同的方法获得非确定性政策 π_2 等。ε 可以逐渐减小（例如可以设置 $\varepsilon=1/k$，其中 k 是迭代次数）。这样，on-policy 蒙特卡罗方法使得状态-动作对得到充分探索，从而更有可能改进策略以得到最优策略。

8.8.2.3　时序差分方法

类似于蒙特卡罗方法，时差学习方法（如文献［49，56，62]）不需要环境的精确模型。它们使用政策评估和改进的迭代来获得最优政策，并在每次迭代中与环境进行实际交互。然而，在许多强化学习任务中，蒙特卡罗方法中的一个 episode 可能根本不会终止。

蒙特卡罗方法仅在一个 episode 结束后才改进策略，时序差分方法则可以在一个 episode 中不断地改进策略。因此，它们不一定需要一个 episode 在某个地方终止。此外，它们可能比蒙特卡罗方法更快地收敛。

时序差分方法也面临着上述提到的探索开始问题。为了解决这个问题，已经提出了两种具体方法，包括 on-policy（称为 Sarsa 算法[49]）和 off-policy（称为 Q 学习）时序差分方法。

- on-policy 时序差分方法　Sarsa 算法从初始的动作值函数 $q(s,a)$ 开始，这实际上是一个矩阵，每个元素对应于在特定状态下特定动作的值。矩阵的一行表示一个状态，矩阵的一列代表一个动作。Sarsa 算法在 episode 的每个步骤中更新 $q(s,a)$ 的一个元素，直到 $q(s,a)$ 收敛。

  例如，在图 8.44 中显示的剧集 1 中，从随机状态 s_0 开始并采取随机动作 a_0，智能体获得奖励 r_0 并到达 s_1（这两个值是在采取 a_0 后观察到的）。根据随机初始化的 $q(s,a)$，智能体遵循 ε 贪心策略以概率 $1-\varepsilon$ 采取动作 $a_1 = \mathrm{argmax}_a q(s_i,a)$，或者以概率 ε 采取另一个随机动作。这是为了探索更多的状态-动作对，类似于蒙特卡罗方法。根据 $q(s,a)$，可以获得 $q(s_1,a_1)$ 的值，这是 $q(s,a)$ 中的一个元素。然后，我们可以按如下更新 $q(s_0,a_0)$：

$$q(s_0,a_0)' \leftarrow q(s_0,a_0) + \alpha((r_0 + \gamma q(s_1,a_1)) - q(s_0,a_0)) \tag{8.89}$$

  其中 $q(s_0,a_0)'$ 是 $q(s_0,a_0)$ 的更新版本，α 是一个在 $[0,1]$ 之间的比。由于 $r_0 + \gamma q(s_1,a_1)$ 是仅从一个小样本（即它可能与基于许多样本计算出的期望值存在偏差）推导出的估计，我们不能直接用 $r_0 + \gamma q(s_1,a_1)$ 替换 $q(s_0,a_0)$，而要用一个 α 来逐渐修改 $q(s_0,a_0)$，直到它收敛。使用这种更新策略，每步更新 $q(s,a)$ 矩阵中的一个元素，并在许多步之后最终更新矩阵中的所有元素。

- off-policy 时差学习方法　Q 学习算法[62-63]与 Sarsa 算法几乎相同，除了以下两个区别。

  首先，Q 学习算法不是采取随机动作 a_0，而是根据 ε 贪心策略选择 a_0。

  其次，Q 学习算法按照以下方式更新动作值函数 $q(s_t,a_t)$：

$$q(s_0,a_0)' \leftarrow q(s_0,a_0) + \alpha((r_0 + \gamma \max_a q(s_1,a)) - q(s_0,a_0)) \tag{8.90}$$

其中 $\max_a q(s_1,a)$ 是最大动作值，根据的是当前的 $q(s,a)$ 而不是智能体采取的动作的真实值 $q(s_1,a_1)$。Q 学习算法使用与 Sarsa 算法相同的策略来为智能体选择下一个动作，但选择不同的动作值来更新 $q(s,a)$。这种更新策略导致 Q 学习比 Sarsa 算法更快地收敛。

8.8.3　近似方法

如前所述，表格动作值方法只在状态空间 S 和动作空间 A 较小的情况下有效。然而，在现实世界应用中，状态空间和动作空间可能非常大，甚至是无限大的（例如，状态空间可能是连续的）。因此，已经提出了一些近似方法来学习基于观察到的状态值的近似函数 $v_\pi(s;\theta)$。

然后，使用函数 $v_\pi(s;\theta)$ 来大致估计那些未观察到的状态的值。类似地，也可以学习 $q_\pi(s,a;\omega)$ 来近似每个动作值 $q_\pi(s,a)$，其中 ω 是一组参数。近似函数 $v_\pi(s;\theta)$ 或 $q_\pi(s,a;\omega)$ 可以是线性模型[9,40]、决策树模型、人工神经网络，或者是深度神经网络（称为深度强化学习）[41]。获得近似函数实际上是一个执行有监督学习的过程。

近似方法已经用于许多现实世界的决策问题中，例如重新部署救护车[40]、玩 Atari 游戏[41]、玩围棋[52]，以及管理计算机系统和网络中的资源。[40] 应用了线性方法来学习近似函数，[41, 52] 则利用深度神经网络来生成该函数。

近似函数可以应用于所有表格动作值方法，包括动态规划方法、蒙特卡罗方法和时差方法。下面，将介绍如何将近似方法应用于 Q 学习法。

8.8.3.1　近似 Q 学习

在 Q 学习方法中，从随机的初始动作值函数 $q(s,a)$ 开始。类似地，对于近似方法，从随机初始权重 ω 开始，近似函数 $q(s,a;\omega)$。然后，在每个 episode 的每一步中更新权重 ω，方式与式（8.90）所示类似。假设当前权重是 ω^-，并且是对 $r_0+\gamma\max_a q(s_1,a;\omega^-)$ 的新估计，通过最小化可以得到更好的权重 ω：

$$L(\omega)=\left[r_0+\gamma\max_a q(s_1,a;\omega^-)-q(s_0,a_0;\omega)\right]^2 \tag{8.91}$$

基于梯度下降算法，我们可以使用以下方法更新 ω：

$$\omega=\omega^--\frac{\alpha}{2}\frac{\partial L(\omega)}{\partial\omega}$$
$$=\omega^--\alpha\left[(r_0+\gamma\max_a q(s_1,a;\omega^-)-q(s_0,a_0;\omega)\right]\frac{\partial q(s_0,a_0;\omega)}{\partial\omega} \tag{8.92}$$

其中 $\frac{\alpha}{2}$ 是梯度下降算法中的学习率。注意，更新 $q(s_0,a_0;\omega)$ 中的权重 ω 相当于在 Q 学习中更新动作值 $q(s_0,a_0)$。逐渐地，权重 ω 将被更新到最优权重 ω^*，基于最优权重 ω^* 的近似函数 $q(s,a;\omega^*)$ 近似于最优动作值 $q^*(s,a)$，根据这个我们获得了最优策略 π^*。

8.8.3.2　深度强化学习

由于环境和动作空间非常复杂，传统的近似方法（使用线性模型或传统的一层隐藏层神经网络来近似值函数）不容易收敛到最优权重 ω^*。随着计算资源和数据的日益可用，深度学习已被用于学习强化学习任务中的更有效的值函数。

如图 8.45a 所示，可以训练一个深度神经网络，其输入是当前状态 s_t，以近似给定 s_t 后不同动作的值（即 $q(s_t,a_i;\omega^*)$，$i=1,2,\cdots,m$）。当动作空间较大时，我们训练一个替代的深度神经网络，如图 8.45b 所示，一次近似一个动作的值。训练过程类似于式（8.91）和式（8.92）所示，其中 ω 是深度神经网络的参数。

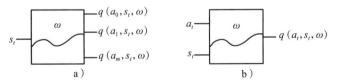

图 8.45　强化学习中用于近似值函数的深度神经网络

例如，图 8.45a 所示的深度强化学习已被用于玩 Atari boxing 游戏[18]。如图 8.46a 所示，玩家控制白色拳击手与黑色拳击手对战。在这个游戏中，玩家可以采取 18 种动作，包括向左移动、向右移动、向上移动、向下移动、出拳等。采取每个动作后，玩家将获得一个奖励，例如击败对手一次（1）或没有（0）。游戏的状态是当前帧的图像加上前三个帧。给定游戏的当前状态，深度强化学习为白色拳击手找到一系列最优动作，使得白色拳击手在未来可以获得最高分数。

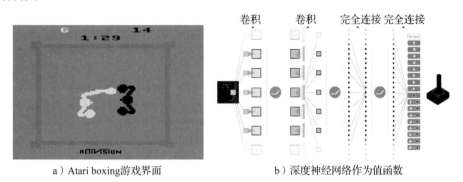

a）Atari boxing游戏界面　　　　　b）深度神经网络作为值函数

图 8.46　使用深度学习玩 Atari boxing 游戏（该图来源于参考文献［188］）

图 8.46b 展示了近似 18 种动作值的深度神经网络。输出层有 18 个节点，每个节点对应一个动作，并生成一个属于[0,1]区间的数字。这个数字表示每个动作的值，同时也表示在下一步应该采取该动作的概率。

在上述例子中，我们在采取动作后对状态转换有明确的定义或观察。当状态空间是无限大的时候（如连续数字），如果下一个状态不能被预先定义或真正观察到，就无法获得下一个状态。因此，无法像式（8.91）和式（8.92）那样训练深度强化学习模型。需要注意的是，在现实世界中，并不是每个强化学习任务都能像玩游戏那样在学习过程中真正地在环境中运行，例如使用深度强化学习来控制交通灯或电力转换的任务。在这些情况下，需要基于另一个模型（如另一个深度神经网络）使用历史数据来学习状态转换函数。然后，可以使用这个转换函数和动作值函数来模拟强化学习的学习过程。

8.9　总结

本章介绍了时空数据与图像和文本数据相比的独特性质。空间属性包括空间距离和空间层次，时间属性由时间接近性、周期性和趋势性组成。这些独特的属性需要先进的机器学习算法，这些算法专门为时空数据而设计。

本章介绍了六类机器学习算法的原则，以及它们应如何适应处理时空数据。

本章首先介绍了两种协同过滤算法，包括基于用户的 CF 和基于物品的 CF 模型。接着，提出了两种地理位置推荐系统，展示了如何使用 CF 模型处理时空数据。

随后，介绍了两种矩阵分解算法，包括奇异值分解（SVD）和非负矩阵分解（NMF）。最后，引入了一种先进的矩阵分解方法，称为耦合矩阵分解，并给出了两个应用案例：地理位置推荐和交通状况估计。

本章进一步将矩阵扩展到张量，介绍了两种广泛使用的张量分解方法，包括 PARAFAC

分解和 Tucker 分解。通过三个例子：个性化位置推荐系统、路径行程时间估计和城市噪声诊断。此外，还介绍了上下文感知张量分解方法。所有这些场景和算法都是基于时空数据的。

本章接着介绍了概率图模型的学习和推断算法的基本概念，这些模型由贝叶斯网络和马尔可夫随机场组成。它展示了使用贝叶斯网络进行交通流量推断、地图匹配和发现区域潜在功能的三个例子。此外，还介绍了使用马尔可夫随机场预测用户交通方式、某地空气质量以及某区域人群流动的三个例子。

本章描述了神经网络和深度学习的基本概念，并介绍了两种广泛使用的深度神经网络：卷积神经网络（CNN）和长短期记忆网络（LSTM）。还提出了一种专门设计的深度学习模型，用于预测城市中每个区域的人群流动。

最后，介绍了强化学习的一般框架。为了学习最优策略，本章呈现了两类算法，包括表格动作价值方法和近似方法，还讨论了使用深度神经网络近似动作值函数的深度强化学习。

参考文献

[1] Arik, S. O., et al. 2017. "Deep Voice: Real-Time Neural Text-to-Speech." arXiv preprint arXiv:1702.07825. Cornell University Library, Ithaca, New York.

[2] Bao, J., Y. Zheng, and M. F. Mokbel. 2012. "Location-Based and Preference-Aware Recommendation Using Sparse Geo-Social Networking Data." In *Proceedings of the 20th International Conference on Advances in Geographic Information Systems*. New York: Association for Computing Machinery (ACM), 199–208.

[3] Barto, A. G., and M. Du. 1994. "Monte Carlo Matrix Inversion and Reinforcement Learning." In *Advances in Neural Information Processing Systems: Proceedings of the 1993 Conference*. San Francisco: Morgan Kaufmann, 687–694.

[4] Bellman, R. E. 1956. "A Problem in the Sequential Design of Experiments." *Sankhya* 16:221–229.

[5] Bellman, R. E. 1957. *Dynamic Programming*. Princeton, NJ: Princeton University Press.

[6] Bellman, R. E. 1957. "A Markov Decision Process." *Journal of Mathematical Mechanics* 6:679–684.

[7] Bishop, Christopher M. 2006. "Graphical Models." In *Pattern Recognition and Machine Learning*. Berlin: Springer, 359–422.

[8] Blei, D., A. Ng, and M. Jordan. 2003. "Latent Dirichlet Allocation." *Journal of Machine Learning Research* 3:993–1022.

[9] Busoniu, L., R. Babuska, B. De Schutter, and D. Ernst. 2010. *Reinforcement Learning and Dynamic Programming Using Function Approximators (Vol. 39)*. Boca Raton: CRC Press.

[10] Carroll, J. D., and J. J. Chang. 1970. "Analysis of Individual Differences in Multidimensional Scaling via an N-way Generalization of 'Eckart-Young' Decomposition." *Psychometrika* 35 (3): 283–319.

[11] Dempster, Arthur P., Nan M. Laird, and Donald B. Rubin. 1977. "Maximum Likelihood from Incomplete Data via the EM Algorithm." *Journal of the Royal Statistical Society. Series B (Methodological)* 39 (1): 1–38.

[12] Deng, L., and D. Yu. 2014. "Deep Learning: Methods and Applications." *Foundations and Trends® in Signal Processing* 7 (3–4): 197–387.

[13] Friedman, N., I. Nachman, and D. Peér. 1999. "Learning Bayesian Network Structure from Massive Datasets: The Sparse Candidate Algorithm." In *Proceedings of the Fifteenth Conference on Uncertainty in Artificial Intelligence*. San Francisco: Morgan Kaufmann, 206–215.

[14] Gehring, J., M. Auli, D. Grangier, Denis Yarats, and Yann N. Dauphin. 2017. "Convolutional Sequence to Sequence Learning." arXiv preprint arXiv:1705.03122. Cornell University Library, Ithaca, New York.

[15] Girshick, R. 2015. "Fast R-cnn." In *Proceedings of the 2015 IEEE International Conference on Computer Vision*. Washington, DC: Institute of Electrical and Electronics Engineers (IEEE) Computer Society Press, 1440–1448.

[16] Girshick, R., J. Donahue, T. Darrell, and J. Malik. 2014. "Rich Feature Hierarchies for Accurate Object Detection and Semantic Segmentation." In *Proceedings of the IEEE Conference on Computer Vision and Pattern Recognition*. Washington, DC: IEEE Computer Society, 580–587.

[17] Goldberg, D., N. David, M. O. Brain, and T. Douglas. 1992. "Using Collaborative Filtering to Weave an Information Tapestry." *Communications of the ACM* 35 (12): 61–70.

[18] Golub, G. H., and C. Reinsch. 1970. "Singular Value Decomposition and Least Squares Solutions." *Numerische mathematik* 14 (5): 403–420.

[19] Harshman, R. A. 1970. "Foundations of the PARAFAC Procedure: Models and Conditions for an 'Explanatory' Multi-Modal Factor Analysis." UCLA Working Papers in Phonetics, 16, 1–84. Ann Arbor, MI: University Microfilms, No. 10,085.

[20] He, K., X. Zhang, S. Ren, and J. Sun. 2015. "Spatial Pyramid Pooling in Deep Convolutional Networks for Visual Recognition." *IEEE Transactions on Pattern Analysis and Machine Intelligence* 37 (9): 1904–1916.

[21] He, K., X. Zhang, S. Ren, and J. Sun. 2016. "Deep Residual Learning for Image Recognition." In *Proceedings of the 2016 IEEE Conference on Computer Vision and Pattern Recognition*. Washington, DC: IEEE Computer Society Press, 770–778.

[22] Hoang, M. X., Y. Zheng, and A. K. Singh. 2016. "FCCF: Forecasting Citywide Crowd Flows Based on Big Data." In *Proceedings of the 24th ACM SIGSPATIAL International Conference on Advances in Geographic Information Systems*. New York: ACM, 6.

[23] Hochreiter, S., and J. Schmidhuber. 1997. "Long Short-Term Memory." *Neural Computation* 9 (8): 1735–1780.

[24] Howard, R. 1960. *Dynamic Programming and Markov Processes*. Cambridge, MA: MIT Press.

[25] Hoyer, P. O. 2004. "Non-Negative Matrix Factorization with Sparseness Constraints." *Journal of Machine Learning Research* 5:1457–1469.

[26] Hsieh, H. P., S. D. Lin, and Y. Zheng. 2015. "Inferring Air Quality for Station Location Recommendation Based on Urban Big Data." In *Proceedings of the 21st ACM SIGKDD International Conference on Knowledge Discovery and Data Mining*. New York: ACM, 437–446.

[27] Jensen, Finn V. 1996. *An Introduction to Bayesian Networks.* Volume 210. London: UCL Press, 6.

[28] Kaelbling, L. P., M. L. Littman, and A. W. Moore. 1996. "Reinforcement Learning: A Survey." *Journal of Artificial Intelligence Research* 4:237–285.

[29] Kindermann, R., and J. L. Snell. 1980. *Markov Random Fields and Their Applications.* Volume 1. Providence, RI: American Mathematical Society.

[30] Klema, V., and A. J. Laub. 1980. "The Singular Value Decomposition: Its Computation and Some Applications." *IEEE Transactions on Automatic Control* 25 (2): 164–176.

[31] Kolda, T. G., and B. W. Bader. 2009. "Tensor Decompositions and Applications." *SIAM Review* 51 (3): 455–500.

[32] Krizhevsky, A., I. Sutskever, and G. E. Hinton. 2012. "Imagenet Classification with Deep Convolutional Neural Networks." In *Proceedings of the 25th International Conference on Neural Information Processing Systems* 1:1097–1105.

[33] Lafferty, J., A. McCallum, and F. Pereira. 2001. "Conditional Random Fields: Probabilistic Models for Segmenting and Labeling Sequence Data." In *Proceedings of the 18th International Conference on Machine Learning.* San Francisco: Morgan Kaufmann.

[34] de Lathauwer, L., B. De Moor, and J. Vandewalle. 2000. "A Multilinear Singular Value Decomposition." *SIAM Journal on Matrix Analysis and Applications* 21 (4): 1253–1278.

[35] LeCun, Y., B. E. Boser, J. S. Denker, D. Henderson, R. E. Howard, W. E. Hubbard, and L. D. Jackel. 1990. "Handwritten Digit Recognition with a Back-Propagation Network." In *Advances in Neural Information Processing Systems 2.* San Francisco: Morgan Kaufmann, 396–404.

[36] Lee, D. D., and H. S. Seung. 2011. "Algorithms for Non-Negative Matrix Factorization." In *Proceedings, Advances in Neural Information Processing Systems.* San Francisco: Morgan Kaufmann, 556–562.

[37] Lemire, D., and A. Maclachlan. 2005. "Slope One: Predictors for Online Rating-Based Collaborative Filtering." *Proceedings of SIAM Data Mining* 5:1–5.

[38] Li, Q., Yu Zheng, Xing Xie, Yukun Chen, Wenyu Liu, and Wei-Ying Ma. 2008. "Mining User Similarity Based on Location History." In *Proceedings of the 17th ACM SIGSPATIAL Conference on Advances in Geographical Information Systems.* New York: ACM Press, 1–10.

[39] Lou, Y., C. Zhang, Y. Zheng, X. Xie, W. Wang, and Y. Huang. 2009. "Map-Matching for Low-Sampling-Rate GPS Trajectories." In *Proceedings of the 17th ACM SIGSPATIAL International Conference on Advances in Geographic Information Systems.* New York: ACM, 352–361.

[40] Maxwell, M. S., M. Restrepo, S. G. Henderson, and H. Topaloglu. 2010. "Approximate Dynamic Programming for Ambulance Redeployment." *INFORMS Journal on Computing* 22 (2): 266–281.

[41] Mnih, V., K. Kavukcuoglu, D. Silver, A. A. Rusu, J. Veness, M. G. Bellemare, A. Graves, M. Riedmiller, A. K. Fidjeland, G. Ostrovski, and S. Petersen. 2015. "Human-Level Control through Deep Reinforcement Learning." *Nature* 518 (7540): 529–533.

[42] Mozer, M. C. 1989. "A Focused Back-Propagation Algorithm for Temporal Pattern Recognition." *Complex Systems* 3 (4): 349–381.

[43] Murphy, Kevin P., Yair Weiss, and Michael I. Jordan. 1999. "Loopy Belief Propagation for Approximate Inference: An Empirical Study." In *Proceedings of the Fifteenth Conference on Uncertainty in Artificial Intelligence*. San Francisco: Morgan Kaufmann.

[44] Nakamura, A., and N. Abe. 1998. "Collaborative Filtering Using Weighted Majority Prediction Algorithms." In *Proceedings of the 15th International Conference on Machine Learning*. San Francisco: Morgan Kaufmann, 395–403.

[45] Oord, A., S. Dieleman, H. Zen, Karen Simonyan, Oriol Vinyals, Alex Graves, Nal Kalchbrenner, Andrew Senior, and Koray Kavukcuoglu. 2016. "Wavenet: A Generative Model for Raw Audio." arXiv preprint arXiv:1609.03499. Cornell University Library, Ithaca, New York.

[46] Pan, Jian-Xin, and Kai-Tai Fang. 2002. "Maximum Likelihood Estimation." In *Growth Curve Models and Statistical Diagnostics*. Berlin: Springer, 77–158.

[47] Papalexakis, E. E., C. Faloutsos, and N. D. Sidiropoulos. 2016. "Tensors for Data Mining and Data Fusion: Models, Applications, and Scalable Algorithms." *ACM Transactions on Intelligent Systems and Technology* 8 (2): 16.

[48] Ren, S., K. He, R. Girshick, and J. Sun. 2015. "Faster R-CNN: Towards Real-Time Object Detection with Region Proposal Networks." *Advances in Neural Information Processing Systems* 28:91–99.

[49] Rummery, G. A., and M. Niranjan. 1994. "On-Line Q-learning Using Connectionist Systems." Technical Report CUED/F-INFENG/TR 166. Engineering Department, Cambridge University, Cambridge.

[50] Sak, H., A. W. Senior, and F. Beaufays. "Long Short-Term Memory Recurrent Neural Network Architectures for Large Scale Acoustic Modeling." In *Proceedings of the Fifteenth Annual Conference of the International Speech Communication Association*. Singapore, 338–342.

[51] Shang, J., Y. Zheng, W. Tong, E. Chang, and Y. Yu. 2014. "Inferring Gas Consumption and Pollution Emission of Vehicles throughout a City." In *Proceedings of the 20th ACM SIGKDD Conference on Knowledge Discovery and Data Mining*. New York: ACM, 1027–1036.

[52] Silver, D., A. Huang, C. J. Maddison, A. Guez, L. Sifre, G. Van Den Driessche, J. Schrittwieser, I. Antonoglou, V. Panneershelvam, M. Lanctot, and S. Dieleman. 2016. "Mastering the Game of Go with Deep Neural Networks and Tree Search." *Nature* 529 (7587): 484–489.

[53] Singh, A. P., and G. J. Gordon. 2008. "Relational Learning via Collective Matrix Factorization." In *Proceedings of the 14th ACM SIGKDD International Conference on Knowledge Discovery and Data Mining*. New York: ACM, 650–658.

[54] Singh, S. P., and R. S. Sutton. 1996. "Reinforcement Learning with Replacing Eligibility Traces." *Machine Learning* 22 (1–3): 123–158.

[55] Srivastava, N., G. Hinton, A. Krizhevsky, I. Sutskever, and R. Salakhutdinov. 2014. "Dropout: A Simple Way to Prevent Neural Networks from Overfitting." *Journal of Machine Learning Research* 15 (1): 1929–1958.

[56] Sutton, R. S. 1988. "Learning to Predict by the Method of Temporal Differences." *Machine Learning* 3 (1): 9–44.

[57] Sutton, R. S., and A. G. Barto. 2017. *Reinforcement Learning: An Introduction*. 2nd edition Cambridge, MA: MIT Press.

[58] Tsamardinos, I., L. E. Brown, and C. F. Aliferis. 2006. "The Max-min Hill-Climbing Bayesian Network Structure Learning Algorithm." *Machine Learning* 65 (1): 31–78.

[59] Tucker, L. R. 1966. "Some Mathematical Notes on Three-Mode Factor Analysis." *Psychometrika* 31 (3): 279–311.

[60] Wainwright, M. J., and M. I. Jordan. 2008. "Graphical Models, Exponential Families, and Variational Inference." *Foundations and Trends® in Machine Learning* 1 (1–2): 1–305.

[61] Wang, Y., Y. Zheng, and Y. Xue. 2014. "Travel Time Estimation of a Path Using Sparse Trajectories." In *Proceedings of the 20th ACM SIGKDD International Conference on Knowledge Discovery and Data Mining*. New York: ACM, 25–34.

[62] Watkins, C. J. C. H. 1989. "Learning from Delayed Rewards." PhD diss., Cambridge University, Cambridge.

[63] Watkins, C. J. C. H., and P. Dayan. 1992. "Q-learning." *Machine Learning* 8 (3–4): 279–292.

[64] White, D. J. 1985. "Real Applications of Markov Decision Processes." *Interfaces* 15:73–83.

[65] Xiao, X., Y. Zheng, Q. Luo, and X. Xie. 2014. "Inferring Social Ties between Users with Human Location History." *Journal of Ambient Intelligence and Humanized Computing* 5 (1): 3–19.

[66] Yedidia, Jonathan S., William T. Freeman, and Yair Weiss. 2000. "Generalized Belief Propagation." *Advances in Neural Information Processing Systems* 13:689–695.

[67] Yi, X., Yu Zheng, Junbo Zhang, and Tianrui Li. 2016. "ST-MVL: Filling Missing Values in Geosensory Time Series Data." In *Proceedings of the 25th International Joint Conference on Artificial Intelligence*. Pasadena, CA: International Joint Conferences on Artificial Intelligence Organization (IJCAI).

[68] Yuan, J., Y. Zheng, and X. Xie. 2012. "Discovering Regions of Different Functions in a City Using Human Mobility and POIs." *Proceedings the 18th ACM SIGKDD International Conference on Knowledge Discovery and Data Mining*. New York: ACM, 186–194.

[69] Yuan, N. J., Y. Zheng, X. Xie, Y. Wang, K. Zheng, and H. Xiong. 2015. "Discovering Urban Functional Zones Using Latent Activity Trajectories." *IEEE Transactions on Knowledge and Data Engineering* 27 (3): 1041–4347.

[70] Zhang, C., Y. Zheng, X. Ma, and J. Han. 2015. "Assembler: Efficient Discovery of Spatial Co-Evolving Patterns in Massive Geo-Sensory Data." In *Proceedings of the 21st ACM SIGKDD International Conference on Knowledge Discovery and Data Mining*. New York: ACM, 1415–1424.

[71] Zhang, Junbo, Yu Zheng, and Dekang Qi. 2017. "Deep Spatio-Temporal Residual Networks for Citywide Crowd Flows Prediction." In *Proceedings of the 31st AAAI Conference on Artificial Intelligence*. New York: AAAI Press.

[72] Zheng, V. W., Y. Zheng, X. Xie, and Q. Yang. 2010. "Collaborative Location and Activity Recommendations with GPS History Data." In *Proceedings of the 19th International Conference on the World Wide Web*. New York: ACM, 1029–1038.

[73] Zheng, Y., F. Liu, and H. P. Hsieh. 2013. "U-air: When Urban Air Quality Inference Meets Big Data." In *Proceedings of the 19th ACM SIGKDD International Conference on Knowledge Discovery and Data Mining*. New York: ACM, 1436–1444.

[74] Zheng, Y., T. Liu, Y. Wang, Y. Zhu, Y. Liu, and E. Chang. 2014. "Diagnosing New York City's Noises with Ubiquitous Data." In *Proceedings of the 2014 ACM International Joint Conference on Pervasive and Ubiquitous Computing*. New York: ACM, 715–725.

[75] Zheng, Y., and X. Xie. 2011. "Learning Travel Recommendations from User-Generated GPS Traces." *ACM Transactions on Intelligent Systems and Technology* 2 (1): 2.

[76] Zheng, Y., H. Zhang, and Y. Yu. 2015. "Detecting Collective Anomalies from Multiple Spatio-temporal Datasets across Different Domains." In *Proceedings of the 23rd SIGSPATIAL International Conference on Advances in Geographic Information Systems*. New York: ACM, 2.

[77] Zheng, Y., L. Zhang, Z. Ma, X. Xie, and W. Y. Ma. 2011. "Recommending Friends and Locations Based on Individual Location History." *ACM Transactions on the Web* 5 (1): 5.

[78] Zhu, Julie Yixuan, Chao Zhang, Huichu Zhang, Shi Zhi, Victor O. K. Li, Jiawei Han, and Yu Zheng. 2017. "pg-Causality: Identifying Spatiotemporal Causal Pathways for Air Pollutants with Urban Big Data." *IEEE Transactions on Big Data*. doi:10.1109/TBDATA.2017.2723899.

CHAPTER 9

第 9 章

跨领域知识融合

摘要：传统数据挖掘通常处理来自单一领域的数据。在大数据时代，我们面临着来自不同领域和不同来源的多样化数据集。这些数据集包含多种模式，每种模式都有不同的表示、分布、规模和密度。如何释放多个不同（但可能相互关联）的数据集中知识的能量，是大数据研究中的关键问题，这从本质上区别了大数据与传统数据挖掘任务。这需要能够在机器学习和数据挖掘中系统融合各种数据集中知识的高级技术。本章总结了知识融合方法论，将其分为三类：基于阶段的、基于特征级别的和基于语义意义的知识融合方法。最后一类融合方法进一步分为四组：基于多视图、基于相似性、基于概率依赖和基于迁移学习的方法。这些方法关注知识融合，而不是模式映射和数据归并，从而显著区分了跨领域数据融合和数据库社区中研究的传统数据融合。本章不仅介绍了每类方法的高层次原则，还给出了使用这些技术处理真实大数据问题的示例。此外，本章将现有工作置于一个框架中，探讨了不同知识融合方法之间的关系和差异。

9.1 引言

在大数据时代，不同领域（从社交媒体到交通，再到医疗保健和无线通信网络等）产生了大量的数据。在解决问题时，通常需要利用多个不同的数据集。融合多个数据集的目标包括填补稀疏数据集中的缺失值[36,50,57-58]、预测未来[60]、推断因果关系[63]、对象画像[51,53]以及检测异常[61]等。

例如，为了改善城市规划，需要考虑道路网络的结构、交通量、POI以及城市人口。为了解决空气污染问题，需要探索空气质量数据以及气象数据、车辆和工厂气体排放数据，以及地点的扩散条件。为了为用户生成更准确的旅行推荐，需要考虑用户在互联网和现实世界中的行为。为了更好地理解图像的语义意义，需要使用其周围的文本和从其像素中提取的特征。因此，在大数据研究中，如何释放不同领域的多个数据集中知识的能量是至关重要的，这本质上区别了大数据与传统数据挖掘任务。

然而，来自不同领域的数据包含多种模式，每种模式都有不同的表示、分布、规模和密度。例如，文本通常以离散稀疏的词频向量形式表示，图像则由像素强度或特征提取器的输出表示，这些输出是实数且密集。POI 由与静态类别相关联的空间点表示，空气质量则使用带有地理标签的时间序列表示。人类移动数据由轨迹[55]表示，道路网络则由空间图表示。在数据挖掘任务中，平等处理不同数据集或简单地将来自不同数据集的特征连接起来，并不会获得良好的性能[5,31,37]。因此，在大数据研究中，跨模式融合数据成为新的挑战，需要高级的数据融合技术。

本章总结了三类可以融合多个数据集知识的方法。

第一类数据融合方法在不同的数据挖掘任务阶段使用不同的数据集，我们称之为基于阶段的融合方法。例如，Zheng 等人[59]首先根据道路网络数据将城市划分为不相连的区域，然后基于人类移动数据检测那些连接不佳的区域对。这些区域对可能表示城市交通网络设计中过时的部分。

第二类数据融合方法，称为基于特征级别的数据融合方法，有两个子类别。其中一个子类别的方法首先将从不同数据集中提取的特征直接连接成一个特征向量。然后使用这个特征向量训练一个带有某些正则化项的分类或回归模型，以避免过拟合并减少特征的冗余和相关性。另一个子类别使用深度神经网络（DNN）学习从不同数据集中提取的原始特征的潜在表示，然后将新的特征表示输入分类或预测模型中。

第三类方法是基于语义意义的知识融合方法。这样命名有两个原因。首先，基于特征级别的知识融合方法并不关心每个特征甚至整个数据集的语义含义。这些方法将每个特征视为一个实数或类别数值。然而，当使用基于语义意义的方法时，需要理解每个数据集和特征的意义，以及不同特征之间的关系。其次，这个类别的方法来源于人类的思维方式（即人们如何思考用多个数据集来完成一个任务）。这个类别进一步由四组方法组成。

1. 基于多视图的方法。这组方法将不同的数据集（或来自不同数据集的特征）视为同一个对象的不同视角。不同的特征被输入不同的模型中，从不同的角度描述一个对象。结果之后被归并在一起，或者相互加强。协同训练[8]是这一类方法的例子。

2. 基于相似性的方法。这组方法利用不同对象之间的内在相关性（或相似性）来融合不同的数据集。一个典型的方法是耦合 CF，或者上下文感知 CF，其中不同的数据集用不同的矩阵建模，这些矩阵具有共同的维度。通过同时分解这些矩阵（或张量），可以获得比单独分解一个矩阵（或张量）更好的结果。流形对齐也属于这一组方法。

3. 基于概率依赖的方法。这组方法使用图表示来建模不同数据集之间的概率因果性（或依赖性）。贝叶斯网络和马尔可夫随机场是代表性的模型，将从不同数据集中提取的特征表示为图节点，两个特征之间的依赖关系用边表示。

4. 基于迁移学习的方法。这组方法将知识从一个源领域转移到另一个目标领域，解决目标领域中的数据稀疏性问题（包括特征结构缺失或观察缺失）。迁移学习甚至可以在不同的学习任务之间（例如，从书籍推荐到旅行推荐）转移知识。

9.1.1 与传统数据集成的关系

传统数据融合[7]被视为数据集成的一部分，是将多个表示同一现实世界对象的数据集成为一个一致、准确且有用的表示的过程。图 9.1a 展示了传统数据融合的范式。例如，有三个由不同的数据提供者生成的北京 POI 数据集。传统数据融合旨在通过模式映射和重复检测的过程将三个数据集归并到一个具有一致数据模式的数据库中。描述相同 POI（如一个餐厅）的记录（来自不同的数据集）在相同的领域（即 POI）中生成。

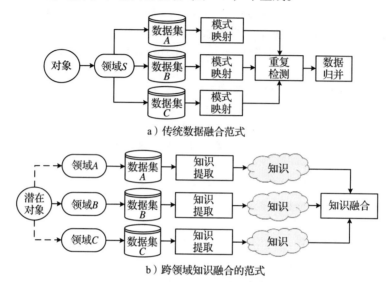

a）传统数据融合范式

b）跨领域知识融合的范式

图 9.1　不同知识融合方法的示例

　　然而，如图 9.1b 所示，在大数据时代，有多个在不同领域生成的数据集，它们之间隐式地由一个潜在对象连接。例如，交通状况、POI 和区域人口统计数据共同描述了区域的潜在功能，尽管它们来自三个不同的领域。字面上，三个数据集的记录分别描述了不同的对象（即道路段、一个 POI 和一个邻里）。因此，不能简单地通过模式映射和重复检测来归并它们，而是需要通过不同的方法从每个数据集中提取知识，系统地融合它们的知识，以共同理解一个区域的功能。这更多地与知识融合而不是模式映射有关，这显著区分了传统的数据融合（由数据库社区研究）和跨领域知识融合。

9.1.2　与异构信息网络的关系

　　信息网络表示对现实世界的抽象，关注对象以及对象之间的交互。结果证明，这种抽象层次不仅在表示和存储关于现实世界的关键信息方面具有很大能量，而且通过探索链接的能量[38]，它还提供了一个有用的工具来从现实世界中挖掘知识。许多现有的网络模型将相互连接的数据视为同构图或网络，异构信息网络则由不同类型的节点和关系组成。例如，一个文献信息网络将作者、会议和论文作为不同类型的组成节点。这个网络中不同节点之间的边可以有不同的语义意义，例如，作者发表了一篇论文、一篇论文展示在了会议上，以及作者参加了会议。已经提出了许多算法来挖掘异构网络（例如，排序和聚类[39,40]算法）。

　　异构信息网络几乎可以构建在任何领域，如社交网络、电子商务和在线电影数据库。然而，它们只链接单个领域内的对象，而不是跨越不同领域的数据。例如，在文献信息网络中，人物、论文和会议都来自文献领域。在 Flickr 信息网络中，用户、图片、标签和评论都来自社交媒体领域。如果我们想要融合完全不同领域的数据（例如，交通、社交媒体和空气质量数据），这样的异构网络可能无法找到具有语义意义的不同领域对象之间的显式链接。因此，为挖掘异构信息网络而提出的算法不能直接应用于跨领域数据融合。

9.2 基于阶段的知识融合

这类方法在不同的数据挖掘任务阶段使用不同的数据集，如图 9.2a 所示，或者将不同的数据投入不同的模型中，然后聚合不同模型的结果，如图 9.2b 所示。不同的数据集之间松散耦合，对它们的数据模态一致性没有要求。由于这类方法在某种程度上较为直接，我们通过一些示例来简要介绍它们。

示例 1。如图 9.3a 所示，首先使用地图分割方法[52]将城市由主要道路分割成不相连的区域。然后，将出租车 GPS 轨迹映射到这些区域，以形成一个区域图，如图 9.3b 所示，其中节点是一个区域，边表示两个区域之间通勤方式（在本例中是出租车）的聚合。区域图实际上融合了道路网络和出租车轨迹的知识。通过分析区域图，进行了一系列研究，以识别道路网络的不当设计[59]、检测和诊断交通异常[12,28]，以及发现城市功能区域[51,53]。

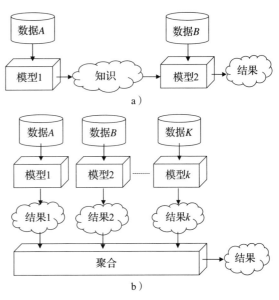

图 9.2 基于阶段的知识融合方法的总体框架

a）地图分割

b）区域图

图 9.3 融合了道路网络和人员移动数据的知识

示例 2。在朋友推荐中，如图 9.4 所示，Xiao 等人[45-46]首先从个人的位置历史（以空间轨迹的形式记录）中检测停留点。由于不同用户的位置历史在物理世界中可能没有重叠，每个停留点会被转换为一个特征向量，它描述了周围 POI 在不同类别中的分布。例如，一个停留点周围有五家餐厅、一个购物中心和一个加油站。对计数进一步通过词频-逆文档频率（TF-IDF）进行标准化。换句话说，这些特征向量之间的距离表示人们去过的地方之间的相似性。

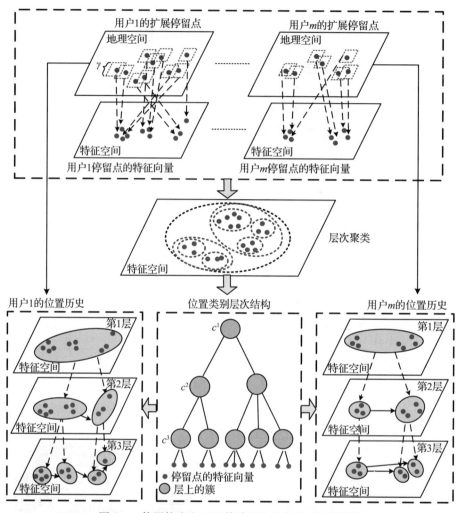

图 9.4　使用轨迹和 POI 估计用户相似性（见彩插）

后来，将这些停留点根据它们 POI 的特征向量分层聚类成组，形成一个树状结构，其中节点是停留点的簇，父节点由其子节点的停留点组成。通过选择用户在其中至少有一个停留点的节点（从树中），可以用部分树表示用户的位置历史。如果用户在给定的时间间隔内在两个节点中有连续的停留点，则用户的部分树通过连接这两个节点（在同一层）与一条边进一步转换为一个分层图。分层图包含了用户轨迹的信息以及用户访问过的地点的 POI。由于不同用户的分层图是基于相同的树结构构建的，因此它们的位置历史变得可以比较。最后，两个用户之间的相似性可以通过它们分层图之间的相似性来衡量。

示例 3。在第三个示例中，Pan 等人[33]首先根据车辆的 GPS 轨迹和道路网络数据检测交通异常。异常由道路网络的子图表示，其中驾驶员的导航行为与原始模式有显著差异。使用检测到的异常的时间跨度和异常地理范围内的地点名称作为查询，他们检索人们在异常发生地点发布的相关社交媒体数据（如推文）。从检索到的社交媒体数据中，他们尝试通过挖掘代表性术语（例如，游行和灾难）来描述检测到的异常，这些术语在正常情况下很少出现，但在异常发生时频繁出现。第一步缩小了需要检查的社交媒体范围，而第二步丰富了第一步检测到的结果的语义。

这类方法可以包含其他知识融合方法作为元方法。例如，Yuan 等人[53]首先使用道路网络数据和出租车轨迹构建一个区域图。然后提出了一种图模型，这是一种基于概率图模型的方法，用于融合来自 POI 的信息和区域图的知识。

9.3 基于特征的知识融合

9.3.1 特征连接与正则化

这类直接方法平等对待从不同数据集中提取的特征，将它们依次连接成一个特征向量。然后使用这个特征向量完成聚类和分类任务。由于不同数据集的表现、分布和规模可能非常不同，许多研究已经指出了这种融合方式的局限性[2,31,37]。首先，这种连接在小训练样本的情况下会导致过拟合，并且忽略了每个视角的具体统计特性[47]。其次，发现不同模态的低级特征之间存在的高度非线性关系是困难的[37]。再次，从不同数据集中提取的特征之间存在冗余和依赖关系，这些特征可能相互关联。

这个子类别中的高级学习方法建议在目标函数中添加稀疏正则化项来解决特征冗余问题。因此，机器学习模型很可能会给冗余特征分配接近 0 的权重。

示例 4。通过结合多个数据源，我们甚至可以预测房地产的排名。Fu 等人[16-18]的研究根据从各种数据集（如人类移动和城市地理数据集）推断出的潜在价值来预测城市居民财产的未来排名。在这里，价值意味着在上升市场中增长更快的能力，以及在下降市场中比其他财产减值更慢的能力，这通过将价格的增长或减少比例离散化为五个级别（$R_1 \sim R_5$）来量化，其中 R_1 代表最佳，R_5 表示最差。排名对于人们定居或分配资本投资非常重要。

如图 9.5 所示，考虑了三个类别的因素，包括地理效用、邻里受欢迎程度和商业区繁荣程度。这些因素实际上与那句老话"房地产就是三件事：位置、位置、位置"相呼应。更具体地说，通过挖掘周边地理数据（如道路网络和 POI）、交通数据（如出租车轨迹和公共交通系统中的刷卡记录）和社会媒体数据，为每个财产确定了一组判别特征。

一种直接的方法是将这些特征连接成一个向量 $\boldsymbol{x}$，然后基于这个向量进行线性回归，如下所示：

$$y_i = f_i(\boldsymbol{x}_i; \boldsymbol{\omega}) = \boldsymbol{\omega}^{\mathrm{T}} \boldsymbol{x}_i + \varepsilon_i \tag{9.1}$$

其中，y_i 和 $\boldsymbol{x}_i$ 分别是房地产 i 的增长率和特征向量，$\boldsymbol{\omega}$ 是对应于不同特征的权重向量，ε_i 是具有零均值和方差 σ_2 的高斯偏差。将式（9.1）写成概率表示：

$$P(y_i \mid \boldsymbol{x}_i) = N(y_t \mid f_i \sigma^2) = N(y_i \mid \boldsymbol{\omega}^{\mathrm{T}} \boldsymbol{x}_i \sigma^2) \tag{9.2}$$

然而，从不同数据集中提取的特征之间存在冗余和依赖关系。例如，一个地区的交通模式取决于该地区道路网络的结构。因此，从人类移动数据（如出租车轨迹）中提取的特征可能与道路网络的特征相关。为了解决这个问题，在目标函数中添加两个约束条件。

第一个约束是房地产 i 和 h 之间的成对排名约束：

$$P(i \rightarrow h) = \mathrm{Sigmoid}(f_i - f_h) = \frac{1}{1 + \exp(-(f_i - f_h))} \tag{9.3}$$

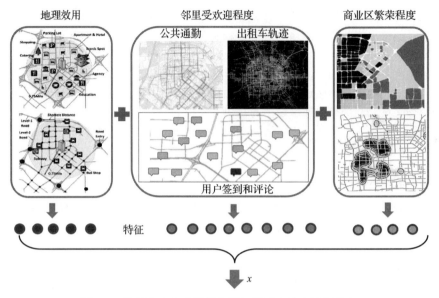

图 9.5　使用来自多个数据集的知识对房地产进行排名

其中 $i{\to}h$ 表示在增长率方面，房地产 i 排在房地产 h 之前。如果 i 排在 h 之前，那么 f_i 的真实值应该大于 f_h。如果预测遵循实际情况（即 $f_i-f_h>0$），如图 9.6a 所示，则 Sigmoid(f_i-f_h) 的输出结果接近 1。这是对保持一对房地产之间正确顺序的预测的奖励。相反，如果 i 实际上排在 h 之前，但预测的 f_i 小于 f_h（即 $f_i-f_h<0$），那么 Sigmoid(f_i-f_h) 的输出值接近 0。这看起来像是对错误排序一对房地产的预测的惩罚。

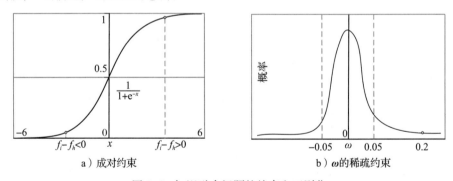

a）成对约束　　　　　　　　　b）ω 的稀疏约束

图 9.6　知识融合问题的约束和正则化

由于我们知道每个房地产的实际情况，我们可以形成许多像 $i{\to}h$ 这样的训练对。然后，我们要求预测能够保持所有这些对之间的顺序，这点通过将以下约束添加到目标函数中来实现：

$$\prod_{i=1}^{I-1}\prod_{h=i+1}^{I}P(i{\to}h) \tag{9.4}$$

其中 I 是房地产的总数。通过最大化总体概率，可以保持房地产之间的顺序。

第二个约束是对 ω 的稀疏性正则化。由于特征之间的依赖性和相关性，有许多冗余特征，它们不一定对预测有贡献。我们希望这些冗余特征的权重尽可能小。此外，我们希望一些重要的特征能够得到高权重。因此，我们强制 $\boldsymbol{\omega}$ 的分布遵循一个均值为 0、标准差为 β^2 的高斯分布。如图 9.6b 所示，大部分权重将围绕 0 值分布，而我们仍然可以为重要特征设置一个非常高的权重（带有非常小的概率）。具体来说，我们将以下约束添加到目标函数中：

$$P(\boldsymbol{\omega}\,|\,0,\boldsymbol{\beta}^2)P(\boldsymbol{\beta}^2\,|\,(a,b)=\prod_m N(\omega_m\,|\,0,\beta_m^2)\prod_m \text{Inverse-Gamma}(\beta_m^2\,|\,a,b) \qquad (9.5)$$

其中 $\boldsymbol{\omega}=(\omega_1,\omega_2,\cdots,\omega_m)$ 是特征的参数向量，m 是参与学习模型的特征数量，$\boldsymbol{\beta}^2=(\beta_1^2,\beta_2^2,\cdots,\beta_m^2)$ 是对应参数的方差向量。更具体地说，假设参数 ω_m 的值遵循一个均值为 0、方差为 β_m^2 的高斯分布。为分布设置零均值减少了给 ω_m 分配大值的概率。进一步放置一个先验分布（如逆伽马分布）来正则化 β_m^2 的值。为了加强稀疏性，常数 a 和 b 通常设置得接近 0。因此，β_m^2 趋向于小值。换句话说，特征权重 ω_m 有很高的概率围绕高斯期望（即 0）变化。

通过这种双重正则化（即零均值高斯加上逆伽马分布），可以通过贝叶斯稀疏先验同时将大多数特征权重正则化为 0 或接近 0，同时允许模型学习重要特征的大权重。尽管贝叶斯稀疏先验的稀疏性正则化不如 L_1 和 L_2 正则化强烈，但后两个正则化可能不适合这个应用，因为它们旨在最小化每个参数。此外，贝叶斯稀疏先验是一个平滑函数，因此其梯度易于计算。考虑到许多目标函数是通过梯度下降求解的，稀疏正则化可以应用于许多数据挖掘任务。最后，我们最大化以下目标函数：

$$P(y_i\,|\,\boldsymbol{x}_i)=\prod_{i=1}^l N(y_i\,|\,\boldsymbol{\omega}^{\mathrm{T}}\boldsymbol{x}_i,\sigma^2)\times\prod_{i=1}^{l-1}\prod_{h=i+1}^l P(i\rightarrow h)\times\prod_m N(\omega_m\,|\,0,\beta_m^2) \qquad (9.6)$$

9.3.2 基于深度学习的知识融合

深度学习通过有监督、无监督和半监督的方法，学习多个层次的表示和抽象，这些表示和抽象有助于理解数据，如图像、声音和文本。除了作为预测器，深度学习还用于学习新的特征表示[1]，可以输入其他分类器或预测器中。在图像识别和语音翻译中已经证明这些新的特征表示比手工特征更有用。有关深度学习的更多详细信息，请参阅 8.7 节。

大多数深度神经网络应用于处理单一模态的数据。近年来，一系列研究开始使用深度神经网络从不同模态的数据中学习特征表示。这种表示经证明在分类和信息检索任务中是有用的。

示例 5。Ngiam 等人[31]提出了一种深度自编码器架构，以捕捉两种模态（如音频和视频）之间的"中级"特征表示。如表 9.1 所示，研究了三种学习设置，包括跨模态学习、共享表示学习和多模态融合。

图 9.7a 展示了用于跨模态学习的深度自编码器的结构，其中单个模态（例如，视频或音频）被用作输入，分别重建视频和音频的更好特征表示。共享表示学习和多模态融合这两个过程在训练和测试过程中涉及不同的模态，研究对此采用了图 9.7b 所示的架构。对这些提出的深度学习模型进行的大量评估表明，深度学习有效地学习

表 9.1 多模态特征表示学习[31]

	特征学习	有监督训练	测试
经典深度学习	音频	音频	音频
	视频	视频	视频
跨模态学习	A+V	A	A
	A+V	V	V
共享表示学习	A+V	A	V
	A+V	V	A
多模态融合	A+V	A+V	A+V

了两点：（1）在其他模态的帮助下，更好的单模态表示；（2）捕捉多个模态之间相关性的共享表示。

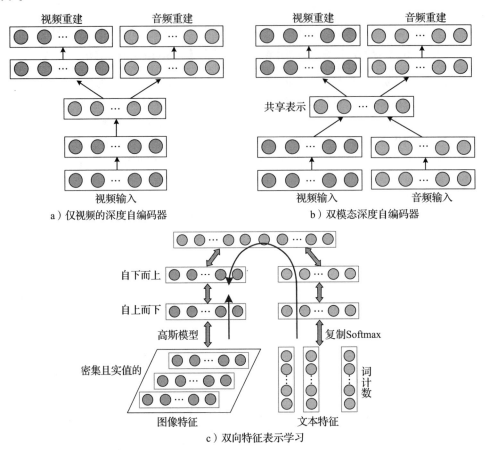

a）仅视频的深度自编码器　　　　　　　b）双模态深度自编码器

c）双向特征表示学习

图 9.7　将多模式数据与深度学习融合

示例 6。使用玻尔兹曼机进行深度学习是关于多模态数据融合的另一项工作，提出了一种名为多模态深度玻尔兹曼机（DBM）[37] 的深度学习模型，用于融合图像和文本，以解决分类和检索问题。DBM 模型满足以下三个标准：（1）学习的共享特征表示保留了"概念"的相似性；（2）联合特征表示在缺少某些模态时容易获得，因此可以填补缺失的模态；（3）新的特征表示有助于在从一模态查询时检索另一个模态。

如图 9.7c 所示，多模态 DBM 使用高斯-伯努利 RBM（受限玻尔兹曼机）来建模密集的实值图像特征向量，同时使用复制的 Softmax 来建模稀疏的词频向量。多模态 DBM 为每种模态构建了一个独立的两层 DBM，然后通过在它们之上添加一层来组合它们。此外，多模态 DBM 是一个生成式和无向的图模型，相邻层之间具有二分连接。这个图模型实现了双向（自下而上和自上而下）搜索。

多模态 DBM 配备了精心设计的架构，其关键思想是从大量用户标记的图像中学习文本和图像的联合密度分布 [即 $P(v_{\text{img}}, v_{\text{text}}; \theta)$，其中 θ 包括参数]。该研究针对分类以及检索任务进行了广泛的实验，测试了多模态和单模态输入，验证了模型在融合多模态数据方面的有效性。

在实践中，基于 DNN 的融合模型的性能通常取决于我们如何调整 DNN 的参数，找到一组合适的参数可能会获得比使用其他参数更好的性能。然而，给定大量的参数和非凸优化设置，找到最优参数仍然是一个劳动密集型和耗时的过程，这个过程严重依赖于人的经验。此外，解释中级特征表示代表什么是很困难的。我们并不真正理解 DNN 是如何使原始特征成为更好的表示的。

9.4 基于语义意义的知识融合

基于特征的知识融合方法不在乎每个特征的意义，只将特征视为实数值或分类值。与基于特征的融合不同，基于语义意义的方法理解每个数据集的内涵以及不同数据集间特征之间的关系。我们知道每个数据集代表什么，为什么不同的数据集可以融合，以及它们如何相互增强。数据融合过程承载了语义意义（和内涵），这些语义意义来源于人们利用多个数据集来思考问题的方式，因此是可解释和有意义的。本节介绍了四类基于语义意义的知识融合方法：基于多视图、基于相似性、基于概率依赖和基于迁移学习。

9.4.1 基于多视图的知识融合

关于某个对象的不同数据集或不同特征子集可以被视为对象的不同视图。例如，一个人可以通过从多个来源获取的信息识别面部、指纹或签名等。一个图像可以通过不同的特征集（如颜色或纹理）来表示。地理区域的功能可以通过其 POI、道路网络和人类移动模式来表示。由于这些数据集描述的是同一个对象，它们之间存在潜在的共识。这些数据集还相互补充，包含了其他视图所没有的知识。因此，结合多个视角可以全面而准确地描述一个对象。

根据参考文献 [47]，多视图学习算法可以分为三组：（1）共同训练（co-training）；（2）多核学习（multiple kernel learning）；（3）子空间学习（subspace learning）。值得注意的是，共同训练算法[8] 通过交替训练来最大化数据的两个不同视图之间的相互一致性。多核学习算法[19] 利用自然对应于不同视图的核，并线性或非线性地组合核以提升学习效果。子空间学习算法[13] 旨在获得多个视图共享的潜在子空间，假设输入视图是从这个潜在子空间生成的。

9.4.1.1 共同训练

共同训练[8] 是最早的多视图学习方案之一。共同训练考虑了一个设置，其中每个示例可以被分成两个不同的视图，并做出三个主要假设：（1）充分性——每个视图本身足以进行分类；（2）兼容性——两个视图中的目标函数都以高概率为它们的共同特征预测相同的标签；（3）条件独立性——给定类别标签，两个视图是条件独立的。条件独立性假设通常太强，在实践中无法满足，因此考虑了几个更弱的选择[2]。

在原始的共同训练算法[8] 中，给定一个标记的样本集 L 和一个未标记的样本集 U，算法首先创建一个较小的池 U'，它包含 u 个未标记的示例。然后迭代以下步骤。第一，使用 L 在视图 v_1 和 v_2 上分别训练分类器 f_1 和 f_2。第二，允许这两个分类器测试未标记的集 U'，并将它最自信地标记为正的 p 个示例和最自信地标记为负的 n 个示例添加到 L 中，以及相应分类器分配标签。第三，从 U 中随机抽取 $2p+2n$ 个示例补充池 U'。共同训练算法背后的直觉是，分类器 f_1 向标记集添加的示例将被分类器 f_2 用于学习。如果违反了独立性假设，则平均而言，添加的示例将变得不那么有信息量。因此，共同训练可能不会那么成功，这也促使人们开发了许多变体。

与直接为未标记的示例分配标签不同，Nigam 等人[30]为未标记的示例提供概率性标签，这些标签可能会从一次迭代到下一次迭代发生变化，这通过在每个视图上运行期望最大化（EM）算法来实现。这种算法称为 co-EM，它在许多问题上优于共同训练，但要求每个视图的分类器生成类别概率。通过以概率方式重新构建支持向量机（SVM），Brefeld 等人[9]开发了一个 co-EM 版本的 SVM 来消除这一差距。Zhou 等人[62]将共同训练算法从分类问题扩展到回归问题，提出了一种名为 CoREG 的算法，使用两个 k 最近邻（KNN）回归器，每个回归器在学习过程中为另一个回归器标记未标记的数据。为了选择合适的未标记示例进行标记，CoREG 通过考虑标记未标记示例对已标记示例的影响来估计标记信心，最终的预测是通过平均两个回归器生成的回归估计结果来实现的。

示例 7 中，Zheng 等人[56-57]提出了一种基于共同训练的模型，用于根据五个数据集推断城市中的细粒度空气质量，分别是空气质量、气象、交通、POI 和道路网络数据集。图 9.8a 从多视图学习的角度展示了模型。自然地，空气质量在单个地点具有时间依赖性，在不同地点之间具有空间相关性。例如，一个地点当前的空气质量取决于过去几小时。此外，如果一个地点周围的空气质量差，那么该地点的空气质量也可能不佳。因此，时间依赖性和空间相关性构成了两个不同的视图（一个时间视图和一个空间视图）来描述一个地点的空气质量。

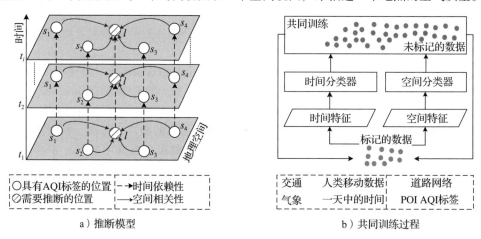

图 9.8　基于协同训练的空气质量推断模型

如图 9.8b 所示，提出了一种基于共同训练的框架，由两个分类器组成。一个是基于人工神经网络（ANN）的空间分类器，将空间相关特征（如 POI 的密度和高速公路的长度）作为输入，来模型化不同地点空气质量水平之间的空间相关性。另一个是基于线性链条件随机场（CRF）的时序分类器，使用时间相关特征（如交通和气象），来建模地点空气质量的时间依赖性。这两个分类器首先根据有限的已标记数据使用非重叠特征进行训练，然后分别推断未标记实例。在每轮中，由分类器自信推断的实例被放入训练集中，这将用于在下一轮重新训练两个分类器。迭代重复进行，直到未标记数据被耗尽，或者推断精度不再提高。

当推断一个实例的标签时，我们将不同的特征发送到不同的分类器，生成跨越不同标签的两个概率分布集，选择两个分类器概率乘积最大的标签作为结果。

9.4.1.2 多核学习

多核学习（MKL）是指一组机器学习方法，它使用预定义的核集，并学习核的最佳线性或非线性组合作为算法的一部分。核是对数据的一种假设，可能是相似性概念，也可能是分类器或回归器。根据参考文献［19］，MKL 有两种使用方式（如图 9.9 所示）。

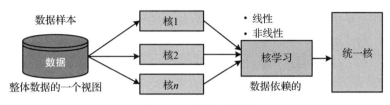

图 9.9　多核学习过程

1. 不同的核对应于不同的相似性概念，学习方法会选择最佳的核或者使用这些核的组合。从整个数据集中检索样本数据，以基于所有特征来训练核。由于特定的核可能存在偏差，允许学习者在一系列核中进行选择得到更好的解决方案。例如，在 SVM 中成功使用的线性、多项式和高斯核等几种核函数。这种 MKL 最初并不是为多视图学习设计的，因为每个核的训练都使用了整个特征集。

2. MKL 第 1 种使用方式的变体是使用来自不同表示形式的输入来训练不同的核，这些输入也可能有不同的来源或模态。由于这些是不同的表示形式，它们对应于不同核的不同相似性度量。在这种情况下，结合核是合并多个信息源的一种可能方式，这种推理类似于结合不同的分类器。Noble[32] 将这种结合核的方法称为中间组合，与早期组合（将不同来源的特征连接并输入单个学习器）和晚期组合（将不同特征输入不同的分类器，然后由固定的或训练过的组合器合并决策）相对。

有三种方法可以组合核的结果：线性、非线性和数据依赖组合。线性组合方法包括无权（即均值）和加权求和。非线性组合方法[42] 使用核的非线性函数，即乘法、求幂和指数。数据依赖组合方法为每个数据实例分配特定的核权重。这样做，可以在数据中识别局部分布，并学习每个区域的适当核组合规则。

现有的 MKL 算法主要有两种训练方法。

1. 一步方法在单次迭代中计算组合函数和基学习器的参数，使用串行方法或并行方法。在串行方法中，首先确定组合函数的参数，然后使用组合核训练基于核的学习器。在并行方法中，两组参数一起学习。

2. 两步方法使用迭代方法。在每次迭代中，首先固定基学习器的参数，更新组合函数的参数，然后固定组合函数的参数，更新基学习器的参数。这两个步骤重复进行，直到收敛。

例子 8 中，集成和提升方法[1]，如随机森林[10]，受到了 MKL 的启发。随机森林结合了 bootstrap 聚合（也称为 bagging）的思想和特征的随机选择，以构建具有可控方差的决策树集合。更具体地说，通过基于 bagging 选择每次训练数据的一部分和根据［22-23］引入的原则选择一部分特征来训练多个决策树。当有一个测试案例时，将案例特征的不同选择同时发送到相应的决策树（即核），每个核生成一个预测，然后通过线性方式聚合。

例子 9 中，Zheng 等人[60] 基于五个数据集，预测一个地点未来 48 小时内的空气质量。

图 9.10 展示了预测模型的架构,其中包含两个核(一个空间预测器和一个时间预测器)以及一个核学习模块(即预测聚合器)。时间预测器根据站点数据预测站点的空气质量,这些数据如当地的气象信息、过去几小时的空气质量指数(AQI)以及该地区的天气预报。空间预测器则考虑空间邻近数据,如其他站点的 AQI 和风速,来预测一个站点的未来空气质量。两个预测器独立地为站点生成自己的预测,预测聚合器根据站点当前的天气条件动态地组合这些预测。有时,局部预测更为重要,而在其他情况下(例如,当风力强劲时),应为空间预测赋予更高的权重。预测聚合器基于回归树,从数据中学习两个核之间的动态组合。

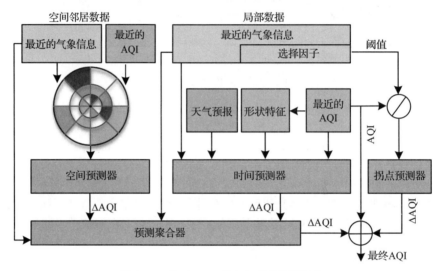

图 9.10 基于 MKL 的空气质量预测框架

在空气质量预测的例子中,基于 MKL 的框架之所以优于基于单个核的模型,主要有以下三个原因。(1)从特征空间的角度来看,空间和时间预测器使用的特征没有重叠,为站点的空气质量提供了不同的视图。(2)从模型的角度来看,空间和时间预测器分别建模局部和全局因素,它们具有显著不同的特性。例如,局部因素更多地关于回归问题,而全局因素更多地关于非线性插值。因此,它们应该用不同的技术来处理。(3)从参数学习的角度来看,将所有特征输入单个模型中会得到一个大型模型,需要学习许多参数。然而,训练数据是有限的。例如,我们只有一个城市的一年半的 AQI 数据。将大型模型分解为三个有机耦合的小模型可以极大地缩小参数空间,从而实现更准确的学习和预测。

9.4.1.3 子空间学习

子空间学习方法旨在通过假设输入视图是从多个视图共享的潜在子空间生成的,来获得这个潜在子空间,如图 9.11 所示。利用这个子空间,可以执行后续任务,如分类和聚类。此外,由于构建的子空间通常比任何输入视图的维度都低,因此可以在一定程度上解决"维度诅咒"问题。

有关单视图学习的文献大量使用主成分分析(PCA),以利用单视图数据的子空间。典型相关分析(CCA)[20]可以被视为 PCA 的多视图版本。通过最大化子空间中两个视图之间的相关性,CCA 在每个视图上输出一个最优投影。CCA 构建的子空间是线性的,因此不能直接应

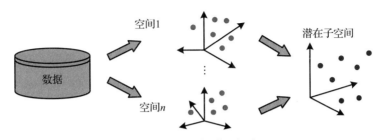

图 9.11　子空间学习概念

用于非线性嵌入的数据集。为了解决这个问题，提出了 CCA 的核变体，即 KCCA（核典型相关分析）[27]，用于将每个（非线性）数据点映射到一个更高维的空间，其中线性 CCA 起作用。CCA 和 KCCA 都是无监督地利用子空间。受从 PCA 演变到 CCA 的启发，多视图 Fisher 判别分析[25] 被开发出来，用于找到带标签信息的信息性投影。Lawrence[26] 将高斯过程视为构建一个潜在变量模型的工具，该模型能够完成非线性降维的任务。Chen 等人[13] 开发了一个统计框架，该框架基于一个通用的多视图潜在空间马尔可夫网络，学习多个视图共享的预测子空间。

9.4.2　基于相似性的知识融合

9.4.2.1　一般思路

相似性存在于不同对象之间。如果知道两个对象 (X,Y) 在某种度量下是相似的，那么当 Y 缺乏数据时，可以利用关于 X 的信息，如图 9.12a 所示。这也是许多推荐系统中协同过滤算法的一般思路。

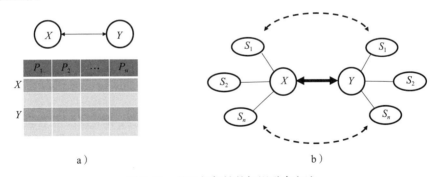

a)　　　　　　　　　　　　　b)

图 9.12　基于相似性的知识融合方法

当 X 和 Y 分别拥有多个数据集（例如，$S_1, S_2, \cdots, S_n$）时，如图 9.12b 所示，可以基于每对相应数据集之间的相似性来学习两个对象之间的多个相似性。例如，可以仅基于 S_1 计算 X 和 Y 之间的相似性，记为 $\mathrm{Sim}_{S_1}(X,Y)$，以及基于 S_2 计算 $\mathrm{Sim}_{S_2}(X,Y)$，等等。每个相似性从不同的角度描述了 X 和 Y 之间的相关性，集体巩固了这种相关性。反过来，X 和 Y 之间的相关性可以增强每个单独的相似性。

例如，X 和 Y 是两个地理区域，它们有三类数据集——S_1、S_2 和 S_3，分别描述了它们的 POI、道路网络和人类移动数据。POI 数据集 S_1 和道路网络数据集 S_2 足够密集，可以分别从自己的角度表示 X 和 Y 之间的相似性。然而，人类移动数据集 S_3 非常稀疏，因为它们来源于出租车数据，而这只是人类交通的一小部分。因此，$\text{Sim}_{S_3}(X,Y)$ 可能不可靠。如果我们试图填充两个地区 S_3 数据集中的缺失值，结果也是不可解释的。通过结合 S_1、S_2 和 S_3，可以更好地理解区域 X 和 Y 的功能，从而更有可能估计它们之间的真实相关性。然后，可以利用对相关性的更好估计来增强 $\text{Sim}_{S_3}(X,Y)$，并最终填充它们自己 S_3 中的缺失值。

耦合矩阵分解、上下文感知张量分解和流形对齐是这一类的代表性方法。

9.4.2.2　耦合矩阵分解

耦合矩阵分解（或称为上下文感知矩阵分解）适用于具有不同矩阵的不同数据集，这些矩阵之间共享一个公共维度。通过协同分解这些矩阵，可以将从一个数据集中学习的不同对象之间的相似性转移到另一个数据集，从而更准确地补充矩阵中的缺失值。第 8 章介绍了矩阵分解的原理，并给出了使用这种技术进行位置推荐和交通状况推断的例子。因此，在这里不再详细展示这种技术的细节。

9.4.2.3　上下文感知张量分解

张量分解算法在矩阵分解的基础上增加了第三个维度，建模了三个实体之间的关系，例如个性化位置-活动推荐系统中的位置-活动-用户，以及驾驶方向服务中的用户-道路-时间。集体分解具有多个矩阵的张量，这些矩阵与张量共享公共维度，这称为上下文感知张量分解。这些上下文矩阵融入了其他数据集的知识，从而帮助更准确地补充张量中的缺失元素，而不仅是分解张量本身。8.5 节介绍了张量分解的原理，并给出了使用上下文感知张量分解进行个性化位置-活动推荐、估计路径行驶时间和诊断城市噪声的例子。因此，在这里不再提供进一步的细节。

9.4.2.4　流形对齐

流形对齐利用每个数据集中实例之间的关系来增强数据集之间关系的知识，最终将初始时不同的数据集映射到共同的潜在空间[43]。流形对齐与其他用于降维的流形学习方法密切相关，例如 Isomap[41]、局部线性嵌入[35]和拉普拉斯特征映射[4]。给定一个数据集，这些算法试图识别该数据集的低维流形结构，并在数据集的低维嵌入中保留该结构。流形对齐遵循相同的范式，但嵌入多个数据集。流形对齐中有两个关键思想。

首先，流形对齐保持了数据集之间的对应关系，它还通过将每个数据集中的相似实例映射到欧几里得空间中的相似位置，保留了每个数据集内部的个体结构。如图 9.13 所示，流形对齐将两个数据集 (X,Y) 映射到一个新的联合潜在空间 $(f(X),g(Y))$，该空间里每个数据集内部局部相似的实例以及跨数据集对应的实例在空间中是接近或相同的。这两种相似性通过一个包含两部分的损失函数来建模：一部分用于保留数据集内部的局部相似性，另一部分用于实现不同数据集之间的对应关系。

正式地，对于 c 个数据集 $X^1, X^2, \cdots, X^c$，每个数据集内部的局部相似性由式（9.7）建模：

$$C_\lambda(F^a) = \sum_{i,j} \| F^a(i,.) - F^a(j,.) \|^2 \cdot W^a(i,j) \tag{9.7}$$

其中 X^a 是第 a 个数据集，它是一个包含 n_a 个观测值和 p_a 个特征的 $n_a \times p_a$ 数据矩阵；F^a 是 X^a 的嵌入；W^a 是一个 $n_a \times n_a$ 的矩阵，其中 $W^a(i,j)$ 是实例 $X^a(i,.)$ 和 $X^a(j,.)$ 之间的相似性。求和是对该数据集中的所有实例对进行的，$C_\lambda(F^a)$ 是保留 X^a 内部局部相似性的成本。如果来自 X^a 的两个数据实例 $X^a(i,.)$ 和 $X^a(j,.)$ 相似（这种情况发生在 $W^a(i,j)$ 较大时），它们在潜在空

间中的位置 $F^a(i,.)$ 和 $F^a(j,.)$ 应该更接近（即 $\|F^a(i,.)-F^a(j,.)\|^2$ 较小）。

为了保留两个数据集 X^a 和 X^b 之间实例的对应信息，每对对应关系的成本是 $C_k(F^a,F^b)$：

$$C_k(F^a,F^b)=\sum_{i,j}\|F^a(i,.)-F^b(j,.)\|^2\cdot W^{a,b}(i,j) \tag{9.8}$$

其中 $W^{a,b}(i,j)$ 是两个实例 $X^a(i,.)$ 和 $X^b(j,.)$ 之间的相似性，或者是对应关系的强度。如果两个数据点之间的对应关系更强（这种情况发生在 $W^{a,b}(i,j)$ 较大时），它们在潜在空间中的位置 $F^a(i,.)$ 和 $F^b(j,.)$ 应该更接近。通常，如果 $X^a(i,.)$ 和 $X^b(j,.)$ 是对应的，那么 $W^{a,b}(i,j)=1$。因此，完整的损失函数是：

$$C_1(F^1,F^2,\cdots,F^k)=u\cdot\sum_a C_\lambda(F^a)+v\cdot\sum_{a\neq b}C_k(F^a,F^b) \tag{9.9}$$

通常，$u=v=1$。

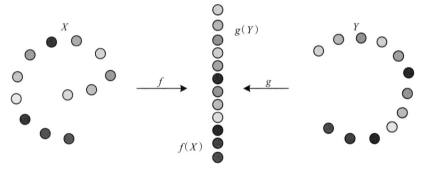

图 9.13 两个数据集的流形对齐（图表来源于参考文献［43］）

其次，在算法层面，流形对齐假设对齐的不同数据集具有相同的潜在流形结构。第二个损失函数简单地使用联合邻接矩阵的拉普拉斯特征映射的损失函数：

$$C_2(F)=\sum_{i,j}\|F(i,.)-F(j,.)\|^2\cdot W^{a,b}(i,j) \tag{9.10}$$

其中求和是对所有数据集中的实例对进行的，F 是所有数据集的统一表示，W 是所有数据集的联合邻接矩阵（大小为 $\sum_a n_a\times\sum_a n_a$）：

$$W=\begin{pmatrix} vW^1 & uW^{1,2} & \cdots & uW^{1,c} \\ & \vdots & & \vdots \\ uW^{c,1} & uW^{c,2} & \cdots & vW^c \end{pmatrix} \tag{9.11}$$

公式（9.10）表示，如果两个数据实例 $X^a(i,.)$ 和 $X^b(j,.)$ 相似，则无论它们在同一个数据集中（$a=b$），还是来自不同的数据集（$a\neq b$），$W(i,j)$ 都较大，它们在潜在空间中的位置 $F(i,.)$ 和 $F(j,.)$ 应该更接近。利用事实 $\|M(i,.)\|^2=\sum_k M(i,k)^2$，以及拉普拉斯是一个二次差分算子，

$$\begin{aligned} C_2(F)&=\sum_{i,j}\sum_k\|F(i,k)-F(j,k)\|^2\cdot W^{a,b}(i,j) \\ &=\sum_k\sum_{i,j}\|F(i,k)-F(j,k)\|^2\cdot W^{a,b}(i,j) \\ &=\sum_k\operatorname{tr}(F(.,k)'LF(.,k))=\operatorname{tr}(F'LF) \end{aligned} \tag{9.12}$$

其中 $\mathrm{tr}(\cdot)$ 表示矩阵迹，$\boldsymbol{L}=\boldsymbol{D}-\boldsymbol{W}$ 是所有数据集的联合拉普拉斯矩阵，$\boldsymbol{D}$ 是一个 $\sum_a n_a \times \sum_a n_a$ 的对角矩阵，其中 $D^a(i,j)=\sum_j W(i,j)$。然后对 $\boldsymbol{L}$ 应用标准流形学习算法以获得原始数据集的联合潜在表示。因此，流形对齐可以被视为一种受约束的联合降维形式，它找到多个数据集的低维嵌入，同时保留它们之间已知的任何对应关系。

例子 10 中，Zheng 等人[58]通过使用 311 投诉数据与社会媒体、道路网络数据以及 POI 来推断细粒度的噪声情况。如图 9.14 所示，用三维张量模型来表示纽约市的噪声情况，其中三个维度分别代表区域、噪声类别和时间槽。元素 $A(i,j,k)$ 存储在给定的时间段内，区域 r_i 中在时间槽 t_k 和噪声类别 c_j 有关的 311 投诉总数。这是一个非常稀疏的张量，因为可能不会有人在任何时间和地点报告噪声情况。如果张量能够被完全填充，我们将能够了解整个城市的噪声情况。

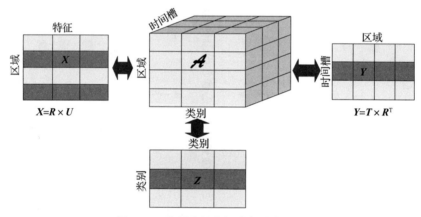

图 9.14　使用张量分解诊断城市噪声

为了处理数据稀疏性问题，他们从 POI/道路网络数据、用户签到和 311 数据中分别提取了三类特征——地理特征、人类移动性特征和噪声类别相关性特征（分别用矩阵 $\boldsymbol{X}$、$\boldsymbol{Y}$ 和 $\boldsymbol{Z}$ 表示）。例如，矩阵 $\boldsymbol{X}$ 的每一行表示一个区域，每一列代表区域的一个道路网络特征，如路口数量和道路段总长度。矩阵 $\boldsymbol{X}$ 结合了两个区域在地理特征方面的相似性。直观上，具有相似地理特征的区域可能有类似的噪声情况。$\boldsymbol{Z}\in\mathbb{R}^{M\times M}$ 是不同噪声类别之间的相关矩阵，$Z(i,j)$ 表示噪声类别 c_i 与另一个类别 c_j 共同出现的频率。

这些特征被用作上下文感知张量分解方法中的上下文，以补充张量中的缺失元素。更具体地说，$\mathcal{A}$ 基于其非零元素被分解成几个（低秩）矩阵和一个核心张量（或者只是几个向量）的乘积。矩阵 $\boldsymbol{X}$ 可以被分解成两个矩阵的乘积，即 $\boldsymbol{X}=\boldsymbol{R}\times\boldsymbol{U}$，其中 $\boldsymbol{R}\in\mathbb{R}^{N\times d_R}$ 和 $\boldsymbol{U}\in\mathbb{R}^{d_R\times P}$ 分别是区域和地理特征的低秩潜在因子。同样，矩阵 $\boldsymbol{Y}$ 可以被分解成两个矩阵的乘积，即 $\boldsymbol{Y}=\boldsymbol{T}\times\boldsymbol{R}^{\mathrm{T}}$，其中 $\boldsymbol{T}\in\mathbb{R}^{L\times d_T}$ 是时间槽的低秩潜在因子矩阵，d_T 和 d_R 通常非常小。目标函数定义为：

$$\mathcal{L}(\boldsymbol{S},\boldsymbol{R},\boldsymbol{C},\boldsymbol{T},\boldsymbol{U})=\frac{1}{2}\|\mathcal{A}-\boldsymbol{S}\times_R\boldsymbol{R}\times_C\boldsymbol{C}\times_T\boldsymbol{T}\|^2+\frac{\lambda_1}{2}\|\boldsymbol{X}-\boldsymbol{R}\boldsymbol{U}\|^2+\frac{\lambda_2}{2}\mathrm{tr}(\boldsymbol{C}^{\mathrm{T}}\boldsymbol{L}_z\boldsymbol{C})+$$
$$\frac{\lambda_3}{2}\|\boldsymbol{Y}-\boldsymbol{T}\boldsymbol{R}^{\mathrm{T}}\|^2+\frac{\lambda_4}{2}(\|\boldsymbol{S}\|^2+\|\boldsymbol{R}\|^2+\|\boldsymbol{C}\|^2+\|\boldsymbol{T}\|^2+\|\boldsymbol{U}\|^2) \tag{9.13}$$

其中 $\lVert \boldsymbol{\mathcal{A}} - \boldsymbol{S} \times_R \boldsymbol{R} \times_C \boldsymbol{C} \times_T \boldsymbol{T} \rVert^2$ 用于控制分解 $\boldsymbol{\mathcal{A}}$ 的误差，$\lVert \boldsymbol{X} - \boldsymbol{RU} \rVert^2$ 用于控制 $\boldsymbol{X}$ 的分解误差，$\lVert \boldsymbol{Y} - \boldsymbol{TR}^T \rVert^2$ 用于控制 $\boldsymbol{Y}$ 的分解误差。$\lVert \boldsymbol{S} \rVert^2 + \lVert \boldsymbol{R} \rVert^2 + \lVert \boldsymbol{C} \rVert^2 + \lVert \boldsymbol{T} \rVert^2 + \lVert \boldsymbol{U} \rVert^2$ 是一个正则化惩罚项，用于避免过拟合。λ_1，λ_2，λ_3 和 λ_4 是在协同分解过程中控制每个部分贡献的参数。这里，矩阵 $\boldsymbol{X}$ 和 $\boldsymbol{Y}$ 与张量 $\boldsymbol{\mathcal{A}}$ 具有相同的区域维度。张量 $\boldsymbol{\mathcal{A}}$ 与 $\boldsymbol{Y}$ 具有共同的时间维度，与 $\boldsymbol{Z}$ 具有共享的类别维度。因此，它们在区域、时间和类别上共享潜在空间。耦合矩阵分解中引入了这个概念。$\mathrm{tr}(\boldsymbol{C}^T \boldsymbol{L}_Z \boldsymbol{C})$ 源自流形对齐 [即根据等式（9.12）]：

$$\sum_{i,j} \lVert C(i,.) - C(j,.) \rVert^2 Z_{ij} = \sum_k \sum_{i,j} \lVert C(i,k) - C(j,k) \rVert^2 Z_{ij} \tag{9.14}$$
$$= \mathrm{tr}(\boldsymbol{C}^T (\boldsymbol{D} - \boldsymbol{Z}) \boldsymbol{C}) = \mathrm{tr}(\boldsymbol{C}^T \boldsymbol{L}_Z \boldsymbol{C})$$

其中 $\boldsymbol{C} \in \mathbb{R}^{M \times d_C}$ 是类别的潜在空间，$D_{ii} = \sum_i Z_{ij}$ 是一个对角矩阵，而 $\boldsymbol{L}_Z = \boldsymbol{D} - \boldsymbol{Z}$ 是类别相关图的拉普拉斯矩阵。$\mathrm{tr}(\boldsymbol{C}^T \boldsymbol{L}_Z \boldsymbol{C})$ 保证具有更高相似性（即 Z_{ij} 更大）的两个（例如，第 i 个和第 j 个）噪声类别在新的潜在空间 $\boldsymbol{C}$ 中也应该有更近的距离。在这种情况下，只有一组数据（即 311 数据）涉及流形对齐，所以 $\boldsymbol{D} = \boldsymbol{D}$。由于没有闭式解可以找到目标函数的全局最优结果，因此采用了数值方法，即梯度下降法，来寻找局部最优解。

9.4.3　基于概率依赖的知识融合

这类方法根据不同数据集之间的概率依赖关系融合知识，这种依赖关系可能是相关性或因果关系。更具体地说，它通过有向边或无向边将不同数据集的属性连接起来，形成一个依赖关系的图表示，基于这个表示进行推理，以预测某些变量的值。

例如，如图 9.15 所示，数据集 S_1 中的一个因子 C 是由另一个数据集 S_2 中的因子 B 引起的，而因子 B 进一步依赖于数据集 S_3 中的因子 C。或者，我们可能知道因子 A 和 B 共同导致 C，它们相互依赖于 D。概率图模型，包括贝叶斯网络和马尔可夫随机场，是这类知识融合方法的代表性方法。

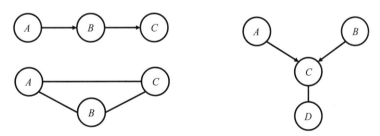

图 9.15　基于概率依赖的知识融合方法示例

图模型的结构通常是基于人类知识手动设计的，尽管从理论上讲，它可以自动从给定的数据中学习得到。自动学习图模型的结构仍然是一个公开的挑战，这非常复杂且计算成本高昂。将人类知识集成到模型中，图模型可以处理只有少量训练数据甚至没有标记数据的机器学习问题，这可以帮助解决标签稀疏性问题。与其他分类模型（如 SVM）相比，它还可以处理分类任务中的标签不平衡问题。

9.4.3.1　贝叶斯网络

贝叶斯网络是一种有向无环图，它可以分解 n 个变量的联合概率。使用贝叶斯网络时，有两个主要步骤，包括学习参数和推断一个变量相对于依赖变量的边际概率。有关贝叶斯网络的更多详细信息，请参考 8.6.2 节。

9.4.3.2　马尔可夫随机网络

马尔可夫网络，也称为马尔可夫随机场，是一组具有马尔可夫性质的随机变量，该性质由一个无向图（可能有环）描述。因此，马尔可夫网络可以表示贝叶斯网络无法表示的某些依赖关系（例如循环依赖）。它还无法表示贝叶斯网络可以表示的某些依赖关系（例如诱导依赖）。马尔可夫随机网络的学习和推理算法与贝叶斯网络类似。有关马尔可夫随机网络的更多详细信息，请参考 8.6.3 节。

9.4.4　基于迁移学习的知识融合

许多机器学习和数据挖掘算法中的一个主要假设是，训练数据和未来的数据必须在相同的特征空间中并且具有相同的分布。然而，在许多现实世界应用中，这个假设可能不成立。例如，有时我们有一个在感兴趣领域的分类任务，但只在另一个感兴趣领域有足够的训练数据，两者可能处于不同的特征空间或遵循不同的数据分布。与半监督学习不同，后者假设标记数据和未标记数据的分布是相同的，迁移学习相反，允许在训练和测试中使用不同的领域、任务和分布。

在现实世界中，可以观察到许多迁移学习的例子。例如，学习识别桌子可能有助于识别椅子，学习骑自行车可能有助于骑摩托车。这样的例子在数字世界中也广泛存在，例如，通过分析用户在亚马逊网站上的交易记录，可以推断出该人的兴趣，这可以转移应用到另一个应用程序或旅行推荐。从一个城市的交通数据中学习的知识可以转移应用到另一个城市。

9.4.4.1　同类型数据集之间的迁移

Pan 和 Yang 等人[34]提供了一个很好的调查，基于源领域和目标领域之间不同的任务和情况，将迁移学习分为三个类别，如表 9.2 所示。图 9.16 根据源域和目标域中是否可用标签数据，展示了迁移学习的另一种分类方式。

表 9.2　迁移学习（TL）的分类[34]

学习设置		源领域和目标领域	源任务和目标任务
传统机器学习		相同	相同
迁移学习（TL）	归纳学习/无监督迁移学习	相同	不同但相关
		不同但相关	不同但相关
	转导学习	不同但相关	相同

转导学习用于处理任务相同，但源领域和目标领域不同的情况。此外，源领域和目标领域之间的差异有两个子类别。

在第一类别中，领域之间的特征空间相同，但边际概率分布不同。大多数现有的迁移学习工作属于这一类别。例如，在交通预测任务中，我们可以将交通数据从一个城市转移到另一个城市，其中训练数据有限。

在第二类别中，领域之间的特征空间不同但任务相同。例如，一个领域有中文网页，另一个领域有英文网页，但都要根据网页语义意义的相似性对网页进行聚类。

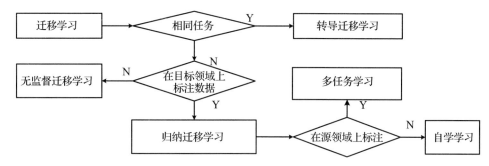

图 9.16　迁移学习的另一种分类法

Yang 等人[49]提出了称为异构迁移学习的环境来处理这类情况。在这个研究方向上有两个分支：（1）从源领域到目标领域的转换[14]；（2）将两个领域投影到一个共同的潜在空间[64]。尽管在异构迁移学习中源领域和目标领域来自不同的特征空间，但每个领域本身都是同质的，只有一个数据源。

与转导学习不同，归纳学习处理源领域和目标领域中任务不同的情况。它专注于在解决一个问题时获得一些知识，并将其应用于一个不同但相关的问题。多任务学习（MTL）[11]是归纳迁移学习的代表方法。MTL 同时学习一个问题以及其他相关问题，使用共享表示。这通常会导致主任务有更好的模型，因为它允许学习者利用任务之间的共性[11]。如果这些任务具有一定的共性并且样本量稍微不足，则 MTL 效果很好。

MTL 有两个示例展示了两个分类任务之间的学习迁移。一个任务是根据个体在现实世界中的位置历史（例如，来自社交网络的签到）推断其对不同旅行套餐的兴趣。另一个任务是根据用户在网上浏览的书籍估计用户对不同书风格的兴趣。如果我们恰好有两个来自同一用户的数据集，可以在 MTL 框架中将这两个任务关联起来，学习对用户一般兴趣的共享表示。用户浏览的书籍可能暗含她的兴趣和特点，这可以转移到旅行套餐推荐中。同样，来自用户物理位置的知识也可以帮助估计用户对不同书风格的兴趣。当拥有的数据集稀疏时（例如只有一个用户的小量签到数据），MTL 特别有帮助。

MTL 的另一个示例同时预测未来的空气质量和交通状况。一般的认识是，不同的交通状况会产生不同量的空气污染物，因此对空气质量有不同的影响。同样，人们在空气质量好的日子倾向于去徒步或野餐，而在空气质量差的日子倾向于减少出行。因此，交通状况也受到空气质量的影响。这两个数据集的共享特征表示可以看作一个时间槽中位置的潜在空间。

示例 11 中，Liu 等人[29]提出了一种新颖的多任务多视图学习框架，用于预测管道网络中 15 个监测点在两小时内的水质（例如，余氯）。水厂利用预测结果可以在水源地调整水质、发布污染警报以及做出维护（例如更换某些管道）的决策。

在这个框架中，不同的城市数据源被视为水质的空间或时间视图。例如，如图 9.17 所示，道路网络、POI 以及相邻点的水质特征构成了水质的空间视图，而气象、水文特征、时间段以及过去几分钟内某一点的水质被视为时间视图。两个预测器，包括时间预测器和空间预测器，分别将相应视图的特征作为输入，并独立生成预测结果。

此外，每个监测点的预测被视为一个任务。15 个监测点的水质被集体预测，这就是多任务学习（MTL）。正式地，根据以下目标函数聚合不同视图和任务的预测结果：

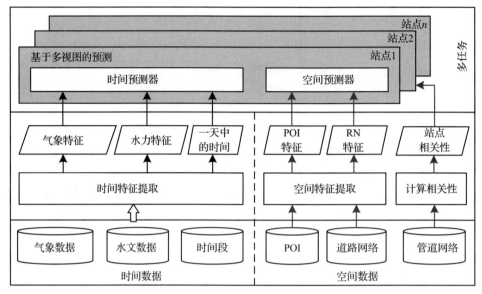

图 9.17　用于预测城市水质的多任务多视图学习框架

$$\min_w \frac{1}{2} \sum_{l=1}^{M} \left\| y_l - \frac{1}{2} X_l w_l \right\|_2^2 + \lambda \sum_{l=1}^{M} \left\| X_l^s w_l^s - X_l^t w_l^t \right\|_2^2 + \gamma \sum_{l,m,l\neq m}^{M} c_{lm} \left\| w_l - w_m \right\|_2^2 + \theta \left\| W \right\|_{2,1} \quad (9.15)$$

其中 $X_l w_l = X_l^s w_l^s + X_l^t w_l^t$ 是任务中两个预测器的聚合。X_l^s 是任务 l 中空间预测器的特征集，而 w_l^s 是相应的参数。简单起见，两个预测器中采用了线性回归模型。同样，X_l^t 是任务 l 中时间预测器的特征集，而 w_l^t 是相应的参数。w_l 表示任务 l 的参数集，包括 w_l^s 和 w_l^t · $\|x\|_2$（表示 x 的 L2 范数）。

$\|X_l^s w_l^s - X_l^t w_l^t\|_2^2$ 表示视图对齐。也就是说，同一任务中空间和时间视图的预测结果应该彼此接近。

$\sum_{l,m,l\neq m}^{M} c_{lm} \|w_l - w_m\|_2^2$ 表示任务对齐。c_{lm} 是两个任务之间的相关性，可以通过管道网络中两个监测点之间的连接性来衡量。如果两个监测点通过短而粗的管道良好连接，水可以轻易地从一点流向另一点。因此，它们的水质之间的相关性应该很高。如果 c_{lm} 很大（即任务 l 和 m 之间的相关性很强），那么两个任务的参数也应该相似，因此 $\|w_l - w_m\|_2^2$ 应该很小。

λ、γ 和 θ 是正则化参数。W 是一个 $M \times N$ 的参数矩阵，其中每一行代表一个任务（即一个监测点），每一列代表一个特征。M 是任务的数量，$N = \|X_l^s\| + \|X_l^t\|$ · $\|W\|_{2,1} = \sum_{i=1}^{M} \sqrt{\sum_{j=1}^{N} w_{ij}^2}$ 是用于避免过拟合的正则化项。

实验表明，多任务多视图框架的性能优于经典的预测模型以及其他基于单视图或单任务的机器学习算法。

9.4.4.2　多个数据集之间的迁移学习

在大数据时代，许多机器学习任务需要利用领域内的多样化数据以达到更好的性能。这需要新技术，能够将多个数据集的知识从源领域转移到目标领域。例如，像北京这样的大城市可能有足够的数据集（如交通、气象和人类移动数据）来推断其细粒度的空气质量。但是，当将模型应用到另一个城市时，可能完全没有某些类型的数据集（例如，交通数据），或者某些数据集（如人类移动数据）中的观察数据不足。能否将从北京多个数据集中学到的知识转移到另一个城市呢？

图 9.18 展示了在处理多个数据集时迁移学习的四种情况，其中不同的形状代表不同的数据集（也称为视图）。如图 9.18a 所示，目标领域拥有所有类型的数据集（源领域所拥有的），每个数据集都有足够的观察值（与源领域相同）。也就是说，目标领域具有与源领域相同（且足够）的特征空间，这种情况可以由多视图迁移学习[15,48,54]处理。例如，Zhang 等人[54]提出了一个大间隔的多视图迁移学习（MVTL-LM），它利用了源领域的标记数据以及不同视图的特征。DISMUTE[15]为多视图跨领域学习执行特征选择。多视图判别迁移（MDT）[48]学习每个视图的判别权重向量，以同时最小化领域差异和视图不一致。

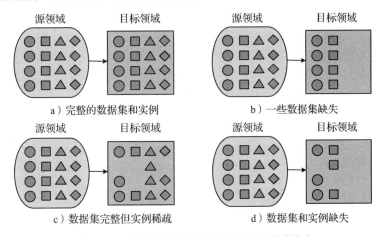

图 9.18　多个数据集之间迁移学习的不同范式

如图 9.18b 所示，目标领域中某些数据集不存在，而其他数据集与源领域一样充足。为了处理这种数据集（也称为视图结构）缺失问题，提出了一种多视图多任务学习[21,24]的研究方法。然而，这些算法无法处理图 9.18c 所示的情况，即目标领域拥有所有类型的数据集，但某些数据集可能只有很少（或非常稀疏）的观察值，或者图 9.18d 所示的情况，即某些数据集不存在（视图结构缺失）而某些数据集非常稀疏（观察值缺失）。为了解决这些问题，Wei 等人[44]提出了一种迁移学习方法，可以处理视图结构缺失和观察值缺失问题。

示例 12 是在智慧城市的场景中，像北京和纽约这样的大城市拥有充足的数据是非常常见的。然而，在小型或新兴城市中，由于缺乏数据收集的基础设施或者基础设施刚刚建立，可能会缺少某种类型的数据，或者某种类型的数据观察值非常稀疏。这导致了上面提到的结构缺失和观察值缺失问题。如果我们能够将从数据丰富的城市（称为源城市）中学到的知识转移到数据不足的城市（称为目标城市），那么即使这些城市的数据准备得不充分，也可以迅速在许多城市中部署新技术，这有助于解决智慧城市中的冷启动问题。

在城市之间转移知识时，需要了解哪些可以转移，哪些不可以转移。以空气质量推断问题为例，不能直接将基于北京数据学习的推断模型转移到保定来推断空气质量，因为两个城市的空气质量分布非常不同。也不能用北京的交通数据来训练保定的推断模型，因为两个城市的道路网络非常不同。因此，这两种转移在这里都不起作用。

　　关于不同类型数据集之间关系的知识则可能是普遍适用的，因此可以在不同的城市之间转移。例如，空气污染可能与交通拥堵相关。这可能在任何城市都成立。此外，不同城市中的相同类型的数据集可能有类似的潜在表示。如果能够将不同城市的数据投影到相同的潜在空间中，或许能够利用它来解决数据稀缺的问题。例如，尽管不同城市的交通模式有不同的地理分布，由不同的道路网络塑造，但潜在表示可能是相同的（即在早高峰和晚高峰期间行驶速度较慢，其余时间相对较快）。因此，如果能够将两个城市的交通数据投影到潜在空间中，就可以使用它来解决数据稀缺的问题。

　　如图 9.19 所示，迁移学习框架首先通过基于图聚类的字典学习算法，基于源城市充足的数据建立一个字典。这个字典编码了不同类型数据集之间的关系，并用作基向量（对于稀疏编码模型）将来自源城市和目标城市的数据投影到潜在空间。然后，可以在潜在空间中使用两个城市的数据一起训练一个多模态迁移 AdaBoost 模型。由于目标城市的数据可能缺失某种类型的数据，因此使用最大池化来聚合其数据。简而言之，迁移学习框架将字典和实例从源城市转移到目标城市。

　　关于字典学习算法，它通过连接不同实例的特征来创建一个图，并使用两种类型的边。如图 9.19b 所示，每个圆圈代表一个位置（即一个实例），不同形状的图标代表不同类型的特征。例如，方形图标可能代表 POI 特征，三角形图标可能代表气象特征。每种特征本质上是一个特征向量。例如，一个 POI 特征向量可能存储不同类别中 POI 的分布。更具体地说，如果两个不同位置（即两个实例）的同一类型特征之间的相似性超过给定阈值，则字典学习算法用内边连接它们。如果不同实例的不同类型特征之间的地理距离小于给定阈值，算法用外边连接它们。

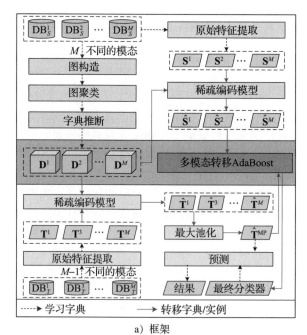

a）框架

图 9.19　城市间知识转移

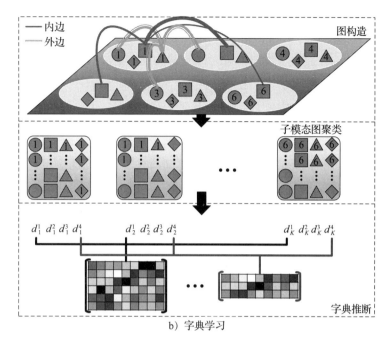

b) 字典学习

图 9.19　（续）

字典学习算法随后根据以下三个标准将这些特征在图中聚类成 k 个组。首先，每个簇应该包含所有类型的特征。其次，标签数据（即空气质量标签）应该在 k 个组中均匀分布。第三，每个组中的标签数据应该尽可能一致。通过计算每个簇中实例的特征值的平均值，可以为每种数据集创建一个字典。这个算法编码了每个字典中不同类型特征之间的关系，这将用作稀疏编码的基向量，以将一种数据类型投影到潜在空间中。

多模态迁移 AdaBoost 模型根据从一种数据集中提取的特征训练预测器，并通过提升方法汇总不同预测器的结果。更具体地，算法给源城市和目标城市中的所有实例分配初始权重。然后，它通过给源城市中误分类的实例分配较小的权重，给目标城市中误分类的实例分配较大的权重，来迭代更新这些实例的权重，直到性能收敛。

9.5　不同融合方法的比较

表 9.3 展示了这些知识融合方法（列在第一列）之间的比较，其中第二列表示每个方法能否作为元方法并入其他方法。例如，基于语义意义的数据融合方法可以用在阶段融合方法中。

表 9.3　不同数据融合方法的比较

方法		元	标签		目标	训练	可扩展性
			体积	位置			
基于阶段的		Y	NA	NA	NA	NA	NA
特征	串联	N	大	灵活的	F，P，C，O	S	Y
	DNN	N	大	灵活的	F，P，A，O	U/S	Y

（续）

方法		元	标签		目标	训练	可扩展性
			体积	位置			
语义意义	多视图	Y	小	固定的	F, P, O	S, SS	Y
	概率	N	小	固定的	F, P, C, O, A	S/U	N
	相似性	N	小	灵活的	F, A, O	U	Y
	转移	Y	小	固定的	F, P, A, O	S/U	Y

很难判断哪种知识融合方法是最好的，因为不同的方法在不同的应用中表现不同。尽管给出了比较，但为给定问题选择合适的方法仍然是一个具有挑战性的问题，这取决于许多因素。

9.5.1　数据集的体积、特征和洞察

首先，如表 9.3 的第三列所示，基于特征的数据融合方法需要大量的标记实例作为训练数据，而基于语义意义的方法可以应用于标记实例较少的数据集。通常，给定相同数量的训练数据，基于特征连接的方法不如基于语义意义的方法好，因为特征之间存在依赖性和相关性。添加稀疏正则化可以在一定程度上减轻这种影响，但不能从根本上消除。在某些拥有大量标记数据的情况下，特别是对于图像和语音数据，使用基于特征的融合方法（如 DNN）可以表现良好。然而，模型的性能严重依赖于超参数的调整。给定一个有许多参数需要学习的大型模型，这通常是一个耗时的过程，需要人类经验的参与。

其次，当研究某种对象（如地理区域）时，需要考虑是否有一些对象实例可以持续生成标记数据（在第四列，位置标记为固定的或灵活的）。例如，在示例 7 中，在拥有固定监测站的某些地区可以不断生成空气质量数据。然而，我们无法确保某个地区人们是否会不断投诉 311 数据（如示例 10 中所述）。有时，地区 A 和 B 有 311 投诉，而在其他时间段，地区 C、D 和 E 会收到这些投诉。在某些极端情况下，没有地区拥有 311 数据。也就是说，拥有 311 数据的地区是灵活出现的，无法为某个地区制定稳定的视图-类别标签对。因此，使用多视图融合方法或基于特征融合方法来处理 311 示例是不合适的。此外，示例 7 的问题也无法通过基于相似性的融合方法解决。因为监测站的位置是固定的，有标记和没有标记的地区都是固定的。我们无法计算带有标记数据的地区与始终没有数据的地区之间的相似度。

9.5.2　机器学习任务的目标

融合多个数据集的目标包括填充稀疏数据集中的缺失值、预测未来、因果推断、对象轮廓描绘和异常检测。如表 9.3 的第五列所示，基于概率依赖的数据融合方法可以实现所有这些目标（F, P, C, O, A）。特别是，贝叶斯网络和基于特征连接的融合方法（例如，当使用线性回归模型时）通常擅长处理因果推断问题（C）。贝叶斯网络的有向边揭示了不同因素（即节点）之间的因果关系，线性回归模型中特征的权重表示因素对问题的重要性。基于 DNN 的知识融合方法则可能不适合因果推断，因为原始特征已经被 DNN 转换为中间级别的特征表示，每个特征的语义意义不再清晰。

9.5.3 机器学习算法的学习方法

学习方法包括有监督学习（S）、无监督学习（U）和半监督学习（SS），如表 9.3 的第六列所示。我们可以根据是否可用标记的真实数据或标记数据的体积选择相应的方法。例如，有监督学习和半监督学习方法可以应用于多视图数据融合方法。基于 DNN 的融合方法可以采用有监督学习方法来训练端到端的分类模型，或者使用无监督学习方法来学习原始特征的潜在表示。特征连接的方法不能应用于没有标记的机器学习任务，因为它们只能通过有监督学习方法进行训练。

9.5.4 效率和可扩展性

数据挖掘任务有一些要求，比如效率和可扩展性（显示在右侧列）。一般来说，基于概率依赖的方法不容易扩展（N）。具有复杂结构［例如，许多（隐藏）节点和层］的图模型可能变得难以处理。关于基于相似性的数据融合方法，当矩阵变得非常大时，可以并行操作的非负矩阵分解（NMF）可以用于加速分解（Y）。

9.6 总结

跨多个不同数据集的知识融合是大数据研究和城市计算中的一个基本问题，这与数据库社区中研究的跨领域数据融合和传统数据融合有很大区别。本章介绍了三类知识融合方法，包括基于阶段的方法、基于特征级别的方法和基于语义意义的方法。

第二类方法进一步由两个组成部分组成：基于特征连接的方法和基于 DNN 的方法。基于特征连接的方法通常会提出正则化来避免过拟合并减少特征之间的冗余，基于 DNN 的知识融合方法中的中层特征表示可以看作来自多个数据集的知识的融合。潜在表示可以用于另一分类模型，如 SVM 或聚类算法（如用于完成数据挖掘任务的 K 均值算法）。

第三类由四个部分组成：基于多视图、基于相似性、基于概率依赖和基于迁移学习的方法。

基于多视图的方法中，关于对象的不同数据集或不同特征子集可以被视为对象的不同视图，这些视图是相辅相成的，包含了其他视图所没有的知识。因此，组合多个视图可以全面准确地描述对象。基于多视图的方法中具有代表性的方法包括协同训练、多核学习和子空间学习。

基于相似性的方法中，相似之处在于不同的对象之间，如果我们知道两个对象 (X,Y) 在某些度量方面是相似的，那么当 Y 缺乏数据时，Y 可以利用 X 的信息。当 X 和 Y 分别具有多个数据集时，可以基于每对对应的数据集来学习两个对象之间的多个相似性。每一个相似性都从一个角度描述了 X 和 Y 之间的相关性，共同巩固了相关性。反过来，X 和 Y 之间的相关性可以增强每个个体的相似性。基于相似性的方法中的代表性方法是耦合矩阵分解、上下文感知张量分解和流形对齐。

基于概率依赖的方法将不同数据集的属性与有向或无向边连接起来，形成依赖性的图表示，在此基础上进行推理以预测一些变量的值。基于概率依赖性的方法中有代表性的方法是贝叶斯网络，如隐马尔可夫模型、潜狄利克雷分布和马尔可夫随机场（如条件随机场和高斯马尔可夫随机场）。

人们可以转移在一个领域中学习的知识以解决另一个领域的问题，受此现象的启发，最后一类方法可以在单一类型的数据集或多种类型的数据集中转移知识。多任务学习是这一类别中的一种代表性方法，它可以与多视图方法相结合，形成一种多任务多视图的学习方法。

本章最后对这些知识融合方法进行了比较，有助于为给定的问题选择合适的方法，这是一个需要专家知识的挑战。

参考文献

[1] Abney, S. 2002. "Bootstrapping." In *Proceedings of the 40th Annual Meeting of the Association for Computational Linguistics*. Stroudsburg, PA: Association for Computational Linguistics, 360–367.

[2] Balcan, M. F., A. Blum, and Y. Ke. 2004. "Co-Training and Expansion: Towards Bridging Theory and Practice." *Advances in Neural Information Processing Systems* 14:89–96.

[3] Baxter, J. 2000. "A Model of Inductive Bias Learning." *Journal of Artificial Intelligence Research* 12:149–198.

[4] Belkin, M., and P. Niyogi. 2003. "Laplacian Eigenmaps for Dimensionality Reduction and Data Representation." *Neural Computation* 15 (6): 1373–1396.

[5] Bengio, Y., A. Courville, and P. Vincent. 2013. "Representation Learning: A Review and New Perspectives." *IEEE Transactions on Pattern Analysis and Machine Intelligence* 35 (8): 1798–1828.

[6] Blei, D., A. Ng, and M. Jordan. 2003. "Latent Dirichlet Allocation." *Journal of Machine Learning Research* 3:993–1022.

[7] Bleiholder, J., and F. Naumann. 2008. "Data Fusion." *ACM Computing Surveys* 41 (1): 1–41.

[8] Blum, A., and T. Mitchell. 1998. "Combining Labeled and Unlabeled Data with Co-Training." In *Proceedings of the Eleventh Annual Conference on Computational Learning Theory*. New York: ACM, 92–100.

[9] Brefeld, U., and T. Scheffer. 2004. "Co-em Support Vector Learning." In *Proceedings of the Twenty-first International Conference on Machine Learning*. New York: Association for Computing Machinery (ACM), 16.

[10] Breiman, L. 2001. "Random Forests." *Machine Learning* 45 (1): 5–32.

[11] Caruana, R. 1997. "Multitask Learning: A Knowledge-Based Source of Inductive Bias." *Machine Learning* 28:41–75.

[12] Chawla, S., Y. Zheng, and J. Hu. 2012. "Inferring the Root Cause in Road Traffic Anomalies." In *Proceedings of the 2012 IEEE 12th International Conference on Data Mining*. Washington, DC: Institute of Electrical and Electronics Engineers (IEEE) Computer Society Press, 141–150.

[13] Chen, N., J. Zhu, and E. P. Xing. 2010. "Predictive Subspace Learning for Multi-View Data: A Large Margin Approach." *Advances in Neural Information Processing Systems* 23:361–369.

[14] Dai, W., Y. Chen, G.-R. Xue, Q. Yang, and Y. Yu. 2008. "Translated Learning: Transfer Learning across Different Feature Spaces." In *Proceedings of the 21st International Conference on Neural Information Processing Systems*. La Jolla, CA: Neural Information Processing Systems (NIPS), 353–360.

[15] Fang, Z., and Z. M. Zhang. 2013. "Discriminative Feature Selection for Multi-View Cross-Domain Learning." In *Proceedings of the 22nd International Conference on Information and Knowledge Management*. New York: ACM, 1321–1330.

[16] Fu, Y., Y. Ge, Y. Zheng, Z. Yao, Y. Liu, H. Xiong, and N. Jing Yuan. 2014. "Sparse Real Estate Ranking with Online User Reviews and Offline Moving Behaviors." In *Proceedings of the 2014 IEEE International Conference on Data Mining*. Washington, DC: IEEE Computer Society Press, 120–129.

[17] Fu, Y., H. Xiong, Y. Ge. Z. Yao, and Y. Zheng. 2014. "Exploiting Geographic Dependencies for Real Estate Appraisal: A Mutual Perspective of Ranking and Clustering." In *Proceedings of the 20th SIGKDD Conference on Knowledge Discovery and Data Mining*. New York: ACM.

[18] Fu, Y., H. Xiong, Y. Ge, Y. Zheng, Z. Yao, and Z. H. Zhou. 2016. "Modeling of Geographic Dependencies for Real Estate Ranking." *ACM Transactions on Knowledge Discovery from Data* 11 (1): 11.

[19] Gonen, M., and E. Alpaydn. 2011. "Multiple Kernel Learning Algorithms." *Journal of Machine Learning Research* 12:2211–2268.

[20] Hardoon, D., S. Szedmak, and J. Shawe-Taylor. 2004. "Canonical Correlation Analysis: An Overview with Application to Learning Methods." *Neural Computation* 16 (12): 2639–2664.

[21] He, J., and R. Lawrence. 2011. "A Graph-Based Framework for Multi-Task Multi-View Learning." In *Proceedings of the 28th International Conference on Machine Learning*. Madison, WI: Omnipress, 25–32.

[22] Ho, T. K. 1995. "Random Decision Forest." In *Proceedings of the 3rd International Conference on Document Analysis and Recognition*. Washington, DC: IEEE Computer Society Press, 278–282.

[23] Ho, T. K. 1998. "The Random Subspace Method for Constructing Decision Forests." *IEEE Transactions on Pattern Analysis and Machine Intelligence* 20 (8): 832–844.

[24] Jin, X., F. Zhuang, H. Xiong, C. Du, P. Luo, and Q. He. 2014. "Multi-Task Multi-View Learning for Heterogeneous Tasks." In *Proceedings of the 23rd ACM International Conference on Information and Knowledge Management*. New York: ACM, 441–450.

[25] Kan, M., S. Shan, H. Zhang, S. Lao, and X. Chen. 2012. "Multi-View Discriminant Analysis." In *Proceedings of the 12th European Conference on Computer Vision*. Berlin: Springer, 808–821.

[26] Lawrence, N. D. 2004. "Gaussian Process Latent Variable Models for Visualisation of High Dimensional Data." *Advances in Neural Information Processing Systems* 16:329–336.

[27] Lai, P. L., and C. Fyfe. 2000. "Kernel and Nonlinear Canonical Correlation Analysis." *International Journal of Neural Systems* 10 (5): 365–377.

[28] Liu, W., Y. Zheng, S. Chawla, J. Yuan, and X. Xie. 2011. "Discovering Spatio-Temporal Causal Interactions in Traffic Data Streams." In *Proceedings of the 17th ACM SIGKDD Conference on Knowledge Discovery and Data Mining*. New York: ACM, 1010–1018.

[29] Liu, Y., Y. Zheng, Y. Liang, S. Liu, and D. S. Rosenblum. 2016. "Urban Water Quality Prediction Based on Multi-Task Multi-View Learning." In *Proceedings of the Twenty-Fifth International Joint Conference on Artificial Intelligence*. New York: AAAI Press.

[30] Nigam, K., and R. Ghani. 2000. "Analyzing the Effectiveness and Applicability of Co-training." In *Proceedings of the Ninth International Conference on Information and Knowledge Management*. New York: ACM, 86–93.

[31] Ngiam, J., A. Khosla, M. Kim, J. Nam, H. Lee, and A. Y. Ng. 2011. "Multimodal Deep Learning." In *Proceedings of the 28th International Conference on Machine Learning*. Madison, WI: Omnipress, 689–696.

[32] Noble, W. S. 2004. "Support Vector Machine Applications in Computational Biology." In *Kernel Methods in Computational Biology*, edited by Bernhard Schölkopf, Koji Tsuda, and Jean-Philippe Vert. Cambridge, MA: MIT Press.

[33] Pan, B., Y. Zheng, D. Wilkie, and C. Shahabi. 2013. "Crowd Sensing of Traffic Anomalies Based on Human Mobility and Social Media." In *Proceedings of the 21st ACM SIGSPATIAL International Conference on Advances in Geographic Information Systems*. New York: ACM, 334–343.

[34] Pan, S. J., and Q. Yang. 2010. "A Survey on Transfer Learning." *IEEE Transactions on Knowledge Discovery and Data Engineering* 22 (10): 1345–1359.

[35] Roweis, S., and L. Saul. 2000. "Nonlinear Dimensionality Reduction by Locally Linear Embedding." *Science* 290 (5500): 2323–2326.

[36] Shang, J., Y. Zheng, W. Tong, E. Chang, and Y. Yu. 2014. "Inferring Gas Consumption and Pollution Emission of Vehicles throughout a City." In *Proceedings of the 20th ACM SIGKDD International Conference on Knowledge Discovery and Data Mining*. New York: ACM, 1027–1036.

[37] Srivastava, N., and R. Salakhutdinov. 2012. "Multimodal Learning with Deep Boltzmann Machines." In *Proceedings of the Neural Information and Processing Systems*.

[38] Sun, Y., and J. Han. 2012. "Mining Heterogeneous Information Networks: Principles and Methodologies." *Synthesis Lectures on Data Mining and Knowledge Discovery* 3 (2): 1–159.

[39] Sun, Y., J. Han, P. Zhao, Z. Yin, H. Cheng, and T. Wu. 2009. "Rankclus: Integrating Clustering with Ranking for Heterogeneous Information Network Analysis." In *Proceedings of the 12th International Conference on Extending Database Technology: Advances in Database Technology*. New York: ACM, 565–576.

[40] Sun, Y., Y. Yu, and J. Han. 2009. "Ranking-Based Clustering of Heterogeneous Information Networks with Star Network Schema." In *Proceedings of the 15th ACM SIGKDD International Conference on Knowledge Discovery and Data Mining*. New York: ACM, 797–806.

[41] Tenenbaum, J., Vin de Silva, and J. Langford. 2000. "A Global Geometric Frame-Work for Non-Linear Dimensionality Reduction." *Science* 290 (5500): 2319–2323.

[42] Varma, M., and B. R. Babu. 2009. "More Generality in Efficient Multiple Kernel Learning." In *Proceedings of the 26th Annual International Conference on Machine Learning*. New York: ACM, 1065–1072.

[43] Wang, C., P. Krafft, and S. Mahadevan. 2011. "Manifold Alignment." In *Manifold Learning: Theory and Applications*, edited by Yunqian Ma and Yun Fu. Boca Raton, FL: CRC Press.

[44] Y. Wei, Y. Zheng, and Q. Yang. 2016. "Transfer Knowledge between Cities." In *Proceedings of the 22nd ACM SIGKDD International Conference on Knowledge Discovery and Data Mining*. New York: ACM, 1905–1914.

[45] Xiao, X., Y. Zheng, Q. Luo, and X. Xie. 2010. "Finding Similar Users Using Category-Based Location History." In *Proceedings of the 18th ACM SIGSPATIAL Conference in Advances in Geographic Information Systems*. New York: ACM, 442–445.

[46] Xiao, X., Y. Zheng, Q. Luo, and X. Xie. 2014. "Inferring Social Ties between Users with Human Location History." *Journal of Ambient Intelligence and Humanized Computing* 5 (1): 3–19.

[47] Xu, C., T. Dacheng, and X. Chao. 2013. "A Survey on Multi-View Learning." arXiv:1304.5634.

[48] Yang, P., and W. Gao. 2013. "Multi-view Discriminant Transfer Learning." In *Proceedings of the Twenty-Third International Joint Conference on Artificial Intelligence*. New York: AAAI Press, 1848–1854.

[49] Yang, Q., Y. Chen, G.-R. Xue, W. Dai, and Y. Yu. 2009. "Heterogeneous Transfer Learning for Image Clustering via the Social Web." In *Proceedings of the Joint Conference of the 47th Annual Meeting of the ACL and the 4th International Joint Conference on Natural Language Processing of the AFNLP: Volume 1*. Stroudsburg, PA: Association for Computational Linguistics, 1–9.

[50] Yi, X., Y. Zheng, J. Zhang, and T. Li. 2016. "ST-MVL: Filling Missing Values in Geo-Sensory Time Series Data." In *Proceedings of the Twenty-Fifth International Joint Conference on Artificial Intelligence*. New York: AAAI Press.

[51] Yuan, J., Y. Zheng, and X. Xie. 2012. "Discovering Regions of Different Functions in a City Using Human Mobility and POIs." In *Proceedings of the 18th ACM SIGKDD International Conference on Knowledge Discovery and Data Mining*. New York: ACM, 186–194.

[52] Yuan, N. J., Y. Zheng, and X. Xie. 2012. "Segmentation of Urban Areas Using Road Networks." *Microsoft Technical Report*, MSR-TR-2012-65.

[53] Yuan, N. J., Y. Zheng, X. Xie, Y. Wang, K. Zheng, and H. Xiong. 2015. "Discovering Urban Functional Zones Using Latent Activity Trajectories." *IEEE Transactions on Knowledge and Data Engineering* 27 (3): 1041–4347.

[54] Zhang, D., J. He, Y. Liu, L. Si, and R. Lawrence. 2011. "Multi-View Transfer Learning with a Large Margin Approach." In *Proceedings of the 17th SIGKDD Conference on Knowledge Discovery and Data Mining*. New York: ACM, 1208–1216.

[55] Zheng, Y. 2015. "Trajectory Data Mining: An Overview." *ACM Transactions on Intelligent Systems and Technology* 6 (3): 1–29.

[56] Zheng, Y., X. Chen, Q. Jin, Y. Chen, X. Qu, X. Liu, E. Chang, W.-Y. Ma, Y. Rui, and W. Sun. 2013. "A Cloud-Based Knowledge Discovery System for Monitoring Fine-Grained Air Quality." *Microsoft Technical Report*, MSR-TR-2014-40.

[57] Zheng, Y., F. Liu, and H. P. Hsieh. 2013. "U-Air: When Urban Air Quality Inference Meets Big Data." In *Proceedings of the 19th SIGKDD Conference on Knowledge Discovery and Data Mining*. New York: ACM, 1436–1444.

[58] Zheng, Y., T. Liu, Y. Wang, Y. Zhu, Y. Liu, and E. Chang. 2014. "Diagnosing New York City's Noises with Ubiquitous Data." In *Proceedings of the 2014 ACM International Joint Conference on Pervasive and Ubiquitous Computing*. New York: ACM, 715–725.

[59] Zheng, Y., Y. Liu, J. Yuan, and X. Xie. 2011. "Urban Computing with Taxicabs." In *Proceedings of the 13th International Conference on Ubiquitous Computing*. New York: ACM, 89–98.

[60] Zheng, Y., X. Yi, M. Li, R. Li, Z. Shan, E. Chang, and T. Li. 2015. "Forecasting Fine-Grained Air Quality Based on Big Data." In *Proceedings of the 21st ACM SIGKDD International Conference on Knowledge Discovery and Data Mining*. New York: ACM, 2267–2276.

[61] Zheng, Y., H. Zhang, and Y. Yu. 2015. "Detecting Collective Anomalies from Multiple Spatio-Temporal Datasets across Different Domains." In *Proceedings of the 23rd SIGSPATIAL International Conference on Advances in Geographic Information Systems*. New York: ACM, 2.

[62] Zhou, Z. H., and M. Li. 2005. "Semi-Supervised Regression with Co-Training." In *Proceedings of the 19th International Joint Conference on Artificial Intelligence*. San Francisco, CA: Morgan Kaufmann.

[63] Zhu, Julie Yixuan, Chao Zhang, Huichu Zhang, Shi Zhi, Victor O. K. Li, Jiawei Han, and Yu Zheng. 2017. "pg-Causality: Identifying Spatiotemporal Causal Pathways for Air Pollutants with Urban Big Data." *IEEE Transactions on Big Data*. doi:10.1109/TBDATA.2017.2723899.

[64] Zhu, Y., Y. Chen, Z. Lu, S. J. Pan, G.-R. Xue, Y. Yu, and Q. Yang. 2011. "Heterogeneous Transfer Learning for Image Classification." In *Proceedings of the Twenty-Fifth AAAI Conference on Artificial Intelligence*. New York: AAAI Press.

第 10 章

城市数据分析的高级主题

摘要： 本章基于前几章引入的基本技术，讨论了城市数据分析的几个高级主题。首先，针对一个城市计算问题，我们通常需要回答以下问题：应该选择哪些数据集来解决问题？通过选择合适的数据集，我们更有可能高效地解决问题。其次，轨迹数据具有复杂的数据模型，并包含关于移动对象的丰富知识，需要独特的数据挖掘技术。再次，从大规模数据集中提取（深层）的知识需要高效的数据管理技术和机器学习模型。这两种技术的有机结合对于完成一个城市计算任务至关重要。最后，解决一个城市计算问题需要数据科学和领域知识。如何将人类智能与机器智能结合也是一个值得讨论的高级主题。交互式视觉数据分析可能是解决这个问题的一个方法。

10.1 如何选择有用的数据集

给定一个城市计算问题（如预测城市未来 48 小时内的空气质量），第一步是选择一些有助于解决问题的数据集，如交通、POI 和气象数据。由于城市中有成千上万个数据集，这些数据集是如何被我们想到的，以及为什么这些数据集可能有所帮助，确实是需要回答的重要问题。选择合适的数据集可能有助于快速解决问题，即使我们没有使用最高级的数据分析模型。如果我们选择了一个质量较低的数据集，其中不包含关于要解决的问题的信息，我们就可能会在特征工程和模型学习上浪费很多努力。在大数据时代，数据比特征更重要，而特征比模型更重要。

选择一个有效且有价值的数据集取决于两个方面。一个是对我们要解决的问题的理解。另一个是数据集背后的信息。通过对目标问题的理解，我们可以知道与问题相关的因素。了解数据集所暗示的信息，我们可以确定哪种类型的数据可以代表一个因素，以及它可以在多大程度上代表该因素。有了关于前述两个方面的知识，便可以进一步通过相关性分析工具、可视化和实验来验证我们的假设，即我们想要使用的数据集与即将解决的问题之间的相关性。

10.1.1　理解目标问题

通过对问题的理解,我们能知道可能引起问题或与问题相关联的因素。因此,可以选择数据并提取相应的特征来代表这些因素。如果一个数据集不包含所有这些因素,则用其他数据集作为补充。例如,如果我们知道空气质量与可能排放空气污染物的车辆流量有关,那么在预测未来空气质量时,可以考虑来自环形检测器的交通流量数据。然而,由于环形检测器通常安装在主要道路上,这只是整个道路网络的一个小部分,因此数据只代表了城市中的一部分交通流量。然后,需要考虑使用更多的数据集(例如,出租车的 GPS 轨迹、POI 和道路网络结构)作为补充。这些数据集与城市交通流量高度相关,有助于预测城市的空气质量。

对问题的理解来自三部分。第一部分是我们生活中积累的常识。例如,当天空雾蒙蒙时,空气质量往往较差。或者,城市的交通状况几乎每个工作日都会重复,显示出早高峰期间的拥堵情况。

第二部分是从其他研究者发表的现有文献中学到的知识。例如,可以从环境保护领域的出版物中学到,在交通拥堵时车辆产生的空气污染物比以 80km/h 的速度行驶时要多。建筑密度高的区域空气污染物的扩散条件较差,因此比开阔地带更有可能面临空气质量不佳的情况。

第三部分来自对我们现有数据的简单分析。例如,通过绘制城市在一段时间内的空气质量数据图可以观察到某种周期性模式,即夜间空气质量倾向于较差,然后在白天恢复正常。这可能与人们的普通理解相冲突。同样,通过将 POI 和管道网络中的水质可视化在一起,我们观察到 POI 密度高的区域往往有较好的水质,原因可能是用水模式有异。有许多 POI 的区域倾向于在白天使用更多水,并且管道网络中循环新鲜水的速度比 POI 较少的区域更快。这种理解可以通过简单地关联不同的数据集来获得,但在传统领域的研究报告中通常是缺失的。

10.1.2　数据背后的信息

在城市计算中,我们通常处理许多数据集。除了知道其来源、格式和原始含义外,还需要深入理解数据所暗示的信息。这些信息包括可以从数据集中学到哪些因素,以及数据集能在多大程度上代表这些因素。

例如,出租车的 GPS 轨迹可以表达出租车的移动方式以及不同地点是否有乘客上车,这是数据的原始含义。然而,从数据中还可以推导出许多其他信息,如交通状况、人们的通勤模式以及一个区域的功能。更具体地说,由于在同一道路上出租车通常与其他车辆以相似的速度行驶,因此从出租车轨迹数据中提取的速度信息反映了道路上的交通状况。此外,由于知道每辆出租车行程的上下车点,轨迹数据也表达了城市中人们的通勤模式。也就是说,大量的出租车轨迹可以代表一个区域人们的移动模式。交通状况和人们的通勤模式可以进一步推导出该区域的功能、环境和经济状况。因此,我们可能会使用出租车轨迹作为一种类型的数据来源来推断一个区域的功能。

了解数据集背后的信息使我们能够利用一个领域的数据来解决另一个领域的问题。当一种类型的数据不可用时,可以寻找其他与之看起来不同但与目标问题有潜在关联的数据集。然后,我们可能就不再觉得数据不够了。

我们需要知道一种类型的数据能在多大程度上代表一个因素。例如,我们知道出租车流量是道路上交通流量的一部分。如果想要推断每个道路段的交通量，这种数据是不够的。同样，出租车只是人们可以选择的许多交通方式之一（还有地铁、自行车、公交车等）。仅通过出租车推导出的移动模式可能不足以单独推断一个区域的功能。为此，需要整合更多的数据集来补充缺失的信息。例如，POI（如购物中心、电影院、地铁站、大学和住宅区）会影响一个地区人们的通勤模式。同样，道路网络数据显著影响道路上的交通状况以及人们的出行模式。因此，这两个数据集可以与出租车轨迹一起使用，补充出租车轨迹中缺失的信息，以推断一个区域的功能。

10.1.3　验证假设

通过对目标问题的理解以及分析数据集所暗示的信息，可以推导出一些关于影响问题的因素与从数据集中提取的特征之间相关性的假设。这些假设可以通过以下方法进一步验证。

10.1.3.1　使用相关分析工具

有许多工具，如皮尔逊相关系数和 KL 散度，可以用来衡量两个向量之间的相关性。通过将目标问题的观测值和从潜在相关数据集中提取的特征转换成两个长度相同的向量，可以应用这些相关工具来验证假设。如果两个向量之间的相关性很高或者距离很短，那么假设就是正确的。然后，就可以使用这个数据集来解决问题。我们将通过一个例子来展示这种方法。

示例 1。是诊断城市噪声。自 2001 年以来，纽约市一直运营着 311 平台，允许人们通过移动应用程序或打电话登记非紧急城市干扰，噪声是该系统接到投诉的第三大类别。每一起噪声投诉都与一个地点、一个时间戳和一个细粒度的噪声类别相关联，比如大声的音乐或建筑噪声。因此，311 数据实际上是"人作为传感器"和"人群感知"的结果，每个个体都贡献了自己关于环境噪声的信息，帮助集体诊断整个城市的噪声污染。然而，311 数据相对稀疏，因为有人不会在任何时间、任何地点报告周围的噪声情况（详细内容请参考 2.4.4.2 节）。

为了解决这个问题，Zheng 等人[114]采用了三个额外的数据集，包括社交媒体上的签到数据、POI 和道路网络数据，以补充稀疏的 311 数据。根据常识和以下分析，这三个数据集与城市噪声有关。图 10.1 展示了不同类别和在不同时间区间内收到的签到数据和 311 噪声投诉的数量。这些数字被归一化为 $[0,1]$ 之间的值，并分别存储在长度相同的向量中。可以看到，这两个数据集随时间变化的趋势非常相似。例如，如图 10.1a 所示，艺术与娱乐类别的用户签到数量与每天每个小时关于车辆噪声的投诉数量之间存在强烈的相关性（皮尔逊相关系数为 0.873，T 检验的 P 值≪0.001）。同样，夜生活场所类别的用户签到数量与大声音乐/派对类别的投诉数量之间也存在正相关关系（皮尔逊相关系数为 0.745，T 检验的 P 值≪0.001）。图 10.1b 展示了用户签到（艺术与娱乐类别和夜生活场所类别）和噪声（大声音乐/派对类别）的地理分布。

10.1.3.2　使用可视化手段

目标问题可能会受到多个因素的影响（由多个数据集表示），目标问题的观察值与从单个数据集中提取的特征向量之间的相关性可能并不那么明显。因此，相关性分析工具可能无法揭示这种相关性。在这种情况下，可以使用一些可视化方法，在其他空间中直观地揭示数据集与目标问题之间的潜在相关性。

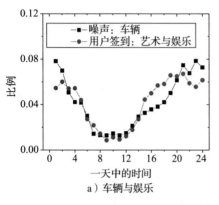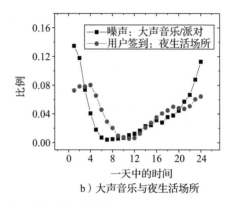

a）车辆与娱乐　　　　　　　　　b）大声音乐与夜生活场所

图 10.1　一天中不同时间的用户签到与噪声分布情况

在示例 1 之后，使用地理空间中的可视化来研究 POI 和 311 数据之间的相关性。如图 10.2a 和图 10.2b 所示，大声交谈噪声投诉的地理分布与食品类别 POI 的分布有一些相似的区域（用虚线圈标记）。一个地区食品类别的 POI 越多，该地区收到的大声交谈噪声投诉也越多。我们还发现大声音乐噪声的分布与娱乐类别的 POI 分布相似。因此，POI 和道路网络数据可以作为补充信息，帮助补充那些没有足够 311 数据的区域的噪声信息。这些分布之间仍然存在一些差异，因为每条数据可能只反映城市噪声全景的一部分。这就是我们需要采用多个数据源的原因。

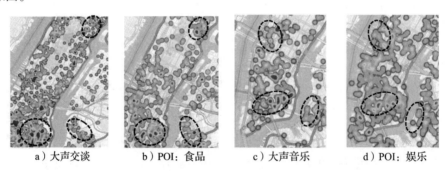

a）大声交谈　　　　b）POI：食品　　　　c）大声音乐　　　　d）POI：娱乐

图 10.2　POI 和噪声投诉的地理空间分布（见彩插）

示例 2。Zheng 等人[113]利用气象数据、交通数据、POI 和道路网络来推断没有监测站的位置的空气质量。图 10.3 显示了 2012 年 8 月至 12 月在北京收集的数据中，PM10（直径小于 10μm 的颗粒物）的空气质量指数（AQI）与四个气象特征之间的相关矩阵。

在这个图中，每一行/列代表一个特征。例如，第一行的纵轴和第一列的横轴代表温度。两个特征构成一个二维空间，其中每个点代表一个位置的 AQI 标签，该点的坐标由该位置的两个特征值设定。不同的 AQI 标签用不同形状和颜色的图形表示。例如，绿色方块表示空气质量良好的地点，紫色星星表示空气质量差的地点。（湿度 = 80，温度 = 17，AQI = 差）是湿度-温度空间中的一个点（即第一行的第二个方块）。假设有 500 个地点，就有 500 个不同形状的点。

在可视化结果中，最后一列右侧出现了更多绿色方块，这些地方风速较高，表明高风速有助于降低 PM10 的浓度。此外，第二行顶部出现了更多紫色星星，表示高湿度通常会导致

PM10 浓度变高。这些可视化结果揭示了这些气象特征与 PM10 之间的相关性。因此，在机器学习模型中考虑用这些特征来推断一个地点的空气质量。

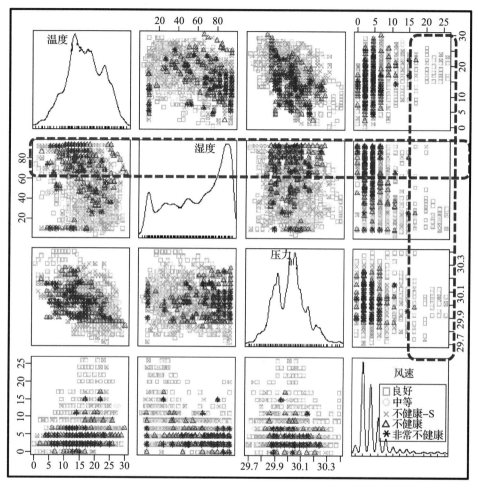

图 10.3　气象特征与 PM10 的相关矩阵（见彩插）

10.1.3.3　使用定量实验

在上述两种验证方法之后，需要检查在添加一个数据集之后，数据分析模型的性能是否有所提高。有时，即使根据相关分析和可视化，发现数据集与问题相关，该数据集也可能不会提高机器学习模型的性能，因为其价值可能已经被其他数据集的组合提供。

表 10.1 展示了示例 1 的性能，其中 X 表示从 POI 和道路网络数据中提取的特征矩阵，Y 是从社交媒体中衍生出的特征矩阵。在逐一添加了额外的数据源 X 和 Y 之后，上下文感知张量分解模型的性能逐渐

表 10.1　示例 1 的性能

方法	工作日		周末	
	RMSE	MAE	RMSE	MAE
TD	4.391	2.381	4.141	2.393
TD+X	4.285	2.279	4.155	2.326
TD+X+Y	4.160	2.110	4.003	2.198
TD+X+Y+Z	4.010	2.013	3.930	2.072

提高（即推理误差减少）。这表明从这两个数据集中提取的特征对于解决问题是有用的。

10.2　轨迹数据挖掘

空间轨迹是由移动对象在地理空间中产生的痕迹，通常由一系列按时间顺序排列的点组成（如 $p_1 \rightarrow p_2 \rightarrow \cdots \rightarrow p_n$），其中每个点包括一组地理空间坐标和一个时间戳，如 $p = (x, y, t)$。

随着定位获取技术的进步，产生了无数的空间轨迹，这些轨迹代表了各种移动对象（如人、车辆和动物）的移动数据。这些轨迹为我们提供了前所未有的信息，以理解移动对象和位置，促进了基于位置的社交网络、智能交通系统和城市计算等大量应用的发展。这些应用的普及反过来又呼吁人们对从轨迹数据中发现知识的新计算技术进行系统研究。在这种情况下，轨迹数据挖掘[112]已经成为越来越重要的研究主题，吸引了计算机科学、社会学和地理学等众多领域人员的关注。

在轨迹数据挖掘领域，人们已经进行了大量深入和广泛的研究。然而，缺乏能够塑造该领域并定位现有研究的系统综述。面对大量的出版物，我们仍然不太清楚这些现有技术之间的联系、相关性和差异。为此，在本节中，我们将根据图 10.4 所示的范式，对轨迹数据挖掘领域进行全面分析，深入探索该领域。

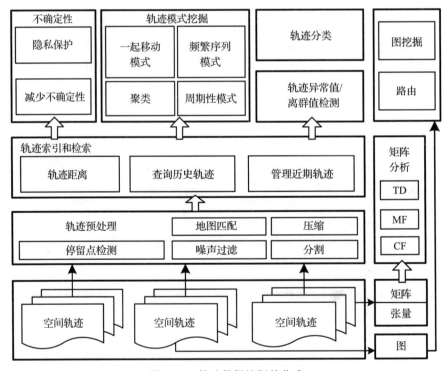

图 10.4　轨迹数据挖掘的范式

第一，我们将生成轨迹数据的来源分为四类，并为每类列举一些轨迹数据可以实现的关键应用。

第二，在使用轨迹数据之前，需要处理一些问题，如噪声过滤、分割和地图匹配。这个阶段被称为轨迹预处理，它是许多轨迹数据挖掘任务的基本步骤。噪声过滤的目的是从轨迹中移除可能由定位系统信号不佳（例如，在城市隧道中行驶时）引起的噪声点。轨迹压缩是为了在保持轨迹实用性的同时压缩轨迹数据的大小（以减少通信、处理和数据存储的开销）。停留点检测算法按照特定距离阈值识别移动对象停留了一段时间的位置。停留点可能代表用户去过的一家餐厅或购物中心，比轨迹中的其他点具有更多的语义意义。轨迹分割按照时间间隔、空间形状或语义意义将轨迹划分为片段，以便进行进一步的过程，如聚类和分类。地图匹配的目的是将轨迹的每个点投影到实际生成该点的相应道路段上。

第三，许多在线应用需要即时挖掘轨迹数据（如检测交通异常），这要求能够快速从大量轨迹数据集中检索满足特定条件（如时空约束）的特定轨迹的有效数据管理算法。通常有两种主要的查询类型：最近邻查询和范围查询。前者与距离度量（例如，两条轨迹之间的距离）相关。此外，还有两种类型的轨迹（历史轨迹和最近轨迹），需要不同的管理方法。这部分内容已在第 4 章中讨论。

第四，基于前两个步骤，可以进行挖掘任务，如轨迹模式挖掘、轨迹不确定性减少、轨迹异常值检测和轨迹分类。

- 轨迹模式挖掘　大量的空间轨迹数据为分析移动对象的移动模式提供了机会，这些模式可以由包含特定模式的单个轨迹或共享类似模式的一组轨迹来表示。有四类轨迹模式：一起移动模式、轨迹聚类、周期性模式和频繁序列模式。
- 轨迹不确定性减少　对象在连续移动时，其位置只能在离散的时间点更新，这使得两次更新之间的移动对象位置存在不确定性。为了加强轨迹的实用性，一系列研究试图建模并减少轨迹的不确定性。有一个研究分支旨在当用户披露轨迹时保护用户的隐私。
- 轨迹异常值检测　与轨迹数据中频繁出现的轨迹模式不同，轨迹异常值（也称为离群值）可以是与其他项在某种相似性度量上显著不同的项（一条轨迹或轨迹的一部分）。它们还可以是不符合预期模式的事件或观察值（由一系列轨迹表示），例如由车祸引起的交通拥堵。
- 轨迹分类　使用有监督学习的方法，可以将轨迹或轨迹的某一段分类到特定的类别中，这些类别可以是活动（如徒步和用餐）或者不同的交通方式（如行走和驾驶）。

第五，除了研究轨迹的原始形式，还可以将轨迹转换成其他格式，例如图、矩阵和张量（见图 10.4 的右侧部分）。轨迹的新表示扩展和多样化了轨迹数据的挖掘方法，利用现有的挖掘技术，如图挖掘、协同过滤（CF）、矩阵分解（MF）和张量分解（TD）。

该框架定义了轨迹数据挖掘的范围和路线图，为想要进入这个领域的人们提供了一个全景视图。在这个框架的每一层中，单独的研究工作都得到了很好的定位、分类和连接。专业人士可以轻松地找到解决他们问题的方法，或者发现尚未解决的问题。

10.2.1　轨迹数据

我们将轨迹的来源分为四大类。

第一类是人类的移动。长期以来，人们一直以空间轨迹的形式记录他们在现实世界中的运动，无论是主动的还是被动的。

- 主动记录　旅行者使用 GPS 轨迹记录他们的旅行路线，以便记住旅程并与朋友分享经验。自行车手和慢跑者记录他们的路线以进行体育分析。在 Flickr 上，一系列带有地理标签的照片可以形成一个空间轨迹，因为每张照片都有一个位置标签和对应于照片拍摄地点与时间的时间戳。同样，用户在基于位置的社交网络中的"签到"数据（按时间顺序排列）也可以被视为一个轨迹。

- **被动记录** 携带手机的用户会在无意中生成许多空间轨迹，这些轨迹由一系列基站 ID 和相应的过渡时间组成。此外，信用卡的交易记录也暗含了持卡人的空间轨迹，因为每笔交易都包含一个时间戳和商户 ID，表示交易发生的地点。

第二类是交通工具的移动。日常生活中存在大量配备 GPS 的交通工具（如出租车、公交车、船只和飞机）。许多大城市的出租车已经配备了 GPS 传感器，这使得它们能够以一定的频率报告带有时间戳的位置。这样的报告形成大量的空间轨迹，可以用于资源分配、交通分析和交通网络改善。

第三类是动物的移动。生物学家一直在收集像老虎和鸟类这样的动物的移动轨迹，以研究动物的迁徙痕迹、行为和生活环境。

第四类是自然现象的移动。气象学家、环保人士、气候学家和海洋学家正忙于收集某些自然现象（如飓风、龙卷风和海洋洋流）的轨迹。这些轨迹捕捉了环境和气候的变化，可帮助科学家应对自然灾害并保护我们生活的自然环境。

10.2.2 轨迹预处理

本节介绍了在开始挖掘任务之前处理轨迹所需的基本技术，包括噪声过滤、停留点检测、轨迹压缩和轨迹分割共四种类型的技术。

10.2.2.1 噪声过滤

由于传感器噪声和其他因素（如在隧道中接收到的定位信号不佳），空间轨迹从未完全准确。有时，误差是可以接受的（例如，车辆的几个 GPS 点偏离了实际行驶的道路），可以通过地图匹配算法进行修正。在其他情况下，如图 10.5 所示，像 p_5 这样的噪声点的误差太大（例如，距离其真实位置几百米远），无法推导出有用的信息，如行驶速度。因此，在开始挖掘任务之前，我们需要从轨迹中过滤掉这样的噪声点。这个问题尚未完全解决，现有的方法主要分为以下三大类。

- **平均值（或中位数）滤波器** 对于一个测量点 z_i 的（未知）真实值的估计是 z_i 及其前 $n-1$ 个时刻的点的平均值（或中位数）。平均值（或中位数）滤波器可以被看作一个滑动窗口，覆盖了 z_i 的 n 个在时间上相邻的值。在图 10.5 所示的例子中，如果我们使用一个滑动窗口大小为 5 的平均值滤波器，那么 $p_5 \cdot z = \sum_{i=1}^{5} p_i \cdot z / 5$。中位数滤波器在处理极端误差时比平均值滤波器更鲁棒，并且使用窗口的中位数而不是平均值来平滑一个点。

  平均值（或中位数）滤波器适用于处理轨迹中密集表示的个别噪声点（如 p_5）。然而，当处理多个连续的噪声点（如 p_{10}、p_{11} 和 p_{12}）时，需要更大尺寸的滑动窗口。这会导致计算出的平均值（或中位数）与点的真实值之间的误差更大。当轨迹的采样率非常低（即两个连续点之间的距离可能长达几百米以上）时，平均值和中位数滤波器就不再是好的选择。

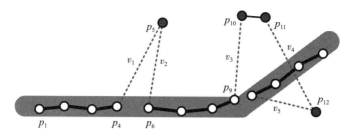

图 10.5　轨迹中的噪声点

- **卡尔曼和粒子滤波器**　卡尔曼滤波器估计的轨迹是测量值和运动模型之间的折中。除了给出遵守物理定律的估计值外，卡尔曼滤波器还提供了更高阶运动状态（如速度）的原则性估计。卡尔曼滤波器通过假设线性模型和高斯噪声来提高效率，粒子滤波器放宽了这些假设，以实现更通用但效率较低的算法。关于如何使用卡尔曼和粒子滤波器修复噪声轨迹点的教程式介绍，可以参考文献 [41]。

  粒子滤波器的初始化步骤或第一步是从初始分布中生成 P 个粒子 $x_i^{(j)}$，$j=1,2,\cdots$。例如，这些粒子具有零速度，并围绕初始位置测量值以高斯分布聚集。第二步是重要性采样，它使用动态模型 $P(x_i \mid x_{i-1})$ 来概率性地模拟粒子在一个时间步长内的变化。第三步是计算所有粒子的重要性权重，使用测量模型 $\omega_i^{(j)} = P(z_i \mid \hat{x}_l^{(j)})$。较大的重要性权重对应于对测量支持得更好的粒子。然后，将重要性权重归一化，使它们之和为 1。循环中的最后一步是选择步骤，此时从 $\hat{x}_l^{(j)}$ 中选择一组新的 P 个粒子 $x_l^{(j)}$，其比例与归一化的重要性权重 $\omega_i^{(j)}$ 成正比。最后，我们可以通过 $\hat{x}_i = \sum_{i=1}^{P} \omega_i^{(j)} \hat{x}_l^{(j)}$ 计算权重之和。

  卡尔曼和粒子滤波器都模拟了测量噪声和轨迹的动态。然而，它们依赖于初始位置测量。如果轨迹中的第一个点存在噪声，则这两种滤波器的有效性会显著降低。

- **基于启发式的异常点检测**　上述滤波器通过估计值替换轨迹中的噪声测量值，这类方法则使用异常点检测算法直接从轨迹中移除噪声点。在 T-Drive[97] 和 GeoLife[111] 项目中使用的噪声过滤方法首先根据点与其后续点之间的时间间隔和距离计算轨迹中每个点（我们称之为一个段）的行驶速度。将速度超过阈值（如 300km/h）的段，如 $p_4 \rightarrow p_5$、$p_5 \rightarrow p_6$ 和 $p_9 \rightarrow p_{10}$（如图 10.5 中的虚线所示）截断。鉴于噪声点的数量远小于常见点的数量，分离出的点（如 p_5 和 p_{10}）可以被视为异常点。一些基于距离的异常点检测可以很容易地确定在距离 d 内 p_5 的邻居数量是否小于整个轨迹中点的 p 比例。同样，p_{10}、p_{11} 和 p_{12} 也可以被过滤。虽然这样的算法可以处理轨迹中的初始误差和数据稀疏性问题，但设置阈值 d 和 p 仍然基于启发式方法。

10.2.2.2　停留点检测

在轨迹中，空间点并不是同等重要的。有些点表示人们停留了一段时间的位置，例如购物中心、旅游景点或者车辆加油的加油站。我们称这类点为停留点。如图 10.6a 所示，轨迹中会出现两种类型的停留点。一种是单点位置（如停留点 1），用户在这里静止一段时间。这种情况非常罕见，因为用户的位置感知设备即使在同一位置通常也会产生不同的读数。第二种类型（如图 10.6a 中的停留点 2）在轨迹中更为常见，表示人们移动的地方（例如图 10.6b 和图 10.6c）或者保持静止但位置读数有所变化的地方。

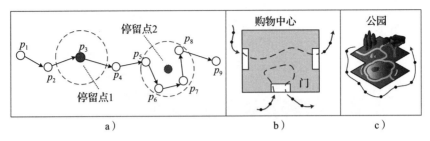

图 10.6 轨迹中的停留点

有了这样的停留点，我们可以将一个轨迹从一系列带时间戳的空间点 P 转变为一系列有意义的位置 S：

$$P = p_1 \rightarrow p_2 \rightarrow \cdots \rightarrow p_n, \Rightarrow S = s_1 \xrightarrow{\Delta t_1} s_2 \xrightarrow{\Delta t_2} \cdots \xrightarrow{\Delta t_{n-1}} s_n$$

因此，促进了多种应用的发展，如旅行推荐、目的地预测、出租车推荐和油耗估算。另外，在一些应用（例如，估计路径的旅行时间和驾驶方向建议）中，在预处理阶段就应从轨迹中移除这些停留点。

Li 等人[42]首先提出了停留点检测算法。这个算法首先检查轨迹中一个锚点（如图 10.6a 中的 p_5）与其后续点之间的距离是否大于给定阈值（如 100m）。然后，测量锚点与最后一个在距离阈值内的后续点（即 p_8）之间的时间跨度。如果时间跨度大于给定阈值，则检测到一个停留点（由 p_5、p_6、p_7 和 p_8 表征）。之后，算法从 p_9 开始检测下一个停留点。

Yuan 等人[100-101]基于密度聚类的思想改进了停留点检测算法。在找到 p_5 到 p_8 是一个候选停留点（使用 p_5 作为锚点）之后，算法进一步检查从 p_6 开始的后续点。例如，如果 p_6 到 p_9 的距离小于阈值，那么 p_9 将被添加到停留点中。

10.2.2.3 轨迹压缩

基本上，可以为移动对象每秒记录一个带有时间戳的地理坐标。但是，这会消耗大量的电池功率，并且在通信、计算和数据存储方面造成很大的负担。此外，许多应用并不真正需要如此精确的位置信息。为了解决这个问题，已经提出了两种轨迹压缩策略，旨在减少轨迹的大小，同时在新数据表示中不牺牲太多的精度[41]。

一种是基于轨迹的形状，进一步由离线压缩（也称为批处理模式）和在线压缩模式组成。离线压缩模式是在轨迹完全生成后减小轨迹的大小。在线模式则是在对象移动过程中即时压缩轨迹。

另一种方法是根据轨迹中每个点的语义意义（如速度和照片拍摄地点）来压缩轨迹，不仅保留了轨迹的形状，还保留了轨迹的语义意义。

除了这两种策略之外，还有两种距离度量来衡量压缩误差：垂直欧几里得距离和时间同步欧几里得距离。如图 10.7 所示，假设将包含 12 个点的轨迹压缩成 3 个点（即 p_1、p_7 和 p_{12}）的表示，这两种距离度量分别是图 10.7a 和图 10.7b 中连接 p_i 和 p_i' 的段长度的总和。后者距离假设在 p_1 和 p_7 之间以恒定速度行驶，通过时间间隔计算每个原始点在 $\overline{p_1 p_7}$ 上的投影。

对于第一种轨迹压缩策略中的离线压缩，给定一个由一系列带有时间戳的点组成的完整轨迹，批量压缩算法旨在通过丢弃原始轨迹中一些误差可忽略不计的点来生成一个近似轨迹。

这类似于线路简化问题，该问题已经在计算机图形学和地图学研究领域获得了研究[53]。

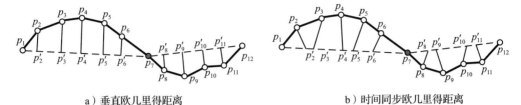

a）垂直欧几里得距离　　　　　　　　　b）时间同步欧几里得距离

图 10.7　测量压缩误差的距离度量

一个著名的算法称为 Douglas-Peucker 算法[20]，用于近似原始轨迹。如图 10.8a 所示，Douglas-Peucker 算法的思想是用一个近似线段（如 $\overline{p_1 p_{12}}$）来替换原始轨迹。如果替换不满足指定的误差要求（本例中使用的是垂直欧几里得距离），则通过选择误差贡献最大的点作为分割点（即 p_4）递归地将原始问题分割成两个子问题。这个过程一直持续到近似轨迹和原始轨迹之间的误差低于指定的误差。原始 Douglas-Peucker 算法的复杂度是 $O(N^2)$，其中 N 是轨迹中的点数。改进版算法实现了 $O(N\log N)$ 的复杂度[28]。为了确保近似轨迹是最优的，Bellman 算法[5]采用动态规划技术，其复杂度为 $O(N^3)$。

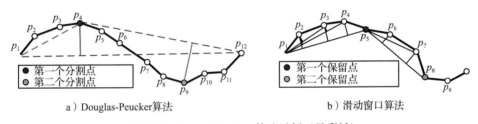

a）Douglas-Peucker算法　　　　　　　b）滑动窗口算法

图 10.8　Douglas-Peucker 算法示例（见彩插）

对于在线压缩，由于许多应用需要及时传输轨迹数据，因此已经提出了一系列在线轨迹压缩技术，以确定新获取的空间点是否应该保留在轨迹中。在线压缩方法主要分为两大类。一类是基于窗口的算法，例如滑动窗口算法[34]和开窗算法[52]。另一类是基于移动对象的速度和方向的方法。

滑动窗口算法的思路是将空间点拟合到一个逐渐移动的有效线段中，并继续扩大滑动窗口，直到逼近误差超过某个误差界限。如图 10.8b 所示，将首先保留 p_5，因为 p_3 的误差超过了阈值。然后，算法从 p_5 开始并保留 p_8，其他点可以忽略。与滑动窗口算法不同，开窗算法应用 Douglas-Peucker 算法的启发式方法来选择窗口中误差最大的点（如图 10.8b 中的 p_3）来逼近轨迹段，这个点然后被用作一个新的锚点来逼近其后续点。

另一类算法在执行在线轨迹压缩时将速度和方向视为关键因素。例如，Potamias 等人[67]使用一个安全区域（该区域由最后两个位置和一个给定阈值确定）确定新获取的点是否包含重要信息。如果新数据点位于安全区域内，则该位置点被视为冗余点，可以丢弃，否则它将被包含在近似轨迹中。

对于具有语义意义的轨迹压缩，一系列研究[15,70]旨在在压缩轨迹时保留轨迹的语义意义。例如，在一个基于位置的社交网络中，用户停留、拍照或方向改变较大的某些特殊点在表示轨迹的语义意义方面比其他点更为重要。Chen 等人[15]提出了一种轨迹简化（TS）算法，该算法考虑了轨迹的形状骨架和前述特殊点。TS 首先使用轨迹分割算法[115]将轨迹划分为行走段和非行走段，点的权重由其转向程度和到邻居点的距离决定。

另一研究分支[33,72]考虑了在交通网络约束下的轨迹压缩。例如，我们可以在同一道路段上减少冗余点，甚至可以在锚点之后丢弃所有新获取的点，只要移动对象是在从锚点到其当前位置的最短路径上行驶。这一分支的工作通常需要地图匹配算法的支持。2014 年，有人提出了 PRESS[72]，它将轨迹的空间表示与时间表示分离。PRESS 包括一个混合空间压缩算法和一个误差有界的时间压缩算法，分别压缩轨迹的空间和时间信息。空间压缩结合了频繁序列模式挖掘技术与哈夫曼编码，以减小轨迹的大小（即经常经过的路径可以用更短的编码表示），从而节省存储空间。

10.2.2.4　轨迹分割

在许多场景中，例如轨迹聚类和分类中，需要将轨迹分割成段以进行进一步的处理。分割不仅降低了计算复杂性，还使我们能够挖掘比整个轨迹更丰富的知识，例如子轨迹模式。一般来说，有三种类型的分割方法。

第一类方法基于时间间隔。例如，如图 10.9a 所示，如果两个连续采样点之间的时间间隔大于给定阈值，轨迹将在两点处被分成两部分（即 $p_1 \rightarrow p_2$ 和 $p_3 \rightarrow \cdots \rightarrow p_9$）。有时，可以将轨迹分成时间长度相同的段。

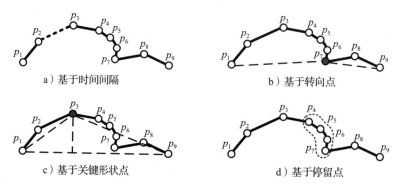

a）基于时间间隔　　　　b）基于转向点

c）基于关键形状点　　　　d）基于停留点

图 10.9　轨迹分割方法

第二类方法基于轨迹的形状。例如，如图 10.9b 所示，可以通过转向点来分割轨迹，这些转向点的行驶方向变化超过了阈值，还可以使用线路简化算法（如 Douglas-Peucker 算法）来确定重塑轨迹形状的关键点，如图 10.9c 所示。然后，轨迹可以由这些关键点分割成段。

类似地，Lee 等人[40]提出了使用最小描述语言（Minimal Description Language，MDL）的概念来分割轨迹，MDL 包括两个组件：$L(H)$ 和 $L(D \mid H)$。$L(H)$ 是用比特数表示的假设 H 的描述长度，而 $L(D \mid H)$ 是在假设的帮助下编码数据时用比特数表示的描述长度。用来解释 D 的最佳假设 H 使得 $L(H)$ 和 $L(D \mid H)$ 之和最小。更具体地说，用 $L(H)$ 表示分割段（例如 $\overline{p_1 p_7}$ 和 $\overline{p_1 p_9}$）的总长度，用 $L(D \mid H)$ 表示原始轨迹与新分割段之间的总（垂直和角度）距离。使用近似算法，从轨迹中找到一系列特征点，这些点最小化了 $L(H)+L(D \mid H)$。然后，轨迹由这些特征点分割成段。

第三类方法基于轨迹中点的语义意义。如图 10.9d 所示，轨迹可以根据包含的停留点被分割成段（即 $p_1 \rightarrow p_2 \rightarrow p_3$ 和 $p_8 \rightarrow p_9$）。是否应该在分割结果中保留停留点取决于应用程序。例如，在旅行速度估计的任务中，我们应该（从出租车的轨迹中）移除出租车在等待乘客时停靠的停留点[103]。相反，为了估计两个用户之间的相似性[42]，我们只需要关注停留点的序列，而跳过两个连续停留点之间的其他原始轨迹点。

另一种基于语义意义的轨迹分割是将轨迹分割成采用不同交通方式（例如驾驶、乘坐公交车和步行）的段。例如，Zheng 等人[109,115,119] 提出了一种基于步行的分割方法。关键信息是人们在两种不同交通方式之间的过渡。因此，首先可以根据点的速度（$p.v$）和加速度（$p.a$）在轨迹中区分步行点和非步行点。然后，轨迹可以被分割成交替的步行段和非步行段，如图 10.10a 所示。

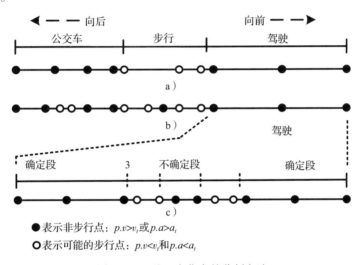

图 10.10　基于变化点的分割方法

然而，在实际中，如图 10.10b 所示，非步行段中的少数点可能会被检测为步行点，比如当公交车在交通拥堵后缓慢移动时。另外，由于定位误差，步行段中的少数点可能超过行驶速度的上限（v_t），因此被识别为非步行点。为了解决这个问题，如果一个段的距离或时间跨度小于阈值，该段将被归并到其前一个段中。之后，如果一个段的长度超过阈值，它将被视为一个确定的段，如图 10.10c 所示。否则，它将被视为一个不确定的段。由于普通用户不会在短距离内频繁更改交通方式，如果连续的不确定段的数量超过某个阈值（在这个例子中是三个），不确定段将被归并为一个非步行段。之后，将从每个段中提取特征来确定其确切模式。

10.2.2.5　地图匹配

地图匹配是将一系列原始的经纬度坐标转换为一系列道路段的过程。了解车辆曾经/正在哪条道路上对于评估交通流量、指导车辆导航、预测车辆去向以及检测起点和终点之间最频繁的出行路径至关重要。考虑到并行道路、立交桥和支线[37]，地图匹配并不是一个简单的问题。有两种方法可以根据在轨迹中考虑的额外信息或采样点的范围来分类地图匹配方法。

根据使用的额外信息，地图匹配算法可以分为四类：几何[25]、拓扑[14,94]、概率[59,66,69]和其他高级技术[51,56,99]。几何地图匹配算法考虑道路网络中单个链接的形状，例如，将 GPS 点匹配到最近的道路。拓扑算法关注道路网络的连通性。具有代表性的算法是使用 Fréchet 距离来衡量 GPS 序列和候选道路序列之间拟合程度的算法[7]。为了处理噪声大和采样率低的轨迹，概率算法[59,66,69]对 GPS 噪声做出了明确的规定，并考虑了道路网络中的多条可能路径以找到最佳路径。最近出现了一些更高级的地图匹配算法，它们既考虑了道路网络的拓扑结构，也考虑了轨迹数据中的噪声，例如［51,56,99］。这些算法找到了一系列道路段，这些道路段既能接近噪声轨迹数据，又能通过道路网络形成合理的路径。

根据考虑的采样点范围，地图匹配算法可以分为两类：局部/增量方法和全局方法。局部/增量算法[11,19]遵循一种贪心策略，顺序地从已经匹配的部分扩展解决方案。这些方法试图根据距离和方向相似性找到一个局部最优点。局部/增量方法运行非常高效，通常被在线应用采用。然而，当轨迹的采样率较低时，匹配精度会降低。相反，全局算法[1,7]旨在对整个轨迹与道路网络进行匹配（例如，考虑一个点的前驱和后继）。全局算法比局部方法更准确，但效率较低，通常应用于离线任务（如挖掘频繁轨迹模式），其中整个轨迹已经被生成。

高级算法[51,56,99]结合局部和全局信息（或几何、拓扑和概率）来处理低采样率轨迹的映射问题。如图 10.11a 所示，文献［51］中提出的算法首先找到与轨迹中每个点在圆距离内的局部候选道路段。例如，道路段 e_i^1、e_i^2 和 e_i^3 位于 p_i 的圆距离内，c_i^1、c_i^2 和 c_i^3 分别是这些道路段上的候选点。点 p_i 与候选点之间的距离 $\mathrm{dist}(c_i^j, p_i)$ 表示 p_i 可以匹配到候选点的概率 $N(c_i^j)$。这个概率可以被视为局部和几何信息，由正态分布模型表示：

$$N(c_i^j) = \frac{1}{\sqrt{2\pi}\sigma} e^{-\frac{\mathrm{dist}(c_i^j, p_i)^2}{2\sigma^2}} \tag{10.1}$$

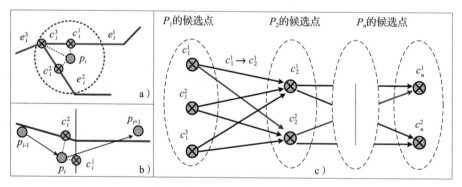

图 10.11　高级地图匹配算法

算法还考虑了每两个连续轨迹点之间的候选点的转换概率。例如，如图 10.11b 所示，考虑到 p_{i-1} 和 p_{i+1}，c_i^2 更有可能是 p_i 的真实匹配。两个候选点之间的转换概率用它们的欧几里得距离与道路网络距离的比值表示。实际上，转换基于的是道路网络的拓扑信息。最后，如图 10.11c 所示，结合局部和转换概率，地图匹配算法找到一条在候选图上最大化全局匹配概率的路径。这个想法类似于隐马尔可夫模型（HMM），其中考虑发射和转换概率来找到给定观察序列的最可能状态序列[56]。

10.2.3　轨迹数据管理

挖掘大量轨迹数据非常耗时，因为我们需要多次访问轨迹的不同样本或轨迹的不同部分。这需要有效的数据管理技术，以便快速检索所需的轨迹（或轨迹的部分）。与关注移动对象当前位置的移动对象数据库不同，轨迹数据管理处理的是移动对象的行程历史。因此，技术包括索引结构和检索算法，以及专门为轨迹数据设计的云计算平台。前者已在 4.4 节中介绍，后者已在第 5 章中讨论。因此，这里不再重复介绍它们。

10.2.4　轨迹中的不确定性

由于在特定的时间间隔记录移动对象的位置，因此获得的轨迹数据通常是对象真实移动轨迹的样本。一方面，两个连续采样点之间的对象移动变得未知（或不确定）。为此，我们期望减少轨迹的不确定性。另一方面，在某些应用中，为了保护可能从轨迹中泄露的用户隐私，需要使轨迹变得更加不确定。

10.2.4.1　减少轨迹数据中的不确定性

许多轨迹的记录采样率非常低，导致采样点之间的对象移动不确定，我们称它们为不确定轨迹。例如，如图 10.12a 所示，为了降低通信负荷，出租车的 GPS 坐标（p_1, p_2, p_3）每隔几分钟记录一次，导致在两个连续采样点之间存在多条可能的路径。如图 10.12b 所示，如果按时间顺序连接，人们在基于位置的社交网络服务（如 Foursquare）上的签到记录可以被视为轨迹。由于人们不会频繁签到，两个连续签到之间的时间间隔（和距离）可能是几小时（和几公里）。因此，我们不知道用户在两次签到之间是如何出行的。如图 10.12c 所示，为了节省能量，安装在候鸟上的 GPS 记录器只能每半天发送一次位置记录。因此，鸟儿飞过两个特定地点的路径相当不确定。

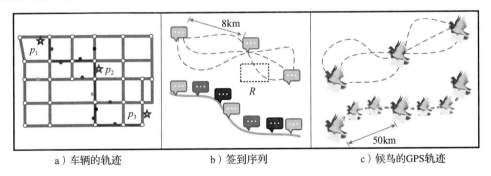

a）车辆的轨迹　　　　　　b）签到序列　　　　　　c）候鸟的GPS轨迹

图 10.12　不确定轨迹示例（见彩插）

- 为查询建模轨迹的不确定性　多种不确定性模型搭配适当的查询评估技术[16,65]已被提出，用于移动对象数据库以响应查询（例如，"对象是否可能穿过查询窗口？"）。如图 10.12b 所示，如果不建模轨迹的不确定性，我们不知道由三个灰色签到形成的轨迹是否应该被范围查询 R 检索。许多这种技术旨在为两个采样点之间不确定对象的位置提供保守的边界。这通常通过使用几何对象，如圆柱体[80-81]或珠子[79]作为轨迹近似来实现。这些模型与数据挖掘关系不大，因此不是本节的关注点。最近的方法使用每个时间点的独立概率密度函数[17]，或随机过程[21,58,68,87]（如马尔可夫链），以更好地建模对象的不确定位置并响应不同的查询。

- **从不确定轨迹中推断路径** 与上述旨在通过不同查询检索现有轨迹的模型不同，一系列新技术旨在推断（或者说"构建"）移动对象在几个采样点之间最可能经过的 k 条路径（即缺失的子轨迹），基于一系列不确定的轨迹。主要的思想是，共享（或部分共享）相同/相似路线的轨迹通常可以相互补充，使彼此更加完整。换句话说，可以通过参考（或部分参考）同一或相似路线上的其他轨迹来插值一个不确定的轨迹，即"不确定+不确定→确定"。

  例如，给定许多出租车的不确定轨迹（如图 10.12a 中不同颜色的点所示），可以推断灰色路径（p_1,p_2,p_3）是最有可能经过的路线。同样，根据许多用户的签到数据，如图 10.12b 所示，可以找到灰色曲线是在三个灰色签到之间最有可能的出行路径。类似地，给定许多候鸟的不确定的 GPS 轨迹，可以确定鸟儿飞越几个地点采用的路径。减少轨迹的不确定性可以支持科学研究，并使许多应用成为可能，如旅行推荐和交通管理应用。有两种方法可以补充一个不确定的轨迹。

  一种方法是针对在道路网络环境中生成的轨迹[108]，这一类方法与地图匹配算法的区别在于两个方面。首先，减少轨迹不确定性的方法利用了许多其他轨迹的数据，而地图匹配算法仅使用单个轨迹的几何信息以及道路网络的拓扑信息。其次，由不确定性方法处理的轨迹的采样率可以非常低（如超过十分钟）。这对于地图匹配算法来说几乎是不可能的。

  另一种方法适用于自由空间，其中移动对象（如飞翔的鸟或徒步登山的人）不沿着道路网络中的路径[83]，如图 10.12b 和图 10.12c 所示。主要的挑战有两方面。第一个是如何确定可能与一系列查询点相关的轨迹。第二个是如何构建一个可以近似一系列相关轨迹的路线。如图 10.13a 所示，参考文献［83］中提出的方法首先将地理空间划分为均匀的网格（网格的大小取决于所需的推断精度），然后将轨迹映射到这些网格上。如果通过它们的轨迹满足以下两个规则之一，则可以连接这些网格形成区域。

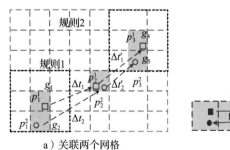  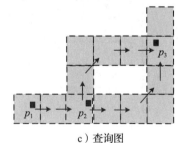

a）关联两个网格　　　　b）构建可路由的图　　　　c）查询图

图 10.13　基于不确定轨迹的最可能路线

- 第一个规则是如果两个轨迹段的起点（p_1^1,p_1^2）位于地理空间相邻的两个网格（g_1,g_2）中，这两个轨迹段的终点（p_2^1,p_2^2）位于同一网格中，且这两个轨迹段的行程时间（$\Delta t_1,\Delta t_2$）相似，则可以连接这两个网格（g_1,g_2）。
- 第二个规则是如果起点（p_2^1,p_2^2）位于同一网格中，终点（p_3^1,p_3^2）位于相邻的网

格 (g_4,g_5) 中，并且两个轨迹段的行程时间 $(\Delta t'_1,\Delta t'_2)$ 相似，则可以连接网格 (g_4,g_5)。

在将不相连的网格转换为连接的区域（如图 10.13b 所示）之后，可以构建一个可路由的图，其中的节点是网格。图中两个相邻网格之间的方向和行程时间是通过这两个网格的轨迹推断出来的。最后，如图 10.13c 所示，给定三个查询点，可以根据路由算法在图上找到最可能的路线。为了找到更详细的路径，可以对识别出的路线的轨迹进行回归分析。

Su 等人[74]提出了一种基于锚点的校准系统，该系统将轨迹对齐到一组固定的锚点。这种方法考虑了锚点与轨迹之间的空间关系，还从历史轨迹中训练推理模型，以提高校准的准确性。

10.2.4.2　轨迹数据的隐私性

一系列技术旨在保护用户免遭因披露用户轨迹而导致的隐私泄露[1,18,88]，而不是减少轨迹的不确定性。这种技术试图在确保服务质量或轨迹数据实用性的同时，模糊用户的位置信息。有两个主要场景需要保护用户轨迹数据免遭隐私泄露。

一个场景是实时、连续的基于位置的服务（例如，展示周围 1km 的交通状况）。在这种情况下，用户在使用服务时可能不想精确透露自己的当前位置。与简单的位置隐私不同，轨迹中连续样本之间的时空相关性可能有助于推断出用户的确切位置。试图在这个场景中保护隐私的技术包括空间屏蔽[54]、混合区域[6]、路径混淆[29]、基于短 ID 的欧拉直方图[86]、虚假轨迹[36] 等。

另一个场景是历史轨迹的发布。收集某个个体的许多轨迹可能会使攻击者可以推断出该个体的家庭和工作场所，从而识别出该个体。在这种场景下保护用户隐私的技术包括基于聚类的[1]、基于泛化的[55]、基于抑制的[77]和基于网格的[24]方法。关于轨迹隐私的全面调查可以在参考文献 [18] 中找到。

10.2.5　轨迹模式挖掘

在本节中，我们研究可以从单个轨迹或一组轨迹中发现的四类主要模式，它们是一起移动模式、轨迹聚类、频繁序列模式和周期性模式。

10.2.5.1　一起移动模式

一部分研究集中于发现一组在特定时间段内一起移动的对象，例如群[26-27]、车队[31-32]、蜂群[43]、旅行伴侣[75-76]和聚集[107,121]。这些模式有助于研究物种迁徙、军事监控、交通事件检测等。这些模式可以根据以下因素相互区分：群的形状或密度、群中的对象数量以及模式的持续时间。

具体来说，群是在某个用户指定大小的圆盘范围内，至少连续 k 个时间戳一起出行的对象组。群的一个主要问题是预定义的圆形形状，这可能与现实中群的实际形状描述不符，因此导致了所谓的"损失性群问题"。为了避免对移动群的大小和形状施加刚性限制，人们提出了车队概念，通过采用基于密度的聚类来捕捉任何形状的通用轨迹模式。与使用圆盘不同的是，车队要求一组对象在 k 个连续时间点期间保持密度相连。虽然群和车队都对连续时间段有严格的要求，但 Li 等人[43]提出了一种更一般的轨迹模式，称为蜂群，这是一组持续至少 k

个（可能是非连续的）时间戳的对象簇。车队和蜂群需要将整个轨迹加载到内存中进行模式挖掘，旅行伴侣[75-76]则使用了一种数据结构（称为旅行伙伴）来持续地从流入系统的轨迹中找到类似车队/蜂群的模式。因此，旅行伴侣模式可以被视为车队和蜂群的在线（增量）检测方式。

为了检测一些事件，如庆祝活动和游行（其中对象经常加入和离开），聚集模式[107,121]进一步放宽了上述模式的约束，允许一个群的成员逐渐演变。聚集的每个簇应至少包含 m_p 个参与者，这些参与者是至少出现在 k_p 个此类聚集簇中的对象。由于聚集模式用于检测事件，它还要求检测到的模式的几何属性（如位置和形状）相对稳定。

图 10.14a 说明了这些模式。如果设置时间戳 $k=2$，则 $<o_2,o_3,o_4>$ 是从 t_1 到 t_3 的群。尽管 o_5 是该组的伴侣，但由于群定义所使用的圆盘大小固定，因此无法将其包括在内。车队可以将 o_5 包括在组中，因为 $<o_2,o_3,o_4,o_5,>$ 是从 t_1 到 t_3 的基于密度的连接。这五个对象在非连续时间段 t_1 和 t_3 期间也形成一个群。如图 10.14b 所示，如果设置 $k_p=2$ 和 $m_p=3$，则 $<C_1,C_2,C_4>$ 是一个聚集，$<C_1,C_3,C_5>$ 不是聚集，因为 C_5 离 C_2 和 C_3 太远。

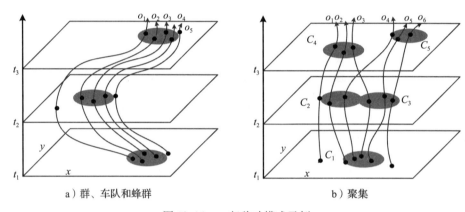

a）群、车队和蜂群   b）聚集

图 10.14　一起移动模式示例

上述模式挖掘算法通常使用基于密度的距离度量（在欧几里得空间中）来寻找移动对象的簇。Christian 等人[30]通过考虑移动对象的语义因素（如行驶方向和速度）扩展了距离度量。

10.2.5.2　轨迹聚类

为了找到不同移动对象共享的代表性路径或共同趋势，通常需要将相似的轨迹分组成簇。一种通用的聚类方法是将轨迹表示为特征向量，通过特征向量之间的距离来表示两个轨迹之间的相似性。然而，为不同轨迹生成具有统一长度的特征向量并不容易，因为不同轨迹包含不同且复杂的属性，如长度、形状、采样率以及点的数量和它们的顺序。此外，将轨迹中点的序列性和空间属性编码到其特征向量中也是困难的。

鉴于上述挑战，一系列技术已经被完善。由于轨迹之间的距离度量在 4.4 节中已经介绍，我们接下来将重点讨论轨迹聚类方法。请注意，本节中讨论的聚类方法专门针对自由空间中的轨迹（即不受道路网络约束的轨迹）。尽管有一些出版物（例如参考文献［35］）讨论了带有道路网络设置的轨迹聚类，但这个问题可以通过地图匹配和图聚类算法的结合来解决。也就是说，可以首先使用地图匹配算法将轨迹投影到道路网络上，然后利用图聚类算法在道路网络上找到子图（即一系列道路的集合）。

Gaffney 等人[8,22]提出了一种方法，通过使用回归混合模型和 EM 算法将相似轨迹分组成簇。这个算法根据两个完整轨迹之间的总体距离来聚类轨迹。然而，在现实世界中，移动对象很少会一起经过整个路径。为此，Lee 等人[40]提出了一种方法，将轨迹分割成线段，并使用轨迹豪斯多夫距离构建接近轨迹段的组，如图 10.15a 所示。之后，为每个段簇找到一个代表性的路径。

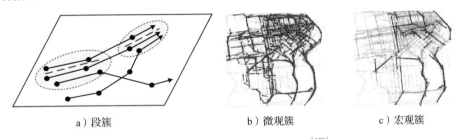

a）段簇　　　　　　　　b）微观簇　　　　　　　c）宏观簇

图 10.15　基于部分段的轨迹聚类[108]

由于轨迹数据通常是以增量方式接收的，Li 等人[45]进一步提出了一个增量聚类算法，旨在减少接收轨迹的计算成本和存储需求。Lee[40]和 Li[45]都采用了由 Aggarwal 等人[2]提出的一种微观和宏观聚类框架，以对数据流进行聚类。也就是说，他们的方法首先找到轨迹段的微观簇（如图 10.15b 所示），然后将微观簇分组成宏观簇（如图 10.15c 所示）。Li 的工作[45]的主要思想是，新数据只会影响接收新数据的局部区域，而不会影响远处的区域。

10.2.5.3　频繁序列模式

研究的一个分支旨在从单个轨迹或多个轨迹中找出序列模式。在这里，序列模式意味着在相似的时间间隔内，一定数量的移动对象按共同的位置序列行进。行程中的位置不一定需要连续。例如，两个轨迹 A 和 B：

$$A:l_1 \xrightarrow{1.5h} l_2 \xrightarrow{1h} l_7 \xrightarrow{1.2h} l_4 \qquad B:l_1 \xrightarrow{1.2h} l_2 \xrightarrow{2h} l_4$$

共享一个序列 $l_1 \rightarrow l_2 \rightarrow l_4$，因为访问顺序和行程时间相似（尽管在轨迹 A 中 l_2 和 l_4 不是连续的）。当这种共同序列在语料库中的出现次数（通常称为支持）超过一个阈值时，就会检测到一个序列轨迹模式。寻找这类模式有助于旅行推荐、生活模式理解、下一个位置预测、用户相似性估计以及轨迹压缩。

为了从轨迹中检测序列模式，首先需要定义序列中的一个（共同）位置。理想情况下，在诸如社交网络服务中用户签到序列这样的轨迹数据中，每个位置都标记有一个唯一标识（如餐厅的名称）。如果两个位置具有相同的标识，它们就是共同的。然而，在许多 GPS 轨迹中，每个点由一对 GPS 坐标表示，这些坐标在每个模式实例中并不完全重复。这使得两个不同轨迹上的点不能直接比较。此外，一个 GPS 轨迹可能包含数千个点。如果不做适当的处理，这些点将导致巨大的计算成本。

对于在自由空间中的序列模式挖掘，第一种是基于线路简化的方法，早在 2005 年就提出了一种旨在解决前述问题的解决方案[9]。该解决方案首先使用像 Douglas-Peucker[20]这样的线路简化算法来识别形成轨迹的关键点。然后，将轨迹的片段分组到每个简化线段附近的轨迹中，以计算每个线段的支持值。轨迹中两点之间的行程时间不予考虑。

第二种是基于聚类的方法，这是一种更通用的方法，将来自不同轨迹的点聚类到感兴趣的区域。然后，轨迹中的一个点由其所属的簇 ID 表示。因此，轨迹被重新构建为一系列簇 ID 的序列，这些簇 ID 在不同轨迹之间是可比较的。例如，如图 10.16a 所示，三个轨迹可以表示为：

$$\mathrm{Tr}_1 : l_1 \xrightarrow{\Delta t_3} l_3, \quad \mathrm{Tr}_2 : l_1 \xrightarrow{\Delta t_1} l_2 \xrightarrow{\Delta t_2} l_3, \quad \mathrm{Tr}_3 : l_1 \xrightarrow{\Delta t_1'} l_2 \xrightarrow{\Delta t_2'} l_3$$

其中 l_1、l_2 和 l_3 是点簇。转换后，可以使用现有的序列模式挖掘算法，如 PrefixSpan[64] 和 CloseSpan[91]，在有时间限制的情况下，从这些序列中挖掘序列模式。在这个例子中，将支持阈值设为 3，可以发现 $l_1 \rightarrow l_3$ 是一个序列模式，如果

$$\frac{|\Delta t_3 - (\Delta t_1 + \Delta t_2)|}{\max(\Delta t_3, \Delta t_1 + \Delta t_2)} < \rho, \quad 且 \quad \frac{|\Delta t_3 - (\Delta t_1' + \Delta t_2')|}{\max(\Delta t_3, \Delta t_1' + \Delta t_2')} < \rho$$

其中 ρ 是一个比值阈值，则确保两个行程时间是相似的。同样，将支持的阈值设置为 2，如果 Δt_1 与 $\Delta t_1'$ 相似，并且 Δt_2 与 $\Delta t_2'$ 相似，那么 $l_1 \rightarrow l_2 \rightarrow l_3$ 就是一个序列模式。在这个方向上，Giannotti 等人[23] 将一个城市划分为均匀的网格，根据落入每个网格的 GPS 点的密度将这些网格分组到感兴趣的区域。然后提出了一种类似 Apriori 的算法来检测感兴趣区域的序列模式。

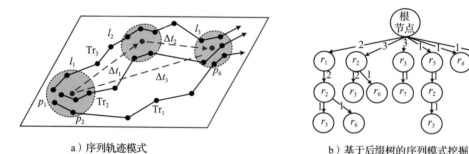

a）序列轨迹模式　　　　　　　　　b）基于后缀树的序列模式挖掘

图 10.16　轨迹数据中的序列模式挖掘

对于更关心位置语义意义的应用程序，可以首先从每个轨迹中检测停留点，将轨迹转化为停留点序列。然后，可以聚类这些停留点来构造感兴趣的区域，并使用停留点所属的簇 ID 来表示轨迹。遵循这一策略，Ye 等人[93] 提出从个人的 GPS 轨迹中挖掘生活模式。Xiao 等人[84-85] 提出了一种基于图的序列匹配算法来寻找两个用户轨迹共享的序列模式，这些模式随后被用来估计两个用户之间的相似性。

对于道路网络中的序列模式挖掘，当将序列模式挖掘问题应用于道路网络环境时，我们可以首先使用地图匹配算法将每个轨迹映射到道路网络上。然后，轨迹可以表示为一系列道路段 ID 的序列，这可以被视为字符串。因此，一些为字符串设计的序列模式挖掘算法，如 PrefixSpan，可以适应于寻找序列轨迹模式。

图 10.16b 展示了一个后缀树，代表图 4.27 中描绘的四条轨迹。在这里，一个节点代表一个道路段，从根节点到节点的路径对应于表示轨迹的字符串的后缀。例如，Tr_1 由字符串 $r_1 \rightarrow r_2 \rightarrow r_6$ 表示，其中 $r_2 \rightarrow r_6$ 和 r_6 是字符串的后缀。与每个连接相关联的数字表示穿过该路径的轨迹数量（即字符串模式的支持）。例如，有两条轨迹（Tr_1 和 Tr_2）穿过 $r_1 \rightarrow r_2$，一条轨迹穿过 $r_1 \rightarrow r_2 \rightarrow r_6$。在构建这样的后缀树之后，我们可以以 $O(n)$ 的复杂度找到频繁模式（即树上的路

径），其支持值大于给定阈值。注意，后缀树的大小可能比原始轨迹大得多。因此，当轨迹数据集非常大时，需要对其后缀树的深度设置约束。此外，从后缀树派生的序列模式必须是连续的。尽管没有明确考虑时间约束，但在路径的速度约束下，两个对象在相同路径上的行程时间应该是相近的。

在这个方向上，Song 等人[72]使用后缀树来检测频繁轨迹模式，然后结合哈夫曼编码来压缩轨迹。Wang 等人[82]利用后缀树寻找频繁轨迹模式，这些模式用于在估计查询路径行程时间时减少子轨迹组合的候选数量。

10.2.5.4　周期性模式

移动对象通常具有周期性的活动模式。例如，人们每月去购物，动物每年从一个地方迁移到另一个地方。这种周期性行为为长期移动历史提供了深刻的简洁解释，有助于压缩轨迹数据并预测移动对象的未来运动。

周期性模式挖掘已经基于时间序列数据进行了广泛研究。例如，Yang 等人尝试从（分类的）时间序列中发现异步模式[89]、惊人的周期性模式[90]，以及带间隔惩罚的模式[92]。由于空间位置的模糊性，现有的针对时间序列数据设计的方法不能直接应用于轨迹。为此，Cao 等人[9]提出了一种从轨迹中检索最大周期性模式的高效算法。这个算法遵循类似于频繁模式挖掘的范式，其中需要一个（全局）最小支持阈值。然而，在现实世界中，周期性行为可能更为复杂，涉及多个交织的周期、部分时间跨度，以及时空噪声和异常值。

为了处理这些问题，Li 等人[44]提出了一个两阶段的检测方法来处理轨迹数据。在第一阶段，该方法使用基于密度的聚类算法——如核密度估计（KDE），来检测移动对象频繁访问的几个参考点。然后，将移动对象的轨迹转换成几个二进制时间序列，每个序列分别表示移动对象在参考点的进入（1）和离开（0）状态。通过将傅里叶变换和自相关方法应用于每个时间序列，可以计算出每个参考点的周期值。第二阶段使用层次聚类算法来总结部分运动序列中的周期性行为。2012 年，Li 等人[46]将研究[44]进一步扩展到从不完整和稀疏的数据源中挖掘周期性模式。

10.2.6　轨迹分类

轨迹分类的目的是区分具有不同状态（如运动、交通方式和人类活动）的轨迹（或其片段）。给原始轨迹（或其片段）贴上语义标签可以将轨迹的价值提升到下一个层次，这可以促进许多应用，例如旅行推荐、生活经验分享和上下文感知计算。

通常，轨迹分类包括三个主要步骤：

1. 使用分割方法将轨迹划分为多段。有时，每个单独的点被视为最小的推理单元；
2. 从每个片段（或点）提取特征；
3. 建立一个模型来分类每个片段（或点）。

由于轨迹本质上是一个序列，因此可以利用现有的序列推理模型，如动态贝叶斯网络（DBN）、隐马尔可夫模型（HMM）和条件随机场（CRF），这些模型结合了来自局部点（或片段）的信息以及相邻点（或片段）之间的序列模式。

利用 802.11 无线电信号的序列，LOCADIO[38]使用 HMM 将设备的运动分类为两种状态：静止和移动。基于全球移动通信系统（GSM）信号的轨迹，Timothy 等人[78]试图将用户的活动性分类为三种状态：静止、行走和驾驶。Zhu 等人[123]旨在根据出租车的 GPS 轨迹推断出租车的状态：占用、非占用和停放。他们首先使用基于停留点的检测方法在轨迹中寻找可能的停放地点。然后，根据这些停放地点将出租车轨迹分割成段（请参见图 10.9d 中的示例）。对于每个片段，提取一组特征，这些特征结合了单个轨迹的知识、多个出租车的历史轨迹和地理数据，如道路网络和 POI。之后，提出了一种两阶段的推理方法，用于将片段的状态分类为占用或非占用。该方法首先使用识别出的特征训练局部概率分类器，然后通过隐半马尔可夫模型全局考虑行驶模式。

Zheng 等人[115,119]按出行方式对用户的轨迹进行分类，这些方式包括驾驶、骑行、公交和步行。由于人们在单次出行中通常会改变交通工具，因此首先根据基于步行的分割方法将轨迹分割成段（详细内容请参见图 10.10）。然后提取一组特征，如转向率、停车率和速度变化率，并将这些特征输入决策树分类器中。基于推理结果，进行了一个基于图的后续处理步骤，以修复可能错误的推理，其中考虑了不同地点不同出行方式之间的转换概率。

Lin 等人[47,63]提出了一种用于基于位置的活动识别和重要地点发现的自上而下的推理模型，如图 10.17a 所示。首先将 GPS 轨迹划分为 10m 长的段，然后使用基于 CRF 的地图匹配算法将这些段投影到相应的街道地块。基于从这些街道地块提取出的特征，该模型将一系列 GPS 点分类为一系列活动，如 $a_1, a_2, \cdots, a_n$（如行走、驾驶和睡眠），并同时识别出个人重要地点 P_1 和 P_2（如家、工作地和公交车站）。

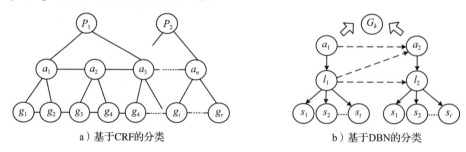

a）基于CRF的分类　　　　　　　　　b）基于DBN的分类

图 10.17　活动识别的轨迹分类

Yin 等人[94]提出了一种基于 DBN 的推理模型，根据一系列 Wi-Fi 信号推断用户的活动以及高级目标。图 10.17b 展示了 DBN 的结构，其中底层包含原始 Wi-Fi 信号的输入，中间层是接收这些信号的地点列表，顶层对应于用户活动。最后，根据推断的活动序列，推断高级目标。

10.2.7　从轨迹中检测异常

轨迹异常（也称为异常）可以是与其他项在某种相似性度量上显著不同的项（例如，轨迹或轨迹的一部分），也可以是不符合预期模式的事件或观察（由一系列轨迹表示），例如由车祸引起的交通堵塞。关于一般异常检测方法的研究可以在参考文献［10］中找到。

10.2.7.1　检测异常轨迹

异常轨迹是一条轨迹或轨迹的一部分，与其他轨迹在语料库中的距离度量（如形状和行程时间）上显著不同。异常轨迹可能是出租车司机的恶意绕道[49,105]，也可能是交通事故或施工导致的意外道路变化，可以在人们走错路时提醒他们。

一个普遍的想法是利用现有的轨迹聚类或频繁模式挖掘方法。如果一条轨迹（或一段）不能被分到任何（基于密度的）聚类或不常见，那么它可能是一个异常。Lee 等人[39] 提出了一种分割-检测框架，从轨迹数据集中寻找异常轨迹段，这种方法可以是［40］中提出的轨迹聚类的扩展。

10.2.7.2　通过轨迹识别异常事件

使用多条轨迹来检测交通异常（而不是轨迹本身）。交通异常可能由事故、管制、抗议、体育活动、庆祝活动、灾害和其他事件引起。

Liu 等人[50]将城市划分为由主要道路分隔的不相连区域，并根据车辆在两个区域之间行驶的轨迹梳理出两个区域之间的异常连接。他们将一天划分为若干时间槽，并为每个联系识别三个特征：在一个时间槽中通过该连接的车辆数量、这些车辆占所进入目的区域的所有车辆的比重，以及从起点区域出发的车辆。分别比较每个时间槽的三个特征与之前几天相应时间槽的特征，以计算每个特征的最小失真。然后，时间槽的连接可以在一个三维空间中表示，每个维度表示一个特征的最小失真。接着，使用马氏距离来衡量三维空间中的极端点（异常点）。遵循上述研究，Sanjay 等人[12] 提出了一种两步挖掘和优化框架，用于检测两个区域之间的交通异常，并解释通过这两个区域的交通流量异常。

Pan 等人[60]根据驾驶者在城市道路网络上的导航行为来识别交通异常。在这里，一个检测到的异常由道路网络的子图表示，其中驾驶者的导航行为与他们的原始模式有显著差异。然后，他们试图通过挖掘人们在异常发生时发布在社会媒体上的代表性术语来描述这个检测到的异常。

Pang 等人[61-62]将似然比检验应用于描述交通模式，这种方法之前已在流行病学研究中使用过。他们将城市划分为均匀的网格，并计算在一个时间段内到达某个网格的车辆数量。目标是识别在统计上最显著偏离预期行为（即车辆数量）的一组连续单元格和时间间隔。χ^2分布尾部的对数似然比统计量下降的区域可能是异常的。

Zheng 等人[106]检测了一种集体异常，这指的是在连续的几个时间间隔内，一系列附近位置在多个由出租车行程、共享单车数据、311 投诉、POI 和道路网络组成的数据集共同观察到的现象中表现出异常。提出的方法首先使用多源潜狄利克雷分配（LDA）算法估计稀疏数据集（如 311 投诉数据）的分布。然后，基于时空似然比检验模型，测量不同区域和时间间隔组合的异常程度。

10.2.8　将轨迹转换到其他表示形式

10.2.8.1　从轨迹到图

轨迹可以被转换成其他数据结构，而不仅是以其原始形式被处理。这丰富了可以从轨迹中发现知识的方法论。将轨迹转换为图是转换类型中的一种代表性方法。在进行这种转换时，重点在于定义转换后的图中的节点和边分别代表什么。将轨迹转换为图的方法根据转换过程中是否涉及道路网络而有所不同。

- 在道路网络设置中　道路网络本质上是一个有向图，其中节点是交叉口，边表示道路段。因此，将轨迹转换为图的最直观方法也是第一种方法是将轨迹投影到道路网络上。

然后，可以根据投影的轨迹为边计算一些权重，例如速度和交通量。之后，给定加权图，可以在几个查询点之间找到最有可能的路径（供人行走）、识别源位置和目标位置之间的最受欢迎路径、检测交通异常，并自动更新地图。

第二种方法是建立路标图。例如，Yuan 等人[97,103] 提出了一个基于大量出租车生成的 GPS 轨迹的智能驾驶导航系统，名为 T-Drive。在地图匹配过程之后，T-Drive 将出租车频繁行驶的前 k 条道路段视为路标节点，如图 10.18a 所示。连续穿过两个路标的轨迹被聚合成一个路标边，用于估计两个路标之间的行驶时间。一种两阶段的路由算法被提出来寻找最快的驾驶路径，该算法首先在路标图中搜索一条粗略路线（由一系列路标表示），然后在实际道路网络上找到连接连续路标的详细路线。

第三种方法是建立区域图，其中节点表示一个区域，边表示两个区域之间的通勤聚合。例如，如图 10.18b 所示，使用基于图像分割的算法[101]，Zheng 等人[120] 通过主要道路将城市划分为区域，以检测城市道路网络中的潜在问题。节点表示由主要道路围成的区域，如果两个区域之间存在一定数量的通勤，则它们之间用边连接。在转换之后，使用天际线算法筛选出连接不佳的区域对（即边），这些区域之间具有巨大的交通量、缓慢的行驶速度和长的绕道。区域图也用于检测交通异常[50,12]和城市功能区域[102,104]。

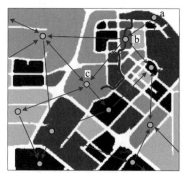

a）地标图　　　　　　　　　　　b）区域图

图 10.18　将轨迹转换为图

- 在自由空间中　另一研究方向是将轨迹转换成图时，不依赖于道路网络，主要包括两个步骤：

    1. 使用聚类方法，从原始轨迹中识别关键位置作为顶点。
    2. 根据经过两个位置的轨迹，连接顶点，形成一个可路由的图。

对于旅行推荐，Zheng 等人[109,118] 提出了一种从许多人生成的轨迹中寻找有趣地点和旅行序列的方法。在这个方法中，首先从每条轨迹中检测停留点，然后将不同人的停留点聚类成地点，如图 10.19a 所示。基于这些地点和原始轨迹，构建一个用户–地点二分图，如图 10.19b 所示，以及一个地点之间的可路由图，如图 10.19c 所示。

在二分图中，用户和地点被视为两种不同类型的节点。如果用户访问过一个地点，则在用户节点和该地点节点之间建立一条边。然后，采用基于 HITS（超文本诱导主题搜索）的模型来推断地点的兴趣水平（即权威分数）和用户的旅行知识（即中心分数）。根据推断的分

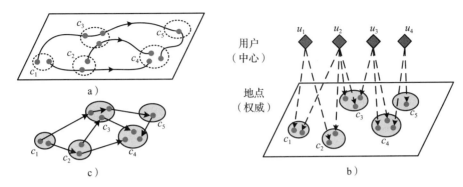

图 10.19　挖掘有趣的地点和旅行序列

数，可以在城市中确定前 k 个最有趣的地点和旅行专家。Jie 等人[4] 在协同过滤框架中应用了类似的想法，来进行关注用户偏好、社交环境和当前位置的旅行推荐。

在地点图中，如图 10.19c 所示，边表示通过两个地点的原始轨迹的聚合。为了计算这个图中边的重要性（或代表性），考虑了三个因素：（1）源地点（边的起点）的权威分数，以人们通过这条边移动出去的概率加权；（2）目标地点（边的终点）的权威分数，以人们通过这条边移动进来的概率加权；（3）曾经走过这条边的用户的中心分数。路径的分数是通过将路径包含的边的分数相加来计算的。

受到参考文献［118］的启发，自 2010 年以来，进行了一系列研究，以识别大量轨迹中的热门路线。具体来说，给定用户的出发点和目的地以及时间周期，Yoon 等人[95-96] 提出了一种最佳旅行路线，该路线由一系列具有典型停留时间间隔的地点组成，提供给用户。Chen 等人[13] 从每条原始轨迹中识别出转向点，并将这些转向点聚类成簇。然后，这些簇被用作顶点来构建一个转移网络。随后，根据通过两个顶点的轨迹计数，计算出人们从一个顶点到另一个顶点旅行的概率。最后，给定一个出发点和目的地，在转移网络中找到概率产量最大的路径作为最热门的路线。然而，所提出的方法不适用于低采样率的轨迹。为此，Wei 等人[83] 将地理空间划分为均匀网格，然后基于网格和原始轨迹构建可路由图。

另一研究分支基于从轨迹中学习的图，使用某些社区发现方法来检测地点社区。地点社区是一组地点聚类成的簇，其中簇内部地点之间的连接比簇之间的连接更密集。例如，Rinzivillo 等人[71] 试图在区分度较低的空间（如镇或县）中找到人类移动的边界。他们将车辆 GPS 轨迹映射到区域，从而在比萨构建一个复杂网络。然后，使用一种名为 Infomap 的社区发现算法将网络分割成不重叠的子图。在参考文献［48,110］中，考虑了轨迹的更多语义意义，如用户的旅行速度和经验，以估计两个地点之间的相互影响强度。

对于估计用户相似性，另一系列研究将用户的轨迹转换成层次图，计算不同用户之间的相似性。这是许多社交应用的基础，例如朋友推荐和社区发现应用。

如图 10.20 所示，Zheng 等人[117] 将从不同用户轨迹中检测到的停留点存储起来，通过使用密度聚类算法迭代地分割聚类。结果是构建了一个基于树的层次结构，其中较高层的节点是一个粗粒度的簇（包含停留点），而较低层的节点是细粒度的簇。由于层次结构是从所有用户的停留点衍生出来的，因此它被不同的用户共享。通过将用户的轨迹投影到这个共享的层次结构上，可以为单个用户构建单个层次图。

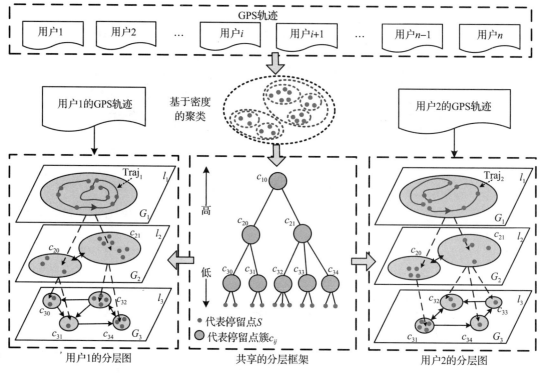

图 10.20 基于分层图的用户相似性估计

如图 10.20 的左下角和右下角所示，两个用户的位置历史从一系列不可比较的轨迹集合转换为了两个具有共同节点的图。通过匹配这两个图，在图的每个层次上都找到了共同的簇序列。例如，$c_{32} \rightarrow c_{31} \rightarrow c_{34}$ 是两个用户在第三层上共享的一个序列。考虑到在共同序列中簇的流行度以及共同序列的长度和层次（在层次结构中），为每个用户对计算了一个相似度得分。

Xiao 等人[85] 将相似性计算从物理位置扩展到语义空间，旨在促进不同城市或国家用户之间的相似性估计。从轨迹中检测到的停留点用该停留点范围内的 POI（不同类别）的分布来表示。然后，根据不同用户的停留点在不同 POI 类别上的分布，将这些点聚类为一个层次结构，这种方式与图 10.20 中的方法类似。

10.2.8.2 从轨迹到矩阵

另一种可以将轨迹转换成的形式是矩阵。使用现有技术，如协同过滤和矩阵分解，矩阵可以帮助补充缺失的观测值。转换的关键在于三个方面：（1）行代表什么；（2）列是什么；（3）元素表示什么？由于矩阵分解的技术和例子已在 8.4 节中介绍，这里不再详细说明。

此外，矩阵也可以用作输入来识别异常。Chawla 等人[12] 旨在识别两个区域之间的异常流量。在他们的方法中，他们首先通过主要道路将城市划分为区域，然后基于出租车的轨迹构建一个区域图，如图 10.21a 所示。然后，轨迹由图上的路径表示（即区域之间的连接序列），如图 10.21b 所示。

基于轨迹和图构建了两个矩阵。一个是连接-交通矩阵 L，如图 10.21c 所示，其中一行是一个连接，一列对应一个时间间隔。L 的元素表示在特定时间间隔内穿过某个特定连接的车

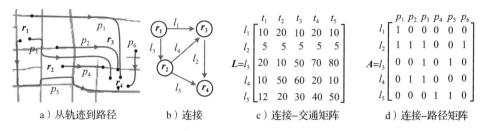

	t_1	t_2	t_3	t_4	t_5
l_1	10	20	10	20	10
l_2	5	5	5	5	5
$L=l_3$	20	10	50	70	80
l_4	10	50	60	20	10
l_5	12	20	30	40	50

	p_1	p_2	p_3	p_4	p_5	p_6
l_1	1	0	0	0	0	0
l_2	1	1	1	0	0	1
$A=l_3$	0	0	1	0	1	0
l_4	0	1	1	0	0	0
l_5	0	0	0	1	1	0

a）从轨迹到路径　　　　b）连接　　　　c）连接–交通矩阵　　　　d）连接–路径矩阵

图 10.21　使用基于 PCA 的方法检测交通异常

辆数量。例如，有十辆车在时间间隔 t_1 穿过连接 l_1。另一个是连接–路径矩阵 A，其中一行代表一个连接，一列表示一条路径。如果某个特定连接包含在某个特定路径中，则 A 中对应的元素设置为 1。

给定矩阵 L，采用主成分分析（PCA）算法来检测一些异常连接，这些异常连接由列向量 b 表示，其中 1 表示在连接上检测到了异常。更具体地说，令 $\tilde{L}=L-\mu$，其中 μ 是列样本均值。然后，形成一个 $t \times t$ 的矩阵 $C=\tilde{L}^{T}\tilde{L}$，其中 t 是时间间隔的数量。可以通过矩阵 C 的特征分解得到特征值–特征向量对 (λ_i, v_i)（即 $Cv_i=\lambda_i v_i$）。这个例子中的特征值 $\lambda_i(i=1,2,\cdots,5)$ 是：

$$(1.9 \times 10^3, 0.67 \times 10^3, 0.02 \times 10^3, 0.01 \times 10^3, 0)$$

特征值–特征向量对 (λ_i, v_i) 按照特征值 λ_i 的降序排列。前 r 个特征向量 $(v_1, \cdots, v_r)$ 形成正常子空间 P_n，剩余的特征向量 $(v_{r+1}, \cdots, v_t)$ 形成异常子空间 P_a。在这个例子中，选择了第一个特征向量。之后，所有数据点都投影到 P_a：$x \rightarrow x_a$ 上，其中 x 是原点，x_a 是投影值。在空间 P_a 中，对于所有点，计算偏离均值 μ_a 的平方，如下所示：

$$(0.4 \times 10^3, 0.06 \times 10^3, 0.5 \times 10^3, 1.47 \times 10^3, 0.49 \times 10^3)$$

选择所有满足 $\|x_a - \mu_a\| > \theta$ 的点作为异常连接，其中 θ 是阈值。在这个例子中，1.47×10^3 远大于其他值。因此，l_4 被检测为异常连接 $[b=(0,0,0,1,0)]$。

然后，通过解方程 $Ax=b$ 来捕捉异常连接和路径之间的关系，其中 x 是一个列向量，表示哪些路径会导致 b 中所示异常的出现。使用 L_1 优化技术，可以推断出 x。

10.2.8.3　从轨迹到张量

基于矩阵的变换的一个自然扩展是将轨迹转换为（三维）张量，其中第三个维度被添加到矩阵中以容纳额外的信息。变换的目标通常是填充（张量中的）缺失元素或者找到两个对象（如两个道路段或加油站）之间的相关性。解决这个问题的常见方法是将张量分解为几个（低秩）矩阵和一个核心张量（或者只是几个向量）的乘积，基于张量的非零元素。当一个张量非常稀疏时，为了实现更好的性能，通常会在协同过滤的框架下将张量分解为其他（上下文）矩阵。

10.3　将机器学习与数据管理相结合

10.3.1　动机

数据管理（又称为数据库）和机器学习似乎是两个截然不同的领域，它们的相关理论、会议和社区之间重叠非常小。前者关注在信息系统中存储、更新和检索数据的效率（即追求速度），而后者更关心算法从数据中学习知识的有效性（即追求深度）。然而，在真实的大数据项目中，特别是在城市计算中，需要系统地整合双方的知识来应对城市挑战。

例如，一个机器学习模型需要使用某个区域内车辆的行驶速度作为输入来预测该区域未来一小时的交通状况。找到一个小时内在该区域行驶的车辆，然后检索相应的 GPS 轨迹来计算行驶速度是一个非常耗时的过程。如果没有数据管理技术（例如，一个时空索引结构），我们需要以暴力扫描的方式检查每个 GPS 点是否落在给定的区域或给定的时间间隔内。对于整个城市的每个区域，提取行驶速度特征需要超过两个小时。这阻止了城市计算应用在几秒钟内为整个城市生成对未来一小时的交通预测。

与其他人工智能系统不同，许多机器学习算法无法单独处理城市计算问题，原因有三。

第一个原因是动态环境。城市计算应用的环境是高度动态的，几乎每秒钟都在变化，因此我们不能建立离线索引来提供在线查询服务。例如，如图 10.22a 所示，在一个搜索引擎中，我们可以每隔几天以离线方式为被全网抓取的网页建立一个单词-文档索引，然后使用该索引提供在线查询，并且它一经建立就不再更改。然而，在城市计算应用（例如，一个出租车调度系统）中，出租车的位置会持续变化，迫使我们每隔几秒钟就要更新一次索引，否则查询到的搜索结果并不是很有用。

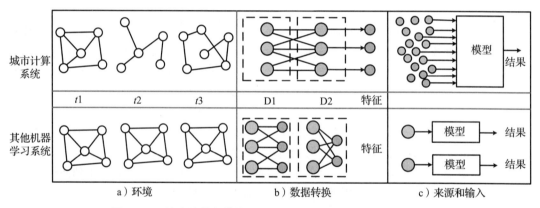

图 10.22　城市计算与传统机器学习系统之间的差异（见彩插）

第二个原因是复杂的数据转换。在城市计算应用中，特征提取过程比其他机器学习系统要复杂得多。在城市计算中，通常无法观察到机器学习模型所需的特征。在许多情况下，可能无法从单个数据集中推导出这些特征。事实上，必须通过复杂的计算机过程从不同类型的原始数据中提取特征，如图 10.22b 所示。例如，车辆的行驶速度是基于其 GPS 轨迹和道路网络计算得出的。特征提取过程需要地图匹配算法将 GPS 轨迹投影到相应的道路段上，以及需要时空范围查询来检索给定区域和时间范围内的 GPS 轨迹。在特征提取过程中涉及两种类型的数据，包括轨迹（D1）和道路网络（D2）。这两个数据集都无法单独推导出速度特征。如果没有高效的数据管理技术，特征提取过程可能需要花费几个小时。

其他机器学习系统（如搜索引擎或计算机视觉系统）的输入只是几个关键词或短语，或者只是一张图片或几帧视频。然而，在这些系统中，特征是在单个领域内通过简单的转换（例如计算平均值、标准差、词频、逆文档频率，或者 SIFT 特征）生成的。

第三个原因是全市范围、多源输入。由于不同地点和不同时间间隔之间存在强烈的依赖关系，城市计算系统中机器学习模型的输入通常是整个城市，而不仅是单个区域或道路的信息，即使目标是预测单个区域的情况。例如，一个区域的客流流量取决于其邻近区域以及远离该区域的地点的客流流量。因此，要预测单个区域的客流流量，需要考虑城市中所有区域的交通状况。如图 10.22c 所示，传统的机器学习系统比城市计算系统简单得多。例如，在图像分类问题中，机器学习模型的输入只是一张图像，因为识别结果与其他图像无关。因此，要分类一张图像，没有必要使用成千上万的图像作为模型的输入。

此外，在城市计算应用中，通常需要使用来自不同领域的多个数据集来完成一个任务，例如根据交通、气象和 POI 数据预测空气质量。因此，可以在城市计算系统的输入中看到多个不同颜色的圆圈，不同的颜色代表来自不同领域的数据。

这两个问题增加了机器学习模型输入的规模和复杂性，需要先进的数据管理技术。

尝试解决这些问题的一种直接方法之一是使用更多服务器并行处理不同的数据集或数据的不同分区。然而，这种方法会浪费大量计算资源，进而限制对更高级机器学习模型的尝试。此外，如果仅增加机器数量，性能提升将遇到瓶颈，因为使用的机器越多，涉及的输入/输出成本就越高。因此，将数据管理集成到机器学习中，使我们能够更有效地利用较少的计算资源从数据中学习更深入的知识。

目前，在许多大数据系统中，数据管理和机器学习是两个连续的步骤。它们之间的结合非常松散，或者在整个系统层面，或者几乎为零。例如，一些数据管理技术用于存储数据，这些数据稍后会被机器学习算法使用。又例如，在处理大数据时，机器学习算法通常在分布式系统中运行。在算法层面，这两部分并没有整合。

为此，本节介绍了三种方法，用于在算法层面将数据管理技术系统地整合到机器学习算法中。第一类方法使用空间和时空索引结构来提高机器学习模型中特征提取过程的效率。第二类组合方法利用数据管理技术，如模式挖掘算法，从原始数据中寻找频繁模式，并使用这些模式作为机器学习算法的输入。由于频繁模式的规模显著小于原始数据，这种组合精炼了机器学习算法的输入，从而降低了其计算复杂性，同时提高了效率。第三类组合方法使用数据管理技术为机器学习算法得出上界或下界，从而修剪算法的计算空间。

10.3.2 使用索引结构加速机器学习

这类方法构建空间或时空索引结构，以加快城市计算系统中数据的转换过程（如特征提取）。在本节中，将介绍三个例子。

示例 1 是城市空气。Zheng 等人[113] 旨在根据机器学习模型和各种数据集（包括 POI、道路网络、交通状况以及现有监测站 s_1 和 s_2 的空气质量数据）来推断城市中任意地点的空气质量。如图 10.23a 所示，地点 l 的空气质量被认为受到该地点圆距离内数据的影响。圆内的区域被称为 l 的影响区域。

为了推断地点 l 的空气质量，机器学习模型的输入包括（1）从位于 l 的影响区域内的 POI 和网络中提取的特征，（2）从过去一小时内在（或穿过）影响区域的出租车生成的 GPS 轨迹中提取的特征（例如行驶速度和上下车次数）。为了提取速度特征，一个简单的方法是首先扫描最近接收的出租车轨迹中的每一个 GPS 点，以检查它们是否落在 l 的影响区域的空间范围内。然后，根据 GPS 点与其前一个点之间的距离和时间间隔计算落在影响区域内的每个 GPS 点的行驶速度。

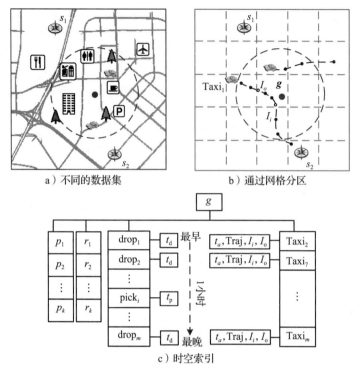

图 10.23　加快城市空气特征提取过程的索引结构

　　然而，这个过程非常耗时。假设过去一小时内接收了 n 个 GPS 点，并且要推断 m 个地点的空气质量，则计算复杂性为 $O(n \times m)$。通常，n 的值非常大。例如，有 100 000 辆车辆每 5 秒生成一个 GPS 点。一小时内接收到的 GPS 点数量为 $100\ 000 \times 3\ 600/5 = 72\ 000\ 000$。如果试图推断一万多个地点的空气质量，需要分别检查 72 000 000 个点对应的 10 000 个影响区域（即 7 200 亿次匹配）。如果没有空间索引结构，即使所有这些点都加载到内存中，扫描也可能需要花费几个小时。此外，还需要提取其他特征，例如 l 的影响区域内不同类别的 POI 的数量和分布。这使得机器学习算法无法在几分钟内预测整个城市的空气质量。

　　如图 10.23b 所示，一个城市被分割成均匀的网格，其中构建了一个时空索引结构来维护网格 g 与相关 POI、道路网络和轨迹之间的关系，这显著加快了特征提取的速度。

　　更具体地说，如图 10.23c 所示，落在网格 g 内的 POI 的标识被列在一个数组中。同样，落在或穿过 g 的道路段的标识被存储在一个数组中。从出租车轨迹中提取的上下车信息按生成时间（即 t_p 和 t_d）排序并存储在一个数组中。最后，进入 g 的出租车的标识按到达时间 t_a 在一个数组中排序。对于数组中的每条记录，还存储了对应出租车的轨迹标识以及轨迹中两个索引点的信息 I_i 和 I_o。如图 10.23b 所示，出租车进入 g 后的第一个点是轨迹中的第四个点（即 $I_i = 4$），出租车离开该区域前的最后一个点是轨迹中的第七个点（即 $I_o = 7$）。出租车标识数组和上下车数组只存储最近一小时的数据，过时的数据将被清除。

　　当为给定位置提取特征时，首先找到与该位置的影响区域相交或位于其内的网格 G。根据 G 中每个网格的索引，检索影响区域内的 POI，并计算不同类别中 POI 的数量。其他完全位于圆圈外的网格可以忽略。这降低了大量计算负载。同样，可以在这些索引中高效地检索一小时内生成的上下车和出租车标识信息。由于一辆出租车可能会穿过 G 中的几个网格，我们需要归并由同一出租车生成的记录。例如，如图 10.23b 所示，$Taxi_1$ 在 l 的影响区域内穿过了三个网格。因此，从三个网格索引中检索到了三条记录。在归并这三条记录后，结果为 ($Taxi_1$, $I_i = 2, I_o = 9$)。GPS 轨迹由于太大而无法存储在内存中，通常存储在磁盘上。归并同一出租车的记录可以减少对磁盘的访问次数，从而提高机器学习算法的效率。

示例 2 是将基于后缀树的索引用于行驶时间估计。Wang 等人[82]将稀疏车辆轨迹与其他数据集（如 POI、道路网络和天气数据）相结合来估计任意路径的行驶时间。例如，如图 10.24 所示，路径 $P: r_1 \rightarrow r_2 \rightarrow r_3$ 在当前时间间隔的行驶时间可以根据最近接收到的四条轨迹（包括 Tr_1、Tr_2、Tr_3 和 Tr_4）来估计。在地图匹配过程之后，每条轨迹都被转换成一系列道路段（例如，$Tr_1: r_1 \rightarrow r_2 \rightarrow r_6$）。

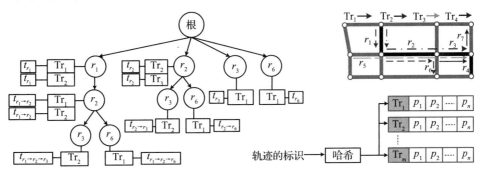

图 10.24　响应路径查询使用的基于后缀树的索引

由于可能没有足够的轨迹穿过整个路径，需要结合不同轨迹的片段来估计路径的行驶时间。例如，可以仅根据 Tr_2 计算 $r_1 \rightarrow r_2 \rightarrow r_3$ 的行驶时间，也可以分别计算 r_1（基于 Tr_1 和 Tr_2）、r_2（基于 Tr_1、Tr_2 和 Tr_3）和 r_3（使用 Tr_2、Tr_3 和 Tr_4）的行驶时间。稍后，可以通过将每条道路段的行驶时间相加来获得 $r_1 \rightarrow r_2 \rightarrow r_3$ 的行驶时间。还可以使用 Tr_2 和 Tr_3 来估计 $r_2 \rightarrow r_3$ 的行驶时间，然后将其与 r_1 的行驶时间连接起来。或者，可以先根据 Tr_1 和 Tr_2 得到 $r_1 \rightarrow r_2$ 的行驶时间，然后将其与 r_3 连接起来。

不同的连接方式有其各自的优缺点，这取决于对支持值和长度的权衡。随着路径长度的增加，穿过该路径的轨迹数量（即支持值）会减少。因此，由少数驾驶员得出的行驶时间置信度会降低。若使用较短的子路径的连接，则每个子路径上会有更多的轨迹出现，但这会导致更多的片段，其中涉及更多的不确定性。因此，提出了一种学习算法来寻找最优的连接方法，从而实现对路径行驶时间的准确估计。

学习算法需要多次查询来寻找穿过给定路径的轨迹。如果没有构建有效的索引结构，我们在响应这样的路径查询时将需要扫描最近接收到的每条轨迹。这是非常耗时的，因为在短暂的时间间隔内可能会生成数十万条轨迹，每条轨迹可能穿越数百个道路段。因此，学习算法无法有效地估计路径的响应时间。

为了解决这个问题，提出了一种基于后缀树的索引结构来维护当前时间槽中接收到的轨迹，如图 10.24 左部分所示。索引树中的每个节点代表一个道路段，树上的每条路径对应于道路网络中的一个路线。每个节点存储穿过从根节点到自身的路径的轨迹的标识和行驶时间。例如，$t_{r_1 \to r_2 \to r_3}$ 代表路径 $r_1 \to r_2 \to r_3$ 的行驶时间，为了找到任何存在的路径，后缀树会找到一个字符串（即与地图匹配的轨迹）的所有后缀，并将它们插入树中。例如，$r_1 \to r_2 \to r_6$ 的后缀由 r_6 和 $r_2 \to r_6$ 组成。为了减小索引的大小，轨迹中的点（如 p_1 和 p_2）不会存储在树中。

在搜索过程中，可以在满足如下条件的后缀树中轻松找到查询路径：从根节点开始，到表示查询路径最后一个道路段的节点结束。然后可以从结束节点中检索轨迹的标识和相应的行驶时间。根据轨迹的标识，可以通过哈希表（如图 10.24 右下部分所示）检索其点。如果没有任何轨迹通过给定的路径查询，那么该路径在后缀树中不存在。

10.3.3　缩减机器学习的候选对象

这类方法通过模式挖掘减小机器学习算法的输入规模，使得机器学习算法能够更高效地解决更复杂的问题。我们展示了这类方法中的三个例子。

示例 1 是路径行驶时间估计。接着 10.3.2 节中介绍的示例 2，我们进一步介绍数据库技术如何帮助机器学习算法。当一个路径非常长（即包含许多道路段）时，有许多方法可以将路径中的道路段拼接起来以估计行驶时间。这使得后来的机器学习算法无法有效地估计路径的行驶时间。

在实际操作中，并不需要检查路径的每一种拼接方式，因为许多子路径在当前时间槽内可能不会被任何轨迹经过。为了进一步提高解决方案的效率，可以提前使用基于后缀树的模式挖掘算法从历史轨迹中挖掘频繁轨迹模式。然后，只需要检查轨迹模式的拼接即可，其规模远小于原始的拼接。例如，在估计路径 $r_1 \to r_2 \to r_3 \to r_4$ 的行驶时间时，不需要检查 $r_3 \to r_4$ 的组合，因为没有任何轨迹经过它。

示例 2 是空气污染的原因。Zhu 等人[123]旨在使用贝叶斯网络和各种数据集（如空气质量数据和气象数据）来确定不同城市中不同空气污染物之间的因果关系。然而，这是一项非常具有挑战性的任务，因为一个地点的空气污染物浓度取决于许多因素，例如该地点过去几小时的情况以及其空间邻域的情况，还有环境因素。这显著增加了贝叶斯网络的复杂性。为了降低贝叶斯模型的复杂性，一个直观的想法是在贝叶斯网络中只保留 top-N 个最相关的因素。然而，如果没有特殊处理，两种空气污染物的读数之间的相关性主要由那些稳定的读数和微小的波动主导，因此它们不能真正揭示两种空气污染物之间的依赖关系。

为了解决这个问题，使用一个高效的模式挖掘算法从原始输入中挖掘每对传感器读数之间的空间共演化模式。这些模式可以有效地确定不同地点不同空气污染物之间的依赖关系，从而帮助在贝叶斯网络中选择 top-N 个最相关的因素。它们还找到了两种空气污染物真正相互依赖的时间间隔，从而更准确地计算两种空气污染物之间的依赖关系。这降低了贝叶斯网络的复杂性，同时提高了推断结果的准确度。如果没有模式挖掘算法，贝叶斯网络无法处理如此规模的输入。

示例 3 是发现拥堵传播模式。类似的想法已经提出，用于从交通数据中发现拥堵传播模式。Nguyen 等人[57]通过连接在连续时间间隔内发生拥堵的空间相邻道路段来构建拥堵树。然后从这些拥堵树中挖掘频繁子树模式。基于这些频繁的子树模式构建动态贝叶斯网络，建模拥堵传播并估计拥堵发生的概率。这些频繁的子树模式有助于设计动态贝叶斯网络的结构，显著减少了可能导致道路段拥堵的候选因素的数量。

10.3.4　导出边界以修剪机器学习的计算空间

这类方法为机器学习算法导出上限或下限，显著避免了不必要的计算负载。例如，如果候选组 A 的上限小于另一候选组 B 的下限，那么在寻找具有最大值的候选项时，可以忽略组 A 中的所有候选项。或者，可以说在计算组 A 中每个候选项的确切值之前，组 A 已经被修剪了。由于估计一组候选项的上限或下限的工作量远小于计算每个候选项的确切值，因此计算负载显著降低。

例如，Zheng 等人[106]提出使用对数似然比检验（LRT）基于不同领域的多个数据集来瞬时检测城市中的集体异常。在这里，"集体"有两种含义。一种是指时空集体性，也就是说，一系列邻近地点在连续的时间段内是异常的，而如果单独检查，这个集合中的单个地点在单个时间段内可能并不异常。另一种是异常在单个数据集上可能并不那么异常，但在同时检查多个数据集时被视为一个异常。这样的集体异常可能表示自然灾害的开始、潜在问题的爆发，或者可能造成灾难性的事故。例如，如图 10.25a 所示，a_1、a_2 和 a_3 是三个集体异常。

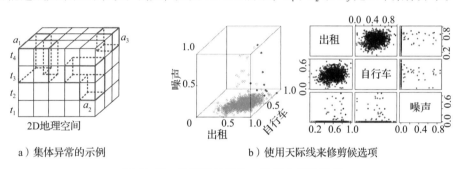

a）集体异常的示例　　　　b）使用天际线来修剪候选项

图 10.25　检测集体异常：使用上界的示例

由于异常发生的地点和时间事先是未知的，我们需要检查不同时间段和地点组合的对数似然比检验结果。由于有许多组合需要检查，这非常耗时，阻碍了算法立即检测到异常。

为了解决这个问题，我们为一系列<地点，时间>元素组合导出了一个异常程度的上限。此外，还维护了已计算元素组合的异常程度天际线。例如，如图 10.25b 所示，每个空心圆代表一个元素组合，每个维度代表从数据集中获得的异常程度。在这个例子中，使用了三个数据集，包括出租车行程数据、共享单车数据和城市噪声数据，来检测集体异常。实心圆是天际线组合，没有被其他空心圆支配。

当一个新的元素集合（例如，$<l_1,t_1>,<l_2,t_2>,\cdots,<l_k,t_k>$）出现时，首先根据每种类型的数据集计算集合异常程度的上限。如果集合的上限被现有的天际线组合支配，那么它的所有子集组合也将被天际线支配。因此，不需要进一步检查所有可能的子集组合，例如（$<l_1,t_1>,<l_2,t_2>$）和（$<l_1,t_1>,<l_3,t_3>$）。否则，集合的异常程度将被插入天际线中以过滤即将到来的元素组合。如果天际线中的原始元素组合被新插入的一个元素组合支配，那么原始的组合将从天际线中移除。使用天际线和上限，可以避免检查许多元素组合。

10.4　交互式视觉数据分析

解决城市计算问题需要领域知识和数据科学，这些通常是由两个不同的人群获得的（即领域专家和数据科学家）。为他们提供方法，使他们可以分享和整合双方的知识至关重要。交互式视觉数据分析可能是实现这一目标的一种有效方法，它具有以下三个功能：（1）通过交互和反馈帮助数据分析模型逐渐融入问题的复杂和微妙因素；（2）指导参数调整过程；（3）深入挖掘结果并获得新的有用信息。

10.4.1 合并多个复杂因素

在城市计算项目中开展数据分析时，通常有许多标准需要考虑。例如，在部署电动汽车充电站时，需要考虑经过这些充电站所在位置的车流量、交通状况以及这些位置周围的设施（如购物中心和餐厅）。如果同时考虑所有这些标准，问题对于数据分析模型来说就变得过于复杂。此外，可能还有一些微妙的准则，这些准则无法由领域专家明确指定或量化。

为了解决这些问题，交互式视觉数据分析可以向领域专家展示一些初步结果，这些结果仅考虑了少数简单标准。领域专家基于他们的领域知识（其中包含了其他标准），可以对这些结果给出反馈，例如从初步结果中移除不合适的地点，或者在初步结果中建议一些好的候选地点。将反馈作为约束，数据分析模型可以生成另一轮结果。领域专家与数据分析模型之间的交互可以重复多次，直到找到满意的结果。通过交互式视觉数据分析，我们能够将领域知识与数据科学结合起来。

10.4.2 在没有先验知识的情况下调整参数

在许多数据分析模型中，有很多非平凡参数需要调整。然而，我们可能没有关于设置这些参数的先验知识。例如，为了研究两个不同时空数据集之间的相关性，需要定义实例在两个数据集中的共同出现，这会用到距离阈值 d 和时间间隔阈值 t。如果两个实例之间的地理距离小于 d，时间间隔小于 t，那么它们被视为共同出现。不同的 d 和 t 会导致不同的共同出现次数，这会导致不同的支持值用于相关性模式挖掘。然而，在看到挖掘结果之前，我们不知道如何设置 d 和 t。交互式视觉数据分析系统可以展示任意 d 和 t 的初步结果，允许用户在看到结果后迭代地调整这两个参数，从而解决了这个问题。用户可以通过查看多轮结果来了解这两个参数与模式挖掘结果以及调整趋势之间的关系。这种相关性以及趋势可能过于复杂，无法通过机器智能建模，但可以由人类智能处理。

10.4.3 深入挖掘结果

交互式视觉数据分析还有助于深入挖掘城市计算系统返回的结果，以获得关于问题的更深层次知识。例如，一个城市计算系统使用去年出租车生成的 GPS 轨迹来计算城市的交通拥堵指数。有时候，我们需要深入分析总体结果，以查看特定区域和给定时间段（例如，节假日期间的热点区域）的交通状况。一旦放大到该区域，就可能会出现新的假设（例如，检查周末特定购物商场周围的交通状况），这需要通过交互进一步细化结果。

一方面，细化后的结果可能带来有趣的发现以解决一个问题，也可能提供深刻的见解以解释一个现象。例如，我们可能了解到某个区域的交通拥堵是由一个吸引很多人的特定购物中心造成的，而这个购物中心停车位不足。另一方面，这种交互需要执行数据检索过程来找到给定空间和时间范围内的相交轨迹，然后执行重新计算过程，根据检索到的轨迹生成拥堵指数。因此，交互式视觉数据分析模型需要将数据管理、机器学习算法以及可视化无缝集成到一个交互式框架中。

10.5　总结

本章介绍了城市数据分析的一些高级主题，包括选择有用数据的策略、轨迹数据挖掘技术、结合机器学习算法和数据管理技术的方法，以及交互式视觉数据分析。

选择一个有效且有价值的数据集取决于两个方面。一个是对将要解决的问题的理解。另一个是数据集背后的信息。有了关于这两个方面的知识，可以进一步使用相关分析工具、可视化技术和实验来验证我们的假设。

本章提出了一个定义轨迹数据挖掘范围和路线图的框架，包括轨迹预处理、轨迹数据管理、轨迹不确定性、轨迹模式挖掘、轨迹分类、轨迹中的异常检测，以及将轨迹转换成其他数据格式（如图、矩阵和张量）。在这个框架的每一层中，各个研究工作都得到了适当的定位、分类和连接。该框架为那些想要进入这个领域的人提供了一个全景图。专业人士可以轻松找到解决他们问题的方法，或者找到尚未解决的问题。

城市计算项目中的数据分析模型通常需要处理动态环境、复杂的数据转换以及全市范围和多源输入。这些独特的特点要求将数据管理技术与机器学习算法相结合。已经介绍了三种集成方法，包括使用索引结构增强机器学习算法、通过使用模式挖掘技术减少机器学习候选项，以及推导界限以修剪学习算法的搜索空间。

最后，交互式视觉数据分析是一种方法，它通过提供三个功能，使领域专家和数据科学家能够彼此共享和整合知识：（1）通过交互和反馈帮助数据分析模型逐渐融入问题的复杂和微妙因素；（2）指导参数调整过程；（3）深入挖掘结果并获得新的有用信息。交互式视觉数据分析需要将数据管理、机器学习算法以及可视化无缝集成到一个交互式框架中。

参考文献

[1] Abul, O., F. Bonchi, and M. Nanni. 2008. "Never Walk Alone: Uncertainty for Anonymity in Moving Objects Databases." In *Proceedings of the 24th IEEE International Conference on Data Engineering*. Washington, DC: Institute of Electrical and Electronics Engineers (IEEE) Computer Society Press, 376–385.

[2] Aggarwal, C. C., J. Han, J. Wang, and P. S. Yu. 2003. "A Framework for Clustering Evolving Data Streams." In *Proceedings of the 29th International Conference on Very Large Data Bases*. San Jose, CA: Very Large Data Bases Endowment (VLDB), 81–92.

[3] Alt, H., A. Efrat, G. Rote, and C. Wenk. 2003. "Matching Planar Maps." *Journal of Algorithms* 49 (2): 262–283.

[4] Bao, J., Y. Zheng, and M. F. Mokbel. 2012. "Location-Based and Preference-Aware Recommendation Using Sparse Geo-Social Networking Data." In *Proceedings of the 20th ACM SIGSPATIAL International Conference on Advances in Geographic Information Systems*. New York: Association for Computing Machinery (ACM), 199–208.

[5] Bellman, R. 1961. "On the Approximation of Curves by Line Segments Using Dynamic Programming." *Communications of the ACM* 4 (6): 284.

[6] Beresford, A. R., and F. Stajano. 2003. "Location Privacy in Pervasive Computing." IEEE Pervasive Computing 2 (1): 46–55.

[7] Brakatsouls, S., D. Pfoser, R. Salas, and C. Wenk. 2005. "On Map-Matching Vehicle Tracking Data." In *Proceedings of the 31st International Conference on Very Large Data Bases*. San Jose, CA: VLDB Endowment, 853–864.

[8] Cadez, I. V., S. Gaffney, and P. Smyth. 2000. "A General Probabilistic Framework for Clustering Individuals and Objects." In *Proceedings of the 6th ACM SIGKDD Conference on Knowledge Discovery and Data Mining*. New York: ACM, 140–149.

[9] Cao, H., N. Mamoulis, and D. W. Cheung. 2005. "Mining Frequent Spatio-Temporal Sequential Patterns." In *Proceedings of the 5th IEEE International Conference on Data Mining*. Washington, DC: IEEE Computer Society Press, 82–89.

[10] Chandola, V., A. Banerjee, and V. Kumar. 2009. "Anomaly Detection: A Survey." *ACM Computing Surveys* 41 (3): 1–58.

[11] Chawathe, S. S. 2007. "Segment-Based Map Matching." *IEEE Intelligent Vehicles Symposium*. Washington, DC: IEEE Computer Society Press, 1190–1197.

[12] Chawla, S., Y. Zheng, and J. Hu. 2012. "Inferring the Root Cause in Road Traffic Anomalies." In *Proceedings of the 12th IEEE International Conference on Data Mining*. Washington, DC: IEEE Computer Society Press, 141–150.

[13] Chen, L., M. T. Ozsu, and V. Oria. 2005. "Robust and Fast Similarity Search for Moving Object Trajectories." In *Proceedings of the 24th ACM SIGMOD International Conference on Management of Data*. New York: ACM, 491–502.

[14] Chen, W., M. Yu, Z. Li, and Y. Chen. 2003. "Integrated Vehicle Navigation System for Urban Applications." In *Proceedings of the International Conference Global Navigation Satellite System*. CGNS, 15–22.

[15] Chen, Y., K. Jiang, Y. Zheng, C. Li, and N. Yu. 2009. "Trajectory Simplification Method for Location-Based Social Networking Services." In *Proceedings of the 2009 ACM SIGSPATIAL Workshop on Location-Based Social Networking Services*. New York: ACM, 33–40.

[16] Cheng, R., J. Chen, M. F. Mokbel, and C. Y. Chow. 2008. "Probabilistic Verifiers: Evaluating Constrained Nearest-Neighbor Queries over Uncertain Data." In *Proceedings of the IEEE 24th Conference on Data Engineering*. Washington, DC: IEEE Computer Society Press, 973–982.

[17] Cheng, R., D. V. Kalashnikov, and S. Prabhakar. 2004. "Querying Imprecise Data in Moving Objects Environments." *IEEE Transactions on Knowledge and Data Engineering* 16 (9): 1112–1127.

[18] Chow, C. Y., and M. F. Mokbel. 2011. "Privacy of Spatial Trajectories." In *Computing with Spatial Trajectories*, edited by Y. Zheng and X. Zhou, 109–141. Berlin: Springer.

[19] Civilis, A., C. S. Jensen, J. Nenortaite, and S. Pakalnis. 2005. "Techniques for Efficient Road-Network-Based Tracking of Moving Objects." *IEEE Transactions on Knowledge and Date Engineering* 17 (5): 698–711.

[20] Douglas, D., and T. Peucker. 1973. "Algorithms for the Reduction of the Number of Points Required to Represent a Line or Its Caricature." *Cartographica: The International Journal for Geographic Information and Geovisualization* 10 (2): 112–122.

[21] Emrich, T., H. P. Kriegel, N. Mamoulis, M. Renz, and A. Züfle. 2012. "Querying Uncertain Spatio-Temporal Data." In *Proceedings of the 28th IEEE Conference on Data Engineering*. Washington,

DC: IEEE Computer Society Press, 354–365.

[22] Gaffney, S., and P. Smyth. 1999. "Trajectory Clustering with Mixtures of Regression Models." In *Proceedings of the 5th ACM SIGKDD International Conference on Knowledge Discovery and Data Mining*. New York: ACM, 63–67.

[23] Giannotti, F., M. Nanni, D. Pedreschi, and F. Pinelli. 2007. "Trajectory Pattern Mining." In *Proceedings of the 13th ACM SIGKDD International Conference on Knowledge Discovery and Data Mining*. New York: ACM, 330–339.

[24] Gidófalvi, G., X. Huang, and T. B. Pedersen. 2007. "Privacy-Preserving Data Mining on Moving Object Trajectories." In *Proceedings of the 8th IEEE International Conference on Mobile Data Management*. Washington, DC: IEEE Computer Society Press, 60–68.

[25] Greenfeld, J. S. 2002. "Matching GPS Observations to Locations on a Digital Map." In *Proceedings of the 81st Annual Meeting of the Transportation Research Board*. Washington, DC: Transportation Research Board, 576–582.

[26] Gudmundsson, J., and M. V. Kreveld. 2006. "Computing Longest Duration Flocks in Trajectory Data." In *Proceedings of the 14th Annual ACM International Symposium on Advances in Geographic Information Systems*. New York: ACM, 35–42.

[27] Gudmundsson, J., M. V. Kreveld, and B. Speckmann. 2004. "Efficient Detection of Motion Patterns in Spatio-Temporal Data Sets." In *Proceedings of the 12th Annual ACM International Symposium on Advances in Geographic Information Systems*. New York: ACM, 250–257.

[28] Hershberger, J., and J. Snoeyink. 1992. "Speeding Up the Douglas-Peucker Line Simplification Algorithm." In *Proceedings of the 5th International Symposium on Spatial Data Handling*. New York: ACM, 134–143.

[29] Hoh, B., M. Gruteser, H. Xiong, and A. Alrabady. 2010. "Achieving Guaranteed Anonymity in GPS Traces via Uncertainty-Aware Path Cloaking." *IEEE Transactions on Mobile Computing* 9 (8): 1089–1107.

[30] Jensen, C. S., D. Lin, and B. C. Ooi. 2007. "Continuous Clustering of Moving Objects." *IEEE Transactions on Knowledge and Data Engineering* 19 (9): 1161–1174.

[31] Jeung, H., H. Shen, and X. Zhou. 2008. "Convoy Queries in Spatio-Temporal Databases." In *Proceedings of the 24th IEEE International Conference on Data Engineering*. Washington, DC: IEEE Computer Society Press, 1457–1459.

[32] Jeung, H., M. Yiu, X. Zhou, C. Jensen, and H. Shen. 2008. "Discovery of Convoys in Trajectory Databases." *Proceedings of the VLDB Endowment* 1 (1): 1068–1080.

[33] Kellaris, G., N. Pelekis, and Y. Theodoridis. 2009. "Trajectory Compression under Network Constraints." In *Proceedings, Advances in Spatial and Temporal Databases*. Berlin: Springer, 392–398.

[34] Keogh, E. J., S. Chu, D. Hart, and M. J. Pazzani. 2001. "An On-Line Algorithm for Segmenting Time Series." In *Proceedings of the 2001 IEEE International Conference on Data Mining*. Washington, DC: IEEE Computer Society Press, 289–296.

[35] Kharrat, A., I. S. Popa, K. Zeitouni, and S. Faiz. 2008. "Clustering Algorithm for Network Constraint Trajectories." In *Headway in Spatial Data Handling*. Berlin: Springer, 631–647.

[36] Kido, H., Y. Yanagisawa, and T. Satoh. 2005. "An Anonymous Communication Technique Using Dummies for Location-Based Services." In *Proceedings of the 3rd International Conference on Pervasive Services*. Washington, DC: IEEE Computer Society Press, 88–97.

[37] Krumm, J. 2011. "Trajectory Analysis for Driving." In *Computing with Spatial Trajectories*, edited by Y. Zheng and X. Zhou, 213–241. Berlin: Springer.

[38] Krumm, J., and E. Horvitz. 2004. "LOCADIO: Inferring Motion and Location from Wi-Fi Signal Strengths." In *Proceedings, the First Annual International Conference on Mobile and Ubiquitous Systems*. Washington, DC: IEEE Computer Society Press, 4–13.

[39] Lee, J., J. Han, and X. Li. 2008. "Trajectory Outlier Detection: A Partition-and-Detect Framework." In *Proceedings of the 24th IEEE Conference on Data Engineering*. Washington, DC: IEEE Computer Society Press, 140–149.

[40] Lee, J. G., J. Han, and K. Y. Whang. 2007. "Trajectory Clustering: A Partition-and-Group Framework." In *Proceedings of the 2007 ACM SIGMOD Conference on Management of Data*. New York: ACM, 593–604.

[41] Lee, W.-C., and J. Krumm. 2011. "Trajectory Preprocessing." Zheng, Y. 2011. "Location-Based Social Networks: Users." In *Computing with Spatial Trajectories*, edited by Y. Zheng and X. Zhou, 1–31. Berlin: Springer.

[42] Li, Q., Y. Zheng, X. Xie, Y. Chen, W. Liu, and M. Ma. 2008. "Mining User Similarity Based on Location History." In *Proceedings of the 16th Annual ACM International Symposium on Advances in Geographic Information Systems*. New York: ACM, 34.

[43] Li, Z., B. Ding, J. Han, and R. Kays. 2010. "Swarm: Mining Relaxed Temporal Moving Object Clusters." *Proceedings of the VLDB Endowment* 3 (1–2): 723–734.

[44] Li, Z., B. Ding, J. Han, R. Kays, and P. Nye. 2010. "Mining Periodic Behaviors for Moving Objects." In *Proceedings of the 16th ACM SIGKDD International Conference on Knowledge Discovery and Data Mining*. New York: ACM, 1099–1108.

[45] Li, Z., J. Lee, X. Li, and J. Han. 2010. "Incremental Clustering for Trajectories." In *Database Systems for Advanced Applications*, edited by H. Kitagawa, Y. Ishikawa, Q. Li, and C. Watanabe, 32–46. Berlin: Springer.

[46] Li, Z., J. Wang, and J. Han. 2012. "Mining Event Periodicity from Incomplete Observations." In *Proceedings of the 18th ACM SIGKDD International Conference on Knowledge Discovery and Data Mining*. New York: ACM, 444–452.

[47] Liao, L., D. Fox, and H. Kautz. 2004. "Learning and Inferring Transportation Routines." In *Proceedings of the National Conference on Artificial Intelligence*. Palo Alto, CA: AAAI Press, 348–353.

[48] Liu, S., K. Jayarajah, A. Misra, and R. Krishnan. 2013. "TODMIS: Mining Communities from Trajectories." In *Proceedings of the 22nd ACM CIKM International Conference on Information and Knowledge Management*. New York: ACM, 2109–2118.

[49] Liu, S., L. Ni, and R. Krishnan. 2014. "Fraud Detection from Taxis' Driving Behaviors." *IEEE Transactions on Vehicular Technology* 63 (1): 464–472.

[50] Liu, W., Y. Zheng, S. Chawla, J. Yuan, and X. Xie. 2011. "Discovering Spatio-Temporal Causal Interactions in Traffic Data Streams." In *Proceedings of the 17th ACM SIGKDD International Confer-*

ence on Knowledge Discovery and Data Mining. New York: ACM, 1010–1018.

[51] Lou, Y., C. Zhang, Y. Zheng, X. Xie, Wei Wang, and Yan Huang. 2009. "Map-Matching for Low-Sampling-Rate GPS Trajectories." In *Proceedings of the 17th ACM SIGSPATIAL International Conference on Geographical Information Systems*. New York: ACM, 352–361.

[52] Maratnia, N., and R.A.D. By. 2004. "Spatio-Temporal Compression Techniques for Moving Point Objects." In *Proceedings of the 9th International Conference on Extending Database Technology*. Berlin: Springer, 765–782.

[53] McMaster, R. B. 1986. "A Statistical Analysis of Mathematical Measures of Linear Simplification." *American Cartographer* 13 (2): 103–116.

[54] Mokbel, M. F., C. Y. Chow, and W. G. Aref. 2007. "The New Casper: Query Processing for Location Services without Compromising Privacy." In *Proceedings of the 23rd IEEE Conference on Data Engineering*. Washington, DC: IEEE Computer Society Press, 1499–1500.

[55] Nergiz, M. E., M. Atzori, Y. Saygin, and B. Guc. 2009. "Towards Trajectory Anonymization: A Generalization-Based Approach." *Transactions on Data Privacy* 2 (1): 47–75.

[56] Newson, P., and J. Krumm. 2009. "Hidden Markov Map Matching through Noise and Sparseness." In *Proceedings of the 17th ACM SIGSPATIAL International Conference on Geographical Information Systems*. New York: ACM, 336–343.

[57] Nguyen, H., W. Liu, and F. Chen. 2017. "Discovering Congestion Propagation Patterns in Spatio-temporal Traffic Data." *IEEE Transactions on Big Data* 3 (2): 169–180.

[58] Niedermayer, J., A. Zufle, T. Emrich, M. Renz, N. Mamouliso, L. Chen, and H. Kriegel. 2014. "Probabilistic Nearest Neighbor Queries on Uncertain Moving Object Trajectories." *Proceedings of the VLDB Endowment* 7 (3): 205–216.

[59] Ochieng, W. Y., M. A. Quddus, and R. B. Noland. 2004. "Map-Matching in Complex Urban Road Networks." *Brazilian Journal of Cartography* 55 (2): 1–18.

[60] Pan, B., Y. Zheng, D. Wilkie, and C. Shahabi. 2013. "Crowd Sensing of Traffic Anomalies Based on Human Mobility and Social Media." In *Proceedings of the 21st Annual ACM International Conference on Advances in Geographic Information Systems*. New York: ACM, 334–343.

[61] Pang, L. X., S. Chawla, W. Liu, and Y. Zheng. 2011. "On Mining Anomalous Patterns in Road Traffic Streams." In *ADMA 2011: Advanced Data Mining and Applications*. Berlin: Springer, 237–251.

[62] Pang, L. X., S. Chawla, W. Liu, and Y. Zheng. 2013. "On Detection of Emerging Anomalous Traffic Patterns Using GPS Data." *Data and Knowledge Engineering* 87:357–373.

[63] Patterson, D. J., L. Liao, D. Fox, and H. Kaut. 2003. "Inferring High-Level Behavior from Low-Level Sensors." In *Proceedings of the 5th International Conference on Ubiquitous Computing*. New York: ACM, 73–89.

[64] Pei, J., J. Han, B. Mortazavi-Asl, and H. Pinto. 2011. "PrefixSpan: Mining Sequential Patterns Efficiently by Prefix-Projected Pattern Growth." In *Proceedings of the 29th IEEE Conference on Data Engineering*. Washington, DC: IEEE Computer Society Press, 0215.

[65] Pfoser, D., and C. S. Jensen. 1999. "Capturing the Uncertainty of Moving Objects Representation." In *Proceedings of the 6th International Symposium on Advances in Spatial Databases*. London: Springer-Verlag, 111–131.

[66] Pink, O., and B. Hummel. 2008. "A Statistical Approach to Map Matching Using Road Network Geometry, Topology and Vehicular Motion Constraints." In *Proceedings of the 11th International IEEE Conference on Intelligent Transportation Systems*. Washington, DC: IEEE Computer Society Press, 862–867.

[67] Potamias, M., K. Patroumpas, and T. Sellis. 2006. "Sampling Trajectory Streams with Spatio-temporal Criteria." In *Proceedings of the 18th International Conference on Scientific and Statistical Database Management*. Washington, DC: IEEE Computer Society Press, 275–284.

[68] Qiao, S., C. Tang, H. Jin, T. Long, S. Dai, Y. Ku, and M. Chau. 2010. "Putmode: Prediction of Uncertain Trajectories in Moving Objects Databases." *Applied Intelligence* 33 (3): 370–386.

[69] Quddus, M. A., W. Y. Ochieng, and R. B. Noland. 2006. "A High Accuracy Fuzzy Logic-Based Map-Matching Algorithm for Road Transport." *Journal of Intelligent Transportation Systems* 10 (3): 103–115.

[70] Richter, K., F. Schmid, and P. Laube. 2012. "Semantic Trajectory Compression: Representing Urban Movement in a Nutshell." *Journal of Spatial Information Science* 4:3–30.

[71] Rinzivillo, S., S. Mainardi, F. Pezzoni, M. Coscia, D. Pedreschi, and F. Giannotti. 2012. "Discovering the Geographical Borders of Human Mobility." *Künstl intell* 26 (3): 253–260.

[72] Song, R., W. Sun, B. Zheng, and Y. Zheng. 2014. "PRESS: A Novel Framework of Trajectory Compression in Road Networks." *Proceedings of the VLDB Endowment* 7 (9): 661–672.

[73] Su, H., K. Zheng, H. Wang, J. Huang, and X. Zhou. 2013. "Calibrating Trajectory Data for Similarity-Based Analysis." In *Proceedings of the 39th International Conference on Very Large Data Bases*. San Jose, CA: VLDB Endowment. 833–844.

[74] Tang, L. A., Y. Zheng, J. Yuan, J. Han, A. Leung, C. Hung, and W. Peng. 2012. "Discovery of Traveling Companions from Streaming Trajectories." In *Proceedings of the 28th IEEE International Conference on Data Engineering*. Washington, DC: IEEE Computer Society Press, 186–197.

[75] Tang, L. A., Y. Zheng, J. Yuan, J. Han, A. Leung, W. Peng, and T. L. Porta. 2012. "A Framework of Traveling Companion Discovery on Trajectory Data Streams." *ACM Transactions on Intelligent Systems and Technology* 5 (1): article no. 3.

[76] Terrovitis, M., and N. Mamoulis. 2008. "Privacy Preservation in the Publication of Trajectories." In *Proceedings of the 9th IEEE International Conference on Mobile Data Management*. Washington, DC: IEEE Computer Society Press, 65–72.

[77] Timothy, S., A. Varshavsky, A. Lamarca, M. Y. Chen, and T. Chounhury. 2006. "Mobility Detection Using Everyday GSM Traces." In *Proceedings of the 8th International Conference on Ubiquitous Computing*. New York: ACM, 212–224.

[78] Trajcevski, G., A. N. Choudhary, O. Wolfson, L. Ye, and G. Li. 2010. "Uncertain Range Queries for Necklaces." In *Proceedings of the 11th IEEE International Conference on Mobile Data Management*. Washington, DC: IEEE Computer Society Press, 199–208.

[79] Trajcevski, G., R. Tamassia, H. Ding, P. Scheuermann, and I. F. Cruz. 2009. "Continuous Probabilistic Nearest-Neighbor Queries for Uncertain Trajectories." In *Proceedings of the 12th International Conference on Extending Database Technology: Advances in Database Technology*. New York: ACM, 874–885.

[80] Trajcevski, G., O. Wolfson, K. Hinrichs, and S. Chamberlain. 2004. "Managing Uncertainty in Moving Objects Databases." *ACM Transactions on Database Systems* 29 (3): 463–507.

[81] Wang, Y., Y. Zheng, and Y. Xue. 2014. "Travel Time Estimation of a Path Using Sparse Trajectories." In *Proceedings of the 20th ACM SIGKDD International Conference on Knowledge Discovery and Data Mining*. New York: ACM, 25–34.

[82] Wei, L., Y. Zheng, and W. Peng. 2012. "Constructing Popular Routes from Uncertain Trajectories." In *Proceedings of the 18th ACM SIGKDD International Conference on Knowledge Discovery and Data Mining*. New York: ACM, 195–203.

[83] Xiao, X., Y. Zheng, Q. Luo, and X. Xie. 2010. "Finding Similar Users Using Category-Based Location History." In *Proceedings of the 18th Annual ACM International Conference on Advances in Geographic Information Systems*. New York: ACM, 442–445.

[84] Xiao, X., Y. Zheng, Q. Luo, and X. Xie. 2014. "Inferring Social Ties between Users with Human Location History." *Journal of Ambient Intelligence and Humanized Computing* 5 (1): 3–19.

[85] Xie, H., L. Kulik, and E. Tanin. 2010. "Privacy-Aware Traffic Monitoring." *IEEE Transactions on Intelligent Transportation Systems* 11 (1): 61–70.

[86] Xu, C., Y. Gu, L. Chen, J. Qiao, and G. Yu. 2013. "Interval Reverse Nearest Neighbor Queries on Uncertain Data with Markov Correlations." In *Proceedings of the 29th IEEE Conference on Data Engineering*. Washington, DC: IEEE Computer Society Press, 170–181.

[87] Xue, A. Y., R. Zhang, Y. Zheng, X. Xie, J. Huang, and Z. Xu. 2013. "Destination Prediction by Sub-Trajectory Synthesis and Privacy Protection against Such Prediction." In *Proceedings of the IEEE 29th Conference on Data Engineering*. Washington, DC: IEEE Computer Society Press, 254–265.

[88] Yan, X., J. Han, and R. Afshar. 2003. "CloSpan: Mining Closed Sequential Patterns in Large Datasets." In *Proceedings of the 3rd SIAM International Conference on Data Mining*. Washington, DC: IEEE Computer Society Press, 166–177.

[89] Yang, J., W. Wang, and S. Y. Philip. 2001. "Infominer: Mining Surprising Periodic Patterns." In *Proceedings of the 7th ACM SIGKDD International Conference on Knowledge Discovery and Data Mining*. New York: ACM, 395–400.

[90] Yang, J., W. Wang, and P. S. Yu. 2002. "Infominer+: Mining Partial Periodic Patterns with Gap Penalties." In *Proceedings, 2002 IEEE International Conference on Data Mining*. Washington, DC: IEEE Computer Society Press, 725–728.

[91] Yang, J., W. Wang, and P. S. Yu. 2003. "Mining Asynchronous Periodic Patterns in Time Series Data." *IEEE Transactions on Knowledge and Data Engineering* 15 (3): 613–628.

[92] Ye, Y., Y. Zheng, Y. Chen, J. Feng, and X. Xie. 2009. "Mining Individual Life Pattern Based on Location History." In *Proceedings of the 10th IEEE International Conference on Mobile Data Management*. Washington, DC: IEEE Computer Society Press, 1–10.

[93] Yin, H. B., and O. Wolfson. 2004. "A Weight-Based Map Matching Method in Moving Objects Databases." In *Proceedings of the 16th International Conference on Scientific and Statistical Database Management*. Washington, DC: IEEE Computer Society Press, 437–410.

[94] Yin, J., X. Chai, and Q. Yang. 2004. "High-Level Goal Recognition in a Wireless LAN." In *Proceedings of the 20th National Conference on Artificial Intelligence*. New York: AAAI Press, 578–584.

[95] Yoon, H., Y. Zheng, X. Xie, and W. Woo. 2011. "Smart Itinerary Recommendation Based on User-Generated GPS Trajectories." In *Proceedings of the 8th International Conference on Ubiquitous Intelligence and Computing*. New York: ACM, 19–34.

[96] Yoon, H., Y. Zheng, X. Xie, and W. Woo. 2012. "Social Itinerary Recommendation from User-Generated Digital Trails." *Journal on Personal and Ubiquitous Computing* 16 (5): 469–484.

[97] Yuan, J., Y. Zheng, and X. Xie. 2012. "Discovering Regions of Different Functions in a City Using Human Mobility and POIs." In *Proceedings of the 18th ACM SIGKDD International Conference on Knowledge Discovery and Data Mining*. New York: ACM, 186–194.

[98] Yuan, J., Y. Zheng, X. Xie, and G. Sun. 2011. "Driving with Knowledge from the Physical World." In *Proceedings of the 17th ACM SIGKDD International Conference on Knowledge Discovery and Data Mining*. New York: ACM, 316–324.

[99] Yuan, J., Y. Zheng, X. Xie, and G. Sun. 2013. "T-Drive: Enhancing Driving Directions with Taxi Drivers' Intelligence." *IEEE Transactions on Knowledge and Data Engineering* 25 (1): 220–232.

[100] Yuan, J., Y. Zheng, C. Zhang, X. Xie, and G. Sun. 2010. "An Interactive-Voting Based Map Matching Algorithm." In *Proceedings of the 11th IEEE International Conference on Mobile Data Management*. Washington, DC: IEEE Computer Society Press, 43–52.

[101] Yuan, J., Y. Zheng, L. Zhang, X. Xie, and G. Sun. 2011. "Where to Find My Next Passenger?" In *Proceedings of the 13th International Conference on Ubiquitous Computing*. New York: ACM, 109–118.

[102] Yuan, N. J., Y. Zheng, and X. Xie. 2012. "Segmentation of Urban Areas Using Road Networks." *Microsoft Technical Report*, MSR-TR-2012-65.

[103] Yuan, N. J., Y. Zheng, X. Xie, Y. Wang, K. Zheng, and H. Xiong. 2015. "Discovering Urban Functional Zones Using Latent Activity Trajectories." *IEEE Transactions on Knowledge and Data Engineering* 27 (3): 1041–4347.

[104] Zhang, D., N. Li, Z. Zhou, C. Chen, L. Sun, and S. Li. 2011. "iBAT: Detecting Anomalous Taxi Trajectories from GPS Traces." In *Proceedings of the 13th International Conference on Ubiquitous Computing*. New York: ACM, 99–108.

[105] Zheng, K., Y. Zheng, X. Xie, and X. Zhou. 2012. "Reducing Uncertainty of Low-Sampling-Rate Trajectories." In *Proceedings of the 28th IEEE International Conference on Data Engineering*. Washington, DC: IEEE Computer Society Press, 1144–1155.

[106] Zheng, K., Y. Zheng, N. J. Yuan, and S. Shang. 2013. "On Discovery of Gathering Patterns from Trajectories." In *Proceedings of the 28th IEEE International Conference on Data Engineering*. Washington, DC: IEEE Computer Society Press, 242–253.

[107] Zheng, K., Y. Zheng, N. J. Yuan, S. Shang, and X. Zhou. 2014. "Online Discovery of Gathering Patterns over Trajectories." *IEEE Transactions on Knowledge and Data Engineering* 26 (8): 1974–1988.

[108] Zheng, Y. 2015. "Trajectory Data Mining: An Overview." *ACM Transactions on Intelligent Systems and Technology* 6 (3): 29.

[109] Zheng, Y., Y. Chen, Q. Li, X. Xie, and W.-Y. Ma. 2010. "Understanding Transportation Modes Based on GPS Data for Web Applications." *ACM Transactions on the Web* 4 (1): 1–36.

[110] Zheng, Y., Q. Li, Y. Chen, and X. Xie. 2008. "Understanding Mobility Based on GPS Data."

In *Proceedings of the 11th International Conference on Ubiquitous Computing*. New York: ACM, 312–321.

[111] Zheng, Y., F. Liu, and H. P. Hsieh. 2013. "U-Air: When Urban Air Quality Inference Meets Big Data." In *Proceedings of the 19th ACM SIGKDD International Conference on Knowledge Discovery and Data Mining*. New York: ACM, 1436–1444.

[112] Zheng, Y., L. Liu, L. Wang, and X. Xie. 2008. "Learning Transportation Mode from Raw GPS Data for Geographic Application on the Web." In *Proceedings of the 17th International Conference on the World Wide Web*. New York: ACM, 247–256.

[113] Zheng, Y., T. Liu, Y. Wang, Y. Zhu, Y. Liu, and E. Chang. 2014. "Diagnosing New York City's Noises with Ubiquitous Data." In *Proceedings of the 2014 ACM International Joint Conference on Pervasive and Ubiquitous Computing*. New York: ACM, 715–725.

[114] Zheng, Y., Y. Liu, J. Yuan, and X. Xie. 2011. "Urban Computing with Taxicabs." In *Proceedings of the 13th International Conference on Ubiquitous Computing*. New York: ACM, 89–98.

[115] Zheng, Y., and X. Xie. 2011. "Learning Travel Recommendations from User-Generated GPS Traces." *ACM Transactions on Intelligent Systems and Technology* 2 (1): 2–19.

[116] Zheng, Y., X. Xie, and W.-Y. Ma. 2010. "GeoLife: A Collaborative Social Networking Service among User, Location and Trajectory." *IEEE Data Engineering Bulletin* 33 (2): 32–39.

[117] Zheng, Y., H. Zhang, and Y. Yu. 2015. "Detecting Collective Anomalies from Multiple Spatio-Temporal Datasets across Different Domains." In *Proceedings of the 23rd SIGSPATIAL International Conference on Advances in Geographic Information Systems*. New York: ACM, 2.

[118] Zheng, Y., L. Zhang, Z. Ma, X. Xie, and W.-Y. Ma. 2011. "Recommending Friends and Locations Based on Individual Location History." *ACM Transactions on the Web* 5 (1): 5–44.

[119] Zheng, Y., L. Zhang, X. Xie, and W.-Y. Ma. 2009. "Mining Correlation between Locations Using Human Location History." In *Proceedings of the 17th Annual ACM International Conference on Advances in Geographic Information Systems*. New York: ACM, 352–361.

[120] Zheng, Y., L. Zhang, X. Xie, and W.-Y. Ma. 2009. "Mining Interesting Locations and Travel Sequences from GPS Trajectories." In *Proceedings of the 18th International Conference on the World Wide Web*. New York: ACM, 791–800.

[121] Zhu, Julie Yixuan, Chao Zhang, Huichu Zhang, Shi Zhi, Victor O. K. Li, Jiawei Han, and Yu Zheng. 2017. "pg-Causality: Identifying Spatiotemporal Causal Pathways for Air Pollutants with Urban Big Data." *IEEE Transactions on Big Data*. doi:10.1109/TBDATA.2017.2723899.

[122] Zhu, Y., Y. Zheng, L. Zhang, D. Santani, X. Xie, and Q. Yang. 2011. "Inferring Taxi Status Using GPS Trajectories." *Microsoft Technical Report*, MSR-TR-2011-144.

推荐阅读

城市治理一网统管

作者：郑宇 书号：978-7-111-70622-9 定价：79.00元

凝练一网统管实战经验，落地城市治理实现路径
对一网统管的全面透彻讲解和深度理性认知

内容简介：

本书从多个城市的一网统管项目中提炼出一网统管的定位、目标、价值、战略意义等共性问题，并结合作者在多个一网统管项目中的实践经历，总结其面临的挑战、实现路径和运行方式，展望一网统管未来的发展方向，助力各地政府构建城市治理一网统管的新格局，加快推进国家治理体系和治理能力现代化。

本书特色：

阐明了一网统管的定义，明确其定位、目标和业务范畴，解释一网统管对于城市治理的价值、战略意义和面临的挑战，有助于各地在一网统管项目开始之前建立精准的认知、设定正确的方向和做出合理的评估，从而提升一网统管项目建设的品质和成效。

介绍了一网统管的实现路径，包括建设模式、关键技术、机制创新和创新应用，让建设过程少走弯路，提升人效和资源利用率，确保项目成果能发挥实际价值。

展望了一网统管未来的发展方向，让各地可以做好提前布局、统筹规划，确保当前的建设内容能助力未来数字政府的长远发展。

智能科学与技术丛书

推荐阅读

机器学习理论导引

作者：周志华 王魏 高尉 张利军 著　书号：978-7-111-65424-7　定价：79.00元

本书由机器学习领域著名学者周志华教授领衔的南京大学LAMDA团队四位教授合著，旨在为有志于机器学习理论学习和研究的读者提供一个入门导引，适合作为高等院校智能方向高级机器学习或机器学习理论课程的教材，也可供从事机器学习理论研究的专业人员和工程技术人员参考学习。本书梳理出机器学习理论中的七个重要概念或理论工具（即：可学习性、假设空间复杂度、泛化界、稳定性、一致性、收敛率、遗憾界），除介绍基本概念外，还给出若干分析实例，展示如何应用不同的理论工具来分析具体的机器学习技术。

迁移学习

作者：杨强 张宇 戴文渊 潘嘉林 著　译者：庄福振 等　书号：978-7-111-66128-3 定价：139.00元

本书是由迁移学习领域奠基人杨强教授领衔撰写的系统了解迁移学习的权威著作，内容全面覆盖了迁移学习相关技术基础和应用，不仅有助于学术界读者深入理解迁移学习，对工业界人士亦有重要参考价值。全书不仅全面概述了迁移学习原理和技术，还提供了迁移学习在计算机视觉、自然语言处理、推荐系统、生物信息学、城市计算等人工智能重要领域的应用介绍。

神经网络与深度学习

作者：邱锡鹏 著　ISBN：978-7-111-64968-7　定价：149.00元

本书是复旦大学计算机学院邱锡鹏教授多年深耕学术研究和教学实践的潜心力作，系统地整理了深度学习的知识体系，并由浅入深地阐述了深度学习的原理、模型和方法，使得读者能全面地掌握深度学习的相关知识，并提高以深度学习技术来解决实际问题的能力。本书是高等院校人工智能、计算机、自动化、电子和通信等相关专业深度学习课程的优秀教材。